KB184128

ON MILITARY THOUGHTS

군사사상론

ON MILITARY THOUGHTS

군사사상론

군사학연구회 지음

서문

전쟁은 인류 역사가 가지고 있는 본능과도 같다. 인간 개개인이 잠재된 파괴적 본능을 깊은 내면 가운데 가지고 있듯이, 인류 역사는 독특한 폭력적 현상인 전쟁을 문명의 이면에 감추어두고 있다. 개인의 삶이 이성의 지배를 받기도 하지만 많은 경우 파괴적 본능에 의해 곤경을 겪는 것처럼, 인류의 역사도 평화로운 진보와 발전의 공백기에 간간이 발현되는 파괴적 집단행동에 의해 일순간에 기존의 성과를 상실하고 인간성의 퇴보를 경험하며 치열한 반항으로 점철된 후유증을 앓기도 했다. 더욱이 오늘날의 인류는 작은 마찰과 갈등에도 전쟁의 그림자를 떠올리며 핵무기로 인해 절대적으로 커진 그 파괴력에 마음을 졸이고 있다.

군사사상은 인류 역사의 본능과 같은 전쟁을 이해하고 전쟁 수행의 원리와 방식, 중요한 개념, 그리고 때로는 전쟁을 승리로 결정지을 수 있는 방법들을 고민하고 체계적으로 엮어놓은 사상이다. 마치 인간의 본능 속에 감추어진 작동 원리와 구조를 탐구하여 정리한 유전자 지도와 같은 의미를 가지고 있다. 군사사상을 고찰함으로써 인류는 전쟁이 가지고 있는 논리와 문법을 이해할 수 있고, 전쟁의 구조와 다양한 변용들을 추적할 수 있게 된다. 결국 군사사상은 인간의 본능과 같이 이해하기 어려운 전쟁이라는 암호를 풀 수 있는 열쇠와 같은 역할을 하고 있는 것이다.

우리 사회는 불행히도 이러한 군사사상에 대한 이해가 일천하다. 비록 최근에 많은 민간대학에 군사학과가 신설되고 그 규모가 확장되고 있지만, 군사사상에 대한 연구와 논의는 활발하게 전개되고 있지 못하다. 군사사상이나 전략에 대한 전문 연구서들은 대부분 외국에서 출판된 서적들이며, 학회 활동 역시 활발하지 않다. 수년 전에 육군사관학교에서 『군사사상사』를 출판하여 이 분야의 연구에 큰 기여를 했지만, 전문적인 연구자들의 갈증을 풀어주기에는 역부족이었다.

이 책은 이러한 현실에 대한 인식에서 기획되었다. 이 책의 집필을 위해 국방대학교와 민간대학교의 군사학과에 재직하고 있는 연구자들은 컨소시엄consortium을 구성하고 각자 교육 현장에서 군사사상을 강의하고 연구하던 경험을 바탕으로 우리 학계에 군사사상을 연구할 수 있는 토대를 제공하고, 특별히 학부 과정의 군사학도들이나 전문적으로 군사사상을 연구하는 연구자들이 참고할 수 있는 입문서를 우선 발간하기로 했다.

이 책은 동서양을 막론한 군사사상을 연구하기 위해 반드시 거쳐가야 하는 중요한 주제들을 시대적인 흐름에 따라 망라했으며, 인류 문명의 발달에 따라 새로이 등장한 주제들을 추가했고, 제한된 범위 내에서 다양한 군사사상들의 흐름을 독자들이 접할 수 있도록 주제를 선정했다. 그리고 우리나라의 전통적인 군사사상을 추가하여 우리의 현실을 반영하고 이해를 도모하고자 했다.

군사사상은 진화해간다. 마치 인간의 행동을 설명하는 이론들이 새로운 과학적인 발견들을 통해 진화하듯이 발전해간다. 고전적인 군사사상들은 새로운 물질문명과 인류의 생활방식, 그리고 시공간적으로 훨씬 가까워진 물리적 환경, 변화한 인류의 도덕적 규범에 의해 도전받게 되고 지평이 넓어지며 현대적 해석과 재평가의 과정을 거치게 된다. 이러한 과정을 통해 과거의 군사사상이 오늘날의 인류에게도 여전히 전쟁에 관한 문제를 해결해주는 효용성을 지니는 사상으로 거듭나는 것이다. 그래서 인류는 다시금 새로운 군사사상들을 발전시켜갈 수 있게 된다. 사실 이번에 발간하는 연구서는 과거의 고전적인 군사사상의 실체를 정리하고 규명하는 데 중점을 두었다. 현대적인 해석과 적용, 그리고 미래적 평가는 다음 번 연구의 몫으로 남겨두었다.

이 책이 나오기까지 많은 분들이 수고를 아끼지 않았다. 군사사상의 중요성을 인식하고 컨소시엄 구성과 집필 사업을 승인하고 격려를 아끼지 않으신 국방대학교 박삼득 총장님, 각 대학의 제한된 환경 속에서도 적극적으로 컨소시엄에 참여하고 집필해주신 각 대학의 선생님들, 어려운 여건에도 불구하고 흔쾌히 출판을 맡아주신 도서출판 플래닛미디어 김세영 사장님, 편집과 디자인을 맡아준 이보라 편집부장과 송지애 디자이너의 헌신으로 이 책이 출판될 수 있었다. 아무쪼록 이 책이 젊은 군사학도들이 군사사상에 눈뜨고 우리나라의 많은 연구가들이 군사사상 연구의 지평을 넓혀가는 데 미력하나마 도움이 되기를 소망한다.

2014년 2월

집필진을 대표하여

손경호 씀

차례

CHAPTER 2

공화주의자 마키아벨리의 군사사상 | 홍태영(국방대학교 안보정책학과 교수)

CHAPTER 3

클라우제비츠의 『전쟁론』 | 김연준(용인대학교 군사학과 교수)

CHAPTER 9

항공우주 군사사상 | 강진석(서울과학기술대학교 안보학 교수)

CHAPTER 10

핵전략 | 고봉준(충남대학교 평화안보대학원 교수)

CHAPTER 11

마오쩌둥의 전략사상 | 박창희(국방대학교 군사전략학과 교수)

CHAPTER 12

한국의 군사사상 | 노영구(국방대학교 군사전략학과 교수)

CHAPTER 1

손자의 군사사상

노양규 | 영남대학교 군사학과 교수

육군사관학교를 졸업하고, 국방대학교 안보대학원에서 군사전략을 전공한 후 충남대학교에서 군사학 1호 박사학위를 받았다. 국방부, 합참, 육본 등의 정책부서에서 근무했고, 야전 지휘관 및 참모 직위를 거쳐 육군대학 군사전략학과 교수로 근무하다가 대령으로 예편하여 현재 영남대학교 군사학과 교수로 재직하고 있다. 군사전략, 손자병법, 작전술, 전쟁사, 기동전, 전차 등의 주제를 연구하고 있으며, 최근에는 삼국통일의 주역 김유신 장군을 연구하고 있다. 저서로는 『군사전략』, 『기갑전사』, 『365일 손자병법』 등 다수가 있다.

I. 머리말

『손자병법孫子兵法』은 무경칠서武經七書 중에서 가장 대표적인 병서로, 첨단 과학이 발달한 오늘날에도 장군부터 초급장교, 그리고 사관학교 생도에 이르기까지 두루 사랑받는 대표적인 고전이다. 2500여 년 전 중국 춘추 전국시대[1]에 작성된 오래된 병서가 시대와 동서양을 뛰어넘어 오늘날에도 그 가치를 높이 평가받고 있는 이유는 무엇인가? 그것은 전쟁만이 유일한 수단일 수 없는 오늘날의 국제정세 속에서 『손자병법』이 전쟁에 대한 이해와 지평을 열어주고 문제 해결의 방향을 제시해주고 있기 때문이다. 그리고 국방 및 군사에 관한 보편적이면서도 심오한 철학적 진리를 포함하고 있으며, 손자孫子의 탁월한 식견이 정제된 어귀로 간결하게 표현되어 있어서 전략전술의 진수를 터득하기에 용이하기 때문이다. 또한 『손자병법』은 문장이 간결하고 압축적으로 표현되어 있어 독자로 하여금 수많은 상상력과 창의력을 발휘하게 하는 인문학적 보고寶庫이며, 독자의 경험, 전문지식, 사상적 특성에 따라 다양한 해석과 분석이 가능하고 응용이 가능하기 때문이다. 그만큼 『손자병법』은 병법서이면서도 정치와 기업경영, 인간관계 등 치열한 생존경쟁의 장場에서도 적용할 수 있는 다양성과 보편성을 가지고 있다.

『손자병법』은 삼국시대에 한반도에 들어와 우리 선조들이 인용한 기록이 있고, 조선시대 과거시험 과목에 포함되어 무인들이 반드시 알아야 할 주요 과목이었다. 『고려사』와 『조선왕조실록』 및 개인 문집 등의 사료를

1 춘추시대는 기원전 770년~기원전 404년의 시기를 말하는데, 이는 공자가 쓴 『춘추(春秋)』라는 역사책에서 유래했고, 전국시대는 기원전 404년~기원전 221년의 시기를 말하는데, 유향(劉向)이 쓴 『전국책(戰國策)』이라는 책에서 유래한 것이다. 춘추시대에는 수많은 제후국이 존재했으나 그 중 세력이 강대했던 제나라, 오나라, 월나라, 초나라, 진나라를 춘추 5패라 한다. 춘추시대에 접어들면서 주나라 왕실의 세력이 점차 약해져 천자(天子)로서의 위력이 없어지고 강력한 제후들이 세력을 다투게 된다.

보면, 고려의 김방경과 최영, 조선의 류성룡, 이순신, 곽재우 등은 『손자병법』을 깊이 이해하고 실전에 활용한 분들이었다. 특히 23전 23승의 승리를 기록한 이순신 장군은 『손자병법』에 정통하여 『난중일기』 곳곳에 그 구절들을 제시하기도 했다. 『손자병법』은 중국의 고대 병서이지만 일찍이 한반도에 들어와 우리 조상들의 사고와 의식 속에 깊은 영향을 미친 고전이다.

오늘날 하루에도 수많은 신간이 쏟아져 나오지만, 『손자병법』이 시대를 초월해 남녀노소 누구에게나 사랑받는 친근한 고전으로 살아남은 것은 병서이면서 경영에 대한 깊은 철학적 원리를 설명하고 있고 정치와 사회 지도자들에게 전쟁에 대한 이해와 철학, 그리고 리더십을 지도해주는 좋은 서적이기 때문이다. "지피지기 백전불태知彼知己 百戰不殆" 같은 명구 하나만으로도 『손자병법』은 우리들에게 사람 간의 관계가 어떠해야 하는지를 알려주고 있다. 이 구절은 사람이 살아간다는 것이 나만의 삶이 아닌 너와 나의 삶이요, 관계라는 것을 알려주는 좋은 지침이 되기도 한다.

『손자병법』은 군사학의 보물창고이다. 6,109자밖에 되지 않는 소책자이지만, 그 속에는 클라우제비츠Carl von Clausewitz가 말한 우연성과 개연성, 마찰이 존재하는 전쟁을 헤쳐나가는 지혜와 승리 방법이 담겨 있다. 또 독자가 바라보는 수준과 직책에 따라 다양한 모습으로 비추어지는 것이 『손자병법』이기도 하다.

II. 손자의 생애와 시대적 배경

1. 손자의 생애

『손자병법』을 쓴 손무孫武는 자字는 장경長卿이며, 통상 존칭으로 손자孫子라고 불린다. 당시 '자子'라는 명칭은 그 분야의 최고 전문가, '마스터Master'를

중국 춘추시대 손무(孫武)가 편찬한 병법서인 『손자병법』은 6,109자밖에 되지 않는 소책자이지만, 그 속에는 클라우제비츠가 말한 우연성과 개연성, 마찰이 존재하는 전쟁을 헤쳐나가는 지혜와 승리 방법이 담겨 있다.

『손자병법』을 쓴 손무(孫武)는 통상 존칭으로 손자(孫子)라고 불린다. 당시 '자(子)'라는 명칭은 그 분야의 최고 전문가, '마스터(Master)'를 의미한다. 손자는 병학을 대표하는 최고 군사전문가라는 말이다.

의미한다. 공자孔子, 노자老子, 묵자墨子 등의 이름은 이러한 연유에서 붙여진 것이다. 손자는 병학을 대표하는 최고 군사전문가라는 말이다. 『손자병법』이 무경칠서 중에서 가장 대표적인 병서인 이유가 바로 여기에 있다.

그는 중국 춘추시대 말기 제齊나라의 낙안樂安(지금의 산동성山東省 후이민현惠民縣) 출신이다. 중국 역사서에서 손무에 대한 기록은 그렇게 많지 않다. 『사기史記』에는 기원전 512년에 손자가 오왕 합려闔閭에게 불려가 실전 테스트를 받는 장면이 나온다. 그리고 8년이 지난 기원전 504년(합려 11년)에는 오왕 합려가 태자 부차夫差로 하여금 병력을 이끌고 초楚나라를 공격하여 파番라는 지역을 빼앗자, 초나라가 약都이라는 지역으로 천도했다는 이야기가 나온다. 이때 오嗚나라는 오자서俉子胥와 손무의 계책으로 서쪽으로 초나라를 무찌르고 북쪽으로는 제나라와 진晉나라를 위협했으며, 남쪽으로는 월越나라를 굴복시켰다는 내용이 있다. 이것이 손무에 관한 기록의 전부이다. 기원전 504년 이후, 『사기』에는 더 이상 손무에 관련된 기록이 나오지 않는다. 『오월춘추嗚越春秋』에도 이 시기 이후 손무의 행적에 관한 기록은 나오지 않아, 그후 그에 대해 아는 것이 없다. 손무는 대략 기원전 535년에 태어나 오왕 합려(기원전 514~기원전 496)와 합려 아들 부차(기원전 495~기원전 473)왕의 전기까지 활발하게 활동하다가 기원전 480년쯤 세상을 떠난 것으로 추정된다.[2]

사마천司馬遷의 『사기』에 손자는 제나라 출신으로 나오는데, 그가 언제 어떠한 연유로 오나라에 오게 되었는지는 명확하게 나와 있지 않다. 그의 선조 진완陳完은 진나라 사람으로 내란을 피해 제나라로 가서 제나라 환공桓公에게 중용되었으며, 후에 성을 전田으로, 이름을 완完으로 고치고 거莒나라 정벌에서 공을 세웠다[3]고 한다. 그래서 제나라 경공景公이 손孫씨 성을 하사했다. 그의 부친 손빙孫憑도 제나라의 고위급 관리였다. 이 같은 귀

---

2 마천, 임홍빈 옮김, 『손자병법 교양강의』(서울: 돌베개, 2009), p. 324.

3 김기동 · 부무길, 『손자의 병법과 사상 연구』(서울: 운암사, 1997), pp. 11~12.

족 가정에서 태어난 손무는 그의 선조들이 모두 군사 분야에 정통했기 때문에 어려서부터 군사적 기풍 속에서 자랐으며, 전쟁사에 해박한 지식을 가지고 전쟁 지역을 두루 살펴본 것으로 추정된다.

그 당시 사회 환경도 손무의 군사 연구에 도움이 되었다. 제나라는 역사적으로 대군사가인 강태공姜太公의 봉지였고, 그 후에는 대정치가이자 군사가인 관중管仲의 활동 터전이었기 때문에 풍부한 군사적 유산이 남아 전해져오고 있었다. 제나라 환공이 패권을 잡은 이래 제나라는 당시 중국의 정치, 경제, 문화, 외교, 군사활동의 중심지가 되어 천하의 영웅호걸들이 모여드는 곳이 되었다. 이러한 사회 환경은 손무가 전쟁을 연구하는 데 편리한 조건을 제공해주었으며 그 덕분에 그는 청년 시절에 이미 해박한 식견을 지닌 군사 인재가 될 수 있었다.[4] 후에 제나라에 내란이 일어나자 손무는 오나라(오늘날 장쑤성江蘇省 쑤저우蘇州 일대)로 망명했다. 기원전 512년에 오자서의 추천으로 손무는 병법 13편을 가지고 오왕 합려를 만나 그에게 발탁되었던 것이다.

「손무열전孫武列傳」에 따르면, 오왕 합려는 손무가 병법에 정통하고 용병술에 뛰어난 인재임을 알고 그를 오나라 장수로 임명했다. 이후 손무는 오자서와 함께 합려를 도와 중원 강국 초나라를 공격해 초나라 수도 영郢을 점령했으며, 북으로는 제나라와 진나라를 제압하고, 남으로 월나라를 격파하는 등 오나라를 춘추오패春秋伍霸 반열에 올려놓는 등 그 이름을 떨쳤다.

춘추시대 전국을 제패하려는 야망을 가진 오왕 합려, 초나라에 대한 복수를 꿈꾼 재상 오자서, 전쟁사와 병법에 남다른 재능을 가진 손무의 만남은 중국의 변방 오나라가 주변 여러 나라를 제압하여 일약 강대국으로 부상하도록 만들었다.

---

4 김기동·부무길, 『손자의 병법과 사상 연구』, p. 12.

춘추시대 전국을 제패하려는 야망을 가진 오왕 합려, 초나라에 대한 복수를 꿈꾼 재상 오자서, 전쟁사와 병법에 남다른 재능을 가진 손무의 만남은 중국의 변방 오나라가 주변 여러 나라를 제압하여 일약 강대국으로 부상하도록 만들었다.

2. 시대적 배경

『손자병법』은 춘추시대(기원전 722년~기원전 403년)를 그 배경으로 한다. 기원전 770년 주周 왕조가 수도를 낙양洛陽으로 천도하기 이전의 시대를 서주시대, 그 이후를 동주시대라 한다. 동주시대는 다시 춘추시대와 전국시대로 나누어지는데, 춘추시대는 기원전 770년 수도를 낙양으로 옮긴 시점부터 진晉나라의 대부大夫인 한韓·위魏·조趙 삼씨가 진나라를 분할하여 제후로 독립할 때까지인 기원전 403년까지를 말한다. 그리고 전국시대는 이때부터 진秦나라가 천하를 통일한 기원전 221년까지를 말한다. 춘추春秋라는 말은 공자가 쓴 노魯나라의 역사서인 『춘추春秋』에서 유래했고, 전국戰國은 한漢나라 유향劉向이 쓴 『전국책戰國策』에서 유래했다.

춘추시대는 정치적으로는 씨족적 봉건제도가 붕괴되면서 지역적 제후국들이 형성되던 시기였으며, 사회적으로는 고대 노예제도가 무너지면서 토지사유제도로 넘어가던 사회적 대변동기였다.

춘추시대는 주나라의 '봉건제도'를 기반으로 했다. 주 왕실은 새로운 국가를 세우면서 넓은 지역을 직접 통치하지 않고 왕실의 친척이나 공이 많은 신하에게 봉토를 나누어주고 대신 충성을 약속받은 뒤 다스리게 했는데, 이것이 바로 봉건제도이다. 춘추시대 각 제후국들은 제후諸侯-경卿-대부大夫-사士-민民이라는 신분 계층으로 나뉘어 있었는데, 이 가운데 군인으로서 전투에 참가할 수 있는 신분은 사士 이상으로 한정되었다. 장수는 전문적인 관직이 아니라 주로 왕족이나 경, 대부에 속하는 귀족 가운데 군주에 의해 임명되었다.

춘추시대 말기는 봉건제도를 지탱하던 주 왕실의 권위가 무너지고 제후국들 간에 치열한 전쟁이 벌어지던 약육강식의 시대이자 '하극상의 시대'였다.[5] 춘추시대 초기에는 140여 개 이상이었던 제후국들은 전쟁으로 인한 합병 과정을 거쳐 중기에는 40여 개에 불과했으며, 말기에는 10여 개

---

5 유동환, "젊은 철학도의 손자병법 읽기", 육군대학 초빙강의 자료(2000. 7. 29.), p. 1.

정도에 지나지 않았다. 혈통이 아닌 능력과 실력이 대우받는 시대였다. 이러한 시대적 특성으로 인해 침체된 사회가 활기를 띠게 되었고, 계층 간에 역전이 일어났으며, 사회에 묻혀 있던 인재들이 재능을 꽃피울 수 있었고, 모든 문화가 비약적으로 발전했다. 춘추시대는 변화의 시대였던 것이다.

춘추시대 전쟁의 주수단은 전차였다. 4마리 말이 끄는 전차가 수행하는 전투는 주로 평지에서 일정한 절차에 따라 이루어졌다. 전차는 1대가 4마리 말과 100여 명의 병사로 구성되었기 때문에 전차의 수는 국력의 수준으로 평가되었다. 각국의 전차 규모는 200~1,000승乘[6] 정도였고, 병력 규모는 대략 2만~10만 명 정도였다. 그래서 당시 전투는 규격화되고 전쟁 양상도 전투 일시와 장소를 알려주고 서로 대치해서 일정한 형식을 취한 다음에 싸우는 것이 일반적이었다. 송양지인宋襄之仁[7]이라는 말이 바로 여기에서 나왔다.

그러나 『손자병법』이 나올 시점에 이러한 형식적인 전쟁은 새롭게 변화되었다. 당시 중원에서 떨어져 있던 오나라가 주도한 새로운 전쟁 양상은 달랐다. 분봉제分封制로 인해 신분제도가 약했던 오나라는 농민이 전쟁에 참가하고 전차가 아닌 보병이 전쟁의 주인공으로 등장했다. 호수와 강이 많았던 양쯔강 하류 지역에서는 전차의 기동이 제한되었다. 그래서 보병에 의한 다양한 전술이 적용되기 시작했다. 전쟁에서 예의가 사라지고 분진합격分進合擊, 양공, 포위, 매복, 기습 같은 궤도詭道(속임수)가 등장했다. 수군에 의한 보급과 이동이 실시되고, 원거리 공격[8]과 장기 지구전이 수행

---

6 승(乘)이란 4마리의 말이 끄는 전차를 세는 단위이다. 당시 1승에는 말 4마리와 병력 약 100여 명이 편성되어 있었다. 따라서 100승이면 1만 명, 700승이면 7만 명, 1,000승이면 10만 명의 군대 규모를 나타낸다.

7 기원전 638년 송나라와 초나라의 군대가 싸웠다. 송나라 군대는 이미 만반의 준비를 갖추었고, 초나라는 강을 건너는 중이었다. 이때 송나라 장수들이 병력이 열세하니 적이 강을 건너는 틈을 타 공격하자고 했다. 그러나 송나라 양공(襄公)은 비열한 전법이라 거절하고 초나라 군대가 강을 다 건너고 전열을 갖춘 다음에 전투를 시작했다. 결과는 페어플레이를 한 송나라 군대의 대패로 끝났다. 후세 사람들은 이를 송양지인(宋襄之仁)이라 했다.

8 기원전 506년에 오나라가 초나라를 공격할 때는 무려 2,000리(약 800킬로미터)를 진격하면서 공

되기도 했다. 춘추시대 초기의 전쟁과는 완전히 다른 새로운 형태의 전쟁 양상으로 변화된 것이었다.

3. 손자병법의 종류와 체계

중국 춘추전국시대에 제나라의 손무가 쓴 『손자병법』은 당시 종이가 발명되기 전이라 목간이나 죽간에 필사되어 후대에 전해졌는데, 오늘날까지 약 30여 종의 『손자병법』이 전해오고 있다.

오늘날까지 전해 내려오는 『손자병법』의 종류는 크게 네 가지로 대별된다. 첫째는 평진관총서平津館叢書에 실려 있는 송본宋本 『십가주손자十家注孫子』이고, 둘째는 『십일가주손자』이며, 셋째는 무경칠서武經七書의 『손자孫子』이고, 넷째는 1972년 4월 산둥성 린이현臨沂縣 인췌산銀雀山에서 발굴된 죽간본竹簡本 『손자』이다.

송본 『십가주손자』는 청나라 고증학자 손성연孫星衍이 삼국시대 조조曹操가 단 주석을 줄기로 삼고, 그 밖의 송대에 이르는 9명(양나라의 맹씨孟氏, 당나라의 이전李筌, 두목杜牧, 진호陣皡, 가림賈林, 송나라의 매요신梅堯臣, 왕석王晳, 하연석何延錫, 장예張五)의 대표적 주석을 모아서 편집한 책이다.

『십일가주손자』는 송나라 천보天保 시대에 『십가손자회주十家孫子會註』 15권을 편집하면서 두우杜佑가 지은 『통전通典』에 인용된 『손자병법』 주해를 『십가주손자』에 추가해 넣은 것이다.[9] 첫째 판본을 발전시킨 것이므로 큰 차이는 없지만, 두우가 인용한 『손자병법』은 지금의 13편이나 죽간본에서 발견되지 않은 구절이 있다는 점이 특징이다.

무경칠서는 송나라 신종神宗 황제 때인 1080년에 무학박사 하거비何去非가 당시까지 전해 내려오던 유명한 병서 중에서 가장 대표적인 7권을 추려서 간행한 것으로, 그 첫 권인 『손자』는 『손자병법』 원문을 근거로 하고

격해 초나라 수도 영을 점령했다.

9 유동환, 『손자병법』(서울: 홍익출판사, 1999), p. 55.

있다. 무경칠서는 『손자孫子』, 『오자吳子』, 『사마법司馬法』, 『이위공문대李衛公問對』, 『울요자尉繚子』, 『육도六韜』, 『삼략三略』을 말한다. 여기에 포함된 『손자』는 앞에서 제시한 나머지 세 가지 책들(송본 『십가주손자』, 『십일가주손자』, 죽간본 『손자』)과 몇 군데 어조사나 문장 표현에 약간의 차이가 있지만, 내용상으로는 큰 차이가 없다.[10]

죽간본 『손자』는 2100년 전인 한무제漢武帝 초기의 것으로 추정되는 고대묘에서 『손자병법』과 『손빈병법孫臏兵法』, 그리고 여러 병법서의 죽간[11]이 발굴되었는데, 이때 발굴된 손자병법을 죽간본 『손자』라고 한다. 이 죽간본 『손자』는 『은작산한묘죽간銀雀山漢墓竹簡 1: 손자병법』(1985)이라는 책으로 출간되었다. 이 책에는 기존의 『손자병법』 13편 외에 알려지지 않은 새로운 자료들이 소개되고 있다.[12] 특히 당시 발견된 죽간은 『손자병법』의 저자가 누군인지에 대한 오래된 논란을 잠재우고 손무가 『손자병법』의 실제 저자임을 확인시켜준 중요한 근거가 되었다.

이러한 판본 외에 명나라 때 유인劉寅이 쓴 무경칠서직해본武經七書直解本 중에 들어 있는 『손무자직해孫武子直解』는 조선시대 학자들이 많이 참고한 손자병법서로 현재 규장각奎章閣에 보관되어 있다.[13] 또한 일본에는 흔히 앵전본櫻田本이라 불리는 『고문손자古文孫子』가 있는데, 일본 학자들이 많이 참고한 판본이다.

이러한 종류의 손자병법서들은 일부 차이가 있기는 하지만 기본적으로 13편으로 구성되어 있어 본래 『손자병법』과 큰 차이가 없다. 『손자병법』의 구성 체계를 살펴보면 다음과 같다.

---

10 손무, 김광수 옮김, 『손자병법』(서울: 책세상, 1999), p. 478.

11 고대 중국에서 종이가 발명되기 이전에 글자를 기록하던 대나무로 엮어 만든 책 또는 대나무 조각을 말한다. 대나무를 적당한 길이로 잘라 다듬은 뒤 붓으로 글씨를 적어 종이 대신에 사용했다.

12 죽간본 『손자』에 대해서는 웨난, 심규호·유소영 옮김, 『손자병법의 탄생』(서울: 일빛, 2011)에 죽간의 발굴과 그 과정, 내용에 대해 자세히 소개되어 있다.

13 유동환, 『손자병법』(서울: 홍익출판사,1999), p. 55.

첫째, 『손자병법』은 총 13편으로 구성되어 있다. 책 전체적으로 기승전결의 논리 구조를 갖추고 있지만, 각 편도 하나의 논리를 가지고 핵심 사상이 잘 정리되어 있다.

둘째, 『손자병법』은 전체적으로 크게 이론적인 부분과 실전적인 부분으로 구분된다. 1편부터 6편까지는 전쟁 수행에 대한 국가전략과 전쟁지도戰爭指導에 관련된 개념적이고 이론적인 부분이 주를 이루고 있고, 7편부터 13편까지 후반부는 실제 전장에 나가서 수행해야 할 각종 용병술이 자세하게 설명되어 있다.

셋째, 각 편은 앞부분에 핵심 사상을 제시한 뒤 그 사상을 설명하는 형태로 되어 있으며, 각 편의 말미에는 각 편과 연계된 지휘통솔 내용들이 제시되어 있다.

넷째, 『손자병법』에는 노자사상에 바탕을 둔 변증법적 사고방식이 근저를 이루고 있다.[14] 노자에 의하면, 우주의 근원인 도道에서 일원一元의 기氣가 생기고 일원의 기에서 음기陰氣와 양기陽氣가 생기고 음기와 양기에서 화합체가 생겨 이 세 번째의 화합체에서 만물이 생성된다고 했다. 변증법이란 사물의 대립, 모순을 극복·통일함으로써 더 고차원의 결론에 도달하는 발전적인 사고방식이다. 손자는 이利와 해害, 졸속拙速과 교구巧久, 공攻과 수守, 강强과 약弱, 중衆과 과寡, 정正과 기奇, 허虛와 실實, 우迂와 직直, 일佚과 노勞, 기飢와 포飽 등과 같이 서로 대비되는 개념들을 통해 고차원의 결론에 도달하고자 했다.

『손자병법』은 불과 6,109자에 불과한 짧은 글이지만, 그 13편 가운데는 국가전략을 비롯하여 전쟁 원칙, 리더십, 정보론에 이르기까지 현대의 군사사상으로 그대로 적용할 수 있는 체제를 갖추고 있다. 그뿐만 아니라 중복이나 번거로운 수식이 없어 문장 하나하나가 주옥같이 다듬어진 명

14 이종학, 『전략이론이란 무엇인가: 손자병법과 전쟁론을 중심으로』(대전: 충남대출판부, 2010), p. 57

중국 고대의 사상가이며 도가(道家)의 시조인 노자. 『손자병법』에는 노자사상에 바탕을 둔 변증법적 사고방식이 근저를 이루고 있다. 손자는 이(利)와 해(害), 졸속(拙速)과 교구(巧久), 공(攻)과 수(守), 강(强)과 약(弱), 중(衆)과 과(寡), 정(正)과 기(奇), 허(虛)와 실(實), 우(迂)와 직(直), 일(佚)과 노(勞), 기(飢)와 포(飽) 등과 같이 서로 대비되는 개념들을 통해 고차원의 결론에 도달하고자 했다.

문장으로 되어 있다.[15]

III. 『손자병법』의 편별 주요 내용

1. 시계편(始計篇)의 핵심 사상

시계편은 『십일가주손자』 계통의 판본에서는 계計, 무경칠서 계통의 판본에서는 시계始計, 그리고 죽간본 『손자』에서는 계計로 되어 있다. '계計'라는 편명은 전쟁에 대한 국가적인 판단과 계획이라는 뜻이며, '시계始計'라고 할 경우에는 전쟁을 앞두고 맨 처음 고려해야 할 사항이라는 뜻이다.[16]

시계편은 『손자병법』 13편의 총론이면서 손자 사상의 근간이라고 할 수 할 수 있다. 시계편은 크게 4개의 핵심 사상으로 구성되어 있다.

첫째, "전쟁이란 무엇이다"라는 전쟁에 대한 정의를 첫 마디에 명확하게 제시하고 있다. 전쟁이란 2500년 전이나 오늘날이나 국가의 큰일로서 백성들의 생사가 달려 있고 국가의 존망이 달려 있는 중요한 일임을 제시하고 있다. 이 구절은 전쟁에 대한 손자의 기본 사상을 그대로 전해줄 뿐 아니라 전쟁에 대해 국가 지도자와 최고사령관이 어떠한 생각을 가져야 하는지를 잘 전해주고 있다. 클라우제비츠Carl von Clausewitz가 "전쟁이란 나의 의지를 적에게 강요하기 위한 일종의 폭력행위"라고 군사적인 측면에서 전쟁을 정의했다면, 손자는 "국민의 생사와 국가의 존망이 달린 가장 큰 중대사"라는 국가적인 차원에서 전쟁을 설명하고 있다. 국가의 존망을 다루는 중대사라는 이러한 사상은 『손자병법』의 기본 골격을 형성하고 있다. 그래서 전쟁은 신중하게 결정해야 하고, 조금 부족하더

15 육군본부, 『동양고대전략사상』(서울: 육군본부, 1987), p. 12.

16 손무, 김광수 옮김, 『손자병법』, p. 15.

라도 빨리 끝내야 하며, 큰 피해가 나지 않는 부전승不戰勝, 전승全勝, 이승易勝을 추구해야 하는 것이다. 국가와 국민을 생각하지 않는다면 장기전과 단기전의 개념이 나올 수 없고, 국가의 피해를 최소화하는 것을 강조한 부전승, 온전한 승리全勝, 모공謀攻이라는 논리가 나올 수 없는 것이다. 전쟁에서 승리하는 것이 중요한 것이 아니라 국가의 피해를 최소화한 상태에서 이기는 승리가 진정한 승리라는 것이다. 격렬한 전투를 수행하는 장수보다는 지혜로운 전투를 수행하는 장수를 최고로 꼽는 이유가 바로 여기에 있다. 격렬한 전투를 수행한다는 것은 먼저 이길 수 있는 조건을 형성하지 못했다는 것이고, 적의 약점을 파악하여 그 약점에 아군의 강점을 지향시키는 훌륭한 계획을 수립하지 못했다는 것을 의미하며, 전쟁 이전에 충분한 준비와 올바른 판단으로 "쉽게 이길 수 있는 조건을 만들지 못했다"는 것을 의미한다. 따라서 미리 준비하지 못한 장수가 전쟁에 임해서 격렬한 전투를 통해 승리하는 것은 그렇게 바람직한 것이 아니다. 그런 면에서 『손자병법』의 첫 마디에 제시된 전쟁의 정의는 의미심장하다고 할 수 있다.

둘째, 전쟁을 시작하기 전에 국가전쟁 수행능력을 판단하는 다섯 가지 요건과 일곱 가지 비교 요소를 제시하고 있다. 다섯 가지 요건이란 ①백성이 통치자와 한마음으로 일치단결하여 어떤 위험도 두려워하지 않는 정치가 이루어지고 있는가, ②음양의 이치, 기후나 계절의 조건 등 시기적으로 적합한가, ③지형이나 지리적으로 여건이 잘 갖추어져 있는가, ④지모와 신의와 용기와 엄정한 성품을 가진 장수가 있는가, ⑤군대의 조직이나 규율, 사기, 장비 등이 만족하게 갖추어져 있는가이고, 일곱 가지 비교 요소란 ①어느 편의 통치자가 더 정치를 잘 하는가, ②장수는 어느 편이 더 유능한가, ③천시天時와 천후天侯와 지리가 어느 편에 유리한가, ④조직, 규율, 장비는 어느 편이 잘 정비되어 있는가, ⑤군대는 어느 편이 많고 사기가 높은가, ⑥군대는 어느 편이 잘 훈련되어 있는가, ⑦신상필벌信賞必罰은 어느 편이 더 분명하게 행해지고 있는가이다. 이 5사7계

五事七計는 『손자병법』이 이전의 병서들과 달리 합리적이고 과학적인 병서임을 보여주는 중요한 요소이다. 국가가 전쟁을 수행할 능력이 있느냐 없느냐, 또 전쟁에서 이길 수 있느냐 없느냐 하는 국가적인 상황판단을 당시에 유행하던 거북점[17]을 통해 실시하는 것이 아니라 합리적인 계산을 통해 한다는 것이다. 그렇게 하기 위해서는 기준이 필요한데, 그 기준이 5사7계인 것이다. 기준을 제시한다는 것은 합리적인 판단을 위한 근거가 되는 것이고 논리적이며 과학적인 활동의 시작인 것이다. 수천 년이 지난 오늘날에도 『손자병법』이 사랑받는 것은 바로 이러한 이유 때문이기도 하다.

셋째, 전쟁의 속성을 궤도詭道라고 제시했는데, 전쟁은 기본적으로 상대를 속이는 게임이라는 것이다. 전쟁이란 있는 그대로의 힘으로 싸우는 것이 아니라 적을 약화시키고 나를 강하게 하는 두뇌싸움이라는 것이다. 이 궤도사상은 전쟁에서 승리하기 위해 어떻게 해야 하는가에 대한 손자의 논리의 틀이다. 궤도라는 것은 '속임수'라고 해석이 되지만, 그 이면에는 전쟁은 있는 그대로의 힘으로 싸우는 것이 아니라 상대를 흔들고 혼란시켜야 한다는 논리가 바탕에 깔려 있는 것이다.

전쟁이라는 것이 정공법대로만 존재한다면 큰 나라가 항상 이기고 작은 나라는 항상 패배하며, 덩치가 큰 사람이 항상 이기고 덩치가 작은 사람은 항상 패배해야 한다. 그러나 전쟁이라는 사회현상은 마찰이라는 요소가 있기 때문에 그렇게만 되지 않는다. 작은 나라도 훈련을 철저히 해서 국력을 기르고 교묘한 책략을 세워 적을 혼란시키면 큰 나라를 이길 수 있으며, 덩치가 작지만 상대의 힘을 교묘히 이용하는 지혜를 발휘하면 덩치 큰 사람을 충분히 이길 수 있다는 것이다.

---

17 거북이는 예부터 신성한 영물로 취급되어왔으며, 인간의 길흉을 판단하는 도구로 사용되어왔다. 중국에서는 상고시대에 이미 거북의 등껍데기에 글씨를 써서 점을 쳤다는 기록이 나온다. 즉, 거북의 등껍데기를 태워 갈라지는 모양으로 전쟁의 승패나 길흉화복을 점쳤다고 한다. 인터넷 검색: http://dic.daum.net/word(2013. 11. 30.)

전쟁의 사례를 통해 보더라도 전쟁의 승패는 영토의 크기와 병력의 수에 항상 정비례하는 것은 아니다. 전쟁의 불확실성과 적을 혼란시키고 균형을 무너뜨리는 다양한 활동에 의해 전쟁의 승패는 순식간에 변할 수 있다. 손자는 이러한 전쟁의 속성을 잘 알고 용병하는 장수를 '지혜로운 장수'라고 하면서 이들은 위기를 기회로 활용하고 먼 길을 돌아가면서도 가까운 길을 가는 것처럼 승리의 기회를 창출하는 우직지계迂直之計를 발휘한다고 했다.

이처럼 손자는 『손자병법』 첫 편에서 전쟁이란 무궁무진한 변화가 숨어 있는 창조력의 영역이라는 것을 강조하고 있으며, 동일한 승리 방법이 반복되지 않는다는 전승불복戰勝不復의 논리가 적용된다는 것을 강조하고 있다. 그러면 어떻게 그러한 변화를 추구할 수 있는가? 그 예로서 14개의 궤도 방법을 제시하고 있다. 물론 이것이 전부는 아니며, 기奇와 정正을 활용하여 무궁무진하게 작전 방법을 변화시키는 용병술을 구사할 수 있다. 바로 이 때문에 전략과 작전술을 잘 구사하는 지혜로운 장수가 필요한 것이다.

넷째, 전쟁에 대한 계산과 판단, 즉 국가전략 상황판단을 수행해야 한다는 묘산廟算을 제시하고 있다. 묘산이란 과거 춘추전국시대에 전쟁을 하기 전에 임금과 신하들이 사당에 모여 전쟁에 대한 제를 올리고 전쟁의 승패를 판단해보던 활동을 말한다. 이러한 활동을 오늘날에는 국가전략 상황판단이라고 할 수 있다. 전쟁 전에 국가전략 판단에서 이길 수 있다고 판단되었다는 것은 5사7계의 우열 비교에서 우세하다는 것이며, 진다고 하는 것은 우열 비교에서 열세하다는 것이다. 여기서 손자가 말하고자 하는 것은 전쟁을 하기 전에 반드시 국가전략 상황판단을 해서 이길 수 있다는 판단이 서면 전쟁을 시작해야 한다는 것이다. 전쟁 승부를 계산해보지도 않고 전쟁을 시작한다는 것은 무모함을 강조하고 있다.

일부 학자들은 『손자병법』의 전체적인 대의를 '계산計算'이라는 말 한마디로 표현하기도 한다.[18] 『손자병법』 전편에서 강조되고 있는 기본 사상은 언제나 계산이나 판단을 해본다는 것이다. 모든 군사활동은 국력의 우열, 적과 나의 태세와 역량, 이로움과 해로움, 유리함과 불리함, 약점과 강점 등을 비교해 계산한 뒤 판단한 결과여야 한다는 것이다. 이렇게 계산과 판단을 하기 위해서는 지피지기知彼知己, 지천지지知天知地를 해야 하며, 정보(간첩의 운용)활동이 모든 군사활동의 시작이요 근본이라는 것을 강조하고 있다. 『손자병법』이 합리적이고 과학적인 병서라는 평가는 이러한 데서 연유한 것이다.

2. 작전편(作戰篇)의 핵심 사상

작전편은 『십일가주손자』와 무경칠서 계통의 판본에서 모두 '작전作戰'으로 되어 있다. 이 '작전'이라는 의미는 '전쟁을 작作하는 것'으로서 '전쟁을 수행함에 있어서'라는 의미이다. 일반 군사작전보다 큰 개념으로 이해해야 한다. 삼국시대 조조는 이 작전편에서 손자가 "전쟁을 하기 전에 반드시 먼저 그 비용을 계산하고 적으로부터 식량을 조달하는 데 힘써야 한다"고 하면서 전쟁비용 문제와 현지 조달 보급전략을 논하고 있다고 보았다.[19] 『손자병법』 13편 중에서 전쟁비용, 군수보급, 동원 문제를 논한 것은 작전편이 유일하다.

작전편의 핵심 사상은 전쟁비용, 단기전, 현지 조달 등으로 요약할 수 있다. 첫째, 전쟁 수행에는 많은 군사력과 전쟁비용이 소요되므로, 장수는 전쟁을 시작하기 전에 이러한 사항을 미리 준비해야 한다는 것이다. 둘째, 전쟁에는 많은 물자와 비용이 소요되고, 이로 인해 나라와 백성들의 피해가 크기 때문에 전쟁을 오래해서는 안 된다는 것이다. 조금 부족하고 완벽하지 못하더라도 졸속(단기전)을 통해 전쟁 피해를 줄여야 한다는 것이다.

---

18 유동환, "젊은 철학도의 손자병법 읽기", 2000년 7월 29일 육군대학 특강 중에서.

19 손무, 김광수 옮김, 『손자병법』, p. 51.

전쟁에 많은 군사력과 전쟁비용이 소요된다는 것 자체가 전쟁 수행의 어려움을 그대로 나타내준다. 춘추시대에 가장 대표적인 전쟁 수행 수단은 전차[20]였다. 『주례周禮』에 따르면, 당시 4마리의 말이 끄는 전차 1대당 100명의 병력이 편성되었다. 전차 1대에는 전차병 3명과 보병 72명이 편제되었고, 이 전투용 전차를 지원하는 보급용 수레 1대에는 25명의 병사가 편제되었다. 『사마법』을 인용한 두목杜牧의 설명에 의하면, 보급용 수레는 취사병 10명, 경계병 5명, 말 관리병 5명, 연료 준비병 5명 등 총 25명으로 구성되었다. 이렇게 전투용 전차 1대와 보급용 수레 1대가 한 조를 이루었고, 병사 100명이 배치되었다.

따라서 전투용 전차 1,000대와 보급용 수레 1,000대를 준비한다는 것은 약 10만 명의 병력을 동원하는 것을 의미했다. 그리고 10만 명의 병력을 먹이고 입히고 갑옷을 준비하는 것 이외에 말이 끄는 전차와 수레, 무기, 말을 준비하고 수리하는 일들은 실로 엄청난 비용을 필요로 했다. 이처럼 손자는 10만 명의 대병력을 동원해서 전쟁을 하는 데 천문학적인 비용이 소요되기 때문에, 전쟁을 결심할 때는 신중해야 할 뿐만 아니라 이처럼 많은 전쟁물자를 준비하고 또 담당할 수 있을 때 전쟁을 시작해야 한다고 주장했다.

손자에 따르면, 전쟁을 오래 수행하게 되면 국가 재정이 파탄이 나고 백성들이 힘들어진다. 그뿐만 아니라 국가 재정이 악화되면 민심이 흉흉하게 되어 그 틈을 노리고 제3국이 침공하여 나라가 망하게 되는 최악의 상황에 직면할 수도 있다. 따라서 전쟁이란 오래 해서는 안 되고 조금 부족한 듯하더라도 적절한 선에서 마무리하는 '졸속의 지혜'가 필요하다. 여기서 '졸속'이라는 단기전의 개념이 등장하는데, 졸속이라는 것은 "급히 하여 엉성하다"는 뜻이 아니라 조금 부족한 듯하지만 적절한 시기에 전쟁을

---

20 춘추시대의 전차는 오늘날의 전차(tank)와 달리 고대 로마시대를 배경으로 한 영화 속에서 등장하는 4마리의 말이 끄는 전투용 마차와 비슷했다.

종결하는 것을 말한다.

그리고 멀리까지 군수물자를 수송하게 되면 수송 소요가 크고 국가와 백성들의 피해가 크니 가능하면 '현지 조달'을 하는 전략을 추구해야 한다고 했다. 당시에 먼 거리로 병력과 장비, 식량을 이동시키는 것은 매우 어렵고 힘든 일이었다. 따라서 손자는 적국의 식량 1종을 빼앗는 것이 본국에서 가져가는 식량 20종 이상의 가치가 있고, 현지에서 말먹이 1석을 빼앗는 것은 아군이 수송하는 말먹이 20석에 해당한다고 했다. 현지 조달 개념은 나폴레옹이 채택하여 큰 성과를 거둔 개념이고 오늘날에도 적용하고 있는 개념으로서 탁월한 착상이 아닐 수 없다.

3. 모공편(謀攻篇)의 핵심 사상

모공謀攻이란 "교묘한 책략으로 적을 굴복시킨다"는 뜻이다. 모謀는 책략 혹은 교묘한 전략으로 해석될 수 있으며, 군사력 운용 이상의 정치적·심리적·외교적 전쟁 수행을 의미하기도 한다. 그래서 모공이란 싸우지 않고 이기는 방법으로, 전쟁을 수행하기 전에 정치·외교적인 방법으로 적을 굴복시키는 국가전략부터 실제 전쟁에 돌입해서도 격전을 치르지 않고 최소 피해로 승리하는 군사활동까지 망라하고 있다. 싸우지 않고 적을 굴복시키는 것을 최상의 용병으로 보고 이를 달성하는 방법을 '모공지법謀攻之法'이라 한 데서 '모공'이라는 편명이 연유되었다.

모공편은 크게 5개 핵심 사상으로 구성되어 있다. 첫째, 백전백승百戰百勝이 좋은 것이 아니라 싸우지 않고 적을 굴복시키는 것이 최상이라는 부전승사상不戰勝思想이다. 백 번 싸워 백 번이기는 것은 장수가 싸우지 않고도 이길 수 있는 유리한 조건을 형성하지 못했다는 것을 반증하는 것이며, 또한 싸움을 통해 아군과 적군 모두 많은 피해를 입게 된다는 측면에서 바람직하지 않다는 것이다. 싸우지 않고 이길 수 있는 국력과 군사력의 형성, 그리고 상대를 압도하는 역량과 위엄을 갖추고 상대로 하여금 스스로 꼬리를 내리고 물러서게 만드는 그러한 전쟁지도 역량이 필요하다는 것이다.

부전승과 전승사상은 『손자병법』 전체를 대표하는 가장 중요한 사상이면서 『손자병법』을 오늘날에도 사랑받게 하는 중요한 사상으로 평가받고 있다. 손자는 완전한 승리를 얻으려면 나의 피해를 최소화하는 가운데 적을 굴복시켜야 한다는 전승사상을 근본으로 하여 싸우지 않고 적을 굴복시키는 것을 최상의 용병으로 보았다. 그러므로 적의 침략 의도나 도전 의지를 먼저 꺾는 '벌모伐謀'를 최상의 용병으로 보았고, 그 다음이 외교적으로 고립시키는 '벌교伐交', 군사력을 사용하는 '벌병伐兵', 그리고 공성전攻城戰을 최하책으로 보았다. 이러한 논리는 치열한 교전을 수행한다는 것 자체가 이미 막대한 국가 에너지를 소모시킨다는 측면에서 바람직하지 않다는 것이다.

둘째, 병력의 많고 적음에 따라 용병을 달리할 줄 알아야 한다는 것이다. 많은 장수들이 이 부분을 소홀히 하여 이길 수 있는 전쟁에서 패배하기도 하고 승리의 기회를 놓치기도 한다. 병력이 많을 때 적용하는 용병술이 있고, 적을 때 적용하는 용병술이 있다. 오늘날 비대칭전법이 대두되는 것과 같이 약자는 상대의 허를 찌르는 기책을 강구해야 하고, 우세한 힘을 갖고 있는 강자도 최소 피해로 승리하기 위해서 교묘한 방책을 사용해야 한다. 최소 피해로 결정적인 승리를 얻기 위해 장수는 적을 알고 나를 알아야 하며 지형이 피아에 미치는 영향을 분석한 뒤 적을 허둥거리게 만들고 혼란시켜 제 능력을 발휘하지 못하게 해야 한다.

셋째, 간단한 구절로 되어 있지만, 장수는 나라의 간성干城이요 보배라는 말이다. 이 한 줄의 말 속에 수많은 메시지가 담겨 있다. 지금까지 역사를 통해 훌륭한 장수에 의해 국가의 운명이 좌우된 사례를 많이 보아왔다. 을지문덕, 연개소문, 김유신, 이순신, 그리고 알렉산드로스Alexandros the Great, 한니발Hannibal, 스키피오Publius Cornelius Scipio, 카이사르Gaius Julius Caeser, 칭기즈칸Chingiz Khan 등 훌륭한 장수에 의해 국가의 운명과 세계의 역사가 바뀌었던 것이다. 장수는 지혜로워야 하고 적과 아군의 실태를 정확하게 이해해야 할 뿐만 아니라 지형과 환경, 그리고 천시天時를 잘 파악하여 군사력을 운용해야 한다.

넷째, 군주의 간섭으로 인해 생기는 문제점을 언급한 것이다. 군주와 장수 사이에 존재하는 갈등은 전쟁의 흐름을 좌우하고 승패에 결정적인 영향을 미친다. 고대부터 오늘날에 이르기까지 이러한 군주와 장수 간의 갈등은 깊이 고민하고 검토해야 하는 요소가 아닐 수 없다. 군주가 전장의 최고 장수를 믿지 못하고 빈번하게 간섭하게 되면 최고 장수는 결심 때마다 군주를 바라보게 되고 주도적인 전장 지휘를 하지 못해 결정적 호기好機를 놓치게 된다. 군주는 후방에 위치하여 전장에서 수행되는 실시간의 타이밍을 알 수가 없을뿐더러 정치적 결심을 하는 경향이 있고, 장수는 격렬한 전투 속에서 적과 아군의 비교 분석을 통해 순간순간에 지휘 결심을 해야 한다. 따라서 군주의 간섭은 스스로 아군을 혼란시켜서 적이 승리하도록 이끄는 난군인승亂軍引勝의 실책을 범하게 된다. 군주는 전쟁 목표만 명확히 제시해주고 모든 군 운용은 장수에게 위임해야 하며, 장수는 위임받은 범위 내에서 전쟁 목표를 달성하기 위해 모든 노력을 추구하는 역할 분담이 효과적으로 이루어져야 한다.

다섯째, 그 유명한 '지승유오知勝有伍'이다. 이 다섯 가지 승리 방법에 손자의 전략사상이 잘 나타나 있다. 손자는 "상대가 싸워야 할 적인지 아닌지를 아는 자가 승리한다"고 했는데, 여기서 "상대가 싸워야 할 적인지 아닌지를 아는 것"은 판단의 문제이다. 이는 적의 능력과 아군의 능력, 승부에 대한 판단, 지형이 미치는 영향을 분석하고 당시 상황과 여건이 부여하는 조건 등을 두루 고려하여 전투에 임하는 장수의 통찰력이 요구되는 문제이다. 또 나아가야 할지 물러서야 할지를 결정하는 타이밍의 문제이기도 하다. 또 손자는 "우세할 때와 열세할 때의 용병법을 아는 자가 승리한다"고 했는데, 이는 병력의 많고 적음, 전투력의 우세와 열세에 대한 판단력을 바탕으로 용병을 달리할 줄 아는 지혜가 요구된다. 그리고 상하동욕자승上下同欲者勝은 너무나 유명한 말로, 어느 조직이든지 상하上下가 한마음 한뜻으로 뭉치지 않고서는 최고의 힘을 발휘할 수 없다는 뜻이다. 분열이란 패배로 이어지는 직행로이다. 갈등이 난무하는 조직에게 승리란 있을 수 없고 언제 패배하느냐 하는 것은 시간문제일 뿐이다. 그리고 "깊이 숙고하여 대비하는 장수가 생각 없이 덤비는 장수에게 승리한다"는 것은 당연한 결과이다. 장수는 어떻게 적을 혼란시키고 약점을 극대화하여 적 방어조직의 균형을 무너뜨릴 것인가를 항상 고민해야 한다. 순간의 선택이 승패를 좌우하는 중요한 전투에서 깊은 고민 없이 덤비는 것은 섶을 들고 불길로 뛰어드는 것과 같다. 철저한 준비를 한 계획도 전쟁이 시작되면 틀릴 수가 있는데, 준비 없이 전쟁을 하는 것은 패배할 수밖에 없는 것이다. 그리고 "장수가 능력이 있고 군주가 간섭을 하지 않을 때 승리할 수 있다"는 것은 수많은 전쟁사를 통해 그 사례가 증명된 바 있다. 앞에서도 언급한 것과 같이 군주와 장수가 역할을 분담하고 군주가 과감하게 권한을 장수에게 위임했을 때 장수는 제 역량을 발휘하여 지휘하고 병사들은 지휘관을 신뢰하여 목숨 바쳐 싸울 수 있는 것이다. 이상의 다섯 가지 승리 방법은 예나 지금이나 승리의 길로 나아가는 척도이다.

4. 군형편(軍形篇)의 핵심 사상

군형軍形이란 적과 아군이 서로 대치한 가운데 전투력을 배치하는 것, 혹은 배치된 상태, 편성, 태세 등을 총괄적으로 의미한다. 군의 힘을 최대한으로 발휘하는 것이 세勢인데, 이 세勢는 형形에 따라 강하게 나타나기도 하고 약하게 나타나기도 한다. 따라서 군형편은 다음 병세편兵勢篇과 연관지어 이해해야 한다.

손자의 용병이론은 압도적인 형形의 형성으로부터 시작하여 세勢를 만듦으로써 승리하는 것이기 때문에 예전부터 지금까지 손자의 연구자들은 형과 세의 개념을 연계하려고 노력했다. 형은 힘의 정적인 상태이고, 세는 힘의 동적인 상태이다. 형은 물리적인 힘의 배치 상태를 말하고, 세는 물리적인 힘뿐만 아니라 정신적인 요소도 혼용되어 움직이는 힘으로 나타난다. 달리 말하면 형은 힘이 작용하기 이전의 축적된 상태이고, 세는 그 축적된 힘이 운동하기 시작하여 병사의 사기로 가속도가 붙으면서 생기는 폭발적인 힘의 작용이라고 할 수 있다.[21]

형은 군사력 건설, 조직과 편성, 전쟁 준비, 배치 등과 같은 전쟁의 과학적인 측면이 강조된다면, 세는 건설된 군사력의 효과적인 운용, 적의 약점을 파고드는 기동, 이길 수밖에 없도록 형성된 여건의 조성 등 술적인 측면이 강조된다. 중요한 것은 이 둘이 조화롭게 형성되어야 한다는 것이다. 그래야 큰 힘을 발휘할 수 있을뿐더러 전투력의 탄력적인 운용이 가능하다.

이 군형편의 핵심 사상은 크게 3개로 구분할 수 있다. 첫째 핵심 요결은 "선위불가승 이대적지가승先爲不可勝 以待敵之可勝"이라는 구절에 잘 나타나 있다. "적이 나를 이기지 못할 태세를 먼저 갖추고, 내가 이길 수 있는 적의 약점이 나타나기를 기다린다"는 것이다. 먼저 적이 이길 수 없는 확고한 나의 태세가 갖추어져야 한다. 그런 연후에 적의 허점이 조성되기를 기다려 한 방에 적을 무너뜨려야 하는 것이다. 손자는 우연이나 행운에 의한 승리를 추구하지 않는다. 임진왜란이 일어나기 하루 전에 거북선을 완성하고 실험한 이순신 장군처럼 내가 먼저 승리의 조건을 갖추어야 하는 것이다. 이 선위불가승先爲不可勝 사상은 손자병법 전편에 일맥상통하게 흐르는 사상이다.

다음은 선위불가승의 결과론적인 개념으로서 "먼저 이겨놓고 싸움을 구한다"는 논리이다. 형이 잘 잡히면 이미 이길 수밖에 없는 태세가 형성되는 것이며, 이러한 태세를 구비하면 전쟁의 승리는 미리 알 수가 있는 것이다. 그 유명한 "승병 선승이후구전勝兵 先勝而後求戰"이라는 구절은 손자가 강조하는 핵심 사상이면서 부전승과 전승을 달성하는 핵심 요소이다. 그래서 잘 싸우는 장수는 "패하지 않을 태세를 갖추고 나서立於不敗之

---

21 손무, 김광수 옮김, 『손자병법』, p. 119.

地" 적의 허점을 놓치지 않고 타격하여 승리를 거둔다. 손자는 먼저 싸우기 전에 이길 수 있는 태세의 구축, 즉 형形을 잘 구축해놓고 싸움을 시작하는 것이 중요하다고 누차 강조한다. 사전에 승리할 수 있는 준비를 해놓지 않고 전쟁에 돌입해서 승리를 추구하는 것은 바람직하지 않다. 그래서 백전백승이 최고의 용병술이 아니라고 하는 것이다. 치열한 교전을 수행한다는 것은 그만큼 쉽게 이길 수 있는 준비나 태세가 구축되지 않았다는 것을 반증하는 것이기 때문에 손자는 바람직하지 않다고 보는 것이다. 사전에 철저한 준비와 훈련을 거치고 상하가 한마음 한뜻으로 똘똘 뭉쳐서 높은 사기와 강한 의지를 갖추고 있으면 적은 도전의지가 약화되어 감히 덤빌 생각을 못하고 싸움도 걸어보지 않고 항복해버린다. 그러한 결과가 부전승이 되는 것이고, 부전승은 곧 온전한 승리를 달성하는 것이 되는 것이다. 그래서 손자는 태세가 잘 갖추어지고 승리할 요건이 갖추어진 전투는 '이승易勝(쉬운 승리)'이 된다고 말한다. 『손자병법』을 연구한 리델하트Basil Henry Liddell Hart는 이러한 쉬운 전투의 개념을 '최소 전투'라는 용어로 설명했다. 간접접근전략을 구사하여 적을 무력화시키고 교란하면 적의 저항 가능성은 약화되어 '최소 전투'에 의한 승리가 가능하게 되는 것이다.

마지막 단락은 오늘날 작전구상operational design이라고 할 수 있는 판단의 과정을 단계적으로 설명하는 부분이다. 도度, 량量, 수數, 칭稱, 승勝 이 5개 요소는 전쟁을 판단하고 승리를 결정하기 위한 작전계획을 수립하는 핵심 요소들로, 이러한 요소들을 판단하고 비교하고 검토함으로써 최소 전투를 추구하는 특출한 작전계획을 수립할 수 있는 것이다. 손자는 그저 막연하게 '최소 전투' 또는 '선승이후구전'을 추구하라고 강조하는 것이 아니라 그 실제적인 방법과 절차를 제시하고 있다. 먼저 상대 국가의 국토를 따져보고, 그 국토의 크기 속에서 인구와 물량을 판단하고, 그러한 판단을 통해 병력 수를 유추하고, 그 병력 수를 아군과 비교 분석함으로써 승리할 수 있는 작전계획을 도출할 수 있다고 보았다. 『손자병법』이 다른 병서와 달리 과학적이고 합리적이며 체계적인 이유는 이러한 전쟁 수행에 대한 구체적인 비교와 판단의 방법이 담겨 있기 때문이다. 형은 태세이면서 전투 역량이다. 이러한 전투 역량은 천 길이나 되는 높은 계곡에 가득 채워진 물과 같이 폭발력을 가진 태세를 의미한다.

5. 병세편(兵勢篇)의 핵심 사상

병세兵勢란 힘이 움직이는 기세이다. 즉, 축적된 힘이 모든 것을 휩쓸어버릴 것 같은 맹렬한 기세로 적에게 가해지는 동적인 상태를 말한다. 병세편은 육성된 국력과 전투력이 잘 갖추어진 태세를 통해 적을 깨뜨리는 위력을 설명하고 있다. 병세편의 중심 주제는 '임세任勢'이다. 즉, 세勢를 형성해 군대를 폭풍처럼 몰아가는 것이다. 그래서 병세편은 군형편, 허실편虛實篇과 연계되어 있다. 강력한 세력을 적의 약한 지점에 몰아쳐야 한다는 것이다. 이것을 변화하는 상황에 따라 능수능란하게 활용하는 것이 기奇와 정正이다.

병세편은 크게 4개의 핵심 사상으로 구성되어 있다. 먼저 군사력 운용의 기본 요소를 분수分數, 형명形名, 기정奇正, 허실虛實로 구분했다. 많은 병력을 다루기 위해서는 조직화가 필요한데, 그것이 분수이다. 100명의 병사를 3개 소대로 편성하면 장수는 3명만 잘 지휘하면 되는 것이다. 그리고 이러한 편성 조직을 깃발, 북과 징, 횃불 등의 신호체계를 활용해 지휘하는 것을 형명이라고 한다. 오늘날 군사력 운용이 제대별로 조직화되고 편성된 원리, 많은 병력을 일사분란하게 지휘하고 통제하는 기법, 그리고 상황 변화에 따라 주공과 조공을 다르게 변화시켜 적진을 돌파해 들어가는 탄력적인 기법은 모두 이러한 원리에 근거한다. 그리고 적의 허를 찔러 적장수로 하여금 탄식을 자아내게 만들고 당황하게 만들어 효과적으로 대처할 수 없게 하는 것을 허실이라고 한다.

다음은 용병술의 진수인 기정奇正의 교묘한 방법을 제시해주고 있다. 기정은 부대 운용이 어떤 특정한 형태로 고정되어 있지 않고 상황에 따라 변함을 의미한다. 꼬리를 치면 머리가 달려들고 머리를 치면 꼬리가 달려드는 상산의 뱀처럼 자유자재로 변하는 용병술을 강조한다. 기정에 능숙하게 되면 그 용병술은 무궁무진하고 다양하다. 또 손자는 그렇게 운용해야 하는 당위성을 강조하고 있다. 장수는 모름지기 전문성을 가져야 하며, 전장의 불확실성을 이해하고 산 너머 상황을 파악할 수 있는 통찰력과 혜안을 가져야 한다. 이러한 기정의 변화술이 가능해야만 열세한 병력으로 우세한 병력을 물리칠 수 있고, 작은 나라가 큰 나라를 상대로 도전을 할 수 있으며, "전쟁이란 궤도이다"라는 전쟁의 속성을 실증할 수 있는 것이다.

전쟁이라는 것이 병력이 많다고 해서 이긴다면 훌륭한 장수가 필요 없고 병력을 관리하는 관리자만 있으면 될 것이다. 그러나 전장이라는 것은 클라우제비츠가 얘기한 것처럼 불확실성과 위험, 우연성과 개연성이 존재하기 때문에, 전문성과 통찰력을 구비한 장수가 냉철한 판단과 시의적절한 결심을 통해 적의 허점을 타격함으로써 적은 병력으로 많은 병력을 가진 적을 물리칠 수 있는 것이고, 지형의 효율적 활용과 장병들의 능력을 극대화하는 리더십으로 큰 승리를 거둘 수 있는 것이다.

다음은 군사력 운용의 강약 조절과 템포, 그리고 타이밍을 제시한 구절이다. 세勢라는 것은 힘을 많이 쓴다고 발휘되는 것이 아니라 상황에 유연하게 대처하면서 그 힘을 조절할 수 있어야 한다. 손자는 병세편에서 세력을 발휘하는 양태를 세勢와 절節이라는 용어로 표현했다. 거센 물결이 돌을 뜨게 하는 것이 세이고, 질풍같이 날아든 매가 새의 날개를 한 방에 부러뜨리는 것을 절이라고 했다. 이런 이치로 잘 싸우는 자의 세는 맹렬하고, 그 절(작용 시간)은 짧고 강력하고 절제된 힘이 발휘되는 것이다. 손자는 종이로 나무를 자르는 것과 같은 기氣의 결집 상태를 절이라는 용어로 표현했는데, 실제 전장에서는 고도의 기동화된 전력이 일격에 대규모 적을 무너뜨리는 상황을 의미한다.

마지막으로 이러한 세를 발휘하기 위한 방법, 즉 '임세任勢'의 문제를 제기했다. 장수는 부하들이 최대한 능력을 발휘할 수 있도록 여건을 조성해야 하고, 장병들의 마음을 격동시켜야 한다. 김유신은 계백의 방어에 막혀 작전이 난국에 처하자, 화랑 관창으로 하여금 적진을 돌파해 들어가도록 했다. 이에 관창은 적진을 돌파해 들어가 장렬히 전사했다. 화랑 관창의 분전과 용기를 통해 신라군을 격동시켜 단숨에 적을 격파하게 만든 김유신의 전장 리더십이 이에 해당한다. 장수는 이길 수밖에 없는 승세를 만들어야 한다. 손자는 이를 목석木石의 특성을 통해 설명하고자 했다. 목석이란 평평하면 정지하고, 둥글면 움직인다. 그래서 손자는 천길 높은 산에서 둥근 돌을 굴리면 그 기세가 맹렬하듯이 전장의 상황을 그렇게 몰아가는 것이 세 형성의 핵심이라고 보았다.

뛰어난 장수는 전쟁을 수행함에 있어 형을 잘 구사하고, 그러한 형을 바탕으로 폭포 같은 기세를 형성하여 적의 허점을 타격하기 때문에 쉽게 이긴다. 반면, 무능한 장수는 이렇게 이길 수밖에 없는 유리한 형세를 자신이 형성해주지 못하고 부하들이 이러한 조건을 형성해서 싸워주기를 바란다. 따라서 전쟁에 임해 승리하려면 병력의 많고 적음에 따라 싸우는 방법을 달리하고 적 장수의 마음을 읽어 적을 궁지로 몰아넣을 수 있는 지혜로운 장수가 필요하다.

6. 허실편(虛實篇)의 핵심 사상

허실虛實이란 약점과 강점을 말한다. 당 태종唐太宗은 허실편이 『손자병법』 13편 중에서 가장 으뜸이라고 했다. 허실편의 중심 주제는 "적의 실한 곳은 피하고 허한 곳을 타격한다"는 '피실격허避實擊虛'의 한 구절이지만, 적의 허虛를 조장하고 그곳에 나의 실實을 집중하는 데 필수적인 개념들을 설명하고 있다. 허하고 실한 것으로 적의 형세를 조종하여 노출시키고, 나의 형세를 감추어 적이 살피지 못하게 하는 것은 적을 치고 나를 방어하는 기본 요건이다.

적의 약점을 찾아 나의 강점으로 타격하려면, 행동의 자유가 있어야 한다. 내가 선택한 장소, 싸우고 싶은 시기 및 방법으로 적을 몰아치기 위해서는 주도권이 있어야 한다. 그렇지 않고 적에게 끌려다니면 적의 약점이 발견된다 하더라도 적을 타격할 수가 없다. 그래서 손자는 "적을 조종하되 적에게 조종당하지 아니한다致人而不致於人"라고 했다. 그리고 적의 약점으로 치고 들어가라는 기동 방법을 언급하고 있는데, 이는 적이 기다리고 있는 곳으로 진격해 들어가면 격렬한 전투가 벌어질 뿐만 아니라 많은 어려움이 따르기 때문이다. 그래서 "적이 방비하지 않는 곳을 공격하고, 예상치 못한 곳으로 나아가야 한다攻其無備 出其不意." 그런 곳을 찾으면 리델 하트가 얘기한 '최소예상선the line, or course of least expectation[22]', '최소저항선the line of least resistance[23]'이 형성되는 것이다.

적은 병력으로 많은 적을 격파하려면 중요한 시점에 아군이 집중할 수 있어야 한다. 손자는 허실편에서 집중의 원리를 "아전이적분我專而敵分"이라고 설명하고 있다. "아군은 하나로 모이고 적은 10개로 나누어지면 가는 곳마다 10배 우세하다"는 것이다. 그러기 위해서는 아군이 공격하는 시기와 장소를 적이 모르게 하는 무형無形의 상태가 되어야 한다. 그러면 적은 모든 곳을 방어하게 되고 모든 곳을 방어하게 되면 병력이 분산되어 아군이 우세하게 된다는 것이다. 리델 하트가 "아군이 광정면廣正面에 분산하여 공격하면 적도 분산할 수밖에 없고, 적이 분산하면 그 틈에 아군은 신속히 한곳에 집중함으로써 상대적인 우세를 달성할 수 있다"라고 한 것과 일맥상통한다.[24]

---

22 최소예상선이란 리델 하트가 『간접접근전략』이라는 책에서 사용한 용어로, 심리적인 측면에서 적이 예상하지 않은 선, 장소, 방책을 말한다. 『손자병법』의 "출기불의(出其不意)"와 같은 의미이다.

23 최소저항선이란 리델 하트가 『간접접근전략』이라는 책에서 사용한 용어로, 물리적인 측면에서 적의 대응 준비가 가장 안 된 곳을 말하며, 『손자병법』의 "공기무비(攻其無備)"와 같은 의미이다. 최소예상선과 최소저항선은 동전의 양면과 같으며, 동시에 수행되어야 진정한 간접접근이 가능한 조건이 형성된다.

24 리델 하트는 이러한 상황을 '아군의 분산→적의 분산→아군의 집중'으로 설명했으며, 이러한 결과들은 인과관계를 구성하고 그 하나하나가 결과로 나타난다. 진정한 집중은 계산된 분산의 결과이다.

적진으로 전진해 들어가는 모양은 어떠해야 하는가? 적의 허실이 탐지되어도 전진 방법이 여의치 못하면 적 후방으로 공격해 들어갈 수 없을 뿐만 아니라 기세도 형성하지 못한다. 여기서 손자는 부대 운용의 형태는 물의 흐름을 닮아야 한다고 주장한다. 물이 높은 곳을 피하고 낮은 곳으로 흐르는 것처럼 군대 운용도 강한 곳을 피하고 약한 곳을 타격해야 한다는 것이다. 손자의 이 논리는 리델 하트의 간접접근전략의 핵심 사상과 일치하고 기동전의 핵심 사상으로 발전되었다. 그리고 피실격허라는 허실편의 핵심 사상과도 일맥상통한다.

또 허실편의 중심 사상으로 '제승지형制勝之形'이 있다. 제승지형이란 "부하들이 싸워 이길 수밖에 없는 유리한 상황을 미리 만들어가는 것"을 말한다. 전투가 벌어지기 전에 "이길 수밖에 없는 유리한 상황"을 만들어놓으면, 병사들은 쉽게 이기게 되고 피해도 최소화할 수 있다. 반대로 유리한 조건을 만들지 못하면, 병사들은 치열한 전투를 해야 하고 승리도 장담할 수 없으며 피해도 커진다. 백전백승을 했다는 것은 제승지형의 조건을 준비하지 못해 치열한 전투를 수행했다는 것이고 그러한 전투에서 백 번 이겼다는 것은 많은 희생이 뒤따랐다는 것을 의미하기 때문에, 손자가 모공편에서 백전백승이 최선이 아니라고 한 것이다. 제승지형의 논리가 적용되면 백 번의 싸움도 없을 것이고 치열한 전투를 통해 생긴 많은 희생도 방지할 수 있을 것이기 때문이다.

제승지형은 『손자병법』의 전편을 관통하는 중심 사상이다. 장수가 사전에 철저한 준비와 통찰력으로 지피지기 지천지지를 달성한 상태로, '쉬운 승리易勝'와 '온전한 승리全勝'로 발전할 수 있는 최적의 조건이다. 한산도 3도수군통제영에 붙여진 '제승당制勝堂'이라는 이름은 '제승지형'에서 유래되었다.

7. 군쟁편(軍爭篇)의 핵심 사상

군쟁軍爭이란 군대를 사용하여 승리를 쟁패爭覇한다는 뜻이다. 1편부터 6편까지는 국가전략이나 모공, 군형, 병세, 허실 등 개념적이고 이론적인 부분에 대해 설명했지만, 7편부터는 실제 전장에서 적과 마주하여 승리하는 계략과 방법을 논하고 있다. 군쟁이란 우직지계와 이환위리以患爲利의 용병술을 발휘해야 하는 아주 어려운 것이며, 용병, 치병治兵, 지형의 활용은 『손자병법』의 삼위일체라 할 수 있는데, 군쟁편은 그 큰 뜻을 설명하고 있다.

군쟁편에 나와 있는 "장수가 직접 군주로부터 출정 명령을 받아 군대를 동원·편성하고 적과 대치함에 있어서"라는 말에서 볼 수 있는 것처럼 군쟁편은 군사력의 운용에 대해 언급하고 있다. 군쟁편에서는 적을 이길 수밖에 없는 유리한 조건의 형성, 상대보다 유리한 위치에 서기 위한 장수의 통찰력과 시공간에 대한 안목을 다루고 있다.

군쟁편의 핵심은 '우직지계'라는 기동의 원칙과 치기治氣, 치심治心, 치력治力, 치변治變이라고 하는 지휘의 원칙이다.[25] 장수가 전쟁을 하기 위해서는 기동으로 적과 마주해야 하는데, 그때 적용되는 것이 우직지계인 것이다. 먼저 적의 약한 곳을 타격할 수 있는 유리한 위치를 점해야 하는데, 그렇게 하기 위해서는 신속한 기동력이 필요하다. 신속한 기동력은 속도도 중요하지만, 상대를 속이고 상대가 생각하지 못한 시간과 공간으로 기동하는 것 역시 중요하다. 고대부터 지금까지 승리한 장수들은 상대를 눈 깜짝할 사이에 위기로 몰아넣었다. 전쟁은 누가 더 우세한 위치에 서느냐의 문제이다. 중앙돌파, 양익포위, 각개격파, 대규모 우회기동 등은 모두 적이 모르는 사이에 아군이 이길 수밖에 없는 상황 속으로 적을 몰아가는 것이다. 적으로 하여금 헛발질을 시키고 그 틈에 아군은 적의 턱밑으로 기동하여 한 방에 적을 녁다운시킬 수 있는 유리한 위치에 서는 것이다. 그것이 우직지계이다. 우직지계는 가까운 길이라고 곧바로 가는 것이 아니라 돌아갈 줄도 알아야 한다는 것으로, 비실제적으로 보이는 것이 실은 실

25 손무, 김광수 옮김, 『손자병법』, p. 218.

제적이라는 뜻이다. 먼 길을 돌아가는 것처럼 보이지만 실은 그것이 적을 방심하게 만듦으로써 승리할 수 있는 지름길인 셈이다.

유리한 상황을 조성하려면 한 발 빠른 기동력이 필요하지만, 그렇다고 무턱대고 빨리만 가려고 해서는 낭패를 본다. 상황과 여건에 맞는 기동속도의 조절, 전투부대와 치중부대의 연계성이 중요하다. 이것을 오늘날의 군사용어로 템포tempo 조절이라고 할 수 있다. 템포를 조절하며 움직이는 '가장 대표적인 우직지계의 용병술'을 손자는 다음과 같이 묘사하고 있다.

그 빠름은 질풍 같고 느릴 때는 숲과 같고 공격해 들어갈 때는 불길과 같이 맹렬하고 움직이지 않을 때는 산과 같이 장중하며, 어둠처럼 모르게 하다가 공격해갈 때는 천둥번개처럼 신속하고, 공격해 들어갈 때는 분산하여 움직이고 방어할 때는 요충지를 가려서 점령하고, 제반 상황을 잘 따져 경중을 가린 후에 움직인다. 이 구절은 템포를 조절하며 기동해 들어가는 최고 수준의 용병술을 설명한 것으로, 한마디로 '풍림화산風林火山'이라고 표현할 수 있다.

이러한 기동을 하기 위해서는 적절한 지휘통솔이 필요한데, 이때 사용하는 방법이 징, 북, 깃발을 사용하는 것이다. 이런 수단을 사용하는 것은 여러 사람을 한 사람 다루듯이 하기 위해서이다. 야간에 횃불을 사용하고 낮에는 깃발을 사용하는 것 역시 모두 사람들의 이목을 하나로 집중하기 위한 방법이다. 수천 명을 한 사람 다루듯이 일사분란하게 다루는 것이 최고 장수의 지휘통솔 방법인 것이다. 적의 약점으로 부하 장병들을 몰아가지 못하면 승리할 수 없다. 순간적으로 형성되는 결정적인 호기를 사자가 달려들 듯이, 사나운 매가 하늘에서 내리꽂듯이 번개처럼 달려들어 한 방에 날려버려야 하는 것이 승리하는 장수의 지휘 모습이다. 기동전을 연구하는 사람들이 군쟁편을 중점적으로 연구하는 까닭이 바로 여기에 있다.

기동이란 물리적인 현상만을 가지고 논할 수 없다. 손자는 인간의 심리를 깊이 이해해야 한다고 강조한다. 아침에는 적의 예봉이 날카롭고 엄정하니 이를 피하고 저녁에 지치고 피곤해서 돌아가려고 하는 그 이완된 심리를 노려야 한다. 아군은 심리적인 안정을 유지하고 적의 심리적인 혼란, 불안감을 이용한다. 손자는 적 부대의 기세를 꺾고, 적 장수의 마음을 빼앗는 것이 승부의 요결임을 강조한다. 적 장수의 가슴속에 이길 수 없을 것 같다는 패배감을 심어주는 것, 그것이 싸우지 않고 이기는 심리전의 최고 상태인 것이다. 적 장수가 포기하지 않는 한 그 부대는 무너지지 않지만, 적 장수가 마음속으로 패배를 인정하는 순간 그 부대는 승리할 수 없는 것이다.

"돌아가려는 적을 막아서지 않으며 궁지에 몰린 적을 몰아세우지 않는다"는 구절 역시 오래도록 우리의 사랑을 받는 명구절이 아닐 수 없다. 전쟁은 적을 속이는 우직지계와 같은 계획에 근거하고, 유리한 기회를 포착하여 움직이고 병력을 분산시키고 집중하는 등 상황에 따라 변화를 꾀하는 것이다.

8. 구변편(九變篇)의 핵심 사상

구변九變에서 '구九'는 수의 개념보다는 무궁無窮, 즉 무한하다는 뜻으로, 구변이란 '상황에 따른 무궁무진한 용병의 변화'를 말한다. 모든 사물에는 이로운 면과 해로운 면이 동시에 존재하는데, 이러한 양면성을 잘 이해하고 상황에 맞게 활용할 줄 알아야 한다. 구변편의 중심 주제는 '임기응변臨機應變'이다. 전략가는 원칙을 이해하고 상황에 따라 변칙을 쓸 줄 알아야 한다. 무수한 변화가 존재하는 전장 상황 속에서 최선의 선택을 해야 하는 것이다.

구변편은 『손자병법』 13편 중에서 가장 짧다. 지형, 장수, 용병이 상호작용하는 관계와 지형을 선택함에 있어 직면하게 되는 여러 가지 상황을 설명하고 있다. 장수는 지형이 군사력 운용에 미치는 영향을 이해하고 다양한 지형의 특성과 여건에 따라 군사력을 달리 운용해야 한다.

또 전반적인 군사력 운용의 타이밍, 진퇴의 문제는 장수가 잘 판단해야

지 멀리 있는 군주의 지시를 받고 우유부단해서는 결코 승리할 수 없다. 그래서 장수는 때론 군주의 지시를 그대로 따르지 못하는 경우가 있을 수 있는 것이다.

구변편에서는 '필잡어이해必雜於利害'의 개념을 이해하는 것이 중요하다. "어떤 일이든 반드시 이로움과 해로움이 공존한다"는 것, 즉 절대적으로 좋고 절대적으로 나쁜 상황이 있는 것이 아니라는 것을 이해하는 것이 중요하다. 이로움 속에도 해로움이 있고 해로움 속에도 솟아날 구멍이 있음을 아는 것, 그것이 중요하다. 고기가 좋다고 매일 먹으면 몸에 해롭고, 높은 것이 좋다고 매일 높은 곳에서 싸우면 그러한 점을 적에게 역이용당할 수 있다. 장수는 그때그때 피아의 전장 상황과 능력, 지형과 상황에 따라 군사력을 다르게 적용하고 변화를 줄 수 있어야 한다. 걸프전 때 미군은 39일 동안의 공중공격을 통해 이라크군을 무력화시킨 다음 100시간의 지상작전을 수행해 승리했다. 그러나 2003년 이라크전 때에는 공중공격과 동시에 지상작전을 실시함으로써 이라크군을 혼비백산하게 만들어 승리했다. 걸프전 때와 같이 공중공격이 다 끝난 뒤에 지상공격을 할 것으로 예상한 이라크군의 허점을 찔렀던 것이다. 좋다고 하여 똑같이 하는 것은 그것이 곧 약점이 되는 것이다.

주변국들을 굴복시킬 때 나에게 대항하면 큰 손해가 있다는 것을 알려 순종하게 만들고, 적을 바쁘게 하려면 문제가 생기도록 해야 하며, 나의 의도대로 움직이게 하기 위해서는 이로움이 있다는 것을 알려주어야 한다. 그리고 적이 공격하지 않을 것이라고 기대하지 말고 내 스스로 능력과 실력을 키워 적이 공격하지 못하도록 상황을 이끌어가는 것이 중요하다. 적이 공격하지 않을 것이라고 기대하는 심리는 요행심리이다. 나의 능력을 키우거나 준비태세를 강화하는 것이 중요하다.

장수는 구변의 원리를 알아야 한다. 구변의 원리를 이해하지 못하면 비록 지형의 특성을 이해한다고 하더라도 지형이 주는 상대적인 이점을 활용할 수가 없다. 사람을 다루는 변화무쌍한 용인술의 원리를 알지 못하면 비록 상황 변화의 특성을 안다 하더라도 인재를 선발한 성과를 달성할 수 없는 것이다.

장수는 전쟁 수행의 중심에 서 있는 핵심 요소이다. 장수가 저지르기 쉬운 다섯 가지 위험 요소가 있다. 원칙만을 고집하는 장수는 경직된 지휘로 인해 실패할 수 있고, 목숨을 너무 가벼이 여긴다거나, 화를 잘 낸다거나, 너무 청렴결백해도 적에게 역이용당할 수 있다. 임진왜란 시 상주에 내려간 이일 장군은 병사가 왜군의 접근을 보고하자 헛된 소문을 퍼뜨린다고 죽여버렸다. 그 이튿날 실제 왜군이 다가오자 아무도 보고를 하지 못해 결국 대패하고 혼자 도망치고 말았다. 지휘관의 경직된 사고, 자기중심적인 사고, 변화에 유연하게 대응하지 못하는 장수의 결벽증이 군을 패망으로 이끌 수 있음을 알아야 한다.

원칙에 대한 과도한 집착은 경계해야 한다. 용병가는 원칙을 이해하되 상황에 따라 변칙을 쓸 줄 알아야 한다. 그 변칙이야말로 용병가가 처한 상황에 따라 달라질 수 있기 때문이다. 그래서 손자는 용병술은 미리 전해줄 수 없는 것이라고 시계편에서 말한 바 있다.[26]

9. 행군편(行軍篇)의 핵심 사상

행군行軍이란 군대의 행진을 뜻하나, 손자는 행군편에서 군을 전장으로 이동시킴에 있어 행군, 숙영, 전투와 기동, 그리고 상적법相敵法(적정관찰법)을 망라해 설명하고 있다. 적과 조우하고 대치함에 있어 적을 알고 나를 알며 거기에 지형과 지휘통솔을 추가함으로써 전장을 보는 눈, 상대를 읽는 혜안을 제시하고 있는 것이다. 군쟁편 이하에서 계속 강조한 용병, 치병, 지형의 활용 등 삼위일체를 행군편에서도 마찬가지로 강조하고 있다.

---

26 손자는 시계편에서 "병가지승 불가선전야(兵家之勝 不可先傳也)"라 했다. "이러한 전쟁의 승리 방법들은 당시 전장 상황에 따라 선택되는 것들이기 때문에 먼저 알려줄 수 있는 것이 아니다"라는 뜻이다.

행군편은 크게 세 단락으로 구성되어 있다. 첫 번째 단락은 산지, 하천, 소택지, 평지 등 네 가지 주요 작전 환경에 따른 군대의 기동과 특수 지형에서의 기동을 논했다. 두 번째 단락은 적과 대치할 때 외부로 드러나는 적의 행동을 통해 적의 의도와 상황을 파악하는 33가지의 상적법을 제시하고 있다. 세 번째 단락은 지휘통솔에 관련된 내용을 제시하고 있다.

행군편의 대의는 병력이 많다고 유리한 것이 아니라, 비록 적진을 한 번에 격파할 무용은 없지만 병력들을 잘 다독거려 힘을 합치고 또 적정을 잘 파악하고 분석해서 적을 격파하면 된다는 것이다. 33개의 상적법[27]은 크게 두 가지로 구분되는데, 하나는 적의 의도가 무엇인가를 파악하는 것이고, 다른 하나는 적의 부대가 어떤 상태인가를 파악하는 것이다. 이러한 상황을 파악함으로써 대처 방법과 언제 어디에서 어떻게 적을 요리할 것인가 하는 공격 방법을 모색할 수 있으며, 또 적이 언제쯤 공격해올 것인지 알 수가 있는 것이다. 손자는 전편에서 적을 알아야 한다는 것을 누차 강조한다. 적을 모르고서는 아무 일도 할 수 없으며 적과 아군의 상호관계도 이해해야 한다. 내가 강한 것이 아니라 적과 비교했을 때의 수준이 중요한 것이고 지형도 험하다는 것이 중요한 것이 아니라 적이 그 험한 지형을 점령하고 있을 때 나에게 어떤 영향을 미친다는 것을 이해하는 것이 중요하다는 것이다.

33개의 상적법은 오래된 춘추전국시대 때의 상황이지만 오늘날 전장에서도 나타나는 인간 자체의 본성에 관한 것이기 때문에 공감이 가는 부분이 많다. 적이 갑자기 공격하는 것은 사실 후퇴하기 위한 기만활동이고, 아무런 약조도 없이 강화를 요청하는 것은 어떤 모략이 있는 것이며, 반쯤

---

27 본다는 것에는 여러 가지 종류가 있다. '볼 견(見)' 자는 눈에 비치는 것을 있는 그대로 본다는 뜻이고, '볼 관(觀)' 자는 좀 떨어진 곳에서 바라본다는 뜻이며, '두루 볼 람(覽)' 자는 경치 따위를 두루 본다는 뜻이고, '볼 시(視)' 자는 살펴본다는 뜻이다. 그리고 여기서 제시된 '볼 상(相)' 자는 땅의 길흉을 판단한다는 상지(相地)의 경우와 같이 표면적인 모양이나 특징을 가지고 추량하여 그 내용을 판단한다는 뜻을 가지고 있다. 그러므로 상적이란 적의 동향을 봐서 그 강약이나 기도를 판단한다는 의미인 것이다. 육군본부, 『동양고대전략사상』(서울: 육군본부, 1987), pp. 115-116.

전진하다가 반쯤 후퇴하는 것은 아군을 유인하려는 것이다. 또 지팡이에 기대어 서 있는 것은 굶주린 것이요, 새가 날아드는 것은 비어 있음이요, 새가 날아오르는 것은 복병이 있는 것이요, 밤에 소리 지르는 것은 겁먹은 것이다 등은 오늘날에도 적용할 수 있는 일반적인 현상이다.

그러나 또 고민해야 할 것은 그 속에 기만의 의도가 내재되어 있는 것은 아닌가 하는 것이다. 적이 나에게 두드러지게 내보이는 행동은 실제 의도를 은폐하고자 그 반대 행동을 취하는 경우가 대부분이므로 의심해야 한다.[28]

행군편의 마지막에 손자가 강조하는 부대 관리와 리더십의 문제는 시사하는 바가 크다. 아직 친숙하기도 전에 병사들에게 벌을 주게 되면 복종하지 않게 되고, 복종하지 않으면 쓰기가 어렵다. 또 이미 친숙해졌는데도 벌을 엄정하게 주지 않으면 역시 마찬가지로 쓸 수 없게 된다. 그러므로 지휘하고 명령을 내릴 때는 덕文으로써 하고 부하를 통제할 때는 엄격하게武 해야 승리하는 군대가 될 수 있다. 승리하는 군대는 단결되어 있고 질서가 엄정해야 한다. 법령이 평소부터 잘 행해지고 질서 있는 상태에서는 말로 가르쳐도 병사들이 잘 복종하지만, 법령이 평소에 잘 행해지지 않고 질서가 없는 상태에서 말로만 가르치면 병사들은 복종하지 않게 된다. 따라서 평소에 법령이 잘 집행되고 질서 있게 하는 것이 장수와 병사, 그리고 부대에게 도움이 된다.

10. 지형편(地形篇)의 핵심 사상

지형地形이란 말 그대로 땅의 형상을 말한다. 손자는 제10편 지형편에서 상이한 지형 조건 하에서 용병의 원칙을 제시하고 있다. 나아가 적과 나 자신, 지형과 천시天時를 알아야 온전한 승리를 달성할 수 있다고 강조하

---

28 손무, 김광수 옮김, 『손자병법』, p. 311.

고 있다.

지형편은 5개의 핵심 사상으로 구성되어 있다. 첫째, 전술적인 지형을 어떻게 활용할 것인가에 대한 판단을 담고 있다. 지형을 여섯 가지로 구분하고 각각의 지형적 특성과 싸우는 방법을 설명하고 있다. 이러한 지형에 대한 판단과 조치는 장수의 기본적인 책무로서 장수는 지형에 대한 안목, 통찰력을 구비해야 한다고 강조한다.

지형은 용병술의 변화 요소로서 『손자병법』 전편에 걸쳐 언급되는 중요한 요소이다. 손자는 지형을 전쟁 수행에 큰 영향을 미치는 요소로 보았다. 적을 헤아리는 것料敵, 이길 수밖에 없는 유리한 승리 방법을 수립하는 것制勝, 지형의 험하고 좁고 멀고 가까움을 계산하는 것計險阨遠近이 최고사령관의 가장 큰 업무요 책무라고 했다. 따라서 이러한 것을 알면 이기고, 모르면 진다는 것이다.

지형에 대한 올바른 판단과 조치, 그리고 활용은 승부의 시작이자 종결요소이다. 이순신 장군이 배 13척으로 왜군의 배 133척을 물리치려고 울돌목으로 유인한 것은 울돌목의 격류, 좁은 길목, 시간 변화에 따른 물길의 변화 등 울돌목이라는 지형에 대한 이해와 판단에서 비롯된 것이다. 명량해전의 승리를 이순신 스스로 '기적'이라고 요약했지만, 그러한 기적은 그저 오는 것이 아니라 지형, 적, 아군, 그리고 당시 상황에 대한 종합적인 판단과 확신이 없었다면 불가능했을 것이다.

두 번째 단락은 장수의 역량이나 자질에 관한 내용으로, 군대가 패배에 이르는 여섯 가지 길을 제시하고 있다. 즉, 병력이 비슷한데도 어리석게 1로써 10을 공격하는 주병走兵, 사병은 강한데 장수가 유약한 이병弛兵, 장수들이 강하고 병사들이 약한 함병陷兵, 중간 장수들이 통제에 안 따르고 제멋대로 싸우는 붕병崩兵, 장수 통제가 부실하고 부대 군기가 빠지고 전투대형이 어지러운 난병亂兵, 병력의 많고 적음에 따라 용병을 달리할 줄 모르고 무모하게 공격하는 배병北兵이 바로 그것이다. 이러한 용병술은 장수의 낮은 전문성과 미숙한 용병술에 의해 나타나는 현상으로서, 손자는 매우 경계해야 한다고 했다.

네 번째 단락은 장수의 독단적 행동에 관련된 내용을 다루면서 장수의 자세와 마음가짐을 잘 설명하고 있다. 장수가 전장에 서면 상황에 따라 군주의 지시를 수행하지 못하고 독단적으로 행동해야 할 때가 있다. 이때 그러한 독단적 행동이 개인의 명예를 얻기 위한 이기적인 생각에서 비롯된 것이 아니어야 하고, 일이 잘못되었을 때에도 책임을 회피하지 않고 당당한 자세로 책임을 져야 한다. 오직 국민의 안위와 국가의 이익만이 독자적으로 판단해 명령을 내리는 근거가 되어야 한다. 그러한 생각을 하는 장수가 진정한 군인이고 국가의 보배가 될 수 있는 것이다. 손자의 이러한 생각은 『손자병법』이 오늘날에도 많은 사람들로부터 사랑을 받는 이유 중 하나이다.

다섯째 단락은 부하 관리 또는 리더십에 관련된 내용을 담고 있다. 부하들을 사랑하는 자식처럼 생각하고 대해주면 부하들은 깊은 계곡, 험한 전장 어디에라도 나아가 목숨을 걸고 싸운다. 그러나 부하 사랑이 지나치거나 도를 넘게 되면 버릇없는 자식驕子처럼 써먹을 수 없게 된다. 비록 한 줄에 불과하지만, 부하에 대한 사랑과 관심, 그리고 책임감과 절제가 동시에 필요함을 역설한 의미심장한 글귀가 아닐 수 없다.

여섯째 단락은 지형편의 결론이면서 『손자병법』 전체의 핵심 사상이고 모공편에서 제시한 지피지기知彼知己의 완결편이다. 모공편에서는 적과 아군, 이 두 가지 요소를 언급했는데, 지형편에서는 여기에 천시와 지형知天知地을 추가했다. 적을 알고 나를 알면 백 번 싸워도 위태롭지 않고, 나아가 천시와 지형[29]까지 안다면 가히 '온전한 승리'를 달성할 수 있다고 했다.

---

29 천(天)과 지(地)에 대한 해석은 보다 더 폭넓게 해석할 필요가 있다. 시계편에서 천(天)은 음양(陰陽), 한서(寒暑), 시제(時制)라는 기상과 기후 측면에서 주로 설명이 되고 있지만, 천을 사람과 사람, 나라와 나라, 시간의 변화 등에서 형성되는 국가 간의 관계나 상황 요소로 이해할 수 있고, 지(地)도 원근(遠近), 험이(險易), 광협(廣狹), 사생(死生) 등 지리적 요소를 포함한 피아의 관계, 여건, 처지, 입장 등의 의미로도 이해할 수 있다. 지종상, "손자병법의 구조와 체계성", 충남대 군사학 박사학위 논문(2010. 8.), pp. 274-277.

'온전한 승리'는 전쟁을 수행하는 군주와 장수가 추구하는 최고 상태의 승리이고, 바람직한 승리이다.

『손자병법』은 '싸우지 않고 이기는 부전승不戰勝', '온전한 승리全勝', '쉬운 승리', 최소 전투, 그리고 실제 전투를 통해 얻은 전승戰勝 등 여러 가지 승리의 개념을 제시하고 있다. 부전승은 싸우지 않고 이기는 승리이며, 전승全勝은 온전한 승리로서, 이를 달리 표현하면 일방적인 승리, 거의 피해가 발생하지 않은 승리, 최소 전투에 의한 승리, 쉬운 승리易勝가 달성된 상태이다. 이러한 승리를 달성하기 위해서는 철저한 전쟁 준비, 이길 수밖에 없는 조건의 조성, 료적제승料敵制勝을 구사하는 제갈공명諸葛孔明과 같은 최고 장수가 필요하다. 적을 알고, 나를 알고, 지형을 알고, 천시를 통달한 장수가 되어야 한다.

11. 구지편(九地篇)의 핵심 사상

제11편 구지편은 아홉 가지 전략적 지리와 상황에 따른 용병법을 제시하고 있다. 가장 긴 편이면서 용병의 실체를 잘 제시하고 있다.[30] 제10편 지형편이 '지형의 전술적 운용'을 제시했다면, 제11편 구지편은 '전략적 지리학'에 관해 논하고 있다. 전반적으로 적에게는 불리하게 아군에게는 유리하게 전략적 상황을 조성하고, 속도와 기만을 바탕으로 적진 깊숙이 들어가 신출귀몰하게 타격해 적을 마비시켜 승리를 쟁취하는 기동전의 모습을 잘 제시하고 있다. 또 원정작전에 관해 중점적으로 기술하고 있고 패권국가가 추구해야 할 패왕지병霸王之兵에 대해 논하고 있다. 구지편은 5개 단락으로 구성되어 있다.

첫째 단락은 산지散地, 경지輕地, 쟁지爭地, 교지交地, 구지衢地, 중지重地, 비지

30 군쟁편이 실제 용병론의 서론에 해당된다면, 구지편은 그 결론에 해당된다고 할 수 있다. 구지편은 손자가 추구하는 실제 용병술의 모습이 그대로 제시되어 있다. 손무, 김광수 옮김, 『손자병법』, p. 344.

圮地, 위지圍地, 사지死地 등 아홉 가지의 전략적 지리를 설명하고, 각각의 지정학적 특성 속에서 어떻게 부대를 운용해야 하는지를 설명했다. 즉, 지리 그 자체의 특성만을 설명한 것이 아니라 적과 아군의 상호관계를 근거로 설명한 것이다. 전략적 지리를 활용한 최고의 상태는 유리한 전략적 상황을 획득하는 것이다. 유리한 위치를 선택한 그 자체로 이미 이길 수밖에 없는 유리한 여건이 조성되고, 적은 서로 연계되지 못하고 분리되어 혼란에 빠질 수밖에 없는 상황에 처하게 된다. 한국전쟁 시 맥아더Douglas MacArthur가 인천상륙작전을 실시했을 때 북한군이 허를 찔려 붕괴된 것처럼, 적이 꼼짝달싹 못할 목에 가시 같은 유리한 지형을 선점하는 것이 중요하다. 그래서 손자는 "적이 우세하고 정연한 자세로 공격해오면 어떻게 하는가?"라는 질문에 "적이 가장 아끼는 곳, 빼앗기면 안 되는 요지를 먼저 점령해라. 그러면 내 의도대로 될 것이다"라고 말했다. 전략적 지리가 제시하는 핵심은 유리한 지역을 점령하는 것 그 자체로 이미 승패가 결정될 수 있다는 것이다.

둘째 단락은 그래서 군사작전의 으뜸은 신속함이니, 적이 미치지 못하는 틈을 타 생각지도 않는 길을 경유해 경계하지 않는 곳을 공격해야 한다는 것이다. 신출귀몰한 기동으로 적의 허를 찔러 대응할 마음을 먹지 못하게 해야 한다는 것이다.

셋째 단락은 장수가 병사들을 어떻게 만들어야 하는가를 언급하고 있다. 손자는 솔연率然처럼 만들어야 한다고 했다. 솔연이란 상산常山의 뱀으로, 머리를 치면 꼬리가 달려들고 꼬리를 치면 머리가 달려든다. 유연하고 탄력적이고 공세적으로 훈련되어 자유자재로 움직이는 최고의 전투부대가 바로 솔연과 같은 부대이다.

넷째 단락은 이런 솔연과 같은 부대를 만들기 위해서 어떻게 해야 하는가를 제시하고 있다. 오월동주嗚越同舟와 같이 서로 뭉치게 만들고, 더 이상 물러날 수 없는 상황에 직면하게 하여 젖 먹던 힘까지 발휘토록 해야 한다. 그리고 많은 사람들을 한 사람 부리듯이 해야 한다. 그게 장수의 '전장 리더십'이다.

또 원정작전 요령을 제시하고 있다. 적진 깊숙이 들어가면 병사들의 마음을 하나로 단결시키고 식량을 현지에서 조달하여 잘 먹이고 피로하지 않게 하여 사기를 높이는 것이 중요하다. 그러면서도 적으로 하여금 나의 의도와 위치를 예측할 수 없게 한다. 그리고 더 이상 돌아갈 수 없는 극한 상황으로 몰아 병사들로 하여금 죽음을 각오하고 싸우게 만들면 전제專諸나 조궤趙軌[31]처럼 결사적으로 싸우게 된다.

손자는 여기에서 '배수진背水陣의 리더십'을 설파했다. 배수진이란 더 이상 갈 곳이 없는 극한 상황으로 스스로를 몰아넣어 병사들로 하여금 전력을 다하게 만드는 방법이다. 당시 병사들은 훈련된 병사들이 아니었기 때문에 최고 전투력을 발휘하도록 하기 위해서는 사지로 몰아넣어야 했다. 사다리를 올라가게 한 후 치운다든지如登高而去其梯, 절망적인 상황에 몰아넣어 전력투구하게 하고 사지에 몰아넣어 죽기살기로 싸우게 만드는 것投之亡地然後存, 陷之死地然後生이 모두 배수진 리더십의 방법들이다.[32]

또 적국 깊숙이 진격해 들어가 싸우기 위해서는 인간 심리에 대한 심오한 통찰이 필요하다. 먼저 적 부대의 기세를 꺾고, 적 장수의 마음을 빼앗아야 한다. 적을 포위할 때는 도망갈 틈을 내주고圍師必闕, 궁지에 몰린 적을 핍박해서는 안 된다窮寇勿迫. 사지死地에서는 살아날 수 없음을 보여줌으로써死地吳將示之以不活 격렬한 전투의지를 북돋우어야 하고, 포위되었을 때는 적이 내준 통로를 오히려 내가 막아버려야圍地吳將塞其闕 한다. 이러한 방법들은 인간의 내면에 깊이 자리 잡은 심리를 활용한 용병술이 아닐 수 없다.

다섯째 단락은 패왕지병의 용병술을 제시하고 있다. 패왕지병이란 강

---

31 전제는 오왕 합려가 왕자 시절에 요(僚)왕을 살해함으로써 왕위에 오르도록 한 무사이며, 조궤는 춘추시대 노나라 사람으로, 제나라 환공이 노나라를 공격하여 항복받는 자리에서 환공을 칼로 위협하여 노나라를 구한 용사이다. 모두 목숨을 돌보지 않고 임무를 완수한 전사들이다.

32 아군의 병사들을 절망적인 상황이나 사지에 몰아넣어 그들로 하여금 젖 먹던 힘까지 내도록 만든 것은 당시 병사들이 상비군이 아니라 농민들로 구성되었기 때문이다. 오늘날 그대로 적용할 수 있는 방법은 아니나, 그러한 인간 심리에 대한 통찰을 주목할 필요는 있다.

력한 국력을 가진 패권국을 의미한다. 이러한 패권국은 주변국들이 아예 덤벼들 생각을 하지 못하게 하고, 적대 세력을 만들지 못하게 하며, 효과적인 대응도 하지 못하도록 위세를 떨쳐 전승全勝을 달성한다.

이 구지편에는 손자의 용병술을 압축적으로 설명한 부분이 여러 곳 있다. 군 운용의 으뜸은 신속함이니, 적이 미치지 못하는 틈을 타 생각지도 않는 길을 경유해 적이 대비하지 못한 목표를 공격해야 한다는 것이나, 병사들을 막다른 골목으로 몰아 전력을 다하게 하는 배수진의 원리, 솔연과 같은 부대 운용, 그리고 위세만으로도 적에게 영향을 미치는 패왕지병이 그것이다.

12. 화공편(火攻篇)의 핵심 사상

화공火攻이란 불로 적을 공격하는 전술로, 고대 전법 중에서 중요한 특수작전 중 하나였다. 화공편의 전반부는 화공의 원칙과 화공작전의 방법에 대해 설명하고 있고, 후반부는 전쟁의 종결과 개전에 대해 논하고 있다.

첫째 단락은 화공의 종류와 조건에 대해 설명하고 있다. 화공의 대상은 사람, 보급품, 보급수송부대, 창고, 부대 등이다. 화공은 그 조건을 살펴야 한다. 불이 잘 탈 수 있는지, 각종 도구는 잘 준비되어 있는지, 그리고 무엇보다도 불을 놓는 시간이 중요하다. 특히 불이 잘 타오르는 날이 있으니 이를 고려해야 한다.

둘째 단락은 화공의 방법에 대해 설명하고 있다. 불이 내부에서 일어나면 외부에서 호응해야 하고, 불이 났는데도 혼란이 일어나지 않으면 대기하다가 그 여부를 결정한다. 화공은 바람이 적 방향으로 불 때 해야 하는데, 바람이 낮에는 오래 불고 밤에는 곧 그친다는 것을 알아야 한다.

셋째 단락은 전쟁 승리 후에 조치해야 할 '전후 처리'에 관한 사항을 언급하고 있다. 전쟁을 준비하고 수행하여 승리하는 것도 중요하지만, 전후 처리는 매우 중요하다. 전후 처리를 잘하지 못하면 전쟁 이전보다 상황이 더 악화될 수도 있고 많은 노력을 해서 얻은 승리가 물거품이 될 수도 있다. 그래서 논공행상論功行賞은 매우 중요하고 명쾌하게 처리해야 한다.

넷째 단락은 시계편에서 언급한 전쟁의 정의와 전쟁의 신중론을 다시 제시하고 있다. 전쟁 수행의 원칙은 비리부동非利不動, 비득불용非得不用, 비위부전非危不戰이다. 전쟁에 대한 현실주의적이면서도 이상주의적인 요소를 담고 있다. 전쟁은 함부로 해서는 안 되며 전쟁을 수행하려면 철저히 이해득실利害得失을 따져 움직여야 함을 보여준다.[33] 그 이해득실에 대한 계산은 단지 군사작전의 승리 가능성에만 머무는 것이 아니라 전쟁이 종결된 뒤의 상태까지 고려해야 한다. 전후 처리는 단지 논공행상의 문제를 넘어 인접 국가들 간의 국제질서와 상황까지를 고려해야 하는 복잡한 문제이다. 리델 하트는 전쟁을 할 때 전쟁 그 자체를 넘어 전후의 평화까지 고려해야 한다고 강조했다. 전쟁이란 감정에 치우쳐 시작해서는 안 되는 존망지도存亡之道이니 신중하고 또 신중해야 한다. 분노는 다시 기쁨이 될 수 있고 성난 것은 다시 즐거워질 수 있지만, 한번 망하면 다시 살아날 수 없는 것이다. 이 단락에서 손자가 말하고자 하는 것은 전쟁은 국민의 사생死生과 국가의 이해利害에 기준하여 시작하고 종결지어야 한다는 것이다.

13. 용간편(用間篇)의 핵심 사상

제13편 용간편은 『손자병법』의 마지막 편으로 시계편과 함께 『손자병법』의 수미首尾를 이루고 있으며, 정보활동의 중요성과 그 주요 수단을 기술하고 있다. 전쟁을 결심하고 판단하고 비교하는 데 간첩을 활용한 정보의 획득은 기본이며, 적을 조종하고 혼란시키고 교란시키는 궤도詭道의 용병술도 정보를 바탕으로 이루어진다. 전쟁의 승패는 정보활동에 달려 있다. 용간편이야말로 『손자병법』의 토대가 되는 중요한 편이다.

용간편은 5개의 핵심 사상으로 이루어져 있다. 첫째, 정보의 중요성을 강조했는데 '선지先知'사상이 그것이다. 한 나라가 수십만의 병력과 장비를

---

33 손무, 김광수 옮김, 『손자병법』, p. 416.

구비하고 하루에 천금을 써가며 전쟁을 준비해서 하루에 승패가 판정이 난다. 이때 간첩이 제공하는 정보가 결정적인 승패를 좌우한다. 그런데 돈이 아까워서 간첩을 운용하는 데 돈을 아끼는 사람은 군주로서 자격이 없고 장수로서 능력이 없는 것이다. 현명한 군주와 훌륭한 장수가 연전연승하는 이유는 모두 먼저 적을 알기 때문이다. 전쟁을 시작할 것인지 여부를 판단한다거나 적의 의도를 판단하고 승리의 길을 찾아내는 모든 활동이 적과 나와 지형과 천시에 대한 비교와 판단에서 시작되는데 적을 모르고서는 그 무엇도 시작할 수 없는 것이다.

어떤 학자는 『손자병법』에서 가장 핵심적인 요소를 말한다면 '계산'이라고 한 바 있다. 『손자병법』이 과거 여러 병서들과 구분되는 이유로 철저한 계산과 이해득실에 따른 합리적인 판단을 들 수 있는데, 이러한 합리적인 판단의 기초가 '정보'라는 것이다. 이러한 정보는 당시 간첩을 통해서만이 가능했기 때문에 간첩을 운용하는 군주와 장수의 지혜와 통찰력이 중요했던 것이다.

둘째, 간첩의 종류에 대해 설명하고 있다. 간첩은 향간鄕間(적국 주민을 간첩으로 활용하는 것), 내간內間(적국의 관리를 이용해서 정보수집을 하는 것), 반간反間(적군의 간첩을 아군의 간첩으로 포섭하여 역이용하는 것), 사간死間(배반할 가능성이 있는 아군의 간첩에게 고의로 거짓 정보를 주어 적에게 누설하게 하는 것. 이런 간첩은 거의 죽임을 당하므로 사간이라는 이름이 붙음), 생간生間(적국 내에 잠입하여 정보활동을 하고 돌아와 보고하는 간첩) 등 다섯 가지가 있는데, 손자는 반간을 가장 중시하고 잘 활용해야 한다고 했다. 반간이란 상대 국가 군주와 장수의 마음과 행동, 심지어 전반적인 판단에 영향을 미치는 가장 중요한 요소이기 때문이다.

셋째, 간첩을 운용하는 사례에 대해 설명하고 있다. 간첩을 운용하기도 전에 기밀이 새어나가면 관련된 사람들을 모두 죽여야 한다거나 성을 공격하기 위해서는 그 성과 관련된 인물에 대한 정보를 수집하고 분석해야 함을 강조했다. 정보를 수집하는 노력과 활동이 대단히 어렵고 비밀스러우며 복잡하기 때문에 그 속에서 이루어지는 미세한 흐름과 변화를 예리하게 집어낼 수 있는 군주의 현명함이 필요하고 그래서 반드시 직접 관리해야 한다.

넷째, 정보의 중요성을 다시 한 번 강조하고 있다. 손자는 현명한 군주와 지혜로운 장수가 뛰어난 인물을 발굴하여 간첩으로 운용하면 큰 성공을 거둘 수 있다고 했다. 정보는 군 운용의 핵심이고, 수십만의 군대가 움직이는 첫 출발점인 것이다.

Ⅳ. 『손자병법』의 주요 군사사상

1. 손자의 전쟁관

『손자병법』 전편에 흐르고 있는 전쟁에 대한 손자의 기본 사상은 전쟁을 결코 함부로 해서는 안 된다는 것이다. 전쟁이란 국민의 생사生死와 국가의 존망存亡이 달린 국가의 큰일이기 때문에 신중하게 결정해야 한다는 것이다. 전쟁을 하게 되면 수많은 인명과 물자가 파괴되고 천문학적인 전쟁비용이 소요되기 때문에 승산 없는 전쟁을 하게 되면 국가의 존망이 흔들리게 된다. 따라서 군주는 순간적인 감정이나 노여움 때문에 전쟁을 일으켜서는 안 되고, 장수 역시 순간적인 분노 때문에 전투 속으로 빨려 들어가서는 안 된다. 노여움은 시간이 흐르면 다시 기쁨으로 바뀔 수 있고 분노도 시간이 흐르면 다시 즐거움으로 바뀔 수 있지만, 전쟁을 잘못 시작하여 나라가 망하면 다시 세울 수 없고, 사람이 죽으면 다시 살아날 수 없는 것이다. 승산 없는 전쟁을 시작하여 많은 인명과 재산의 피해를 초래하는 군주와 장수는 지도자로서 자격이 없는 사람이다. 전쟁은 함부로 해서는 안 되며 그 승산을 잘 따져보고 신중하게 결정해야 한다는 것이 전쟁에 대한 손자의 기본적인 인식이다. 그래서 『손자병법』 첫 마디에 명확하게 그 의도를 제시하고 있는 것이다.

오나라를 강국으로 만든 오왕 합려는 월나라를 굴복시키겠다는 욕심 때문에 무모한 전쟁을 일으켰다가 큰 피해를 입고 본인도 적군의 화살에 맞아 죽고 말았다. 이라크의 후세인Saddam Hussein 역시 1990년 쿠웨이트를 불법 침공했다가 미국을 위시한 다국적군의 공격을 받아 이라크를 혹독한 전쟁의 참화 속으로 몰아넣었다. 그리고 2003년에는 미국의 공격을 받아 전쟁에서 패배하고 비참한 최후를 맞고 말았다.

전쟁이 함부로 해서는 안 될 중요한 일이라면, 전쟁 여부를 판단하는 기준은 무엇인가? 손자는 5사7계를 그 기준으로 제시하고 있다. 다른 어떤 병서도 제시하지 못한 판단 기준을 제시했다는 측면에서 『손자병법』은 과학적이고 합리적이며 타 병서를 능가하는 특징을 가지고 있다.

전쟁에 대한 계산과 판단은 『손자병법』 전편에 흐르는 기본적인 사상이요 정신이다. 전쟁 그 자체뿐만 아니라 군대의 전진과 후퇴, 주요 지형에 대한 전략적·작전적 판단과 이용, 그리고 기정奇正의 적용, 화공작전, 간첩의 활용 등 모든 면에서 철저한 계산과 판단이 이루어져야 한다. 그래서 장수의 자질 중에서도 지혜로움智을 가장 우선적으로 강조했다. 손자는 "이익이 없으면 움직이지 않으며, 유리하지 않으면 용병하지 않으며, 위험하지 않으면 전쟁을 하지 않는다非利不動 非得不用 非危不戰"고 했다.

전쟁은 조금 부족하더라도 단기전을 수행하는 것이 중요하다. 전쟁을 오래 하면 국민들의 생활이 피폐해지고 국가 재정이 파탄이 날 수 있다. 국민을 생각하고 나라의 장래를 생각하는 현명한 군주는 전쟁을 함부로 해서는 안 될 뿐만 아니라 하더라도 신속하게 끝내는 것이 중요하다. 완벽한 승리를 하려고 오래 하다가는 결국 전쟁으로 인한 폐해를 겪게 된다.

2. 부전승과 전승 사상

만약 승산이 있다는 계산이 나와서 전쟁을 하게 된다면 어떻게 해야 하는가? 손자는 전쟁은 싸우지 않고 이기는 부전승不戰勝[34]이 최선의 방법이라고 주장한다. 전쟁을 하게 되면 많은 국민이 피해를 입고 재산이 파괴되며 국가는 엄청난 전쟁비용을 부담해야 한다. 그래서 손자는 온전한 상태로 이기는 것이 최상이고 적국을 깨뜨려 이기는 것이 차선이라고 했으며, 백 번 싸워 백 번 이기는 것이 최선이 아니고 싸우지 않고 적을 굴복시키는 것이 최선의 방법이라고 했다.

부전승의 실제 모습은 어떠할까? 거란족의 침공에 맞서 협상을 통해 적을 물리친 서희 장군의 경우가 부전승이 될 것이다. 치열한 전투를 수행하지 않고도 국가가 바라던 바를 달성하는 전투가 곧 부전승이다. 미국이 리비아의 지도자 카다피Muammar Gaddafi로 하여금 핵을 포함한 대량살상무기 개발을 포기하도록 유도한 것도 미국이 부전승을 달성한 결과이다. 동로마 장군 벨리사리우스Belisarius가 542년 페르시아 장수들이 방문했을 때 병사들의 강한 훈련 모습과 전쟁준비 상태를 보여줌으로써 페르시아로 하여금 도발을 중지하고 시리아에서 물러나도록 한 바 있는데, 영국의 군사전략가 리델 하트는 이것이 부전승의 대표적인 사례[35]라고 했다.

부전승은 군사력 사용 이전에 정치·외교적 수단에 의해 달성된다. 물론 강력한 군사력이 뒷받침되어야 한다. 군사력이라는 전쟁수단을 사용하지 않고 적으로 하여금 나의 의지에 복종하게 하는 부전승은 그래서 정치·외교·경제·심리·과학기술적 수단을 사용함으로써 승리를 추구한다. 부전승은 모략으로 적을 이기며 힘으로 적을 이기지 않는다는 것이고, 지혜를 겨루고 힘을 겨루지 않음을 강조한다.

오늘날의 발전된 군사교리 개념을 적용한다면, 이러한 부전승은 군사적 수단에만 의존하지 않는 정치, 경제, 사회, 문화, 과학기술 등 국가안보 역량을 동원하는 국가안보전략 또는 국가전략 차원의 전쟁 수행 개념이

---

34 리델 하트는 그의 간접접근전략이론을 제시한 『전략론』에서 이러한 부전승 개념을 '무혈승리(bloodless victories)'라고 표현했다. B. H. Liddell Hart, *Strategy: The Indirect Approach*(New York : Frederick A. Praeger, 1954), p. 339.

35 앞의 책, pp. 338-339; 리델 하트, 강창구 옮김, 『전략론』(서울: 병학사, 1978), p. 357.

다. 따라서 『손자병법』은 병서이지만, 군인들만의 책이 아니라 국가지도자와 CEO들의 경영서로서도 그 가치가 높이 평가되고 있다.

부전승의 개념을 전략적 · 작전적 수준에 적용한다면 그 개념은 전승全勝, 즉 '온전한 승리'가 될 것이다. 온전한 승리란 전쟁이 시작되어 결정적인 전투가 벌어지기 전, 또는 결정적인 전투를 통해 큰 피해 없이 최소 전투로 승리하는 전투를 의미한다. 부전승이 군사력을 동원하기 전의 비군사적인 수단에 의한 승리를 의미한다면, 전승이란 전쟁에 돌입해서 치열한 전투를 수행하기 전에 적이 항복을 한다거나 또는 교묘한 기동과 간접접근전략을 통해 최소 피해만으로 큰 성과를 달성하는 승리를 말한다. 이러한 온전한 승리는 이상적인 승리이며, 온전한 상태에 가까운 승리라고 할 수 있다. 온전한 승리는 적 장수로 하여금 자신감을 잃고 심리적으로 굴복하게 만들고 교묘한 기동으로 적군을 심리적으로 마비시킴으로써 달성할 수 있다.

전승을 달성하기 위해서는 적과 아군, 지형과 천시에 대한 장수의 지혜와 통찰력이 있어야 한다. 적장의 심리를 읽고 자극하여 멀리 돌아가면서도 먼저 갈 수 있는 지혜로움이 있을 때, 또 리델 하트가 얘기한 바와 같이 최소저항선과 최소예상선을 통한 간접기동을 통해 적을 혼비백산하게 만들고 흔들어 효과적인 방어를 할 수 없도록 만들었을 때 최소 전투에 의한 승리가 달성되고 아군은 큰 손실 없이 결정적인 승리를 달성할 수 있는 것이다. 1940년 독일 구데리안Heinz Wilhelm Guderian 장군이 아르덴Ardennes 산림을 통해 신속히 기동해 들어감으로써 영국군과 프랑스군을 전략적으로 분리하고 약화시켜 2주 만에 프랑스를 항복하게 만든 승리라든지, 2001년 걸프전 당시 미국을 중심으로 한 다국적군이 쿠웨이트 정면에서 종심으로 250마일을 기동하여 이라크군을 측후방에서 타격함으로써 100시간 만에 지상전을 종결한 작전은 온전한 승리로 기억될 만하다.

3. 손자의 용병관

전쟁에서 승리하기 위한 전략은 무엇인가? 크게 궤도, 제승지형, 기정, 우직지계, 피실격허, 지형, 정보 등을 제시할 수 있다. 사실 『손자병법』 전체가 어떻게 싸울 것인가를 제시하는 병서이기 때문에 어느 한 구절이나 개념으로 전체를 대변할 수는 없지만, 그중에서도 가장 대표적인 개념들이 바로 앞에서 언급한 내용들이다.

기본적으로 손자는 강한 적을 공격해서는 안 되고 약해지고 흐트러진 적, 무기력해진 적을 공격해야 하며, 가장 약한 곳, 구할 수밖에 없는 곳을 예상하지 못한 시기와 방향에서 공격하라고 했다. 정면에서 강한 적을 공격하는 것은 가장 나쁜 방법이라고 보았다. 그러한 적은 약해지고 허점이 보일 때까지 기다리거나 공작을 해서 약화시킨 후에 공격해야 한다. 그래서 이길 수 있을 때 공격한다는 것이 기본적으로 전장에 임하는 손자의 기본 사상이다. 강한 적을 공격하는 것은 우선 큰 힘이 들 뿐만 아니라 승리 보장도 없고 큰 피해가 생기게 된다. 그것은 손자가 바라는 바가 아니다. 큰 피해가 생기는 전투는 이겨도 최선이 아니기 때문에 피해야 한다. 내가 약해서 지게 생겼으면 전투를 회피해야 하며, 유리한 상황이 될 때까지 기다리고 시간을 벌어야 한다.

다음으로는 먼저 이길 수밖에 없는 조건을 만들어야 한다. 그래서 전쟁이 시작되기 전에 이미 이기고 있어야 한다. 실제 전장에서는 그저 누워서 떡 먹기 식의 전투가 벌어져야 한다. 남들이 보기에 훌륭한 장수 같지 않아야 한다. 이기게 되어 있는 전투를 이긴 전투가 되어야 한다. 그래서 사전 준비가 필요한 것이다.

그러면 장수가 해야 할 일은 무엇인가? 전쟁이 발생하기 전에 적과 아군, 지형과 천시를 꿰뚫어보고 이길 수 있는 계략을 세우고 적이 아군의 함정 속으로 빠져들 때까지 기다려야 한다. "선위불가능 이대적지가승先爲不可勝, 以待敵之可勝"이라는 말이 그 말이다. 적이 나를 이기지 못할 확고한 태세를 갖추고 적의 약점이 조성되기를 기다리는 상황이 되어야 한다. 진격해 들어가기만 하면 승리할 수 있는 상황을 전쟁이 발생하기 전에 만들어놓아야 하는 것이다. 전투가 시작되어서 그때에야 이기는 방법을 모색하는 장수는 형편없는 하수下手이다. 설사 용감하게 싸워서 이기더라도 그 장수는 훌륭한 장수가 아니다. 힘든 전투를 수행하게 만드는 장수는 부하들을 힘들게 하는 장수이며, 지모智謀가 부족한 장수이다. 사전에 적과 아군과 지형과 천시를 꿰뚫어보는 지혜와 통찰력이 구비되지 않았기 때문이다. 『삼국지』의 제갈량과 같이 이미 전쟁의 흐름이 눈앞에 그대로 보이는 이길 수밖에 없는 상황을 만들어야 하는 것이다. 그래서 장수는 지혜롭고 통찰력이 있어야 하며, 병사들의 마음을 읽고, 그들을 천 길 산 위에서 둥근 돌을 굴려 내려오게 하는 것과 같이, 그리고 거센 물이 돌을 뜨게 하는 것과 같이 만들어야 한다.

이렇게 이길 수밖에 없는 조건을 미리 만드는 것을 손자는 제승지형이라고 했다. 이런 제승지형의 조건을 만들면 전투는 '쉬운 승리易勝'가 되고 리델 하트가 말하는 '최소 전투'가 이루어질 수 있는 것이다. '쉬운 승리'나 '최소 전투'는 전투가 벌어지기 이전에 이미 이길 수밖에 없는 유리한 조건이 이루어졌기 때문에 실제 전장에서는 그저 누워서 떡 먹기 식의 전투만 이루어지고, 저항력이 상실되어 오합지졸처럼 도망가기에 급급한 적병을 포로로 잡아들이기만 하면 된다. '쉬운 승리'나 '최소 전투'는 큰 힘 들이지 않고 이기는 전투를 말하며, 이러한 전투에서는 당연히 아군의 피해도 적어 온전한 승리全勝를 달성할 수 있다.

이러한 형태의 전투는 1940년 독일-프랑스 전역, 한국전쟁 시 인천상륙작전, 카이사르의 일레르다Ilerda 전역, 크롬웰Oliver Cromwell의 프레스턴Preston 전역, 1870년 몰트케Helmuth von Moltke가 스당Sedan에서 맥마흔McMahon군을 포위한 작전, 나폴레옹Napoléon Bonaparte의 울름Ulm 전역, 2001년 걸프전 시 '사막의 폭풍 작전Operation Desert Storm' 등이 모두 여기에 해당된다고 할 수 있다. 제승지형은 『손자병법』의 저변에 흐르는 기본 정신이다. 이겨놓고 싸우는 전쟁, 전투가 벌어지기 전에 미리 철저한 준비와 통찰력으로 이길 수밖에 없는 승리 조건을 만들어놓는 것, 그것이 손자가 강조하는 용병술인 것이다.

그 다음은 전쟁은 속임수를 기본으로 한다兵者 詭道也는 궤도사상이다. "속임수를 기본으로 한다"는 것은 전쟁의 속성을 설명하는 말로, 전쟁이란 있는 그대로 싸우는 것이 아니라 변화를 추구해야 한다는 것이다. 나라가 크다고 해서 반드시 이기는 것이 아니고 지혜를 쓰면 작은 나라도 이길 수 있다는 것이 궤도사상의 본질이다. 상대의 허를 찌를 수 있는 창조적인 사고와 우직지계의 지혜를 발휘하면 작은 나라라도 큰 나라를 이길 수 있다. 전쟁이란 그러한 속성을 가지고 있다. 적의 허를 찌르기 위해 장수는 지혜로워야 하고, 적을 혼란시켜야 하고, 지치게 해야 하고, 모르게 하고, 빨라야 하며, 지키지 않는 곳을 때리고, 생각지도 못한 곳으로 나아가야 한다.

전쟁의 속성을 궤도(속임수)로 보았기 때문에 전쟁은 우연성과 개연성이 존재하는 변화의 장場이 되는 것이다. 장수는 적과 아군, 지형과 천시를 지혜롭게 따지고 나아가야 할 시기와 물러서야 할 시기를 판단해야 한다. 적을 알기 위해서 간첩을 운용하고 적이 나를 모르도록 나는 무형의 상태가 되어야 한다. 상하가 한마음 한뜻으로 뭉쳐야 하고, 군주는 장수의 지휘를 간섭해서는 안 되며, 장수는 장병들이 모든 에너지를 쏟아내도록 전장 리더십을 발휘해야 한다.

전쟁은 누가 더 냉철하게 전장의 흐름을 파악하는가의 두뇌싸움인 것이다. 비록 병력은 적더라도 장수의 계략이 탁월할 경우에는 바위로 계란을 깨뜨리듯이, 한니발이 칸나이 전투Battle of Cannae에서 로마군을 섬멸했듯이, 독일군이 탄넨베르크 전투Battle of Tannenberg에서 러시아군을 섬멸했듯이 할 수 있는 것이다. 전쟁은 병력의 많고 적음이 문제가 아니라 누가 더 이길 수밖에 없는 교묘한 기동을 수행하느냐, 누가 더 상대 장수의 가슴에 패배의 심리를 심느냐가 승패를 좌우하는 것이다.

이러한 궤도사상은 제승지형을 추구하는 강력한 수단이자 실천 방안이다. 이것은 다른 어떤 병서에서도 볼 수 없는 독특한 전쟁 수행 방법이자 『손자병법』의 큰 특징이요 장점이며 자랑이라고 할 수 있다.

먼 길을 돌아가면서도 먼저 도착하는 우직지계, 공기무비 출기불의, 병형상수兵形象水 같은 기동전 개념, 강한 곳을 피하고 허한 곳을 타격해야 한다는 피실격허, 행동의 자유를 갖기 위한 주도권의 장악, 변화무쌍한 기정의 논리, 전장 리더십, 지형에 대한 이해 등은 『손자병법』이 최고의 병서임을 증명해주는 핵심 사상들이다.

4. 정보의 중요성

부전승, 전승, 쉬운 승리를 추구하고 이길 수밖에 없는 유리한 조건을 형성하는 기본은 적에 대한 사전 지식을 바탕으로 한다. 장수가 교묘한 계략을 수행하여 제승지형의 비법을 도출하는 것도 적에 대한 사전 정보를 바탕으로 한다. 정보는 전군이 움직이는 근간이 되며, 나아가야 할 때와 멈추어야 할 때를 판단하는 기준이 된다. 지피지기 백전불태知彼知己 百戰不殆라는 모공편의 구절처럼 적을 알아야 아군의 방책을 세울 수 있고 대응할 수 있다. 적을 모르면 어둠 속에서 표적 없이 사격하는 것과 같고 어디로 가는지도 모르고 버스를 타는 사람과 같다. 전쟁을 수행함에 있어 적을 안다는 것은 군사작전을 수행하는 데 가장 먼저 선행해야 할 활동이며 기본 요소이다.

손자는 적을 알기 위한 노력이 모든 군사행동의 시작임을 강조했다. 당시 정보 수집 수단으로는 간첩을 운용하는 것 이외에는 특별한 것이 없었다. 적을 알아야 한다는 기본 원칙은 전쟁과 경영, 정치와 인간사의 기본 원칙인 것이다.

5. 지형론

전쟁은 산과 들, 하천과 계곡, 땅 위에서 펼쳐지는 너와 나의 싸움이다. 따라서 지형은 전쟁의 바탕이다. 손자는 지형을 중시하여 13편 중에서 3개편을 지형에 대해 논하고 있다. 온전한 승리를 달성하는 4개 핵심 요소 중에 지형이 들어가 있다. 지형은 전쟁이나 전투가 벌어지는 장소일 뿐만 아니라 적과 나 사이에 존재하는 변수이다. 같은 지형이라도 너와 나의 상관관계에 따라 장·단점이 달라지는 것이 지형이다. 그래서 지형은 장수가 분석하고 파악해야 하는 연구 대상일 뿐 아니라 적을 궁지에 몰고 혼란에 빠뜨릴 중요한 승리 요소이다.

손자는 시계편에서 지형을 멀고 가까움, 험하고 용이함, 넓고 협소함, 생지와 사지로 표현하고 있다. 그러나 이러한 4개의 요소가 서로 얽히고 설킨 현상은 수백 가지로 말로 다 표현할 수가 없다. 지형에 대한 손자의 사상은 지형편 "부지형자는 병지조야夫地形者 兵之助也"라는 한 마디에 잘 나타나 있다. 제승지형, 우직지계, 기정, 병형상수, 피실격허 등 손자의 용병술은 모두 지형을 활용하고 판단한 결과로서 도출되는 것이다. 그래서 손자는 "적의 약점을 알고 내가 적을 이길 수 있는 능력이 있음을 알고 있다고 하더라도 지형을 알지 못한다면, 승리의 확률은 반이다"라고 했다.

우리는 지형이 전쟁 승리에 얼마나 중요한가를 이순신의 해전 승리를 통해 잘 알고 있다. 한산도대첩 시 견내량見乃梁에서 적을 유인해 한산도의 넓은 바다에서 학익진鶴翼陣으로 적을 격파한 것이라든지, 좁은 협로에서는 상황에 따라 사선진斜線陣으로, 일자진一字陣으로, 학익진으로 대형을 달리한 것은 지형에 따라 그에 맞는 전법을 구사한 좋은 사례라 할 수 있다. 또 명량해전의 경우는 지형의 특성을 전투에 활용하여 적은 병력으로 대규모 적을 상대한 가장 대표적인 사례이다. 이러한 사례들은 지형이 전쟁 수행에 아주 중요한 핵심 요소라는 것을 우리에게 알려준다.

V. 맺음말

『손자병법』은 2500년 전 중국에서 저술된 오래된 병서이지만, 첨단과학이 발달한 오늘날에도 그 심오한 철학적 진리와 전쟁 수행의 원리는 우리들에게 큰 방향을 제시해주고 있다. 전쟁에 관한 병서이면서 정치, 경제, 경영, 사회, 심리, 인간관계에 이르기까지 적용되지 않는 분야가 없고, 국가 운용부터 개인의 삶에 이르는 철학적 사유도 도출해낼 수 있는 지적 에너지의 보고寶庫이다. 이론과 실제를 묶어주고 연결해주며, 전략, 작전술, 그리고 전술에 이르기까지 다양한 영역에서 활용될 수 있다.

노자사상에 영향을 받은 것으로 추정되는 『손자병법』은 과거 미신이나 운에 따라 전쟁을 결심하고 판단하던 구시대적인 사고방식을 배격하고 과학적인 요소에 근거해 합리적인 판단과 결심을 내릴 것을 주장했다. 특히 그 과정에서 인간 중심의 전쟁을 강조하고 장수는 적과 아군, 지형과 천시라는 네 가지 핵심 요소를 바탕으로 승리 방법을 모색해야 한다고 했다.

『손자병법』은 고대로부터 중국, 한국, 일본 등 동양의 군사사상에 지대한 영향을 미쳤고, 조선시대에는 과거시험 과목으로 중시되기도 했다. 특히 중국은 과거로부터 모략을 중시하여 군사적인 힘에 의한 승리 이전에 정치, 사상, 심리적인 방법을 활용하여 싸우지 않고 이기려고 했다. 마오쩌둥毛澤東의 인민전쟁이 이러한 특성을 잘 반영하고 있다. 미래 중국에 대한 이해는 『손자병법』을 통해 이루어져야 하는 이유가 바로 여기에 있다.

근래에는 미국을 비롯한 영국, 프랑스, 소련, 캐나다 등 여러 선진국에서 『손자병법』을 고전으로 높이 평가하고 있다. 베트남전에서 전쟁의 과학적science 측면을 맹신하다가 패배당한 미군은 『손자병법』을 통해 인간의 의지가 작용하는 술art적 영역의 중요성을 재인식하게 되었다. 그 후 미군은 『손자병법』을 교범 및 교리연구, 군사작전 수립에 없어서는 안 될 핵심 교재로 활용하고 있으며, 각 사관학교와 지휘참모대학, 그리고 전쟁대학에서 반드시 읽어야 할 필독서로 지정하기까지 했다. 『손자병법』의 인간에 대한 이해와 심오한 철학적 특성이 실제 전쟁 경험과 연결되면서 군인들의 사고를 폭넓게 하고 창조적으로 이끌어주기 때문이다.

과학기술이 더욱 발전하고 전쟁의 양상이 다양해지는 미래에도 『손자병법』의 가치는 변함이 없을 것이다. 특히 핵무기와 대량살상무기의 개발과 확산, 첨단과학기술의 발달 등으로 전쟁의 과학적 측면이 강조될수록 인간의 의지와 술術적 측면을 강조하는 『손자병법』의 가치는 지속될 것이다. 특히 힘의 우위가 결코 승리와 직결되지 않는 변화무쌍한 상황에 대한 통찰과 지혜가 더욱 요구될 것이다. 『손자병법』은 앞으로도 시대를 초월해 전쟁의 영역을 넘어 정치, 경제, 사회, 경영, 문화, 그리고 인간관계에서 큰 방향을 제시해줄 것이다.

CHAPTER 2

공화주의자 마키아벨리의 군사사상

홍태영 | 국방대학교 안보정책학과 교수

서울대학교 정치학과 및 동 대학원을 졸업하고, 프랑스 파리 사회과학고등연구원에서 정치학 박사학위를 받았다. 2006년부터 국방대학교 안보정책학과 교수로 재직하고 있다. 국민국가와 민족주의, 정체성, 인권의 정치 등에 관심을 갖고 연구하고 있으며, 저서로는 『국민국가의 정치학』, 『정체성의 정치학』 등이 있다.

I. 머리말

르네상스Renaissance 시기는 중세의 끝자락인가, 아니면 근대의 서막인가? 이러한 질문은 정치사상가이자 군사사상가인 니콜로 마키아벨리Niccolò Machiavelli(1469~1527)에게도 제기할 수 있다. 마키아벨리는 중세의 막바지에 고대 로마 공화국에 대한 애정을 표현한 고대인인가, 아니면 현실주의 정치의 서막을 알리면서 근대를 연 근대인인가?

탁월한 르네상스 역사가로 유명한 야코프 부르크하르트Jacob Burckhardt는 르네상스가 '개인, 인간 및 세계의 발견'을 모토로 중세와의 단절을 강조했고, 합리적 사유와 생활태도 등을 강조하면서 근대의 시작을 알리고 있다고 주장한다.[1] 『중세의 가을Herfsttij der Middeleeuwen』이라는 책을 통해 중세 문명을 세밀하게 들여다보았던 요한 하위징아Johan Huizinga는 르네상스는 근대의 시작이라기보다는 근대로 이행하는 시기 혹은 두 시대의 과도기로 이해하는 편이 더 옳다고 말한다.[2]

제2장에서 살펴보고자 하는 마키아벨리는 르네상스 시기 이탈리아의 외교관이자 저술가로서 명성을 유지하면서 군사 문제에 관한 많은 저술들을 남겼고, 스스로 그것을 실험하기도 한 현실정치가였다. 르네상스 시기의 인물이었던 마키아벨리는 특히 고대 로마 공화국으로부터 정치와 군사 부문의 탁월성을 발견하고 그것을 자신이 살고 있던 도시국가 피렌체Firenze와 나아가 이탈리아에 적용해보고자 했다. 그 과정에서 자신이 경험한 피렌체와 그 주변국인 프랑스, 스페인, 교황청 등과의 외교·군사적 관계를 비롯한 현실정치를 바탕으로 새로운 군주의 덕목과 시민의 덕목을 제시하고자 했다.

---

1 야코프 부르크하르트, 이기숙 옮김, 『이탈리아 르네상스의 문화』(서울: 한길사, 2003).

2 요한 하위징아, 이종인 옮김, 『중세의 가을』(서울: 연암서가, 2012).

마키아벨리는 르네상스 시기 이탈리아의 외교관이자 저술가로서 명성을 유지하면서 군사 문제에 관한 많은 저술들을 남겼고, 스스로 그것을 실험하기도 한 현실정치가였다.

이러한 마키아벨리에 대한 평가는 극단적으로 나뉘고 있다. '악의 전도사'라고 부르며 기독교적 도덕으로부터 벗어나 근대의 현실주의적 정치 및 '비도덕'을 강조한 사상가로 평가하기도 하지만, 이러한 평가는 마키아벨리의 사상과 이론에 천착한 평가라기보다는 마키아벨리 사후 현실정치 속에서 현실정치가들에 의해 이루어진 '정치적' 평가였다고 할 수 있다.[3] 필자는 제2장에서 마키아벨리의 정치적 저작들을 꼼꼼히 살펴보면서 저작들 간의 관계를 파악하고 그의 정치적 행적들을 비교하고 공화주의자로서 마키아벨리를 평가할 것이다.

이 장에서는 마키아벨리가 제시하는 다양한 사유들이 어떠한 역사적 맥락, 특히 어떤 군사사적 맥락 속에서 출현했으며, 그 사유들은 구체적으로 어떠한 의미를 가지는지, 특히 마키아벨리 자신의 정치적 실천과 어떠한 관계가 있는지 염두에 두면서 마키아벨리의 공화주의 정치사상과 그의 군사사상을 살펴보고자 한다.[4]

---

3 마키아벨리를 '악의 교사'로 평하고, 가치와 사실을 구별하고 보편적 선을 부정하면서 역사주의와 실증주의가 전면에 나서게 되는 근대정치철학의 시작으로 평가하는 대표적인 정치철학자로는 레오 스트라우스(Leo Strauss)가 있다. 레오 스트라우스, 함규진 옮김, 『마키아벨리』(서울: 구운몽, 2006).

4 이러한 연구방법론을 '맥락주의(contextualism)' 방법론이라고 하는데, 이러한 연구방법론을 통해 마키아벨리를 연구한 대표적인 저술가로는 퀜틴 스키너(Quentin Skinner), J. G. A. 포칵(Pocock), 루이 알튀세르(Louis Althusser)가 있다. 특히 알튀세르는 마키아벨리의 이론을 그의 정치적 실천 및 정세와의 관계 속에서 이해해야 한다고 강조했다. 이에 대해서는 퀜틴 스키너, 박동천 옮김, 『근대 정치사상의 토대』(서울: 한길사, 2004); J. G. A. 포칵, 곽차섭 옮김, 『마키아벨리언 모멘트』(서울: 나남출판, 2011); 루이 알튀세르, 오덕근·김정한 옮김, 『마키아벨리의 가면』(서울: 이후, 2001) 참조.

II. 르네상스와 마키아벨리

14~16세기 이탈리아에서 시작된 르네상스는 중세 이전 고대 그리스·로마 문명의 부활을 이야기하고 있다. 플라톤Platon과 아리스토텔레스Aristoteles의 고전을 발굴하고 다시 읽기 시작했고, 그들의 삶과 그들이 추구한 이상적 공동체에 대해 논하고 그것을 재현하고자 했다. 이러한 지적 추구는 현실적으로 이탈리아 도시국가의 상업과 교역 발달, 그에 따른 부의 축적과 부유한 시민들의 성장을 가져옴으로써 말 그대로 르네상스 문명을 만들

르네상스는 14~16세기에 이탈리아를 중심으로 하여 유럽 여러 나라에서 일어난 인간성 해방을 위한 문화혁신운동으로, 도시의 발달과 상업 자본의 형성을 배경으로 하여 개성, 합리성, 현세적 욕구를 추구하는 반(反)중세적 정신 운동을 일으켰으며, 문학, 미술, 건축, 자연과학 등 여러 방면에 걸쳐 유럽 문화의 근대화에 사상적 원류가 되었다.

어냈다. 이러한 르네상스 문명의 중심 도시 중의 하나인 피렌체에 외교관 이자 탁월한 사상가로서 그 흔적을 남긴 마키아벨리가 있었다.

1. 이탈리아의 도시국가

마키아벨리가 태어나 활동했던 피렌체는 르네상스 시기 대표적인 이탈리아의 도시국가였다. 피렌체와 같은 도시국가는 11세기 말 12세기 초부터 중앙권력으로부터 독립된 자치도시가 발전하기 시작하면서 형성된 결과물이었다. 중앙의 공적 권위가 몰락하면서 각 지역에서 재산과 사회적 지위를 갖고 있던 귀족 또는 당시 'cives(시민)'라는 라틴어로 불리던 도시부유층 세력이 등장했다. 이들은 서로 연합하여 자발적인 단체를 조직했고, 이것을 바탕으로 사법, 군사 방어, 식량 공급 등의 공직 기능을 수행하면서 '코무네commune'라는 자치도시를 만들어갔던 것이다.[5]

도시국가에서는 콘술consul이 정부를 구성해 통치했는데, 콘술의 권력에 대한 탐욕을 통제하고 인민의 자유를 지탱하기 위한 보장책으로서 도시국가들은 콘술을 거의 매년 갈아치웠다.[6] 콘술에 의한 정부는 이후 보다 안정적인 선거식 정부 형태로 대체되었다. 이 안정적인 정부 형태의 핵심은 포데스타podesta라는 직위였는데, 도시 전체를 총괄하는 최고 권력, 즉 포테스타스potestas가 부여되었기 때문에 그렇게 불리었다. 포데스타 자리에는 다른 도시의 시민을 불러다가 선임하는 것이 일반적이었는데, 그것은 불편부당하게 정의를 집행하기 위해서 생겨난 관습이었다. 포데스타는 인민의 신임에 의해 선출되고 일반적으로 2개의 회의체(최대 600명 이상의 의원으로 구성된 회의체와 40여 명의 지도층 시민의 내밀한 회의체)로부터 자문을 받았다.

하지만 이러한 정치체는 포폴라니popolani, 즉 평민계급의 목소리를 반영

---

5 박상섭, 『국가와 폭력』(서울: 서울대출판부, 2002), p. 8.

6 퀜틴 스키너, 박동천 옮김, 『근대 정치사상의 토대』, pp. 79-81.

하지 못했고, 그들의 도전을 받게 된다. 예를 들어 1287년 시에나Siena에서는 평민들에 의해 포데스타의 통치권이 박탈당하고 귀족들이 쫓겨났다. 그리고 9인 통치위원회가 발족되었다.[7] 최고행정기구인 시뇨리아Signoria(9인 통치위원회)를 구성하는 9인의 임기는 2개월이고, 다른 기관도 3개월에서 6개월을 넘지 않았다.[8] 이것은 원치 않는 행정업무의 부담을 최소화하기 위한 조치이기도 했지만, 다른 한편으로 자격 있는 모든 사람들이 가능한 한 고르게 기회를 갖게 하고 그와 함께 전제정의 출현을 방지하기 위한 것이기도 했다. 피렌체의 경우 시뇨리아를 보좌하는 자문기구로 12인 위원회와 16인 지구대표위원회가 있었으며, 입법기구로는 처음에는 자치도시위원회가 생겼다가 중산층의 상업 활동이 번성해지면서 시민위원회Consiglio des popolo가 추가로 만들어졌다. 또한 필요에 따라 위원회들이 추가로 설치되기도 했고, 1506년에는 마키아벨리가 주장한 민병대 9인 위원회가 설치되기도 했다.

이탈리아에서 이렇게 발달된 공화정체는 궁극적으로 많은 인민들의 참여를 의도한 다양한 방식의 정치실험을 했다. 따라서 여러 공화국들의 차이에도 불구하고 일관된 원칙적 요소가 하나 있다면, 그것은 시민들로 구성된 나라, 즉 시민공동체 개념이었다.[9] 시민들은 통치의 중심에 있었고, 공직자들에 대해서는 그들을 소환하여 업무 수행을 책임지도록 하는 제도가 있었다. 즉, 법 집행자들로 하여금 법을 철저히 준수하게 하는 것이 공화국의 자유를 지키는 핵심 원칙임을 분명히 했다.

도시국가에서 이루어지던 이러한 정치체는 과거 그리스와 로마에서 추구되거나 실현되었던 일종의 혼합정체mixed constitution로, 군주정, 귀족정, 민주정의 요소들을 결합한 정치체였다. 이 혼합정체는 아리스토텔레스가

---

7 퀜틴 스키너, 박동천 옮김, 『근대 정치사상의 토대』, p. 124.

8 박상섭, 『국가와 폭력』, p. 16.

9 모리치오 비롤리, 김경희 옮김, 『공화주의』(서울: 인간사랑, 2006), p. 71.

실현 가능한 가장 이상적인 정치체라고 언명했고, 이후 근대 정치에서도 민주주의의 실현을 위한 구체적인 방안으로 제시된다. 하지만 도시를 중심으로 발전하고 있던 공화정체는 주변국, 프랑스와 스페인과 같은 절대주의 국가의 형성, 합스부르크 제국, 그리고 오스만투르크라는 아랍 제국으로부터 위협을 느끼고 있었다. 군사적인 측면에서 도시공화국은 강대국으로 변모하고 있는 주변국으로부터 침략의 위협을 느낄 수밖에 없었고, 실제로 프랑스나 스페인으로부터 잦은 침략을 받았다.

2. 르네상스기 군사상의 변화

르네상스 시기 군사상의 새로운 변화로 들 수 있는 것은 용병 군대의 일반화 현상이다. 12~13세기만 하더라도 외부의 침입자로부터 이탈리아 도시를 방위했던 시민 민병대는 고용된 직업전사로 대체되기 시작했다.[10] 시민 민병대는 도시에서 80킬로미터 떨어진 국경의 방어거점에 상주할 수 없었고, 뛰어난 기술을 지닌 직업군대와의 전투에서 승리하기도 어려웠다. 또한 이러한 직업군대의 일반화는 도시 내의 상층계급과 하층계급의 반목으로 군사에서든 민간의 일에서든 협력이 어려워진 점도 작용했다. 군주는 무기나 군사 업무를 시민들의 손에 맡기지 않았으며, 시뇨리signori(나리님들)는 포폴로popolo(백성들)를 무장시킬 생각이 추호도 없었다.[11] 즉, 시민들의 반란을 두려워한 지배자들은 이들의 무장을 피하고자 용병을 고용했으며, 도시국가들은 용병에게 지불할 수 있는 충분한 경제적 능력을 가지고 있었던 것이다.[12] 그리고 이는 구조적으로 르네상스 이탈리아의 상업적 부흥과도 밀접한 관련이 있다. 상업의 발달로 부유해진 이탈

---

10 윌리엄 맥닐, 신미원 옮김, 『전쟁의 세계사』(서울: 이산, 2005), p. 104.

11 유르겐 브라우어 · 후버트 판 투일, 채인택 옮김, 『성, 전쟁 그리고 핵폭탄』(서울: 황소자리, 2013), p. 132.

12 박상섭, 『근대국가와 전쟁』(서울: 나남, 1996), p. 62.

리아 도시들에서는 다량의 화폐가 유통되고 있었고, 시민들은 세금을 통해 무장한 이방인에게 용역을 맡길 수 있었다. 용병의 소비 지출은 무장폭력의 상업화를 가져온 시장교환을 더욱 강화시켰다. 이탈리아의 시장 시스템과 군사기업의 융합이 상승작용 속에서 이루어진 것이다.[13] 이러한 용병의 시대는 200년 정도 지속되었다.

이러한 군사의 상업화와 그에 따른 부패, 도시 민병대의 붕괴는 마키아벨리와 같은 공화주의자들의 비판 대상이 된다. 하지만 다른 한편으로 이미 마키아벨리의 시대에 들어서 용병제도는 나름대로 체계화되기 시작했고, 더 나아가 계약 형태가 바뀌어 걸출한 콘도티에레condottiere, 즉 용병대장과 군사지도자들은 영주가 되거나 자발적으로 도시국가의 관료가 되었다.[14]

따라서 규율과 충성심이 강조되는 형태로 장기 계약이 이루어지고 훈련과 기술이 발달하면서 전문직업의식이 싹트는 등의 움직임이 나타난 것이다. 그리고 정반대의 방식이지만 동일한 효과를 낳은 계약 방식도 발달했다. 그것은 용병대장을 거치지 않고 국가가 임금을 직접 지불하는 방식으로 개인과 계약하는 방식이다.[15] 이 경우 보상체계는 사망한 병사의 유족에 대한 지원책까지 포함되어 있었기 때문에 고용주인 국가에 대한 의무감과 충성심을 서서히 주입시킬 수 있었다. 일종의 정규적인 상비군 제도가 발달하기 시작한 것이다.

이 시기의 또 다른 군사상의 특징으로 무기 기술의 발달을 들 수 있는데, 효율적인 석궁과 정교해진 판금 갑옷 등이 이 시기에 경쟁적으로 등장하기 시작했다. 또한 화약과 대포가 중국으로부터 건너와 중국을 능가하는 화약과 대포가 개발되기 시작했다. 대포와 관련하여 중요한 변화는 화

---

13 윌리엄 맥닐, 신미원 옮김, 『전쟁의 세계사』, p. 106.

14 유르겐 브라우어·후버트 판 투일, 채인택 옮김, 『성, 전쟁 그리고 핵폭탄』, p. 153.

15 앞의 책, pp. 160-161.

살 모양의 투사물 대신에 구형球形 포환을 채용하고 발사 속도가 빨라졌다는 것이다. 화약에 대한 기술적 개량은 폭발력을 증가시켜 훨씬 더 강력해진 공성포가 출현하게 되었다. 1494년 프랑스 국왕 샤를 8세가 나폴리Napoli의 왕위계승권을 주장하기 위해 이탈리아를 침공했을 때, 프랑스군은 완전히 새롭게 설계된 대포를 끌고 왔다.[16] 먼저 피렌체Firenze가, 뒤이어 로마 교황이 시늉뿐인 저항 끝에 항복했다. 유럽의 신무기는 이탈리아 도시국가들을 무력화시켰다.[17] 1450년부터 1478년 사이에 유례없이 중앙집권화된 프랑스 왕국이 유럽 지도에 등장했다. 프랑스 왕국은 약 2만 5,000명 규모의 직업적 상비군을 유지하며 비상시에는 8만여 명까지 동원할 수 있었다.

중세 기사의 몰락과 새로운 기술에 근거한 군대의 개편 등 군사적 측면에서의 변화와 절대주의 국가들의 등장 등 정치적 측면에서의 변화는 전쟁과 관련된 새로운 국면을 만들어냈다. 16세기 이탈리아의 도시국가들은 주변 강대국들로부터 위협을 받고 있었다. 이러한 상황에서 마키아벨리는 외교 업무를 담당하면서 현실적으로 이탈리아의 운명에 대해 고민하지 않을 수 없었고 그러한 가운데서 그의 정치사상 및 군사사상을 제시했다. 따라서 그의 사상은 이론적이기보다는 현실적이고 구체적이었다.

3. 마키아벨리는 누구인가?

마키아벨리는 1469년 5월 3일 피렌체의 부유한 중산층 가문에서 태어났다. 어려서부터 인문주의 교육을 받았으며, 특히 '고대사에 대한 끊임없는

---

16 윌리엄 맥닐, 신미원 옮김, 『전쟁의 세계사』, p. 124.

17 하지만 곧 이탈리아인들은 다시 대포로 무장하고, 해자(moat)와 해자의 보호를 받는 능보(bastion)와 외보(outwork)를 추가하여 뛰어난 장비를 앞세운 공격에 버틸 수 있는 이탈리아식 축성술(trace italienne)을 발명했다. 이는 해자를 만들고 해자의 벽면을 돌로 덮는 것으로 발전하여 영구적인 형태를 띠게 된다. 이러한 이탈리아식 축성술은 1530년대 들어서 다른 지역에도 확산되었고, 공성포의 막강한 위력을 저지함으로써 유럽 역사에 결정적인 역할을 했다. 즉 제국 권력의 강화와 확장을 중단시킨 것이었다.

독서'를 통해 그의 교양과 고대사에 대한 지식을 쌓았다.[18] 그리고 그의 생애에서 현실정치와 외교 경험은 그의 독특한 정치사상 및 군사사상을 형성하는 바탕이 되었다.

1498년 마키아벨리는 피렌체 정부의 최고 기관인 시뇨리아 사무국의 제2서기장으로 임명되면서 공직의 길에 들어섰다. 29세의 나이였지만, 피렌체 공화정에 참여하면서 주로 외교 업무를 담당했다. 이 시기 마키아벨리는 프랑스에 주재하면서 프랑스와의 협상 과정을 통해 도시공동체들로 이루어진 이탈리아가 프랑스와 같은 새로운 유형의 영토국가에 비해 취약하다고 깨닫게 된다. 1501년 피렌체로 돌아온 뒤에는 새롭게 부상한 체사레 보르자Cesare Borgia와의 교섭 업무를 담당했다. 체사레 보르자는 교황 알렉산데르 6세Alexander VI의 아들로, 이탈리아 통일국가 건설의 야망을 실현하고자 한 인물이었다. 그는 자신의 야망을 위해 피렌체에 동맹과 자금 지원을 요청했는데, 이 교섭 업무를 마키아벨리가 맡았던 것이다. 당시 이탈리아 정치사의 중심축을 이루고 있던 체사레 보르자와 동행하면서 사건의 진행과 보르자의 뛰어난 경세지술arte dello stato, statecraft을 지켜본 마키아벨리는 그에게서 강한 인상을 받았다. 이로 인해 체사레 보르자를 모델로 『군주론Il Principe』을 썼다는 평가를 듣기도 했다.[19]

피렌체는 체사레 보르자로 인해 위기를 겪은 후 1502년 종신통령제를 도입하고 피에로 소데리니Piero Soderini를 선출했다. 그리고 마키아벨리는 시민군 창설과 관련한 임무에 전념하게 된다. 자신의 노력으로 창설된 시민군이 피사Pisa를 탈환하기 위한 전쟁에서 결정적인 기여를 함으로써 자신의 이론적 입장을 확고히 하는 계기가 되었다.

하지만 1512년 봄부터 시작된 스페인과의 전쟁에서 패배함으로써 피렌체의 공화정은 막을 내리고 메디치 가문Medici family의 지배체제로 복귀된

---

18 로베르토 리돌피, 곽차섭 옮김, 『마키아벨리 평전』(서울: 아카넷, 2000), p. 23.

19 박상섭, 『국가와 폭력』, pp. 35-50.

르네상스 시대 이탈리아의 전제군주이자 교황군 총사령관이었던 체사레 보르자(1475 혹은 1476~1507). 교황 알렉산데르 6세의 아들로, 이탈리아 통일국가 건설의 야망을 실현하고자 한 인물이었다. 그가 자신의 야망을 위해 피렌체에 동맹과 자금 지원을 요청했을 때 교섭 업무를 맡은 사람이 마키아벨리였다. 당시 체사레 보르자는 마키아벨리에게 강한 인상을 남겼고, 한때 『군주론』의 모델이었다는 평가를 받기도 했다.

1512년 봄부터 시작된 스페인과의 전쟁에서 패배함으로써 피렌체의 공화정은 막을 내리고 메디치 가문의 지배체제로 복귀된다. 이후 마키아벨리는 반메디치 쿠데타에 연루되어 공직에서 은퇴하고 본격적인 집필 작업에 들어간다. 처음 『군주론』을 쓸 당시만 해도 메디치 가문의 수장인 줄리아노에게 책을 헌정하고 공직에 복귀하려고 시도했지만, 그것이 여의치 않게 되자 집필 작업에 몰두하게 된다.

다. 이후 마키아벨리는 반反메디치 쿠데타에 연루되어 공직에서 은퇴하고 본격적인 집필 작업에 들어간다. 처음 『군주론』을 쓸 당시만 해도 메디치 가문의 수장인 줄리아노Giuliano di Piero de' Medici에게 책을 헌정하고 공직에 복귀하려고 시도했지만, 그것이 여의치 않게 되자 집필 작업에 몰두하게 된다. 그리고 1517년 여름부터 마키아벨리는 피렌체의 유력자인 베르나르도 루첼라이Bernardo Rucellai 소유의 정원 '오르티 오리첼라리Orti Oricellari'에서 열리던 지식인 모임에 참석하기 시작했다.

마키아벨리의 저술 중 출판을 목적으로 저술된 정치 · 군사 관련 저작은 네 권이다. 이 가운데서 생전에 출판된 것은 『전술론Dell'Arte della Guerra』(1521)이다. 그리고 교황 클레멘트 7세Clement VII의 의뢰를 받고 1520~1524년에 저술한 『피렌체사Istorie Fiorentine』가 있다. 이 책은 말 그대로 피렌체의 역사를 기술한 역사서이다. 마키아벨리의 정치적 입장이 분명히 드러난 책은 잘 알려진 『군주론』과 『로마사 논고Dicorsi sopra la prima deca di Tito Livio』이다. 이 두 권의 책은 앞의 책들보다 이전에 저술되었다. 『군주론』은 1513년에 집필되기 시작하여 1513년 말에 거의 완성되었다. 『로마사 논고』 역시 이즈음에 『군주론』과 동시에 씌어졌을 가능성이 있는 것으로 마키아벨리 연구자들은 보고 있다.

이러한 마키아벨리는 오랫동안 권모술수를 정당화하는 악의 교사로 간주되었다. 예를 들어, 1572년 성 바르톨로메오 축일 학살Massacre de la Saint-Barthélemy이 일어난 후 희생자들이었던 위그노파의 이노상 장티에Innocent Gentillet는 자신이 쓴 『반마키아벨리Contre Machiavelli』에서 마키아벨리의 『군주론』이 자신의 이익을 위해서 도덕을 무시해도 좋다는 폭군을 위한 악마적 가르침을 담은 대표적 저서라고 정의하고 있다.[20] 그리고 이러한 이미지는 현재까지도 계속되고 있다. 하지만 현대에 와서 공화주의자 마키아벨

---

20 김경희, 『공존의 정치』(서울: 서강대출판부, 2013), p. 21.

리의 모습을 찾고자 하는 흐름이 강하게 존재한다.[21] 즉, 마키아벨리의 『로마사 논고』에 나타난 공화주의적 이해를 중심으로 그의 사상을 해석하고 그 연계선상에서 『군주론』을 연구하는 사람들이 늘고 있다.[22]

III. 마키아벨리의 정치 및 군사사상

마키아벨리의 군사사상, 혹은 군사학은 그의 정치사상의 일부라고 할 수 있다. 『전술론』에 나타난 그의 군사사상은 『군주론』과 『로마사 논고』의 연장선상에 있으며, 또한 그것들은 서로 보완관계에 있다고 할 수 있다. 군사 문제는 마키아벨리의 전 저작에 다양한 방식으로 드러나 있는데, 이는 그의 군사사상이 그의 정치사상 및 정치적 실천과 밀접하게 연관되어 있음을 보여준다. 따라서 먼저 그의 공화주의적 정치사상을 살펴보고 그와 관련된 그의 군사사상의 의미를 살펴보도록 하겠다.

1. 공화주의 정치철학자

마키아벨리가 『군주론』에서는 주로 군주 개개인의 행동에 대한 지침을 제공하는 데 관심이 있었다면, 『로마사 논고』에서는 시민 전체의 집단을 상대로 조언하는 데 관심이 있었다. 『군주론』에서 위대한 업적들을 행함으

---

21 이미 17세기 스피노자(Baruch de Spinoza)나 18세기의 루소(Jean-Jacques Rousseau) 역시 공화주의자로서 마키아벨리를 주목했다. 스피노자, 최형익 옮김, 『신학정치론』(서울: 비르투, 2011); 장 자크 루소, 이환 옮김, 『사회계약론』(서울: 서울대출판부, 1999). 현대에 와서 공화주의자 마키아벨리를 이해하는 데 도움이 될 만한 책으로는 퀜틴 스키너, 박동천 옮김, 『근대 정치사상의 토대』와 J. G. A. 포칵, 곽차섭 옮김, 『마키아벨리언 모멘트』 등이 있다.

22 물론 이 부분에서 『군주론』의 해석을 둘러싸고 『군주론』 역시 공화주의자의 입장을 반영한 저서로 볼 것인지, 아니면 일종의 일탈로 볼 것인지 의견이 분분한 것은 사실이다. 하지만 이것은 이 글의 논의 밖의 문제이며, 연구자들의 입장에 따라 다양한 해석이 제기되고 있다는 점만을 염두에 두도록 하자.

로써 영광을 얻을 수 있는 방법을 군주에게 충고하려 했던 그의 열망과 『로마사 논고』에서 어떤 도시국가들이 위대하게 될 수 있었던 원인을 설명하려 했던 열망 사이에는 밀접한 유사성이 존재한다.

(1) 군주의 조언자

마키아벨리의 대표적인 저서인 『군주론』은 기본적으로 군주에 대한 조언서이다. 피렌체 공화국이 몰락한 뒤 메디치가의 손자 로렌초Lorenzo di Piero de' Medici가 권좌에 복귀하면서 마키아벨리는 그에게 『군주론』을 헌정했다. 『군주론』 전체를 관통하는 핵심 주제는 '정치적 역량virtù'이다.[23] 마키아벨리의 역량 개념은 인민의 지지를 얻어내고 유지하는 군주의 능력이다. 즉, 정치적 역량은 정치적 상황의 핵심을 주요 세력들 간의 역관계 속에서 파악해내고 귀족들보다는 인민에 의지하는 것이 난국을 타개하는 유일한 해결책임을 아는 지혜와 그것을 성취해낼 수 있는 능력이다. 그의 주장에 따르면, 군주의 목표는 '자기 국가를 유지'하고 '위엄을 성취'하며 '영예와 영광, 명성이라는 최고의 목적을 실현'하는 데 있어야 한다. 이러한 목적은 당시의 군주용 귀감서龜鑑書를 쓰던 저술가들의 입장과 동일하다고 할 수 있다. 하지만 마키아벨리와 기존 조언자들은 그와 같은 목적을 달성하기 위한 방법에서 근본적으로 차이가 있었다.[24] 종래의 이론가들이 군주가 그러한 목적을 달성하려면 언제나 기독교적 도덕의 명령에 따라야 한다는 것이 기본적인 전제였다. 반면에 마키아벨리의 기본 전제는 '모든 면에서 덕스럽게 행동하는' 군주는 어느새 자기가 덕스럽지 않는 사람들 사이에서 눈물을 흘리고 있는 모습을 발견하게 되리라는 것이었다. 그는 진심으로 자신의 국가를 유지하기 원하는 통치자라면 기독교적 도덕의 요구에 등을 돌리고 그것과는 전혀 다른 도덕을 상황이 요구하는 대로 마음

---

23 김경희, 『공존의 정치』, p. 104.

24 퀜틴 스키너, 박동천 옮김, 『근대 정치사상의 토대』, p. 311.

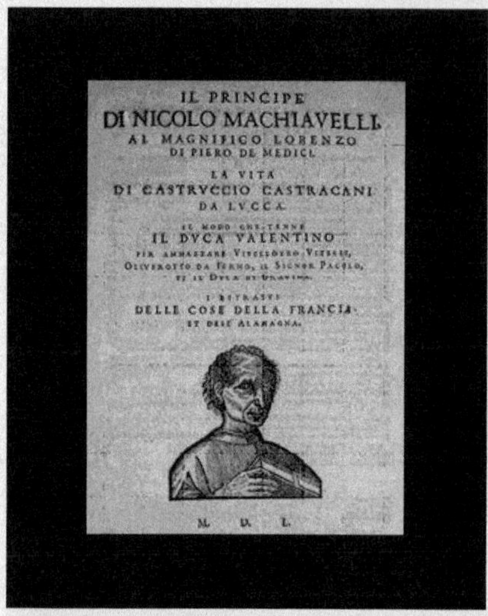

IL PRINCIPE
DI NICOLO MACHIAVELLI,
AL MAGNIFICO LORENZO
DI PIERO DE MEDICI.
LA VITA
DI CASTRVCCIO CASTRACANI
DA LVCCA.
IL MODO CHE TENNE
IL DVCA VALENTINO
PER AMMAZZARE VITELLOZZO VITELLI,
OLIVEROTTO DA FERMO, IL SIGNOR PAOLO,
ET IL DVCA DI GRAVINA.
I RITRATTI
DELLE COSE DELLA FRANCIA
ET DELL'ALAMAGNA.

M. D. L.

마키아벨리의 대표적인 저서인 『군주론』(위 사진)은 기본적으로 군주에 대한 조언서이다. 피렌체 공화국이 몰락한 뒤 메디치가의 손자 로렌초(아래 사진)가 권좌에 복귀하면서 마키아벨리는 그에게 『군주론』을 헌정했다.

깊이 수용해야 한다는 생각을 확고히 받아들여야 한다고 주장했다.

이러한 의미에서 흔히들 말하는 마키아벨리즘, 즉 현실주의적 정치를 목적 달성을 위해 수단을 가리지 않는 '악의 교사'로 오해했던 것이다. 퀜틴 스키너Quentin Skinner의 주장처럼 마키아벨리가 제시한 군주의 역량은 사악함과 동일한 것이 아니라 기독교적 도덕과는 다른 새로운 도덕에 기반한 것으로 보아야 한다. 즉, 이전까지는 역량의 터득을 모든 주요 덕목의 터득과 같은 것으로 이해했다면, 마키아벨리는 그 대척점에 서서 역량이라는 개념을 군주가 '자기 국가를 유지하고 위엄을 성취하기 위해' 갖추어야 할 필요가 있다고 여기는 자질이라면 무엇이든 포섭하는 의미로 사용했다.[25]

군주의 역량과 관련해 마키아벨리는 군주국을 세우는 두 단계를 구분하고 그 역량이 어떻게 발현되고 실현되어야 하는지 설명한다.[26] 첫 단계는 통치자가 되고자 노력하는 단계이며, 두 번째 단계는 지배자가 된 후의 단계이다. 전자는 귀족의 힘이 우월하기 때문에 인민에 의지해 군주국을 세워야 하는 시기이며, 후자는 인민의 지지에 기반해 강력한 군주 권력을 만들고 나서 인민과 귀족의 긴장을 중재할 공적 제도를 만드는 시기이다. 귀족과 인민의 분할, 그리고 그들 간의 대립과 투쟁이라는 사회적·정치적 관계 속에서 군주의 행위는 곧 군주의 역량을 드러내는 방식이다.[27]

『군주론』 24장 "어떻게 해서 이탈리아 군주들은 나라를 잃게 되었는가"에서 마키아벨리는 그 이유를 두 가지로 설명한다.[28] 첫째는 그들 모두가 군사적으로 허약했기 때문이고, 둘째는 인민의 지지를 유지하고 귀족을

---

25 퀜틴 스키너, 박동천 옮김, 『근대 정치사상의 토대』, p. 317.

26 김경희, 『공존의 정치』, p. 104.

27 이러한 사회적 분리와 그것의 불해소성, 그리고 그것들을 포괄해내는 정치(사회)라는 관념을 인식한 사람으로서 마키아벨리에 주목한 현대 정치철학자가 클로드 르포르(Claude Lefort)이다. C. Lefort, *Le travail de l'oeuvre Machiavel*(Paris: Gallimard, 1972).

28 마키아벨리, 강정인 외 옮김, 『군주론』(서울: 까치, 2008), pp. 159-161.

다루는 방법을 몰랐기 때문이다. 즉, 인민이 군주에 대해 적대적이었거나, 혹은 호의적이었다 하더라도 귀족들이 군주에 대해 적대적이었기 때문에 군주의 지위를 유지할 수 없었던 것이다. 인민이 군주에 적대적인 나라와 귀족을 다룰 줄 모르는 군주는 몰락할 수밖에 없다. 결국 나라의 흥망은 운명의 문제가 아니라 군주의 역량에 달려 있는 것이다.

귀족들을 제어하고 인민에 의지하는 것이 군주가 자신의 지위를 확고히 할 수 있는 기본적인 원칙이다. 귀족들의 도움으로 군주가 된 사람은 인민의 도움으로 군주가 된 사람보다 권력을 유지하는 것이 훨씬 더 어렵다.[29] 인민에 의지한다는 것은 군주의 운명을 인민에 전적으로 위임한다는 뜻은 아니다. 인민은 군주의 행동 여하에 따라 언제든지 변할 수 있기 때문이다. 문제는 인민의 지지에 기반해 인민과 하나가 된 군주의 힘을 키우는 것이다. 문제 해결의 관건은 군주가 자신의 이익이 아니라 인민의 이익을 중심으로 사고하는 것이다.[30] 당시 인민은 귀족과 달리 자신의 이익을 인식하고 목적의식적으로 행동하는 이들이 아니었다. 그들은 기본적으로 지배하려고 하기보다는 자유롭게 살기를 원했다. 권력욕이나 야망보다는 자신의 재산을 지키고 눈앞의 이익에 만족하며 사는 평범한 사람들이었다.

군주는 사랑도 받고 두려움의 대상도 되는 것이 바람직하지만, 그것이 불가능하다면 후자를 선택하는 것이 훨씬 안전하다.[31] 두려움과 경외감은 사랑보다 인민을 붙잡아 둘 수 있는 더 효과적인 수단이다. 인민의 지지는 영구적인 것이 아니다. 인민은 변덕스러운 존재이기 때문에 인민의 지지는 끊임없이 관리하고 주의를 기울여야 한다.[32] 기존의 도덕정치관을 전

---

29 마키아벨리, 강정인 외 옮김, 『군주론』, p. 69.

30 알튀세르는 마키아벨리의 사유 속에서 그가 인민의 관점에서 사유한다는 사실을 깨닫지 못하고 오로지 군주만을 고집한다면 '마키아벨리즘'(전제정과 악행을 위한 처방전)으로 전락할 것이라고 말한다. 루이 알튀세르, 오덕근·김정한 옮김, 『마키아벨리의 가면』, p. 65.

31 마키아벨리, 강정인 외 옮김, 『군주론』, p. 113.

복시키는 충고는 도덕정치로는 인민의 욕구를 충족시키지 못하기 때문에 제기된 것이라 할 수 있다. 인간이 어떻게 살아야 하는가가 인간이 어떻게 사는가와 다른 이유는 인민이 처음에는 전자에 감명을 받고 만족할지라도 시간이 지남에 따라 후자의 요구, 즉 현실의 욕구가 충족되지 못할 때는 등을 돌리기 때문이다.

관후함이란 덕을 실천하기 위해서는 씀씀이가 커질 수밖에 없고, 그것은 재정 고갈을 가져와 세금을 중과하게 될 것이다.[33] 무거운 세금은 결국 인민의 민심을 이반시키는 결과를 가져온다. 결국 인민은 군주의 선한 동기나 그의 훌륭한 성품보다는 결과에 좌우된다. 인민은 멀리서 바라보는 군주의 외양과 군주가 행하는 정치의 결과만을 접한다. 진실보다는 보이는 것이 중요하고, 의도보다는 결과가 중요하다는 마키아벨리의 언급은 인민을 상대해야 하는 군주에 대한 충고이다.

인민의 지지를 유지하는 법은 인민으로부터 충성과 동시에 두려움을 확보하는 것이다. 인민에게는 군주의 도덕성은 느낄 수 없고 오로지 결과만이 보이기 때문이다. 이러한 의도와 결과의 불일치 가능성을 내다볼 줄 아는 능력은 뛰어난 군주의 필수자격요건이다. 그리고 그것에 대처하는 방법도 알고 있어야 한다. 그러기 위해서는 상황에 맞게 대처하는 유연성이 필요하다. 늑대에 맞서서는 사자의 능력을 보여주고, 사자를 함정에 빠뜨리려는 이들과 상황에 맞서서는 그것을 알아차리는 여우의 수완을 발휘해야 하는 것이다.[34]

마키아벨리는 관후함, 인자함, 사랑받음이라는 외형적인 덕이 진정한 덕이 아니며, 심지어 파멸을 몰고 올 수 있음을 지적한다.[35] 기존의 덕보다

32 앞의 책, p. 45.

33 앞의 책, p. 108.

34 앞의 책, p. 119.

35 앞의 책, pp. 105-122; 퀜틴 스키너 외, 강정인 편역, 『마키아벨리의 이해』(서울: 문학과 지성사, 1992).

는 오히려 인색하고 잔인하고 두려움 받는 행동을 통해 평화, 안정, 그리고 번영을 가져올 수 있다는 것이다. 이것은 정치세계가 선한 인간들만으로 구성된 것이 아니라 자신의 이익과 욕구를 추구하는 세력들로 이루어져 있기 때문이다. 전통적인 폭정의 요소도 좋은 결과를 가져올 수 있다면, 전통적인 '선정 대對 폭정'의 이분법적 구도는 무너지고 새로운 의미의 선정에 폭정과 선정의 계기들이 흡수될 수 있다.[36]

귀족과 인민이라는 2개 집단 사이에서 군주는 적절한 능력을 발휘하면서 귀족의 노여움을 사지 않고 인민을 만족시키기 위한 제도적 장치를 마련하는 것이 필요하다. 마키아벨리는 그러한 좋은 예로 프랑스의 고등법원을 들고 있다.[37] 군주제를 강고히 하는 방법은 군주 자신의 권력을 제한하는 것이다. 자신의 권력을 분산함으로써 자신의 지위를 안전하게 보장한다. 권력의 분산은 많은 측근들이나 신하들에게 권력을 나누어주는 것이 아니라 제도를 만들어 그것에 권력을 나누어주는 것이다. 제도는 개인의 능력이나 사적 관계에 좌우되지 않고 공적 기관과 법질서에 의존하는 것을 특징으로 한다. 귀족의 과도한 지배를 군주의 강권으로 제어한 뒤 귀족과 인민 사이의 중재자로서 공적 기관을 세워야 한다. 그것은 대립의 완충지대를 만드는 것과 같다.

(2) 자유의 사상가

『군주론』이 군주 자신의 역량 분석, 특히 귀족과 인민이라는 사회적 분리와 대립 속에서 군주의 역량에 집중했다면, 『로마사 논고』는 개인들의 역량에 관심을 가질 뿐만 아니라 바로 그 자질이 시민 전체 집단에 의해서도 현현될 수 있다는 생각을 드러낸다.[38] 그 결과, 역량에 대한 집합적인

---

36 김경희, 『공존의 정치』, p. 117.

37 마키아벨리, 강정인 외 옮김, 『군주론』, p. 127.

38 퀜틴 스키너, 박동천 옮김, 『근대 정치사상의 토대』, p. 380.

시각, 즉 역량이라는 단어의 의미를 '공공의 혼'이라는 개념에 아주 밀접하게 연결시키는 데 기여한 시각이 등장한다. 마키아벨리는 역량의 붕괴를 정치적 쇠망의 길로 접어드는 입구와 같다고 보고 있다. 따라서 『로마사 논고』를 통해 로마에서 시민들의 역량이 어떻게 현현되었는가를 보는 데 집중한다. 그리고 어떻게 그러한 역량이 지속될 수 있도록 했는가를 분석함으로써 로마의 영광이 어떻게 지속되고 유지될 수 있었는가를 보고자 한다.

로마에는 언제나 '두 가지 서로 다른 성향', 즉 민중의 성향과 '상층 계급' 사이에 분포하는 반대 성향이 있었다. 마키아벨리는 고대 공화국에서 "귀족과 민중 사이에 다툼이 있었다고 매도하는 사람들"은 "로마로 하여금 자유를 유지할 수 있게 해주었던 제1요인에 해당하는 사항들에 대해 부당하게 말꼬리를 물고 늘어지고 있다"고 결론짓는다.[39] 그와 같은 갈등 덕분에 모든 분파적 이익이 상쇄되어 오로지 공동체 전체에게 이익이 되는 제안들만이 실제로 통과되어 법률이 될 수 있었다는 점을 그들은 보지 못한 까닭이다.

마키아벨리는 고대 로마의 '소란'이 열렬한 정치 참여의 결과이며, 최고 역량이 현시된 것이라는 점을 그들이 알지 못했다고 보았다. "소란은 최고의 찬사를 받을 만하다"는 놀라운 판단을 고수하는 그의 태도는 단순히 베네치아 헌정체제에 대한 당대의 찬탄에 대한 빈정거림을 넘어서 피렌체 정치사상의 전체 역사에 가장 깊숙이 뿌리박힌 한 가지 전제에 대한 문제제기였던 것이다. 그는 정치적 사안에 관해 판단을 내리는 데 기독교적 가치 척도를 사용하려는 어떠한 시도도 철저하게 폐기되어야 한다고 결론을 내리는 데 주저하지 않는다.[40] 『로마사 논고』의 말미에서 마키아벨리는 "절대적으로 자기 조국의 안전이 걸린 문제일 때, 정당한가 정당하

39 마키아벨리, 강정인 외 옮김, 『로마사 논고』(서울: 한길사, 2003), pp. 85-98.

40 퀜틴 스키너, 박동천 옮김, 『근대 정치사상의 토대』, p. 392.

지 않은가, 자비로운가 잔혹한가, 칭찬을 받을 가치가 있는가 치욕스러운가는 전적으로 고려할 필요가 없기 때문이다. 그 대신 모든 양심의 가책을 제쳐놓고 인간은 모름지기 어떤 계획이든, 조국의 생존과 조국의 자유를 유지하기 위해 계획에 최대한 따라야 한다"고 주장한다.[41] 따라서 한 왕국에 질서를 부여하거나 한 공화국에 헌정의 원칙을 확립하는 데 봉사할 수 있는 행동이라면 그것이 아무리 괴상하다 할지라도 그 행동을 가지고 그 행위자를 비난하는 것은 분별 있는 일이 아니라는 것이 마키아벨리의 근본적인 주장이다.[42]

공화국이 번성하고 덕성스러움을 유지하기 위해서는 시민들의 역량이 필요하며, 그와 정반대의 경향인 부패에 대해 확실하게 경계해야 한다. 공화국의 자유를 유지하기 위한 계율은 바로 그러한 부패를 방지하기 위한 것으로, 시민들이 선을 위장한 채 악을 행하지 못하게 하고 명성을 얻더라도 정치체의 자유에 위해危害를 가하지 않고 자유를 신장하는 행위를 통해 명성을 얻도록 감독해야 한다. 모든 사람들이 그러한 부패의 경향을 식별하고, 그 부패의 경향이 위협을 가하면 즉시 그것을 근절하기 위해 법의 위력을 사용할 만반의 준비를 갖추고 항시 경계를 유지하는 것이 중요하다.

마키아벨리는 야심 많은 시민이 공공선公共善이 아닌 자신의 사사로운 충성에 기초해 당파를 조직하려는 시도의 위험성에 대해 논의한다. 파벌의 성장을 조장하는 요인은 군사적 명령권의 장기간 독점을 허용하는 것과 막대한 개인적 부를 소유한 자들이 행사하는 사악한 영향력이다. 이러한 난관으로부터의 탈출구는 "잘 조직된 공화국이 국고를 부유하게 만들고 시민을 가난하게 유지하는 것"이다. "자유로운 공동체가 할 수 있는 가

41 마키아벨리, 강정인 외 옮김, 『로마사 논고』, p. 563.

42 퀜틴 스키너, 박동천 옮김, 『근대 정치사상의 토대』, p. 393.

장 유용한 일은 그 구성원을 가난하게 유지하는 것이다."[43]

하지만 마키아벨리는 국가 경영에 최선의 노력을 다한다 하더라도 흥망성쇠의 순환이라는 돌이킬 수 없는 흐름이 있기 때문에 모든 공동체가 그 순환의 흐름을 따라갈 수밖에 없다고 궁극적으로 운명론적인 견해를 수용한다.[44] 인간 조건에 관한 이와 같은 결정론은 『군주론』에는 없지만, 『로마사 논고』는 이 불가피한 순환이라고 하는 폴리비우스식 이론에 대한 본격적인 해설에서 출발하고 있다. 마키아벨리는 이러한 불가피한 순환의 속도를 늦추려는 인간, 즉 공동체의 구성원인 군주와 시민의 의지와 행동에 대해 조언을 하고자 했던 것이다.

어떤 국가든지 평화적 행동 노선을 추구하는 국가는 모든 사람들의 운명이 고정되어 있지 않고 항시 부침을 거듭하며 끊임없이 유동하는 정치세계에서 쉽게 희생물로 전락하게 된다. 이에 대한 해결책은 공격을 최선의 방어로 간주하여 침략자들로부터 자국을 방어하고 자국의 우월성에 도전하는 자는 누구든지 격파할 수 있도록 팽창정책을 채택하는 것이다. 대외적 패권의 추구는 국내적 자유를 유지하기 위한 전제조건이다.[45] 마키아벨리는 "공화국이 좁은 경계 안에 멈춰 있으면서 자유를 누리기란 불가능하다"고 말한다.[46] 그러한 작은 공화국은 괴롭히지 않더라도 괴롭힘을 당할 것이며, 괴롭힘을 당하면서 팽창에 대한 욕구와 필요가 생겨나게 마련이라고 본다. 결국 공화국을 위대하게 만들고 대제국을 건설하는 길은 나라 내부의 인구를 증가시키고 동맹국을 만들고 식민지를 건설하고 국고를 풍부하게 하면서 열정을 갖고 군사훈련을 지원하는 것이라고 주장한다. 현실적으로 피렌체 역시 피사를 정복할 수 없었다면 스스로 공화국

---

43 마키아벨리, 강정인 외 옮김, 『로마사 논고』, p. 490.

44 퀜틴 스키너 외, 박동천 옮김, 『근대 정치사상의 토대』, p. 396.

45 퀜틴 스키너 외, 강정인 편역, 『마키아벨리의 이해』, pp. 124-125.

46 마키아벨리, 강정인 외 옮김, 『로마사 논고』, p. 347.

이 될 수 없었다고 평가된다.[47] 시민적 덕성이 타국을 정복하려는 공화국의 능력에 의존하게 되기 때문이다.

마키아벨리는 『군주론』의 마지막 부분에서 이탈리아의 통일에 대한 바람과 그것을 성취할 군주에 대한 희망을 피력하고 있다.[48] 16세기 초반의 이러한 언명이 18세기에 비로소 형성되기 시작한 민족주의 이데올로기를 드러낸 것이라고 보기는 어렵다. 마키아벨리가 희망했던 것은 이탈리아가 그러한 거대한 영토와 탁월한 군주에 기반한 강한 국가가 되는 것이었다. 이탈리아를 고통에 몰아넣고 있는 프랑스와 같은 거대한 국가가 되기를 기대한 것이다. 그것이 곧 이탈리아 내부의 수많은 도시공화국들의 자유를 지킬 수 있는 유일한 방법이라고 생각했기 때문이다. 공화국의 자유를 보존하고 확장하고자 하는 열망 속에서 이탈리아의 통일을 바랐고, 그러한 목적 달성을 위해 중요한 부분으로 제시한 것이 군사 문제였다.

2. 마키아벨리의 군사사상

마키아벨리의 전 저작에 걸쳐서 군사 문제는 중요하게 다루어지고 있다. 『군주론』의 경우 12장부터 14장까지 군사 문제를 집중적으로 다루고 있고, 『로마사 논고』의 경우 총 3권 중 제2권을 군사 및 대외정책 일반을 집중적으로 다루는 데 할애하고 있다. 『피렌체사Istorie Fiorentine』 역시 제6권 1장에서 용병을 고용하는 전쟁에 대해 승자와 패자 모두가 잃는 전쟁으로 비판하는 등 군사 문제는 그의 모든 저작에서 다루어지고 있음을 알 수 있다.[49] 그리고 이러한 모든 논의들은 1521년에 출간된 『전술론』에 종합

---

47 J. G. A. 포칵, 곽차섭 옮김, 『마키아벨리언 모멘트』, p. 367.

48 마키아벨리, 강정인 외 옮김, 『군주론』, pp. 168-174.

49 M. 말레트(M. Mallett)는 군사 문제에 있어서도 『전술론』만큼이나 『군주론』과 『로마사 논고』가 중요하며 중심적이라고 주장한다. M. Malllett, "The theory and practice of warfare in Machiavelli's republic", in *Machiavelli and Republicanism*, ed. by G. Bock, Q. Skinner and M. Viroli(Cambridge: Cambridge University Press, 1990), p. 173.

되어 있다. 이 책에는 전쟁이라는 사업이 공화국에 얼마나 명예가 되고 유용한지 보여주고자 하는 그의 의도도 일부 담겨 있다. 무엇보다도 그의 군사사상을 시민권 이론, 특히 아리스토텔레스의 시민권 이론과의 관계 속에서 파악하는 것이 중요하다.[50] 고대 그리스에서 시민이라는 것은 공동체의 구성원 자격뿐만 아니라 공동체의 생활, 즉 정치적 참여, 공동체의 방어, 종교적 행사 등에 참여한다는 의미가 있었다. 또한 마키아벨리가 강조하는 공화주의적 시민의 경우 시민적 덕목을 갖춘 시민, 즉 정치적 활동과 시민군으로서의 참여를 통한 공동체에의 헌신을 중시한다. 기본적으로 마키아벨리가 『로마사 논고』나 『전술론』에서 군사조직의 정치학을 대대적으로 탐색하고 있지만, 두 경우 모두 공화국을 정치 규범으로 상정하고 있다는 점을 염두에 두어야 한다.[51] 따라서 마키아벨리에게서 정치와 군사제도와의 밀접한 관련성 및 상호관계는 뚜렷하며, 그의 주장의 핵심적인 부분이다.

우선 마키아벨리의 중심 저작이라고 할 수 있는 『군주론』에서 그는 군사 문제가 차지하는 중심적 위상을 분명히 하고 있다. 『군주론』 12장에서는 "좋은 군대가 있는 곳에 좋은 법이 있다"라고 말하고 있는데, 이는 훌륭한 군대가 훌륭한 법률의 기반이 된다는 뜻이며, 14장에서는 "군주는 전

---

50 『전술론』의 원제는 "Dell'Arte della Guerra"인데, 이것을 영어로 하면 'the Art of War'이고, 한국어로 옮기면 '전쟁의 기술'로 옮기거나 '전술론'으로도 옮기는 경우가 있다. 하지만 마키아벨리의 대표적인 연구자 포칵은 이러한 번역들이 원어가 갖는 풍부한 뉘앙스를 상실하게 한다고 주장한다. 원어의 경우 이중적 의미를 지니고 있는데, 그것은 군대를 지휘하는 창조적인 솜씨라는 의미에서 전쟁의 '기예(art)'인 동시에, 피렌체의 주요 숙련 직종들이 대소의 아르티(arti), 즉 대길드와 소길드로 나뉘어 구성된다는 의미에서 전쟁을 하는 '전문직업(profession)'이기도 하다는 것이다. 하지만 책명의 경우 어느 것에도 해당되지 않는다. J. G. A. 포칵, 곽차섭 옮김, 『마키아벨리언 모멘트』, p. 349. 한국어 번역본의 경우 『전술론』이라는 제목을 택하고 있다. 말 그대로 '전쟁의 기술'이라는 의미에서 그러한 번역을 택하고 있는 듯하다. 하지만 충분한 고려가 필요한 것이 사실이다. 마키아벨리, 이영남 옮김, 『마키아벨리의 전술론』(서울: 스카이, 2011).

51 J. G. A. 포칵, 곽차섭 옮김, 『마키아벨리언 모멘트』, pp. 316-317. 로베르토 리돌피(Roberto Ridolpi) 역시 마키아벨리에게서 군사학이란 단지 정치학의 일부일 뿐이라고 말한다. 로베르토 리돌피, 곽차섭 옮김, 『마키아벨리 평전』, p. 287. 그러한 의미에서 마키아벨리의 군사사상은 그의 정치학과 정치적 규범과의 관계 속에서 살펴야 한다.

쟁과 그 수행 방법, 그리고 훈련 이외에는 그 어떤 목적이나 관심도 직무도 가져서는 안 된다"라고 말함으로써 전쟁과 군사 문제가 자신의 사상의 중심에 있음을 분명히 하고 있다.[52] 그러한 의미에서 마키아벨리에게서는 평화에 대한 바람을 찾을 수 없다.[53] 어떤 국가든지 평화적 행동노선을 추구하는 국가는 모든 사람들의 운명이 "고정되어 있지 않고" 항시 "부침"을 거듭하며 끊임없이 유동하는 정치세계에서 쉽게 희생물로 전락하게 된다.[54] 따라서 공격은 최선의 방어로 간주되며 대외적인 패권의 추구는 자유를 유지하기 위한 전제조건이 된다. 『군주론』이나 『로마사 논고』에서 전쟁은 불가피하며 웅대하고 무시무시한 힘으로 등장한다. 국가나 통치자는 팽창하고 정복하기를 바라며, 따라서 전쟁은 정치적 삶에서 가장 본질적인 활동이다.

(1) 시민군 사상

공화주의 정치가이자 사상가였던 마키아벨리에게 시민군은 그의 군사사상의 핵심적인 부분이라고 할 수 있다. 공화국에서 덕성스러운 시민은 공동체에의 헌신을 당연한 의무이자 권리로서 받아들인다. 정치적 참여를 통해 공적인 업무를 수행하고 공동체를 방어하는 것은 시민의 권리이자 의무인 것이다. 그렇기 때문에 공화주의자 마키아벨리에게 시민군 사상은 공화국의 구성 요소로서 당연한 것이다. 그의 용병에 대한 거부와 시민군에 대한 애착이 단지 군사적 효용이라는 차원에서만 비롯된 것이라고

---

52 마키아벨리, 강정인 외 옮김, 『군주론』, pp. 83-92; 마키아벨리, 강정인 외 옮김, 『로마사 논고』, p. 467. 이러한 의미에서 약간은 과장된 표현으로 길버트(F. Gilbert)는 마키아벨리가 "군사사상가였기 때문에 정치사상가가 되었던 것"이라고 말하고 있다. F. Gilbert, "Machiavelli: The renaissance of the art of war", in *Makers of Modern Strategy from Machivelli to the Nuclear Age*, ed. by P. Paret(Princeton, NJ: Princeton University Press, 1986), p. 11.

53 F. Gilbert, "Machiavelli: The renaissance of the art of war", in *Makers of Modern Strategy from Machivelli to the Nuclear Age*, ed. by P. Paret, p. 24.

54 마키아벨리, 강정인 외 옮김, 『로마사 논고』, pp. 266-288; 퀜틴 스키너 외, 강정인 편역, 『마키아벨리의 이해』, p. 125.

볼 수 없다.

『군주론』에서 마키아벨리는 군대의 종류를 네 가지로 구분한다.[55] 그것은 자국군, 용병, 외국의 원군, 그리고 이들이 합쳐진 혼성군이다. 우선 마키아벨리는 용병에 대해 다음과 같이 평가하고 있다. "용병이란 분열되어 있고 야심만만하며, 기강이 문란하고 신의가 없기 때문입니다. 그들은 동료들과 있을 때는 용감해 보이지만, 강력한 적과 부딪치게 되면 약해지고 비겁해집니다. 그들은 신을 두려워하지 않으며 사람들과 한 약속도 잘 지키지 않습니다." 그리고 "그들이 당신에게 아무런 애착도 느끼지 않으며, 너무나 하찮은 보수 이외에는 당신을 위해서 전쟁에 나가 생명을 걸고 싸울 어떤 이유도 없기 때문입니다. 당신이 전쟁을 하지 않는 한, 그들은 기꺼이 당신에게 봉사하지만, 막상 전쟁이 일어나면 도망가거나 탈영합니다."[56] 그리고 마키아벨리는 이탈리아가 최근에 시련을 겪은 이유는 바로 용병에게 의존했기 때문이라는 점을 강조한다. 목숨을 바쳐 지킬 조국이 없는 용병들은 오직 자신들의 이익만을 위해 싸우는 존재들인 것이다.

하지만 네 가지 군대 중에서 가장 해로운 것은 원군이라고 마키아벨리는 말한다.[57] 원군은 "외부의 강력한 통치자에게 도움을 요청했을 때 당신을 돕고 지켜주기 위해 파견된 군대"이다. 하지만 이들에 대한 명령권은 원군을 파견한 나라에 있기 때문에 원군은 결과적으로 도움을 요청한 나라에는 유해한 결과를 가져올 뿐이다. 왜냐하면 그 원군이 약하여 전쟁에 패배하면 도움을 청한 나라는 패망할 것이며, 그들이 강하여 승리한다면 그들의 손에 원군을 요청한 나라의 운명이 놓일 것이기 때문이다.[58] 마키

---

55 마키아벨리, 강정인 외 옮김, 『군주론』, pp. 83-99; 김경희, 『공존의 정치』, pp. 186-190.

56 마키아벨리, 강정인 외 옮김, 『군주론』, p. 84.

57 원군에 대한 해악은 『로마사 논고』 제2권 20장에서 거듭 강조된다.

58 사실 이러한 마키아벨리의 설명은 개항 이후 한국의 근현대사에서도 충분히 경험한 것들이다. 개항 이후 서구 열강의 각축장이 되어버린 19세기 말 20세기 초 한반도의 경험이나, 한국전쟁의 경험이 그것을 잘 말해주고 있다.

프랑스 루이 11세(1423~1483). 마키아벨리는 혼성군의 예로 루이 11세의 프랑스군을 들고 있다. 루이 11세는 스위스군을 고용해 보병으로 사용한다. 하지만 이는 프랑스 기병이 스위스 보병에 의존하는 결과를 초래하여 프랑스군을 오합지졸로 보이게 만들었다. 『군주론』에서 마키아벨리는 군대의 종류를 자국군, 용병, 외국의 원군, 그리고 이들이 합쳐진 혼성군으로 나누고, 가장 안 좋은 군대의 순서를 원군, 용병, 혼성군 순이라고 하면서 자국군의 양성을 적극 주장했다.

아벨리는 "용병의 경우에는 그들의 비겁함이나 전투를 기피하는 태도가 위험하고, 원군의 경우에는 그들의 능숙함과 용맹virtù이 위험하다"고 적고 있다.[59] 마키아벨리는 혼성군의 예로 루이 11세Louis XI의 프랑스군을 들고 있다. 루이 11세는 스위스군을 고용해 보병으로 사용하게 된다. 하지만 이는 프랑스 기병이 스위스 보병에 의존하는 결과를 초래하여 프랑스군을 오합지졸로 보이게 만들었다. 이렇게 볼 때, 가장 안 좋은 군대의 순서를 정하면 원군, 용병, 그리고 혼성군의 순서가 된다. 따라서 마키아벨리는 자국군의 양성을 적극적으로 주장한다. 원군을 통한 정복보다는 차라리 자국군을 통한 패배가 더 낫다고 말한다. 원군을 통한 승리는 진정한 승리가 아니기 때문이다. 결국 국가는 자신의 역량, 즉 자신의 시민들로 구성된 군대에 의존해야 한다는 것이다.

1509년 5월 피렌체가 군사적으로 피사를 재정복한 것은 바로 마키아벨리에 의해 창설된 민병대의 역할이 주효했다. 이것은 마키아벨리의 공이 컸고, 그가 강조한 민병대의 의미를 부각시켰다.[60] 하지만 1512년 8월 29일 스페인군이 피렌체로 진격해왔을 때, 충분히 훈련되지 못한 민병대는 직업적 병사들로 구성된 스페인군에 힘없이 무너짐으로써 마키아벨리의 명성을 훼손시키는 결과를 가져왔다. 하지만 마키아벨리는 『전술론』에서 주인공 파브리치오Fabrizio Colonna의 입을 빌려 간접적으로 변호한다. 그는 어떤 군대도 군사적 패배를 면할 수 없으며, 그 예로 로마 군단도 자주

---

59 마키아벨리, 강정인 외 옮김, 『군주론』, p. 95.

60 마키아벨리의 군사사상을 반영한 것 중 가장 중요한 것으로 평가받는 것은 피렌체 민병대의 조직을 명령한 1505년 12월 법이다. 이 명령(ordinanza)에 따라 피렌체의 지배하에 있는 토스카나 지방에 사는 18세에서 50세 사이의 성인 남성 중 1만 명을 정부 위원회에서 선발하여 민병대를 구성했다. 민병대는 300명 단위로 조직되었고, 징집은 농촌지역에 한정되었다. F. Gilbert, "Machiavelli: The renaissance of the art of war", in *Makers of Modern Strategy from Machiavelli to the Nuclear Age*, ed. by P. Paret, pp. 18-19. 한편 말레트는 마키아벨리의 민병대가 13세기의 민병대(militia)와는 구별되어야 한다고 주장한다. 즉, 마키아벨리의 민병대는 13세기 도시국가의 민병대가 아니라 정부의 역할이 점차 확장되면서 확대된 일종의 상비군과 같은 것이라고 주장한다. M. Malllett, "The theory and practice of warfare in Machiavelli's republic", in *Machiavelli and Republicanism*, ed. by G. Bock, Q. Skinner and M. Viroli, pp. 179-180.

패배를 당했고, 한니발Hannibal의 부대도 결국에는 정복당한 사실을 들고 있다. 그와 함께 마키아벨리는 민병대의 경험 부족은 무장, 훈련 및 조직, 기율 강화 등을 통해 극복할 수 있음을 강조한다.[61]

(2) 시민군의 구성과 형태

마키아벨리는 시민군의 당위성에 대해 분명히 한 뒤 구체적으로 시민군은 어떻게 구성되고, 어떻게 전투대형을 형성하며, 무기, 훈련 방식, 작전 등은 어떻게 이루어져야 하는지에 대해 검토한다. 이것이 『전술론』의 주요 내용들이다. 특히 마키아벨리는 그러한 내용을 다루는 데 있어서 로마 군대의 모습을 예로 설명하면서 자신의 주장을 전개해나간다. 마키아벨리는 고대 로마인들의 전쟁 수행 방식에 기초를 두고서 전쟁의 새로운 법칙을 찾고자 했다. 즉, 로마의 군사사를 재구성하는 것이 목적이 아니라 그로부터 법칙과 원칙들을 끄집어내어 현실 적용 가능성을 타진하는 것이었다.[62]

로마의 군사사에서 끄집어낸 다양한 교훈 중 하나는 보병이 군대의 핵심이어야 한다는 것이었다. 마키아벨리는 이탈리아가 외국 군대에게 유린당하고 파멸하게 만든 군주들의 많은 실수 가운데서 가장 큰 실수는 보병제도를 중시하지 않고 기병의 운용에만 몰두한 것이라고 지적하면서 보병이 군대의 핵심이어야 한다고 주장했다.[63] 용병에 대한 경계와 보병에 대한 중시는 같은 맥락에서 등장한다. 마키아벨리는 다음과 같이 말하고 있다. "국왕은 전쟁을 수행하는 것을 직업으로 생각하는 사람들을 경계해야 합니다. 군의 원동력은 보병이라는 사실은 의심할 여지가 없습니

---

61 마키아벨리, 이영남 옮김, 『마키아벨리의 전술론』, p. 55.

62 F. Gilbert, "Machiavelli: The renaissance of the art of war", in *Makers of Modern Strategy from Machiavelli to the Nuclear Age*, p. 22.

63 마키아벨리, 이영남 옮김, 『마키아벨리의 전술론』, pp. 96-97.

다. 만약 군주가 부하 보병을 평화 시기에 귀향시켜 각자의 직업으로 돌아가도록 하는 제도를 고려하지 않는다면, 그 군주는 자멸하게 될 것입니다."[64] '전쟁을 수행하는 것을 직업으로 생각하는 사람'은 당연히 용병을 의미하며, '평화 시기에 귀향시켜 각자의 직업으로 돌아가도록 하는 제도'는 시민군 제도를 의미한다. 시민군에 기반한 보병을 중심으로 하는 군대가 마키아벨리가 바람직하게 생각한 군대였다. 그는 기병에 의존하는 왕국은 늘 약체였고, 위기에 쉽게 노출되었기 때문에 기병은 보병을 지원하고 돕는 정도로 편성하고 주력부대는 보병으로 하는 것이 바람직하다고 주장했다. 보병이 편제나 기동 등의 역량에서 기병보다 훨씬 우월하다고 보았기 때문이다. 즉, 보병이 신속하게 움직일 수 있으며, 어떤 공격에도 저항할 수 있다고 생각했던 것이다.

마키아벨리가 보병의 중요성을 강조하고 보병이 군대의 토대임을 분명히 한 것은 사실이지만, 그렇다고 해서 기병을 소홀히 한 것은 아니었다. 마키아벨리는 기병이 적지를 정찰하거나 길을 트고 적의 보급로를 차단할 때, 그리고 퇴각하는 적을 추격하거나 적의 기병과 전투를 할 때 효과적이라고 말한다.[65] 하지만 고대 로마의 예를 들면서 이탈리아의 군주들이 파멸한 것은 기병의 운용에 몰두했기 때문이라고 주장한다. 보병이 얼마나 자유자재로 전투를 수행할 수 있는지, 그들이 난관 속에서 기병보다 얼마나 뛰어난지를 고려한다면 전투에서 승리하기 위해 잘 훈련된 보병에 의지해야 한다고 강조한다.

이처럼 보병을 강조하면서 마키아벨리는 당시의 군대가 로마의 군대 조직으로부터 얻을 수 있는 교훈에 대해 말한다.[66] 로마 군단은 하스타티hastati(제1전열 선봉), 프린키페스principes(제2전열 중견), 트리아리triarii(제3전열

---

64 앞의 책, p. 37.

65 마키아벨리, 강정인 외 옮김, 『로마사 논고』, pp. 339-345.

66 앞의 책, pp. 326-327.

후진)라는 3개 주요 중보병 부대로 구성되어 있었다. 기병은 로마 군단을 보호하기 위해 본대 좌우에 배치되었기 때문에 본대의 양 날개처럼 보인다고 해서 날개alae라고 불리었다. 제1전열에는 히스타티 10개 중대가 아주 빽빽한 밀집대형으로 정렬하여 적을 향해 돌진했고, 제2전열에는 프린키페스 10개 중대가 처음에는 싸우지 않지만 선봉이 퇴각할 때 그들을 지원하기 위해 밀집대형을 형성하지 않고 산개대형으로 배치되었다. 제3전열에는 트리아리 5개 중대가 제2전열의 프린키페스보다 더 산개된 대형으로 배치되었는데, 이는 제1전열과 제2전열을 흡수하기 위해서였다. 이러한 로마 군단의 조직은 세 차례에 걸쳐 재정비할 수 있는 방식으로 자신의 군대를 정렬시킴으로써 패배할지라고 운명을 세 번에 걸쳐 시험할 기회를 가지는 셈이며, 적을 정복할 경우에도 적에 비해 효율성이 세 배 더 높았다.

이와 함께 마키아벨리는 대포 공격의 비효율성과 취급상의 불편함 등을 이유로 대포의 무용론까지 주장하게 된다. "내가 한 번 이상 대포를 발사시키지 않은 것은 사실입니다. 그리고 한 번의 발사조차 그 필요성에 대해 의문을 품을 정도"라고 말하고 있다.[67] 마키아벨리가 보기에 대포가 공격력을 발휘하는 것은 개전 직후이기 때문에 제한적 효과밖에 없는 대포의 공격은 잘 훈련된 보병이라면 충분히 극복하거나 피해를 극소화할 수 있다고 말한다.[68] 결국 대포도 군대의 용맹함과 결합되었을 때만 의미가 있는 것이다.

---

67 마키아벨리, 이영남 옮김, 『마키아벨리의 전술론』, p. 181.

68 마키아벨리, 강정인 외 옮김, 『로마사 논고』, pp. 330-339. 사실 대포에 대한 이러한 경시는 마키아벨리의 잘못된 판단이라고 할 수 있다. 16세기 이후 화약과 기술의 발달은 급속도로 진행되었다. 마키아벨리는 화기 및 대포의 발달과 그 역할의 증대에 대해 잘못 판단했고, 그러한 것들의 발달이 결국 경제적 비용의 증가를 가져오리라는 점을 인식하지 못했다. 그것은 거대한 영토를 가진 통치자가 군대를 수용할 수 있으며, 결국 절대주의가 군대에 의존했지만 동시에 군대도 절대주의에 의존한 것이라는 점에서 상호의존적이었다. 유르겐 브라우어·후버트 판 투일, 채인택 옮김, 『성, 전쟁 그리고 핵폭탄』; 박상섭, 『근대국가와 전쟁』.

대포에 대한 논리와 유사하게 마키아벨리는 성채에 대해서도 그 유용성을 평가절하하고 있다. 마키아벨리는 군주에게 "최상의 성채는 인민의 증오를 사지 않는 것"이며, "군주가 해야 할 일은 그가 사는 도시를 강력하게 만들고 물자가 충분히 공급되도록 하며 시민들이 우호적이 되도록 만들고 협정을 맺을 때까지 또는 외부의 원군이 올 때까지 적의 공격에 저항할 수 있도록 하는 것"이다.[69] 성채가 경우에 따라서는 유익하지 못하거나 심지어 무용지물이 될 수도 있다. 좋은 군대를 가지고 있는 인민과 왕국에게는 성채가 불필요할 것이며, 좋은 군대를 가지고 있지 않는 이들에게는 쓸모없는 것일 뿐이라고 마키아벨리는 말한다. 피렌체의 피사 통치의 어려움이나 샤를 8세의 침입을 받은 원인 중 하나는 성채에 대한 과신 탓이었다.[70]

(3) 군주 혹은 지휘관의 역량과 덕목

시민군의 중요성에 대한 강조, 그리고 그에 따른 보병의 중시와 기병 및 대포, 성채 등 여타의 것들에 대한 경시는 자연스럽게 보병에 의한 전투 및 보병의 규율과 질서 등에 대한 강조로 이어진다. 그와 함께 지휘관의 다양한 능력과 덕목이 강조된다. 마키아벨리는 전쟁이 정치적인 삶에서 가장 중요한 것이라고 말하면서 전쟁을 승리로 이끌기 위한 전투의 중요성을 강조한다. 전투를 승리로 이끌기 위해서는 그에 대한 대비가 중요하다. 단기간에 총력을 기울여서 전쟁을 종결시키려면 전쟁을 우연에 맡길 것이 아니라 합리적인 계획 하에 최대한 모든 준비를 갖추되, 특히 효과적인 전투를 위한 대비가 중요하다고 주장한다. 만약 장군이 전투에서 이긴

---

69 마키아벨리, 강정인 외 옮김, 『군주론』, p. 145; 마키아벨리, 강정인 외 옮김, 『로마사 논고』, p. 377.

70 마키아벨리, 강정인 외 옮김, 『군주론』, p. 144; 마키아벨리, 강정인 외 옮김, 『로마사 논고』, pp. 370-374.

다면 모든 과거의 실패는 상쇄될 수 있다고 말한다.[71]

병사가 대열을 잘 유지하고 규율 있는 통제 아래 공격을 실시하는가의 여부가 승패를 결정하는 만큼 평소의 적절한 훈련과 엄격한 군기의 유지가 전투를 가름하게 된다. 따라서 군대의 규율과 질서의 문제가 강조된다. "강한 군기와 훈련은 전쟁시 만용 이상으로 중요하다."[72] 또한 마키아벨리는 군기의 유지를 위해 적절한 처벌을 통한 공포의 유지, 보상과 권위의 유지를 통해 반란이나 내분, 폭동 등의 위험을 예방할 것을 주문한다.[73] 『군주론』이나 『로마사 논고』에서 마키아벨리는 규율과 훈련의 중요성을 강조하며 군사적 성공은 명령과 규율에 달려 있다고 본다. 엄한 처벌에 대한 강조는 앞서 언급한 것처럼 마키아벨리가 "군주는 사랑받는 것보다는 두려움의 대상이 되는 것이 더 안전하다"고 했던 말 속에서 분명히 드러난다.[74] 한니발의 주요한 성공 요인은 바로 그의 잔인함에 있었다. 많은 종족들로 뒤섞인 대군을 거느리고 고국과 멀리 떨어진 곳에서 싸울 때, 한니발의 비인간적인 잔인함은 존경과 두려움을 유발했고, 군대가 단결을 유지하고 작전에 만반의 준비를 할 수 있게 했다.

이러한 부분은 군주 혹은 지휘관의 덕목과 관련하여 고려되어야 할 사항들과 연결된다. 전쟁에 임할 때 지휘관에게 중요한 것 중 하나는 결전의 시기에 대한 파악, 즉 호기好機를 잡는 것이다.[75] 전쟁에서 얻을 것이 전혀 없을 때나 필요하지 않을 때는 절대로 전쟁을 해서는 안 된다. 결전의 시기를 정확히 파악하고, 적과의 싸움을 어떻게 진행할 것인지, 즉 시간을 끌 것인지, 혹은 적극적으로 공격할 것인지, 언제 공격을 할 것인지 등에

---

71 마키아벨리, 이영남 옮김, 『마키아벨리의 전술론』, p. 45.

72 앞의 책, p. 376.

73 앞의 책, pp. 326-327.

74 마키아벨리, 강정인 외 옮김, 『군주론』, pp. 113-116.

75 마키아벨리, 이영남 옮김, 『마키아벨리의 전술론』, p. 232.

기원전 218년 제2차 포에니 전쟁을 일으키고 이탈리아에 침입하여 로마군을 격파한 카르타고의 명장 한니발(기원전 247~기원전 183?). 마키아벨리는 "군주는 사랑받는 것보다는 두려움의 대상이 되는 것이 더 안전하다"고 했다. 한니발의 주요한 성공 요인은 바로 그의 잔인함에 있었다. 많은 종족들로 뒤섞인 대군을 거느리고 고국과 멀리 떨어진 곳에서 싸울 때, 한니발의 비인간적인 잔인함은 존경과 두려움을 유발했고, 군대가 단결을 유지하고 작전에 만반의 준비를 할 수 있게 했다.

대해 결단을 내리는 것이 지휘관의 역량이고, 그것을 통해 지휘관의 현명함이 드러난다.

총사령관의 마음가짐은 전쟁을 수행하는 데 있어서 중요한 요소 중 하나이다. 우선 총사령관은 자신의 주변에 신뢰할 수 있는 인물을 두어야 한다.[76] 신뢰할 수 있는 인물은 전쟁과 전술의 베테랑이며 매사에 진중한 사람이어야 한다. 그러한 사람과 병사들의 상태 및 적의 동정에 대해 논의해야 한다. 또한 지휘관은 아군의 사기를 높이기 위해 적에 대한 분노를 적절하게 표출할 필요가 있다. 그러기 위해서 지휘관은 웅변가여야 한다. 아군에게 용기와 의지를 불러일으키고 적절한 전략과 전술을 설명하고, 감정을 자극할 수 있는 열변을 토할 수 있어야 한다. 그러한 것들을 통해 병사들로부터 조국애와 지휘관에 대한 존경을 이끌어낼 수 있다.

이와 함께 지휘관 혹은 군주는 지적 훈련을 위해 역사서를 읽어야 한다. 특히 역사서를 통해 과거 위대한 승리를 거둔 위인들의 행적을 조명하여 그들이 전쟁을 수행한 방법을 터득하며, 실패를 피하고 정복을 성취하기 위해 승리와 패배의 원인을 고찰하고, 무엇보다도 위대한 인물들을 모방해야 한다. "알렉산드로스 대왕Alexandros the Great은 아킬레스Achilles를 모방했고, 카이사르Julius Caesar는 알렉산드로스를 모방했으며, 스키피오Publius Cornelius Scipio는 키루스Cyrus the Great를 모방했다."[77] 군주가 역사서를 읽어야 하는 것은 그 안에 있는 탁월한 사람들의 행동을 이해하고 그로부터 뭔가를 얻어내기 위함이다. 역사서 속에서 위대한 인물들이 "전쟁을 수행한 방법을 터득하고, 실패를 피하고 정복을 성취하기 위해 그들의 승리와 패배의 원인을 고찰하고, 무엇보다도 우선 위대한 인물들을 모방해야" 한다고 마키아벨리는 말하고 있다.[78]

---

76 마키아벨리, 이영남 옮김, 『마키아벨리의 전술론』, p. 235.

77 마키아벨리, 강정인 외 옮김, 『군주론』, p. 103.

78 앞의 책, p. 103.

그리스, 페르시아, 인도에 이르는 대제국을 건설하여 그리스 문화와 오리엔트 문화를 융합시킨 헬레니즘 문화를 이룩한 고대 마케도니아의 알렉산드로스 대왕(기원전 356~기원전 323). 마키아벨리는 알렉산드로스 대왕이 열변을 통해 군대의 사기를 어떻게 끌어올렸는지를 예로 들면서 지휘관이 능력을 발휘하기 위해서는 뛰어난 웅변가이어야 한다고 강조했다.

또한 지휘관이 갖추어야 할 덕목으로 지휘관의 정신적 지도력을 강조한다. 지휘관의 정신적 지도력이 용감한 병사들을 만들어내기 때문이다. 마키아벨리는 다음과 같이 말하고 있다. "어떤 일에도 굴하지 않는 정신은 지휘관과 조국을 향한 신뢰, 애정에서 드러납니다. 이 신뢰감은 군단에 영향을 주는 것, 즉 군사훈련, 승리, 총사령관의 명성 등에서 기인합니다. 또한 병사들의 마음속에서 조국애를 끌어낼 수 있습니다. 지휘관을 존경하는 마음은 그들을 친절하게 대하느냐가 아니라 지휘관의 능력에 달렸습니다."[79] 마키아벨리는 지휘관이 능력을 발휘하기 위해서는 뛰어난 웅변가이어야 한다고 말한다. 특히 고대 마케도니아의 알렉산드로스 대왕이 열변을 통해 군대의 사기를 어떻게 끌어올렸는지를 예로 들면서 마키아벨리가 살던 당시에 그러한 사실에 대한 무관심을 아쉬워한다.

『전술론』의 마지막에서 마키아벨리는 '군주의 군대 통치 방향'에 대해 언급하면서 자신이 제시한 고대 로마 방식으로 군대를 만드는 것이 바로 이탈리아를 위대한 국가로 만드는 길임을 상기시키고 있다. 『군주론』의 마지막 장에서 이탈리아의 통일에 대한 열망을 피력했듯이 그것이 그의 목적이라면, 『전술론』에서는 그러한 목적 달성을 위해 보다 구체적인 군대와 군사에 대한 자신의 생각들을 제시했다고 할 수 있다.

IV. 맺는말

몽테뉴Michel Eyquem de Montaigne는 그의 『수상록Essais』에서 군사 문제의 권위자로서 알렉산드로스 대왕, 크세노폰Xenophon, 카이사르, 폴리비오스Polybios와

---

79 마키아벨리, 이영남 옮김, 『마키아벨리의 전술론』, p. 243.

같은 반열에 마키아벨리를 놓고 있다.[80] 독일의 프리드리히 대왕Friedrich II 역시 마키아벨리로부터 배운 바가 많다고 분명히 하고 있으며, 클라우제비츠Carl von Clausewitz 역시 마키아벨리에게 진 빚을 적고 있다. 물론 마키아벨리는 탁월한 군사사상가이지만, 무엇보다도 그의 군사사상을 그의 정치학 및 정치사상과의 관계 속에서 이해하는 것이 중요하다. 루소Jean-Jacques Rousseau나 이후 많은 공화주의자들은 마키아벨리가 주장하는 시민군을 통한 국가의 방어라는 문제를 고민했다. 마키아벨리는 기본적으로 공화주의자였기 때문에 시민군에 대한 사상을 전개하고, 인민과 군주와의 관계, 군주의 역량에 대해 고민했던 것이다.

물론 마키아벨리의 공화주의는 이후 전개되는 근대사 속에서 다양한 방식으로 전환된다. 먼저 공화주의적 시민군은 현실적으로 약화되고 거대한 영토의 근대국가 속에서 상비군의 형태로 전환된다. 15세기 중반 이후 유럽의 전쟁에서 나타나는 중요한 변화 중 하나는 거대한 상비군의 탄생이다.[81] 상비군은 고도로 훈련되고 장비를 잘 갖춘 보병이었으며, 이들을 동원하고 유지하기 위해 근대 초기 국가들은 체계적인 행정 구조에 의존하기 시작했다. 또한 상비군은 새로운 화약 기술에 바탕을 둔 소형 화기 등 새로운 무기체계에 기반했다. 근대가 본격화되면서 이탈리아나 독일 지역에 있던 도시국가 혹은 도시공화국들은 쇠퇴하거나 몰락하여 근대국가에 편입되었고, 군대 체제 역시 그러한 근대국가 속에서 상비군 체제로 확립되었다.

마키아벨리가 기대었던 공화주의적 애국심은 현실적으로 상당 부분 배타성을 가진 민족주의로 전환된다. 공화주의적 애국심이 거대한 영토를 가진 근대국가 속에서 출현한 것은 영국의 혁명들, 특히 청교도 혁명, 미국

---

80 미셸 드 몽테뉴, 손우성 옮김, 『수상록』(서울: 문예출판사, 2007), pp. 755-756.

81 크리스터 외르겐젠 외, 최파일 옮김, 『근대전쟁의 탄생: 1500-1763년』(서울: 미지북스, 2011), pp. 9-10.

마키아벨리는 탁월한 군사사상가이지만, 무엇보다도 그의 군사사상을 그의 정치학 및 정치사상과의 관계 속에서 이해하는 것이 중요하다. 루소나 이후 많은 공화주의자들은 마키아벨리가 주장하는 시민군을 통한 국가의 방어라는 문제를 고민했다. 마키아벨리는 기본적으로 공화주의자였기 때문에 시민군에 대한 사상을 전개했고, 인민과 군주와의 관계, 군주의 역량에 대해 고민했던 것이다.

의 독립혁명, 그리고 프랑스 혁명에서였다. 이 3개의 근대 혁명 속에서 공화주의적 애국심은 자유 실현이라는 과제를 달성하는 데 의미 있는 역할을 했다. 하지만 19세기에는 배타적 민족주의 경향이 본격적으로 강화되었다.[82] 그러한 민족주의는 근대국가 형성과 발달에 주요한 동원 이데올로기였으며, 그러한 의미에서 근대국가는 국민국가 형태를 띠게 되었다.

글의 서두에서 언급한 "마키아벨리는 근대인인가 고대인인가"라는 질문에 답을 한다면, 마키아벨리는 고대 로마 공화국과 로마 군대를 이상으로 설정하고 그것을 르네상스의 이탈리아에 실현하고자 했던 고대인에 가깝다고 할 것이다. 하지만 그것은 중요한 문제가 아니다. 중요한 것은 마키아벨리가 현재의 우리에게 어떤 시사점을 주는가이다. 따라서 "마키아벨리는 현재의 우리에게 어떤 의미를 갖는가?"라는 질문이 오히려 더 의미 있을 것이다.

마키아벨리는 로마 공화국의 붕괴 원인을 두 가지로 들고 있다.[83] 하나는 그라쿠스 형제가 토지소유권을 제한하고 정복지를 평민에게 분배하는 법을 부활시킨 것을 들 수 있는데, 이로 인해 귀족과 평민 사이의 불화가 야기되었고 각 파당은 자신들의 군사 지도자와 군대를 동원하기에 이르렀다. 두 번째 원인은 군대지휘권을 연장한 것인데, 이로 인해 군부대들이 공적 권위를 망각하고 그들을 지휘하는 정치가의 파당으로 전락하고 말았다. 이 두 가지 원인을 종합해 설명하면, 군대가 파당화되었고 그러한 군대에 의한 토지분배, 즉 시민의 삶의 가장 중요한 부분에 자의적인 개입으로 인한 부패가 발생함으로써 로마 공화국이 몰락하게 된 것이다. 마키아벨리가 군에 대해 말하면서 결국 전달하고자 한 것은 단지 전쟁에서 어떻게 승리할 것인가를 넘어서 우리의 공동체 속에서 군이 어디에 위치해

---

82 이에 대해서는 홍태영, "근대국민국가 형성기 시민군과 애국주의", 『정체성의 정치학』(서울: 서강대 출판부, 2011); 홍태영, "프랑스 공화주의의 전환: 애국심에서 민족주의로", 『사회과학연구』, 20권 1호, 2012 참조.

83 J. G. A. 포칵, 곽차섭 옮김, 『마키아벨리언 모멘트』, p. 364.

야 하며, 어떤 사회적·정치적 역할을 해야 하는가이다. 그가 탁월한 군사 사상가이면서 정치사상가인 이유가 바로 여기에 있다.

CHAPTER 3

클라우제비츠의 『전쟁론』

김연준 | 용인대학교 군사학과 교수

육군사관학교 졸업 후, 국방대학원에서 국방관리 석사학위를, 용인대학교에서 경호학 박사학위를 받았다. 임관 이후 야전부대와 국방부 등 정책부서에서 근무하다가, 2011년부터 용인대학교 군사학과 교수로 재직하면서 한국군사학연구학회 이사 등을 맡고 있다. 군사이론, 전쟁사, 북한학 등 군사학적 주제를 연구하고 있으며, 주요 논문으로는 "미래 한국군 군사력 건설방향", "한국적 민간군사기업 도입방안" 등이 있다.

I. 머리말

전쟁에서 승리하는 방법에 대한 연구는 인류의 역사와 함께해온 주제이다. 이 문제에 천착한 고전 가운데 가장 으뜸인 것으로 동양에서는 『손자병법孫子兵法』을 말하지만, 서양에서는 단연코 클라우제비츠Carl von Clausewitz가 저술한 『전쟁론Vom Kriege』을 꼽는다. 클라우제비츠의 『전쟁론』이 역사상 가장 포괄적이며 체계적인 전쟁연구서라는 데 이의를 달 사람이 없을 정도이다. 현대의 저명한 군사이론가이자 클라우제비츠 전문가인 버나드 브로디Bernard Brodie는 『전쟁론』을 연구해야 하는 이유를 설명하면서 "그의 저서는 단순히 가장 위대한 것이 아니라, 전쟁에 관한 진정으로 위대한 유일한 책"이라고 극찬을 하고 있다.[1] 특정한 시대와 특정한 국가에서는 클라우제비츠의 주장을 수용하면서 그를 위대한 전쟁사상가이자 철학자로 칭송한 반면, 다른 한편에서는 '악의 화신' 혹은 '피의 사도'로 매도하는 등 그에 대한 평가가 엇갈리면서 역사의 전개에 따라 그의 이론의 유용성 역시 지지받거나 거부되어왔다.[2]

그럼에도 불구하고 오늘날까지도 그의 이론은 생명력을 유지하고 있으며, 정치와 군사 문제에 관심 있는 현대 지식인들은 그의 주장을 통해 전쟁의 본질에 대한 이해와 폭넓을 대안을 모색할 수 있는 비판적인 통찰력을 얻을 수 있다.

제3장의 글은 통상적으로 난해해서 이해하기 어렵다는 클라우제비츠의 『전쟁론』을 보다 정확하게 이해하는 데 도움을 주고자 집필했다. 이를 위해 2절에서는 클라우제비츠가 『전쟁론』을 집필하게 된 시대적 배경과

---

1 Michael Howard, "The Influence of Clausewitz", in Carl von Clausewitz, *On War*, ed. & trans. by Michael Howard & Peter Paret(Princeton, NJ: Princeton Univ Press. Press, 1984), p. 31에서 재인용. 이후부터는 편의상 Clausewitz, *On War*로 표기함.

2 강진석, 『클라우제비츠와 한반도, 평화와 전쟁』(서울: 동인, 2013), p. 79.

그의 생애에 대해 알아보고, 3절에서는 클라우제비츠 전쟁이론의 주요 내용인 전쟁의 이중적 본질, 마찰, 삼위일체, 군사적 천재 등에 대한 주요 개념을 살펴보고, 4절에서는 핵심 개념을 토대로 주요 사상을 설명하고, 5절에서는 클라우제비츠 이론의 유용성에 대해 논의하겠다.

II. 시대적 배경과 클라우제비츠의 생애

어떤 사상이나 이론을 제대로 고찰하기 위해서는 먼저 그것이 출현하게 된 시대적 배경, 사회적 상황, 개인적 경험 등을 살펴봐야 한다. 그것들을 모르고서는 그 사상이나 이론을 제대로 이해하기 어렵다. 클라우제비츠는 프랑스 혁명에 따른 사회적·정치적·군사적 대변혁의 시대에 나폴레옹 전쟁에 참전하여 '전쟁 방식'의 혁명적 변화를 몸소 체험했다.

그가 생존했던 당시 조국 프로이센의 정치적·군사적 환경, 철학적·지적知的 배경, 그리고 클라우제비츠의 생애로 나눠 살펴볼 수 있는데, 이러한 환경적 요인은 그의 저작에 그대로 반영되었다.

1. 프로이센의 명암: 7년 전쟁, 나폴레옹 전쟁

프로이센은 7년 전쟁(1756~1763)을 통해 슐레지엔Schlesien[3] 지역의 영유권을 확보해 유럽 지역의 맹주로 부상했다. 그러나 프로이센은 1806년 예나 전투Battle of Jena에서 나폴레옹 군대에 패해 그들의 속국으로 전락하는 처지가 되었으며, 1807년 프랑스와 체결한 틸지트 조약Treaties of Tilsit에 따

3 현재 폴란드 서부지역과 체코 북부지역을 경유하는 오데르(Oder) 강 상류와 중류지역으로, 대부분 산악지역으로 형성되어 있으나 석탄, 철 등 지하자원의 매장량이 풍부하다. 7년 전쟁 당시 제1차 산업혁명이 진행 중이었기 때문에 풍부한 지하자원 확보는 인접한 제국의 주요 관심사였다.

Vom Kriege.

Hinterlassenes Werk

des

Generals Carl von Clausewitz.

Erster Theil.

Berlin,
bei Ferdinand Dümmler.

1832.

1832년에 출간된 칼 폰 클라우제비츠의 『전쟁론』 속표지. 『전쟁론』은 정치학, 군사학, 철학을 아우르는 최고의 전쟁이론서로, 동양의 『손자병법』에 비견할 만한 역작으로 평가받고 있다.

칼 폰 클라우제비츠(1780~1831). 그는 나폴레옹 전쟁에 참전한 경험과 사색의 결과를 토대로 『전쟁론』을 통해 항구적인 전쟁이론을 제시하고자 했다.

라 엘베Elbe 강 서쪽의 영토와 폴란드 분할에서 얻은 땅을 상실하여 영토는 반으로 줄었고, 상비군 병력을 4만 2,000명 이하로 제한받게 되었다.[4] 예나 전투 패전과 틸지트 조약은 프로이센을 비롯한 독일 민족 전체에게 굴욕감을 안겨주었음은 물론이고, 과거의 영광을 재현하기 위해 사회 전반에 대한 개혁군제의 개혁, 농노의 해방, 정부 관료주의의 강화, 공교육제도 정비 등을 추진하는 촉매가 되었다.

나폴레옹 전쟁의 원인이자 배경이 되었던 프랑스 혁명은 세계 역사상 인류에 가장 큰 영향을 미친 사건 중 하나였다. 프랑스 혁명은 단순한 정치상의 혁명을 넘어 사회적으로, 사상적으로, 그리고 군사적으로 커다란 의미를 갖는다. 프랑스 혁명이 발발(1789)하기 이전의 구시대Ancien Régime 전쟁은 국민과 유리된 전쟁으로, 국왕과 봉건영주가 전쟁을 해도 일반 국민은 냉담한 태도를 취했다.[5]

그러나 프랑스 혁명은 구시대적인 것을 쓸어버린 혁명적 대해일大海溢이었다. 그중에서도 프랑스 혁명 전쟁과 뒤이은 나폴레옹 전쟁은 가장 획기적인 혁명을 야기했다. 그 핵심은 프랑스 혁명군의 자발성과 이에 따른 수적·정신적 우위였다. 즉, 시민군대Levée en masse의 출현이었다. 나폴레옹이 유럽을 정복할 때 사용한 가공할 도구는 바로 프랑스 시민 군대였다.[6] 프랑스 혁명군(시민군대)은 구시대의 모든 억압으로부터 해방되어 조국 프랑스에 대한 자발적인 애국심과 자부심으로 충만한 시민들로 편성되었으며, 이런 시민들로부터 전폭적인 지지를 받는 정부가 혼연일체가 되어, 새로이 수립된 프랑스 공화국의 존립을 위협하는 주변 반동적 군주국가들을 전광석화와 같이 정복할 수 있었다. 프랑스 혁명과 나폴레옹 전쟁 당시의 프랑스 국민들(시민군대)은 기존의 전쟁과는 전혀 다른 새로운 혁명적

4 민석홍, 『서양사 개설』(서울: 삼영사, 1984), p. 498.

5 육군사관학교, 『세계전쟁사』(서울: 황금알, 2012), p. 95.

6 허남성, "클라우제비츠 『전쟁론』의 삼위일체 소고", 『군사』, 제57호(2005), p. 313.

인 방식으로 전쟁을 수행했다.

1807년 11월에 프랑스에서 인질 생활을 마치고 귀환한 클라우제비츠는 스승인 샤른호르스트Gerhard von Scharnhorst(1755~1813)의 보좌관으로 활동하면서 나폴레옹 전쟁에서의 패배를 극복하고 프로이센의 영광을 재현하기 위해 군제개혁에 주도적으로 참여했다. 이후 나폴레옹 전쟁의 참전 경험은 클라우제비츠로 하여금 두 가지 서로 상반된 전쟁이론(절대전쟁, 현실전쟁)을 착상하게 만들었다. 클라우제비츠는 역사상 최초로 시민군대를 동원한 나폴레옹 전쟁에서 그의 이론에 대한 새로운 착상과 해결 방안을

1805년 12월 2일 나폴레옹이 오스트리아와 러시아의 동맹군을 격파해 자신의 군사적 천재성을 입증하고 유럽의 판도를 바꿔놓은 아우스터리츠 전투(Battle of Austerlitz). 19세기의 첫 10년 동안 프랑스 제국은 나폴레옹의 군사적 지도 하에 연전연승을 구가했다. 유럽 대다수의 열강은 전쟁의 소용돌이에 휩싸였으며, 나폴레옹 전쟁을 통해 프랑스는 유럽의 지배적인 위상을 확고히 했다. 클라우제비츠는 나폴레옹 전쟁 경험을 통해 전쟁의 항구적 불확실성과 실용적 해결의 당위성을 보았으며, 전쟁의 새로운 지침이 될 새 이론을 구상하게 되었다.

모색하고자 했다. 그는 나폴레옹 전쟁을 통해 전쟁의 항구적 불확실성과 실용적 해결의 당위성을 보았으며, 전쟁의 새로운 지침이 될 새 이론을 구상하게 되었다.

2. 철학적 · 지적 배경

19세기 전환기의 프랑스 혁명과 뒤를 이어 등장한 나폴레옹 전쟁은 그 양상이 이전과는 전적으로 달랐다. 클라우제비츠는 나폴레옹식 전쟁을 체계화했다. 18세기 후반 유럽에는 합리주의 대신 개인의 자유와 인성을 강조하는 관념론Idealism이 대두되었다. 관념론은 세계와 자연의 궁극적인 실제를 관념, 정신, 마음이라고 주장했으며, 그 주된 관심은 개인의 자유와 존엄이었다.[7] 이는 17세기 서구 세계를 풍미한 '기계론적 자연관'에 대한 반성에서 출발했다. 기존에는 사물의 본질(진실)을 파악하는 데 있어서 관찰·실험이 불가능한 비非물질적인 요인을 철저히 배제하고 물질적인 요인만을 대상으로 하여 관찰하거나 실험이 가능한 물질과 운동의 관점에서만 파악했다. 그러나 이러한 기계론적 관점은 형이상학적인 대상(신神, 자유, 영세永世 등)에 대한 본질을 규명하는 데 근본적인 한계에 봉착하게 되었다.[8] 반면에 관념론은 사물의 본질을 파악하는 데 있어서 인간이 주체가 되어 능동적으로 관찰하고, 내면의 의식 세계를 가동하여 지식(진실)에 접근하는 과정을 합당한 것으로 보았다. 따라서 관념론은 형이상학적인 주제에 대해 그 본질을 파악하기 위해서 지나치게 추상적으로 접근하여 이해하기가 쉽지 않았다. 클라우제비츠가 『전쟁론』을 집필할 당시의 주류 철학이던 관념적 사색과 논리체계는 그에게도 영향을 미쳤다.[9] 그가 기존의 군사이론이 가지고 있던 한계를 극복하고 전쟁을 인적 요소Human Factors, 즉 인간의 '의지의 행위'라고 한 주장은 관념적론 시각과 일치한다.

그리고 클라우제비츠는 철학적 사색과 논리 전개에 변증법 방법을 활용했다. 변증법은 관념주의 철학자인 헤겔George Wilhelm Friedrich Hegel (1770~1831)에 의해 완성되었는데, 헤겔은 정正-반反-합合의 세 단계 절차를 통해 대립과 모순의 역동적인 관계 하에서 통일되고 일원화된 관념을 확립하려고

---

7 네이버 지식백과, "관념론", http://terms.naver.com/entry.nhn?cid=281&docId=513356&mobile&categoryId=1114(검색일: 2013. 7. 31.).

8 네이버 지식백과, "기계론적 자연관", http://terms.naver.com/entry.nhn?cid=200000000&docId=1285412&mobile&categoryId=200000047(검색일: 2013. 7. 31.).

9 클라우제비츠는 21세(1801년)인 사관학교 재학 시절에 철학 교수인 키제베터(Hubert Kiesewetter)(1766~1819)에게 독일 관념주의 대표적인 철학자인 칸트(Immanuel Kant)의 비판철학을 배움으로써 철학적 사고와 방법론을 익혔고, 후일 이것은 『전쟁론』을 집필하는 데 많은 도움이 되었다고 한다. 이에 대한 보다 자세한 내용은 이종학, 『클라우제비츠와 전쟁론』(서울: 주류성, 2004), pp. 42-43을 참조할 것.

했다. 클라우제비츠 자신도 1818년에 남긴 메모에서 "몽테스키외가 그의 주제를 다루었던 방법을 희미하게나마 내 마음속에 그려보았다"라고 언급한 바 있다.[10] 그 방법이란 변증법적 방법을 의미한다. 그러나 이것은 정-반-합으로 구성되는 헤겔류類의 변증법과는 다소 다르며, 정正·반反명제의 대비를 통해 어떤 특정 현상의 고유한 특성을 명확하게 탐구하는 일종의 수정된 변증법이라고 할 수 있다.[11] 또한 후기 계몽주의 미학美學 이론으로부터 차용한 목적과 수단의 대비적 개념도 이에 속할 것이다. 이외에도 이론과 실제, 절대와 상대, 공격과 방어, 전쟁과 정치 등 다양한 대칭적인 이론 개념을 이용했다. 이러한 개념의 대표적인 예로 전쟁을 절대전쟁Absolute War과 현실전쟁Real War으로 정의한 것이다.

그렇다고 해서 클라우제비츠가 전쟁에 대한 지적 고찰을 오로지 추상적이고 사변적思辨的인 방법으로 접근한 것은 아니었다. 그는 전쟁에 대한 사유·관찰과 함께 경험의 조화를 강조했다. 그는 관념론, 변증법, 계몽주의 미학 이론, 경험철학 등을 적용한 독창적인 연구방법으로 전쟁의 본질, 구성 요소(절대치), 내적 연관성 등을 제시했다. 그가 『전쟁론』을 통해 제시한 전쟁이론은 약 2세기가 지났음에도 불구하고 전쟁을 이해하고자 하는 현대의 우리들에게 아직까지도 유용한 판단의 준거Frame of Reference를 제공하고 있다.

3. 클라우제비츠의 생애

클라우제비츠는 1780년 6월 1일 베를린Berlin에서 남서쪽으로 100여 킬로미터 떨어진 소도시 부르크Burg에서 출생했다. 그는 귀족 가문의 전통을 주장하는 중산층 집안의 4남2녀 중 막내아들(6남매 중 다섯째)로 태어났

---

10 Carl von Clausewitz, "The Genesis of On War", in *On War*, ed. & trans. by Michael Howard& Peter Paret(Princeton, NJ: Princeton University Press, 1976), p. 15.

11 허남성, "클라우제비츠 『전쟁론』의 삼위일체 소고", 『군사』, 제57호, p. 310.

클라우제비츠의 스승 게르하르트 폰 샤른호르스트(1755~1813). 프로이센의 장군, 군제도 개혁자. 벨기에에서 프랑스 혁명군과 싸웠고 나폴레옹 전쟁 때 참모장으로 출전해 공을 세웠다. 프로이센 군제개혁에 착수해 국민군대 창설에 힘썼고, 그의 사후 일반병역의무제가 실시되었다. 1807년 11월에 프랑스에서 인질 생활을 마치고 귀환한 클라우제비츠는 스승인 샤른호르스트의 보좌관으로 활동하면서 나폴레옹 전쟁에서 패배를 극복하고 프로이센의 영광을 재현하기 위해 군제개혁에 주도적으로 참여했다.

다. 그의 아버지는 7년 전쟁(1756~1762)에 소위로 참전했다가 중상을 입고 퇴역하여 지방 세무서에서 근무했다. 그는 12세(1792년)에 아버지의 기대에 따라 소년병으로 군대에 입대했으며, 13세(1793년)부터 2년간 라인Rhine 지역 대불전쟁對佛戰爭에 참전했다. 전장에서 복귀한 클라우제비츠는 16세 때 소위로 임관했으며, 21세(1801년) 되던 해에 베를린 사관학교에 입학해 3년간 학업에 매진하여 사관학교를 수석으로 졸업했다. 클라우제비츠는 24세(1804년)에 사관학교를 졸업하면서 평생의 은사恩師인 샤른호르스트의 추천으로 아우구스트August 황태자의 전속부관이 되었다.

클라우제비츠는 1806년 예나 전투에 아우구스트 황태자와 함께 참전했으나, 프랑스군에 대패하여 황태자와 함께 프랑스에서 1807년 7월까지 1여 년의 인질 생활을 했다. 인질 생활을 마치고 본국으로 귀환한 클라우제비츠는 그의 스승인 샤른호르스트 군제개혁위원장의 보좌관으로서 강군 육성을 통해 프로이센의 영광을 재현하기 위해 개혁 세력의 주요 인사로 활동했다.

이후 그는 1810년 당시 15세인 황태자(이후 프로이센의 6대 왕인 프리드리히 빌헬름 4세Friedrich Wilhelm IV)에게 군사학을 강의했고, 그해(1810) 12월 마리Marie von Brühl와 결혼을 했다. 황태자에게 군사학을 강의한 경력은 그로 하여금 군사학 연구에 전념하게 했고, 불멸의 명저 『전쟁론』을 저술하게 되는 동인動因이 되었다.

1812년(클라우제비츠가 32세 때) 나폴레옹이 러시아 원정 시기에 주변 국가에 동맹국 편입을 강요함에 따라, 프로이센 황제는 프로이센의 철천지 원수인 프랑스 동맹국가의 일원으로서 러시아 전역에 참가하는 정치적 결정을 내리게 되었다. 이때 프로이센의 애국적인 군인들은 황제의 굴욕적인 결정을 거부했다. 클라우제비츠는 1812년 5월 원수인 프랑스군에 대항하기 위해 러시아군에서 복무했다. 그는 러시아 전역에서 국민 총무장과 게릴라전의 필요성을 체험하고 이를 『전쟁론』에 반영했다.

클라우제비츠는 러시아군에서 복무한 지 2년 만인 1814년 4월에 프로이센군에 대령으로 복귀했다. 그는 1815년 프로이센군의 주력부대인 제3군단 참모장으로서 워털루 전투Battle of Waterloo에서 승리하여 파리에 입성했다. 전쟁이 끝난 후 1818년까지 신설된 그나이제나우 군단의 참모장으로서 코블렌츠Koblenz에서 근무했다.

클라우제비츠는 1818년(38세)에 대령에서 소장으로 특별 진급한 후 프로이센 보수파의 견제 속에 한직閑職인 모교 베를린 사관학교장으로 부임하여 12년간 근무하면서 대부분의 시간을 『전쟁론』 저술에 몰두했다. 그러나 그는 1827년경 『전쟁론』 초고에 대한 수정의 필요성을 인식하고 이를 보완하기 위한 개작改作 방향에 대한 기본 구상을 비망록으로 남겨놓은 채 필생의 역작인 『전쟁론』을 완성하지 못하고 1831년 11월 16일 51세를 일기로 세상을 떠났다.[12]

클라우제비츠는 일생을 살면서 군인이 아닌 다른 직업에 대해서는 전혀 몰랐고, 교육도 사관학교가 아닌 다른 곳에서 받아본 적이 없었다. 그는 2세기 전에 항구적으로 가치 있는 전쟁이론을 확립하고자 『전쟁론』을 집필했으나 스스로 완성하지 못한 채 죽음을 맞았다. 초고 상태인 『전쟁론』 유고遺稿를 정리해 출간한 사람은 바로 그의 부인 마리Marie von Clausewitz였다. 그의 『전쟁론』이 난해한 이유는 바로 여기에 있다. 그가 스스로 비망록을 통해 고백했듯이 초고는 "전쟁에 관한 단상들을 나열해놓은 것에 불과"했다. 그는 초고를 작성해놓고(절대전쟁의 관점) 나서 전쟁의 현실적 측면(현실전쟁의 관점)을 반영하는 방향으로 전면적인 수정의 필요성을 절감하고 재집필을 시작했으나 제1장 제1편(전쟁의 본질)만을 완성하고 죽음을 맞게 되었다. 그가 사망한 이후에 그의 부인 마리가 미완성 원고들을 임의로 편집해 출간했기 때문에 논리적 일관성이 결여될 수밖에 없었다. 대부분의 독자들이 이러한 정황에 대한 이해가 부족한 상태에서 『전

---

12 Raymond Aron, *Clausewitz: Philosopher on War*, trans. by Christine Booker and Norman Stone(New York : Simon & Schuster Inc., 1985), p. 1.

클라우제비츠의 부인 마리. 『전쟁론』이 난해한 이유는 클라우제비츠가 1831년 11월 16일 사망한 이후에 그의 부인 마리가 미완성 원고들을 임의로 편집해 『전쟁론』을 출간하여 논리적 일관성이 결여되었기 때문이다.

쟁론』을 자의적으로 해석하여 많은 오류를 범하고 있다.

III. 『전쟁론』 분석

클라우제비츠의 이론은 전쟁의 본질, 전쟁을 구성하는 요소와 상호관계를 규명한 불후의 명저名著이다. 3절에서는 『전쟁론』의 편성, 전쟁의 이중적 본질, 마찰, 삼위일체, 군사적 천재에 관한 주요 내용을 살펴보겠다.

1. 『전쟁론』의 편성

『전쟁론』은 제1편 전쟁의 본질부터 제8편 전쟁계획까지 총 8편 128개 장절로 구성되어 있으며, 각 편의 내용을 간략하게 소개하면 다음과 같다. 제1편 "전쟁의 본질"에서 절대전쟁Absolute War과 현실전쟁Real War의 특성과 차이점, 전쟁의 목적과 수단, 마찰Friction, 삼위일체Trinity 등의 주제를 다루고 있다. 제2편 "전쟁이론"에서는 기존의 기계론적 · 원칙 중심의 전쟁이론의 한계를 극복하기 위해서는 인간의 정신적 요소(감정, 적의 반응, 불확실성을 극복할 재능 등)를 고려해야 한다고 강조하고 있다. 제3편 "전략 일반"에서는 전략의 정의, 전략의 다섯 가지 구성요소(정신적 요소, 물리적 요소, 수학적 요소, 지리적 요소, 통계적 요소)의 종류와 특징을 제시하고 있다. 특히 전략의 요소 중 정신력, 무덕武德, 대담성, 끈기 등 정신적 요소의 중요성을 강조하고 있다. 제4편 "전투"는 전쟁의 본질적 수단인 전투의 의의, 승패 요인, 사기와 물질적 요인의 상호관계 등을 고찰하고 있다. 특히 전투 중에서 가장 중요한 주력전투에서 승리하기 위해서는 패배한 적을 계속 추격해야 하고, 주력전투에서 패배했다면 후퇴를 효과적으로 수행해야 한다고 했다. 제5편 "전투력"에서는 전투력의 인원과 편성, 전투력 유지를 위한 식량보급 문제, 전장에서 전투력의 다양한 배치와 활동(전위와 전초, 선발부대, 야영, 행군, 사영舍營 등)에 대해 논의하고 있다. 『전쟁론』에서 가장 많은 분량을 차지하고 있는 제6편 "방어"에서는 방어와 공격의 상호관계, 방어의 우월성, 전장에서 다양한 형태의 방어작전(요새, 진지, 보루, 산악, 하천, 나라의 중요한 관문 등)을 고찰하고 있다. 제7편 "공격"에서는 방어와의 관계에서 공격의 특성과 공세 종말점攻勢 終末點의 개념, 전편前篇 "방어"에서 제시한 수많은 지역, 진지, 장소 등에 대한 공격과 결전을 치르려는 경우와 그렇지 않은 경우의 공격 등 다양한 형태의 공격작전 형태를 다루고 있다. 마지막으로 제8편 "전쟁계획"에서는 전쟁의 본질, 절대전쟁과 현실전쟁, 전쟁과 정치의 관계 등 제1편의 중요한 주제를 다시 한 번 언급하고 있다. 전쟁은 현실에서 현실전쟁이 일어난다. 따라서 전쟁의 목표는 제한적인 목표일 수밖에 없음을 강조하고 있다.

『전쟁론』은 미완성 작품으로 클라우제비츠가 사망한 지 1년 후인 1832년에 군사전문가가 아닌 그의 부인 마리에 의해 출간되었다. 클라우제비츠는 사망하기 4년 전인 1827년에 비망록 형식으로 『전쟁론』의 개작 방향에 대해 메모를 남겨놓았다. 그는 1827년 작성한 비망록에서 『전쟁론』 전편全篇 중에서 제1편 제1장(전쟁이란 무엇인가) 부분을 개작 방향에 맞게 완성했다고 명시했다. 클라우제비츠는 개작이 완료된 '전쟁이란 무엇인가'에서 전쟁의 이중적 성향(①절대전쟁: 적의 타도·전복을 목적하는 전쟁, ②현실전쟁: 국경지대의 일부 지역 점령을 목적으로 하는 전쟁)을 제시하면서 전쟁은 당시의 내·외적 요인과 결합되어 카멜레온보다 더욱 다양한 형태로 나타날 수 있다고 갈파했다. 그럼에도 불구하고 클라우제비츠는 현실전쟁의 관점인 "전쟁은 다른 수단에 의한 정책(정치)의 연속이다"라는 관점에서 나머지 부분을 수정하고자 했다.

비록, 『전쟁론』이 미완성 작품이기는 하지만, 전쟁 본질에 대한 클라우제비츠의 견해는 전쟁 현상을 이해하고 이를 분석하려는 현대인에게도 깊은 통찰력을 제공하고 있다. 『전쟁론』을 이해하기 위해서는 클라우제비츠의 기본 의도가 충분히 반영된 제1편의 제1장 "전쟁이란 무엇인가" 부

▣ 1827년, 클라우제비츠의 비망록: 『전쟁론』 개작 방향에 대해

제1편부터 제6편까지의 원고는 어느 정도 완성이 되었지만 아직 완전한 틀이 잡히지 않아 전체적으로 다시 한 번 개작해야 한다고 생각된다. 개작을 할 때는 두 가지 종류의 전쟁을 좀 더 명확하게 구분할 것이다. 두 가지 종류의 전쟁이란 ①적의 타도를 목적으로 하는 전쟁과, ②적의 국경지대에서 몇몇 지역을 점령할 목적으로 하는 전쟁이 있다.(저자 강조 부분) 첫 번째 전쟁은 적을 정치적으로 격멸하거나 단순히 방어 불능의 상태로 만들어서 우리 측에 유리한 평화를 강요하려는 것이다. 반면에 두 번째 전쟁은 적 지역을 점유하거나 점령한 지역을 유용한 교환 수단으로 하여 평화협상 시 활용하고자 한다. 전쟁은 ①에서 ②로, 또는 그 반대로 진행하는 등 다양한 형태로 존재한다.

그러나 두 가지 유형의 전쟁이 추구하는 목적이 완전히 다르다는 사실은 항상 명백하며, 따라서 상호 모순되는 요소들은 구분되어야 한다. 양측의 전쟁 사이에 실제로 존재하는 이러한 차이점 외에도 전쟁에 대한 기본적인 관점을 정립해야 한다. **기본적인 관점이란 전쟁이란 다른 수단에 의해 이루어지는 정치라는 사실이다.**(저자 강조 부분) 이 기본 관점에 입각해 우리는 일관성 있는 고찰을 하고 모든 문제를 쉽게 풀어나가게 될 것이다. 이 기본 관점은 주로 제8편에 적용되지만, 제1편에서도 완전히 이 기본 관점에 의한 논리 전개가 이루어져야 하며, 제1편부터 제6편까지의 개작 과정에서도 일관되게 적용된다. 제1편부터 제6편까지 불순물 같은 내용들을 제거하고, 분열과 균열을 결합하면 막연한 사실들을 보다 확고한 사상과 형태로 보완할 수 있을 것이다. (중략)

-1827년 7월 10일, 베를린에서 칼 폰 클라우제비츠

분을 완전히 숙독하고 이해한 후에 나머지 부분을 읽는 것이 바람직한 독서 방법이라고 사료된다.

2. '전쟁의 이중적 본질'에 대해

클라우제비츠는 나폴레옹 전쟁에서의 경험과 사색을 토대로 전쟁의 본질을 '절대전쟁'과 '현실전쟁'이라는 상반된 두 가지 관점에서 정의하고 분석했는데, 각각의 의미는 다음과 같다.

(1) '절대전쟁' 관점: 관념적 차원에서의 전쟁의 본질

클라우제비츠는 전쟁의 본질에 대해 "전쟁이란 적을 굴복시켜 자기의 의지를 강요하기 위해 사용하는 일종의 폭력행위이다War is thus an act of force to compel our enemy to do our will"(절대전쟁)라고 정의했다. 즉, 적에게 나의 의지를 강요하는 것은 전쟁의 목적object이며, 적의 저항력을 무력화시키는 것은 전쟁의 목표aim이고, 물리적 폭력—정신적 폭력은 국가와 법이라는 개념의 밖에 존재하기 때문에—은 전쟁의 수단means이 된다.[13]

절대전쟁은 자신의 내적 법칙에 따라서 이론적으로 무한대의 상호작용을 다음과 같이 하게 된다. 첫 번째로 '폭력의 극한 사용'이다. 우리의 의지를 적에게 강요하기 위해서는 폭력의 극한 사용이 필요하다. 싸움의 동기는 적대적 감정과 적대적 의도에서 시작된다. 전쟁과 같은 위험한 상황에서 무자비하게 폭력을 사용하는 쪽은 폭력을 사용하지 않는 쪽보다 당연히 유리하다. 전쟁은 폭력행위이며, 서로 상대에게 의지를 강요하게 됨으로써 상호작용은 이론상 극한으로 발전한다.(제1상호작용) 두 번째로 "목표는 적을 저항하지 못하도록 무장해제"시키는 데 있다. 전쟁 행위로 적에게 나의 의지대로 따르도록 강요하려면 적이 전혀 저항하지 못하도록 만

---

13 Raymond Aron, *Clausewitz: Philosopher on War*, trans. by Christine Booker and Norman Stone, p. 1.

들거나 우리가 적에게 요구하는 희생보다 더 큰 위협을 느끼는 곤란한 상황에 처하도록 만들어야 한다. 전쟁은 살아 있는 두 집단 간의 충돌로서 상호작용이 발생하게 된다. 내가 적을 쓰러뜨리지 못하면 적이 나를 쓰러뜨리려고 시도하게 되어 상호작용은 극한으로 발전하게 된다.(제2상호작용) 마지막으로 '힘의 최대한 발휘'이다. 적을 타도하려면 그들의 저항능력(현존 수단×의지력)을 극복할 수 있는 적절한 노력의 투입이 요구된다. 상대를 압도하려는 노력은 상호작용으로 발생한다.(제3상호작용) 이상과 같이 폭력의 상호작용은 이론적으로 다른 어떤 법칙도 따르지 않는 자유로운 힘의 충돌이므로 극단에 이를 때까지 결코 멈추지 않는다. 살아 있는 두 힘 간의 충돌에서는 어느 편도 자기 행동을 자제하지 못하고 상대방을 압도하기 위한 노력을 확대해나갈 것이다. 왜냐하면 우리가 적을 타도하지 못하면 적이 우리를 타도할 것이기 때문이다. 결국 무제한 폭력의 충돌은 그 극한 상태에서 절대전쟁으로 도달하게 될 것이고, 이러한 절대폭력은 어느 한편이 완전히 파멸될 때에만 종식될 수 있다.

그러나 과연 현실 세계에서도 폭력의 상호작용은 절대전쟁과 같이 극단적인 형태로 나타날 수 있을까? 아니다! 폭력의 상호작용은 이론적으로 극단성과 절대성을 추구하지만, 현실 세계에서는 개연성에 따라 조정되어진다.

(2) 전쟁에 '정치적 목적'이 등장: 극단성·절대성을 개연성이 대치

절대전쟁은 추상 세계에서 관념적으로 존재할 뿐이다. 클라우제비츠는 절대전쟁이 발생할 수 있는 경우를 특별한 상황으로 제한했다. 절대전쟁이 발생할 수 있는 상황에 대한 그의 논의를 따라가보자.

① 전쟁이 과거의 정치 세계와 무관하게 고립된 행위로 갑자기 발생하는 경우

② 전쟁이 단 한 번의 결전이나 동시에 발생하는 결전으로 구성되어 있는 경우

③ 전쟁에 이어지는 정치적 상황이 전쟁에 전혀 영향을 미치지 않으면서 전쟁이 독자적으로 종결되는 경우[14] 절대전쟁이 발생한다고 했다.

그러나 현실 세계에서 이 세 가지 조건들이 실현되는 것은 거의 불가능하다. (1)전쟁은 고립된 행위가 아니고, 상대편의 현재의 상태와 행동에 따라 상대방의 의지를 판단하고 이를 토대로 폭력의 수준과 범위를 상호 수정하게 된다. (2)전쟁은 결전이 하나뿐이거나 여러 개라도 힘을 동시에 사용하는 일회성 행위가 아니다.[15] (3)전쟁 결과는 절대적이지 않으며, 후일 정치적 상황에 따라 개선책을 마련할 수 있다. 이러한 이유로 폭력의 극단적 상호작용—폭력의 극한 사용(제1극단), 목표는 적 무장해제(제2극단), 힘의 최대한 발휘(제3극단)—은 절대적인 조건하에서만 발생하며, 논리적인 추론 과정으로부터 도출되는 상상력에 불과한 것이다. 따라서 절대전쟁은 현실 세계에서는 발생할 수 없는 관념상의 전쟁인 것이다.

(3) '현실전쟁' 관점: 실천적 차원에서의 전쟁의 본질

클라우제비츠는 현실전쟁의 본질을 "전쟁이란 단지 다른 수단에 의한 정책(정치)의 연속이다War is a merely the Continuation of Policy by other means"[16]라고 설명했다. 현실 세계에서 전쟁은 폭력 상호작용 간에 극단성과 절대성의 법칙을 배제하고 개연성의 법칙에 따라 '정치적 목적'이 등장하게 된다. 현실전쟁에서 목적은 절대전쟁의 목적이던 적에게 '나의 의지 강요'에서 '정치적

---

14 Raymond Aron, *Clausewitz: Philosopher on War*, trans. by Christine Booker and Norman Stone, p. 78.

15 전투력을 발휘하는 기본 요소는 ①현존 군사력, ②국토의 면적과 인구, ③동맹국 등이 있음. ①현존 군사력: 즉각 투입 가능, ②국토의 면적과 인구: 광대한 국토의 경우 일거에 작전지역으로 활용하거나 전 국민 동시에 징집 불가능, ③동맹국: 교전 중인 피지원국의 상황을 고려하여 적시적(適時的)인 지원이 제한됨(정치적 상황, 지휘권 문제 등).

16 Raymond Aron, *Clausewitz: Philosopher on War*, trans. by Christine Booker and Norman Stone, p. 87.

목적 구현'으로 대치되었다. 클라우제비츠는 '정치적 목적'에 대해 다음과 같이 설명했다.

"우리가 적에게 요구하는 희생이 작으면 작을수록 우리에게 대항하는 적의 노력도 그만큼 더 작아지리라고 기대할 수 있을 것이다. 하지만 적의 노력이 작으면 작을수록 우리의 노력도 그만큼 더 작아질 것이다. 나아가 우리의 정치적 목적이 작으면 작을수록 우리가 그 목적에 두는 가치도 그만큼 더 작아질 것이며 그 목적을 그만큼 더 일찍 포기하게 될 것이다. 이런 이유로 우리의 노력도 그만큼 더 작아질 것이다. 그렇게 되면 전쟁의 본래의 동기인 정치적 목적이 전쟁행위로 이루어야 하는 목표는 물론, 그 목표를 달성하는 데 필요한 노력을 위해서도 척도가 될 것이다."[17]

양측의 의지와 노력의 정도에 따라서 정치적 목적은 변하게 된다. 정치적 목적은 군사 목표와 노력의 크기를 결정하는데, (정치적 목적 그 자체가 척도의 기준은 아니며) 정치적 목적이 국민들의 마음을 움직이는 정도에 따라 차이가 발생한다. 즉, 똑같은 정치적 목적이라도 국민이 다르거나 시대가 다른 경우는 상이한 결과가 나타나게 된다. 정치적 목적에 국민이 공감하는 수준에 따라 군사 활동의 목표가 설정되고, 투입할 노력의 양이 결정된다. 따라서 정치적 목적이 크고 작음에 따라서 군사 활동은 섬멸전부터 단순한 무력정찰 수준까지 다양한 형태로 표출될 수 있다.

현실전쟁은 정치적 목적이 지배하는 전쟁이며, 전쟁이 정치적 수단으로 존재하는 전쟁이다. 또한 분쟁 동기가 승화되어 전쟁이 절대전쟁으로 발전되지 않도록 제동을 거는 마찰이 존재한다. 현실전쟁은 전쟁을 지탱하는 세 지주(①원초적 폭력·적개심, ②우연성·개연성, ③합리성·정치적 종속성)

---

17 Raymond Aron, *Clausewitz: Philosopher on War*, trans. by Christine Booker and Norman Stone, p. 81.

들이 극단으로 치달으려는 전쟁을 정지시키고 균형을 유지하여 절대전쟁으로의 진행을 억제한다.

(4) 함의

추상적 개념의 전쟁인 절대전쟁은 이론적으로 언제나 외적 요인에 영향을 받는다는 반反명제를 수반한다. 전쟁은 교전국들의 특수성과 정치·경제·사회적 요인들의 영향을 받게 되어 있다.[18] 이런 특성들은 완전한 폭력으로의 확대를 억제한다. 더구나 어떤 전쟁의 목표가 적을 완전히 패배시키는 것이 아니라 그보다 작은 것이라면 더 이상 극한 상태로의 확대를 요구하지 않을 것이다. 제한된 목표를 위해서 싸우는 제한전쟁에서도 폭력의 본질에 대한 규정적인 개념은 유지된다. 그러나 그 경우에 그 본질은 충분히 다 표현되지 않는다. 이와 같이 현실 세계에서 전쟁의 본질은 절대전쟁과 제한전쟁 개념을 함께 내포하는 이중적 성향dual nature of war을 띠게 된다. 현실 세계에서 전쟁은 정치적 행위이며, 진정한 정치적 수단이고, 정치적 접촉의 연속이며, 정치적 접촉을 다루는 수단으로 실행하는 것이다. 즉, 정치는 목적이고 전쟁은 수단으로 분리하여 생각할 수 없다. 그럼에도 불구하고 전쟁과 정치를 분리하여 전쟁만 고려한다면 전쟁에서 고유한 것은 전쟁 수단(무기체계를 포함한 전투력)뿐이다. 그렇다면 정치와 전쟁 수단과의 관계는 어떻게 될까? 즉, 정치가 수단에 맞추어야 한다면, 다시 말해서 수단이 정치에 영향을 미친다면 수단이 정치를 제한하게 된다. 이는 있어서는 안 된다. 정치는 목적이고, 전쟁은 수단이다. 전쟁은 정치의 수단이기 때문이다.

3. 마찰에 대해

전쟁에서는 모든 것이 매우 단순하다. 그러나 가장 단순한 것이 어렵다.

---

18 온창일 외, 『군사사상사』(서울: 황금알, 1988), p. 113.

이 어려움이 누적되면 전쟁을 경험해보지 못한 사람은 상상조차 할 수 없는 마찰friction이 발생한다. 마찰이란 현실전쟁과 탁상전쟁(절대전쟁)의 차이를 설명하는 유일한 개념이다. 마찰을 유발하는 요소들로 전쟁의 위험, 육체적 노력, 불확실성, 우연성을 들 수 있는데, 이 요소들은 '전쟁의 안개fog of war'를 형성한다.

(1) 전쟁의 위험

전쟁의 위험을 알기 전에는 그 위험을 무섭다기보다는 매력적이라고 생각한다. 그러나 생명을 위협하는 제반 요인들(포탄 터지는 소리, 전투 중 부상 혹은 사망하는 병사 등)은 인간의 이성과 사려 깊은 판단을 저해하는 요인이다. 이러한 곤란한 상황에서도 침착함을 유지하기 위해서는 용기, 명예욕, 위험에 대한 오랜 경험 등을 갖고 있어야 한다.

(2) 전쟁에서 육체적 노력

불순한 기상조건과 험준한 지형, 수면 부족과 긴장은 육체적 노력physical effort을 가중시키는 요인으로 작용한다. 이러한 육체적 고통에도 불구하고 전쟁에서 승리했을 경우에는 승리의 영광을 가일층 높여줄 것이다.

(3) 불확실성과 정보

대부분의 전쟁은 크건 작건 간에 불확실성uncertainty의 안개에 휘말린다. 불확실성은 정보intelligence의 부족, 불완전한 정보, 제한된 정보 등에서 비롯된다. 불확실성은 지휘관으로 하여금 마치 지척을 분간할 수 없는 안개 속에서 방향을 잃은 사람처럼 주저하고 당황하게 만듦으로써 적시에 적절한 판단을 내리지 못하게 방해하여 전쟁계획과 수행에 큰 장애요소로 작용한다.

(4) 우연성

전장에서 우연chance과 직면하는 곳에서는 언제나 마찰이 발생한다. 우연성은 인간의 능력을 벗어나는 것으로 인간의 능력으로는 어찌할 도리가 없는 영역이다. 우연성으로 인해 전쟁마다 차별성이 존재한다. 우연성은 모든 지휘관들에게 예상치 않은 사태에 직면케 함으로써 전쟁 수행에 막대한 지장을 초래하는 요소이다.

(5) 함의

마찰은 전쟁의 일반적인 의미부터 특정한 작전적인 특성을 포함하는 포괄적인 개념이다. 마찰에 대한 지식은 훌륭한 지휘관에게 요구되는 전쟁경험 중에서 아주 중요한 부분이다. 마찰로 인해 모든 전쟁계획이 방해를 받으며, 전쟁을 수행하는 데 있어 목적과 수단을 지속적으로 재평가해야 한다. 그렇다면 마찰은 극복할 수 있는 것인가? 마찰을 극복할 수 있다면 누가, 어떻게 할 수 있는가? 이에 대해서 클라우제비츠는 '군사적 천재military genius'가 전쟁에서 마찰을 극복할 수 있다고 확신했다.

4. '전쟁의 3요소, 삼위일체'에 대해

클라우제비츠는 『전쟁론』 내용 중에서 유일하게 만족해했던 제1편 제1장(전쟁이란 무엇인가)에서 삼위일체trinity를 '이론을 위한 결론The Consequence for Theory'이라고 했다.

(1) 전쟁의 본질과 행위 주체의 3요소

'삼위일체' 개념은 현실전쟁 차원에서 전쟁을 구성하는 3요소와 각 구성요소의 사회적 행위 주체를 결합한 클라우제비츠 이론의 정수精髓에 해당한다. 그는 전쟁의 3요소(경향)를 다음과 같이 정의했다.

"전쟁은 주어진 상황에 따라 적응하는 카멜레온chameleon보다도 더 변화무쌍하다. 전쟁 전체를 지배하는 성향으로 전쟁의 3요소trinity를 들 수 있다. 전쟁의 3요소는 다음과 같다. 첫째는 증오와 적대감의 원초적인 폭력성인데, 이는 맹목적인 본능과 같다. 둘째는 우연chance과 개연성probability의 작용인데, 이는 창의적인 정신활동이다. 셋째는 정치적 도구의 종속성인데, 이는 전쟁을 유일하게 합리적인 것이 되게 한다."[19]

즉, 전쟁의 3요소를 ①폭력성과 적대감: 증오, 적대감 등 원초적 폭력성, ②우연과 개연성: 창의적 정신활동, ③정치적 종속성: 합리성으로 정의했다. 또한 클라우제비츠는 복잡한 전쟁 현상을 이해하기 위한 '개념적인 분석의 틀'로 각 구성요소의 사회적 행위 주체를 다음과 제시했다.

"이 세 가지 중에서 첫 번째는 주로 민족과 관련되고, 두 번째는 주로 최고 지휘관이나 군대와 관련되며, 세 번째는 주로 정부와 관련되어 있다. 전쟁 중에 타오르는 열정은 이미 그 국민에 있어야 한다. 우연과 개연성의 세계에서 용기와 재능이 발휘되는 범위는 최고지휘관과 군대의 특성에 달려 있다. 그러나 정치적 목적은 오로지 정부에 속하는 문제이다."[20]

그런데 전쟁의 3요소 간의 상호관계는 그 비중이 동일하지 않다. 만일 전쟁의 3요소가 각기 동일한 비중을 가지고 있다면 전쟁은 매우 단순한 형태로 진행될 것이다. 그러나 전쟁은 클라우제비츠가 표현한 바와 같이 카멜레온보다도 더 변화무쌍하고 역동적力動的이다. 이에 대해 그는 이렇게 말하고 있다.

---

19 Clausewitz, *On War*, p. 89; 카를 폰 클라우제비츠, 김만수 옮김, 『전쟁론』(서울: 갈무리, 2006), p. 81.

20 앞의 책, p. 89; 국역 같은 책, p. 81.

"이러한 세 가지 요소들은 서로 다른 법조항처럼 보이지만, 실상은 상호 간에 다양한 관계를 맺고 있다. 만일 어떤 전쟁이론이 이 요소들 가운데 하나를 무시하거나 또는 이 요소들 사이의 상호관계를 자의적으로 고정시키려 한다면, 그것은 실제와 모순에 빠지게 될 것이며, 이 이유만으로도 그 이론은 전적으로 쓸모없는 것이 되고 말 것이다.
따라서 우리의 과제는 마치 3개의 자석 가운데서 어떤 물체가 안정된 자리를 잡는 것과 같이, 이 3개의 요소들 사이에서 균형을 유지하는 이론을 개발하는 것이다. … 우리가 구성해놓은 전쟁에 관한 기초 개념은 전쟁이론의 기본 구조를 밝히는 최초의 빛을 비춰줄 것이고, 우리로 하여금 전쟁의 주요 요소들을 구별하고 식별할 수 있게 해줄 것이다."[21]

(2) 폭력성과 적대감(제1경향): 국민과 관련

제1경향은 두 사람의 결투dual가 확대되는 것으로 상징된다. 클라우제비츠는 전쟁의 본질에 대해 "전쟁이란 적을 굴복시켜 자기의 의지를 강요하기 위해 사용하는 일종의 폭력행위이다"[22]라고 설명했다. 즉, 전쟁에서 '폭력행위'는 필수적인 요소라는 점을 강조했다. 조직화된 집단적인 폭력은 전쟁을 인간의 다른 행위와 구분하는 유일한 특징이 된다. 전쟁이 외부의 영향 없이 독립적으로 존재한다면, 전쟁 현상은 독자적인 내적 법칙에 따라서 폭력작용의 극한으로 진행하게 될 것이다. 폭력 자체의 흥분, 열정, 정열 등은 한번 발화되면 원초적이고 파괴적인 성향을 무한대로 노출하면서 발전하게 된다. 맹목적인 원초적 폭력은 그 자체가 목적이며, 인간의 통제를 벗어나 자체의 논리에 의해 더욱 증폭될 것이다. 더하여 나의 국가·민족이라는 동일체 의식 하에서 맹목적인 원초적 폭력은 상대방을 집단으로 타도하려는 단 하나의 목적만을 가지며, 협상이나 타협의 여지 없이

---

21 Clausewitz, *On War*, p. 81.

22 앞의 책 p. 75.

극한의 폭력 상태로 발전하게 된다. 국민(인적 요소)의 폭력성과 적대감은 전쟁의 보편적인 원칙을 거부하는 전쟁의 기본 요소로 작용한다.

(3) 우연과 개연성(제2경향): 최고지휘관과 그의 군대와 관련

전쟁은 위험, 육체적 고통, 불확실성, 우연 등의 특성으로 인해 전쟁을 계획대로 진행하는 데 내재적 혹은 외재적 마찰이 항상 존재한다. 전쟁의 마찰은 아군뿐만 아니라, 상대방에게도 존재하게 마련이다. 따라서 마찰 현상은 아군에게 어려움인 동시에 호기好氣임이 자명하다. 클라우제비츠는 전쟁에서 마찰을 전쟁의 저항요인이자 기회요인인 이중적 가치를 지닌 것으로 인식했다.

> "전쟁에서는 모든 것이 매우 단순하다. 하지만 가장 단순한 것이 어렵다. 이 어려움이 쌓이면 전쟁을 경험해본 적이 없는 사람은 상상조차 할 수 없는 마찰이 생긴다. … 전쟁을 계획할 때는 결코 고려할 수 없었던 수많은 작은 상황들이 영향을 미쳐서 모든 것이 실망스럽게 진행되며 목표에 훨씬 못 미치게 된다. 무쇠처럼 강인한 의지를 지닌 지휘관은 이 마찰을 극복하고 장애를 분쇄한다. 하지만 그의 기계(군대를 의미)도 함께 분쇄될 수 있다. 탁월한 정신을 지닌 확고한 의지는 전쟁술(전략, 작전술, 전술을 의미함)의 한가운데 단호하게 우뚝 서 있다."[23]

전쟁에서 존재하는 마찰로 인해 전쟁은 결과를 예측할 수 없는 상태가 된다. 따라서 전쟁은 우연성이 지배하는 영역이 되었다. 이에 따라 개연성의 법칙이 지배하게 된다.

> "전쟁을 도박gamble으로 만드는 유일한 요소는 우연성이다. … 인간의 활

---

23 Clausewitz, *On War*, p. 119.

동 중에서 전쟁만큼 지속적이고 보편적으로 우연성과 관련된 것은 없을 것이다. 전쟁은 우연성의 요소로 인해 예측과 행운이 큰 비중을 담당한다. … 전쟁을 수행하는 전투력을 살펴보면 전쟁이 단순한 도박 이상으로 보일 것이다. 전쟁 활동은 위험한 영역에서 발생한다. 위험할 때 최고의 정신력은 용기이다. 용기는 타산적인 계산 능력과 조화를 이룰 수 있지만, 용기와 타산적인 계산(기존에 기계적인 관점의 군사이론을 의미함)은 다른 종류의 것이며, 서로 다른 정신능력에 속한다. 이와 반대로 모험이나 행운에 대한 믿음, 대담성이나 무모함은 용기를 외부로 표출하는 것에 지나지 않는데, 이 모든 성향은 우연에서 비롯된 것이다. 따라서 군사적 계산(군사적 판단 행위 일체를 의미함)에는 절대적인 것, 이른바 수학적인 요소가 확고하게 자리를 차지할 곳은 결코 없다. 그래서 전쟁에는 가능성, 개연성, 행운, 불운 등 도박성이 반영된다. 이 모든 것들이 전쟁에 포함되어, 전쟁은 인간의 모든 행위 가운데서 카드 게임과 흡사하다."[24]

클라우제비츠는 전쟁을 우연성과 불확실성의 영역이며, 카드 게임과 같은 도박에 비유했다. 즉, 그는 전쟁 본질을 서로 간에 상대방의 의중을 정확히 알 수 없지만 서로의 의중을 추측하는 도박과 똑같은 것으로 설명하고 있다. 따라서 전쟁은 서로 추측하는 가운데 승리하려는 개연성 법칙이 적용된다. 그렇다면 클라우제비츠는 전쟁 불확실성과 우연성을 극복하기 위해 어떠한 방식으로 접근했을까? 클라우제비츠는 전쟁에서 불확실성과 우연성이 인간으로부터 비롯된다고 보았다. 그래서 그는 그 해결책을 인간 내부적 환경, 인간의 의지와 행동에서 모순을 해소하고자 했다. 전쟁의 불확실성과 우연성을 '인적 요인human factors'으로 극복하려는 클라우제비츠의 주장은 다음과 같다.

24 앞의 책, pp. 85-86.

"전쟁에서 '군사적 천재'의 본질은 이성과 감성의 힘들을 통합하는 정신력이다. 그 가운데 어떤 힘이 지배적으로 나타나기도 하지만, 어떤 힘도 다른 힘을 거스르지 않는다. … 전쟁은 사전에 예측하지 못한 상황에 처할 수 있는데, 이런 불확실한 상황을 성공적으로 극복하려면 두 가지 특성이 반드시 필요하다. 첫째 깊은 어둠 속에서도 인간의 정신을 진실로 이끄는 내면적 불빛이다. 즉, 이것은 이성의 산물인 통찰력Coup d'œil이다. 마지막으로 통찰력이 비추는 희미한 불빛을 따르는 용기이다. 즉, 이것은 이성과 감성의 복합체인 결단력determination이다."[25]

클라우제비츠는 전쟁에서 불확실성과 우연성을 극복하기 위한 대안으로 '군사적 천재' 개념을 제시했다. 그는 전쟁의 제2경향인 우연성과 개연성을 전쟁의 도전이자 기회의 요인으로 인식하면서 사회적 행위 주체를 최고지휘관과 군대로 설명했다.

(4) 정치적 종속성(제3경향): 정부와 관련

전쟁의 3요소(삼위일체) 중에서 제3경향은 "전쟁은 다른 수단에 의한 정책(정치)의 연속이다"라는 언명으로 대표될 수 있다. 정부 또는 국가를 지적知的 통합의 실체로 인식하면서 정책을 지성과 동일시하고 있다. 이 지적 역량이 전쟁을 정책의 종속적 도구로 만들고, 전쟁을 분별의 대상이 되게 만들며, 전쟁을 이성적이고 합리적인 수단이 되게 한다. 즉, 인간의 보편적인 이성intelligence은 맹목적인 충동blind nature force을 거부하고, 극단적인 선택보다는 균형을 추구하며, 충돌 대신에 조화를, 무모함 대신에 사려 깊은 행동과 결과를 추구한다.

인적 요소인 제1경향(폭력성, 적대감)은 목적이 없는 사물 그 자체인 상태이다. 그런데 정부(국가)의 의지가 작용함으로써 비로소 목적을 지닌 실체

---

25 Clausewitz, *On War*, pp. 100-102.

로 규범적인 가치를 보유하게 된다. 인적 요소에 정부(국가)의 지성이 작용하게 되면, 전쟁은 정책의 여러 가지 수단 중 하나의 유효한 수단된다. 전쟁은 정책적 수단으로 본래의 폭력성은 자제되고 정치적 목적을 지향하게 된다.

(5) 함의

전쟁은 3요소(경향)로 구성이 되어 있다. 각 요소는 개별적으로 상이相異한 본질에 근원을 두고 독자적인 법칙이 있으나, 상호 통합하려는 성향을 보유하고 있다. 3요소 중 어느 하나를 무시하거나, 그들 사이의 자의적恣意的인 관계를 설정하려고 시도하면 균형이 와해되어 전쟁은 절대전쟁으로 발전될 수 있다. 전쟁의 3요소는 상호 간에 동태적인 관계를 유지해 카멜레온보다 더 다양한 전쟁 현상을 나타낸다. 그럼에도 불구하고 전쟁이 '목적 있는 전쟁'(정치적 목적) 혹은 평화를 실현하기 위해서는 세 가지 요소가 최적의 균형을 이루어야 한다. 즉, 자석의 인력引力에 의해서 교묘하게 지탱되는suspended 물체처럼 3요소 간에 균형을 이루었을 때 정치적 목적을 달성할 수 있다. 전쟁의 3요소(경향)는 최적의 균형을 이루는 상태로, 하나로 통합이 될 때 진정한 '삼위일체'가 될 수 있다. 삼위일체이론은 전쟁의 본질과 제반 현상을 인적 요인(폭력, 증오 등 맹목적 폭력성으로 인해 절대전쟁을 지향)과 국가 의지인 정책(이성으로 인적 요인의 절대전쟁 추구를 억제해 정치적 목적 달성을 위한 현실전쟁 혹은 평화 유지로 조정)과의 관계 속에서 이해하게 한다.

5. '군사적 천재'에 대해

전쟁은 예측 불가능한 다양한 마찰 요인이 존재한다. 마찰을 극복하기 위해서는 계량화할 수 없는 다양한 요소들(지휘관과 부대원들의 지적 및 정신적 역량, 군의 사기, 정신력과 자신감 등)이 필요하다. 클라우제비츠는 이런 특성들을 직접적으로는 '정신적 요소', 그리고 간접적으로는 '군사적 천재'라는 개념을 통해 분석하고 있다.

(1) '군사적 천재'의 정의

클라우제비츠는 천재의 개념을 어떤 활동을 아주 뛰어나게 수행하는 매우 높은 정신력이라고 보았다. 이러한 맥락에서 그는 '군사적 천재'에 대해 다음과 정의하고 있다.

> "군사적 천재는 예를 들어 용기와 같은 하나의 개별적인 것을 지향하는 역량이 아니다. 그런 역량에는 이성과 감성에서 나오는 다른 역량이 없거나 전쟁에 필요하지 않은 성향들이 포함되어 있다. '군사적 천재의 본질은 많은 역량을 조화롭게 연합'하는 것이다. 그 가운데 여러 가지 역량이 지배적으로 나타나기도 하지만 어떤 것도 거스르지 않는다."[26]

클라우제비츠는 '군사적 천재'의 본질에 대해 전쟁의 다양한 마찰을 극복할 수 있는 (비범한 개인이 아니라), '통찰력과 결단력'이라는 이성과 감성이 균형을 이루는 정신력이라고 했다.

(2) '통찰력'에 대해

전쟁의 위험, 육체적 고통, 불확실성, 우연 등으로 인해 발생하는 어려움을 극복하기 위해서는 지휘관의 강한 의지력willpower이 필요하다. 이성과 감성의 조화인 의지력은 행동을 위한 '정력energy', '단호함firmness', '완강함staunchness', '강한 감성strength of mind = emotional balance', '강한 성격strength of character'을 토대로 한다. 특히 클라우제비츠는 '강한 감성'과 '강한 성격'에 대해 다음과 같이 말했다.

---

26 Clausewitz, *On War*, p. 100. ''(작은따옴표)는 의미를 강조하기 위해 임의로 표시한 것임.

"강한 감성과 강한 성격과 같은 두 가지 품성은 강렬한 자극이나 격렬한 열정이 지배하는 상황에서도 이성에 따르는 능력이다. 그런데 이 능력이 단지 이성의 힘에서만 생겨나는 것일까? … 매우 격렬한 흥분의 순간에도 이성에 따르는 힘, 즉 자제력self-control은 감성에서 발휘된다고 볼 수 있다. 즉, 강렬한 열정을 가진 사람은 그 열정을 파괴하지 않으면서 균형을 유지해주는 또 다른 감정이 있으며, 이를 통해 이성이 지배하게 된다."[27]

강한 감성, 강한 성격은 전쟁에서 이성에 기초한 '인간의 존엄성에 대한 자각'과 감성의 산물인 '자제력'과 전장의 어려움을 극복하려는 이성과 감성의 산물인 지휘관의 의지력이 조화를 이루는 정신력이 된다. 이러한 정신력에 필요한 것은 일관성과 판단력이며, 이는 놀라운 통찰력Coup d'œil이 되어 수많은 애매한 생각들을 제거해준다.[28] 이성의 산물인 '통찰력'은 전장의 깊은 어둠 속에서도 인간의 정신을 진실로 이끄는 내면적 불빛인 것이다.[29]

(3) '결단력'에 대해

클라우제비츠는 '결단력determination'을 분석하기 위해서 감성을 기준으로 네 가지 유형의 인간 성격을 분석했다. 그는 네 가지 유형의 인간 성격 중에서 '큰 계기가 있을 때만 점진적으로 행동하는 인간'에 대해 다음과 같이 말했다.

"활동적이지는 않지만 심사숙고를 한 후 행동하는 사람이 있다. 이 유형의 사람이 행동할 경우는 매우 열정적이다. 이런 유형의 사람은 전쟁을

---

27 앞의 책, p. 106.

28 앞의 책, p. 112.

29 앞의 책, p. 102.

수행하는 데 적합하다. 이런 유형의 사람은 비록 느리지만 강력한 힘을 가지고 행동한다."[30]

클라우제비츠는 육체적 고통을 극복하기 위한 이성의 산물인 강인한 체력과 정신력에 바탕을 두고 네 가지 유형의 인간 성격을 분석하고 그중에서 '큰 계기가 있을 때만 점진적으로 행동하는 인간'이 대규모 전쟁에서 압도적인 능력을 발휘할 수 있다고 보았다. 이성과 감성의 산물인 '강한 성격'은 신념conviction을 확고하게 지키는 것을 의미한다. '강한 성격'은 신념에 따라 의심스러운 것에 대해서는 최초에 생각한 판단에 우선권을 주고 그것을 고수함으로써 행동의 지속성과 연속성을 얻게 된다. 클라우제비츠는 행동의 동기와 지속성에 대해 다음과 같이 말했다.

"단지 진실이라는 동기는 인간에게 극히 미약할 따름이다. 그래서 인식과 의지, 지식과 능력 사이에는 언제나 큰 차이가 있다. 인간은 행동을 하기 위한 가장 강한 동기를 늘 감성에서 얻으며, 행동의 가장 강력한 지속성을 감성과 이성의 결합에서 얻는다. 우리는 감성과 이성의 결합을 결단력, 단호함, 완강함, 강한 성격에서 보았다."[31]

결단력은 정신적 위험에 대해 책임이 따르는 용기로, 감성의 산물인 정신적 용기이다. 결단력은 불확실한 상황에서 의혹을 품는 데서 생기는 고통과 망설임에서 발생하는 위험을 없애야 한다. 즉, 결단력은 희미한 불빛을 따라서 그것이 밝혀주는 곳까지 갈 수 있는 정신적 용기인 것이다.[32]

---

30 Clausewitz, *On War*, p. 106.

31 앞의 책, p. 112.

32 앞의 책, p. 112.

(4) 함의

천재는 어떤 특정한 분야에 탁월한 능력을 발휘하는 사람을 말하는데, 군사적 천재는 많은 힘들을 조화롭게 합치는 사람을 의미한다. 그렇다면 삼위일체 각 요소에서 군사적 천재의 의미는 다음과 같다. 첫 번째로 군사적 천재는 전장의 불확실한 환경적 요인을 극복하고 전쟁을 합리적인 정치적 목적을 추구하는 현실전쟁이 되도록 만드는 해결자이다. 두 번째로 군사적 천재는 전쟁을 창조적인 정신의 자유로운 활동 영역이 되도록 주도한다. 마지막으로 군사적 천재는 전쟁의 세 가지 경향(폭력성, 개연성, 합리성)을 모두 통합하고 이를 극복하는 능력을 보유한 자者이다. 이상과 같이 군사적 천재는 전장에서 발생 가능한 다양한 마찰을 극복할 수 있는 능력을 보유한 사람을 의미한다.

Ⅳ. 『전쟁론』 주요 사상

『전쟁론』이 불후의 명저인 이유는 전쟁이론의 새로운 지평을 제시했기 때문이다. 클라우제비츠 이전의 전쟁이론은 처방 위주로 기계론적인 관점에서 접근했다. 그러나 클라우제비츠는 나폴레옹 전쟁과 함께 등장한 새로운 전쟁 현상, 즉 국민과 정부가 결합된 국민전쟁의 본질을 제시했다. 전쟁 문제에 관심 있는 현대인들은 그의 이론을 통해 전쟁 현상에 대한 깊이 있는 통찰력을 얻을 수 있다. 클라우제비츠의 전쟁에 대한 주요 사상은 다음과 같다.

1. 전쟁에서 '인적 요소'의 중요성 강조

"전쟁이란 적을 굴복시켜 나의 의지를 강요하기 위해 사용하는 일종의 폭력행위이다"라는 클라우제비츠의 설명은 전쟁에서 '인적 요소'가 중심 과

제임을 강조하는 대표적인 주장이다. 전쟁에서 일체의 폭력과 군사 목표는 '나의 의지our will'라는 목적을 구현하기 위한 수단이자 목표일 뿐이다. 그가 인적 요소를 전쟁 본질의 중심 과제로 인식했다는 사실을 전쟁 양상 변화, 군사이론 정립 방향, 마찰에 대한 이해 측면에서 살펴보면 다음과 같다.

(1) 프랑스 혁명 이후 전쟁 양상의 변화

프랑스 혁명(1789)에 뒤이은 프랑스 혁명 전쟁과 나폴레옹 전쟁을 기점으로 그 이전(과거 전쟁)과 그 이후(근대 전쟁)의 전쟁 양상은 혁명적으로 변화했다. 클라우제비츠는 과거 전쟁을 국민들과 유리된 전쟁으로 평가했다.

> "전쟁은 오로지 (국민들과 유리되어) 정부만의 관심사가 되고 말았다. 여러 나라 정부들이 국민과 분리되었다. 정부는 정부 예산으로 자국自國과 인접한 지역에서 유랑자들을 채용해 전쟁을 했다. 그 결과, 전쟁을 하는 데 있어서 정부가 사용할 수 있는 수단은 상당히 제한되었다. 또한 전쟁을 하는 각국은 상대방이 사용하려는 수단, 규모, 기간 등을 사전에 알 수 있었다. 이러한 이유로 전쟁은 그 결과를 사전에 예측 가능한 것으로 받아들이게 되었다. … 군대가 전투에서 패하면 곧바로 새로 구성할 수도 없었고, 군대말고는 전쟁을 치를 다른 수단도 존재하지 않았다."[33]

그는 당시 프랑스를 제외한 유럽 제국에서 국민과 분리된 전쟁, 군주의 개인적 목적을 위한 전쟁, 징병과 용병으로 구성된 소규모 상비군이 싸우는 전쟁 등이 이루어지는 것을 보고 전쟁이 제한전쟁의 양상으로 진행되고 있다는 사실을 간파했다. 클라우제비츠는 프랑스 혁명 전쟁과 나폴레옹 전쟁에 참전하면서 전쟁의 혁명적인 변화를 현장에서 직접 체험했다.

---

33 Clausewitz, *On War*, pp. 589-590; 카를 폰 클라우제비츠, 김만수 옮김, 『전쟁론』, p. 143.

"전쟁은 어느새 국민 모두의 의무가 되었다. 본인들 스스로 시민이라고 생각하는 3,000만 국민의 일이 되었다. 국민이 전쟁에 동참하면서 그들은 자발적으로 전쟁에 임하게 되었으며, 전쟁에 투입되는 수단과 노력에 아무런 제한도 받지 않게 되었다. 이제 전쟁은 무한정의 힘으로 수행하게 되었고, 이 힘을 막을 것은 아무것도 없었으며, 그 결과 적(프랑스 '시민군대'를 의미함)의 위험은 극단적인 것이 되었다. … 전쟁을 위한 수단은 쏟을 수 있는 수단에 명확한 한계가 없어졌으며, 이 한계도 정부의 지원과 국민의 열광으로 사라졌다. 전쟁의 목표는 적을 쓰러뜨리는 것이 되었다. 적이 의식을 잃고 바닥에 쓰러져야 비로소 전쟁을 멈출 수 있으며 전쟁의 목적에 관해 상대방과 합의를 할 수 있다고 생각했다. 그리하여 전쟁은 이전의 관례적인 한계에서 벗어나 본래의 힘을 모두 쓰게 되었다. 그 원인은 국민이 나라의 큰 문제에 참여한 데 있었다."[34]

프랑스 혁명 이후 등장한 나폴레옹은 질풍노도와 같은 기세로 전 유럽 지역을 석권했다. 그가 이와 같이 전무후무한 군사적 업적을 달성한 도구는 바로 프랑스 '시민군대'의 자발성과 대규모 군대의 압도적 우위였다. 클라우제비츠는 전쟁의 현장에서 인간 의지와 인간 행동의 중요성을 몸소 체험했다.

(2) 군사이론 정립 방향

클라우제비츠는 전쟁 문제의 대한 기존의 군사이론이 측정하거나 관찰 가능한 물질적인 요소만을 대상으로 하여 기하학적인 방식으로 접근하는 것에 대해 강하게 거부했다. 그의 주장을 따라가보자.

"문명민족 간에 발생하는 전쟁을 단순히 정부 간의 이성적 행위 때문이

---

34 Clausewitz, *On War*, pp. 591-593.

프랑스 혁명 이후 등장한 나폴레옹 보나파르트는 질풍노도와 같은 기세로 전 유럽 지역을 석권했다. 클라우제비츠는 『전쟁론』에서 "이전의 모든 평범한 전쟁 수단은 보나파르트의 승리와 대담성으로 쓸모가 없어지고 말았다. 1급 국가들이 보나파르트의 단 한 번의 타격으로 무너지고 말았다"고 말하고 있다. 그는 이런 나폴레옹에게서 군사적 천재의 면모를 발견했다.

거나, 열정 없이 하는 것이라는 생각이 얼마나 잘못된 것인지 알 수 있다. 그렇게 되면 전쟁에는 많은 물리적 전투력이 더 이상 불필요하고 양쪽의 전투력 비율만 비교하면 될 것이다. 그렇다면 전쟁은 산술적 계산이 되고 말 것이다. 군사이론이 이미 이런 산술적 계산의 방향으로 나아가고 있지만, 최근의 전쟁 양상은 그런 이론의 잘못된 생각을 고쳐주고 있다. 전쟁이 폭력행위라면 전쟁에는 당연히 감정emotions이 따르게 마련이다. 전쟁이 감정에서 비롯된 것이 아니라고 해도 감정은 전쟁에 어느 정도 영향을 미친다."[35]

그는 전쟁의 불확실성을 극복하기 위해서는 관찰하거나 측량할 수는 없지만 인간의 정신적 요소(열정, 감정 등)를 간과해서는 안 된다고 강조했다.

(3) 전쟁에서의 마찰

전쟁은 다양한 마찰(위험, 육체적 고통, 불확실성, 우연)이 지배하는 불확실성의 영역이다. 클라우제비츠는 전장에서 다양한 불확실성을 극복하기 위해서는 정신력이 필수적임을 아래와 같이 설명했다.

"정신은 친숙한 대상이 모두 떠나는 낯설게 느껴지는 공간(전쟁을 의미함)에 거의 무의식적으로 들어서야 할 때가 있다. … 정신은 철학적 탐구와 논리적 추론의 보잘것없는 필연성보다는 풍부한 가능성을 추구한다. 이에 용기를 내어 용감한 수영선수가 급류에 뛰어드는 것처럼 정신은 모험과 위험을 감수한다. … 용기와 자신감은 전쟁에서 매우 중요한 원칙이다."[36]

---

35 Clausewitz, *On War*, p. 76.

36 앞의 책, p. 86.

클라우제비츠는 전쟁의 불확실성을 극복하기 위해서는 인간의 정신적 요소(의지와 행동)를 절대 배제할 수 없다고 했다. 전쟁은 상호 간에 물리적인 능력과 인간의 의지가 결합되어 있는 것이다. 그는 "물리력이 목제木製로 된 칼집이라면, 인간의 정신력은 금속金屬으로 된 칼날이다"[37]라고 하면서 인간의 의지와 행동 등 '인적 요소'의 중요성을 강조했다.

(4) 함의

클라우제비츠는 나폴레옹 전쟁 참전 경험에서 프랑스 '시민군대'의 실체, 기존 기계론적 군사이론의 한계, 전장의 마찰 등에 대해 다년간의 사유와 관찰, 철학과 경험 등을 통해 전쟁의 본질을 분석하고자 했다. 그는 전쟁에서 불확실성과 우연성의 원천이 인간으로부터 비롯된다고 보았다. 따라서 그는 그 해결방안을 인간 내부적 환경, 인간의 의지와 행동에서 모순을 해소하고자 했다. 클라우제비츠는 절대전쟁과 현실전쟁, 전쟁의 마찰과 '군사적 천재'의 변증법적 관계 속에서 전쟁에서 '인적 요소'의 중요성을 강조하고 있다.

2. 정치·전쟁과 연계성 유지: 정치의 우위성

전쟁은 정치적 목적을 달성하기 위한 수단이다. 따라서 전쟁 목표가 정치적 목적을 압도하거나 지배해서는 안 된다. 또한 정치적 목적을 구현할 수 있도록 전쟁의 목표와 수단은 상호 연계성을 유지해야 한다.

(1) 전쟁과 정치의 관계: 정치의 우위성

전쟁의 3요소인 폭력성과 적대감(제1경향), 우연성과 개연성(제2경향), 정치적 합리성(제3경향)은 각자의 독자적인 법칙과 상호 통합되는 성향을 보유하고 있다. 따라서 전쟁은 상황에 따라 자신을 변화시키는 카멜레온보

---

37 Clausewitz, *On War*, pp. 184-185.

다 더 다양한 모습을 보인다. 그렇다면 전쟁과 정치는 어떤 관계이어야 하는가? 클라우제비츠는 다음과 같이 설명하고 있다.

> "전쟁이 정치적 목적에서 비롯된다는 점을 생각하면 전쟁을 발생하게 하는 첫 번째 동기를 전쟁 수행에서 최우선적으로 고려하는 건 당연하다. 그렇다고 해서 정치적 목적이 독단적으로 모든 것을 결정하는 건 아니다. 정치적 목적은 전쟁 수단의 성격과 맞아야 하고, 때때로 그 수단 때문에 완전히 변하기도 한다. 하지만 정치적 목적은 항상 가장 먼저 고려되어야 한다. 정치는 전쟁 행위 전체를 지배하고 전쟁에 지속적으로 영향을 미친다."[38]

전쟁에서 정치의 우위성을 유지하고 존중했을 때 폭력성과 적대성, 우연성과 개연성, 정치적 합리성 등 세 경향 간에 자연스러운 통합 과정을 거쳐 완벽한 삼위일체를 이루게 된다. 삼위일체를 유지했을 때만이 전쟁에서 진정한 정치적 목적을 달성하고 절대전쟁으로의 이탈을 방지할 수 있음은 자명한 사실이다.

(2) 현실전쟁의 목적, 수단

전쟁의 목적과 수단은 현실 세계에서는 정치적 목적이 고려되면서 관념적 차원과는 다른 새로운 모습을 띠게 된다. 클라우제비츠는 이에 대해 다음과 같이 설명했다.

> "현실 세계에서 전쟁은 정치적 목적을 달성하기 위한 수단이 된다. 현실 세계에서 전쟁은 전쟁에 대한 동기와 의도가 약화되면 될수록, 전쟁의 목적은 변하게 된다. 적의 저항의지를 박탈하기 위해 (절대전쟁에서는 적 전

---

38 앞의 책, p. 87.

투력 격멸을 추구했으나) 현실전쟁에서는 '평화협정(정치적으로 유리한 협상) 체결'이라는 정치적 목적을 추구하게 된다. 적에게 더 이상 저항할 수 없게 만드는 대신에 '평화협정 체결'을 맺도록 동기를 부여하는 경우는 두 가지 경우로 구분할 수 있다. ①적이 전쟁에 이길 가능성이 없다고 인식하는 경우, ②적이 승리하기 위해서는 큰 희생이 필요하다고 인식하는 경우이다. 첫째, 적이 전쟁에서 이길 가능성이 없다고 인식하고 있을 경우에는 적 전투력 격멸, 적 국토 점령, 적 동맹국을 분열시키거나 무력화시키는 방법으로 평화협정을 체결할 수 있다.[39] 둘째, 적이 승리하기 위해서는 큰 희생이 필요하다고 인식하고 있는 경우에는 적 군대 격멸, 적 국토 점령, 적의 소모를 강요하는 다양한 정치적 목적의 작전을 수행함으로써 '평화협정'을 체결할 수 있다."[40]

현실전쟁에서는 정치적 목적을 달성하기 위한 군사작전의 목표를 (적 저항력 격멸이 아니라) 적 영토 점령을 통한 평화협정 체결(정치적으로 유리한 협상 체결)에 두고 전쟁을 수단으로 활용하게 된다. 절대전쟁에서도 전쟁이라는 동일한 수단을 사용했다. 그렇다면 전쟁이 격화되면 될수록 정치의 우위성은 약화되어 전쟁과 정치 간에 상호관계가 역전될 수 있지 않을까? 결코 아니다. 전쟁이 정치적 목적에서 시작되었다면 전쟁을 발생하게 하는 최초 동기인 정치적 목적을 우선적으로 고려하고, 수단인 전쟁이 목적이 되지 않도록 정치적 목적이 전쟁 행위 전체를 지배해야 한다.

---

39 Clausewitz, *On War*, p. 92.

40 다양한 정치적 목적의 작전은 ①침략을 통해 적에게 손해를 입힘(전쟁배상금 증가), ②적에게 더 큰 손해를 입히는 대상에 우선적인 작전을 실시, ③적에게 피로 유발로 전투력과 의지를 고갈시킴. 보다 구체적인 내용은 다음을 참조할 것. 앞의 책, p. 93. 카를 폰 클라우제비츠, 김만수 옮김, 『전쟁론』, p. 91.

(3) 함의

클라우제비츠는 전쟁에서 정치의 우위성을 통해 민군관계civil-military relations의 원형原形을 제시했다. 현실에서 전쟁은 정치적 목적에서 시작된다. 전쟁의 진행 과정에서 정치적 목적은 우선적으로 고려되어야 하며, 이를 통해 절대전쟁으로의 이탈을 방지할 수 있다. 그러나 정치적 목적이 모든 것을 독단적으로 결정해서는 안 된다. 정치적 목적은 전쟁의 성격과 일치해야 하나, 때때로 전쟁(수단) 때문에 상호관계가 왜곡될 수도 있다. 그러나 정치적 목적은 항상 먼저 고려되어야 한다. 전쟁은 자체의 문법gramma은 있지만, 논리logic는 없는 것이다.[41] 따라서 정치적 목적은 전쟁 행위 전체를 지배하고 전쟁에 지속적으로 영향력을 유지해야 한다.

V. 『전쟁론』 종합 평가

클라우제비츠의 전쟁이론은 후세後世 사람들에게 올바르게 전파되어 계승되었을까? 아니다. 그의 이론은 많은 오해와 우여곡절을 거쳐 현대에 이르러 새로이 각광을 받고 있다는 사실을 주목해야 한다. 클라우제비츠의 전쟁이론이 현대에 재조명되어온 과정과 현대 전쟁에서 그의 이론의 유용성에 대해 살펴보면 다음과 같다.

1. 클라우제비츠 전쟁사상의 재조명 과정

클라우제비츠는 생전에 『전쟁론』을 완성하지 못했다. 그는 초고와 현실전쟁 개념으로 개작하려는 생각을 담은 비망록만을 남겨놓은 채 사망했다. 『전쟁론』은 그가 사망한 지 1년 후인 1832년 그의 부인 마리에 의해 유

---

41 Clausewitz, *On War*, p. 605.

작遺作으로 출판되었다. 『전쟁론』은 초판이 발행된 지 20년 후 제2판을 발행하려는 시점에도 1,500부의 초판 가운데 아직까지도 팔리지 않은 책들이 남아 있었을 정도로 주목을 받지 못했다.[42] 클라우제비츠의 전쟁에 관한 주장과 사상은 그 자신의 나라에서도 제대로 대접을 받지 못했던 것이다. 어쩌면 그대로 묻혀버렸을 수도 있는 『전쟁론』을 세상의 주목을 받게 만든 최대 공로자는 1857년에 프로이센 참모총장이 된 몰트케Helmuth Karl Bernhard von Moltke(1800~1891)와 참모본부였다.[43] 그들은 클라우제비츠의 이론 중에서 정신적 요소의 절대적 중요성, 지휘관의 결단과 자신감, 적 주력의 섬멸, 결정적 지점에 대한 힘의 집중 등 절대전쟁의 개념만을 적극적으로 받아들였다. 몰트케는 다른 프로이센 군인들과 마찬가지로 클라우제비츠의 영향을 받았고, 자신을 클라우제비츠의 제자라고 했다.[44] 그러나 정치와 전쟁과의 관계에 대해서는 다음과 같이 주장했다.

> "정치는 그 목적을 달성하기 위해 전쟁을 사용한다. 정치는 전쟁의 개시와 종결에 결정적으로 개입한다. 따라서 정치는 전쟁의 경과 중에는 그것을 확대하거나 혹은 작은 성과로 만족하든가, 스스로의 요구를 보류한다. 전략은 언제나 주어진 수단을 가지고 일반적으로 달성할 수 있는 최고의 목표를 향해서만이 노력을 경주할 수 있다. 그러기 때문에 전략은

---

42 Michael Howard, "The Influence of Clausewitz", in Carl von Clausewitz, *On War*, ed. & trans. by Michael Howard & Peter Paret, p. 27.

43 프로이센 참모본부(Great General Staff)는 1803년과 1809년 사이에 샤른호르스트가 주도하여 전쟁계획을 담당하는 부서로 창설했다. 과거에는 전쟁계획을 전쟁에 임박해서 작성하는 것이 관례였으나, 프로이센 참모본부는 프랑스, 오스트리아 등 예상되는 적대국과의 전쟁에 대비해 평시에 전쟁계획을 수립했다. 작성된 전쟁계획은 워게임(war game)을 통해 숙달하고 검증했다. 프로이센 참모본부에서부터 시작된 평시 전쟁계획 작성, 워게임 등은 현재까지도 보편적으로 활용되고 있다. 프로이센 참모본부의 참모장교들은 각 부대에 파견되어 지휘관을 보좌하고 부대를 실질적으로 운용하는 최정예 요원들이었다. 몰트케와 참모본부는 그 후 보오전쟁(1866)과 보불전쟁(1870~1871)에서 승리해 독일 통일의 대업을 달성하는 데 기여했다.

44 Peter Paret(ed.), *Maker of Modern Strategy*(Princeton, NJ: Princeton Univ. Press, 1986), p. 277.

정치에 가장 적합하게 협력한다. 그러나 그것은 정치의 목적에 대해서만 이고, 행동에 있어서는 정치로부터 독립해 있다."[45]

몰트케를 비롯한 그의 참모본부는 절대전쟁이론에 경도되어 정치는 전쟁지도戰爭指導에 종속되어야 한다면서, "전쟁은 정치적 목적 달성을 위한 합리적인 수단이 되어야 한다"는 클라우제비츠의 이론을 오해했거나 무시했다. 절대전쟁 개념(정치-전쟁과의 관계에서 전쟁우위사상)은 19세기 후반 독일 군부軍部의 기본적인 사고방식이 되었다. 1930년대까지 독일 사회에서는 절대전쟁 사상이 지배했으며, 클라우제비츠의 주장(현실전쟁 개념: 전쟁 기간 중에도 정치-전쟁과의 관계에서 정치우위사상)은 받아들이지 않았다.[46] 그 대신 독일에서는 클라우제비츠의 다른 이론에서 새로운 유산을 물려받아 독일 육군의 군사교리를 발전시켰다. 첫째, 많은 적은 규모의 승리보다는 하나의 큰 승리가 더 중요하다는 나폴레옹의 주장을 클라우제비츠가 지지한 이론이었다. 둘째, 전쟁에서 불가측정不可測定 요소들의 중요성을 강조한 이론이다. 전쟁은 모든 측면에서, 즉 대전략에서부터 전술에 이르기까지 예측할 수 없는 우발적인 요소들에 부딪쳤을 때 그것들을 효과적으로 극복하기 위해서는 고도의 탄력성과 융통성이 필요하다. 이에 기초해 독일 군부는 '임무형 전술Auftragstaktik' 개념을 개발했다.[47]

그리고 독일은 클라우제비츠의 사상을 왜곡하여 절대전쟁으로 전도顚倒된 군사사상과 전략·전술로 제1·2차 세계대전의 추축국으로서 전쟁을 시작했다. 독일이 절대전쟁사상을 추종한 것은 지형적으로 주변에 강대국들이 위치하고 있어서 양면전쟁의 불리함을 극복하기 위한 불가피한 선택

---

45 이종학, 『클라우제비츠와 전쟁론』(서울: 주류성, 2004), pp. 290-291.

46 온창일 외, 『군사사상사』(서울: 황금알, 2006), p. 123.

47 '임무형 전술'이란 최고지휘관이 전반적인 의도와 목표를 기술한 명령을 내리되 세부적인 사항에 대한 지시의 하달을 유보하고 예하 지휘관에게 상당한 작전권을 주는 것을 의미한다. 미군도 이를 도입해 '임무형 명령(mission type order)'이라는 용어로 활용하고 있다.

이었을 것으로 판단된다. 어찌됐든 독일은 제1차 세계대전(1914~1918)과 제2차 세계대전(1939~1945)에서 전쟁을 주도하여 수많은 희생자들을 유발하고 전 유럽을 황폐하게 만든 주범이었다. 제1차 세계대전 당시에 클라우제비츠가 영국에 알려지자마자 곧 드센 반발을 받게 되었다. 영국인들은 그를 피에 굶주린 '프로이센주의Prussianism'의 예언자로 이해했다.[48] 당시 영국의 대표적인 군사이론가인 리델 하트B. H. Liddell Hart, 풀러J. F. C. Fuller 등은 클라우제비츠가 전쟁을 "적의 의지를 굴복시키기 위한 폭력행위"로 정의한 것에 대해 그를 혈전주의血戰主義의 광신자라고 비판했다.

클라우제비츠가 절대전쟁을 추구했다는 오해는 영미 세계에서 제2차 세계대전 때까지도 계속되었다. 그가 『전쟁론』에서 본래부터 추구했던 현실전쟁 관점, 즉 "전쟁은 정치적 목적을 구현하기 위한 또 다른 수단이다"라는 주장은 한국전쟁(1950~1953)에 와서야 비로소 영미 세계에서 재조명되었다.[49] 당시 미국 정부는 핵전쟁 시대에 공산 세계와의 대결에서 확전擴戰을 방지하기 위해 한국전쟁에서 제한전쟁을 추구했다. 그러나 당시 유엔군 사령관이었던 맥아더Douglas MacArthur(1880~1964)는 전쟁이 시작된 이상 군사적으로 완전한 승리를 달성하기 위해서 정부의 개입은 지양止揚되어야 한다는 몰트케류類의 소신을 피력하여 트루먼Harry Truman 정부와 심각한 갈등을 빚었다. 이러한 일련의 정치적 사태는 서구 전략사상가들에게 각별한 관심을 유발했고, 클라우제비츠가 추구했던 현실전쟁 개념에 입각한 '수단적手段的 전쟁론'을 재조명하는 계기가 되었다. 그리고 베트남전(1965~1973)에서 미국의 실패는 클라우제비츠 이론을 연구해 현대적으로 재조명하게 만드는 역설적인 계기가 되었다.

이처럼 클라우제비츠의 이론은 최근에 이르러 전쟁 수행에 관심 있는 군인들뿐만 아니라 평화 유지에 관심 있는 국제정치이론가들 사이에서도

---

48 Clausewitz, *On War*, p. 39.

49 앞의 책, p. 42.

광범위한 관심을 불러일으키고 있는데, 19세기에는 클라우제비츠의 '정신력'에 대한 가르침을 강조했다면, 제2차 세계대전 이후로는 '정치적 목적의 우위성'에 대한 그의 이론에 관심을 집중하고 있는 것이다.

2. 현대 전쟁에서 클라우제비츠 전쟁이론의 유용성

지난 냉전시대에 핵무기의 등장은 전쟁 양상에 커다란 변화를 가져오면서 역설적인 제한전쟁의 시대를 개막했다. 핵을 가진 국가들 간의 전면전은 곧 상호공멸을 의미하는 만큼, 강대국들은 어떠한 희생을 치르더라도 전면전을 회피하기 위해 노력하지 않을 수 없었다. 또한 전면전을 피하기 위해서는 강대국뿐만 아니라 제3국의 군사적 행동도 억제하여 대규모 대결로 확대되지 않도록 제한전쟁을 수행해야 했다. 그러자 일부 학자들은 '반反클라우제비츠 입장Anti-Clausewitzian'에서 앞으로 핵전쟁은 상호공멸을 가져올 것이기 때문에 전쟁은 더 이상 정치적 수단이 될 수 없다고 주장했다.[50] 핵시대에 강대국들 간의 핵전쟁으로 발전한다면 그것은 전쟁에 참여하는 국가들 간에 감당할 수 없는 대량 파괴를 초래할 것이기 때문에 전쟁은 더 이상 정치적 목적을 달성하기 위한 수단이 될 수 없다고 주장했다. 그러나 핵무기의 위력이 더욱 증대되었던 냉전 시기에도 제한전쟁은 계속되었다. 핵전쟁 시대에도 클라우제비츠의 '수단적 전쟁론'이 여전히 유효하다는 사실이 입증된 것이다. 결국 냉전시대에 제한전쟁이 보편화되면서 클라우제비츠의 사상은 화려하게 부활했다. 현실적으로 핵시대에도 국가들은 여전히 정치적 목적을 달성하기 위해 재래식 전쟁을 계속하고 있고, 이는 핵시대에도 "정치적 목적 달성을 위한 수단"이라는 전쟁의 본질은 변하지 않고 있음을 보여주는 것이다.

냉전이 끝난 이후, '신新전쟁New Wars' 학파는 새로운 전쟁, 일명 '4세대 전쟁4GW, 4 Generation Warfare'의 출현을 주장하면서 클라우제비츠의 사상을 부정

---

50 박창희, 『군사전략론』(서울: 도서출판 플래닛미디어, 2013), p. 53.

하고 있다. 즉, 오늘날 전쟁의 주요 행위자는 더 이상 국가가 아니라[51] "민족, 종교, 인종 등으로 구분되는 비非국가 행위자이며, 분쟁을 통해 군사적 승리가 아니라 폭력의 사용을 통해 정치적 문제를 해결하고, 공격의 표적을 군사력에 국한하지 않고 시민과 군인의 구별 없이 무차별 공격을 가함으로써 새로운 형태의 전쟁을 추구하고 있다. 이러한 새로운 투쟁 양상을 전쟁으로 간주할 수 있느냐에 대한 의문이 제기될 수 있으나, 이 집단들도 각기 추구하는 정치적 목적을 갖고 있다는 점에서 클라우제비츠가 정의한 전쟁의 영역에 포함시킬 수 있을 것이다.[52]

VI. 맺음말

인류는 문명의 발달과 함께 변증법적인 무한경쟁을 통해 전쟁 양상을 혁명적인 방식으로 변화시켜왔다. 시대에 따라 전쟁의 양상은 변해왔으나, 전쟁의 본질은 변하지 않고 있다. 그렇다면 전쟁의 본질과 내적 상호관계를 밝히려고 했던 클라우제비츠 전쟁이론의 효용성은 무엇일까? 그는 전쟁이론의 효용성에 대해 인식적 · 실용적 · 교육적 기능으로 설명했다.

첫째, 전쟁이론의 '인식적' 기능이다. 전쟁이론은 어떤 주제와 사물에 대해 이해력과 분별력의 증대에 기여할 수 있어야 한다. 그는 전쟁이론에 기초한 이해력과 분별력을 토대로 창의적인 판단력을 개발하여 (카멜레온보다 더 변화무쌍한) 전쟁의 본질에 대해 이해하기를 기대했다.

둘째, 전쟁이론의 '실용적' 기능이다. 클라우제비츠는 전쟁은 다양한 마

51 '신전쟁' 학파는 비국가 행위자들이 국가를 유지하고자 하는 것은 단지 국가가 그들에게 경제적 이익을 제공하기 때문이라고 주장한다.

52 James D. Kiras, "Irregular Warfare: Terrorism and Insurgency", in John Baylis et al., *Stratrgy in the Contemporary World*(New York: Oxford University Press USA, 2013), p. 164.

찰이 존재하는 불확실성의 영역이라는 전제 하에서 이론과 실천 사이에서 어떤 준칙, 법칙, 교리 등을 만들어내는 것에 대해 회의적이었다. 그러나 그는 전쟁이론이 어떤 특정 영역의 행위를 할 때 평가 기준 혹은 행동을 위한 준거 기준frame of reference을 제공해주는 것이라고 생각했다. 따라서 전쟁이론의 내용을 아는 것이 관건이 아니라 그 이론을 통해 어떤 문제의 해결 방법을 알아내는 것이 중요하다.

마지막으로 전쟁이론의 '교육적' 기능이다. 교육은 지식을 단순히 나누어주는 것이 아니라 인간성을 개발해 그것을 완전히 발휘할 수 있도록 지식을 활용하는 것이다. 클라우제비츠는 전쟁이론을 통해 전쟁에 대한 인간의 판단력과 재능을 개발하고자 했으며, 기계적으로 외우기 위해 어떤 법칙이나 원칙을 나열하는 것을 부정했다. 따라서 그는 타당성 있는 전쟁이론을 제시함으로써 미래의 지휘관들이 군사 문제에 대한 생각을 조직하고 개발하는 데 도움이 될 수 있기를 기대했다.

동서 냉전체제가 종식된 오늘날에도 뉴테러리즘New Terrorism으로 대표되는 새로운 위협이 등장하면서 이라크 전쟁, 아프가니스탄 전쟁 등 전쟁이 여전히 계속되고 있다. 새로운 전쟁(위협)의 등장에 '신전쟁' 학파들은 전쟁의 본질은 변할 수 있다고 주장하고 있다. 그들은 오늘날 전쟁의 주요 행위자는 더 이상 국가가 아니라 "민족, 종교, 인종 등으로 구분되는 그룹"으로 대체되었으며, 오늘날의 분쟁은 더 이상 군사적 승리를 획득하기 위한 것이 아니라 폭력의 사용을 통해 정치적 문제를 해결하기 위한 것이며, 무장 세력들이 국가를 유지하고자 하는 것도 단지 국가가 그들에게 경제적 이익을 제공하기 때문이라고 주장하고 있다.[53] '신전쟁' 학파는 이러한 새로운 위협과 전쟁 현상을 근거로 들면서 클라우제비츠의 '수단적手段的 전쟁론'에 대한 근본적인 무용론無用論을 주장하고 있는 것이다. 최근에 새

---

53 Mary Kaldor, "A Cosmopolitan Response to New Wars", *Peace Review*, 8(December 1996), pp. 505-514.

로운 전쟁(위협)이 등장함에 따라 '신전쟁' 학파들은 전쟁의 본질이 변했다고 주장하고 있다.

그러나 클라우제비츠가 『전쟁론』에서 전쟁의 본질에 대한 결론으로 제시한 '삼위일체'이론에서 전쟁의 본질적 요소는 폭력성·적대감과 정치적 종속성, 우연성, 개연성이며, 제 요소의 행위 주체는 국민과 정부와 군대인데 이러한 세 가지 요소가 통합적으로 균형을 유지할 때 전쟁(현실전쟁)을 수단으로 정치적 목적을 달성하거나 혹은 평화를 달성할 수 있다고 했다. 따라서 소위 4세대 전쟁에서도 '비국가 행위자(폭력단체)'들이 특정 민족, 지역에서 지지를 받는 정치적·경제적·사회적·종교적 이유를 비롯한 근본적인 이유를 고찰하여 새로운 전쟁(위협)에 대한 대응 방안을 모색한다면 정치적 목적을 달성할 수 있는 현실전쟁을 준비하고 수행할 수 있을 것이다. 따라서 새로운 전쟁 형태인 4세대 전쟁에서도 클라우제비츠 이론의 효용성은 절대 부정될 수 없는 것이다.

병을 효과적으로 치료하기 위해서는 병을 발생시킨 병원균을 찾아내어 병원균의 본질을 이해하고 병원균이 병을 유발하는 상호관계 등을 파악(분석)한 뒤 병에 대한 본질적인 처방을 내려야 한다. 마찬가지로 당면한 전쟁을 조기에 종식시키거나 전쟁을 억제(방지·예방)하기 위해서는 전쟁 본질에 대한 통찰을 토대로 이에 대한 명확한 처방(정치적 목적 설정, 전략·작전·전술 확립 등)을 내려야 한다. 전쟁과 평화에 대한 책임이 있는 우리는 인류사에 피할 수 없는 사회적 현상인 전쟁을 반드시 극복해야 한다. 우리는 앞에서 새로운 전쟁 형태가 등장하고 있는 오늘날에도 클라우제비츠의 이론이 여전히 유효함을 살펴보았다. 2세기 전에 제시되었는데도 불구하고 전쟁의 본질을 꿰뚫는 깊이 있는 탐구와 날카로운 통찰로 시대를 초월해 생명력을 유지하고 있는 클라우제비츠의 이론에 대한 올바른 이해는 현재와 미래의 전쟁에 효과적으로 대비하는 데 큰 도움이 될 것이다.

CHAPTER 4

조미니의 군사사상

유상범 | 국방대학교 안보정책학과 교수

육군사관학교를 졸업하고 국방대학교에서 국제관계학과 석사학위를, 뉴욕 주립대학교(빙햄튼[Binghamton])에서 정치학 석사 및 박사학위를 받았다. 판문점 경비/민정 소대장, 대통령 경호실 제대장 등의 임무를 수행했으며, 2013년부터 국방대학교 안보정책학과 교수로 재직하고 있다. 안보문제연구소 군사문제센터 연구교수(2013) 및 동북아센터 센터장(2014~) 등의 직책을 맡고 있다. 국제 분쟁과 미국 외교를 연구하고 있으며, 주요 논문으로는 "대반군전과 재래전" 등이 있다.

I. 머리말

"군사軍事는 어느 정도가 과학科學, science이고 술術, art인가"라는 질문은 군사학을 연구하면서 쉽게 대답할 수 없는 어려운 질문 중 하나이다. 물론 이에 대한 통용되고 있는 인식은 군사는 과학과 술을 모두 포함하는 종합학문이라는 것이지만, 사상가 별로 혹은 시대별로 어느 부분에 주안점을 두느냐에 따라 조금씩 차이를 보인다. 그중 군사를 과학적 측면에서 접근해보고자 했던 대표적인 사상가가 바로 앙투안 앙리 드 조미니Antoine Henri de Jomini라고 할 수 있다. 불확실한 전쟁의 영역에서 사전에 전쟁의 승리를 예견할 수 있는 불변의 원칙들principles을 찾으려 노력했으며, 이를 바탕으로 전투에서 군사적 승리를 이끌어낼 수 있는 구체적인 방법과 방향을 제시했던 19세기 후반의 군사사상가가 바로 조미니이다.

조미니 역시 "전쟁에서 기본 원칙의 조화를 이루는 것은 과학이 아니라 술이다"라고 그의 주요 저서 중의 하나인 『전쟁술Précis de l'art de la guerre』에서 언급하고 있다.[1] 하지만 조미니의 문제의식은 술을 만들어낼 수 있는 전제조건인 전쟁의 기본 원칙에 대한 연구와 공감대가 없다는 것이었으며, 전쟁을 지배하는 기본 원칙과 전술적 법칙 등에 대한 깊은 연구 없이는 술의 영역으로 나설 수 없다는 것에서 출발한다.[2] 그는 전쟁을 지배하는 이러한 기본 원칙을 전사戰史 속에서 도출할 수 있다고 믿고 전사가 축적된 역사적 사건에 대한 분석과 함께 나폴레옹 전역에서 겪은 본인의 경험적 관찰을 적용한 실증적이고 과학적인 접근방법을 통해 찾고자 했다. 과학적 접근과 분석을 통해 전쟁의 기본 원칙을 도출하고, 도출된 기본 원칙들

---

1 앙투안 앙리 조미니, 이내주 옮김, 『전쟁술』(서울: 책세상, 1999), p. 393.

2 G. H. Mendell and W. P. Craighill, *The Art of War by Baron De Jomini: A New Edition, with Appendixes and Maps*(Westport: Greenwood Press, 1971), p. 327.

앙투안 앙리 드 조미니는 전쟁에서 승리를 결정짓는 보편적 원리를 찾고자 한 군사사상가였다. 조미니의 『전쟁술』(1838)은 동시대에 발간된 클라우제비츠의 『전쟁론』(1832)과 함께 근대 이후 가장 주목받은 군사사상 및 군사이론서였다. 두 사람 모두 나폴레옹 전쟁을 연구해 책을 집필했지만, 서로 다른 특징을 보여주고 있다. 클라우제비츠가 정치·철학적인 관점에서 전쟁의 본질을 규명하려 했다면, 조미니는 과학적이고 기하학적인 관점에서 시공을 초월해 적용될 수 있는 전쟁의 불변 원칙을 찾고자 했다. 조미니의 『전쟁술』은 군사학이 하나의 학문으로서 정립될 수 있는 길을 열어준 군사학 분야의 최고 고전 중의 하나로 평가되고 있다.

을 전장의 상황에 맞게 조화로운 운용의 술art로 적용하면 전쟁의 승리를 보장할 수 있다고 보았다는 측면에서 그는 그 어느 군사사상가보다 과학적인 접근방법을 통해 전쟁을 이해하려고 한 사상가라고 평가할 수 있다.

II. 조미니 소개

1. 시대적 배경

조미니의 군사사상을 제대로 이해하기 위해서는 그가 살았던 시대적 상황을 먼저 알아야 한다. 특히 그의 군사사상에 영향을 미친 사건에 대한 이해가 필요하다. 이 과정은 사상가들을 올바로 이해하는 데 꼭 필요하지만, 특히 조미니가 살았던 시대는 정치와 군사에 큰 변화를 가져온 프랑스 혁명과 나폴레옹 전쟁이 일어난 시기였기 때문에 먼저 이에 대한 이해가 반드시 필요하다. 프랑스 혁명에 의해 전제주의가 붕괴되고 민주공화주의로 전환되자, 프랑스 혁명 사상의 확산을 두려워한 주변 국가들이 대불동맹을 결성했고, 이를 타계하기 위해 프랑스는 징집제를 기본으로 하는 국민군 시대를 열게 되었다. 프랑스 혁명에 고무된 시민의 혁명적 정열과 애국심으로 국민의 군대가 형성되었고, 이는 왕조전쟁에서 국민전쟁으로의 변화를 가져왔으며, 양적 팽창은 물론이고 질적으로도 향상된 프랑스군은 나폴레옹의 혁명적 리더십에 의해 구체제와의 단절과 함께 새로운 근대전의 모습을 보여주었다.

군사적 관점에서 그 변화 내용을 살펴보면 총력전, 사단·군단체제 정착, 참모제도 공고화, 보급체제 발전 등으로 요약할 수 있다. 먼저 왕조전쟁이 국민전쟁으로 변화함에 따라 전쟁은 더 이상 제한적인 정치적 목적하에 일부 자원만을 활용해 치를 수 없게 되었다. 나폴레옹의 대표적인 군사사상으로 볼 수 있는 총력전 개념은 전쟁의 승패 자체가 국민의 생존과 직접적인 관련이 있는 한 전쟁에 가용 수단을 총동원해야 한다는 의미를 내포하고 있다. 그전까지의 전쟁이 용병을 통한 왕조의 대리전 성격이 강했다면, 프랑스 혁명 이후의 전쟁은 이처럼 총력전 양상을 띠게 되었다고 할 수 있다.[3]

혁명 초기에 열정과 애국심으로 조직된 국민군은 전쟁이 장기화됨에 따라 이를 보완할 수 있는 제도적 마련이 필요했다. 1798년 프랑스는 젊은 장정들에게 병역 의무를 부여하여 징집을 실시함으로써 1년 이내에 100만 명 이상의 병력을 동원할 수 있게 되었다. 병력의 폭발적인 증가는 이를 효율적으로 통제하고 운영할 수 있는 군 조직체계의 발전을 가져오게 되었다. 처음에는 부르세Pierre-Joseph Bource의 아이디어를 기반으로 대규모 병력을 사단이라는 편제로 조직했으며, 이는 차후에 나폴레옹에 의해 단일제적 군에서 보병, 기병, 포병, 그리고 근무지원대로 구성된 수개의 고정적 사단을 군단으로 개편함으로써 사단·군단 편제가 정착되게 되었다. 이러한 편성상의 발전으로 말미암아 각자의 책임 지역에서 독립적인 제병협동작전이 가능해졌으며, 확장된 정면과 깊은 종심을 유지하면서도 보다 큰 융통성을 발휘할 수 있게 되었다. 사단·군단 편제는 일반 참모제도 확립과 함께 발전되어왔음을 부인할 수 없다. 각각의 참모들이 자신들의 분야에서 지휘관을 보좌하고 기능별 역할을 수행함으로써 대규모 병력을 효과적으로 조직·편성할 수 있게 되었기 때문이다.

대규모 병력을 운용하게 되고 전쟁이 총력전 양상으로 변화함으로써 이전과 비교해 더 많은 전쟁 지원 자산이 필요하게 되었고, 이를 직접 전장으로 추진하는 군수지원의 역할이 더욱 강조되었다.

2. 군사사상가 조미니

조미니는 프랑스어를 사용하는 스위스인으로 제네바Geneva와 베른Bern 사

---

3 윤형호, 『전략론: 이론과 실제』(서울: 도서출판 한원, 1994), pp.157-158.

이에 위치한 보Vaud 주의 파이에른Payerne 시에서 친프랑스적 성향을 가진 시장인 아버지와 보수적 친독일 가풍 속에서 자란 어머니 사이에서 1779년에 태어났다.[4] 어려서부터 군사와 전쟁에 관해 많은 관심이 많았으나, 부모님의 권유에 못 이겨 사업 관련 공부를 한 후 파리에서 은행원으로 직장생활을 시작했다. 하지만 어려서부터 들어왔던 프랑스 혁명에 관한 이야기들, 그리고 특히 17살 때 프랑스 혁명군을 근거리에서 접했던 경험들과 파리 생활 동안 보고 겪은 쿠데타와 나폴레옹의 승전 소식 등을 통해 무미건조한 은행원을 떠나 기회가 되면 장교가 되겠다는 결심을 굳히게 되었다. 그 후 1798년에 조국인 스위스에서 프랑스의 지원을 받은 혁명이 일어나자, 파리에서 귀국하여 스위스군의 장교가 됨으로써 촉망받는 은행가에서 전쟁과 군사를 연구하는 사상가로서 나머지 70여 년의 인생을 살게 된다.[5]

스위스군에서 소령까지 진급한 조미니는 1801년 파리로 돌아와 군 관련 업체에서 잠시 일을 했으나, 역시 흥미를 느끼지 못하고 대부분의 시간을 그의 첫 저서인 『대군사작전론Traité des grandes opérations militaires』을 저술하며 보냈다. 이 논문은 조미니가 본격적으로 자신이 원하고 준비했던 군인, 전략가의 길을 걷게 되는 데 결정적인 역할을 했다. 1805년 프로이센 프리드리히 대왕Friedrich II의 7년 전쟁을 집중 분석한 이 논문을 나폴레옹이 읽게 되었다. 나폴레옹은 자신의 전승 요체까지 꿰뚫고 있는 조미니를 높이 평가하고 프랑스군 대령으로 임명했다. 나폴레옹은 스위스 출신의 젊은 참모장교인 조미니에게서 훌륭한 군사적 인물이 될 만한 소질을 발견한

---

4 John Shy, "Jomini", in *Makers of Modern Strategy from Machiavelli to the Nuclear Age*, ed. by Peter Paret(Princeton, NJ: Princeton University Press, 1986), p. 143. 1798년 프랑스의 지원으로 스위스에서 혁명이 일어났을 때, 조미니의 아버지인 벤자민 조미니는 보 지역 의회 부의장과 새로운 공화국의 대공회 의원으로 참여하는 등 스위스 애국활동에 적극적으로 참여한 반면, 외가 쪽은 독어권의 베른 지역과 깊은 금융거래를 하고 있어 이러한 아버지의 활동에 반대 입장을 보였다.

5 앞의 책, p.146.

것이었다.[6] 이후 조미니는 나폴레옹 장군의 참모로서, 혹은 나폴레옹이 가장 신임한 미셸 네Michel Ney 장군의 참모로서 울름전투Battle of Ulm, 예나 전투Battle of Jena, 아일라우 전투Battle of Eylau, 프리틀란트 전투Battle of Friedland, 스페인 전역 등에 참전하여 나폴레옹의 승리 현장을 직접 경험했다.[7] 이러한 과정에서 조미니는 네 장군의 참모장 직책과 동시에 남작 작위를 수여받는 등 군인으로서 승승장구하게 된다.

하지만 누구나 인생에서 역경을 맞듯이 조미니도 큰 시련을 경험하게 된다. 스위스 국적을 가진 이방인이었지만 장차 나폴레옹을 능가하는 장군이자 전략가를 꿈꾸며 프랑스군에 투신한 야망과 패기 넘치는 그였기에 주변에서 시기와 질투가 심했던 것으로 보인다. 특히 나폴레옹의 참모장이었던 베르티에Louis-Alexandre Berthier와 불화가 심해서 결국 바그람 전투Battle of Wagram(1809) 이후에 조미니는 사직서를 제출하게 된다. 하지만 조미니의 전략적 식견과 재능을 높이 산 나폴레옹은 그를 프랑스군에 두기 위해 그의 보직을 조정하여 베르티에 장군과 부딪치지 않도록 배려했다. 이후 네 원수의 참모장으로 복귀한 조미니는 바우첸 전투Battle of Bautzen(1813)에서 대승을 거두며 그의 진가를 증명하게 된다. 이에 네 장군은 당시 준장이었던 조미니를 소장으로 진급시키기를 추천했다. 하지만 당시 나폴레옹의 참모장이었던 베르티에 장군은 조미니를 진급 대상자 명부에서 삭제했을 뿐만 아니라, 기일 내로 보고하지 못했다는 죄목을 씌워 체포 명령을 내림으로써 조미니의 진급을 계획적으로 방해했다.[8] 당시까지 대부대 지휘관을 한 번도 하지 못한 조미니로서는 본인의 꿈을 펼칠 중요한 기회를 놓친 셈이었다. 조미니는 베르티에 장군이 참모장으로 재직하는

---

6 육군대학, 『조미니의 戰術槪論』, p. 11.

7 윤형호, 『전략론: 이론과 실제』, p. 163. 자세한 내용은 앙투안 앙리 조미니, 이내주 옮김, 『전쟁술』, pp. 474~475을 참조.

8 육군대학, 『조미니의 戰術槪論』, pp. 12-13.

나폴레옹은 프로이센 프리드리히 대왕의 7년 전쟁을 집중 분석한 조미니의 『대군사작전론』을 읽고 자신의 전승 요체까지 꿰뚫고 있는 조미니를 높이 평가하고 프랑스군 대령으로 임명했다. 스위스 출신의 젊은 참모장교인 조미니에게서 훌륭한 군사적 인물이 될 만한 소질을 발견한 것이었다.

동안은 진급이 어려울 것으로 판단하고 이전부터 그에게 대장 계급을 약속했던 러시아로 군적을 바꾸었다. 이는 군인으로서는 바람직하지 못한 처신으로 볼 수도 있겠으나, 당시 조미니가 처한 상황을 보면 어쩔 수 없는 선택이었다고 수긍할 수 있는 면도 없지는 않다.[9]

1805년 프랑스군에 투신하여 1813년 바우첸 전투를 끝으로 34세의 나이로 러시아로 떠나게 된 조미니는 나폴레옹 군대의 참모로서 핵심적인 역할을 했고, 처음 두 권으로 시작된 그의 첫 저서인 『대군사작전론』의 저술 범위를 지속적으로 넓혀서 여섯 권을 출간했으며, 수시로 많은 단편 논문과 소책자를 집필했다. 이러한 그의 노력은 젊은 나이에도 그를 이미 이론과 실제를 겸비한 대전략가의 대열에 올려놓기에 부족함이 없었다.[10]

러시아군으로 옮긴 조미니는 빈 회의Congress of Wien에서 러시아의 황제를 보위했으며, 러시아-터키 전쟁(1828~1829)과 크림 전쟁(1853~1856)에서도 황제의 군사자문관으로 활동했다. 1823년에는 대장으로 승진했고, 어린 알렉산드르 2세Aleksandr II의 군사 분야 가정교사이기도 했으며, 이후 새로운 러시아 사관학교 설립에 주도적인 역할을 하기도 했다. 러시아 황제 군사자문관 역할을 마치고 파리에 정착한 그는 다양한 저술활동을 하면서 프랑스 나폴레옹 3세Louis-Napoléon Bonaparte로부터 이탈리아 전역에 대한 프랑스의 작전계획에 대한 자문을 요청받기도 했다.[11]

러시아로 떠난 조미니는 군복과 계급은 바뀌었지만, 역시 그곳에서도

---

9 혹자는 이를 두고 조미니를 프랑스의 배신자라고 칭하지만, 스위스 국적을 가진 조미니에게는 애초부터 기대하기 어려운 수준의 충성이라고 보는 견해와 함께, 러시아군에 투신한 이후에도 프랑스에 대해 대립각을 세우지 않았다는 점, 나폴레옹 전쟁 후에 전범으로 몰린 네 장군에 대한 구명운동에 적극적으로 참여한 것을 보면, 러시아로 간 것은 당시 상황에 의한 어쩔 수 없는 선택이었지 자신의 영달만을 위한 것은 아니었다고 보는 견해도 있다. 육군대학, 『조미니의 戰術概論』, pp. 12-13, p. 46; 이종학, 『전략이론이란 무엇인가: 손자병법과 전쟁론을 중심으로』(대전: 충남대학교 출판부, 2005), p. 316.

10 John Shy, "Jomini", in *Makers of Modern Strategy from Machiavelli to the Nuclear Age*, ed. by Peter Paret, pp. 150-153.

11 윤형호, 『전략론: 이론과 실제』, p. 163.

군사사상가로서 제 역할을 다했다. 새로운 장군의 직위에 올라서도 군사학 저술을 계속하여 『나폴레옹의 정치적·군사적 생애Vie politique et militaire de Napoléon』를 1827년에 출간하고, 1838년에는 우리에게도 널리 잘 알려진 『전쟁술』을 세상에 내놓았다. 조미니의 『전쟁술』은 그동안 그가 저술해 온 많은 교리와 이론에 관한 최종적인 종합 작품으로 평가된다.[12] 조미니는 이 책에서 이전까지 연구했던 군사원리와 이론들을 종합하여 후학들이 유용한 참고서로 활용할 수 있도록 교관식 서술방식으로 기술하고 많은 도표를 싣고 용어의 개념까지 상세하게 설명하고 있다. 이 책은 지금까지 조미니를 대변하고 있으며, 서양의 군사 변화에 지대한 영향을 미쳤고, 특히 조미니의 군사사상은 미국의 초기 군대 형성 당시 중심 교리로 받아들여졌고,[13] 미군 체계를 많이 참조한 우리 군도 조미니의 주요 사상이 많이 녹아 들어가 있다.

III. 조미니의 주요 사상

은행가였던 조미니가 자신의 삶에 대해 진지하게 고민을 거듭하고 있을 때, 프랑스 혁명 결과로 나타난 팽창된 대규모 군과 혁명의 기치 속에 제고된 군의 사기 덕분에 프랑스군은 모든 전투에서 승리를 거두었고, 유럽 정치 질서를 바꾸고 있는 중이었다. 프랑스군의 불패 신화는 어떻게 만들어진 것이며, 그 중심에 있는 나폴레옹의 전승의 비법은 무엇인가, 과연

12 육군대학, 『조미니의 戰術概論』, p. 18.

13 John A. Nagl, *Learning to Eat Soup with A Knife: Counterinsurgency Lessons from Malaya and Vietnam*(Chicago: The University of Chicago Press, 2005), p.18; Gregory R. Ebner, "Scientific Optimism: Jomini and the U. S. Army", The U. S. Army Professional Writing Collection. http://www.army.mil/professionalwriting/volumes/volume2/july_2004/7_04_2_pf.html (검색일: 2013. 7. 4.)

전승을 설명할 수 있는 원칙들을 도출해낼 수 있을까라는 질문에 대해 조미니는 고민하기 시작했고, 연구를 거듭하며 하나둘씩 답변을 제시하기 시작했다.

흥미롭게도 조미니는 이 질문에 대한 답을 아주 젊은 나이에 이미 깨달았다고 말하고 있고, 1869년 아흔 살의 나이로 세상을 뜰 때까지 이 답에 대한 타당성을 연구했다고 한다. 전승의 요체로 귀결되는 그의 전쟁사상은 1803년 그의 첫 저술인 『대군사작전론』에 다음과 같이 제시되고 있다.

- 전략은 전쟁에 있어서 핵심이다.
- 모든 전략은 불변의 과학적 원칙에 의해 지배된다.
- 만약 승리로 이끄는 전략이라면, 이 원칙들은 결정적 지점에서 적의 약점에 전투력을 집중하는 공격적인 행위로 설명될 수 있다.[14]

전쟁에 있어서 핵심인 전략은 불변의 과학적 원칙에 의해 지배되며, 전승을 위한 전략 원칙은 적이 약점을 보이는 결정적 지점에 전투력을 집중 투입해 공격하는 것으로 풀어서 정리할 수 있다. 이러한 조미니의 전승사상을 이해하기 위해서는 어떠한 접근법이 필요한가? 필자는 다음 3단계 과정을 제시한다. 먼저 조미니가 전쟁에 있어서 핵심이라고 얘기하는 전략이 무엇인지 이해할 필요가 있다. 그 다음 이러한 전략의 개념적 이해를 바탕으로 전략을 지배하고 있는 과학적 원칙, 즉 전승의 원칙에 대한 구체적인 탐구가 필요하다. 마지막으로 전승의 원칙에 입각한 전략이 어떻게 수행되어야 하는지 살펴봐야 한다. 이 3단계를 거치고 나면 조미니의 군사사상을 체계적으로 이해할 수 있으리라 생각한다. 〈표 4-1〉은 조미니의 군사사상을 이해하기 위한 분석 틀을 정리한 것이다.

---

14 윤형호, 『전략론: 이론과 실제』, p. 146.

〈표 4-1〉 조미니 군사사상을 이해하기 위한 분석 틀

전략	전쟁의 기본 원칙	실제 전장과의 연결고리
전략의 개념 전략 수립 시 고려사항	• 결정적 지점에 전투력 투입 • 적의 일부와 교전토록 기동 • 결정적 지점 또는 전선 중 격파해야 할 중요 지점에 전투력 투입 • 적시에 충분한 충격력으로 공격	결정적 지점 목표지점 작전선 군수지원 인적 요소

1. 전략

(1) 전략의 개념

조미니는 전쟁을 수행하는 데 있어서 중요한 다섯 가지를 제시하고 있다. 전략, 대전술, 군수, 병과별 전술, 공병이 바로 그것이다. 전략은 군사를 정치와 외교, 사회 분야와 다른 성격의 실체로 인식하게 만드는 시발점으로, 전쟁의 모든 움직임을 지배한다.[15] 전략은 "국가 방위나 적국 침략을 위해 최대한 많은 전투력을 전구戰區나 작전지역의 중요 지점에 투입해 운용하는 기술"로 정의하고 있다.[16] 조미니는 현재 많이 사용되고 있는 정치적 목적과 연관된 일반적인 전략의 정의와는 달리, 군사전략만을 다루고 있는 것으로 보이는데, 전략의 개념의 확대가 18세기 후반 나폴레옹 전쟁을 전환점으로 하여 제1차 세계대전 이후에나 보편화된 것[17]을 고려하면 이는 당시로서는 일반적인 것으로 볼 수 있다.

조미니는 전략과 대전술, 그리고 군수의 개념을 설명하면서 각각의 역할을 구분하고 있다. 전략은 "지도상에서 전쟁을 계획하는 기술로, 전 전장을 포함한다"라고 언급하고 있으며, 대전술은 "실제 지상에서 벌어지는 사

---

15 G. H. Mendell and W. P. Craighill, *The Art of War by Baron De Jomini: A New Edition, with Appendixes and Maps*, pp. 66-69.

16 앞의 책, p. 13, 322.

17 국방대학교, 『안보관계용어집』(서울: 국방대학교, 2005), p. 93.

건에 따라 전장에 부대를 배치하고 투입 · 운용하는 기술로, 지도상의 계획과는 대조적인 실제 작전지역에서 운용하는 것"이라고 설명하면서 전략과 구분하고 있다.[18] 또한 군수는 "부대를 이동시키는 기술로, 전략과 대전술을 운용하기 위한 수단과 방법을 제공한다"라고 설명하고 있다. 기능적 측면에서 전략은 싸우는 '장소'를 결정하고, 군수는 그 장소에 병력을 '이동'시키며, 대전술은 병력의 '배치와 운용'을 결정한다고 볼 수 있다.

(2) 전략 수립 시 고려사항

지도상에서 전쟁을 계획하는 전략은 구체적으로 어떤 내용들을 포함해야 하는지 다음과 같이 제시하고 있다.[19]

- 전장의 선택과 이 선택이 미치는 다양한 상황에 대한 고려요소
- 전장의 다양한 고려요소 중 결정적 지점을 선정하고 가장 유리한 작전 방향 식별
- 작전지역 및 고정기지의 선정과 구축
- 공격 및 방어에 대한 목표지점 선정
- 전략적 정면과 방어선, 작전 정면 선정
- 목표지점이나 전략적 정면에 이르는 작전선 선정
- 작전 시 발생 가능한 모든 경우에 대비한 최선의 전략선 및 기동 방향
- 작전 최종 기지 및 전략적 예비
- 기동성을 고려한 부대 행군
- 군수지원 기지의 위치와 행군과의 연관성
- 전략적 수단이나 부대 대피소, 전진장애물로 활용할 수 있는, 탈취 및

---

18 육군대학, 『조미니의 戰術概論』, p. 84.

19 J. D. Hittle, *Jomini And His Summary Of The Art Of War*(Harrisburg: The Telegraph Press, 1947), pp. 66-67.

방어해야 할 요새

- 방어진지 및 교두보 구축 지점
- 견제 활동 및 가용한 대규모 분견대

조미니는 지도자(군왕)와 전쟁의 성격에 대해 공감하고 있다는 전제하에[20] 출전 명령을 하달받은 후 가장 먼저 해야 할 일은 구체적인 전략을 수립하는 것이라고 말하면서 전략 수립 시 고려해야 할 사항으로 앞의 열세 가지를 제시하고 있다. 이를 준용하여 전장에서 일어날 상황에 대해 전반적으로 고찰함으로써 전쟁을 어떻게 수행해야 할지 판단할 수 있다. 즉, 전투가 일어날 작전지역을 포함하고 있는 전장에 대한 전반적인 이해와 연구를 통해 결정적 지점을 선정하고, 이에 이를 수 있는 가장 유리한 작전 방향을 식별하고, 이와 함께 전장에서 함께 싸우게 될 동맹군이나 주변 국가의 부대 배치 지역을 인지하여, 아군의 정면 위치를 판단한 후 작전을 지휘하고 지원을 해야 할 고정기지를 선정하게 된다. 이것이 이루어지면 우선 달성해야 할 목표지점을 식별하고, 이를 달성할 수 있는 성공 확률이 가장 높고 위험을 최소화할 수 있는 작전선을 선정하고, 부대 기동을 위한 제반 요소로서 분견대 및 견제 활동, 군수지원 등을 포함한 행군 계획을 고려한다. 또한 부대 진출 속도에 따른 고정기지의 변환, 전투 간 예비대 운용 복안, 차후 지원기지 등에 대해서도 세심한 고려가 필요함을 제시하고 있다. 이렇듯 전략은 지도에 표시되는 전반적인 전장의 계획으로, 전승에 도달하게 되는 최초의 밑그림 역할을 하게 된다.

---

20 부대의 출동을 고려할 때 지휘관이 맨 먼저 고려할 사항은 국가지도자와 전쟁의 성격에 대해 의견의 일치를 이루는 것이라고 언급하고 있다. 이는 전쟁의 궁극적인 목적에 대해 국가지도자와 일치를 보아야 함을 언급한 것으로, 그 목적은 ①특정한 권리회복 및 수호 ②상업 · 제조업 · 농업과 같은 중대한 국가이익의 보호 및 유지 ③정부의 안전이나 세력균형에 필요한 인접 국가들의 존립 지지 ④공세 및 수세동맹의 임무 완수 ⑤정치적 또는 종교적 신조의 확산, 타파 및 옹호 ⑥식민지 획득을 통한 국가의 영향력과 세력의 확장 ⑦위협당하고 있는 국가의 독립 보존 ⑧명예훼손 시 이에 대한 보복 ⑨점령을 위한 기습 등이 있다. 앙투안 앙리 조미니, 이내주 옮김,『전쟁술』, p. 15, 85.

2. 전승을 위한 기본 원칙

조미니는 이러한 세부적인 고려사항을 기반으로 하여 전략을 수립하는 데 있어 전쟁 수행의 기본 원칙을 반영해야 한다고 언급하고 있으며, 이 원칙이 잘 녹아 들어가 있는 전략이 전승으로 가는 필수요소임을 강조하고 있다. 조미니가 제시하는 전쟁을 수행하는 대원칙, 즉 전승을 위한 기본 원칙은 다음 네 가지 금언으로 표현할 수 있다.

- 전략적 이동을 통해 전구의 결정적 지점들과 아군의 병참선을 위태롭게 하지 않는 범위 내에서 적의 병참선상으로 연속적으로 대규모 군을 투입
- 대규모 병력으로 소수의 적군 병력과 교전하도록 기동
- 전장에서 결정적 지점이나 우선적으로 격파해야 할 적 전선의 일부에 병력을 집중 투입
- 결정적 지점에 투입된 대규모 병력은 적시에 충분한 충격력을 가질 수 있도록 조정[21]

앞에서 기술한 내용들에 대해 조미니는 비판의 여지가 없을 정도로 자명하다고 언급하고 있다.[22] 다시 말하면, 전략적 방책에 따라 결정적 지점들과 병참선을 공격하기 위해 연속적으로 주력을 투입하고, 이를 통해 상대적 전투력 우위를 달성할 수 있도록 기동하며, 전술적 기동을 통해 주력을 적의 결정적 지점이나 전선 중 우선적으로 제압해야 할 중요 지점에 투입해야 한다. 이때 주력을 결정적 지점에 투입하되 적시에 충분한 충격력을 발휘할 수 있도록 조정하는 것이 전승으로 이끄는 기본 원칙들이라

---

21 G. H. Mendell and W. P. Craighill, *The Art of War by Baron De Jomini: A New Edition, with Appendixes and Maps*, p. 70.

22 앙투안 앙리 조미니, 이내주 옮김, 『전쟁술』, p. 89.

고 조미니는 제시하고 있다.[23] 곧 조미니에게 있어서 모든 전쟁의 저변에 흐르고 있는 전승을 위한 불변의 원칙은 바로 '결정적 지점에서의 집중'이며, 전략은 이를 달성하기 위한 제반 고려사항을 반영한 것이라고 볼 수 있다.

하지만 조미니는 이러한 원칙만을 제시한 것으로 끝나지 않았다. 그는 "이러한 일반적인 원칙을 야전에 적용하는 데 필요한 제반 설명 없이 언급하는 것은 불합리하다"라고 언급하면서 이 기본 원칙을 이해하고 적용할 수 있도록 『전쟁술』에서 아주 구체적으로 설명을 하고 있다. 특히 '결정적 지점', '목표지점', '작전선' 등과 같은 직접적인 병력의 기동에 관련된 중요한 개념들과 이를 효과적으로 달성할 수 있는 인적 요소, 군수지원의 중요성 등을 설명하고 있다.[24] 이를 통해 조미니는 프로이센의 프리드리히 대왕과 나폴레옹의 전사戰史를 깊이 연구하고 본인의 실전 전투 경험을 바탕으로 얻은 결론인 전승의 원칙을 실제 전장인 야전에서 직접 적용할 수 있도록 구체적인 연결고리를 제공했다고 볼 수 있다.

3. 실제 전장과의 연결고리

결정적 지점에 전투력을 집중하기 위한 전승의 기본 원칙을 실제 전장에서 적용하기 위해서는 먼저 선행해야 할 것이 있다. 그것은 바로 결정적 지점을 판단하는 것이다. 조미니는 식별된 결정적 지점 중 우선 확보해야 할 목표와 최종적으로 도달해야 할 목표를 선정하고 이를 달성하기 위해 부대를 기동할 수 있는 가장 적합한 작전선을 선정하는 것이 부대 기동을 위한 핵심 사항이라고 제시하고 있다. 또한 이를 효과적으로 수행할 수

---

23 윤형호, 『전략론: 이론과 실제』, p. 164.

24 물론 조미니가 제시한 내용이 이것에만 국한된다는 의미는 아니다. 조미니는 『전쟁술』에서 작전체제, 작전구역, 작전기지, 방어전투, 행군 간 조우전, 참호전투, 기습, 혼성작전 등 많은 부분에 대해 기술하고 있다. 하지만 필자는 조미니의 전략과 전승의 요체와의 관계에 주안점을 두어 그의 군사사상을 집중적으로 살펴보고자 했다.

있도록 전투근무지원 요소와 함께, 이를 직접 수행하는 중요한 인적 자원인 지휘관의 자질과 능력에 대해 언급하고 있다.

(1) 결정적 지점

조미니가 앞에서 제시한 전승을 위한 기본 원칙에 대해 자명하다고 자신감을 표현했음에도 불구하고 한 가지 예외로 인정한 것이 있다. 그것은 바로 '결정적 지점decisive point'에 관한 것이다. "결정적 지점에 대한 병력의 집중 투입을 권유하기는 쉽지만 결정적 지점을 찾아내기는 어렵다"라고 인정한 것처럼 결정적 지점은 중요하지만, 이를 식별하고 판단하는 것은 그리 쉽지 않은 문제이다.[25]

조미니는 결정적 지점에 대해 "그 지점의 확보가 승리를 달성하는 데 있어서 다른 어느 곳보다 도움이 되는 곳으로, 그 지점으로부터 전쟁의 원칙들을 올바로 적용할 수 있다"라고 언급하고 있다.[26]

이러한 결정적 지점에 대해 조미니는 지리적 결정적 지점과 기동상의 결정적 지점으로 구분해 설명하고 있다. 먼저 지리적 결정적 지점은 지형상의 특성과 운용으로 인해 그 중요성이 인식되는 지점이나 선을 포함하는 것으로, 구체적인 예로 중요 지역에 이르게 되는 강의 교두보, 여러 강과 계곡의 합류점, 주요 병참 집결지, 주변 지역을 통제할 수 있는 감제고지 등을 들 수 있다. 특이한 것은 이것들이 중요하게 판단되더라도 만일 적이 방어하는 요새나 교두보로 되어 있지 않다면 결정적 지점이 될 수 없다고 조미니가 말하고 있다는 것인데, 이는 적이 어떻게 생각하고 있는지에 대한 고려 또한 포함하여 판단해야 함을 강조한 것으로 해석이 된다. 기동상의 결정적 지점은 피아 쌍방의 부대 기동에 의해 발생되는 결정적

---

25 G. H. Mendell and W. P. Craighill, *The Art of War by Baron De Jomini: A New Edition, with Appendixes and Maps*, pp. 70-71.

26 앞의 책, p. 186.

지점이라고 할 수 있다. 여기에는 작전 중 적에게 노출되지 않도록 취해야 하는 지점이나 적의 배치에 의해 형성된 좋은 지점 등이 포함된다. 예를 들어 만일 적군이 지나치게 신장이 되어 있다면 중앙 부위가 결정적 지점이 된다. 왜냐하면 그 중심부를 돌파함으로써 적을 양분하고 적의 전투력을 약화시켜 분쇄할 수 있기 때문이다. 식별과 판단이 어려운 결정적 지점에 대해 조미니는 구체적인 개념과 함께 결정적 지점 선정 시 고려사항을 다음과 같이 제시하고 있다.

- 지형의 형상에 대한 분석
- 궁극적인 전략적 목표와 국지적 지형과의 관계
- 양 진영이 점령하고 있는 진영의 형상[27]

(2) 목표지점

조미니는 목표지점objective point에 관해서는 지리상의 목표지점과 기동상의 목표지점, 그리고 정치적 목표지점으로 구분하여 제시하고 있다. 목표지점과 결정적 지점은 약간 개념상의 혼란을 가져올 수 있는데, 조미니는 목표지점을 좀 더 좁은 개념으로 제시하고 있다. 즉, "모든 목표지점은 반드시 결정적 지점 중에서 선정되어야 하나, 모든 결정적 지점이 목표지점은 아니다"라고 정리하고 있다.[28]

지리상의 목표지점으로는 점령하기를 원하는 적의 방어선이나 탈취해야 하는 요새, 참호화된 진영 또는 중요 지형 등을 들 수 있다. 지리상의 목표지점은 전쟁이 궁극적으로 추구하고자 하는 목적에 의해 결정되는 경우가 많다. 예를 들어 전쟁의 목적이 공세적 작전이라면 목표지점은 적

---

27 앙투안 앙리 조미니, 이내주 옮김, 『전쟁술』, p. 110.

28 G. H. Mendell and W. P. Craighill, *The Art of War by Baron De Jomini: A New Edition, with Appendixes and Maps*, p. 86.

이 결국에는 강화講和를 요청할 수밖에 없는 지점이 될 것이며, 침략 전쟁의 경우에는 통상적으로 수도가 목표지점이 된다. 만일 수도를 탈취하지 않기로 결정했다면, 목표지점은 중요한 요새가 위치하고 있는 작전 정면이나 방어선의 일부분이 될 수 있다.

이와는 구분되는 기동상의 목표지점은 어떠한 종류의 지리적 지점에도 관심이 없고 오로지 적의 군사력을 섬멸하거나 와해시키기 위한 중요 지점으로, 조미니는 나폴레옹이 선호한 방법이라고 설명하고 있다.[29] 나폴레옹은 1, 2개의 공격지점 탈취나 접경지역에 대한 점령만을 추구했던 기존의 1일 전쟁체제를 배격하고 다른 목표를 가지고 전쟁을 수행했다고 조미니는 언급하고 있다. 조미니에 따르면, 나폴레옹은 가장 좋은 결과를 얻기 위한 최선의 방책이 적군의 주력을 섬멸하는 것이라고 보았고, 와해되어 조직적인 저항을 할 수 없는 군대는 더 이상 국가와 지역을 보호해줄 수 없기 때문에 그 국가와 지역은 스스로 무너질 수밖에 없다는 믿음을 가지고 있었으며, 실제로 많은 전장에서 이러한 자신의 신념이 옳았음을 보여주었다.[30]

정치적 목표지점은 전략적 고려가 아니라 정치적 고려에 의해 결정된다. 조미니는 대부분의 전역에서 군사작전은 정치적 목적 달성을 위해 수행된다는 기본적인 원칙에 대해서는 동의를 하면서도 간혹 비합리적으로 수행될 수 있는 가능성을 경고하고 있으며, 정치적 목표지점이 전략상 일대 오류를 범한 사례를 제시하고 있다. 구시대의 상업적 관점에서 비롯된 요크York 공작 프레더릭Frederick Augustus의 됭케르크 원정 작전은 결과적으로 동맹국의 세력을 분산시키는 결과를 가져왔고, 역시 요크 공작 프레더릭이 1799년에 실시한 네덜란드 원정 또한 동맹국의 이익에 반하는 결과를

---

29 G. H. Mendell and W. P. Craighill, *The Art of War by Baron De Jomini: A New Edition, with Appendixes and Maps*, p. 89, pp. 329–330.

30 앞의 책, pp. 89–90.

낳았다고 언급하면서 이러한 정치적 고려에 의한 목표지점 선정은 최소한 군사적 승리를 만들어낼 수 있는 군사전략적 고려사항의 하위에 있어야 한다고 주장했다.[31]

(3) 작전선

앞에서 언급한 바 있지만 조미니가 주장한 작전선lines of operations은 전쟁 수행과 관련해 불변의 전쟁 원칙이라고도 할 만큼 중요한 의미를 갖고 있다. 작전선은 카이사르와 알렉산드로스 대왕은 물론이고 프리드리히 대왕과 나폴레옹의 전승에서도 동일하게 적용되었던 전승의 중요한 요소였다고 조미니는 보고 있다.[32] 조미니는 작전선의 의미를 명확하게 하기 위해 작전지대의 의미를 함께 비교하고 있는데, 이는 궁극적으로 전장에서 우세한 병력을 집중하는 방법을 제시하기 위한 조미니의 표현 방법이라고 볼 수 있다. 작전지대는 전체 전구 중 일부분으로서 부대가 단독으로 또는 기타 보조부대의 협동을 통해 목표 달성을 위해 통과 및 전진을 하는 지역을 말한다. 작전지대가 일반적인 전쟁지역의 대부분을 의미한다면, 작전선은 작전지대 내에서 부대가 직접 작전을 수행하는 부분으로 "그것이 한 개이든, 또는 여러 개이든 간에 작전지역의 결정적 지점을 서로 연결하거나, 또는 결정적인 지점과 작전 정면을 연결하는 중요한 선"을 의미한다.[33] 작전선은 병참선과도 구분되는데, 병참선은 '작전지대 전반에 걸쳐서 서로 다른 진지를 점령하고 있는 각 부대 간의 실질적인 통로'로, 결정적 지점을 서로 연결한 작전선의 개념과는 차이가 있다.

적군의 배치와 전장 전반의 병참선, 그리고 지휘관이 세운 작전계획 등

31 앞의 책, p. 91.

32 윤형호, 『전략론: 이론과 실제』, p. 165.

33 원문에는 전략선(strategic lines)으로 표현되어 있으나, 전체적인 맥락과 차후 이어지는 설명을 고려하여 전략적 관점에서의 작전선으로 이해해 기술했다.

에 의해 여러 가지 상이한 작전선을 제시하고 있다.

- **단순 작전선**simple lines of operation: 단일부대가 독립된 다소 큰 소부대로 다시 세분되지 않는 경우에 운용하는 작전선
- **이중 작전선**double lines of operation: 동일한 전선에서 작전을 수행하는 2개 부대의 작전선, 또는 동일한 지휘관의 지휘 하에 지역상 멀리 떨어져 있어 시간차가 많은 거의 동일한 규모의 2개 부대가 운용하는 작전선[34]
- **내선 작전선**interior lines of operation: 1, 2개 부대가 다수의 적 부대와 대치하게 될 때 취하는 작전선. 이러한 내선 작전선을 취하게 되면, 지휘관은 단기간에 전 병력을 적보다 빨리 집중 및 기동할 수 있음.
- **외선 작전선**exterior lines of operation: 내선 작전선과 반대되는 것으로, 여러 개 부대가 적의 양 측방에서 동시에 작전을 수행할 때, 또는 수개의 부대를 운용할 때 취하는 작전선
- **집중 작전선**concentric lines of operation: 작전 기지의 전방 또는 후방에 널리 분산된 지역으로부터 한 지점으로 집중되는 작전선
- **분산 작전선**diverged lines of operation: 1개의 특정 지점으로부터 다수의 상이한 지점으로 분산되는 작전선으로, 이 작전선으로 인해 부대의 분산화가 이루어지는 것은 당연함
- **종심선**deep lines: 단순히 긴 작전선을 의미
- **기동선**maneuver lines: 단기적으로 벌이는 단일한 기동작전에 의해 형성되는 일시적인 선
- **보조 작전선**secondary lines of operation: 2개 부대가 상호지원을 할 수 있도록 하기 위해 운용하는 작전선

---

34 48시간 내에 병력의 집중 투입이 가능할 만큼 서로 인접한 2, 3개의 통로로 행군하고 있는 부대는 2, 3개의 작전선을 형성한 것으로 보아서는 안 된다고 부연 설명하고 있다. 육군대학, 『조미니의 戰術概論』, p. 100.

- **우발 작전선**accidential lines of operation: 원래의 작전계획을 변경하여 새로운 작전 방향을 구상할 때 생기는 작전선으로, 적극적이고 창의력이 뛰어난 지휘관만이 잘 운용할 수 있음[35]

이렇듯 많은 종류의 작전선을 제시한 이유는 실제 야전 상황에서 적용할 수 있는 부대 기동의 형태를 묘사하기 위한 것으로 생각된다. 많은 전사를 분석한 결과, 기동의 형태가 집중의 양상을 결정하고 이것이 승패를 결정하는 중요한 요소라고 보았기 때문이다. 조미니는 여러 종류의 작전선 중 가장 많은 승리를 가져온 작전선의 형태는 단일 내선 작전선simple and interior lines of operation이라고 주장하며 다음과 같이 그 이유를 설명하고 있다.[36]

> 단일 내선을 운용하게 되면 부대의 지휘관은 전략적 이동을 통해 적보다 더 월등한 전투력을 발휘할 수 있다. 이 원칙에 의거하지 않고 작전선을 운용하면 패전할 수밖에 없으며, 작전선을 너무 많이 운용하면 오히려 전투력의 분산을 초래하여 적에게 압도당하는 결과를 가져올 수밖에 없음을 알아야 한다.[37]

이것이 프리드리히 대왕과 나폴레옹이 적은 병력을 가지고 그들보다 강하다고 판단되는 대군에게 어떻게 승리할 수 있었는가에 대한 조미니의 답변이다. 단일 작전선의 의미는 비교적 자명하기에 내선의 의미를 좀 더 살펴보자. 내선은 시간적·공간적 의미를 동시에 포함하고 있는 개념

---

35 앞의 책, pp. 99-101.

36 S. B. Holabird, "Treatise on Grand Military Operations. Illustrated by a Critical and Military History of the Wars of Frederick the Great. With a Summary of the Most Important Principles of the Art of War by Baron de Jomini", *The North American Review*, Vol. 101, No. 208(Jul., 1865), p. 15.

37 육군대학, 『조미니의 戰術概論』, pp. 101-102.

많은 전사의 전승 요인을 분석한 결과, 조미니는 단일 내선 작전선이 중요한 전승 요인임을 도출해냈다. 이는 특히 워털루 전투(그림)에서 나폴레옹이 패전할 수밖에 없었던 이유까지 설명할 수 있는 틀로 활용됨으로써 널리 인정받았다.

이다. 공간적 의미에서의 내선은 아군의 주력이 분산된 적의 안쪽에 위치하여 분산된 적을 각개격파할 수 있다는 비교적 간단한 원리에 기반을 두고 있다. 시간적 의미에서의 내선은 분산된 적이 상호 지원을 위해 기동하는 시간보다 아군의 공격 속도가 더 빠르다. 즉, 적의 지원군이 도달하기 전에 먼저 적의 일부를 제압할 수 있는 작전선이라는 의미이다. 이는 수적으로 우세하거나 전체적인 전투력이 강한 적의 입장에서는 외선 작전선, 즉 분산된 부대 운용을 할 수밖에 없는 상황이 된다는 것을 의미한다. 결론적으로 말하면, 단일 내선 작전선을 운용하면 아군과 대적하는 적은 분산되어 아군에 비해 수적으로 열세하게 되며, 이를 만회하기 위해 지원군을 투입해도 아군의 공격 속도가 더 빠르기 때문에 이러한 사후 기동은 실질적으로 그 역할을 할 수 없다.[38]

(4) 군수지원의 중요성

군수지원은 조미니의 사상 중에서 상당히 중요한 부분을 차지하고 있다. 이는 직접 전투에 참가한 자신의 경험에서 얻은 결과이며, 특히 나폴레옹의 스페인 전역과 러시아 침공작전에서 얻은 교훈이기도 하다. 조미니는 군수 및 보급지원이 전 전쟁 양상과 밀접한 관계가 있고, 전략적·전술적 작전에도 큰 영향을 미치는 중요한 요소라고 생각했다. 그는 군수지원을 전투와는 별개의 문제라고 생각하지 않았으며, 보급시설의 적절한 배치가 전투를 어떻게 용이하게 하며, 성공적인 전투 대형 구성에 어떻게 직접적인 영향을 미치는지 정성들여 설명했다.[39] 또 군수지원이 과거에는 행군과 야영에 대한 세부사항만을 담당하던 제한된 임무에만 국한되었다고 언급하면서, 앞으로는 일반적인 참모뿐만 아니라 총사령관의 임무에도

---

38 John Shy, "Jomini", in *Makers of Modern Strategy from Machiavelli to the Nuclear Age*, ed. by Peter Paret, pp. 169-170.

39 육군대학, 『조미니의 戰術槪論』, p. 33.

포함될 정도로 군수의 범주와 중요성을 확대할 필요가 있다고 주장했다.[40]

조미니는 이러한 군수확대론적 입장에서 군수에 포함시킬 주요 사항을 구체적으로 제시하고 있다. 총 열여덟 가지의 범주로 구분한 군수 업무에는 단순히 행군과 보급지원의 임무뿐만 아니라 실제 작전과 기동에 관련된 업무가 총망라되어 있다. 그중 작전 및 기동에 관련된 내용만을 정리해 보면 다음과 같다.

- 기동 중인 부대를 무장하거나 전투 임무를 수행하는 데 필요한 모든 장비를 준비하는 것으로, 부대 집결과 작전지역으로의 축차적인 투입을 위한 명령, 지시 및 일정 계획을 마련
- 서로 다른 작전 시도를 위한 총사령관의 명령과 예상되는 전투를 위한 공격계획을 적절하게 성안하는 방법
- 다양한 정찰 활동을 명령 · 지시하고, 이용 가능한 수단과 스파이를 운용하여 적의 진지와 이동에 관한 정확한 첩보 획득
- 작전선과 보급선을 구축하고 산재된 분견대와의 병참선을 조직하며, 부대의 후방지역을 조직하고 지휘할 수 있는 장교 지명

조미니가 제시한 열여덟 가지 군수 업무 내용이 모두 작전과 조금씩은 관련이 있지만, 특히 앞에서 언급한 작전과 부대의 기동에 관련된 내용을 살펴보면, 이동 계획 수립부터 총사령관의 의도를 반영하는 군수 분야의 공격계획 작성, 주요 분견대를 운용하여 첩보 및 대첩보활동 시행, 작전선과 보급선에 대한 전반적인 관리까지 군수지원 분야가 담당해야 한다고 주장하고 있다. 이렇게 군수지원을 중요하게 생각한 이유를 크게 두 가지로 생각해볼 수 있다.

첫째, 군수지원은 기동 속도를 결정하는 주요 요소이기 때문이다. 이동

---

40 앙투안 앙리 조미니, 이내주 옮김, 『전쟁술』, p. 311.

거리와 규모가 증대될수록 군수 분야의 지원 여부가 결정적 지점에 필요한 시간과 충격력을 유지하는 데 중요한 요소가 되기 때문이다.

둘째, 나폴레옹의 지휘 스타일에 영향을 받았기 때문이다. 다른 장군에 비해 나폴레옹은 세부적인 작전계획과 지침을 하달하기보다는 단편적인 짧은 명령을 통해 정확한 도착 시간처럼 직접 관련된 사항만을 언급하고 나머지는 예하 지휘관과 참모에게 일임하는 경향을 보였는데, 조미니는 개인적으로 나폴레옹의 이러한 지휘 방식을 선호한다고 언급하면서 이런 자율권의 부여가 나폴레옹의 전승에도 많은 기여를 했다고 보고 있다.

이러한 상황에서 지휘관이 요구하는 시간과 장소에 대규모 병력을 기동시키기 위해서는 군수 분야의 전문성과 아울러 작전을 전반적으로 이해할 수 있는 능력이 절실히 필요했다.[41]

(5) 인적 요소의 중요성

전쟁을 승리로 이끄는 부정할 수 없는 요소를 찾고자 했던 조미니에게 훌륭한 지휘관은 그 어느 요소보다 중요한 것이었다. 특히 지휘관이 지녀야 할 자질로서 리더십과 지적 능력의 조화를 강조하면서 진정한 지휘관은 훌륭한 품성과 함께 풍부한 이론들을 소화해낼 수 있는 지적 능력을 지녀야 한다고 주장했다. 전쟁이 과거 용병을 통한 왕조 대리전 양상에서 벗어나 장기간 지속되고 국가의 모든 자원이 투입되는 총력전 양상으로 변함에 따라 이러한 전쟁을 수행하는 지휘관은 소정의 군사교육을 반드시 받아야 한고 역설했다. 군사교육을 통해서 군사력을 운용하는 실질적인 능력과 논리적으로 사고할 수 있는 능력을 함양할 수 있다고 믿었기 때문이다. 조미니는 인적 요소의 중요성을 설명하기 위해 군주와 군 지휘관의 관계, 지휘관의 자질, 참모장의 역할 등에 대해 구체적으로 언급하고 있다.

---

41 앞의 책, p. 311.

군주와 지휘관

조미니는 기본적으로 군주가 전쟁 통수권을 행사하는 것이 바람직하다고 보고 있다. 왜냐하면 군주는 전쟁 목적을 위해 모든 공공자원을 임의적으로 처분할 수 있으며, 자신의 명령이 효율적으로 실행되도록 하기 위해 자기에게 주어진 상벌 권한이라는 보조수단을 활용할 수 있기 때문이다. 하지만 이는 군주가 군을 지휘할 수 있는 자질과 능력을 겸비했을 때를 전제로 한 것으로, 만일 군주가 군사적 자질이 없고 나약하여 외부의 영향을 많이 받는 성격이라면, 그 반대의 결과를 가져올 수도 있기 때문에 이를 경계해야 한다고 언급하고 있다. 아울러 군주가 직접 군대를 진두지휘할 경우 작전의 효율성은 증가하겠지만, 전세가 불리한 상황이 되었을 때 매우 위험한 상황을 초래할 수도 있기 때문에 이에 대비해 최고의 기량을 갖춘 두 명의 장군을 동반해야 한다고 언급하고 있다. 그중 한 명은 실전 경험이 풍부한 실행력 있는 장군이어야 하고, 또 다른 한 명은 교육을 잘 받은 참모장교로서, 이들이 삼위일체로 조화를 이루면서 지휘를 한다면 많은 부분에서 효율적이라고 했다.

조미니는 군주가 군대를 직접 통솔하지 못할 경우에 사령관의 직책을 잘 수행할 수 있는 자를 임명하는 것은 군주로서 마땅히 해야 할 일이겠지만, 역사적 사례를 통해 볼 때 정치적 판단에 좌우되어 불행하게도 최고 적임자가 사령관으로 임명되는 경우는 많지 않다고 설명하고 있다. 이는 군주에게 큰 재앙임과 동시에 국가에 돌이킬 수 없는 패전의 결과를 낳게 된다. 따라서 이를 예방하기 위해 조미니는 장군에게 요구되는 필수적인 성품을 제시하고 있는데, 먼저 과감한 결단을 내리는 고도의 도덕적 용기와 위험을 불사르는 육체적 용기가 무엇보다도 중요하다고 보았다. 아울러 제한된 지식이더라도 철두철미해야 하며, 전쟁 원칙을 통찰하고 있어야 하고, 무엇보다도 인성이 중요하다고 강조하고 있다. 자신의 정당한 공로에 대해서만 인정할 줄 알고 타인의 공적을 당당히 인정해주는 장군이

야말로 군주와 국가가 필요로 하는 장군이라고 언급하고 있다.[42] 그는 다른 여러 가지 요소를 고려하여 대부대 지휘관으로서의 자질과 자격 요건에 대한 일반적인 결론을 다음과 같이 제시하고 있다.

- 사단이나 군단을 지휘해본 일반 참모, 공병 또는 포병에서 선발된 장군은 동일한 조건 하에서 1개 병과나 특수군단 근무에만 정통한 자보다 우수하다.
- 전쟁학을 연구한 전투병과 출신 장군 역시 대부대의 지휘관으로 적임자이다.
- 총사령관의 구비 요건으로 인품이 다른 무엇보다도 중요하다.
- 요구되는 인품과 전쟁술의 원칙에 대한 투철한 지식을 겸비하고 있는 자는 훌륭한 장군이 될 수 있다.[43]

참모장의 역할

조미니는 주로 참모나 조언자의 역할로 전쟁에 참가했을 뿐 대부대 지휘관의 임무를 수행할 기회를 갖지 못했다. 그러한 이유 때문인지 모르겠지만, 그는 일반 참모의 역할의 중요성에 대해 강조하고 있다. 그중에서도 특히 참모장의 역할에 대해 강조하고 있는데, 참모장은 지휘관과 완벽한 조화를 이뤄야 하고, 유능하다고 인정받는 자라야 하며, 참모의 선임자로서 그 권한을 보장해주어야 한다고 주장하고 있다.

이와 함께 조미니는 당시 전장 지휘관에게 자문을 해주는 전쟁위원회 council of war와의 관계에 대해서도 덧붙여 말하고 있다. 전쟁위원회에서 제시된 의견은 전장에서 지휘하고 있는 지휘관들에게 많은 제한을 부여하고, 지휘관 스스로가 계획하고 지휘하는 작전보다 타인의 지도를 받는 작

---

42 이종학, 『조니미의 用兵論』, pp. 278-279.

43 앙투안 앙리 조미니, 이내주 옮김, 『전쟁술』, pp. 66-74.

전은 성공을 보장하기 어렵다고 회의적인 의견을 피력하면서 전쟁위원회를 폄하하고 있다. 이는 전장에 투입된 지휘관에 대한 지휘권 보장을 언급한 것으로, 조미니는 전쟁위원회의 의견은 지휘관과 의견이 일치할 경우에만 유용하며 그렇지 않은 경우에는 현장 지휘관의 판단이 절대적으로 존중되어야 한다고 강조하고 있다. 또한 이러한 회의체의 기능은 작전의 일반 계획을 세우는 선으로 한정해야 하며, 지휘관들의 판단을 제한하거나 세부 작전계획의 수립과 변경 등 지휘권에 영향을 주는 활동은 최소화해야 한다고 강조하고 있다.[44]

전쟁에서 승리할 수 있는 과학적 원칙을 제시하고, 또 이를 실현할 수 있는 구체적인 수행 방법까지 제시하고 있는 조미니이지만, 이 모든 것이 결국에는 전투 현장에서 상황을 판단하고 결심하는 현장 지휘관과 참모의 역할에 달려 있다고 보고 있다.

Ⅳ. 맺음말

맺음말은 19세기 군사사상가 조미니의 주장들이 그 이후 군사사상에 어떤 영향을 미쳤는지를 살펴보는 것으로 마무리하고자 한다. 조미니의 심도 깊은 분석 능력과 대안 제시 능력은 유배 중이던 나폴레옹에게도 깊은 인상을 주어 만약에 집권을 다시 하게 되면 조미니에게 군사교육을 일임하겠다는 말까지 한 적이 있다고 알려졌을 정도로 대단했다.[45] 이후 유럽 지역은 물론이고 대서양을 건너 미 육사에서 그의 『전쟁론』이 교재로 사용되면서 유럽 외 지역에서도 그의 사상이 전파되기 시작했다.

---

44 앙투안 앙리 조미니, 이내주 옮김, 『전쟁술』, pp. 72-76.

45 윤형호, 『전략론: 이론과 실제』, p. 168.

조미니는 전승의 불변의 원칙을 찾아 이를 구체적으로 적용할 수 있는 방안을 제시하려고 부단히 노력한 군사사상가였다. "적이 취약한 결정적 지점에 전투력을 집중하라"는 그의 전승의 불변 원칙은 지금까지도 유효하다.

무엇보다도 조미니의 군사사상이 가장 크게 영향을 미친 시기는 미국의 남북전쟁 기간이 아닌가 생각된다. 남북전쟁 기간 동안 미국의 장군들은 한 손에는 무기를, 다른 한 손에는 조미니의 『전쟁술』을 들고 전투에 임했다고 할 정도로 미군의 초기 형성에 지대한 영향을 미쳤다. 이후 해양전략의 대가로 알려져 있는 앨프리드 머핸Alfred Thayer Mahan에 의해 조미니의 영향은 빠른 속도로 확산이 된다. 내선 전략에 대해 깊은 관심을 가진 머핸은 이후 해상의 조미니로 불릴 만큼 그의 영향은 지대했다.[46] 나폴레옹의 전승의 원리를 과학적이고 체계적으로 설명하고 도표와 체크 리스트 형태로 이해하기 쉽게 표현한 『전쟁술』은 난해해서 정확한 해답을 찾을 수 없었던 클라우제비츠의 『전쟁론』에 비해 바로 초창기 미국이 필요로 했던 접근방법을 제시해주었다.[47] 이후 클라우제비츠의 군사의 정치수단화라는 명제가 미국의 국가 통치 이념인 문민통제와 일치함으로써 전략적 측면에서는 각광을 받아왔으나, 아직도 군사적 · 전술적 측면에서는 조미니의 사상에 기반을 두고 있다.[48]

건군 초기부터 조미니의 영향을 받은 미군의 대규모 군을 활용한 집중과 선형 전투 개념은 지금도 유지되고 있으며, 비정규전과 게릴라전에 효과적으로 대응하는 데 어려움을 겪고 있는 한 원인으로 분석되고 있기도 하다.

---

46 앙투안 앙리 조미니, 이내주 옮김, 『전쟁술』, p. 484; 윤형호, 『전략론: 이론과 실제』, p. 169; Robert M. Cassidy, *Counterinsurgency and the Global War on Terror: Military Culture and Irregular War*(Stanford: Stanford University Press, 2008), p. 104.

47 John A. Nagl, *Learning to Eat Soup with A Knife: Counterinsurgency Lessons from Malaya and Vietnam*, p. 18.

48 Gregory R. Ebner, "Scientific Optimism: Jomini and the U.S. Army", The U. S. Army Professional Writing Collection. http://www.army.mil/professionalwriting/volumes/volume2/july_2004/7_04_2_pf.html(검색일: 2013. 7. 4.)

CHAPTER 5

독일학파
-몰트케의 군사사상과 현대적 해석

이병구 | 국방대학교 군사전략학과 교수

육군사관학교를 졸업하고, 국방대학교에서 군사전략학 석사학위를, 그리고 미국 캔자스 주립대학교에서 정치학 박사학위를 취득했다. 현재 국방대학교 군사전략학과 조교수로 재직하고 있다. 주요 논문으로는 "주요 선진국의 국방개혁"(2011), "2011 NMS 분석"(2011), "Civil-Military Gap and Military Effectivenss"(2012), "몰트케의 군사사상과 유산"(2013) 등이 있고, 번역서로는 『미국의 국방정치』(공동번역)(2012)가 있다.

I. 머리말

프로이센은 프랑스 혁명에 대항하여 형성된 대프랑스 동맹에 참가하여 18세기 말부터 수차례에 걸쳐 나폴레옹이 이끄는 프랑스군과 대결했다. 그러나 그 결과는 참혹했다. 프로이센은 1806년 10월 예나-아우어슈테트 전투Battle of JenaAuerstedt에서 프랑스군에 참패했다. 그 결과, 프로이센은 1807년 7월 9일 프랑스와 틸지트 조약Treaty of Tilsit을 체결하여 사실상 나폴레옹의 지배하에 놓이게 되었다. 프로이센 내부에서는 이 패전을 계기로 군사, 정치, 농업, 재정, 대학 분야에서 일대 개혁을 추진하여 19세기에 정착된 프로이센이라는 국가의 틀을 잡게 된다. 특히 군사 분야에서는 샤른호르스트Gerhard Johann David von Scharnhorst, 그나이제나우August Wilhelm Anton Neithardt von Gneisenau 등에 의해 군사개혁이 단행되어 프로이센 육군에 새로운 전쟁 방식이 적용되는 등 일대 변화의 시기를 맞게 된다.

이러한 상황에서 몰트케Helmuth Karl Bernhard von Moltke를 중심으로 한 독일학파는 프로이센군의 군사개혁이 만개할 수 있는 군사사상적·교리적 토대를 제공했다. 그리고 이를 바탕으로 유럽 최강의 군대를 육성하여 결국 독일 통일에 큰 기여를 했다. 더 나아가 독일학파의 군사사상은 근대적 의미의 군사제도를 확립하기 위한 기틀을 마련했을 뿐만 아니라, 바람직한 민군관계의 전형을 제시한 것으로 이해되기도 한다.

제5장에서는 독일학파의 주요 군사사상 형성 배경과 본질을 독일학파의 창시자라고 할 수 있는 몰트케를 중심으로 분석하겠다. 특히 정치와 전쟁의 관계에 대한 독일학파의 사상, 실용성과 융통성을 중시한 이들의 전략사상, 임무형 지휘와 총참모본부, 전략적 포위 사상이라는 몰트케의 핵심 군사사상이 왜, 그리고 어떤 배경에서 태동하고 발전했는지를 분석하겠다.

몰트케의 군사사상은 21세기 군에서도 여전히 그 유산이 발견되고 있

프로이센 및 독일 제국의 군인이자 근대적 참모제도의 창시자인 몰트케(1800~1891).

다. 특히 그의 임무형 지휘 철학은 많은 국가에서 도입하여 적용해왔다. 클라우제비츠Carl von Clausewitz와는 달리 군사의 독자성을 훨씬 더 강조한 몰트케의 정치-군사 간의 관계에 대한 철학은 여전히 많은 군인들이 공유하고 있다. 제5장에서 필자는 임무형 지휘와 정치-군사 간의 관계에 대한 몰트케의 군사사상이 21세기 작전환경에서도 여전히 적실성을 가지고 있는지를 재평가하겠다. 몰트케의 유산에 대한 비판적 재평가는 몰트케의 군사사상이 단순히 과거의 철학이 아닌 21세기에도 살아 숨 쉬는 군사사상으로 기능할 수 있도록 도움을 줄 것이다.

II. 몰트케의 생애

헬무트 칼 베른하르트 그라프 폰 몰트케Helmuth Karl Bernhard Graf von Moltke는 1800년 10월 26일 프로이센 북부의 메클렌부르크Mecklenburg 주 파르힘Parchim이라는 도시에서 출생했다. 그의 아버지 프리드리히 필리프 빅토르 폰 몰트케Friedrich Philipp Victor von Moltke(1768~1845)는 1805년 프로이센의 홀슈타인Holstein 지역에 정착했는데, 당시 나폴레옹의 프랑스와 이에 대항하기 위해 결성된 제4차 동맹군 간의 전쟁으로 인해 집이 불타는 등 곤궁한 생활을 했다. 이로 인해 몰트케는 어릴 적 매우 어려운 환경에서 성장했다.

몰트케는 11세가 되자 덴마크 코펜하겐Copenhagen에 위치한 사관학교에 보내졌다. 이후 덴마크군의 교육을 받은 몰트케는 사관학교를 1등으로 졸업하고 1818년 덴마크 육군 소위로 임관했다. 그로부터 3년 후 21세의 나이에 몰트케는 프로이센군에 복무하기로 결정한다. 비록 덴마크군에서 수년간 군복무를 한 상태였으나 프로이센군에서 다시 소위로 임관하는 불이익을 감수키로 한 것이었다. 1822년 프로이센군 소위로 임관한 몰트케는 이후 23세 때 프로이센 전쟁학교general war school에 입교하여 1823년부터 1826년까지 3년을 수학한 뒤 졸업했다.

졸업 후 몰트케는 프랑크푸르트Frankfurt의 한 사관학교에서 1년, 슐레지엔Schlesien 등지에서 3년, 베를린Berlin에 위치한 참모본부general staff에서 1년간 근무하고 1833년 중위로 진급했다. 중위로 진급할 무렵 몰트케는 상관에게 매우 우수한 장교로 인정받고 있었다. 1835년 대위로 진급한 몰트케는 6개월의 휴가를 얻어 남부 및 동유럽을 여행했는데, 이때 오스만 투르크 제국의 콘스탄티노플Constantinople에 머물다가 오스만 투르크 제국의 술탄sultan인 마흐무드 2세Mahmud II의 요청을 받고 프로이센군의 승인하에 오스만 투르크 제국군의 현대화를 돕는 일을 맡게 되었다. 몰트케는 2년 동안 콘스탄티노플에 머물면서 터키어를 배웠고, 오스만 투르크 제국 주변의 국가들을 방문하면서 견문을 넓힐 수 있었다.

1838년 오스만 투르크 제국의 아나톨리아Anatolia에 주둔한 군대를 지휘하는 장군의 군사고문 임무를 부여받은 몰트케는 반란을 일으킨 이집트의 무하마드 알리Muhammad Ali를 진압하는 작전에 투입되었다. 작전 지휘관이 참모인 몰트케의 조언을 받아들이지 않아 둘 간에 갈등이 있었고, 결국 오스만 투르크 제국군이 무하마드 알리가 이끄는 반란군에 의해 참패를 당하자, 몰트케는 갖은 어려움 끝에 1839년 12월 프로이센의 베를린으로 귀환했다.

몰트케는 음악·시·미술·고고학·연극 애호가였고, 7개 언어(독일어, 프랑스어, 이탈리아어, 스페인어, 터키어, 영어, 덴마크어)를 구사할 줄 알았다. 이를 바탕으로 몰트케는 1827년 『두 친구Die beiden Freunde』라는 제목의 단편을 출판했으며, 터키 원정에서 귀국한 이후 1835년부터 1839년까지 터키의 상황과 사건에 대한 편지를 엮은 책을 출판하여 명성을 얻는 등 문학적 재능까지 보이기도 했다.

몰트케는 1840년 베를린에 주둔하고 있던 육군 4군단의 참모장교로 임명되었다. 여기에서 그는 콘스탄티노플의 지도뿐만 아니라 소아시아의 지도를 제작하는 데 기여했다. 또 당시 산업혁명의 영향을 받아 각국으로 확산되고 있던 철도에 매료되어 함부르크Hamburg와 베를린을 잇는 철도 부설 시 감독관 중 한 명으로 일하기도 했으며, 철도에 관련된 논문을 발표하기도 했다. 이러한 경험은 몰트케로 하여금 산업혁명의 영향을 체험할 수 있는 기회를 제공했을 뿐만 아니라 참모총장이 된 후 철도의 전략적 이용 등에 대한 혜안을 갖게 하는 기초가 되었다고 할 수 있다.

다양한 군 경험을 거쳐 1857년 프로이센군 참모총장으로 임명된 몰트케는 이후 30여 년 동안 이 직책을 유지했다. 참모총장 임명 후 몰트케는 여러 분야의 군개혁에 돌입했다. 프로이센군의 전략 및 전술 변화, 군비와 통신 수단 개선, 참모장교 양성체제 개혁, 군 동원체제 개혁 등이 주된 대상이었다. 나폴레옹 전쟁 중 발발한 1806년 10월의 예나-아우어슈테트Jena-Auerstedt 전역에서 프로이센군이 프랑스군에 대참패를 당한 후 프로이센의 군제개혁에 나섰던 샤른호르스트와 그나이제나우의 노력이 몰트케의 군사개혁을 통해 활짝 꽃을 피우게 되었다.

몰트케의 주도하에 실시된 프로이센군의 현대화는 1864년 덴마크와의 전쟁, 1866년 오스트리아와의 전쟁, 그리고 1870년 프랑스와의 전쟁에서 프로이센이 압도적인 승리를 이끌어내고 궁극적으로 독일 연방의 통일을 이루어내면서 그 성과를 만천하에 드러냈다. 이 일련의 사건들은 유럽의 군사적 주도권이 과거 군사적 천재로 인식되었던 나폴레옹이 지휘한 프랑스에서 이제 참모총장인 몰트케를 핵심으로 한 프로이센과 통일 독일로 이양되었음을 상징적으로 보여주었다.

1870년 독일 통일 후 몰트케는 참모본부general staff의 개혁에 매진하여 그 역할 증대를 꾀했으며, 그 결과 당시의 참모본부를 이전과 구분하기 위해 총참모본부great general staff로 명명했다. 몰트케는 프로이센 참모총장으로 임명된 1857년부터 1888년까지 약 30년에 걸쳐 군의 최고위 직위자로서 프로이센과 통일 독일의 군사사상, 준비태세, 교육 및 제도 등 모든 분야에서 중요한 변화를 주도했다.

1866년 당시 프로이센군 사령관들[위: 크론프린츠 프리드리히 빌헬름(Kronprinz Friedrich Wilhelm)과 칼 프리드리히 폰 슈타인메츠(Karl Friedrich von Steinmetz), 가운데: 몰트케, 아래: 포겔 폰 팔켄슈타인(Vogel von Falckenstein), 헤르바르트 폰 비텐펠트(Herwarth von Bittenfeld)]. 몰트케의 주도하에 실시된 프로이센군의 현대화는 1864년 덴마크와의 전쟁, 1866년 오스트리아와의 전쟁, 그리고 1870년 프랑스와의 전쟁에서 프로이센이 압도적인 승리를 이끌어내고 궁극적으로 독일 연방의 통일을 이루어내면서 그 성과를 만천하에 드러냈다.

III. 몰트케의 주요 사상

1. 정치와 전쟁의 관계: 상호 독자적 영역의 강조

아마도 클라우제비츠에 관해 가장 많이 인용되는 글은 "전쟁은 다른 수단에 의한 정치의 연속이다"라는 글귀일 것이다. 다시 말해서 전쟁은 정치의 한 수단으로서 존재하는 것이라는 명제이다. 전쟁은 고립된 행위로서 수행되기보다는 정치의 한 수단으로서 정치적 목적을 달성하기 위해 계획되고 수행되는 것이라는 클라우제비츠의 사상은 전쟁의 본질이 무엇인가에 대한 매우 통찰력 있는 분석으로 인식되고 있다.

현대 민군관계 이론의 선구자인 새뮤얼 헌팅턴Samuel Huntington은 전쟁의 본질, 그리고 전쟁과 정책의 관계에 대한 클라우제비츠의 이론을 소위 '전쟁의 이중적 성격dual nature of war'으로 분석한다.[1] 헌팅턴에 따르면, 클라우제비츠의 '전쟁의 이중적 성격'은 전쟁의 자율성autonomy과 종속성subordination으로 요약된다.

먼저, '전쟁의 자율성'은 전쟁이 하나의 복잡한 과학으로 발전한 시대적 배경에 근원을 두고 있다는 것이 헌팅턴의 시각이다. 체계적 학문성이 결여된 18세기의 전쟁 관련 이론과 군사사상이 19세기에 들어서면서 전문적 교육과 훈련이 필수적인 영역으로 탈바꿈하게 되었다. 예를 들어, 18세기 귀족 중심의 사회에서 태생적인 천재적 능력을 지닌 것으로 간주되었던 귀족 출신의 장군들은 19세기에 들어 전문적 군사교육과 함께 오랫동안 군에서 훈련과 경험을 쌓은 전문직업군인들로 서서히 대체되어갔다. 다시 말해서, 19세기에 들어 군의 전문직업화가 진척되면서 전쟁은 조금씩 아마추어가 쉽게 이해하거나 습득하기 어려운 독립적인 과학의

1 Samuel Huntington, *The Soldier and the State: The Theory and Politics of Civil-Military Relations*(Cambridge, MA: The Belknap Press of Harvard University Press, 1957), pp. 55-58.

영역으로서 독자성을 갖게 되었다고 할 수 있다. 이러한 인식으로 인해 클라우제비츠는 전쟁이 독자적 문법을 가진 영역이라고 주장했던 것이다.[2]

전쟁의 자율성에 대한 분석만큼이나 중요한 것은 전쟁과 다른 형태의 인간 활동 간의 관계, 무엇보다도 전쟁과 정치 간의 관계에 대한 클라우제비츠의 통찰력이다. 앞에서 언급한 바와 같이, 클라우제비츠는 전쟁을 적과 나와의 정치적 상호작용에 사용되는 하나의 수단으로 보았다. 여기에서 정치에 대한 '전쟁의 종속성'이 제기된다. 클라우제비츠를 '절대전쟁absolute war의 원천' 또는 '대량학살의 신神'이라고 주장한 리델 하트의 비판은 따라서 그 설득력을 잃는다.[3] 클라우제비츠는 현실에서의 전쟁이 절대 고립된 행위가 아니며, 군사력 그 자체가 전쟁의 목표가 아니라고 인식한다. 궁극적으로, 전쟁에서 사용되는 폭력의 범위와 성격이 외부 정치적 목적에 의해 결정된다는 것이 클라우제비츠의 견해인 것이다.

정치적 목적 달성의 한 수단이라는 전쟁의 본질로 인해 전쟁이 정치적 목적의 달성에 기여할 수 있도록 긴밀히 연계되어야 한다는 관점은 많은 이들이 공감하고 있다. 예를 들어, 해리 서머스Harry G. Summers는 미국의 베트남전 실패를 전략과 정치의 불일치 현상에서 비롯되었다고 주장한다. 미군이 비록 전투에서는 승리했지만 전투의 승리를 정치적 목적의 달성과 연결 짓는 군사전략의 수립에는 실패했기 때문에 수없이 많은 미군의 희생과 자원의 투입에도 불구하고 미국은 결국 전쟁에서 승리하지 못하고 베트남에서 발을 빼야 했다는 것이다.[4]

미군이 경험한 이라크 전쟁과 아프가니스탄 전쟁의 난항 또한 정치와

---

2 Samuel Huntington, The Soldier and the State: *The Theory and Politics of Civil-Military Relations*, p. 57.

3 B. H. Liddell Hart, *The Ghost of Napoleon*(New Haven, CT: Yale University Press, 1934), pp. 120-122.

4 Harry G. Summers, *On Strategy: A Critical Analysis of the Vietnam War*(Novato, California: Presido Press, 1982).

전략 간의 불일치 현상의 관점에서 분석되고 있다. 미국의 군사전문기자인 토머스 릭스Thomas Ricks는 그의 유명한 저서 『대실패Fiasco』에서 이라크 전역에서 미군이 겪어야 했던 초기의 전략적 실패는 국가 재건이라고 하는 국가정책을 뒷받침할 수 있는 적절한 군사전략과 군사력의 미비로부터 야기된 것이라고 주장한다. 미군이 이라크 안정화와 재건이라고 하는 새로운 국가 목표를 달성하는 데 필요한 군사력과 능력, 그리고 군사전략을 갖추지 못한 상태에서 이라크 전쟁에 돌입함으로써 특히 전쟁 초기에 계속된 전략적 실책을 범할 수밖에 없었다는 것이다. 미 합참에서 작성 및 발표된 "10년간의 전쟁: 과거 10년간의 군사작전으로부터 배우는 항구적 교훈Decade of War: Enduring Lessons from the Past Decade of Operations"이라는 제하의 보고서 또한 이라크 전쟁과 아프가니스탄 전쟁의 교훈을 비판적 시각에서 분석하면서 릭스와 비슷한 관점을 견지하고 있다.[5]

몰트케로 대표되는 독일학파는 한편으로 정치에 대한 전쟁의 종속적 관계에 대한 클라우제비츠의 사상에 동의하면서도 또 다른 한편으로는 정치와 전쟁 영역의 상호 분리, 그리고 군사작전의 이행에 있어 지휘관의 독자적 권한 보장을 매우 강조했다. 이러한 점에서 볼 때 독일학파는 앞서 말한 클라우제비츠의 '전쟁의 이중적 성격'에서 특히 전쟁의 자율성 보장 면에서 클라우제비츠보다 훨씬 더 강화된 태도를 보이고 있다고 평가할 수 있다. 몰트케는 "정책은 국가의 목표 달성을 위해 전쟁을 아우를 수 있어야 한다. 정책은 전쟁의 시작과 끝에 결정적으로 작동한다. 그리고 전쟁의 승리를 위해 전략은 완전히 정책으로부터 독립되어야 한다"고 말한 바 있다.[6] 이 발언은 정책과 전략의 관계에 대한 몰트케의 인식을 잘 드러내고 있다. 특히 몰트케는 작전 지휘관에게 행동의 독립성과 융통성이 주어

---

5 Joint and Coalition Operational Analysis(JCOA), *Decade of War: Enduring Lessons from the Past Decade of Operations*, http://blogs.defensenews.com/saxotech-access/pdfs/decade-of-war-lessons-learned.pdf (검색일: 2013. 8. 17.).

6 Daniel J. Hughes(ed.), *Moltke on the Art of War: Selected Writings*(Novato, CA: Presidio, 1993), p. 45.

▣ 몰트케의 주요 저작 발췌 번역 (1)

정책과 전략의 상호관계[7]

전쟁은 국가 목적을 달성 혹은 유지하기 위해 국가가 행하는 폭력적 수단이다. 전쟁은 국가의 의지를 실현시키는 가장 극단적인 수단이다. 전쟁 기간 동안 교전국 간의 어떠한 국제 조약 및 법의 효력도 상실된다. 클라우제비츠 장군이 언급했듯이 "전쟁은 다른 수단에 의한 정책의 연속이다." 따라서 전쟁은 결국 국가정책의 목적을 달성하기 위한 수단이고 전쟁의 시작과 끝 역시 정치에 의해 좌지우지되기 때문에 불행하게도 정책과 전략은 서로 분리될 수 없는 밀접한 관계에 있다.

이러한 불확실성 속에서 전략은 활용 가능한 수단만으로 달성할 수 있는 가장 상위의 목적을 위해 수립될 수밖에 없다. 결국 전략은 정치의 목적을 위해 정치적으로 활용될 때 가장 큰 효력을 보인다. **하지만 전략은 그 수행 과정에서 정책으로부터 가능한 한 독립적이어야 한다. 정책은 '작전'에 간섭해서는 안 된다.** 이러한 관점에서 클라우제비츠는 머플링에게 보낸 전술과 관련된 편지에서 "전쟁술의 주요한 과제는 정책이 전쟁의 본질에 위배되는 사항을 요구하지 않도록 방지하는 것이며, 정책이 무지로 인해 그 수단의 사용에 있어 실책을 범하지 않도록 하는 것이다"라고 말했다.

군사적 고려사항은 전쟁 수행 과정에서 결정적인 영향을 끼친다. 정치적 고려사항은 군사적 의미에서 볼 때 불가능한 사항을 요구하지 않는 선에서 결정적인 영향을 끼칠 수 있다. **군사 지휘관은 어떠한 경우에도 오로지 정책적 요구사항만을 기준으로 작전을 수행하거나 수정해서는 안 되며 군사적 성공에 항상 초점을 맞춰야 한다.** 군사적 성공 혹은 실패를 어떻게 정책적으로 활용할지는 군사 지휘관의 임무영역 밖의 것으로 정책결정자의 독단적 영역이기 때문이다.

져야 한다고 주장했다. 그는 전쟁의 급격한 상황 변화 가능성을 고려한 국왕과 작전 지휘관의 바람직한 관계에 대해 자신의 신념을 다음과 같이 밝히기도 했다.

국왕은 작전 지휘관에게 일반적 지침만을 하달해야 한다. 이 지침은 주로 군사적 목표가 아닌 정치적 목적을 담고 있어야 한다. … 전역 작전 동안 변하지 않을 작전계획을 수립한다는 것은 불가능하다. 적은 우리의 의지에 맞서 싸우고 있으며, 적의 의지는 우리의 의지만큼이나 강하다. 1,000개의 변화무쌍한 상황이 발생할 것이다. 그리고 하나의 전투를 이기고 지는 것이 전쟁의 전반적 상황을 좌지우지할 수 있다.[8]

몰트케는 일련의 전쟁을 통해 정치적 목적과 정치적 환경의 변화가 군사전략에 심대한 영향력을 미칠 수 있음을 경험했다. 이러한 경험은 군사작전의 독자성 보장을 중시하는 몰트케의 인식 형성에 큰 영향을 주었다. 예를 들어, 보오전쟁(프로이센-오스트리아 전쟁) 중, 참모총장인 몰트케는 동원령 선포 시기를 둘러싸고 국왕인 빌헬름 1세 및 수상 비스마르크와 의견이 대립했다. 오스트리아와의 전쟁을 피하고자 하는 빌헬름 1세가 동원령의 선포를 지연시킴으로써 프로이센군은 오스트리아군보다도 동원을 늦게 개시할 수밖에 없는 상황이었다. 이에 따라 몰트케는 오스트리아군의 선제공격 가능성에 직면해야 했다. 그러나 사용 가능한 철도의 수 제한(1개 노선)으로 인해 오스트리아군의 이동이 지연됨에 따라 오스트리아군이 조기 동원으로 얻은 전략적 이점을 잃게 된 것은 프로이센군에게 다행이 아닐 수 없었다. 반면, 프로이센군은 5개의 가용 철도선을 이용해 군사력 집중에 성공함으로써 동원령 선포의 지연으로 인한 전략적 손실을 만

---

7 Daniel J. Hughes(ed.), *Moltke on the Art of War: Selected Writings*, pp. 35-36.

8 앞의 책, p. 45.

회할 수 있었다. 몰트케는 이러한 경험을 통해 정책적 결정이 군사전략에 큰 영향을 미칠 수 있음을 깊이 인식하게 되었다.

덴마크와의 전쟁 경험 또한 몰트케에게 유사한 교훈을 안겨주었다. 1864년에 있었던 덴마크와 프로이센 전쟁 초기에 몰트케는 정치 지도부가 작전사령관의 활동에 여러 가지 제약을 가함으로써 군사작전의 융통성이 심각하게 제한되었다고 개탄했다. 이러한 제약이 제거되자, 사령관은 작전 지휘의 자율성을 되찾게 되었고, 이것은 작전 성공으로 이어졌다. 이러한 경험을 통해 몰트케는 "정치 지도부는 작전 사령관에게 행동의 자유를 주어야 하며 정말 필요한 때에만 작전의 위험성을 지적해야 한다"고 주장했다.[9] 몰트케는 정치 지도와 작전 지도는 분리되어야 하며, 심지어 작전사령관은 상위의 군 지도부와도 분리되어야 한다고 보았다. 물론, 몰트케가 작전 지휘의 자율성을 무조건적으로 주장한 것은 아니었다. 그는 정치 지도부와 군 지도부 간의 강한 신뢰관계가 작전 지휘의 자율성을 부여하는 전제조건임을 강조했다.

정책적 목표의 달성 도구로서 전쟁과 전략의 기능을 인정하면서도 전쟁과 전략의 무조건적인 수단화를 경계한 몰트케의 시각은 보불전쟁(프로이센-프랑스 전쟁, 1870~1871) 중 비스마르크와 몰트케의 갈등에 의해 강화된 면도 없지 않다. 1870년 9월 1일 스당 전투Battle of Sedan에서 큰 승리를 거둔 프로이센군은 여세를 몰아 파리로 진격하기 시작했다. 프로이센군은 같은 해 9월 19일 파리를 완전히 포위하고 파리 시내에 대한 포격을 개시했다. 당시 파리 시내에는 루이 쥘 트로쉬Louis Jules Trochu 장군 지도하에 약 40만 명의 프랑스군이 남아 있었다.

이때 프로이센 지도부는 파리 탈취를 위한 최선의 방안을 놓고 논쟁이 벌어졌다. 수상인 비스마르크는 포격을 통해 항복을 받아내야 한다고 주

---

9 Antulio J. Echevarria II, "Moltke and the German Military Tradition: His Theories and Legacies", *Parameters*(Spring 1996), pp. 91-99.

위 사진은 1870년 보불전쟁 당시 파리 함락 후 베르사유 궁전을 본부로 사용한 프로이센 지도부(오른쪽에서 세 번째가 참모총장 몰트케, 맨 오른쪽이 수상 비스마르크). 아래 사진은 보불전쟁 승리 후 1871년 1월 18일에 베르사유 궁전에서 거행된 빌헬름 1세의 독일 제국 황제 즉위식에서 독일 제국 선포 장면(가운데 흰 제복을 입은 사람이 비스마르크, 그 옆이 몰트케).

장했다. 반면, 몰트케는 당시 확산되고 있던 질병에 대한 우려, 포격의 비인간성 등을 들어 공격작전을 통한 파리 점령을 주장했다. 파리 탈취를 둘러싼 비스마르크와 몰트케의 갈등으로 인해 군사작전은 지연되었다. 이 사건은 정책이 군사작전에 얼마나 큰 영향을 줄 수 있는가에 대한 몰트케의 인식 전환에 중요한 계기가 되었다.

일부 학자들은 프로이센 중심의 독일 통일 과정에서 수상인 비스마르크는 주변국과의 외교를 담당하면서 군에 외교적 목표를 제시하고, 참모총장인 몰트케는 군사력을 이용해 제시된 목표를 달성하는 등 둘은 구분된 역할을 수행했다는 시각을 견지한다. 이들은 비스마르크와 몰트케 간의 관계를 '정치 기능과 군사 기능의 역할 구분'으로 정의하면서 정치와 군사 간의 역할 구분 또는 분업division of labor이 이상적인 민군관계의 전형이라고 주장한다.[10] 그러나 위에서 언급한 바와 같이 사실 군사의 독자성을 강조한 몰트케의 사상은 결정적인 완벽한 승리를 위해 필요한 자산을 정치가 아닌 군이 통제해야 한다는 그의 관점에서 비롯된 것임을 기억할 필요가 있다.

2. 전략의 실용성과 융통성 중시 사상

몰트케는 전쟁을 이해 및 분석하고 전략을 수립하는 데 있어서 개방적이고 귀납적인 접근방법을 견지했다. 몰트케의 귀납적 접근방법은 그의 지적 스승인 클라우제비츠의 연역적 접근방법과는 매우 상반된 것이었다. 클라우제비츠는 전쟁이라는 현상을 설명하고 이해하는 '일반화 가능한 개념과 원칙'의 도출이 가능하다는 견해를 가지고 있었다. '삼위일체holy trinity'가 대표적인 예이다. 그가 죽은 지 180여 년이 지난 지금까지 여전히 많은 이들이 그의 이론에서 현재 우리가 직면한 변화된 전략 환경의 극복방법을 찾고 있는 것은 바로 그가 전쟁의 체계적 이론화를 시도했기 때문

---

10 조영갑, 『민군관계와 국가안보』(서울: 북코리아, 2005), p. 25.

이다.

반면에 몰트케는 '실용적이고 실제적인 접근방법'의 중요성에 대한 신념을 견지했다. 이것은 소위 독일학파를 규정짓는 중요한 특성이다. 전쟁 그리고 전쟁을 승리로 이끌 수 있는 전략은 어떤 일반화 또는 추상화된 원칙하에 수행되는 것이 아니라는 것이 몰트케의 신념이었다. 일부 학자들은 이것을 '전쟁에 대한 독일적 접근방법'이라고 규정하기도 한다.[11] 이러한 관점에서 몰트케는 전략을 다음과 같이 정의한 바 있다.

> 전략은 당면 문제에 대한 임기응변적 방책의 체제이다. 전략은 지식 이상의 것으로서 실제 현상에 지식을 적용하는 것이다. 전략은 또한 계속해서 변화하는 환경에 맞추어 독창적 아이디어를 개발하는 것이다. 전략은 가장 어려운 조건이 가하는 압박 하에서 실시되는 행동의 예술이다.[12]

1870~1871년 프랑스와의 전쟁에서 쟁취한 압도적 승리의 경험에 도취된 몰트케의 후학들은 1873년 클라우제비츠 이론의 추상성을 비판하면서 다음과 같이 발언하기도 했다.

> 클라우제비츠가 견지한 전쟁에 대한 추상적 관점은 여러 가지 측면에서 비판받고 있다. … 모든 시대에 적용될 수 있는 단일한 개념적 체제란 성립 불가능하다. … 1866년과 1870~1871년에 실시된 전쟁에서의 압도적 승리가 다음의 시각을 지지하고 있다. 엄격한 훈련, 성능 좋은 무기, 효과적인 기본 전술, 적시 적절한 행군 지시, 철도, 실용적인 보급 수단, 그리

---

11 Antulio J. Echevarria II, "Moltke and the German Military Tradition: His Theories and Legacies", *Parameters*, pp. 91-99.

12 Hajo Holborn, "The Prusso-German School: Moltke and the Rise of the General Staff", in *Makers of Modern Strategy from Machiavelli to the Nuclear Age*, ed. by Peter Paret(Princeton, NJ: Princeton University Press, 1986), p. 290.

고 전신이 전쟁의 모든 것을 결정한다.[13]

전략의 실용성과 개방성을 중시하는 독일학파의 군사사상은 덴마크, 오스트리아, 그리고 프랑스를 상대로 한 전쟁에서 프로이센이 압승을 거둔 경험을 통해 형성되었다. 이들 전쟁을 승리로 이끈 몰트케는 전략은 마찰과 우연 등 예측 불가능한 요소에 의해 영향을 받을 수밖에 없으므로 유연성과 융통성을 가져야 한다고 보았다. "전쟁계획은 최초 교전 이후 계속 유지될 수 없다"는 그의 발언은 때로 전략의 무용론으로 이해될 만큼 전략의 융통성과 실용성을 강조하고 있다. 몰트케는 단지 전쟁 개시 초기의 상황에서만 계획 수립이 가능하며, 계속적으로 변화하는 상황을 고려했을 때 전쟁계획 또는 작전계획의 무조건적인 실행은 치명적인 과오의 원천이 된다고 보았던 것이다.

몰트케는 군사 조직과 작전적 측면에서도 클라우제비츠와 구별되는 관점을 견지했다. 몰트케는 국제 질서 유지에 전쟁이 필연적으로 기여하는 측면이 있다고 보았고, 이에 따라 전쟁을 성공적으로 수행하는 방법에 큰 관심을 기울였다. 전쟁의 일반적 측면에 관심을 가진 클라우제비츠에 비해 몰트케는 실제 당면하고 있는 정치적·군사적 상황의 특수성에 항상 관심을 기울였다.[14]

몰트케가 전략의 실용성과 개방성을 중시했다고 해서 계획의 중요성을 무시한 것은 아니다. 오히려 사전 계산에 의해 수립되는 계획의 측면과 전쟁 개시 후 불가피하게 변화하는 상황에 대응하는 전략의 임기응변적 측면을 동시에 강조한 것으로 보는 것이 타당하다.

---

13 Antulio J. Echevarria II, "Moltke and the German Military Tradition: His Theories and Legacies", *Parameters*, pp. 91-99.

14 Gunther E. Rothenberg, "Moltke, Schlieffen, and the Doctrine of Strategic Envelopment", in *Makers of Modern Strategy from Machiavelli to the Nuclear Age*, ed. by Peter Paret, p. 298.

▣ 몰트케의 주요 저작 발췌 번역 (2)

작전계획(Plan of Operations): (1871~1881)[15]

작전은 작전을 준비하는 단계에서의 군사력 사용과는 완전히 다르다. 군사작전 시 아군의 의지는 적의 독립적 의지와 대립한다. 따라서 작전이란 아군의 의도에만 좌우되는 것이 아니라 적의 의도에도 달려 있는 것이다. 아군의 의도는 우리가 이미 알고 있는 것이지만, 적의 의도는 그저 추측할 수밖에 없다. **적에게 가장 유리한 것이 무엇인가를 판단하는 것은 적 행동 예측의 단서가 될 수 있다. 우리가 주도권을 획득하기 위한 준비와 결의가 있을 때에만 적의 의지에 제한을 가할 수 있다. 적의 의지를 분쇄할 수 있는 것은 오직 교전이라는 전술적 수단뿐이다.**

모든 대규모 교전들의 물적·윤리적 영향력은 아주 광범위하기 때문에, 그러한 교전들은 통상 새로운 수단 사용의 발판이 될 수 있을 만한 완전히 변화된 상황을 만들어낸다. 그렇다면 중요한 것은 순간의 상황을 정확하게 판단하고 곧 다가올 미래를 위해 올바르게 준비하고 이행하는 것이다.

전투에서의 승리 또는 패배는 그 어떤 현명한 인간이라도 첫 번째 전투 이후 한 치 앞도 알 수 없을 정도로 상황을 변화시킬 수 있기 때문에, 하나의 교전이 가져오는 전술적 결과는 새로운 전략적 결정을 위한 기반을 제공한다. 이러한 관점에서 나폴레옹은 "나는 작전계획을 가지고 있었던 적이 한 번도 없었다"고 말한 바 있다.

---

15 Daniel J. Hughes(ed.), *Moltke on the Art of War: Selected Writings*, pp. 91-94.

따라서 그 어떤 작전계획도 적 주력 부대와의 첫 접전 이후까지 계속 될 수는 없다. 오직 문외한만이 사전에 수립된 원래의 계획이 군사작전 간 끝까지 고수될 수 있다고 생각할 것이다.

당연히 사령관이라면 핵심 목표를 항상 마음속에 간직해야 할 뿐만 아니라 사태의 가변성에 의해 동요되어서는 안 된다. 그럼에도 불구하고 목표 달성 방법을 충분히 사전에 확실하게 구상할 수는 없다. 사령관은 군사작전 중 예측이 불가능한 상황에 직면하여 일련의 결정을 내려야 한다. 즉, 사전에 수립된 계획대로 전쟁이 수행되지 않는다는 것이다. 오히려 **전쟁에서의 모든 행위는 군사적 판단에 근거한 즉흥적 행동들이다. 따라서 불확실성의 안개 속에 숨겨진 상황을 인식하고, 알려진 것을 정확하게 계산하며, 모르는 것을 제대로 유추하고, 빠른 결정을 내리며, 그 결정을 강력하고 일관되게 이행하는 것이 무엇보다도 중요하다.**

3. 임무형 지휘와 총참모본부

그렇다면 여기에서 던져야 할 질문은 다음과 같다. 몰트케는 전략의 융통성과 실용성을 어떻게 보장하고 구현하고자 했는가? 몰트케는 전쟁의 예측 불가능성을 어떻게 극복하고자 했는가? 몰트케는 그 해답을 임무형 지휘라는 지휘철학philosophy of command과 총참모본부great general staff라는 지휘조직organizations of command의 결합에서 찾고자 했다. 보다 구체적으로 몰트케는 임무형 지휘 철학을 내면화한 최정예 총참모본부 요원을 육성하고 이들이 전쟁지도에 중추적 역할을 담당하게 함으로써 전쟁의 예측 불가능한 변화를 극복하고자 했던 것이다.

먼저, 임무형 지휘mission command의 태동에는 나폴레옹 전쟁 중 프로이센군의 처절한 패배가 자리 잡고 있다.[16] 1806년의 예나-아우어슈테트 전역에서 프로이센군은 크나큰 피해를 입고 나폴레옹이 이끄는 프랑스군에 패배한 바 있다. 프로이센군의 패배 이면에는 사실 18~19세기 초반까지 유럽 대부분의 국가에서 만연했던 군사사상이 자리 잡고 있다. 프로이센군의 재앙에 가까운 패배는 이러한 기존의 군사사상과 제도가 나폴레옹이 이끄는 새로운 유형의 군대 앞에서 얼마나 무기력할 수밖에 없는지를 보여준 대표적인 예라고 할 수 있다.

당시 만연한 군사사상으로 가장 대표적인 것은 전쟁이 어떤 원칙이나 과학적·체계적 접근방법으로 수행될 수 없다는 시각이었다. 이에 따라 당시 대부분의 군사사상가들은 장군 등 지휘관이 가져야 할 중요한 능력 또는 덕목은 전문적인 훈련과 교육으로 길러지는 것이 아니라 태생적이고 천부적으로 주어지는 것으로 보았다. 물론 기베르Comte de Guibert나 로이드Henry Evans Lloyd 등 전쟁을 과학적 관점에서 분석한 군사사상가들도 있었으나, 이들은 예외적 인물들이었다. 프랑스의 장군이자 군사사상가였던 모리스 드 삭스Maurice de Saxe의 발언은 18세기 당시의 군사사상의 전형을 잘 보여주고 있다. 그는 "모든 과학은 원칙과 규칙을 가지고 있다. 그러나 전쟁은 아무런 원칙이나 규칙을 가지고 있지 않다."[17]

당시의 지배적 군사사상은 군의 지휘를 음악이나 조각과 같이 천부적 재능을 필요로 하는 예술로 인식하고 있었다. 즉, 장군의 군사적 능력은 전수되거나 학습될 수 없는 것으로 인식했던 것이다. 이러한 생각은 사실 귀족과 같은 일부 사람들은 군을 포함한 사회를 지휘하도록 태어났고 다른 사람들은 이들에게 복종하도록 태어난 것이라는 귀족 중심의 사회제도에서 연유한 것이었다.[18] 군사작전의 지휘는 자율적 사고의 영역이라기

---

16 디르크 W. 외딩, 박정이 옮김, 『임무형 전술의 어제와 오늘』(서울: 백암, 2011), p. 15.

17 Samuel Huntington, *The Soldier and the State: The Theory and Politics of Civil-Military Relations*(Cambridge, MA.: The Belknap Press of Harvard University Press, 1957), p. 29에서 재인용.

보다는 천부적 재능을 타고난 것으로 간주되는 귀족 출신의 장군들에 의해 좌우되는 영역이라는 것이 18세기의 주된 군사사상이었다. 이러한 군사사상에 따라 귀족 출신의 장군들은 대체로 매우 구체적인 명령을 예하 지휘관들에게 내렸으며, 예하 지휘관들은 상부의 지시를 엄격히 준수토록 내면화되어 있었다. 기본적으로 예하 지휘관들의 자율성이나 주도권이 존중되거나 개발되기는 어려운 환경이었던 것이다.

임무형 지휘를 강조한 몰트케의 군사사상은 천부적 재능을 강조한 18세기 군사사상으로부터의 혁신적 진화를 의미한다고 평가할 수 있다. 전장의 불확실성과 마찰의 요소를 경고한 클라우제비츠의 혜안에 귀 기울인 몰트케는 급격하게 변화되는 상황에 신속하게 적응하여 승리를 이끌어내기 위해 필요한 자율적 사고를 임무형 지휘를 통해 제도적으로 구현하고자 한 것이었다. 몰트케는 전장의 유동성과 불확실성으로 인해 전쟁 중 지휘관의 지침이 더 이상 유효하지 않은 상황이 발생할 가능성이 매우 높다는 것을 경험을 통해 깨닫게 되었다. 그리고 이러한 경험을 바탕으로 현재까지 독일군의 강점으로 간주되고 있는 임무형 지휘의 전통을 창출했다. 이런 의미에서 전략의 실용성과 개방성을 강조한 독일학파의 군사사상과 임무형 지휘라는 제도를 같은 맥락에서 이해할 수 있다.

지정학적 관점에서 볼 때, 몰트케의 주도권 강조는 프로이센의 지정학적 위치와도 관련이 있다. 유럽의 강대국인 프랑스와 러시아 사이에 위치한 프로이센은 항상 양면전쟁의 가능성에 대비해야 했다. 프랑스와 러시아를 상대로 한 양면전쟁이 발발할 경우 프로이센은 군사력 일부로 두 국가 중 어느 한쪽을 견제하고 가용 군사력의 대부분을 다른 한쪽에 집중하여 신속하게 결정적 승리를 달성하고 다시 군사력을 전환하여 다른 한쪽을 상대하는 전략을 추구해야 했다. 이러한 전략적 상황의 타개를 위해 몰

---

18 Samuel Huntington, *The Soldier and the State: The Theory and Politics of Civil-Military Relations*, p. 30.

임무형 지휘를 강조한 몰트케의 군사사상은 18세기 군사사상의 혁신적 변화를 의미했다. 전장의 불확실성과 마찰의 요소를 경고한 클라우제비츠의 혜안에 귀 기울인 몰트케는 급격하게 변화되는 상황에 신속하게 적응하여 승리를 이끌어내기 위해 필요한 자율적 사고를 임무형 지휘를 통해 제도적으로 구현하고자 했던 것이다.

트케는 주도권을 강조함으로써 유리한 전략적 상황을 적극적으로 창출해 나가야 함을 역설한 것이다. 이러한 관점에서 몰트케는 모든 장교가 주도권 행사에 있어 필수적인 독립적 판단력을 가져야 한다고 보았다. 이러한 사상이 바로 '임무형 지휘'의 근간을 이루고 있다.

몰트케는 임무형 지휘 구현을 위해 가장 필수적인 지시 이외에 다른 지시들은 자제했다.[19] 보다 구체적으로, 몰트케는 목표 제시 등 가장 중요하고 필수적인 지시를 제외하고는 예하 지휘관들이 독립적으로 주어진 임무를 달성할 수 있도록 분권화된 지휘체제decentralized system를 가져야 한다고 보았다.[20] 상급 지휘관은 예하 지휘관의 전술적 조치에 대해 간섭해서는 안 된다는 관점에서 몰트케는 "명령은 예하 지휘관이 독자적으로 해서는 안 되는 것을 제외하고 그 어떤 것도 담아서는 안 된다"고 언급하기도 했다. 이는 임무형 전술의 핵심을 부하들이 최상급자의 의도에 명시된 지침 내에서 행동하여 그 의도를 달성하는 것이라고 본 몰트케의 철학에서 비롯된 것이었다.[21] 몰트케는 여기에서 더 나아가 예하 장군이 중대한 전술적 승리를 얻을 수 있다면 이미 수립된 전쟁계획을 준수하지 않아도 용인해주어야 한다는 입장을 견지했다.

몰트케는 자신의 역할을 일반적인 전략 지침의 제시로 한정 지음으로써 예하 지휘관이 주도적이고 즉각적으로 대처해나갈 수 있는 여건을 마련해주고자 했다. 이러한 몰트케의 전략사상은 1866년 오스트리아 전역에서 첫 시험대에 올랐다. 1864년 덴마크와의 전쟁지도를 통해 얻은 빌헬름 1세 국왕의 전적인 신임을 바탕으로 그는 육군에 대한 모든 지시가

---

19 Samuel Huntington, *The Soldier and the State: The Theory and Politics of Civil-Military Relations*, p. 30.

20 Luke G. Grossman, Command and General Staff Officer Education for the 21st Century: Examining the German Model, School of Advanced Military Studies Monograph(May 20, 2002), p. 20.

21 Major General Werner Widder, "German Army, Auftragstaktik and Innere Fuehrung: Trademarks of German Leadership", *Military Review*(September-October 2002).

그를 거쳐 내려지도록 하는 조치를 취할 수 있었다.

임무형 지휘의 전통은 게르하르트 폰 샤른호르스트Gerhard Johann David von Scharnhorst의 200번째 생일인 1955년 11월 12일에 맞추어 독일 연방군Bundeswehr이 정식 재창설될 때 과거 독일군의 제도 중 계승해야 할 중요한 전통으로 인식되어 지금까지 독일군의 근간을 이루고 있다. 독일군은 1955년 독일 연방군 재창설 당시 과거 나치에 의해 더럽혀진 국방군Wehrmacht과의 단절을 위해 군복이나 계급에 대해서도 프로이센군 색깔을 빼버리는 등 많은 조치를 취함으로써 과거와는 완전히 다른 군을 육성하고자 했지만, 임무형 지휘만큼은 계속 유지해야 할 전통으로 인식하고 지금까지 계승해왔다.[22]

그렇다면 임무형 지휘를 어떠한 조직으로 뒷받침할 것인가? 몰트케는 임무형 지휘의 개념을 정립해나가는 한편, 이를 프로이센군에 적용할 군사제도로 참모본부를 발전시켜나갔다. 임무형 지휘와 참모본부는 동전의 양면과 같이 상호 긴밀히 연관되어 있었던 것이다.

프로이센의 참모본부는 1806년 비공식적으로 창설되었다. 그리고 그 이후 1814년 법에 의거해 공식적인 조직으로 인정받았다. 참모본부는 두 가지 측면에서 당시 프로이센 육군 내의 다른 조직과 크게 구별되었고, 지금도 이 점은 마찬가지이다. 첫째, 참모본부 인원을 지성知性과 증명된 능

---

22 1955년 독일 연방군 창설 당시 과거로부터 이어온 임무형 지휘의 전통을 계승하는 한편, 새로운 군의 전통을 수립하기 위해 군이 사회의 한 부분이며 독일 안보정책의 신뢰할 수 있는 수단이라는 의미를 지닌 '군복 입은 시민(citizen in uniform)' 개념을 도입했다. '군복 입은 시민' 정신은 과거 독일군이 독일 국민이 아닌 나치 정권의 도구로 전락했다는 비판에서 비롯된 것으로, 문민통제의 정신을 공고히 하고자 한 시도였다. 이러한 정신 하에서 독일 연방군은 징병제를 바탕으로 하고 있었다. 징병제의 전통은 2011년 7월 1일부로 독일이 전원지원병제를 도입하면서 종식되었다. Jens O. Koltermann, "Citizen in Uniform: Democratic Germany and the Changing Budeswehr", *Parameters*(Summer 2012), pp. 108-126. 이에 따라 일부 학자들은 과거 사회와 군의 연결망이 되었던 징병제가 폐지되면서 사회와 군 간의 간극이 생길 수 있다고 우려하고 있다. 뮌헨 대학의 역사학과 교수인 볼프손(Wolffsohn)은 고소득, 고학력자들의 군 지원이 줄어들게 되면서 결국 '군복 입은 시민' 전통이 '군복 입은 하층민(underclass in uniform)'으로 대체될 것이라고 우려하기도 했다. 앞의 책, p. 116에서 재인용.

력에 의거해 선발했다는 것이다. 이를 통해 가장 유능한 장교들을 선발할 수 있었다. 이러한 새로운 선발제도의 도입은 그 당시의 관행인 재산과 출신에 의거한 선발과는 매우 차별되는 것이었다. 둘째, 참모본부는 폭넓고 면밀하게 구조화된 훈련 과정으로 조직의 질적 향상을 도모하고 유지했다는 것이다.

앞에서 말한 두 가지 차별성은 참모본부가 프로이센(통일 이후 독일) 군대 특히 육군 내에서 그 위상을 공고히 하는 기반이 되었을 뿐만 아니라 프로이센의 군대가 타국의 군대에 비해 군사적 우수성을 독보적으로 유지하는 데 중대한 기여를 했다. 독일 제국German Empire은 1871년 통일 이후 제1차 세계대전의 패배로 패망할 때까지 귀족 또는 왕족이 군의 주요 부대(즉, 군과 군단)를 지휘하는 정치·사회적 관행을 유지했다. 군대는 최고사령관인 황제 아래 귀족들이 주요 부대의 지휘관 직책, 즉 장군직을 수행했다. 이는 곧 당시 장군들은 전문군사교육에 기반한 군사적 역량을 바탕으로 장군직을 수행한 것이 아니라는 것을 의미한다. 따라서 때때로 군사전문지식이 부족한 지휘관들도 있었다. 이러한 관행은 독일뿐만 아니라 프랑스 등 다른 국가들 또한 마찬가지였다.

몰트케는 이러한 당시 군 지휘체제의 취약점에 대한 해답을 참모본부에서 찾았다. 귀족 또는 왕족 출신의 군 지휘관들을 보좌할 수 있는 군사전문지식을 갖춘 참모조직, 즉 참모본부의 보유 여부는 프로이센군을 타국의 군과 가장 크게 차별화시켰다. 일부 선발된 장교들은 '참모학교general staff academy'에 입교하여 다양한 군사이론, 전쟁사, 워게임wargame 등을 망라한 심도 깊은 3년간의 엘리트 교육을 받았다. 다른 국가들의 경우 전문적으로 훈련받은 참모조직을 가지고 있지 않았다는 점에서 프로이센은 큰 전략적 이점을 가지고 있었다.

프로이센군은 귀족 또는 왕족 출신의 군 지휘관들을 군사적으로 보좌할 수 있는 참모본부의 정예화를 통해 군사적 능력을 개발하고, 이들이 장군들을 보좌하여 평시 교육훈련과 연습, 전쟁계획 수립 및 예행연습에 핵심적인 역할을 담당하도록 권한을 부여함으로써 독일군의 전쟁지도체제를 획기적으로 재정립했다. 이를 통해 프로이센군은 타국 군에 비해 결정적인 전략적 우위를 점할 수 있었고, 그 결과 결정적이고 신속한 전쟁의 승리가 가능할 수 있었다.

프로이센군은 이처럼 전문군사지식을 갖춘 참모본부를 보유함으로써 타국 군과 차이를 보였을 뿐만 아니라 참모본부의 참모장이 귀족 또는 왕족 출신 지휘관의 전술 및 전략적 식견 부족을 보완할 수 있는 실질적 책임과 권한을 보유하고 있었다는 점에서도 대별되었다. 물론 모든 귀족 또는 왕족 출신 지휘관들이 전술 및 전략적 식견이 부족했던 것은 아니었다. 일부 지휘관은 참모학교를 졸업하는 등 높은 수준의 군사적 지식을 갖추기도 했다. 그러나 지휘관들이 대체로 군사전문교육을 받지 않았다는 것은 이들의 지휘가 때로 중대한 실책으로 이어질 가능성이 잠재되어 있다는 것을 의미했다.

이에 따라 프로이센군은 참모본부의 참모장에게 해당 부대 지휘관의 계획 또는 명령에 대해 이견이 있을 경우 이를 서면으로 부동의不同義할 수 있는 권리를 부여했다. 이와 함께 참모장은 차상급 부대 지휘관에게 상소appeal할 수 있는 권리를 부여받았다. 이 권한은 지휘관이 전략적 식견이 부족할 경우 이를 보완할 수 있는 제도적 장치로 기능했다. 일부 매우 완고한 지휘관들을 제외하고는 참모장의 상소 권한이 중요한 효력을 발휘했다.

프로이센의 참모본부는 평시 다양한 전쟁계획과 우발계획을 발전시키고 이 계획에 의거해 치밀하고 엄격한 훈련을 주관했다. 이러한 체제는 다른 국가들과는 상이한 것이었다. 예를 들어, 주요 전쟁 이후 30여 년간의 평화기에 속했던 1843년에 프랑스를 비롯한 대부분의 유럽 국가들이 전쟁계획을 수립하지 않은 반면, 프로이센의 참모본부는 전쟁부war ministry의 지침 하에 다양한 상황을 가정한 전쟁계획과 우발계획을 수립하고 있었다. 참모본부는 전쟁의 모든 분야에 대한 지속적 연구와 함께 동원계획 및 전역계획의 입안과 수정을 담당했다. 이러한 의미에서 종종 프로이센의 전승 공로를 명목상 지휘관인 장군들보다는 참모본부에 돌리곤 하는데, 이는 전문군사지식을 가진 참모진의 능력이 전승에 중요한 기여 요소임을 인식한 것으로 이해할 수 있다.

이러한 인식의 변화는 군사사상적 측면에서 매우 중요한 의미를 지니고 있다. 귀족사회의 정치·문화적 영향 하에서 성립된 18세기의 군사사상이 19세기 중반에 들어서면서 군의 전문직업화를 기반으로 군사 분야를 점차 독립적인 과학으로 인식하는 19세기의 군사사상으로 대체되어 간 것이다. 이는 곧 나폴레옹으로 대표되는 '천부적 능력을 지닌 군사적 천재'의 개념이 '교육과 훈련을 통한 군사전문가' 육성으로 대체되고 있었음을 의미한다. 변화된 사상적 기조 하에서 군사 분야는 더욱 체계적으로 발전할 수 있었다.

4. 전략적 포위 사상

어떠한 전략 또는 교리는 한 국가가 어느 한 시점에서 당면한 위협에 어떻게 대응할 것인지에 대해 고민한 결과이다. 따라서 과거 어떤 전략가의 고민과 사고의 결과를 면밀히 관찰하고 추적하는 것은 현재 우리가 당면한 문제를 어떻게 풀어나갈 것인가에 대한 사고의 틀과 문제 해결의 단초를 제공해줄 수 있다. 또 다른 측면에서 과거의 전략과 교리가 현재에도 중요한 의미를 가지는 이유는 바로 당시의 전략가가 어떻게 새로운 정치·사회·기술적 발전을 인식하고 주목하여 이를 군사적으로 활용하고자 했는가에 대한 간접 경험을 할 수 있기 때문이다.

몰트케와 슐리펜Alfred Graf von Schlieffen으로 대표되는 독일학파의 전략적 사상으로 가장 대표적인 것은 바로 전략적 포위strategic envelopment이다. 이들이 전략적 포위전략과 교리를 중시한 것은 독일의 지정학적 위치로 인한 양면전쟁의 가능성 때문이었다. 지정학적으로 볼 때, 프로이센과 통일 독일은 좌로는 프랑스를, 그리고 우로는 러시아를 상대해야 하는 지리적 위치에 놓여 있다. 따라서 프로이센은 항상 양면전쟁의 가능성을 우려하지 않을 수 없었다. 프랑스와 러시아가 동맹을 결성하여 프로이센을 상대로 싸울 경우 프로이센은 가용 군사력을 양분하여 상대해야 하는 심각한 전략적 문제를 안고 있었다.

독일의 수상 비스마르크는 이 양면전쟁의 가능성에 대비하여 프랑스를 외교적으로 고립시키는 정책을 추진했다. 프랑스와의 전쟁을 승리로 이끌면서 결국 1871년 프로이센 중심의 통일을 달성한 비스마르크는 프랑스와 러시아가 외교적으로 가까워지는 것을 막기 위해 1873년 독일, 러시아, 오스트리아-헝가리 간 삼제동맹league of the three emperors의 결성을 주도했다. 프랑스의 외교적 고립에 기여했던 삼제동맹은 발칸 반도에서의 영향력 확대를 둘러싸고 갈등을 빚게 된 오스트리아-헝가리 제국과 러시아의 불편한 관계에 의해 결국 1887년 붕괴된다. 삼제동맹의 붕괴 이후 러시아가 프랑스에 접근할 것을 염려한 비스마르크는 1887년 6월 18일 독일-러시아 간의 재보장 조약reassurance treaty을 주도하여 이러한 가능성을 차단했다. 그러나 1890년 비스마르크가 해임된 이후 러시아가 재보장 조약의 갱신을 요구하자, 독일은 영국과의 외교적 관계 유지, 오스트리아-헝가리 제국과의 양자 동맹 필요성 등을 고려하여 이를 거부했다. 재보장 조약의 갱신 실패로 인한 외교적 고립 가능성을 우려한 러시아는 1892년 프랑스와 동맹을 맺게 되며 이에 따라 약 30여 년에 걸쳐 계속된 독일의 프랑스 고립 정책은 실패로 돌아가게 된다. 이러한 일련의 외교적 상황에서 프랑스, 러시아와의 양면전쟁 가능성에 대비하여 몰트케와 후임 참모총장인 슐리펜은 공세적인 전략적 포위전략을 수립하고 이를 지속적으로 수정해나갔다.

몰트케의 전략적 포위전략은 1866년 오스트리아와의 전쟁에서 중대한 시험대에 올랐다. 비록 몰트케가 참모총장직에 오른 것은 1857년이었지만, 1866년 보오전쟁 이전까지 그는 그다지 잘 알려지지 않은 인물이었다. 오스트리아와의 전쟁이 목전에 다가온 1866년 6월 2일 프로이센의 국왕 빌헬름 1세는 참모총장 몰트케에게 국왕을 거치지 않고 예하 작전

사령관에게 직접 명령을 내릴 수 있는 권한을 부여했다. 국왕의 이러한 조치는 몰트케를 사실상 군 최고사령관으로 자리매김하게 한 중요한 의미를 지닌 것이었다. 그로부터 며칠 후 몰트케의 이름으로 작전명령이 하달되자, 이를 수령한 한 작전사령관은 "이 명령에 따르면 모든 것이 잘 준비될 듯하다. 그런데 이 몰트케라는 장군이 누군가?"라고 물었다. 참모총장으로서 몰트케의 위치가 보오전쟁 이전까지는 그다지 확고하지 않았음을 보여주는 일례이다.[23]

몰트케가 뛰어난 전략가로 후학들에게 인정받는 중요한 이유 중 하나는 그가 당시 급격한 속도로 변화하고 있는 기술의 발전에 주목하고 이를 군사전략적으로 활용했다는 점이다. 몰트케는 특히 철도와 전신의 발달에 주목했다. 몰트케는 새로운 기술의 발달이 신속한 동원, 기동 및 집중에 기여할 수 있다는 점을 인식했다. 그는 참모총장으로서 군사적 문제에만 매몰되지 않고 사회의 변화에 계속 관심을 가지고 이 변화가 갖는 전략적 영향에 주목했던 것이다.

전략적 포위를 통해 신속하게 결정적 승리를 달성한다는 몰트케의 사상은 후임 참모총장인 슐리펜Alfred Graf von Schlieffen에게도 이어졌다. 칸나이 전투Battle of Cannae의 영광을 재현한다는 기치 하에 슐리펜은 전략적 포위를 전쟁 수행의 가장 효과적인 수단으로 인식했다. 독일은 제1차 세계대전 초기 프랑스를 상대로 전략적 포위를 시도해 실패를 경험하기도 했지만, 러시아를 상대로 한 동부 전선에서는 탄넨베르크 전투Battle of Tannenberg 등에서 큰 성공을 거두었다.

몰트케 그리고 슐리펜으로 이어진 전략적 포위사상은 이후 독일의 전략가들에게 계속 영향을 미쳤다. 후대 전략가들은 이들의 사상을 기초로 전격전blitzkrieg 교리를 발전시켰다. 특히 1933년부터 제2차 세계대전 발발 직전인 1938년까지 참모총장을 역임한 루트비히 베크Ludwig Beck는 전격전

---

23 Daniel J. Hughes(ed.), *Moltke on the Art of War: Selected Writings*(Novato, CA: Presidio, 1993), p. 1.

'작전의 귀신'으로 불린 슐리펜(1833~1913). 전략적 포위를 통해 신속하게 결정적 승리를 달성한다는 몰트케의 사상은 후임 참모총장인 슐리펜에게도 이어졌다. 전략적 포위를 전쟁 수행의 가장 효과적인 수단으로 인식한 슐리펜은 프랑스, 러시아와의 양면전쟁에서 독일군이 승리하기 위한 방법으로 '슐리펜 계획'을 수립했다. 이에 영향을 받은 후대 전략가들은 몰트케와 슐리펜의 전략적 포위사상을 기초로 전격전 교리를 발전시켰다.

교리 발전에 큰 기여를 했으며, 하인츠 구데리안Heinz Guderian은 전격적 교리를 기계화 부대 운용에 적용하는 데 큰 기여를 했다. 이러한 전격전 교리 발전을 바탕으로 독일군은 폴란드, 프랑스 전역 등에서 큰 전승을 거두기도 했다.

Ⅳ. 몰트케의 유산과 재평가

군사사상은 어느 특정 시대가 당면한 군사적 문제들에 대한 체계적인 사고의 결과로서 제시된 해답이다. 여기에서 중요한 것은 군사사상이 궁극적으로는 '전쟁의 준비 및 실행'과 관련된 군사적 문제를 다룬다는 것이다. '전쟁의 준비 및 실행'이라는 군의 핵심 임무를 어떻게 달성할 것인가는 각 시대의 정치·사회·문화적 맥락과 과학기술의 발전에 따라 조금씩 달라질 수 있다. 그럼에도 불구하고 과거의 군사사상에 대한 심도 깊은 이해를 통해 우리는 현재 당면하고 있는 문제를 어떻게 해결할 것인가에 대한 기본적 분석틀을 찾을 수 있다. 군사사상에 대한 이해가 단지 과거에 대한 지식에 그치지 않고 생동감 있는 전략적 혜안慧眼으로서 현대에도 살아 숨 쉬게 하기 위해서는 군사사상에 대한 끊임없는 현대적 해석이 필요한 것이다.

이러한 관점에서 필자는 독일학파의 군사사상에서 두 가지 측면을 중점으로 하여 현대적 해석과 재평가를 시도하고자 한다. 정치와 군사 간의 관계, 그리고 임무형 지휘가 바로 그것이다.

첫째, 군사적 자율성을 강조한 몰트케의 주장이 현대의 분쟁 대응에 적절한 군사사상인지 비판적 검토가 필요하다. 앞에서 언급한 바와 같이, 몰트케는 그의 군사사상적 스승인 클라우제비츠와는 달리 정책과 전쟁을 서로 구분된 영역으로 인식하고자 했다. 정치가 군사작전에 영향을 미쳐서는 안 된다는 것이 그의 신념이었다. 전쟁의 목적을 제시하는 것은 정책이지만, 정책의 역할은 전쟁의 시작과 끝에 한정되어야 한다는 그의 시각은 통일 독일뿐만 아니라 다른 국가의 전문직업군대에도 큰 영향을 미쳤다.

또한 이러한 시각은 현대 민군관계의 기초를 닦은 새뮤얼 헌팅턴이 제시한 객관적 문민통제에도 영향을 미쳤다. 헌팅턴은 군사 분야의 자율성을 인정하는 것이 객관적 문민통제의 핵심이라고 주장했다. 헌팅턴은 정치에 대한 군사의 종속성을 인정하면서도 군사 문제는 이 분야의 전문가인 전문직업군에 위임해야 하며 민간정책결정자들은 군사 분야에 대한 자율성을 인정하고 개입을 최소화해야 한다고 보았다. 이를 통해 군의 정치적 중립성과 군사 효율성을 동시에 달성할 수 있을 것이라고 그는 생각했다.

그러나 정책은 군에 달성해야 할 전략적 목표를 제시하고 군은 부여된 목표를 달성하기 위한 전략을 수립·이행하는데, 이때 군사작전은 정치의 간섭을 받아서는 안 된다는 몰트케식 사고방식이 변화하는 분쟁 양상의 효과적 대응에 크게 기여할 수 있을 것인가에 대한 비판적 검토가 필요하다. 미국이 지난 10여 년간 수행한 이라크와 아프가니스탄 전쟁은 진화하는 분쟁 양상 하에서 정책과 군사가 분리될 경우 어떠한 문제가 초래될 수 있는지를 잘 보여주고 있다.

이라크 전쟁의 경우, 미군은 전쟁 기획 단계에서 이라크 후세인 정권의 전복 및 이라크에 친미 정권 수립이라는 정치적 목적에 합당한 수준의 군사력을 계획하지 않았다. 럼스펠드Donald Rumsfeld 국방장관 당시 추진된 군사변혁에 대한 지나친 자만심이 그 배경에 있었다. 또한 미군은 주요 전쟁 이후의 단계, 즉 안정화 단계에 대한 심도 깊은 연구와 준비가 결여된 상태에서 이라크 전쟁을 개시했다. 소위 말하는 '4단계 작전', 즉 '전후 단계post-war phase'는 매우 낙관적인 가정 하에서 작성되었기 때문에 사실상 면밀한 계획이 없는 상태였다. 그 이유는 전쟁 전 미 국방부는 일단 후세인 정권이 붕괴되면 망명 중인 이라크인과 일부 이라크 인사들이 과도정부를 별다른 문제 없이 구성할 수 있을 것이라고 예측했기 때문이었다. 그 결과 233쪽 〈도표 5-1〉과 〈도표 5-2〉에서 볼 수 있는 것과 같이 2003년 이후 이라크 내에서 반군의 공격 횟수와 민간인 사상자가 2007년 소위 이라크 증파Iraq Surge 이전까지 가파른 속도로 증가했다.

또한 미군은 전쟁 전 재래식 정규전 중심의 군사사상을 견지하고 있었으며 전후 안정화 단계에서 필요한 비정규전irregular warfare 또는 반분란전COIN, counterinsurgency에 대한 능력과 준비에 소홀했다. 이러한 문제는 1990년대 전반에 걸쳐 미군이 코소보, 아이티 등 전 세계 각지에서 평화유지활동을 전개한 경험이 있음을 고려했을 때 쉽게 납득하기 어려운 것이다. 이러한 현상은 일부 연구자가 지적한 바와 같이, 군의 학습learning, 그리고 학습을 통해 얻은 교훈을 제도화하는 것이 자동으로 이루어지지 않는다는 것을 의미한다. 2006년 반분란전 교리가 정립되고 이후 미군 내에서 확산되기 이전까지 미군은 이라크 내에서 적 탐색 및 타격 중심의 정규전 교리를 고집함으로써 정책적 목표의 달성에 실패했다.

비정규전과 반분란전의 특성이 정치와 군사 간 더 긴밀한 연계를 요구하고 있다는 점 또한 몰트케의 군사사상이 현대 전쟁의 전략 환경 하에서 비판적으로 재평가되어야 한다는 필자의 주장을 뒷받침한다. 비정규전과 반분란전의 대응을 위해서는 정치와 군사뿐만 아니라 국가의 모든 국력수단을 통합적으로 운용해야 한다. 외교Diplomacy, 정보Information, 군사Military, 경제Economy의 통합을 강조하는 범정부 차원의 DIME 접근전략이 중요하다는 의견이 모아지고 있다. 군사적 수단만으로는 비정규전과 반분란전에 효과적으로 대응하기 어려우며, 때로 군사적 수단이 분쟁 해결의 핵심수단이기보다 보조 수단으로 기능해야 한다는 주장은 21세기 분쟁 현실이 과거 몰트케의 시대와는 매우 다르다는 것을 시사한다.

둘째, 임무형 지휘의 현대적 적용의 문제이다. 비록 독일학파, 특히 몰트케 하에서 체계적으로 발전된 임무형 지휘의 철학과 제도가 오랜 시간에 걸쳐 많은 국가로 전파되어 적용되어왔지만, 오늘날의 군에 있어 임무

〈도표 5-1〉 반군의 공격 횟수(2004~2010)

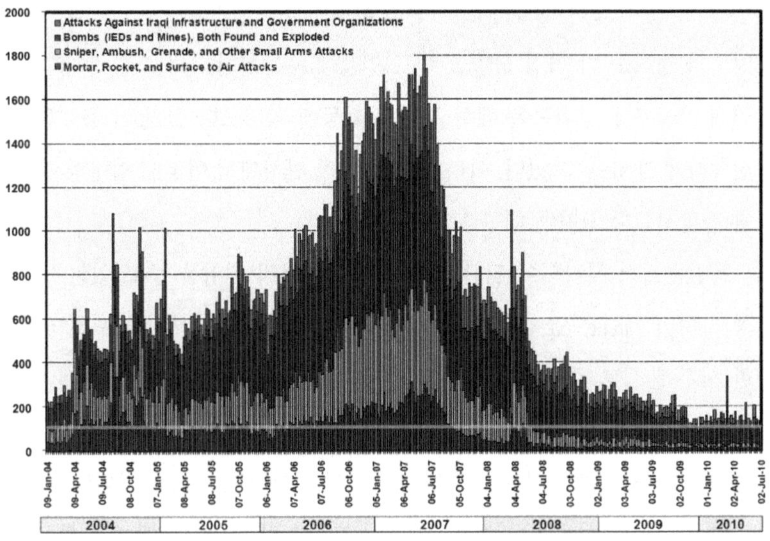

출처 Brookings Institution, Iraq Index: Tracking Variables of Reconstruction & Security in Post-Saddam Iraq (September 30, 2010).[24]

〈도표 5-2〉 이라크 전쟁 중 민간인 사상자(2004~2010)

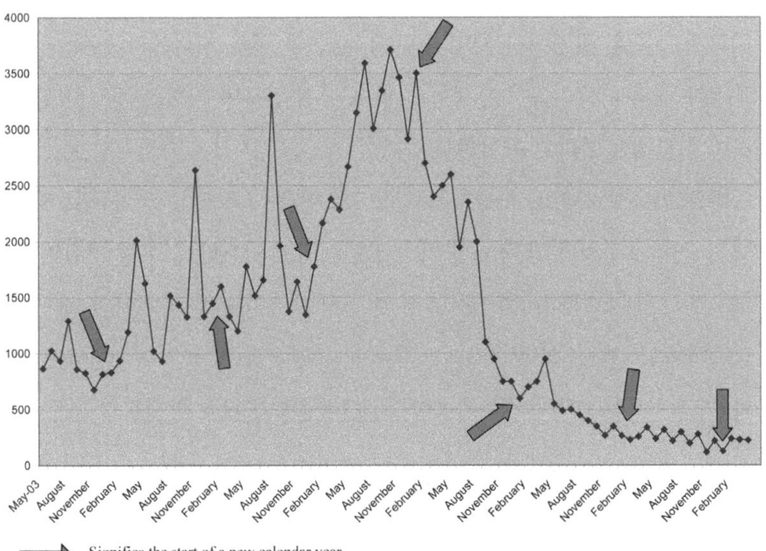

출처 Brookings Institution, Iraq Index: Tracking Variables of Reconstruction & Security in Post-Saddam Iraq (September 30, 2010).[25]

형 지휘의 정착은 아마도 몰트케의 시대보다 더 어려운 장애물을 넘어야 할 수도 있다. 특히 필자는 현대 전장 환경에서 통신기술의 발달이 임무형 지휘의 정착을 더 어렵게 만들 수도 있음에 주목한다. 통신기술의 발달로 인해 상급부대 지휘관은 예하 부대의 활동에 과거보다 훨씬 더 용이하고 신속하게 개입할 수 있다. 이러한 현대 전장 환경에서 어떻게 임무형 지휘를 정착시킬 것인가에 대한 고민이 필요하다.

독일군에서 시작되어 많은 국가들에 지금까지 영향을 주고 있는 임무형 지휘의 개념은 앞에서 분석한 바와 같이 몰트케가 참모총장으로 역임한 시기에 심도 깊게 발전되었다. 임무형 지휘의 전통은 제2차 세계대전 후 독일군이 해체되었다가 1955년 독일 연방군으로 재창설될 때 당시 독일 연방군을 설계한 이들에 의해 계승되어야 할 전통으로 결정되었다. 임무형 지휘의 정신은 미국, 이스라엘을 포함한 많은 국가들에게 불확실성이 가중되고 있는 작전 환경에서 바람직한 지휘통제의 모델로 인식되어 오고 있다.

임무형 지휘의 영향력은 한국군에서도 발견된다. 예를 들어, 육군의 『지휘통제교범』은 환경이나 과업의 특성, 참모와 예하 지휘관의 능력, 적의 특성과 능력을 고려하여 통제형 지휘와 함께 임무형 지휘를 적절히 통합하여 실시해야 한다고 규정하고 있다.[26]

비록 임무형 지휘의 사상이 독일군으로부터 다른 많은 국가들로 전파되어 군이 추구해야 할 중요한 가치로 인식되고 있으나, 임무형 지휘의 실제 적용 그리고 더 나아가 내재화는 여전히 매우 어려운 과제이다. 저명한 군사학자인 맥매스터H. R. McMaster 미 육군 준장은 변혁transformation과 군사혁명RMA, Revolutions in Military Affairs에 대한 미군의 관심과 환호가 지휘의 전통, 특

---

24 http://www.brookings.edu/iraqindex(검색일: 2013. 5. 20.)

25 http://www.brookings.edu/iraqindex(검색일: 2013. 5. 20.)

26 육군본부, 『지휘통제교범』, p. 35.

히 임무형 지휘의 전통을 점차 잠식해나갔다고 경고한 바 있다. 맥매스터 장군은 "국방변혁defense transformation 신봉주의는 전쟁을 단순한 추적 및 타격 연습으로 간주했으며, 전쟁을 정치·인간·심리·문화적 차원으로부터 분리시켰다"고 개탄했다.[27] 그 결과 미군은 임무형 지휘를 무시하게 되었으며, 이에 따라 아프가니스탄 전쟁과 이라크 전쟁에서 수행되었던 많은 작전에 부정적 영향을 주게 되었다는 것이 맥매스터의 주장이다.

이탄 샤머Eitan Shamir 또한 맥매스터의 관점에 동의하면서 적응력 높은 오늘날의 적을 상대하기 위해서는 '임무 중심 명령에 기반한 분권화된 이행을 통한 군사작전 수행'이라는 임무형 지휘 전통을 재수립해야 한다고 주장한다.[28] 급속한 발전을 거듭하고 있는 인터넷 등 상용 및 군사과학기술의 신속한 수평적 확산으로 인해 적의 적응력이 매우 높아진 현재의 상황에 대응하기 위해서 군은 경직되기 쉬운 중앙집권적 통제보다는 변화되는 전장의 상황에 대한 신속한 대응을 가능케 하는 임무형 지휘를 정착시켜야 하는 것이다.[29]

또한 최근 강조되고 있는 통신망 접속 불가 상황degraded environment에서의 군사작전을 위한 대비 차원에서도 임무형 지휘가 강조되고 있는 실정이다. 현대의 군사작전은 인공위성, 인터넷 등을 통한 유무선 통신망에 크게 의존하고 있다. 인공위성 공격용 탄도미사일 등 반접근 및 지역거부A2/AD, Anti-Access/Area Denial 전력의 증가뿐만 아니라 사이버 테러의 위협이 비약적으로 증가함에 따라 유무선 통신망이 두절된 상황에서 군사작전이 수행될 가능성이 매우 높아지고 있다.[30] 이에 대한 대비 차원에서 미국은 임무형

---

27 Eitan Shamir, *Transforming Command: The Pursuit of Mission Command in the U. S., British and Israeli Armies*, p. xi.

28 앞의 책, p. xi.

29 이병구, "21세기 새로운 위협과 미국의 전략적 대응", 국방대학교 안보문제연구소 엮음, 『21세기 국제안보의 도전과 과제』, 국방대학교 안보문제연구소 연구총서 3(서울: 사회평론, 2011), pp. 147-149.

30 Paul K. Davis and Peter A. Wilson, Looming Discontinuities in U. S. Military Strategy and

지휘에 기반한 분권화된 지휘를 각종 연습과 교육에 반영하고 있다.[31] 과학기술의 발전이 가져오는 역설적 결과가 이제 임무형 지휘를 선택의 문제가 아니라 피할 수 없는, 그리고 반드시 내면화해야 하는 필수불가결한 과제로 만들고 있는 것이다.

군사과학기술의 신속한 수평적 확산 등으로 인한 전장의 불확실성 증대에 대응하기 위해 군이 임무형 지휘를 내면화해야 한다는 인식이 확산되고 있음에도 불구하고 이를 실제 정착시키는 것은 여전히 어려운 실정이다. 임무형 지휘의 정착을 어렵게 만드는 요인 중 하나는 공교롭게도 기술의 발달이다. 군이 임무형 지휘의 이행에 있어 기술에 지나치게 의존하고 있다는 목소리가 높아지고 있다. 일각에서는 발달된 통신기술, 전장 가시화 메커니즘의 발달 등으로 인해 최말단 제대부터 최상위 제대까지 실시간대로 연결할 수 있게 되었으며, 이것이 작전 효과성의 증진에 크게 기여할 것이라고 주장한다.

이러한 가능성은 아이러니하게도 상급부대 지휘관에 의한 지휘의 중앙집권화, 그리고 미세 경영micro-management 가능성을 동반 상승시킨다.[32] 군에 있어 미세 경영이란 예하 부대 또는 부하들의 임무를 주도면밀하게 관찰하고 통제하는 것을 말한다. 미세 경영의 대표적 예로 제2차 세계대전 당시 히틀러Adolf Hitler를 들 수 있다. 히틀러는 당시 동부전선에 배치된 부대 하나하나에 대해 매우 구체적인 명령을 보낸 것으로 악명 높았다. 또 다른 예로 미군의 사례를 들 수 있다. 1975년 테러 단체에 의해 납포된 미국 국적의 마야구에즈Mayaguez 화물선의 구출 작전 시 현장 지휘관은 미 본

Defense Planning: Colliding RMAs Necessitate a New Strategy, Occassioinal Paper OP326, RAND Corporation, 2011. http://www.rand.org/pubs/occasional_papers/OP326.html(검색일: 2013. 6. 10.).

31 Lt. Col. Jeff Allen, "Army announces Mission Command Strategy", the Army Times, June 19, 2013. http://www.army.mil/article/105858 (검색일: 2013. 9. 20.).

32 P. W. Singer, "Tactical Generals: Leaders, Technology, and the Perils of Battlefield Micromanagement", *Air & Space Power Journal*(Summer 2009).

토의 수도 워싱턴 D. C.Washington D. C.에서 보내오는 엄청난 양의 명령으로 인해 더 이상 작전을 계속할 수 없는 지경에 이르자, 결국 라디오를 고의로 꺼버리기도 했다. 현대 전쟁에서 통신기술의 발달이 상급부대 지휘관으로 하여금 미세 경영의 유혹에 빠지게 한다는 의미에서 미국 브루킹스 연구소Brookings Institution의 싱어Peter W. Singer 박사는 이들 지휘관들을 전술 장군tactical general이라고 부르기도 했다.

통신기술의 발달로 인해 상급부대 지휘관이 쉽게 예하 부대 지휘관 또는 부하의 활동에 개입하고 구체적인 명령을 내릴 수 있는 환경이 조성된 지금의 전장 상황에서 미세 경영의 유혹을 어떻게 극복하고 임무형 지휘를 달성할 수 있을 것인가는 쉽게 해결하기 어려운 과제임이 분명하다. 기술의 발달과 함께 점점 어려워지는 임무형 지휘의 철학 구현을 위한 논의와 훈련 방법에 대한 연구가 필요한 시점이다.

V. 맺음말

우리는 왜 군사사상을 공부하는가? 군사사상이 어느 특정 시대가 당면한 군사 문제의 해법에 대한 체계적인 사고의 결과라고 할 때 몰트케의 군사사상의 본질에 대한 탐색은 현재의 우리에게도 중요한 함의를 지닌다. 특히 군사사상이 어떠한 정치 · 사회 · 군사적 맥락과 개인적 경험 속에서 형성되었는지를 분석함으로써 우리는 현재의 변화된 안보 환경 속에서 과거의 군사사상이 어떤 면에서 여전히 적실성을 가지는지 비판적으로 평가할 수 있다. 오늘날 우리가 과거의 군사사상을 공부할 때 중요한 것은 단순한 군사사상에 대한 이해가 아니라 그 군사사상을 오늘날의 전장 환경에 어떻게 적용할 수 있는가를 끊임없이 연구하고 분석하는 것이다. 즉, 과거의 군사사상가와 현재의 연구자들 간의 계속된 대화가 필요한 것이다.

필자는 제5장에서 정치와 전쟁의 관계, 전략의 실용성과 융통성 중시, 임무형 지휘와 총참모본부, 전략적 포위의 네 가지 영역에 초점을 맞춰 몰트케의 군사사상을 분석했다. 약 150여 년 전에 형성되어 발전한 몰트케의 군사사상은 다양한 측면에서 현재에도 여전히 중요한 의미를 지니고 있다.

그러나 21세기의 분쟁 양상과 과학기술의 발전을 고려할 때 몰트케의 군사사상은 현대적으로 재평가될 필요가 있다. 군사사상의 무비판적인 수용은 오히려 위험을 초래할 수가 있기 때문이다. 변화된 맥락 속에서 몰트케의 군사사상이 지속적으로 재평가될 때 과거의 철학이 현재에도 살아 숨 쉬게 될 것이다.

CHAPTER 6

프랑스학파
-뒤 피크와 포슈의 군사사상

손경호 | 국방대학교 군사전략학과 교수

1993년 육군사관학교를 졸업하고 보병 소위로 임관했다. 일본 방위대학교에서 국제관계학 석사학위(2003)를 받았으며, 미국 오하이오 주립대학교에서 역사학 박사학위(2008)를 취득했다. 2008년부터 현재까지 국방대학교 군사전략학과에서 전쟁사를 강의하고 있다. “미국의 한국전쟁 정전 정책 고찰” 등 다수의 논문을 발표했으며, *The Shaping of Grand Strategy*를 공동으로 번역했다.

I. 머리말

서구 군사사상의 흐름 가운데 프랑스학파의 입지는 크게 두드러져 보이지 않는다. 나폴레옹이라는 유럽에서 가장 뛰어난 군사적 천재를 탄생시킨 프랑스의 군사적 명성에도 불구하고 프랑스학파는 잘 알려져 있지 않다. 클라우제비츠로 대표되는 독일학파가 제1차 세계대전에 대한 기억으로 인해 크게 부각되고 제2차 세계대전 초기 독일군이 달성한 서유럽 전역의 성과로 인해 간접접근전략을 주창한 영국의 전략가들이 크게 알려진 것과는 대조적이다.

프랑스 역시 군사학에 큰 관심을 보이고 있는 유럽의 일반적인 학문적 사조 아래 있었고, 실제 클라우제비츠와 쌍벽을 이루는 조미니와 같은 걸출한 군사전략가를 배출하기도 했다. 다만 독일과 달리 프랑스에서는 조미니를 잇는 군사전략가가 나타나지 않았다. 독일의 경우 나폴레옹 정복의 반작용으로 군사적 혁신이 이루어지고 전략사상이 발전한 반면, 프랑스에서는 군사적 성취에 도취되어 이러한 노력이 이루어지지 않았다.

종종 역사에서 벌어지는 반전처럼 프랑스 군사전문가들은 보불전쟁(프로이센-프랑스 전쟁) 패배 이후에 진지하게 군사전략을 탐구하기 시작했고, 독일 사상가들 특히 클라우제비츠에 주목했다. 군사전략을 포함한 프랑스 군사학의 발달은 이후 제1차 세계대전까지 지속되었다. 페르디낭 포슈 Ferdinand Foch와 아르당 뒤 피크Ardant du Picq는 보불전쟁부터 제1차 세계대전에 이르는 시기에 프랑스학파 형성에 일조했다.

많은 전쟁사 연구가들은 이 두 사상가를 인용하면서 프랑스가 제1차 세계대전 가운데 보여준 여러 가지 군사행동을 설명하고 있다. 특별히 프랑스군이 독일군의 방어선에 끊임없이 쇄도하며 돌파를 추구했던 공세주의 사상을 이 두 사상가를 인용하여 이해를 도모하고 있다. 아울러 당대의 프랑스 이론가들은 이 두 사상가가 추구했던 길을 제1차 세계대전 이전 프랑스 사회가 진보주의의 물결을 극복하고 독일에 비해 열세한 물질적 기반을 만회하기 위해 추구한 대안이라고 주장하기도 했다.

일반적으로 군사사상을 이해하는 것은 당대에 벌어지는 다양한 군사행동을 이해하는 소중한 지적 기반을 확보한다는 면에서 의미가 있다. 근대에 이르기까지 전쟁으로 대표되는 군사행동은 인간 생활에 여러 가지 많은 영향을 미치는 사회의 가장 중요한 요소로 자리 잡아왔다. 이러한 군사행동의 근간에는 대부분 군사사상이 작용하고 있다. 군사사상의 이해는 결국 인간 사회의 가장 어렵고도 복잡한 활동의 단면인 전쟁을 비롯한 수많은 군사행동을 이해하는 단초가 된다.

프랑스 군사사상에 대한 이해는 단편적으로는 프랑스가 개입한 전쟁 혹은 무력 행위에 대한 이해를 제공한다. 아울러 프랑스가 제1차 세계대전의 주요 당사국이었다는 측면에서 대전 중 프랑스의 군사행동에 대한 이론적 배경을 제시한다. 이는 또한 제1차 세계대전의 전반적인 특성과 양상을 이해하는 데 중요한 밑거름이 될 수도 있다.

뒤 피크와 포슈는 근대 프랑스의 군사사상을 대표하는 인물들이다. 뒤 피크는 병력의 질적인 우세를 강조했으며 전쟁에 있어서 정신적 요소가 중요하다고 주장했고, 포슈는 클라우제비츠에 대한 이해를 기반으로 보불전쟁 이후 프랑스군의 문제를 분석하여 절대전적 사고를 중요시하고 전장에서 공세를 강조했다. 이들의 사상은 제1차 세계대전에서 프랑스군의 여러 군사행동에 영향을 미쳤으며, 전쟁의 양상을 형성하는 데 결정적 역할을 했다.

II. 뒤 피크

1. 뒤 피크의 생애

아르당 뒤 피크Ardant du Picq는 1821년 10월 19일 프랑스 도르도뉴Dordogne

정신적 요소가 전투의 본질적인 실체를 형성한다는 것을 간파한 뒤 피크는 "전투에서 성공은 사기에 달려 있다"고 강조하면서 전투는 "두 집단의 물질적 충돌이 아닌, 두 집단의 정신적 충돌"이라고 주장했다. 또 그는 "전진하고자 하는 세력"이 승리를 거두고 사기가 고양된 세력이 승리를 달성한다고 갈파했다.

주 페리괴Périgueux에서 태어났다. 그는 1842년 11월 15일 특별 군사학교에 입학함으로써 군문에 들어섰다. 입학한 지 2년 뒤인 1844년 10월 1일 뒤 피크는 소위로 임관하여 제67연대에 배치되었다. 그는 제67연대에서 1853년까지 9년간 복무하며 대위까지 진급했고, 1853년 12월 25일 제9경보병대대Chasseur로 전속되었다. 이후 그는 제100연대에서 근무하며 1856년 2월 15일 소령으로 진급했고, 같은 해 3월 17일 제16경보병대대로 옮겨갔다. 1864년 1월 16일 제55연대에서 중령으로 진급했고, 1869년 2월 27일 제10연대에서 대령으로 진급하여 연대장직을 수행했다.[1]

별로 잘 알려지지 않은 그의 생애 가운데 주목할 만한 것은 그가 크림 전쟁Crimean War(1853~1856)에 종군하여 포로가 되었다는 것이다. 그는 1855년 9월 8일 세바스토폴Sebastopol 공격에 가담했다가 포로가 되어 1855년 12월 13일 석방되었다. 그는 크림 전쟁에서 요새전을 경험했고 요새를 공략하기 위해 일련의 시도를 하는 와중에 드러난 양 진영의 군대 문제에 대해 진지한 고민을 했을 것이다. 포로에서 석방된 이후 그는 다시 1860년 8월부터 이듬해 6월까지 시리아 전선에 참전했으며, 알제리로 건너가 1864년 2월부터 1866년 4월까지 근무했다. 이후 뒤 피크는 보불전쟁(1870~1871)에 연대장으로 참전했으나 끝까지 참여할 수 없었다. 그의 부대가 1870년 8월 15일 메스Metz 근처에 전개하여 본격적인 전투를 시작하려 할 때 흉탄에 맞아 사망한 것이다.[2]

뒤 피크는 보불전쟁에서 전사하기 전에 이미 『고대 전투Combat in Antiquity』를 출판했다. 그가 사망한 뒤 그의 유고를 추가해 고대 전투와 근대 전투를 담은 『전투 연구Études sur le combat』가 1880년에 출간되었으며, 그 최종본은 1902년에 출간되었다. 혹자는 이 책이 제1차 세계대전 기간 동안 프

---

1 Charles-Jean-Jacques Joseph Ardant du Picq, *Battle Studies*, Champaign(IL: Book Jungle, 2009), p. 35.

2 앞의 책, p. 35.

랑스 군인들이 톨스토이Leo Tolstoy가 쓴 『전쟁과 평화Voina i mir』에 이어 두 번째로 많이 읽은 책이라고 평가하고 있다.

그는 인생 전반에 있어서 당시 프랑스의 토마 로베르 뷔조Thomas Robert Bugeaud(1784~1849) 원수의 영향을 크게 받았다. 뷔조는 프랑스 혁명 이후 혼란스런 사회 상황에서 사병으로 군생활을 시작하여 아우스터리츠Austerlitz 전역에 참가했으며 이듬해 소위로 임관했다. 스페인 원정에도 참전했던 그는 루이 가브리엘 쉬셰Louis-Gabriel Suchet(1770-1826)의 눈에 들어 나폴레옹 지휘하의 프랑스군에서 출세가도를 달렸던 인물이다. 뷔조는 대단히 이성적이고 객관적인 인물이었는데, 뒤 피크는 이런 뷔조로부터 큰 영향을 받았다.

그뿐만 아니라, 뒤 피크는 당시 루이 쥘 트로슈Louis Jules Trochu(1815~1896) 장군이 저술한 『1867년의 프랑스군L'Armée française en 1867』을 충분히 잘 이해하고 있었다. 이 책은 1866년 발생한 보오전쟁(프로이센-오스트리아 전쟁)(1866) 당시 쾨니히그레츠 전투Battle of Königgrätz(1866년 7월 3일, 쾨니히그레츠 북서쪽 마을 자도바Sadowa에서 벌인 전투로, 자도바 전투Battle of Sadowa라고도 함)를 소재로 전투 실상과 이에 따른 병사들의 공황, 그리고 군사 심리를 다룬 베스트셀러로, 그 당시 자신의 군사적 저술을 시작하려던 뒤 피크는 이 책을 읽고 큰 감명을 받았다.

사실 뒤 피크에게 가장 큰 영감을 준 것은 그의 군복무였을 것이다. 그는 크림 전쟁에서 역설적인 상황을 경험했다. 그는 크림 전쟁에 대위로 참전했다가 1855년 9월 세바스토폴 요새 공략에서 포로가 되었으며 그해 12월에 석방되었다. 당시 그는 수적으로 우위에 있는 군대가 실제 전투에서 열세에 놓이는 일들을 자주 목격했다. 그는 시리아와 아프리카에서도 비슷한 일들을 경험하면서 그동안 많은 사람들이 신봉해오던 "병력이 많은 군대가 승리한다"는 이론이 하잘것없는 쓰레기 같은 이론에 불과하다는 것을 깨달았다. 그는 아프리카에 가면 수학이 아니라 전장의 원리를 신뢰하게 된다고 주장했다. 잘 훈련된 프랑스군이 수적으로 우세한 아랍 군

■ **크림 전쟁(1853~1856)**

영국, 프랑스, 오스만 투르크 제국, 사르데냐 왕국이 연합을 결성하여 러시아와 대결한 전쟁이다. 전쟁은 러시아가 오스만 투르크 제국에 거주하는 러시아 정교회 신도들에 대한 보호를 주장한 것이 발단이 되었다. 이후 팔레스타인 성지에 대한 권한을 둘러싸고 러시아 정교회와 로마 가톨릭이 대치했으며, 이러한 긴장관계에 따라 영국과 프랑스가 오스만 투르크 제국을 지원하게 되었다. 사르데냐 왕국은 이탈리아의 통일을 위한 영국과 프랑스의 지원을 기대하며 참전했다. 사실 전쟁은 열강의 중동 지역에 대한 이권이 충돌하면서 발생한 것이다. 전쟁 결과, 러시아는 네 번의 주요 전투에서 패배했으며 도나우Donau 강 하구와 흑해 인근에서 영향력을 잃게 되었다. 전쟁은 1856년 파리 조약으로 종결되었다. 이 전쟁에서 전신 통신이 처음으로 군사적 목적으로 활용되었고 목선이 아닌 철선이 군함으로 활약하기 시작했다. 전쟁 기간 중 나이팅게일Florence Nightingale(1820~1910)을 비롯한 39명의 영국 성공회 수녀 출신 간호사들이 부상병을 간호했다.

대를 격퇴하는 식민지 전쟁의 양상이 뒤 피크에게 강한 논리적 증거를 제공한 것이다.

2. 정신적 요소의 강조

뒤 피크는 당대에 그 자신이 평생의 연구 과제로 삼았던 군사 문제를 해결하기 위해 객관적이고 과학적인 접근을 추구했다. 자신이 전쟁에 대한 이해가 많이 부족함을 깨달은 그는 많은 다른 사람들의 경험을 분석함으로써 과학적인 분석의 기초를 구축하고자 했다. 이러한 노력의 일환으로 그가 시작한 것이 설문지를 작성하여 프랑스군으로부터 답변을 받는 것

이었다.[3]

설문지의 구성은 뒤 피크가 궁금해 하던 내용으로 이루어졌으며 대부분 전술적인 면에 초점이 맞추어져 있었다. 예를 들면 "지형이 험해서 적에게 접근하는 데 어려울 경우 당신의 부대는 어떠한 배치를 취하며 행군 편성은 어떻게 합니까?", "만약 대형이 바뀌면 적을 향해 전진하는 동안 얼마나 유지됩니까?", "만일 당신의 부하들이 적의 포나 소총 사정거리 내로 진입하게 되면 어떠한 반응을 보입니까?", 그리고 "어떻게 장교들, 특히 지휘관들이 전투의 혼란으로부터 부대를 다시 장악할 수 있습니까?"라는 질문들이었다. 이를 통해 알 수 있듯이 뒤 피크는 질문을 통해 적에게 접근하는 단계부터 적과 교전하고 다시 질서를 회복하기까지 전쟁에 투입된 부대가 전장에서 취하는 총체적인 전투행동을 이해하고 이를 과학적으로 분석하고자 했다.[4]

그러나 뒤 피크가 프랑스군에 배포해 답변을 요구한 설문지는 의미 있는 성과를 거두지 못했다. 그의 과학적 탐구에 대한 욕망을 충족시키기에는 돌아온 답변들이 지나치게 표면적인 수준에 그치는 경우가 많았기 때문이다. 이후 뒤 피크가 그 대안으로 선택한 것은 군사 고전에 대한 연구였다. 그는 이탈리아의 마키아벨리Niccolò Machiavelli나 네덜란드 나사우Nassau의 마우리츠Mauritz의 경우처럼 그리스와 로마의 군사 고전, 특히 로마 군대에 대한 역사적 기록을 통해 전쟁의 실상에 과학적으로 접근하고자 했다.

뒤 피크는 고대의 군사 기록을 접하면서 로마 군대의 특성을 이해하고자 했다. 뒤 피크의 기준에 의하면, 로마군은 주변의 야만족들에 비해 유달리 용감한 병사들로 구성되어 있다고 볼 수 없었다. 오히려 그들보다는 골족Gauls이나 튜튼족Teutons이 훨씬 더 용기 있었고, 이따금씩 로마 제국을

3 Stefan T. Possony and Etienne Mantoux, "Du Picq and Foch: The French School", in *Makers of Modern Strategy*, ed. by Edward Mead Earle(Princeton, NJ: Princeton University Press, 1943), p. 208.

4 앞의 책, p. 209.

공포에 떨게 만들었다. 개인적인 자질을 놓고 보자면, 단연코 이 야만족들이 훨씬 더 용감했고 전사戰士로서 적합했으며 전쟁터에서 무용을 떨칠 수 있는 자질을 지녔다고 할 수 있었다. 뒤 피크는 이러한 객관적인 현실에도 불구하고 로마인들이 자신들보다 더 '용감한' 주변의 야만족들을 압도하고 정복해왔다는 역설적인 사실에 주목했던 것이다.

뒤 피크는 이러한 로마 군대가 성공한 이유를 정신적 요소에서 찾고자 했다. 그는 전쟁에 대한 이해를 기초부터 다시 구성했다. 만일 전쟁이 그 당시의 통념대로 개인적인 결투가 단순히 합쳐진 결과에 불과하다면, 당연히 훌륭한 총검술 기량을 가진 병사들과 높은 명중률을 지닌 사수들로

고대 로마 군대와 터키 군대 사이의 전투 모습을 나타낸 루도비시 대석관(Great Ludovisi sarcophagus). 뒤 피크는 그리스와 로마의 군사 고전, 특히 로마 군대에 대한 역사적 기록을 통해 전쟁의 실상에 과학적으로 접근하고자 했다. 그는 로마인들이 자신들보다 더 '용감한' 주변의 야만족들을 압도하고 정복해왔다는 역설적인 사실에 주목했고, 이러한 로마 군대가 성공한 이유를 정신적 요소에서 찾고자 했다.

구성된 측이 승리를 거두어야 한다. 특히나 많은 병력의 우위를 지닌 부대가 압도적으로 유리한 입장에 처하게 된다. 이러한 논리대로라면 고대의 전투에서 뛰어난 전사의 자질을 지닌 야만족들이 로마군을 항상 압도했어야 한다. 그런데 역사는 전혀 다른 기록을 보여주고 있다.

뒤 피크는 정신적 요소가 전투의 본질적 실체를 형성하고 있는 것을 간파했다. 그는 "전투에서 성공은 사기에 달려 있다"고 강조하고, 전투는 "두 집단의 물질적 충돌이 아닌, 두 집단의 정신적 충돌"이라고 주장했다. 그에게 있어 전쟁은 단순한 물리적 셈법이 적용되는 확대된 양자 결투가 아니었다. 뒤 피크는 승자가 때로는 패자보다 더 많은 손실을 입기도 하고,

동등한 세력 간에 혹은 세력이 약할 때에도 "전진하고자 하는 세력"이 승리를 거두고 사기가 고양된 세력이 승리를 달성한다고 갈파했다. 그는 한 걸음 더 나아가 정신적 요소가 전투에서 작용하는 구조를 정밀하게 분석했다. 그에 의하면 "정신적 요소는 공포를 자극하고, 공포는 상대를 정복하고자 하는 위협으로 승화"되는 것이었다.[5]

뒤 피크의 사상은 프랑스 공세주의자들에게 좋은 근거를 제공했다. 공세주의자들은 그가 주장한 "전진하고자 하는 세력이 승리한다"라는 명제를 차용하여 어디에서나 공세를 취할 것을 역설했다. 그러나 사실 뒤 피크는 맹목적인 공세를 옹호한 것이 아니라 기동의 중요성을 강조하려 했던 것이다. 그는 공격이든 방어든 융통성 있게 작전하되 특별히 기동의 가치를 이해하고 구현하는 것이 중요하다고 보았다.

뒤 피크는 로마 군대에서 정신적 요소를 고양시키는 특별한 제도적 장치를 발견했다. 그것은 바로 로마 군대의 편성 단위인 레기온[legion]이었다. 뒤 피크에 의하면, "로마인들은 인간이 지니고 있는 천성적인 유약함을 발견하고 이를 극복하기 위한 방편으로 레기온을 고안"했다. 로마의 장군들은 레기온에서 생활하는 병사들에게 열정을 불어넣어 전사로서 고무시키는 것이 아니라 반대로 병사들의 분노를 자극했다. 그들은 로마 병사들을 엄청난 훈련과 엄격한 규율로 억압하고 그들의 분노가 본능적으로 폭발하여 적에게 투사될 수 있는 선까지 그들의 분노를 고조시켰다. 뒤 피크는 "전투 대형의 가장 전방에 정렬한 병사들이 전투를 시작하지 않고서는 더 이상 분노를 참을 수 없는 상태에 다다르면", 바로 그때 병사들로 하여금 분노를 폭발시키면서 적진으로 쇄도하게 만든다는 점에서 당시 로마군이 적을 공격하는 것을 "전방으로의 탈주"라고 표현한 것에 공감했다.[6]

---

5 Stefan T. Possony and Etienne Mantoux, "Du Picq and Foch: The French School", in *Makers of Modern Strategy*, ed. by Edward Mead Earle, p. 210.

6 앞의 책, pp. 211-212; Charles-Jean-Jacques Joseph Ardant du Picq, *Battle Studies*, Champaign, p. 49.

뒤 피크는 정신적 요소가 로마의 레기온 같은 제도적 장치에 의해 고양되지만, 다른 한편으로 지휘관에 의해서도 좌우됨을 주장했다. 그에 따르면, 훌륭한 지휘관은 적의 움직임을 제대로 파악할 수 있어야 하고, 동시에 단호한 의지resolution를 갖고 있어야 한다고 했다. 그는 최고 지휘관뿐만 아니라 모든 계급의 장교들도 단호한 의지를 지녀야 한다고 강조했다.[7]

그러나 뒤 피크는 고대 로마군이 보유한 억압적인 제도가 당시 프랑스군에는 적합하지 않음을 지적했다. 그 대신 그는 프랑스군 장교들이 굳은 자긍심을 갖고 몇 가지 기본에 충실해야 함을 강조했다. 그것은 더욱 잘 관찰하고, 더욱 잘 사물을 설명하며, (필요한 물자를) 더욱 잘 분배하고, 단결이 곧 규율임을 잊지 않는 것이라고 했다. 이를 통해 그는 고대 로마의 규율을 당시 프랑스군의 상황에 적합하게 결속력으로 대치했다.[8]

뒤 피크가 볼 때, 현대의 전쟁은 병사 개개인이나 소규모 부대의 열정에 의존하고 있다. 그리고 이것은 서로 잘 알고 있는 사람들끼리 서로 감시하며 도덕적으로 서로 부담을 주는 가운데 유지가 되는 것이다. 이러한 관점에서 소규모 부대나 병사 개인은 단순히 전문적인 전투 기술을 습득하기 위해서가 아니라 서로를 잘 알고 진정한 동지애를 형성하기 위해 오랜 훈련을 거쳐야 한다. 이러한 것이 병사들로 하여금 개인주의를 뛰어넘어 조직적으로 열정을 발휘하게 하여 민족적 자긍심이나 영광을 추구하는 동기를 유발할 수 있다. 이러한 상태가 될 때 병사들은 전장에서 자신의 역할을 잊지 않는 진정한 전투원으로 성장할 수 있는 것이다.[9]

뒤 피크는 이와 같은 논리의 연장선상에서 단순한 군집에 불과한 군대가 전투력을 발휘하지 못하는 것이 당연하다고 설명했다. 뒤 피크는 연습

---

7 Stefan T. Possony and Etienne Mantoux, "Du Picq and Foch: The French School", in *Makers of Modern Strategy*, ed. by Edward Mead Earle, p. 212.

8 앞의 책, p. 213.

9 앞의 책, p. 214.

과 훈련의 중요성, 군사교육의 필요성, 그리고 심리적으로 서로 융화된 부대가 지니는 효용성을 늘 강조했다. 그는 군대란 인공적으로 만들어진 사회이기 때문에 이를 유지하기 위한 특별한 수단이 필요함을 강조했다. 확신은 임시변통으로 만들어질 수 없다는 것이 그의 신념이었다. 임시변통으로 만들어진 부대가 때로 영웅적인 전투를 할 수 있을지는 몰라도 승리를 거둘 수는 없다는 것이 뒤 피크의 주장이다.[10]

3. 질적 우위의 강조

뒤 피크는 전투력의 질적인 우세를 강조했다. 이는 오늘날 선진국의 군대가 규모를 축소하고 장거리 정밀무기로 무장하고 있는 추세와도 일맥상통한다. 그는 질적인 우세를 중요시했기 때문에 자연스럽게 당시 아돌프 니엘Adolphe Niel(1802~1869) 원수의 최대한 많은 예비대를 확보하려는 개혁 계획에 반대하게 되었다. 또 그는 민주주의가 군인정신이 충만한 군대를 만드는 데는 적합하지 않다고 주장하기도 했다.

그는 당시에 유행하던 "병력이 많은 군대가 승리한다"는 주장the theory of strong battalions을 형편없는 이론이라며 통렬하게 비난했다. 그는 이 이론이 대규모 병력에만 가치를 부여하여 용기의 중요성을 무시하고 다만 병사의 수에만 집착한 이론이라고 보았다. 결국 군중mass 속에서 개인은 사라지고 숫자만 남아 질quality이 사라지게 되는데, 뒤 피크는 질이야말로 전쟁에서 진정 원하는 결과를 가져오는 요소라고 단언했다.[11]

그는 자도바를 점령한 프로이센군이 3~4년간 대단히 잘 훈련되어 강한 결속력을 가진 부대였다고 평가했다. 그는 카이사르Gaius Julius Caesar의 예를 들면서 카이사르는 편성된 지 9년이나 지난 레기온을 보고서도 훈련

---

10 Stefan T. Possony and Etienne Mantoux, "Du Picq and Foch: The French School", in *Makers of Modern Strategy*, ed. by Edward Mead Earle, p. 214.

11 Charles-Jean-Jacques Joseph Ardant du Picq, *Battle Studies*, Champaign, p. 102.

이 되지 않았다며 신뢰할 수 없다고 평가했다고 언급했다. 특히 보오전쟁에서 오스트리아군이 패한 이유를 그는 훈련이 안 된 징집병들로 구성되어 있었기 때문이라고 주장했다.[12]

뒤 피크는 나폴레옹이 후반부에 실패한 이유를 질적인 우세를 상실했기 때문이라고 설명했다. 그에 따르면, 나폴레옹은 후반부에 질 좋은 병사들을 보유할 수가 없었다. 고대의 전투에서는 손실률이 낮았기 때문에 병사들이 오랫동안 대열에 남아 있을 수 있었지만, 나폴레옹 시기만 하더라도 화약무기로 인해 전투에서 많은 인원들이 살상당했다. 이로 인해 나폴레옹은 경험이 없는 신병들로 대규모 군대를 편성해 이에 의존할 수밖에 없었고, 결국 전투효율성 저하로 패배하게 되었던 것이다. 워털루Waterloo에서의 패배는 사실 그의 군대 편성에서부터 이미 예상된 것이었다.[13]

4. 뒤 피크 사상의 평가

정신적 요소의 중요성과 질적 우세를 강조한 뒤 피크의 사상은 현대 전쟁의 대표적인 특징인 총력전과는 부합하지 않는 것이었다. 나폴레옹 전쟁 시기부터 일반화된 국민의 대규모 징병과 대량생산에 의한 무기 제작, 철도와 증기선을 이용한 병력 및 물자 수송, 그리고 전쟁의 지속을 위한 전시경제로의 전환 및 일반 국민의 군수물자 생산을 위한 동원으로 특징지어지는 총력전은 정신적 요소보다는 물질적 요소가 부각되는 전쟁이며, 질적 우세보다는 표준적 수준의 양적 우세가 중요시되는 전쟁이다.

뒤 피크가 주장한 정신적 요소의 중요성은 일반적으로 성립할 수 있는 객관적인 명제이다. 그러나 그가 참전한 보불전쟁과 그의 사후에 일어난 제1차 세계대전은 산업화 전쟁과 총력전의 전형이었다. 공교롭게도 뒤 피

---

12 Stefan T. Possony and Etienne Mantoux, "Du Picq and Foch: The French School", in *Makers of Modern Strategy*, ed. by Edward Mead Earle, pp. 102-103.

13 앞의 책, pp. 103-104.

크의 주장은 양 전쟁을 거치면서 그 의의를 인정받지 못했다. 뒤 피크는 그의 주장이 공세주의학파에 의해 잘못 해석되는 바람에 공세주의의 옹호자처럼 선전되기도 했다.

반면 오늘날 뒤 피크의 주장은 그 가치를 발할 수 있다. 앞서 언급한 대로 이라크 전쟁이나 아프가니스탄 전쟁 등 최근 전쟁은 총력전이 아닌 정밀무기를 활용한 네트워크 기반 전쟁으로 치러지고 있다. 중동전쟁이나 걸프 전쟁까지만 하더라도 하나의 목표를 파괴하기 위해 항공기들이 수십 소티 출격해야 했지만, 이라크 전쟁에서는 단 1회 비행으로 정밀유도폭탄을 투하해 신속하고 정확하게 목표를 제거했다. 전쟁 개시 역시 목표지역에 대한 무차별 대규모 공습이 아니라 인근 해역에 대기 중인 항공모함과 잠수함에서 발사된 순항 미사일에 의한 정밀폭격으로 실시되었다. 지상군 부대의 경우 보병대대에까지 전구급 사령부와 동일하게 실시간대로 표적 및 상황 정보가 전파되었다.

이러한 양상의 전쟁은 산업화시대의 기준과 능력을 뛰어넘는 고도로 숙련되고 정신적으로 잘 단련된 전투원을 요구한다. 이 시대의 전쟁은 능숙하게 전자 장비를 조작하고, 순간순간 적절하게 상황을 판단하며, 종횡으로 자유롭게 의사소통하고, 민간인의 불필요한 피해를 예방해가며 목표를 달성하는 전사에 의해 치러진다. 더욱이 새로운 전장의 영역으로 등장한 사이버 공간은 고도로 숙련되고 독자적으로 판단하며 조치할 수 있는 능력을 가진 지적인 전사를 요구한다. 점차 전장은 많은 파괴력과 역량을 가진 소수가 중요시되고 이들이 전장을 지배하는 형태로 바뀌고 있다. 사실 테러리스트들은 이러한 성향을 극단적으로 보여주는 대표적인 예라고 할 수 있다. 뒤 피크가 언급한 질적으로 높은 수준의 군대야말로 이러한 오늘날의 전쟁에 잘 부합할 수 있는 군대이다.

질적으로 우세한 군대가 필요한 또 한 가지 이유는 전쟁의 사회적 환경이 변화했기 때문이다. 오늘날의 전쟁은 단순히 전장에서만 승패가 결정되는 것이 아니라 안정화 국면에서 동일하게 승리를 거둘 수 있어야 무리

없이 전쟁을 순조롭게 마칠 수 있다. 아프가니스탄 전쟁과 이라크 전쟁에서 미국이 초기의 승전에도 불구하고 오랜 시간 고전하는 이유는 안정화 작전이 제대로 성공을 거두지 못했기 때문이다. 이라크와 아프가니스탄에는 서구와 다른 문화권에 속한 반군들이 자신들의 패배를 인정하지 않으며 끊임없이 분란을 일으켜 쉽사리 안정이 이루어지지 않고 있다. 뒤 피크가 제시한 질적으로 우세한 군대는 이러한 안정화 작전을 잘 펼 수 있는 군대이다. 작전지역 주민들의 가치와 문화를 존중하고 이들과 효과적으로 협력하기 위해서는 정신적으로 높은 자질이 필요하며 자기 절제의 덕목이 필요한데, 이것이야말로 질적으로 우세한 군대의 특징이기 때문이다.

III. 포슈

1. 포슈의 생애

페르디낭 포슈Ferdinand Foch는 1851년 10월 2일 피레네 산맥의 산록에 있는 오트피레네Hautes-Pyrénées 주 타르베Tarbes에서 태어났다. 그의 부친은 공무원이었다. 그는 타르베와 로데즈Rodez에서 초등교육을 이수하고 생테티엔Saint-Étienne에 있는 예수회 학교에 입학했다. 그는 일찍부터 군사학교의 일종인 에콜 폴리테크니크École Polytechnique에서 공부하고 싶었지만, 그의 부모는 그에게 인문학 공부를 끝까지 마치도록 했다.[14]

생테티엔 예수회 학교를 마치고 그는 에콜 폴리테크니크 입학시험 준비를 위해 메스Metz에 있는 유명한 생클레망Saint-Clément 예수회 학교에 입

14 Ferdinand Foch, *The Memoirs of Marshall Foch*, trans. by T. Bentley Mott(Garden City: New York, Doubleday, Doran and Company Inc.), p. xxx.

학했다. 이 시기에 포슈는 뜻하지 않게 인생의 중요한 전기를 맞게 된다. 그는 프랑스군이 메스에서 프로이센군과 교전하여 패배한 역사적 현장에 있었던 것이다. 그는 황제인 나폴레옹 3세가 메스에 도착하고, 프랑스군이 프로이센군에 패배해 혼란에 빠지고, 낙담한 군인들과 피난민들이 메스를 떠나는 것을 목격했다. 게다가 그 역시 잠시 메스를 떠나 가족과 함께 보내기 위해 파리로 이동하는 과정에서 목격한 충격적인 참상은 그에게 지워지지 않는 기억으로 남았다.[15]

전쟁 기간 중 그는 제4연대에 잠시 징집되었으나 곧 징집에서 벗어나 1871년에 소망하던 에콜 폴리테크니크에 입학할 수 있었다. 1873년 졸업 후 소위로 임관했다. 그는 첫 군 경력을 타르베에 주둔하고 있는 제24포병연대에서 시작했다. 그는 각종 군 교육기관을 섭렵하며 군의 기본을 배웠고, 1885년에는 육군대학École Supérieure de Guerre에 입학했다. 그곳에서 그는 역사를 통해 전쟁에 대한 이해의 폭을 넓혔으며 밀레Millet 소령과 같은 탁월한 교관의 영향을 받았다. 이후 그는 장군참모부의 작전국에 3년간 근무하면서 기획, 동원, 군수 분야를 담당했다.[16]

포슈는 1895년 교관으로 육군대학에 돌아왔다. 그는 이 기간 동안 전쟁의 본질에 대한 탐구에 열중하여 그 시대 가장 독창적인 사상가로 자리매김할 수 있었다. 이후 야전으로 돌아간 포슈는 제35포병연대장, 제13사단장(1911), 제8군단장(1912), 제20군단장(1913)을 역임했다.[17] 제20군단장 시절 포슈는 제1차 세계대전 개전 초 마른 전투Battle of Marne에서 명성을 날렸으며 전쟁의 주요 국면을 담당했다. 그는 1918년 원수로서 연합군 총사령관에 임명되어 전쟁을 승리로 이끌었다. 제1차 세계대전의 명장 포슈는 1929년 3월 20일에 사망했다.

---

15 Ferdinand Foch, *The Memoirs of Marshall Foch*, trans. by T. Bentley Mott, pp. xxxii-xxxiii.

16 앞의 책, pp. xxxvi-xxxix.

17 앞의 책, pp. xxxix-xliii.

페르디낭 포슈는 제1차 세계대전 때 마른 회전에서 기적적인 승리를 거두었고, 대전 말기에는 연합군 총 사령관으로서 최후의 반격을 지휘하는 등 연합군 승리에 가장 큰 공을 세운 인물이다.

보불전쟁 당시 프랑스 메스와 프랑스-독일 국경 지역 사이에 있는 그라블로트(Gravelotte)에서 벌어진 그라블로트 전투(Battle of Gravelotte) 장면. 보불전쟁 중 메스에서 겪은 프랑스 패배의 고통은 포슈에게 지울 수 없는 강한 인상을 남겼다.

2. 전쟁 및 전략에 대한 이해

포슈의 사상은 정치한 이론으로 정립되어 있지 않지만, 그가 간략하게 정리해놓은 아주 단순한 몇몇 개념 속에서 찾아볼 수 있다. 그는 가장 먼저 그 당시 유행하고 있던 전쟁의 원칙이 지닌 한계에 주목했다. 그의 견해에 따르면, 전쟁의 원칙은 결코 영속적인 것이 아니다. 그는 전쟁의 원칙이 존재한다는 것은 인정하지만, 이것은 어디까지나 특별한 경우에만 해당된다는 것을 강조했다. 그리고 모든 사물은 각각의 특성을 지니고 있고 그 어느 것도 반복되는 것이 없음을 들면서 전쟁의 원칙은 특정한 사례에만 적용할 수 있음을 갈파했다.

포슈는 그 시대의 어느 군사이론가보다 클라우제비츠의 영향을 많이 받았다. 클라우제비츠와 마찬가지로 그는 18세기 프랑스 이론가들이 주장한 계몽주의 전쟁보다 절대전적인 전쟁 양상을 훨씬 더 자연스럽게 받아들였다. 클라우제비츠에게서 영향을 받은 그는 전쟁의 성격이 변화한 것을 자연스럽게 받아들인 것이다. 그는 보불전쟁을 나폴레옹 전쟁에 이어 국민이 광범위하게 동원된 절대전적인 전쟁으로 이해했다. 아울러 1870년 전쟁에서 프랑스가 패배한 이유가 나폴레옹 시대에 이미 형성된 국민 동원의 큰 흐름을 그 이후에 외면했기 때문임을 간파했다. 당시 프로이센의 장군들은 전쟁의 규모가 거대해지고 그 강도가 세진 것을 인식하고 이에 대한 이론적인 준비를 철저히 한 반면, 프랑스의 장군들은 그 변화의 의미를 깨닫지 못했던 것이다. 이러한 이유로 그는 의도적으로 나폴레옹 전쟁이나 1870년의 보불전쟁에서 역사적 사례를 인용하곤 했다.

전쟁 규모가 확대될수록 전략의 가치는 증대한다. 특별히 그는 전쟁에서 전략과 전술을 이어주는 매개로 전투가 지닌 가치에 주목했다. 클라우제비츠가 전략을 설명하며 개별적 전투의 가치를 중요시했는데, 포슈 역시 "승리는 전투 없이 달성될 수 없다"고 단언했다. 그는 거대해진 전쟁을 공식화할 수 있는 여지가 있다고 보고 몇 가지 원칙들을 제시했다. 그 대표적인 것이 '병력 절약의 원칙the principle of economy of forces', '행동의 자유 원칙the principle of freedom of action', '부대 배치의 자유 원칙the principle of free disposal of forces', '경계의 원칙the principle of security' 등이다.[18]

특별히 포슈는 클라우제비츠의 영향으로 인해 상대방 주력을 파괴할 수 있는 결정적인 전투에서 승리하는 것이 대단히 중요하다고 평가했다. 그리고 적극적인 전투행동의 필요성을 강조했다. 이것이야말로 국가의 생존을 좌우하는 전쟁에서 추구해야 하는 진정한 덕목이라고 판단한 것이다. 아울러 그는 신新나폴레옹학파의 영향을 받아 전쟁 원칙 중에서도 행동의 자유 원칙에 중요한 가치를 부여하고, 이를 위해 경계를 위한 전위부대를 운용할 것과 결정적 지점에 신속하게 병력을 집중시킬 것을 주장

---

18 Stefan T. Possony and Etienne Mantoux, "Du Picq and Foch: The French School", in *Makers of Modern Strategy*, ed. by Edward Mead Earle, p. 223.

했다.[19]

포슈는 전쟁을 수행하는 술art이 발현될 수 있는 기본적인 원칙은 병력 절약의 원칙이라고 했다. 불확실하고 혼란스러우며 위험이 상존하는 전쟁에서 과감하게 병력을 절약하여 필요한 곳에 집중할 수 있는 것이야말로 전장을 철저히 이해하고 예측하지 않고서는 불가능한 일이기 때문이다. 이를 통해 중요한 국면에서 적보다 많은 병력을 집중해야만 승리를 달성할 수 있다. 그러나 포슈 자신은 이에 대한 특별한 설명을 하지는 않았다. 다만 그는 두 마리의 토끼를 동시에 쫓는 것이 불가능하다는 속담을 인용하면서 가용한 자원을 최대한 효율적으로 사용하는 것이 긴요함을 설명했다.

포슈는 전쟁이 끊임없는 계획 수정의 연속이라고 주장했다. 그는 전쟁을 치밀하게 계획하는 것이 중요하다고 생각했지만 아무리 정교한 계획이라고 하더라도 늘 수정할 필요가 있다고 강조했다. 그는 전쟁은 최초 시작된 방식에 의해 보통 양상이 결정되지만, 처음 국면을 넘어서 끝까지 정교하게 계획되기는 어렵다고 보았다. 이러한 관점에서 그는 1870년에 발생한 보불전쟁에서 프로이센군 최고사령부가 중요한 실수를 범했다고 지적했다. 당시 몰트케Helmuth K. B. von Moltke(1800~ 1891)는 이성을 기반으로 프랑스군의 반응을 예상하고 이에 대한 계획을 수립해놓았다. 만약 프랑스군이 프로이센군의 예상대로 반응하지 않으면 계획은 무용지물이 될 터였다. 이 과정에서 프로이센군 최고사령부는 전선과 너무나 멀리 떨어져 있어서 전선의 양상을 정확하게 읽어내지 못했다. 포슈에 의하면 보불전쟁은 프로이센군 총사령부의 능력이 아니라 프랑스군 총사령부의 실패로 말미암아 프랑스가 패배한 것에 불과했다. 이와 비슷한 양상은 제1차 세계대전 초기에도 발생했다. 슐리펜Alfred G. von Schlieffen(1983~1913)의 계획

---

19 Azar Gat, *A History of Military Thought: from the Enlightenment to the Cold War*(Oxford: Oxford University Press, 2001), p. 401.

은 훌륭했으나 그 실행은 실망스러웠다. 포슈는 나폴레옹이라면 독일군 최고사령부와 같이 수백 킬로미터 후방에 자리 잡고 앉아서 전선의 중요한 결정을 부하 장수들에게 떠넘기지 않았을 것이라고 비판했다.[20]

포슈는 1918년 연합군 총사령관에 임명되어 전쟁을 지휘하면서 전략에 대한 그의 이해와 아울러 전략을 수행하는 실천가로서의 그의 능력을 유감없이 발휘했다. 1918년 7월 24일 그는 그의 일기에 전세가 역전되었으며 공세로 전환할 시기가 되었음을 기록했다. 그는 이후 3개월 동안 공세에 공세를 거듭했다. 그는 독일군에게 쉴 틈을 주지 않았다. 그에게 새로운 자원이 계속 보충되고 있었기 때문이다. 그러나 그는 최후의 승리가 결코 공세의 연속만으로 달성되지 않음을 잘 알고 있었다. 교묘한 공세의 실시와 눈부신 성과는 그동안 독일의 루덴도르프Erich F. W. Ludendorff(1865~1937)의 전유물이었다. 반면 포슈는 개별적인 승리가 전반적인 국면에 기여할 수 있도록 조정하고 기획했으며 종국적인 승리를 추구했다. 그는 상호 연결되고 전체 국면에 기여할 수 있는 승리를 달성하는 것이 중요하다고 갈파했다. 이것이 그 자신이 설명한 독일군의 전쟁과 다른 점이었다.[21]

한편 제1차 세계대전의 종전에 관한 그의 입장은 전쟁의 목적과 수단적 가치에 대한 그의 이해를 보여준다. 제1차 세계대전 막바지에 포슈는 독일군이 아직 완전히 파괴되지 않은 상황에서 정전에 동의했고, 이로 인해 많은 비난을 받았다. 그는 이에 대해서 "자신은 전쟁을 위해서 전쟁을 수행하지는 않았다"고 전제한 후에 "만약 정전을 통해서도 우리가 원하는 바를 독일에 부과할 수 있다면 그것으로 만족할 수 있다. 이 목적이 달성될 수 있다면 그 어느 누구도 추가적인 피를 흘리게 할 수 없다"고 단언했다.[22]

---

20 Stefan T. Possony and Etienne Mantoux, "Du Picq and Foch: The French School", in *Makers of Modern Strategy*, ed. by Edward Mead Earle, pp. 220-221.

21 앞의 책, p. 231.

1918년 11월 11일, 콩피에뉴(Compiègne) 숲 열차 안에서 제1차 세계대전 정전협정을 체결하고 찍은 사진(오른쪽에서 두 번째가 포슈 원수). 포슈는 제1차 세계대전 막바지에 독일군이 아직 완전히 파괴되지 않은 상황에서 정전에 동의했고, 이로 인해 많은 비난을 받았다. 그는 이에 대해서 "나는 전쟁을 위해서 전쟁을 수행하지는 않았다"고 전제한 후에 "만약 정전을 통해서도 우리가 원하는 바를 독일에 부과할 수 있다면 그것으로 만족할 수 있다. 이 목적이 달성될 수 있다면 그 어느 누구도 추가적인 피를 흘리게 할 수 없다"고 단언했다.

3. 공세의 추구

그는 일관되게 전승의 요소로 공세행동을 주장했다. 그는 "처음부터 공격을 하든 그렇지 않으면 방어 후에 공격으로 전환하든 공격만이 결과를 가져올 수 있다. 따라서 항상 공격을 추구해야 하며 적어도 마지막에는 공격을 시행해야 한다"고 설명했다. 포슈는 가장 바람직한 순간에 공세를 취할 수 있도록 공격 계획을 늘 준비해야 한다며 '결정적 공격'을 궁극적인 기동의 목적으로 항상 강조했다.

그는 지휘관의 공세에 대한 관심을 촉구하면서 현대 전장에서 두 가지 형태의 행동이 있다고 설명했다. 하나는 전투를 위한 기동이다. 이는 최고사령관이 결정적인 공격을 위해 취하는 행동으로, 기습을 달성하고 승리를 쟁취하기 위한 목적 아래 이루어진다. 또 다른 하나는 병행 전투parallel battle이다. 이는 모든 국면에서 이루어지는 전투로, 최고사령관은 이를 통해 유리한 환경과 조건을 찾아내어 다음번 행동을 취할 시기와 장소를 결정해야 한다. 만일 이를 그의 부하들에게 맡겨놓으면 그 부하들은 다시 더 하위 직급자에게 위임하고 종국에는 병사들이 전투하는, 즉 무명의 전투를 초래한다고 주장했다.[23]

포슈 역시 정신적 요소를 강조했다. 그는 육군대학의 첫 강의에서 물질적 요소의 중요성을 강조해온 1870년 프랑스 군대의 사조를 비판했다. 그는 전쟁에 있어 의지를 중요시했다. 그에게 "패배한 전투란 지휘관이 패배했다고 인정하는 전투"였고, "승리한 전투란 스스로 패배했다고 고백하지 않는 전투"였다. 이러한 '승리=의지'라는 그의 공식은 전쟁에 있어서 정신적인 요소가 지니는 중요성을 설명하는 유명한 상징이 되었다

그는 물질적 발달이 눈부시게 이루어지고 있는 시대적 상황에서 그의

---

22 Stefan T. Possony and Etienne Mantoux, "Du Picq and Foch: The French School", in *Makers of Modern Strategy*, ed. by Edward Mead Earle, p. 232.

23 앞의 책, p. 225.

학생들에게 아무리 물질이 발달하더라도 인간 마음의 법칙은 바꿀 수 없다고 역설했다. 다른 여러 사회활동에서와 마찬가지로 전쟁에서도 인간이야말로 끝까지 남아서 행동해야 하는 주역이다. 한편 그는 제1차 세계대전이 끝난 이후에 정신적 요소만을 강조한 자신의 부주의함을 시인했다. 또한 그는 전쟁에서 지휘관의 비중을 높게 평가하면서 위대한 승리는 지휘관의 역할에서 비롯됨을 인정했다. 정신력을 강조한 그의 모습은 제1차 세계대전의 여러 국면에서 목격할 수 있다. 예하 지휘관들이 압도적인 상대의 전력에 밀리거나 병력이 충원되지 않아 전투력이 현저하게 저하되었을 때 그는 망설임 없이 그들에게 공격을 명했고, 그의 부하 지휘관들과 참모들을 자신이 지니고 있는 뜨거운 열정으로 고무시켰다.

그의 공세에 대한 신념이 진가를 발휘한 것은 제1차 세계대전 초반 마른 전투에서였다. 첫날 그의 부대는 심각한 손실을 입었다. 그러나 마른 전투 마지막에 이를 만회하고 6킬로미터나 전진했다. 그는 이러한 성공의 이유를 모르겠다고 말하면서 그 자신과 그의 부하들이 '의지'를 지니고 있었고 신이 그곳에 함께 있었기 때문이라고 답변했다. 이러한 그의 신앙과 겸손에서 비롯된 답변과 달리 그의 첫 전투는 최고사령관의 중요성을 여과 없이 웅변해주고 있었다. 전진하고자 하는 그의 의지가 루덴도르프의 공세에 밀려 후퇴하는 영국군 5군과 페탱Henry Philippe B. O. J. Pétain(1856~1951) 장군의 후퇴와 뚜렷한 대조를 이루었고, 그의 역할로 인해 전쟁의 중요한 전기가 마련되었기 때문이다. 그는 그 당시의 행동에 대해 단순히 "일반적인 상식에 근거하여 만일 적이 당신의 전선을 돌파하려고 하면 당신은 이를 봉쇄하려고 할 것이다. 나와 부하들은 이러한 의지를 가지고 있었기 때문에 그 다음은 쉬웠다"라고 설명했다.

4. 포슈 사상의 평가

포슈는 보불전쟁 이후 패배에 휩싸인 프랑스 군대의 처방을 모색한 프랑스 군사사상가 가운데 한 명이었다. 그는 클라우제비츠에게서 그 해답을 찾았으며, 여기에 몇몇 군사 원칙을 더하고 경험과 통찰로 얻은 특별한 강조점을 몇 가지 추가했다. 포슈는 육군대학의 교관으로 재직하는 동안 이러한 성과를 달성할 수 있었다. 더욱이 그는 실제 전쟁을 지휘하는 입장에서 그가 가지고 있던 생각들을 구현해볼 수 있는 기회를 가졌다.

그가 제1차 세계대전에 참전하여 초기 마른 전역에서 두각을 나타냈던 것은 그의 공세행동 때문이었다. 독일군 지휘부는 너무 먼 거리에 위치해 있어서 전장의 변화를 정확히 이해할 수 없어 적절한 지침을 제때 하달할 수 없었던 반면, 포슈는 그의 부대를 장악하고 먼저 공세를 시도함으로써 그가 기대했던 대로 성공을 거두어 독일군의 전진을 멈출 수가 있었다. 그의 성공으로 전쟁은 전혀 다른 양상으로 전개되었다.

사실 공세주의는 프랑스군이 이 시기 주목하던 군 개혁의 돌파구였다. 러일전쟁을 참관한 여러 나라의 군사전문가들은 화력과 장애물의 결합을 넘어설 수 있는 것은 총검돌격에 의한 방법밖에 없다는 결론을 내렸다. 이것이 산업화 전쟁이 시작된 이후에도 많은 손실을 양산하는 돌격이 줄곧 이루어졌던 이유였다. 프랑스는 여기에 더해 독일에 비해 열세한 전력을 보완하는 방법으로 공세주의를 선택했다. 우수한 장비와 많은 병력을 지니고 있는 독일군을 상대하기 위해 프랑스군은 잘 훈련된 부대에 의한 공격을 해법으로 제시했다.[24]

한편 공세주의는 당시 프랑스군이 직면한 진보세력의 개혁 압력에 대한 저항을 위한 방편이기도 했다. 프랑스 진보세력은 군 복무 연한을 3년에서 2년으로 줄이고 예비역을 많이 확보하고자 했다. 프랑스군은 3년 복무제를 선호했다. 프랑스군의 방어 논리는 훈련된 부대에 의한 공세행동이 성과를 거두기 위해서는 병사들이 3년은 복무해야 한다는 것이었다. 결과적으로 프랑스는 군의 염원에도 불구하고 2년으로 군 복무 기간을

---

24 Azar Gat, *A History of Military Thought: from the Enlightenment to the Cold War*, pp. 402-425.

1919년 7월 14일 파리에서 거행된 승전 퍼레이드에 참석한 연합군 총사령관 포슈.

조정했고, 예비대를 적극적으로 활용하는 방향으로 전환했다.[25]

포슈는 공세주의만 추구한 것은 아니었다. 그는 연합군 총사령관으로서 개별 전투나 전역이 전체 전선에서 의미를 가질 수 있도록 기획했고, 전체적인 관점에서 전쟁을 지휘했다. 이는 독일의 루덴도르프가 결코 갖지 못한 장점이었다. 이를 통해 포슈는 길고 어려운 전쟁에서 최종적인 승리를 달성할 수 있었다.

포슈가 제창한 전쟁 원칙은 아직도 많은 군사학 연구가들에 의해 탐구되고 있다. 특히 행동의 자유의 원칙은 중요한 원칙으로 평가받고 있다. 현대 프랑스의 전략사상가인 앙드레 보프르André Beaufre(1902~1975)는 포슈가 제시한 행동의 자유 원칙을 기반으로 간접전략의 개념과 작동원리를 분석하기도 했다.

Ⅳ. 맺음말

프랑스학파는 독창적인 전략이나 거대한 전쟁이론을 제시하지 못했다. 뒤 피크는 전쟁에 작용하는 정신적 요소에 대한 독특한 이론적 설명을 시도했다. 그는 또한 전쟁에 참여하는 군대가 지녀야 할 덕목을 훈련과 단결의 관점에서 제공했다. 그의 이러한 관심은 자연스럽게 군대의 양보다는 질적 수준에 중점을 두게 했다. 포슈는 클라우제비츠를 재발견하고 이를 그의 군대에 접목시키고자 했다. 그는 여러 가지 측면에서 클라우제비츠의 진가를 발견하고 그것을 전쟁에서 구현해본 장본인이었다. 이러한 상황에서 프랑스가 지니고 있던 나폴레옹이라는 유산이 그에게 좋은 길잡이가 되기도 했다.

---

25 Azar Gat, *A History of Military Thought: from the Enlightenment to the Cold War*, pp. 402-425

유명한 전략과 거대 전쟁이론을 개발하지 못했다고 해서 프랑스학파를 결코 무시해서는 안 된다. 뒤 피크가 시도한 전쟁에 대한 체계적인 연구방법은 높이 평가되어야 한다. 그는 전쟁에 실제 참여한 사람들의 경험을 과학적인 방법으로 엮어 이를 체계화하고자 했다. 비록 참여한 자들이 성의있게 답하지 않아 의도한 결과를 얻을 수는 없었지만, 그의 시도는 높이 평가되어야 한다. 결국 그는 고전 분석으로 돌아가 전쟁 연구를 계속했다. 포슈의 경우 보불전쟁 이후 광범위하게 형성된 프랑스군의 자숙적인 전쟁 연구의 수혜자였다. 그는 정교한 이론체계를 바탕으로 하여 군사적 천재가 실행하던 실질적인 전역들을 살펴보며 전략과 전쟁지도, 그리고 전쟁 원칙들을 고찰할 수 있는 기회를 가질 수 있었다. 제1차 세계대전 당시 연합군 총사령관으로서 종국적인 승리를 이끌 수 있었던 것은 바로 이러한 그의 학습이 기반이 되었다고 볼 수 있다.

뒤 피크가 주장한 질적으로 우수한 군대는 산업화 전쟁 시기보다는 오늘날 정보화 전쟁 시기에 적합한 것으로 보인다. 규모보다는 질이 우세한 역량을 발휘하는 것이 정보화가 지니는 속성이기 때문이다. 물론 오늘날에도 대량 생산과 소비를 기반으로 한 산업화 시대의 유물인 대규모 군대와 국민동원체제는 존재하지만, 보다 중요한 임무에 보다 유효하게 사용될 수 있는 고도로 훈련되고 전체적인 국면을 이해하면서 민간 사회와 소통하며 작전을 수행할 수 있는 군대가 더욱 필요한 시기가 되었다. 포슈가 주장한 상대의 중심에 대한 결정적인 타격은 찬반이 엇갈리지만, 여전히 중요한 명제이다. 아울러 그가 주창한 '행동의 자유 원칙'은 앞으로도 어디에서나 적용되는 광범위한 효용성을 인정받을 것이다.

CHAPTER 7

영국학파
-풀러, 리델 하트의 군사사상

윤형호 | 건양대학교 군사학과 교수

육군사관학교에서 문학사, 국방대학원에서 군사전략학 석사, 그리고 국민대학교에서 정치학 박사학위를 받았다. 2006년 국방대학교 순환직 교수를 거쳐 2011년부터 건양대학교 군사학과 교수로 재직하고 있으며, 한국군사학교육학회 이사 등을 맡고 있다. 한미동맹, 군사전략 등의 안보 관련 주제를 연구하고 있으며, 저서로는 『전쟁론』, 『전략론』 등이 있다.

I. 머리말

클라우제비츠의 절대전적인 전쟁관에 매몰된 유럽이 양차 세계대전으로 달음질치는 와중에 영국에서는 걸출한 두 전략가가 배출되었다. 제1차 세계대전이 종료된 이후 제2차 세계대전이 발발하기 이전까지 전승국이었던 영국이나 프랑스는 제1차 세계대전 이전에 그들이 그렇게 탐닉했던 공세적인 전략사상과는 달리 수세적인 전략사상을 고수했다. 반대로 제1차 세계대전의 패전국이었던 독일은 공세적이고도 창의적인 현대 군사전략을 태동시켰다. 승전국과 패전국이 이처럼 상반된 모습을 보이는 가운데서도 수세적인 전략사상을 고수한 영국이나 프랑스에서 당시로서는 창의적인 현대 전략의 걸출한 창시자들이 배출된 것은 매우 역설적인 일이 아닐 수 없다. 영국의 풀러John Frederick Charles Fuller와 리델 하트Basil Henry Liddell Hart는 현대 군사전략의 선구자로서 양차 세계대전의 소용돌이 속에서 제1차 세계대전의 체험적 경험을 바탕으로 당시의 전략·전술의 문제점을 목격하고 새로운 무기체계를 활용하는 기계화전 이론을 체계화하고, 현대 군사전략의 틀을 형성하는 데 혁혁히 기여했다.

제7장에서는 현대 군사전략사상의 발전과 정립에 기여한 영국학파의 대표적 인물인 풀러와 리델 하트의 사상을 분석해보고자 한다. 두 전략가의 사상을 이해하기 위해서는 먼저 그들이 어떠한 생애를 살았는지 살펴볼 필요가 있다. 풀러와 리델 하트는 물론 차이점이 있지만, 공교롭게도 많은 점에서 유사한 특성을 보인다. 특히 두 전략가가 개인적 교류를 통해 기계화전 사상에 합의하고 이것을 발전시킨 과정과 그들의 왕성한 연구 및 저술활동에 대해 알아보고자 한다. 두 번째로 두 전략가가 출현하게 된 시대적 배경과 당시 전략사상의 변화를 살펴볼 것이다. 특히 산업혁명과 과학기술의 발전이 무기체계와 전략의 발전에 어떻게 영향을 미쳤는지 그 인과관계를 살펴보고자 한다. 그리고 19세기 유럽의 정세에 있어서

독일의 부상과 함께 3국 동맹과 3국 협상 두 진영 간의 경쟁이 양차 세계대전으로 비화되는 과정을 살펴볼 것이다. 또 영국학파가 독특한 현대 군사전략사상을 발전시키는 과정에서 당시의 전략 환경은 어떠했는지를 추적할 것이다. 이를 추적하기 위해 전략문화의 개념을 도입하고자 한다. 제1차 세계대전으로 가는 과정에서 유럽인들의 마음속에 왜 공세적 교리가 자리를 잡게 되었고, 전간기에는 반대로 수세적 교리로 변화했는지, 그 큰 흐름을 추적해보고자 한다.

특히 이러한 군사사상의 변화 속에서 풀러와 리델 하트의 군사사상이 왜, 그리고 어떻게 형성되었는지 살펴볼 것이다. 먼저 풀러나 리델 하트가 자신들의 군사사상을 발전시키기 위해 어떠한 방법론이나 접근방법을 사용했는지, 그리고 풀러가 마비전 이론을 통해 기계화 개혁을 추진하는 과정에서 리델 하트와 긴밀하게 협조하는 과정을 추적해볼 것이다. 리델 하트는 풀러와 달리 기계화전 이론의 발전에 머무르지 않고 전쟁 수행의 측면에서 역사상 위대한 전략사상가들과 소통하고 그들을 비판함으로써 대전략과 간접접근이론을 발전시켰는데, 제7장에서는 리델 하트의 대전략과 간접접근이론에 대해서도 살펴보려고 한다. 끝으로 20세기 전략사상사에 큰 획을 그은 영국학파의 두 전략가를 비교하면서 그들의 가치를 평가하고 그 의미를 짚어볼 것이다.

II. 사상가 소개

1. 풀러의 생애와 저술

존 프레더릭 찰스 풀러John Frederick Charles Fuller는 1878년 9월 1일 영국 남부의 웨스트 서식스West Sussex 지방의 치체스터Chichester라는 소도시에서 태어났다. 아버지는 교회의 목사였으며, 어머니는 프랑스에서 태어났으

현대 기갑전의 창시자 중 한 명인 풀러(1878~1966). 영국학파의 대표적 인물인 풀러와 리델 하트는 현대 군사전략의 선구자로 양차 세계대전의 소용돌이 속에서 제1차 세계대전의 체험적 경험을 바탕으로 당시의 전략·전술의 문제점을 목격하고 새로운 무기체계를 활용하는 기계화전 이론을 체계화하고, 현대 군사전략의 틀을 형성하는 데 혁혁히 기여했다.

나 독일에서 성장했다고 한다. 어린 시절에 부모님과 함께 스위스 로잔Lausanne으로 옮겨 살다가 11살에 혼자 영국으로 돌아왔다. 그는 맬번 칼리지Malvern College를 거쳐 1897년 왕립 샌드허스트 육군사관학교Royal Military Academy Sandhurst를 졸업한 후 보병 소위로 임관하여 옥스퍼드셔Oxfordshire 경보병연대(구 43연대) 제1대대에서 군 생활을 시작했다. 그의 별명은 '보니Boney'였는데, 이 별명이 붙은 이유는 그가 나폴레옹을 존경했기 때문이기도 하고, 또 그의 군사적 용맹성과 함께 다소 오만한 그의 행동이 나폴레옹을 닮았기 때문이기도 하다.

그는 옥스퍼드셔 경보병연대 제1대대에 보직되어 남아프리카에서 1899년부터 1902년까지 근무했다. 그는 여기서 그의 연대가 보어 전쟁Boer War(1899~1902)에 참가함에 따라서 최초로 전쟁에 참전하게 되었다. 그는 정찰분견대를 지휘하면서 보어인 게릴라들을 공격하는 소규모 교전에 참가했지만, 대규모 전투를 경험해보지는 못했다. 1904년 봄에 풀러의 부대는 인도로 가게 되었고, 1905년에 그곳에서 그는 장티푸스에 걸렸다. 그는 다음해 질병휴가로 영국에 돌아왔고, 1906년 12월에 결혼했다. 이후 그는 인도로 원복하지 않고 영국에 남아 제2 남부 미들섹스 지역방위대2nd South Middlesex Volunteers의 부관으로 근무했고, 이후 1914년부터 캠벌리Camberley의 참모대학Staff College에 입교했다. 그는 참모대학에 들어가기 전까지 병사들의 훈련을 맡았고, 이와 관련된 문제를 연구하면서 아울러 전쟁사 연구에도 매진했다.

제1차 세계대전의 와중에 참모대학을 졸업한 후 1916년 서부전선에서 참모장교로 전투에 참전하게 되었다. 여러 부대를 거쳐 나중에 전차군단Tank Corps이 된 중기관총 부대Machine-Gun Corps' Heavy Branch에 근무했다. 1916년 8월 전차tank를 처음 본 그는 전차가 돌파에 좋은 수단이라는 것을 인식했다. 1917년 중령으로 진급한 풀러는 11월 캉브레Cambrai 공격과 1918년 가을 아미앵Amiens 공격을 위한 전차 작전을 입안했다. 381대의 전차를 투입한 캉브레 전투Battle of Cambrai는 최초 돌파에 성공했으나, 이후 전과확대 계획을 세우지 못해 궁극적인 성공에는 이르지 못했다. 전쟁사에서 캉브레 전투는 최초의 대규모 전차 공격이 실시된 전투였다. 1918년 초 소위 독일군의 최종 공세에 연합군 지휘부는 마비상태에 빠져 수십 킬로미터 후퇴하면서 전선을 가까스로 안정시켜야 했다. 이러한 경험을 바탕으로 그는 '작계 1919Plan 1919'를 입안하게 되었다. 이것은 연합군이 전차를 이용한 마비전을 통해 승리한다는 계획을 입안하는 계기가 되었다. '작계 1919'는 전쟁이 조기에 종전됨에 따라 실현되지 못했지만, 이후 2차 세계대전의 전쟁 양상을 예언하는 문서가 되었다.

1918년 영국으로 복귀한 풀러는 왕립전차군단Royal Tank Corps을 창설하는 데 기여했다. 그는 이후 전차를 중심으로 하는 기계화전을 이행해야 한다고 강력히 주장했다. 1920년 그는 리델 하트 대위를 만났다. 이후 풀러의 군 경력이 원만치 못하고 그의 과시적 성격으로 인해 두 사람의 관계가 소원해지기는 했으나, 창의적인 기계화전 이론을 발전시키는 동지로서 운명적 관계를 유지했다.

1920년대부터 풀러는 기계화전 이론에 관심을 갖고 본격적인 저술활동을 시작했고, 1923년 참모대학의 교관으로서 그의 기계화전 이론을 정립해나갔다. 1926년에는 리델 하트의 추천으로 총참모본부의 보좌관에 보직되었다. 풀러는 당시 매우 우수한 장교로 평가받았으나, 동시에 보수적인 군부대 내에서 위화감을 주는 존재이기도 했다. 1929년 독일의 제2라인여단의 여단장으로 약 3개월간 근무했다. 1930년에는 소장으로 진급했고 인도 주둔 제2군 관구사령관으로 임명되었으나 사양하고 퇴역했다.

기계화전에 대한 그의 구상은 제2차 세계대전을 이끄는 사상이 되었다. 얄궂게도 구데리안Heinz Wilhelm Guderian 장군과 같은 독일군 장교들이 이것을 창의적으로 받아들였다. 1930년대 나치 독일군은 풀러의 이론에 따른 전술을 채택했고, 이는 이후 '전격전Blitzkrieg'으로 명명되었다. 풀러와 같은 전격전의 신봉자들은 대규모 적을 우회한 후 결국은 포위 섬멸하는 이론을 발전시켰다. 전격전 전술은 제2차 세계대전 동안 여러 나라에서 사용

'현대 기갑전의 아버지' 하인츠 구데리안(1888~1954). 제1차 세계대전에 참전한 후, 소모전을 타개할 기갑전술과 전격전 이론을 창안하여 독일군의 제2차 세계대전 초반 승리에 큰 기여를 했다.

되었고, 특히 독일이 폴란드, 서유럽 및 소련 침공에서 크게 의존했다. 반면에 소련에서는 적군이 종심작전에 기반을 둔 기계화전 이론을 개발했기 때문에 전격전 이론은 사용하지 않았다. 소련에서는 1920년대에 투하체프스키Mikhail Nikolayevich Tukhachevsky 원수 등이 제1차 세계대전과 러시아 내전 경험을 바탕으로 종심작전이론을 개발했다.

1933년 12월 풀러는 55세의 나이로 퇴역했다. 전역 이후 그는 다채로운 삶을 살았지만, 그의 명성에 오점을 남겼다. 그는 전차를 중심으로 한 기계화전을 이행하기 위한 개혁을 강력히 주장했다. 그러나 기존의 보병이나 포병의 중요성을 강조하는 보수적인 장교단들의 반발과 비판에 직면하게 되었다. 그는 군사개혁을 실행함에 있어서 민주주의 제도의 무력감에 실망하여 당시 오즈월드 모슬리Oswald Mosley 경과 함께 영국 파시스

투하체프스키(1893~1937)는 천재적인 조직 능력과 스케일이 큰 작전을 펴는 군인으로 유명했다. 20대에 이미 혁혁한 전과를 올려 '붉은 나폴레옹'으로 불리기도 했다. 적군의 총참모장이 되어 적군을 현대화하려고 했으며, 현대화된 공군과 기갑부대를 이용한 작전규범인 '종심타격이론'을 개발했다.

트 운동에 개입하게 되었다. 또한 그는 비밀극우단체인 노르딕 리그Nordic League에도 참여했다. 이후 1938년 그는 영국 파시스트 동맹에서 탈퇴했다.

제1 · 2차 세계대전 기간 동안, 풀러는 다량의 군사이론서를 저술했다. 그의 가장 유명한 작품들로는 『제1차 세계대전의 전차Tanks in the Great War』(1920), 『전쟁의 개혁The Reformation of War』(1923), 『미래전에 관하여On Future Warfare』(1928), 『한 평범하지 않은 군인의 회고록Memoirs of an Unconventional Soldier』(1936) 등이 있다. 그의 강의록 『야전교범 제3강의록Lectures on F.S.R. III - Operations Between Mechanized Forces』(1937)은 독일, 소련 및 체코슬로바키아 군대의 참모본부에서 연구교재로 채택되기도 했다.

풀러는 에티오피아 침공(1935)과 스페인 남북전쟁(1936~1939) 기간에는 보도기자로 활약했고, 나치 독일군이 1935년 첫 번째 기갑부대가 기동할 때 유일한 외국인 참관자였다. 제2차 세계대전을 통해 그의 이론이 증명됨에 따라 1942년에 기계화전을 창안했고, 『무장과 역사Armament and History』(1945), 『제2차 세계대전 1939~1945The Second World War 1939-1945』(1948)를 저술했다. 그리고 제2차 세계대전을 통해 서양의 전장을 분석한 『서구 세계의 군사사A Military History of the Western World, 3 vol.』(1954~1956)를 저술했다. 그리고 고대부터 제2차 세계대전까지의 정치적 변화와 전역의 관계를 사료에 입각해 쓴 『서구 세계의 결전들과 그것들이 역사에 미친 영향The Decisive Battles of the Western World and their Influence upon History, 2 Vol.』(1956), 그리고 1961년에는 프랑스 혁명으로부터 1961년까지 전쟁 수행의 변화에 관해 포괄적으로 접근한 『전쟁의 수행 1789~1961The Conduct Of War, 1789-1961』을 저술했다.

풀러는 1965년 영국 군사정책에 끼친 공훈으로 리델 하트와 함께 체스니 금훈장Chesney Gold Medal을 공동수상했고, 다음해 2월 87세의 나이로 생을 마감했다. 풀러는 매우 활동적이고 자기주장이 강한 군사사가였고, 미래전에 대한 논쟁적인 예측을 제시했다.

2. 리델 하트의 생애와 저술

바실 헨리 리델 하트Basil Henry Liddell Hart 경(1895~1970)은 프랑스 파리에서 감리교 목사의 아들로 태어났다. 이후 1903년 그는 런던으로 돌아와 세인트 폴 학교St. Paul's School, London와 케임브리지Cambridge의 코퍼스 크리스티 칼리지Corpus Christi College에서 정규교육을 받았다. 리델 하트의 어머니는 스코틀랜드와 경계선인 리데스데일Liddesdale 출신이었고, 아버지 가문은 글로스터셔Gloucestershire와 헤리퍼드셔Herefordshire 지방의 농부 출신이었다. 어려서 리델 하트는 스포츠와 항공기에 관심이 많았고, 이에 대한 자신의 분석을 기록으로 남기거나 소설을 쓰기도 했다고 한다.

1914년 제1차 세계대전이 발발하자 왕립 요크셔 경보병연대에 자원입대했다. 그는 서부전선에 배치되었고, 1915년 가을과 겨울에 계속 부상을 당하면서 고향으로 돌아왔다. 대위로 진급한 후 1916년 세 번째로 전선에 배치되어 솜 전투Battle of the Somme(1916년 7월 1일~11월 18일)에 참전했다. 그는 7월 18일 독가스에 중독되어 전선에서 이탈하게 되었다. 그의 부대는 공격 첫날 영국군의 역사에서 단 하루 동안 가장 심각한 피해인 약 6만 명의 사상자가 발생했고, 리델 하트의 대대에서 장교 중 단 2명만이 생존했다. 그가 솜 전투에서 겪은 경험은 큰 충격을 주었고, 그의 일평생 내내 깊은 영향을 미쳤다. 그는 스트라우드Stroud 케임브리지의 자원부대에 부관으로 전보되었고, 새로운 부대들을 훈련시키는 일을 했다. 이 기간에 보병부대의 훈련에 대한 책을 저술하여 아이버 맥스Ivor Maxse 장군의 주목

1916년 서부전선에서 벌어진 솜 전투는 전투 첫날 약 6만 명에 달하는 영국군 사상자(그때까지 하루 사상자 기록으로는 최고 기록이었으며, 그중 3분의 1이 전사자였다)가 발생했다. 당시 리델 하트가 솜 전투에서 겪은 경험은 큰 충격을 주었고, 그의 일평생 내내 깊은 영향을 미쳤다.

을 받았다. 1920년 그는 맥스 장군의 후원으로 '암흑 속의 병사'라는 전술 이론을 월간지에 실을 수 있었고, 이로 인해 군내에서 명성을 얻게 되었다. 전쟁이 끝난 후 그는 육군 교육군단에 전보되었고, 보병훈련교범의 신판을 준비하게 되었다. 그는 이 교범 안에 1918년의 경험을 포함시키려 노력했고, 아멜 전투Battle of Hamel와 아미앵 전투Battle of Amiens 기간에 사령관이었던 맥스 장군과 계속적으로 교류했다. 1918년 4월 리델 하트는 스트라우드에 근무할 때 부관으로 모셨던 스톤J. J. Stone의 딸 제시 스톤Jessie Stone과 결혼하여 1922년 아들 아드리안Adrian Liddell Hart을 낳았다.

리델 하트는 1924년 대위로 전역했다. 전쟁 기간에 입은 부상과 전후 대규모 병력 감축으로 더 이상 근무할 수 없었기 때문이다. 군에서 전역하고 나서 그는 군사전문기자가 되어 군사 분야에 대한 연구와 논문을 발표했다. 그는 1925년부터 1935년까지 런던《데일리 텔리그래프Daily Telegraph》의 군사통신원으로, 1935년부터 1939년까지《타임스The Times》의 군사통신원으로 근무했다.《타임스》지의 권위는 군사학자로서의 명성을 드높이게 해주었다. 그는 군사전략이나 원칙을 보여주는 군사사, 혹은 전기를 저술하는 일을 했다. 그가 관심을 가진 인물들은 제2차 포에니 전쟁에서 싸운 로마 장군 스키피오 아프리카누스Publius Cornelius Scipio Africanus, 미국 남북전쟁 당시 북군 장군 윌리엄 테쿰세 셔먼William Tecumseh Sherman, 그리고 영국의 군인이자 고고학자이며 아랍 민족운동의 원조자인 토머스 에드워드 로렌스Thomas Edward Lawrence 등이었다.

제2차 세계대전 발발 이전에 그는 영국군 수뇌부와 교류하면서 영국군에 직간접적으로 영향력을 미친 군사학자로서 명성을 떨치게 되었으나, 동시에 그의 사상이나 주장으로 인해 비판을 받게 되었다. 그는 육군성의 고위직 간부들과 교류했으며, 육군성 장관인 레슬리 호어 벨리샤Leslie Hore-Belisha의 비공식 군사고문을 역임했다. 그러나 제2차 세계대전 기간에 그의 예언들은 빗나갔다. 이른바 유한책임론limited liability을 주장하면서 징병제에 반대했고, 육군보다 해군과 공군 위주로 전력을 건설함으로써 대륙에서 공군이 육군의 역할을 대신할 수 있다고 주장했다. 영국은 리델 하트의 주장과 같은 맥락의 국방정책을 채택하면서 제2차 세계대전을 맞았다. 영국은 유럽에서의 전쟁 준비에 낮은 우선순위를 두었다. 이후 영국은 유럽 전쟁에 개입하게 되었고, 그의 주장은 설득력을 잃어버리면서 비판받기에 이르렀다.

제2차 세계대전 발발 이후 리델 하트는《타임스》사를 그만두고 공식적으로 어느 기관에도 소속되지 않았다. 제2차 세계대전은 리델 하트의 명성을 확실히 추락시켰다. 제2차 세계대전 중에 그는 대전략의 관점에서 유럽의 전쟁을 바라보면서 전쟁 이후의 평화를 생각해야 한다는 주장을 펼쳤다. 이러한 관점에서 독일이 철저하게 붕괴된다면 소련의 영향력이 극대화되고, 이럴 경우 영국은 미국의 세력 하에 약소국으로 전락할 것이라는 예측을 내놓았다. 이러한 관점에서 그는 히틀러와 협상을 하도록 영국 정부에 의견을 피력함으로써 유화론자라는 비판을 받기도 했다.

제2차 세계대전이 끝난 이후 리델 하트는 전쟁 기간에 실추된 명예를 회복하게 되었다. 전쟁 기간에 자신이 대전의 발발과 프랑스의 패배를 예상했었다는 주장을 그의 논문을 근거로 제시했으나 받아들여지지 않았다. 1946년 로이터 통신의 기자가 리델 하트에게 차후 전쟁 가능 지역을 질문하자, 그는 한반도를 지목했다. 제2차 세계대전 이후의 국제적 냉전 질서의 변화를 예측하면서 아시아에서 소련이 미국이라는 초강대국과 부딪치게 될 것이라고 보았던 것이다.

전쟁 이후 포로가 된 독일의 고위 장성들을 인터뷰하면서 이를 토대로 저술활동을 하는 등 독일군 장군들에 대한 변호에 적극적으로 나서면서 본인의 명성을 되살리는 계기로 삼았다. 그의 노력에 따라 실제로 만슈타인Fritz Erich von Manstein, 룬트슈테트Karl Rudolf Gerd von Rundstedt, 구데리안Heinz Wilhelm Guderian 등과 같은 독일 장군들의 석방과 명예 회복에 기여했다. 그는 에르빈 롬멜Erwin Rommel 가족을 설득하여 남아 있는 문서들을 1953년 가상 회고록으로 출판하기도 했다.

제2차 세계대전 이후 그는 오랜 기간의 전쟁이나 군사 분야의 연구를 집대성하여 1954년 『전략론Strategy: The Indirect Approach』을 발간했다. 이 책은 1929년에 저술한 『역사상 결정적 전쟁The decisive wars of history』에 제2차 세계대전, 게릴라전, 그리고 전략에 대한 내용을 추가하여 저술한 것이었다. 이후에도 그는 저술가이자 저널리스트로서 영향력을 행사했다. 미국이 세계의 초강대국으로서 대량보복전략을 추진하는 가운데 이를 비판하면서 NATO군의 재래식 전략 증강을 주장하는 등 현대 군사전략가로서 왕성한 활동을 이어갔다.

2006년, 영국의 정보기관인 MI5Military Intelligencs 5의 해제된 자료에 따르면, MI5는 1944년 6월 6일 노르망디 상륙작전Normandy Invasion 개시일이 리델 하트에게 노출된 것에 대해 의혹을 품었다고 한다. 리델 하트는 대륙 침공일 문제에 대한 여러 의견들을 다룬 논문을 준비했고, 이는 이후 정치와 군사적 주제로 퍼지게 되었다. MI5가 내린 결론은 리델 하트가 당시 대공방어사령관 임무를 맡고 있었던 팀 파일Tim Pile 경으로부터 알았을 것으로 결론을 내렸다.[1]

1966년 영국 여왕은 리델 하트에게 기사작위를 내렸다. 그는 1965년 영국 군사정책에 끼친 공훈으로 풀러와 함께 체스니 금훈장을 공동 수상했다. 존 F. 케네디John F. Kennedy 대통령은 그를 "장군을 가르치는 대위"라고 명명했다. 리델 하트는 세계적인 전쟁사학자, 전략가, 그리고 저널리스트로서의 명예를 누리며 1970년 1월 29일 생을 마감했다. 제2차 세계대전을 전후하여 그의 전략가로서의 명성은 도전을 받고 실추되었으나, 이후 열정과 끈기로 현대 전략의 위대한 사상가로서의 명예를 되찾았다.

1 http://en.wikipedia.org/wiki/B._H._Liddell_Hart(검색일: 2013. 8. 1.)

III. 주요 사상

1. 영국학파의 군사사상 형성 배경

(1)시대적 배경

산업혁명과 과학기술의 발전

18세기 중반부터 19세기 초반까지 영국에서 시작된 산업혁명은 기술의 혁신과 이로 인한 사회, 경제 등의 전 분야에서 일어난 큰 변혁을 말한다. 기술의 혁신은 무기체계의 변화를 가져왔고, 무기체계의 변화는 인류의 전쟁의 역사를 변화시켰고, 전쟁의 소용돌이 속에서 새로운 군사사상의 발전을 가져왔다.

무기체계와 전술의 역사에 대해서 마르틴 반 크레펠트Martin van Creveld는

18세기 중반부터 19세기 초반까지 영국에서 시작된 산업혁명은 기술의 혁신과 이로 인한 사회, 경제 등의 전 분야에서 일어난 큰 변혁으로, 산업혁명에 의한 기술의 혁신은 무기체계의 변화를 가져왔고, 무기체계의 변화는 인류 전쟁의 역사를 변화시켰고, 전쟁의 소용돌이 속에서 새로운 군사사상의 발전을 가져왔다.

도구의 시대, 기계의 시대, 체계의 시대, 그리고 자동화의 시대로 구분[2]했는데, 산업혁명은 기계의 시대와 체계의 시대를 이끌었다. 기계의 시대는 군사기술의 선도 하에 기계가 바람, 물, 그리고 화약과 같은 비유기체 출처로부터 동력이 유도되면서 전술의 발전에 영향을 미쳤다. 그리고 체계의 시대에는 철도 및 전신기의 개발 하에 전쟁기술의 발전이 이뤄졌다. 체계의 시대에 인류는 최초로 두 번에 걸친 세계대전을 치렀다.

역사적으로 과학기술의 발전을 주도한 나라는 국제정치에서 전쟁을 통한 패권국으로 군림했다. 칭기즈칸Chingiz Khan은 공성무기와 화약을 효과적으로 운용하여 몽골제국을 건설했고, 로마는 청동, 총포 기술의 우수성으로 대로마 제국을 이뤄냈다. 19세기 영국은 산업혁명을 통해 증기기관과 철제 총포 기술을 개발하여 대영제국을 이룰 수 있었다. 그리고 뒤이어 독일은 20세기에 들어서 정밀화학, 전차, 로켓, 항공기 등의 무기체계를 개발하고 효과적으로 운용함으로써 제2차 세계대전 초기에 유럽과 아프리카를 석권할 수 있었다.

18세기 후반에는 증기력의 발전으로 기관차가 등장했고, 해군에서는 해상 터빈 엔진과 잠수함 등이 개발되었으며, 무선전신의 발명으로 전쟁 양상이 급격히 변화했다. 지상 동력 차량의 개발은 군의 기동을 확장시키고 장갑의 발전을 선도하면서 장갑차나 전차를 출현시켰다. 19세기 말에 들어서 항공기까지 개발되면서 전쟁은 이른바 공중 공간을 아우르는 3차원 영역으로 확장되어갔다. 또한 1884년 기관총이 발명되면서 전장에서의 파괴력 역시 큰 변화를 맞았다. 이처럼 과학기술의 발전에 따른 기계화가 전쟁을 선도하면서 용병술 차원에서도 획기적인 변화가 일어났다.

이 시기에 영국학파인 풀러와 리델 하트는 모두 전차라는 무기체계에 주목했다. 그들이 발전시킨 기계화전 이론에서 중심 역할을 하는 것은 바로 새로운 무기체계로 등장한 전차였다. 두 전략가는 전차가 제1차 세계

---

2 Martin van Creveld, *Technology and War*(New York : Macmillan Press, 1989).

1916년 12월 25일 솜 전투에 투입된 영국 전차 마크 I(Mark I) 수컷(male)형. 영국학파인 풀러와 리델 하트는 전차가 제1차 세계대전의 지루한 참호전 상황에서 이를 극복하고 미래전을 이끌 무기체계라고 보았다. 그들이 발전시킨 기계화전 이론에서 중심 역할을 하는 것은 바로 새로운 무기체계로 등장한 전차였다.

대전의 지루한 참호전 상황에서 이를 극복하고 미래전을 이끌 무기체계로 보았다. 풀러는 1916년 8월 20일 이브랑쉬Yvrench에서 처음 전차를 본 후 전차와의 만남이 자신의 연구의 출발점이었다고 후일 설명하기도 했다.[3]

독일의 부상과 유럽 정세의 변화

근대 유럽은 산업혁명 이후 독립국가들의 발전과 함께 격동의 시기를 거쳤다. 프랑스 혁명은 유럽에 대변혁을 불러일으켰으나, 나폴레옹 전쟁 이후 이른바 빈 체제Wiener System 하에서 새로운 세력 균형이 형성되었다. 그러나 19세기에 독일이 유럽의 강대국으로 등장했다. 나폴레옹이 유럽을

---

3 육군사관학교, 『군사사상사』(서울: 황금알, 2012), p. 217.

석권하던 시절 프랑스의 지배를 받던 프로이센은 1815년 워털루 전투에서 나폴레옹의 프랑스군을 물리치면서 강대국의 반열에 오르게 되었다. 1815년 빈 회의Congress of Wien를 통해 베스트팔렌Westfalen 지역을 획득하고 독일 연방에도 가맹하면서 맹주인 오스트리아 제국과 세력을 양등분할 만큼 성장했다. 이후 19세기 중반 프로이센을 중심으로 독일의 정치적 통일이 이루어졌다. 1862년 프로이센의 수상으로 임명된 비스마르크Otto Eduard Leopold von Bismarck는 철혈정책을 추진했고, 이를 바탕으로 1866년 보오전쟁과 1871년 보불전쟁에서 프로이센이 승리한 후 베르사유 궁전에서 빌헬름 1세가 황제로 즉위하면서 독일 통일과 함께 독일 제국의 성립을 선포했다.

독일 통일 이후 비스마르크가 유럽 외교 무대를 주도하는 과정에서 불안한 세력 균형은 양차 세계대전으로 치닫는 원인이 되었다. 20세기를 전후하여 3제 동맹, 독일-오스트리아 동맹, 3국 동맹, 이중 보호조약 등 수많은 동맹과 협상관계가 체결되었다. 비스마르크가 실각한 후 빌헬름 2세Wilhelm II는 3B(베를린Berlin, 비잔티움Byzantium, 바그다드Baghdad) 정책을 추진하면서 취한 제국주의적 팽창정책, 이에 대항하는 대영제국의 3C(카이로Cairo, 케이프타운Cape Town, 캘커타Calcutta) 정책, 영구 부동항을 확보하려던 러시아 제국 및 프랑스 등과의 대립은 자연스럽게 열강세력들과의 충돌로 이어졌고, 결국 1914년 제1차 세계대전의 발발을 가져왔다.

독일의 부상과 관련한 복잡한 국제정세는 양차 세계대전을 가져왔고, 양차 세계대전을 통해 전략사상은 새로운 차원으로 진화했다. 이러한 상황에서 아이러니하게도 독일군 군 수뇌부는 영국학파의 전략사상을 창의적으로 받아들여 그들의 야욕을 달성하는 수단으로 활용했다.

(2) 전쟁 양상의 변화

제1차 세계대전이 발발했을 때 영국은 짧은 기간 내에 끝날 것이라고 예상했지만, 참호전이 계속되면서 전쟁은 지루한 장기전으로 흘렀다. 전쟁이 장기화되면서 주변 국가들이 이해관계에 따라 참전하고, 제국주의의 팽창에 매진하던 국가들이 사활을 건 총력전을 펼치면서 미국이 참전함으로써 대량의 인명 및 재산 피해가 발생했다.

독일은 제해권을 빼앗기 위해 무제한 잠수함 작전을 실시했다. 미국은 독일의 잠수함 공격으로 상선이 격침당하자 1917년 독일에 선전포고를 하면서 서유럽 전선에 참전하게 되었다. 전황은 독일에 점점 불리하게 전개되었다. 1917년 러시아 혁명으로 동맹국 오스트리아와 독일 국민들 사이에 반전운동이 일어나면서 11월 혁명으로 빌헬름 2세가 퇴위 및 추방되었고, 제정 독일은 붕괴되었다. 1918년 11월 독일 임시정부는 연합국에 무조건 항복했다.

제1차 세계대전에서는 포병과 기관총이라는 새로운 무기체계가 활용되면서 참호전 양상이 장기간 고착되었다. 여기에 철조망이라는 방호수단이 결합되면서 공격은 무의미해졌다. 방어자의 기관총과 포병 화력이 공격자의 타격력을 무력화시키고 대량살상을 유발하면서 참호전 양상을 띨 수밖에 없었다.

제1차 세계대전 기간 중 영국 해군성이 새로운 병기인 전차를 개발하면서 암호명인 'tank'가 그대로 정식 명칭이 되었다. 전차는 초기에 종심돌파용 장비로 개발되었다. 제1차 세계대전 당시 보병의 종심은 철조망 + 참호선 + 기관총 진지 + 후방 포병 지원으로 구성되어 있었다. 몇 겹으로 된 방어망을 뚫기 위해 포병 사격 실시 후 보병 돌격을 감행했지만, 거의 저지당할 뿐만 아니라 엄청난 사상자를 내면서 아무런 전과를 거두지 못한 채 끝나고 마는 악순환이 계속되었다. 전차는 참호, 철조망, 기관총이라는 악마의 3형제를 극복하기 위해 개발되었다. 당시 독일군은 전차의 무서운 위력에 겁을 먹고 전차를 개발하게 되었으며, 프랑스도 마찬가지였다. 제1차 세계대전은 기동전이 추구하는 기동과 기습의 원칙이 적용되지 못함으로써 방어가 공격보다 우월하다는 인식을 심어주게 되었다.

양차 세계대전 전간기에 영국의 리델 하트는 제2차 세계대전의 가능성을 부인하면서 대륙에서의 전쟁에 개입하지 않으려는 입장에서 유한책임론과 함께 전략사상으로 방어우위사상을 주장했다.

제2차 세계대전에서는 제1차 세계대전에서 신봉되었던 방어우위사상을 뒤엎고 기동력을 중심으로 한 전격전이 대두되면서 전쟁 양상이 눈에 띄게 달라졌다. 제1차 세계대전 당시 등장한 전차와 항공기, 항공모함에 이어 핵무기에 이르기까지 현대적인 개념의 무기체계들이 등장해 전장이 3차원의 영역으로 확대되면서 제1차 세계대전 당시의 소모전과 차원을 달리하는 기동전 전술이 등장하게 되었다.

기동전의 부활을 주도하던 전차는 1916년 솜 전투에서 처음으로 영국군이 운용하여 초기에 성과를 얻었으나 전과를 확대하지는 못했다. 전차는 기동력, 방호력, 파괴력, 그리고 공격력을 증가시키면서 기동의 효과를 극대화하는 역할을 했다. 제2차 세계대전 이전에 개발된 전차는 대부분 보병을 호위하려는 목적으로 개발되었다. 그러나 독일군은 전격전 교리에 따라 전차 집단을 적전선을 관통하는 충격부대로 운용하여 제2차 세계대전 초기 폴란드 및 프랑스 전투에서 놀라운 효과를 발휘했다.

(3) 양차 세계대전에서의 전략문화 변화: 공세적인 교리에서 수세적인 교리로

양차 세계대전 당시 유럽의 두 진영에 속한 나라들은 전쟁에 대한 인식이나 태도 면에서 확연히 구별되었다. 1970년대 이후 학자들은 이에 대해 전략문화라는 용어를 사용해 설명했다. 전략문화를 연구하는 대표적 학자인 잭 L. 스나이더Jack L. Snyder는 1977년에 그의 저서에서 "국가의 전략공동체 구성원들이 공유하는 아이디어와 상황에 대한 감정적 대응, 그리고 습관적인 행위방식 등의 총합"[4]이라고 전략문화를 규정했다. 당시 스나이더의 발표는 학계에 큰 반향과 함께 논란을 불러일으켰다. 이후 켄 부스

---

4 Jack L. Snyder, *The Soviet Strategic Culture: Implications for Limited Nuclear Options, R-2154-AF*(Santa Monica, California: Rand Corporation, 1977), p. 4.

Ken Booth는 전략문화를 "한 국가의 전통, 가치, 태도, 행동양식, 습관, 관습, 업적, 그리고 무력의 사용이나 위협과 관련하여 문제를 해결하는 독특한 방식"으로 정의했고, 콜린 S. 그레이Colin S. Gray는 전략문화를 "국가의 역사적 경험에 대한 인식과 국가 수준에서의 책임 있는 행위에 대한 열망으로부터 생겨나는 무력 사용에 대한 생각과 행동의 방식"으로 정의했다.[5] 이러한 광의의 정의와 달리, 이차크 클라인Yitzhak Klein은 전략문화를 "전략 및 작전 방법에 관해 군 조직이 갖는 태도와 신념"으로, 앨러스테어 존스턴Alastair Iain Johnston은 "군사력 사용과 관련된 일관적이고 지속적인 역사적 패턴"이라고 협의의 정의를 내렸다. 실제로 전략문화를 하나의 독립변수로 사용하는 데에는 한계와 가능성이 동시에 존재한다. 전략문화의 존재, 영향력, 그리고 인과관계를 명확히 규명하는 것이 그리 용이하지는 않다.[6]

이러한 한계에도 불구하고 물리적 요인, 정치·군사적 요인, 사회·문화적 요인, 그리고 초국가적 규범 등[7]으로부터 유추했을 때 양차 세계대전에서 뚜렷한 전략문화의 모습을 볼 수 있다.

따라서 군사적인 관점에서 볼 때, 제1차 세계대전을 경험한 유럽의 전략사상은 공세적인 교리에서 수세적인 교리로 요동치듯 바뀌었다. 이러한 전체적인 흐름에 반해 풀러나 리델 하트와 같은 영국의 위대한 전략가들은 이러한 흐름에 따르면서도 내부적으로는 엄연히 다른 개혁적인 전략사상을 창안해냄으로써 매우 흥미로운 변화를 가져오는 데 기여했다.

제1차 세계대전 발발 당시 모든 국가들은 즉각적으로 공세적인 입장을 취했다. 이러한 공세는 베르됭Verdun, 솜, 니벨Nivelle 등의 전투에서도 그대로 드러났다. 심지어 제1차 세계대전 말기인 1918년에도 동부전선의 독일군과 서부전선의 연합군이 최종 공세를 실시했으나 양측 모두 소기의

---

5 온대원, "유럽전략문화와 EU의 안보 역할", 『EU연구』 제24호(2009), pp. 109-110.

6 박창희, 『군사전략론』(서울: 도서출판 플래닛미디어, 2013), pp. 391-404.

7 앞의 책, pp. 405-413.

전략적 · 전술적 성과를 얻을 수는 없었다. 제1차 세계대전 이전 각국의 지도자들은 장차전에서 어느 누구도 전쟁에서 막대한 손실 없이 승리를 기대할 수 없을 것이라는 점을 잘 알고 있었다.[8]

제1차 세계대전이 발발하기 전 유럽의 군인들은 공격자는 방어자의 강력한 화력이 빗발치는 '죽음의 지대'를 통과[9]해야만 한다는 강박관념에 사로잡혀 있었다. 이를 위해 전투대형을 밀집대형에서 소규모 집단으로 나눴으나, 근본적으로 '죽음의 지대'에 대한 두려움을 극복하지는 못했다. 이러한 두려움을 극복하는 요소로 그들은 정신적 요소의 중요성을 언급하기 시작했다. 이는 클라우제비츠가 『전쟁론』에서 정신적인 요소를 강조하고 상대적으로 물질적인 요소를 경시한 것에서 찾아낸 해답이었는지도 모른다. 1904~1905년에 일어난 러일전쟁은 전쟁에서 중요한 요소는 기술적인 것이 아니라 정신적인 것이라는 교훈을 다시 한 번 되새기게 했다.[10] 당시 러시아군은 유럽에서 최정예 군대였고, 일본군도 영국과 독일로부터 훈련을 받았다. 유럽의 분석가들은 러일전쟁에서 새로운 무기들이 방어적 이점이 있다고 보았으나, 일본군의 치밀한 전투 준비와 열정적인 용기의 조화로운 결합이 공격의 문제점을 해결할 수 있음을 보여주었다고 분석했다.[11]

1914년 이전 당연하게 받아들여졌던 공세 교리는 제1차 세계대전 기간 동안에 예측한 대로 엄청난 피해를 가져왔다. 풀러나 리델 하트에게 제1차 세계대전의 경험은 지대한 영향을 미쳤다. 제1차 세계대전에서 군인 사상자만 900만 명이 넘었다. 제1차 세계대전은 흔히 참호전으로 불린다.

---

8 Michael Howard, "Men against Fire: The Doctrine of the Offensive in 1914", in *Makers of Modern Strategy from Machiavelli to the Nuclear Age*, ed. by Peter Paret(Princeton, NJ: Princeton University Press, 1986), pp. 510-511.

9 앞의 책, p. 511.

10 앞의 책, p. 519.

11 앞의 책, pp. 518-519.

1916년 베르됭 외곽 34고지 참호 속에 있는 프랑스군 87연대의 모습. 풀러나 리델 하트에게 제1차 세계대전의 경험은 지대한 영향을 미쳤다. 제1차 세계대전에서 군인 사상자만 900만 명이 넘었다. 제1차 세계대전은 흔히 참호전으로 불린다. 많은 병사들이 참호에서 사망했고, 대부분이 그 근처에 묻혔다.

많은 병사들이 참호에서 사망했고, 대부분이 그 근처에 묻혔다. 참호가 붕괴하면 다시 참호를 보수해야 했는데, 이 과정에서 많은 수의 부패된 시체들이 발견되곤 했다. 이 시체들은 쥐들의 좋은 먹이였기 때문에 참호 안은 쥐들로 가득 차게 되었다. 심지어 쥐들이 자기방어능력이 없는 병사들을 파먹기도 했다고 전해진다.[12] 이러한 참혹한 전쟁을 보면서 전쟁을 혐오하지 않는 사람이 있겠는가? 그러나 인류는 불과 한 세대도 지나지 않아 또다시 제2차 세계대전을 선택했다.

제1차 세계대전이 끝나자, 유럽인들과 군인들은 제1차 세계대전에서의 공세 교리의 실패로부터 크게 두 방향에서 교훈을 받아들였다. 대부분의 사람들은 공격에 대한 열정을 잃어버리고 수세적인 전략 교리를 신봉하

---

12 http://kookbang.dema.mil.kr/kookbangWeb/view.do?bbs_id=BBSMSTR_000000000267&ntt_writ_date=20120501&parent_no=1 (검색일: 2013. 8. 5.)

게 되었다. 특히 영국이나 프랑스 국민들은 전쟁의 충격에 빠졌고, 정책결정자들의 전후 정책은 수세적인 기조를 벗어나지 못했다. 이에 반해 일부 영국이나 프랑스의 개혁가들은 수세적인 전략 교리의 신봉자들에게 대항하면서 기동전 개념을 개발하려고 노력했다. 그러나 안타깝게도 이러한 노력의 결실은 제2차 세계대전 초기에 적국인 독일에서 꽃을 피우게 되었다.

영국학파의 전략사상은 이러한 전략문화의 변화 흐름 속에서 독특하게 진화하면서 형성되었다. 이 시기에는 앞에서 언급한 전략문화의 형성에 영향을 미치는 모든 요인에서도 변화가 일어났다. 이러한 원인으로 먼저 물리적인 측면에서 과학기술의 발전이 영국학파 전략가들에게 직접적인 계기를 부여했다. 정치·군사적 측면에서 제1차 세계대전 이전에는 모든 군인들의 고결한 정신적 가치를 중시하는 공세적 교리가 주를 이루다가, 제1차 세계대전의 처절한 경험이 이것을 수세적 교리로 전환하게 만들었다. 사회·문화적 측면에서 제1차 세계대전이 영국의 국민들에게 안겨준 엄청난 전쟁공포증이 정책결정자들을 사로잡았다. 그리고 초국가적 규범의 측면에서 특히 영국 내에서는 대륙의 전쟁에 개입하지 않겠다는 생각이 지배적이었다. 결국 제2차 세계대전에 임하는 과정에서 영국은 수세적인 교리로 전략문화가 형성되면서 심지어 해외원정군에 대한 준비조차 전혀 고려하지 않을 정도였다.

2. 풀러의 기계화전 사상

풀러는 그의 일생을 전쟁이나 군사 리더십, 그리고 군사사 연구에 바친 군사적 천재이다. 풀러는 전쟁을 코페르니쿠스적 시각에서 보았다. 그리고 미래에는 기계화전이나 핵 시대로 진입하게 될 것이라고 예측한 예언자이기도 하다. 풀러는 전쟁 및 군사 연구에서 위대한 업적을 이룬 이론가이자, 혁신적 군사사상과 함께 파시스트 정치집단에 참가하는 행동 등으로 많은 논란을 야기했던 군인이기도 했다.

(1) 연구 방법

풀러는 1923년에 저술한 『전쟁의 개혁The Reformation of War』의 서문에 전장에 대한 연구의 목적과 미래의 기술을 결정하는 명확한 방법을 제시하려는 시도에 대해서 다음과 같이 언급했다.

"만약 우리가 전쟁을 분석하는 과학적 방법을 명확히 한다면, 과거의 사건으로부터 미래의 사건을 예측하고, 미래의 전쟁의 본질을 이끌어낼 수 있다."[13]

풀러가 이론가로서 보여준 영감은 그의 개인적 특성, 제1차 세계대전의 북프랑스 전역에서 대량 살육되었던 영국군들에 대한 공포, 그리고 과학적 방법에 의한 전장의 연구가 미래의 전략가들을 가르칠 수 있는 길이 될 것이라는 믿음 등에서 비롯되었다고 할 수 있다. 그는 "내가 미래 전쟁의 본질을 연구하려는 이유는 전쟁을 좋아하거나 미워해서가 아니라 전쟁이 불가피하기 때문이다. … 따라서 전쟁은 중대한 문제이며, 미래전은 모든 문제들 중에서 가장 중요할 것이다. … 나의 목표는 사람들을 전쟁에 대해서 말하는 것이 아니라 생각하는 상태로 이끄는 것이다."[14]

풀러는 "과학科學은 앎을 주나, 술術은 할 수 있게 하는 것"이라고 했다. 전쟁에 대한 과학적 접근은 "먼저 관측하고, 다음 이에 근거한 가설을 세우고, 가설에 따른 결과를 도출하고, 이 결과를 현상의 분석에 시험해보며, 최종적으로 결과를 검증하고 예외적인 경우가 없으면 이론을 만드는 것"이다.[15] 풀러는 소크라테스Socrates가 준 위대한 교훈인 스승이 제자들을 가르치는 것이 아니고 학생들이 스스로를 가르친다는 점을 언급하면서 연구는 생각을 독립적으로 이끌고, 이러한 독립적인 생각은 방법의 개선을 가져온다고 했다.[16]

---

13 J. F. C. Fuller, *The Foundations of the Science of War*(London: Hutchinson, 1926), p. 18.

14 J. F. C. Fuller, *Reformation of War*(New York: Dutton, 1923), p. vii. xi.

15 J. F. C. Fuller, *The Foundations of the Science of War*, pp. 38, 46.

풀러는 천재가 아닌 대부분 평범한 사람들의 집단인 군대와 평범한 인간은 권위에 따르고 글로 쓰인 말과 성문화되지 않은 관행에 따른다고 보면서, 지도자들은 논리적으로 생각해야 한다고 주문했다. 그는 인간들은 과거의 노예이고 모방에 사로잡혀 있기 때문에 가치를 고려함 없이 옛 생각을 그대로 따른다고 비판했다. 이러한 오류에 빠지지 않기 위해서 그는 어떤 일이 우리에게 끌리거나 우리를 불유쾌하게 할 때, 표면적 가치를 받아들이지 말고 그것을 검사하고 비판하고 그것이 갖고 있는 의미와 내적인 가치를 발견해야 한다고 강조했다.[17]

따라서 그는 합리적 사고를 하기 위해서는 상상력이 중요하다고 강력하게 믿었다. 먼저 상상력은 우리 마음의 망원경이며, 상상력이 없는 사람은 정신적 비전이 부족하고, 단순한 사실을 얻을 수는 있어도 위대한 발견을 할 수는 없다고 했다. 그러나 방법론에는 상상력만으로는 부족하고 비판이 실제로 필요하다고 했다. 비판능력은 과학의 혈액이기에 전쟁의 연구에 있어서 가장 중요하며, 이것이 없으면 어떠한 발전도 없다고 강조했다.[18]

풀러는 전쟁이론 연구에 있어서 확실히 상상력이 넘치며 탐구자적인 방법론을 견지했다. 그는 전쟁은 불가피하기 때문에 지도자는 미래전에 대비하기 위해 과학적 방법을 사용해야 한다고 했다. 또한 새로운 아이디어나 비판은 보다 더 나은 아이디어와 해결에 유용하다고 보았다. 따라서 그의 접근방법은 분석, 종합, 그리고 가설에 근거한다. 그리고 추가적으로 중요한 사항으로서 합리적 사고와 비판을 견뎌낼 수 있는 도덕적 용기가 필요하다고 했다.[19]

풀러는 자신만의 독특한 전쟁관을 가졌는데, 이러한 전쟁관이 역시 독

---

16 J. F. C. Fuller, *The Foundations of the Science of War*, p. 34.

17 앞의 책, p. 42.

18 앞의 책, p. 46.

19 Matthew L. Smith, "J. F. C. Fuller: His Methods, Insights, and Vision", *USAWC Strategy Research Project*(Pennsylvania: U. S. Army War College, 1999), p. 9.

특한 기계화전 이론의 발전을 가져왔다고 추정해볼 수 있다. 먼저 그는 인류의 역사를 통해 전쟁의 불가피성을 강조했다. 평화를 받아들일 수 없는 비자발성과 불가능성은 풀러에게 미래의 전쟁은 불가피하다는 결론을 내리게 했다.[20] 풀러는 전쟁의 원인을 세 가지로 지적했다. 첫째는 인종, 교육, 그리고 종교와 관련되어 있는 윤리적 원인이고, 둘째는 통상, 산업, 그리고 공급과 관련되어 있는 경제적 원인이며, 셋째는 지리, 통신, 그리고 전투력 등과 관련되어 있는 군사적 원인이다.[21]

풀러는 실제 전쟁 수행에 있어서 전장은 내적이고 외적인 이중성을 갖고 있다고 보았다. 외적·물리적 관점은 장군들의 영역이고, 내적·심리적 관점은 정치인들의 영역이다. 장군들은 무기에 관심을 갖고 무기체계로 전쟁을 수행한다. 반면에 정치가들은 정책의 채택을 다룬다. 그는 군인들에게 전쟁의 내적·심리적 측면에서 정치인들의 이익에 유의할 것을 경고했다. 즉, 전쟁의 부담을 안고 있는 정치인들은 과거의 기록에만 유의한다는 것이다.

그리고 풀러의 과학적 연구 태도는 클라우제비츠의 여러 명언들을 더욱 지지하게 만들었다. 풀러는 클라우제비츠의 『전쟁론』에 대해 90%의 사람들이 그의 주장은 한물간 것으로 생각하고, 오직 10%의 사람들만이 순금으로 귀중하게 생각한다며 안타까워했다.[22] 그는 클라우제비츠의 언명 중에서 전쟁과 정책의 관계를 순금으로 보았고, 전쟁을 수행함에 있어서 클라우제비츠의 세 가지 목표, 즉 적 군사력 격멸, 적개심과 증오심, 그리고 여론의 획득에 동의했다.[23] 또한 풀러는 클라우제비츠의 다섯 가지

---

20 J. F. C. Fuller, *A Military History of the Western World*(New York: Funk and Wagnalls, 1954), p. xi

21 J. F. C. Fuller, *The Foundations of the Science of War*, p. 66.

22 Anthony J. Trythall, *'Boney' Fuller, The Intellectual General*(New York: St. Martin's Press, 1987), p. 251.

23 J. F. C. Fuller, *The Generalship of Alexander the Great*(New Brunswick: Da Capo Press, 1960), p. 286.

전략적 원칙에 동의했다. 첫째로 가장 중요한 것은 최대한의 역량을 갖춘 모든 군사력을 운용하는 것이고, 둘째는 우리의 군사력을 결정적 지점에 집중하여 그 지점에서의 성공이 그 다음으로 중요한 지점에서의 패배를 보상할 수 있어야 하며, 셋째는 시간을 허비하지 않고 적의 모든 수단들을 신속히 제거해 여론을 우호적으로 획득해야 하고, 넷째는 전쟁의 가장 결정적 요소인 기습이며, 그리고 마지막으로 최대한의 역량으로 성공적인 전과 확대로 승리의 과실을 얻는 것이다.[24]

그러나 풀러는 전략적 목적과 전투의 목표에 대해서는 클라우제비츠와 다르게 해석했다. 풀러는 클라우제비츠가 전략적 목적은 말이 아닌 군사력을 수단으로 하는 정치적 논쟁을 통해 해결해야 하고, 이는 전투로 달성해야 한다는 의견에 동의했다. 그러나 풀러는 클라우제비츠와 달리 전쟁의 진정한 목적은 물리적 파괴가 아니고 정신적 굴복이다. … 적 격멸의 주장은 적절한 평화 상태를 가져올 때만이 정당하다고 했다.[25] 풀러는 당시 클라우제비츠에 대한 일반적 이해의 경향과 다른 해석으로 시대를 앞서는 전쟁관을 지녔음을 보여주고 있다. 클라우제비츠가 주장한 금언들에 대한 풀러의 동의와 이견은 그의 독특한 전쟁관으로 나타났다.

(2) 이론체계: 마비전

후티어 전술[26]은 독일군이 제1차 세계대전의 지루한 참호전을 끝내고 효과적인 돌파를 하기 위해 고안해낸 전술로, 이후 군사전략의 발전에 큰 영향을 미쳤다. 우선 이 전술은 풀러의 '작계 1919'를 작성하는 데 영향을 주었고, 이후 제2차 세계대전에서 전격전으로 재탄생하게 되는 사상적 계

---

24 J. F. C. Fuller, *The Generalship of Alexander the Great*, p. 287.

25 J. F. C. Fuller, *Lectures on FSR III*(Operations between Mechanizes Forces), pp. 37-38.

26 1917년 9월 동부전선에서 독일 제8군을 지휘하여 리가 전투(Battle of Riga)를 승리로 이끈 오스카르 폰 후티어(Oskar von Hutier) 장군의 이름을 딴 것이다. 당시 수적으로 열세했던 독일군은 러시아군의 강력한 드비나(Dvina)강 방어선을 돌파하여 하루 만에 리가를 점령하는 대승리를 거두었다.

보를 이루고 있다. 후티어 전술의 절차는 집중적인 포병사격 → 선두 돌격대Stoßtruppen 공격과 동시 적 후방 종심 포병사격 → 적전선 돌파 후 돌격대와 예비대의 끊임없는 추격과 압박 → 적의 강점 및 잔류부대는 우회하고 후방 예비대에 인계 → 최대한 전과 확대를 위해 다량의 박격포부대 근접 후속 지원 등으로 진행되고 상황에 따라서는 이러한 공격을 반복하는 것이다. 돌격대, 이른바 슈토스트루펜으로 불리는 정예 독일군 부대는 당연히 대량 손실을 감수하고 기관단총과 다량의 수류탄으로 중무장한 채 연합군의 참호선을 유린하는 임무를 수행했다. 후티어 전술의 진가를 보여준 돌격대는 1917년 1월부터 일반 부대에서 차출한 병사들을 철저한 훈련 과정을 통해 양성한 정예부대로, 이후 전 부대에 확산되었다.

독일군은 제1차 세계대전 시작부터 후티어 전술 형태를 사용하여 나름대로 성과를 거뒀으나, 1918년 서부전선의 대공세에서 본격적인 틀을 완성시켰다. 독일은 동부 및 서부 양 전선에서 이 전술을 운용했다. 러시아 전선에서는 1916년과 1917년에 걸쳐 러시아가 독일의 대공세에 100만 명의 병력이 피해를 입으면서 굴욕적인 협정을 체결했고, 1917년 독일과 오스트리아 연합군이 카포레토 전투Battle of Caporetto에서 이탈리아군을 섬멸함으로써 당시 이탈리아 정부와 군의 최고통수권자였던 루이지 카도르나Luigi Cadorna를 사퇴하게 했다. 그리고 1918년 서부전선에서 독일군이 마지막으로 벌인 루덴도르프 대공세에서 초기에 성과를 내면서 영불 연합군에게 다량의 손실을 입혔으나, 연합군의 반격과 독일군의 전과 확대 전력의 부족으로 실패했다. 루덴도르프 대공세 시 850명으로 구성된 돌격대대는 경기관총 24정, 중박격포 8문, 경박격포 8문, 화염방사기 8정, 경포 4문 외에도 다수의 중기관총과 기관단총, 총류탄 발사기로 무장하고 있었다.

후티어 전술은 독일과 러시아 군인들에게 강한 인상과 교훈을 주었다. 지루한 참호전으로 막대한 인명 손실은 물론 전황을 타개하지 못하던 독일군 장교들은 후티어 전술의 장점을 받아들여 기동전이나 전격전으로 발전시킬 수 있었다. 후티어 전술에서 효과적으로 운용되던 돌격대가 제2차 세계대전에서는 전차와 기계화보병으로 바뀌었고, 후속하던 다량의 박격포는 전술폭격기나 자주포가 그 역할을 담당하면서 전격전이 완성되었다.

그러나 1918년 대공세에서 독일군은 후티어 전술을 적용하여 처음에는 대전과를 거두었으나, 궁극적인 전쟁의 승리를 거두지는 못했다. 연합국은 프랑스의 앙리 구로Henry Gouraud 장군의 종심방어전술로 주도권을 상실하고 사기가 떨어진 독일군의 후티어 전술을 저지해냈다. 구로의 종심방어전술은 후티어 전술과 함께 이후 기동전이나 전격전으로의 이론 발전에 자극제가 되었다.

'작계 1919'는 제1차 세계대전 기간 중인 1918년에 풀러가 기안한 작전계획으로, 전격전의 효시로 기록될 만한 문서이다. 이 계획은 대규모 전차공격, 전술항공지원, 그리고 적을 물리적으로 격멸하는 것이 아니고 지휘체계를 마비시키는 것을 지향하고 있다. 즉, 독일군 지휘사령부를 향해 번개같이 진군하는 것이다. 이 계획을 수행하기 위해서는 전차를 신속히 적의 후방지역으로 진출시켜 적의 보급기지나 병참선을 파괴해야 한다. 제1차 세계대전이 한창이던 1918년 연합군의 진격과 프랑스와 벨기에를 가로 지른 독일군의 퇴각은 장차전에서의 기계화전과 같은 추세와 측면을 보여주었다. 영국 전차의 역할은 늘었고, 독일의 후방방어부대는 연합군의 전진을 막는 데 집중했다. 비록 이 계획이 실행되지는 않았으나, 나중에 전격전으로 알려진 독일의 전술과 소련의 종심작전이론의 기반이 되었다.

1918년 영불 연합군은 제1차 세계대전의 지루한 참호전 양상을 타개하고자 했다. 양측은 공히 새로운 형태의 전쟁을 갈구했다. 솜 전투와 파스상달 전투Battle of Passchendaele에서는 전차가 성공적으로 활용되지는 않았으나, 캉브레 전투Battle of Cambrai에서는 전차의 집중 운용으로 어느 정도 성과를 거두었다. 독일 포병들이 최초 충격을 받은 후 잘 버텨냈으나, 군사이론가들에게 전차는 깊은 인상을 주기에 충분했다. 1918년 봄 전차군단의 참모장교였던 풀러는 "중中형 D전차의 속도와 행동반경에 의한 공격

〈그림 7-1〉 '작계 1919' 개념도

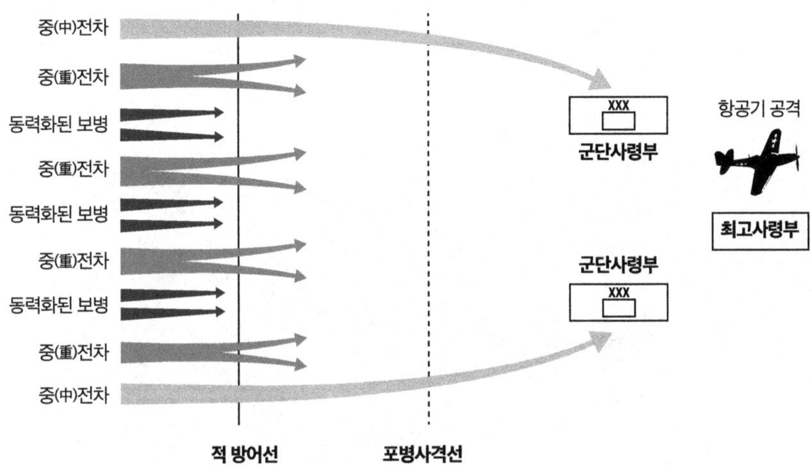

출처 J. A. English, J. Addicott & J. Kramers eds., *The Mechanized Battlefield*(Washington: Pergamon Brassey's, 1985), p. 27.

전술The tactics of the attack as affected by the speed and circuit of the Medium D tank"이라고 명명된 계획을 제출했다. 나중에 이 계획은 "결정적 공격 목표로서의 전략적 마비Strategic paralysis as the object of the decisive attack"로 명명되어 보고되었다. 풀러의 계획은 세 가지 요소로 이뤄져 있다. 첫째는 독일군 사령부가 예하 부대들을 통제하지 못하도록 중형전차와 항공기에 의한 신속한 공격이다. 둘째는 중전차, 보병, 그리고 포병에 의한 주공이 독일군 전선을 돌파하는 것이다. 마지막으로 셋째는 기병, 경전차와 차량화보병은 퇴각하는 독일군이 재편성이나 반격을 하지 못하도록 추격하는 것이다.[27]

이 계획은 이듬해 1919년 춘계공세의 청사진으로서 '작계 1919'로 명명되었으나, 그해 11월 독일의 항복으로 실현되지 못했다. 독일군은 이 계획을 철저히 연구하여 군사무기, 기술, 그리고 현대 전술의 다양한 개

---

27 David J. Childs, *A Peripheral Weapon?: The Production and Employment of British Tanks in the First World War*(Westport: Greenwood Press, 1999), p. 156.

캉브레 전투에서 독일군이 노획한 영국 전차. 1917년 11월 20일에 일어난 캉브레 전투는 최초로 전차가 집중 운용되어 그 돌파력을 과시한 전투였다.

선을 위한 토대로 활용했다. 풀러의 아이디어는 수천 대의 경·중·중형전차와 그것들을 생산해서 전방에 전개시켜 활용하는 방법과 시기를 연구한 캐퍼Capper와 엘리스Elles의 보고서 "전차 작전의 미래와 생산요구조건The future of tank operations and production requirements"을 비롯해 다른 많은 전차부대원들의 보고서에서 폭넓게 인용되었다.[28]

풀러는 조직을 격멸하는 두 가지 방법을 언급했다. 하나는 조직을 분산시키고, 다른 하나는 정상적으로 작동하지 못하게 만드는 것이다. 전쟁에서 전자는 적군을 살상하고 체포하여 무장해제시키는 육체의 전쟁이고, 후자는 적군의 지휘체제가 작동하지 못하게 하는 마비전이다. 전자는 적

28 http://en.wikipedia.org/wiki/Plan_1919(검색일: 2013. 8. 11.)

군에게 계속 경미한 부상을 입혀 결국에는 피 흘리며 죽게 만드는 것으로, 후자는 적의 뇌를 마비시키는 것으로 비유할 수 있다. 적의 뇌를 마비시키기 위한 풀러의 계획은 전차를 이용해 적의 방어선을 뚫고 보급선을 차단함으로써 적 지도부를 혼란에 빠뜨린 후 결정적으로 제거하는 것이다. 이 계획은 항공기의 지원과 전차가 기동할 수 없는 지역에서 동력화된 보병이 작전을 지원하는 것을 포함한다.

험담꾼들은 그의 계획의 문제점을 지적했다. 당시 그 계획을 실행하는 데 필요한 전차가 아직 장비되어 있지 않았고, 전쟁에 싫증이 난 영국인들이 그 계획을 수행하는 데 필요한 인력과 물자를 제공할 여유가 없었으며, 그리고 캉브레 전투가 개시되었을 때 독일 포병들이 부수적인 포병의 지원을 받지 않은 영국 전차들에 철저히 대항했다고 언급했다. 신형 40톤의 마크 VIII Mark VIII 전차는 1918년 후반기에 4,500대를 생산한다는 원대한 계획과 함께 제작 중이었다. 또한 영국은 이른바 '참호 전투기trench fighter'형의 항공기 1,400대를 생산한다는 계획을 갖고 있었다.[29]

'작계 1919'는 비록 실현되지는 않았지만, 현대전의 무기체계, 기술, 그리고 전술의 토대가 되었다. 미국은 풀러가 이 계획에서 언급한 중형 D전차를 기반으로 새로운 전차를 설계했고, 이를 통해 새로운 기동전을 실행할 수 있었다. 독일은 풀러의 '작계 1919'에 착안하여 제2차 세계대전에서 전격전을 창안했다. 이러한 전쟁의 유형은 전차부대와 근접항공지원을 사용해 적의 전선을 돌파하고 혼란을 야기하는 데 중점을 둔다. 이러한 형태의 전쟁은 근래에 들어서도 이라크 자유작전Operation Iraqi Freedom에서 미군에 의해 시현되었다.

풀러의 마비전 이론은 현대전에 이르기까지 전략사상의 발전에 큰 영향을 미쳤다. 그의 개혁적 주장은 영국에서 받아들여지지 않았으나, 그의 탁월한 안목은 오히려 적국인 독일이나 러시아에서 새로운 전략사상으로

29 앞의 글.

진화하면서 현대 전략사상의 중심 개념으로 지속되어오고 있다. 풀러의 기계화전 이론은 영국에서 위대한 전략사상가의 반열에 오르게 되는 리델 하트에 의해 발전되었다. 리델 하트와 풀러의 사상적 차이점은 전차의 중요성에 대한 인식에서 찾아볼 수 있다.

독일은 풀러의 마비전 사상을 받아들여 꽃을 피웠다. 풀러의 기계화전 이론은 제2차 세계대전에서 독일의 전격전 이론에 이용되었다. 독일의 구데리안은 제1차 세계대전에 참전하면서 기갑전의 잠재력에 호기심을 느껴 심취하면서 1920년대 풀러의 전차전 관련 서적을 탐독하기 시작했다. 그는 제1차 세계대전 종전 후 독일군에 잔류할 수 있었고, 이 기간에도 전차의 유용성에 대해 계속 흥미를 갖고 연구를 계속했다. 구데리안의 이론도 독일군과 정치인들의 저항에 부딪혔으나, 히틀러가 권력을 장악하면서 받아들여졌다. 구데리안은 1934년 전차대대 창설을 허락받았다. 그는

1943년 동부전선 전격전을 위해 쿠르스크에 투입된 독일군 전차 티거 I(Tiger I). 전격전은 공군의 지원 하에 전차가 주축이 된 기계화부대로 적의 제1선을 급속히 돌파하여 후방 깊숙이 진격함으로써 적을 양단시키고, 양단된 적 부대는 후속 보병부대로 하여금 각개 격파하도록 하는 전법으로, 독일군은 전격전을 1939년 폴란드 침공 시 처음 실시했다.

독창적인 전격전 사상을 발전시켰고, 1939년에 『경계, 전차Achtung, Panzer!』라는 이론서를 펴냄으로써 구체화했다. 동시에 1939년까지 5개 전차사단을 편성해 전력을 갖추기에 이르렀고, 9월 폴란드 침공 사령관으로서 대승을 이끌면서 전격전의 원형을 이룰 수 있었다.

풀러의 마비전 이론을 실질적인 이론으로 구상한 후 실전에 적용해 성공한 군인으로서 구데리안을 단연 최고로 꼽을 수 있을 것이다. 전체적으로 전격전은 독립된 어떤 교리가 있는 것이 아니라 전통적인 프로이센군의 기동전 및 포위섬멸, 그리고 제1차 세계대전 중에 오스카르 폰 후티어 장군이 고안한 후티어 전술에서 크게 벗어나지 않았다. 다만, 기동의 주체가 보병과 기병에서 전차, 장갑차, 항공기로 바뀌었을 뿐이다.

전격전의 절차는 우선 급강하 폭격기나 일반적인 폭격기로 적의 항공세력, 주요 거점을 폭격하여 적의 통신망 및 보급로를 차단하고, 공수부대를 전선 후방에 강하시켜 주요 통로를 확보하며, 동시에 아군의 종심지역에서 포병이 동원 가능한 화력을 집중한다. 그리고 전차를 집중시킨 기갑사단이 적 방어선을 돌파하여 공수부대와 연계한다. 이어서 선두 기갑부대가 계속 진격하는 동안, 일반 보병사단이 후방에 남겨진 적의 잔여 병력을 소탕하고 도시를 점령한다. 독일군은 이와 같은 기동성을 중시한 전술로 제2차 세계대전 초기에 (폴란드 전역과 서부 유럽 전선 중 프랑스 전역에서) 기계화전에 대비하지 않은 폴란드군과 프랑스군을 무참히 박살냈으나, 단순한 종심방어 대신 기동화된 예비부대를 운용하면서 돌파한 선두집단의 역량이 소모되는 시기에 맞춰 역습당하는 경우 보급선 두절로 인해 전략예비부대를 소모해버릴 위험성이 있었다. 이는 제2차 세계대전 말기 독일군의 역습 실패(쿠르스크 전투Battle of Kursk, 벌지 전투Battle of the Bulge)에서 확인할 수 있다.[30]

러시아에서 풀러의 마비전 사상은 종심전투이론으로, 그리고 현대에 들어서 작전기동군Operational Maneuver Group, OMG 전술로 발전했다. 투하체프스키는 풀러의 저서인 『전쟁의 개혁』을 러시아어판으로 소개하면서 서문에 "풀러의 위대한 점은 과거 경험만을 연구한 것이 아니라, 기술적인 진보에 발맞추어 미래 전쟁에서 효율적으로 운용될 지상군 구조와 장비의 방향을 제시한 데 있다"[31]고 소개했다. 그리고 풀러의 기계화전 이론을 다음과 같이 평가했다. "풀러는 적 후방에서의 전차 운용에 대해 각별한 관심을 가졌다. 이는 정면에서의 동시적인 공격과 조화를 이루어 현대전의 성격을 더욱 역동적이고 결정적인 것으로 만들 것이다. 이를 위해 후방 지경선으로의 우회기동 및 측후방 공격, 완전한 돌파, 그리고 종심 깊은 지역에서 전차로 운반된 강습부대의 기관총 공격 등이 필요하다."[32]

종심전투이론은 1920~1930년대에 소련에서 연구되었고, 미하일 투하체프스키에 의해 1936년에 완성되었다. 소련이 풀러의 기계화전 이론을 받아들이게 된 배경은 제1차 세계대전이 종료된 이후 조성되었다. 제1차 세계대전에서 패전한 독일은 베르사유 조약 때문에 군사력 건설에 제한을 받았다. 이러한 가운데에서 독일은 소련과 비밀군사조약을 체결했다. 소련도 혁명 과정을 거치면서 유능한 장교들은 숙청되거나 외국으로 망명했다. 독일과 소련은 상호 협조할 수 있는 여건이 조성되었다. 1922년 라팔로[Rapallo]에서 양국은 비밀군사조약을 체결했다. 독일은 소련 측에 선진군사기술과 간부 훈련을 제공해주고, 소련은 그 대가로 소련 영토 내에서 독일이 개발한 무기나 새로운 전술 등을 시험하고 훈련할 수 있는 공간을 제공해주었다. 독일은 훈련장을, 소련은 독일장교단으로부터 선진군사전략을 전수받는 계기가 되었다. 이러한 상황에서 투하체프스키는 풀러의 사상을 적극적으로 받아들였다.

그러나 투하체프스키가 스탈린에게 숙청당한 후 전차군단은 해체되었고, 이후 소련은 제2차 세계대전에서 개전 초기 참담한 패배를 당했다. 소련은 1942년 일반참모부 훈련 제3호를 통해 종심전투교리의 부활을 의

---

30 http://ko.wikipedia.org/wiki/%EC%A0%84%EA%B2%A9%EC%A0%84(검색일: 2013. 1. 11.)

31 J. F. C. Fuller, *Reformation of War*, preface.

32 Richard E. Simpkin, *Race to the Swift*(New York: Brassey's Defense Pub., 1985), pp. 132-133.

미하는 지시를 하달했다. 이어서 전차의 생산량을 늘리고 대규모 기갑군을 편성했으며, 1943년 6개 전차군단은 반격작전 단계에서 주도적 역할을 수행했다. 현대에 들어서 소련은 1970년대 초부터 핵을 사용하지 않는 재래식 전쟁에서 승리를 보장할 수 있는 수단을 다시 진지하게 연구하기 시작했다. 작전기동군OMG 전술의 탄생에 가장 큰 공헌을 한 인물은 1977년부터 1984년까지 소련군 총참모장을 지낸 오가르코프N. V. Ogarcov 원수이다. 작전기동군 전술은 소련이 나토군을 무력화시키기 위해 개발한 전술로 전차, 장갑차 등 고도의 기동력 있는 장비 위주의 부대를 편성해 돌파, 전과 확대, 추격 작전에서 높은 효율을 보인 전술이었다. 이 전술은 핵전쟁을 제외한 재래식 전쟁과 제한 핵전쟁 상황에서의 공세작전을 전제로 했다. 이에 대응하기 위해 미국은 공지전투Air-Land Battle를 개발했다.

풀러의 마비전 사상은 20세기의 전장에서도 그 맹위를 떨쳤다. 제3차 중동전(6일 전쟁)에서 이스라엘의 탈Israel Tal 기갑사단장은 훈시를 통해 적의 측방이나 후방의 위협을 고려하지 말고 돌진하여 가능한 한 적진 깊숙이 돌진하여 목표를 지형이나 적 병력 등의 유형적인 것에 두지 말고 사기, 즉 심리적 요소에 둘 것을 강조했다. 이스라엘군은 목표를 적의 조직체제와 전투의지를 파괴하는 데 두었다. 제4차 중동전에서도 제3차 중동전의 교훈에 따라 화력으로 이스라엘군을 격파하려는 이집트군의 소모전에 대항하여 작전적 수준의 기동을 통해 작전적 승리를 거둘 수 있었다.

3. 리델 하트의 전략사상

기계화전 이론에 있어서 리델 하트는 풀러의 제자라 할 수 있으나, 다소의 논란 속에서도 20세기를 빛낸 최고의 군사사상가로 자리매김하고 있다. 일생을 전쟁이나 군사 리더십, 그리고 군사사 연구에 바친 군사적 천재로서의 자질은 인정해줘야 할 것이다. 그는 1954년 30대 중반의 나이에 발간한 불후의 역작 『전략론』의 초판본이라고 할 수 있는 『역사상 결정적 전쟁』을 저술하면서 이미 전략사상의 정수인 대전략과 간접접근전략에 대한 이론을 정립했다. 그는 1930년대 중반 제2차 세계대전으로 치닫는 국제정세 속에서 영국의 대륙에 대한 개입을 반대하고 히틀러에 대한 유화정책을 주장하면서 이후 제2차 세계대전의 발발로 하루아침에 명성을 잃어버리는 위기를 맞기도 했다. 그러나 전후 국제정세에 대한 탁월한 안목과 대량보복전략에 대한 비판 등 그의 왕성한 저술활동과 저널리스트로서의 활발한 활동을 통해 다시 위대한 군사사상가로서의 명성을 회복했다.

(1) 연구 방법

리델 하트는 위대한 군사사상가의 반열에 오르기까지 역사상 위대한 사상가들로부터 영감을 받아 그의 독특한 전략이론체계를 정립한 것으로 보인다. 리델 하트에게 영향을 준 군사사상가로는 동양 군사사상의 정수를 보여준 손자, 리델 하트 이전 세기의 위대한 군사사상가 클라우제비츠, 그리고 동시대를 살았던 풀러 등이 있다.

리델 하트는 자신의 명저 『전략론』의 서문에 인용한 16개의 명구 중에서 『손자병법』의 명구를 12개나 인용했다. 시계편始計篇의 병자궤도兵者詭道[33], 작전편作戰篇의 부병구이국리자 미지유야夫兵久而國利者, 未之有也[34], 모공편謀攻篇의 부전이굴인지병不戰而屈人之兵[35], 병세편兵勢篇의 범전자이정합 이기승凡戰者以正合 以奇勝[36], 허실편虛實篇의 출기소불추 추기소불의出其所不趨 趨其所不意[37], 진이불가어자 충기허야 퇴이불가 속이불가급야進而不可御者 沖其虛也 退而不可追者 速而不可及也[38] 등이 바로 그것이다. 이를 통해 그가 얼마나 『손자병법』에 심

---

33 전쟁은 속이는 것이다.

34 장기전을 해서 그 나라가 이익을 보았다는 예는 아직 본 적이 없다.

35 싸우지 않고서 적의 군대를 굴복시키는 것이 최상의 전략이다.

36 전쟁을 하는 자는 정석의 원칙으로 대적하고 기술적인 변칙으로 승리한다.

37 적병이 급히 추격하여 출격할 수 없는 장소로 진격하라. 적병이 급히 추격하여 출동할 수 없는 의도하지 못한 장소를 공격하라.

38 아군이 진격할 때 적이 방어할 수 없는 것은 적의 허점을 공격하기 때문이다. 아군이 후퇴할 때 적이 추격할 수 없는 것은 아군의 후퇴하는 속도가 빨라서 적이 급히 추격할 수 없기 때문이다.

취했었는지를 미루어 짐작할 수 있다.

리델 하트가 간접접근전략이론을 형성함에 있어서 『손자병법』으로부터 구체적으로 어떻게 영향을 받았는지 밝혀진 것도 없고 본인도 그 점에 대해서는 부인했다고 한다. 그러나 군쟁편軍爭篇의 선지우직지계자승先知迂直之計者勝[39]은 간접접근전략의 사상과 그 맥락을 같이한다. 우직지계迂直之計의 근본 개념은 적이 미처 예기치 못한 곳으로 나아가되 적이 방비하고 있지 않은 곳으로 나아가는 간접접근 사상과 같은 의미이다. 모름지기 병법이란 상대의 허점을 알아내고 교란시켜서 적을 오판에 빠뜨려 승리를 얻어내는 것이다. 『손자병법』은 리델 하트의 전략사상에 곳곳이 스며들어 현대 전략사상으로 재탄생한 셈이다.

두 번째로 리델 하트는 클라우제비츠에 대한 비판자로 널리 알려져 있다. 그의 클라우제비츠에 대한 비판이 타당한지의 여부를 떠나서, 그는 클라우제비츠에 대한 비판을 통해서 나름대로의 전략사상을 구축했다고 볼 수 있다. 그는 클라우제비츠를 비판하면서 수많은 역비판을 받았고 논란의 대상이 되었다. 클라우제비츠의 사상을 왜곡했다는 비판을 받기도 했으나, 결국 그 당시 많은 군사사상가들이 클라우제비츠의 사상을 잘못 이해하고 있음을 지적했다는 점에서 평가받아야 할 것이다.

리델 하트는 클라우제비츠를 "총력전의 사도", "군사사상의 사악한 천재", 그리고 "공세와 대량살상의 원흉"으로 신랄하게 비판했다. 리델 하트의 견해에 따르면, 클라우제비츠와 그의 신봉자들은 제1차 세계대전의 대학살에 책임이 있다고 했다. 이후 그는 클라우제비츠에 대한 비판의 강도를 줄이면서 세계대전의 대재앙 책임을 클라우제비츠에게 돌리기보다는 난해한 『전쟁론』을 잘못 해석한 사도使徒들에게 돌렸다. 그의 이러한 비판은 클라우제비츠에 대해 선택적으로 비판적이었던 모드Frederick Stanley Maude의 견해에 따른 것이었다. 모드는 제1차 세계대전의 길목에서 전쟁에 대

---

39 가까운 길을 먼 길인 듯 가는 방법을 적보다 먼저 아는 자가 승리를 거둔다.

비한 유럽 군대들의 준비태세는 클라우제비츠의 견해에 따른 것이라고 주장했다. 리델 하트에 대한 비판자들은 그가 클라우제비츠의 저술이 미친 영향을 과대평가한 것으로 보았다. 리델 하트는 몰트케의 성공과 클라우제비츠에 대한 칭송이 복음이 되어서 전적으로 진리로 받아들여지면서 모든 군인들이 따르려 했으나, 정확히 소화한 사람은 없었다고 보았다.[40]

그는 전쟁에 대한 도덕적·심리적 관점에서 클라우제비츠를 신뢰하면서 유용할 때는 인정하기도 했다. 그 예로, 자신이 제2차 세계대전 이전에 주장했던 방어우위사상을 정당화하기 위해 1951년에 그는 클라우제비츠의 방어에 대한 견해를 받아들이면서 비판에서 한 발 물러섰다. 그럼에도 불구하고 그는 제1차 세계대전의 책임을 클라우제비츠에게 돌리면서, 매우 난해한 접근과 추상적 일반화가 사람들을 실수하게 만들었다고 했다.[41]

리델 하트의 클라우제비츠에 대한 비판과 이에 대한 역비판은 다섯 가지로 정리할 수 있다. 첫째, 리델 하트는 절대전과 상비군 이론에 대해 반대했다. 이에 대해 역비판자들은 절대전이란 철학적 관념이고, 상비군이란 클라우제비츠의 영감에 의한 산물이기보다는 역사적 실체라고 반박했다. 둘째, 리델 하트는 전략적 목표는 적 군사력의 섬멸이어야 한다는 클라우제비츠의 주장에 반대했다. 이에 대해 역비판자들은 클라우제비츠가 강조한 것은 목표이나, 『전쟁론』에서 '무게중심center of gravity'에 대한 그의 논의의 초점이 사회적·정치적·역사적 환경에 따라 달라질 수 있는데, 리델 하트는 이를 간과하고 있다고 반박했다. 셋째(이 문제는 '무게중심'의 개념과 관련이 있는데), 리델 하트는 클라우제비츠의 주력 섬멸 주장에 반대했다. 그는 독일군이 이러한 처방에 집착했기 때문에 프랑스 서부전선의 고착과 소모를 초래한 반면, 영국군이 동부전선의 살로니카Salonika, 갈리폴리

---

40 Christopher Bassford, *Clausewitz in English: The Reception of Clausewitz in Britain and America, 1815-1945*(New York: Oxford University Press, 1994), Chapter 15.

41 앞의 책, Chapter 15.

Gallipoli, 그리고 시리아Syria 전투에서 동맹군Central Power의 약한 측면을 타격하려 한 것은 보다 더 창의적이었다고 믿었다. 그러나 영국군 사상자의 3분의 1이 살로니카, 갈리폴리, 그리고 시리아 전투의 실패로 발생했다는 사실에도 불구하고 리델 하트는 그의 견해를 단념하지 못했다. 역비판자들은 리델 하트가 무게중심 개념에서 혼동했다고 주장했다. 넷째, 리델 하트는 클라우제비츠를 집중의 구세주Mahdi of mass라고 부르면서 그가 전략을 압도적인 병력으로 적을 곤봉으로 때려 숨지게 하는 단순한 행동으로 전락시켰다고 했다. 이에 대해 역비판자들은 클라우제비츠가 언급한 수적 우세는 특별한 교전 상황에서 많은 요소들 중의 하나라고 반박했다. 다섯째, 리델 하트는 클라우제비츠가 전쟁에 초점을 둠으로써 전후의 평화를 손상시켰다고 불평했다. 이에 대해 역비판자들은 클라우제비츠가 『전쟁론』에서 논한 것은 정책이 아니라 전쟁이라고 반박했다.[42]

리델 하트는 클라우제비츠에 대한 비판으로 논란을 불러일으켰고, 이로 인해 자연스럽게 역비판을 받으면서 명예가 실추되기도 했다. 그러나 확실한 점은 리델 하트가 클라우제비츠에 대한 비판을 통해 자신의 전략사상체계를 정립해나갔다는 것이다. 클라우제비츠에 대한 비판이 고스란히 클라우제비츠와는 다른 관점의 대전략이나 간접접근전략이론으로 형성되면서 군사사상가로서 큰 족적을 남기게 되었다.

리델 하트는 말년에 클라우제비츠에 대한 비판의 강도를 낮추면서 클라우제비츠를 최고의 전략사상가로 인정했다. 리델 하트는 1960년대에 프린스턴Princeton에서 조직된 클라우제비츠 연구회Clausewitz Project에 참여했다. 연구 결과는 리델 하트의 사후인 1976년에 마이클 하워드Michael Howard와 피터 파레트Peter Paret가 번역한 『전쟁론On War』으로 발간되었다. 그의 뒤늦은 참여로 클라우제비츠에 대한 그의 평가에는 큰 변화가 없었다. 그는 여전히 클라우제비츠 비판가로 남았다. 1962년 피터 파레트는 클라우제

42 앞의 책, Chapter 15.

비츠 연구 및 저술을 위한 연구보조금을 지원해달라는 서신을 리델 하트에게 보냈다. 리델 하트는 이를 정중하게 받아들이면서 피터 파레트에게 다음과 같은 서신을 보냈다.

"나는 '클라우제비츠는 재래식 전쟁에 대한 현존 교리를 제시한 가장 지적인 스승들 중 한 사람이다'라는 당신의 설명에 답하고자 한다. 나는 당신이 어떻게 모든 지적인 스승들 중에서 그를 최고의 위치에 놓을 것인지에 대해 큰 관심을 갖고 있다."[43]

끝으로 리델 하트의 사상 형성에 미친 풀러의 영향은 절대적이었다. 기계화전 이론에 있어서 풀러는 리델 하트의 스승이었다. 두 사람은 많은 공통점을 가졌다. 둘 다 제1차 세계대전의 경험을 깊이 받아들이고 기계화전의 신봉자가 되었으며, 제2차 세계대전 기간 동안에 명성을 잃어버렸다. 그리고 예편한 이후 저널리스트로 살았다. 그리고 말년에 국내외적으로 명성을 회복한 것까지도 두 사람은 같았다.

리델 하트가 장차전에서 전차가 결정적인 무기의 한 부분이 될 것이라는 견해를 갖게 된 것은 1920년에 시작된 풀러와의 만남이 계기가 되었다. 풀러는 전차부대의 참모장으로 있을 때 '작계 1919'를 수립했다. 리델 하트는 "암흑 속의 병사"라는 논문에 대한 논평을 풀러에게 부탁하면서 서신 왕래를 시작하게 되었다. 풀러는 기병의 무용론을 주장하면서 장차 전차가 주요 추적무기가 될 것이라고 강조했다. 리델 하트는 풀러와의 만남을 통해 그동안 보병에 대한 확신에서 물러나면서 풀러의 탁월함을 인정했다.

"당신은 기계화의 선구자입니다. 그리고 나의 전향은 1918년에 시작해서 1920년에 완성되었습니다. 그때까지 나는 본래 보병전술학 분야의 개척자였고 기계화전은 거의 연구하지 않았습니다. 나는 금세기 군사사상에 적용된 지성 중에서 당신의 지성이 가장 심오한 것이라고 오랫동안 생

---

43 Christopher Bassford, *Clausewitz in English: The Reception of Clausewitz in Britain and America, 1815-1945*; Liddell Hart Papers, Paret to Liddell Hart, 11 January 1962; reply, 19 January 1962.

각해왔습니다."[44]

1922년 이후 리델 하트는 전차가 군사 발전의 주요 기준이 될 것이라는 기계화의 복음을 풀러와 함께 했다. 그러나 두 사람은 기계화 개념에 있어서 차이가 있었다. 풀러는 전차가 미래 전장을 지배할 것이며, 보병은 단지 전차가 획득한 지역을 점령할 뿐이라고 주장한 반면, 리델 하트는 더욱 기동적인 유형의 보병, 소위 '전차해병'이 신속하게 강한 방어지점을 뚫는 데 도움을 주기 위해 장갑부대와 전차가 공동작전을 할 필요가 있다고 일관성 있게 주장했다. 즉, 풀러는 전차 일색의 육군 발전에 관심을 갖은 반면, 리델 하트는 모든 지원무기를 탑재한 장갑차량과 전차들이 함께 따라다니는 완전 기계화된 육군을 선호했다.[45]

리델 하트는 위대한 군사사상가들과 전략사상의 변하지 않는 본질을 교감했다. 손자로부터 변함없는 전략사상의 정수를 받아들이고, 클라우제비츠의 절대전에 대한 비판으로부터 간접접근전략과 대전략의 이론을 구체화했다. 그리고 풀러로부터 간접접근전략을 수행할 수 있는 기계화전 이론을 정립하고 간접접근전략의 수행방법을 이끌어냈다.

(2) 이론체계: 대전략과 간접접근전략

리델 하트는 『전략론』이라는 역작을 통해 그의 전략이론체계를 정립했다. 이 책은 기원전 5세기부터 제2차 세계대전에 이르기까지 방대한 전쟁사 연구를 담고 있으며, 마지막 4부에 전략과 대전략의 이론체계를 정립해 제시하고 있다. 리델 하트는 전략의 체계를 대전략grand strategy, 전략strategy, 전술tatics이라는 위계 서열적 관계로 보았다.

리델 하트는 1920년대 중반에 대전략에 흥미를 느꼈고, 이러한 흥미는 제2차 세계대전이 발발하기까지 지속되었다. 이 시기에 리델 하트는 풀러

---

44 브라이언 본드, 주은식 옮김, 『리델 하트 군사사상 연구』(서울: 진명문화사, 1994), pp. 38-41.

45 앞의 책, p. 40.

와 달리 기계화전에 대한 연구를 더 이상 진척시키지 않았다. 유럽 대륙에서의 전쟁 위협에 항상 주목한 리델 하트는 이러한 위협으로부터 기계화전 이론에 기반을 둔 이른바 전격전이 세계대전을 피할 수단이 될 수 있을 것인지에 대해 의구심을 품게 되었다. 리델 하트는 1925년에 발행된 『파리 또는 전쟁의 미래Paris, or the Future of War』라는 책에서 절대전적인 사상을 밝힌 클라우제비츠와 코르시카 섬의 흡혈귀라며 나폴레옹을 비난하면서 대전략의 개념을 탐구했다.[46] 리델 하트는 전략의 정의를 재정의하면서 클라우제비츠의 "전쟁 목적을 달성하기 위한 수단으로서 모든 전투를 운용하는 술"이라는 정의를 받아들였다. 그러나 이 정의의 문제점은 첫째 전쟁 수행의 상위 개념인 정책 분야를 침범한 점, 둘째 순수한 '전투만이 전략 목적을 위한 유일한 수단'이라는 것을 내포한 점이라고 지적했다. 아울러 그는 후자에 대해서 클라우제비츠만큼 사려 깊지 않은 그의 제자들이 목적과 수단을 혼동하고 전쟁에서의 모든 고려사항을 결정적 전투에 종속시켜야 한다는 결론에 도달할 위험이 있다고 지적했다.[47]

리델 하트는 전략이론체계의 최상위에는 대전략이 위치하는 것으로 보았다. 대전략은 전쟁 목표를 지도해야 할 '더욱 근본적인 정책'과는 구분되지만, 전쟁 수행을 지도하는 정책과 실질적인 동의어로서 '집행 중인 정책'이라는 의미를 갖는다. 근본적 정책에 의해 정의된 전쟁의 정치적 목적을 달성하기 위해 한 국가 또는 여러 국가의 자원을 조정하고 지향하는 것이 대전략의 역할이기 때문이다.[48]

리델 하트는 대전략의 역할을 보다 구체적으로 설명하고 있다. 첫째, 대전략은 전투부대를 지원하기 위해 국가의 경제 자원이나 인적 자원을 산

---

46 존 J. 미어샤이머, 주은식 옮김, 『리델 하트 사상이 현대사에 미친 영향』(서울: 홍문당, 1988), pp. 110-112.

47 바실 리델 하트, 주은식 옮김, 『전략론』(서울: 책세상, 1999), p. 451.

48 앞의 책, p. 455.

출 및 개발해야 한다. 둘째, 여러 군종 간 그리고 군과 산업 사이에서 자원의 배분을 규정해야 한다. 셋째, 적의 의지를 약화시키기 위한 경제적·외교적 그리고 아주 중요한 도덕적 압력을 가해야 한다. 결론적으로 전략의 영역은 전쟁에 한정되어 있으나, 대전략은 전쟁의 한계를 넘어 전후 평화까지 연장된다고 보았다.[49]

제1차 세계대전과 전쟁 이후의 평화 시기에도 보다 더 나은 평화보다는 참혹함을 목도한 리델 하트는 전쟁 이후 평화를 보장하기 위해 전쟁수단을 규제해야 한다고 보았다. 클라우제비츠가 전쟁의 본질을 용병의 수준에서 제기한 적의 격멸에 대한 주장을 신랄하게 비판한 그는, 대전략을 비참한 평화를 방지할 수 있는 합리적인 해결책으로 제시했다.

리델 하트는 전후의 평화를 다시금 강조했다. 그는 전쟁은 이성에 역행하는 것, 즉 합의에 실패했을 때 무력으로 분쟁을 해결하려는 방법으로 보았다. 그러나 전쟁 목적을 달성하기 위해서는 전쟁 수행을 이성으로 통제해야 한다고 강조했다. 그는 그 이유를 다음과 같이 제시했다. 첫째, 싸움은 물리적 행동이나, 싸움의 향방은 심리적인 과정에 속한다. 전략이 우수하면 치러야 할 대가는 적어진다. 둘째, 반대로 힘을 낭비하면 전세 역전의 위험이 증대한다. 설사 승리한다고 하더라도 전후 평화 상태를 이용할 수 있는 힘이 감소한다. 셋째, 적에게 가혹하면 감정은 악화되고, 더 많은 저항을 극복해야 한다. 쌍방이 백중할수록 극단적인 폭력을 피하는 것이 현명하다. 넷째, 이러한 계산은 더 멀리 적용되는데, 자기 뜻대로 강화를 체결하려고 하는 의도가 엿보일수록 진로상의 장애물은 더욱 단단해진다. 다섯째, 더 나아가 군사적 목적에 이르렀을 때, 패자에게 많은 것을 요구할수록 승자의 곤란은 증대한다.[50]

리델 하트는 전쟁 이전보다 전쟁 이후의 상태가 더 평화로운 것이 참다

---

49 앞의 책, pp. 455-456.

50 앞의 책, pp. 498-508.

운 의미에서의 승리라고 했다. 따라서 목적은 수단에 따라 조절되지 않으면 안 된다. 그는 평화 교섭을 통해 영속적 평화를 위한 더욱 훌륭한 기반을 제공한 적이 많았음을 강조했다.

리델 하트는 1929년 『역사상 결정적 전쟁』에서 이른바 간접접근이론이나 전략으로 불리는 사상을 정립했다. 리델 하트는 그의 사학적 연구 결과들을 제1차 세계대전의 잘못된 행위로부터 도출한 교훈들과 서로 엮어서 그의 간접접근전략을 만들었다. 역사에서 교훈을 얻어야 한다고 굳게 믿은 그는 다음과 같은 비스마르크의 격언을 인용하길 좋아했다. "바보들은 자신의 경험에서 배우지만, 나는 항상 다른 사람들의 경험에서 배우려고 노력했다."[51]

> "적을 향해 '자연스럽게 기대되는 선'을 따라 정신적 · 물질적 목표에 직접 접근하는 것은 여태까지 부정적인 결과들을 낳는 경향이 있었고 … 자연스럽게 기대되는 선을 따라 이동하는 것은 적의 평형을 공고히 하고 그것을 굳힘으로써 적의 저항력을 증폭시키는 것이다. … 모든 결정적인 전투에서 적의 심리적 · 물질적 균형을 혼란시키는 것이 전복을 성공적으로 시도하는 극히 중요한 서곡이었다는 점을 지적한다. 이 혼란은 고의적이건 뜻밖이건 간접접근전략에 의해 만들어졌다.
>
> 간접접근방법의 기술은 숙달할 수 있고, 그것의 전 영역은 전사戰史 연구와 사색에 의해 올바르게 인식될 수 있다. … 우리는 적어도 하나는 부정적이고 다른 하나는 긍정적인 2개의 단순한 교훈을 도출할 수 있다. 첫째는 어떤 장군도 그의 부대로 하여금 견고하게 위치한 적을 직접 공격하게 하는 것은 정당화되지 않는다는 것이다. 둘째는 직접 공격하여 적의 평형을 전복시키려고 하기 전에 적이 전복된 상태여야 한다. 속도와 융통성의 결합으로 기계화된 병력은 과거에 어떤 육군이 할 수 있었던 것보다 훨씬

---

51 브라이언 본드, 주은식 옮김, 『리델 하트 군사사상 연구』, pp. 54-55.

더 효율적으로 이 이중적인 행동을 추구하는 수단을 제공한다."[52]

리델 하트가 간접접근전략을 발전시키게 된 배경에는 그가 영국인이라는 사실이 작용했을 것이다. 그는 제1차 세계대전 이후 영국이 대륙의 문

〈그림 7-2〉 간접접근전략의 체계도

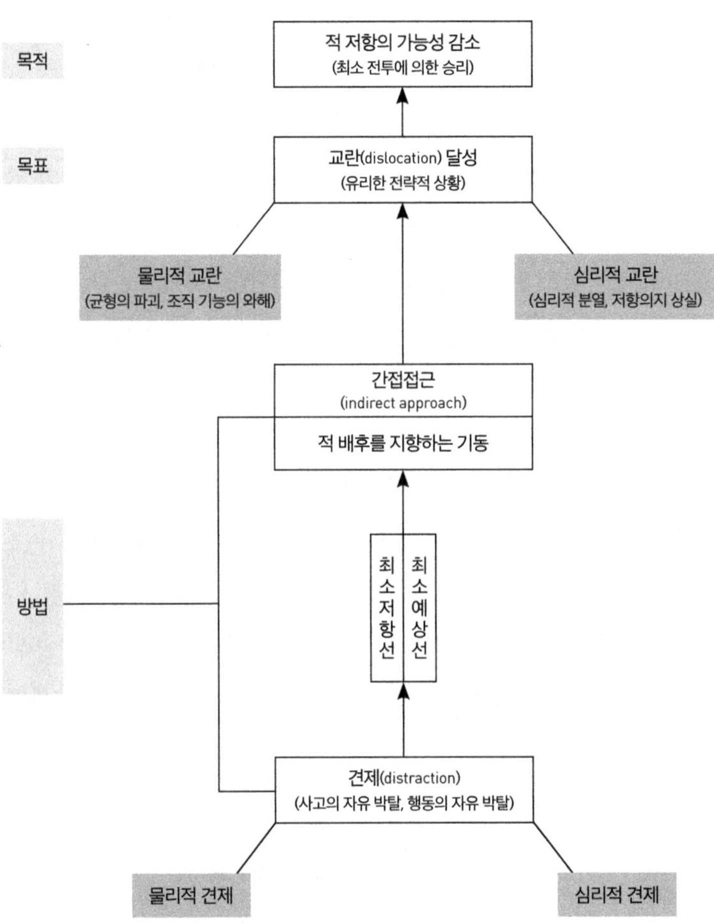

출처 육군대학, 『교육 참고(육대) 4-11-1 전략연구(전략사상)』(1985. 8. 30.), p. 265.

52 앞의 책, pp. 67-68 재정리.

제에 개입해 지상군을 투입해서는 안 된다는 전략적 태도를 보였다. 그의 이러한 태도는 기계화전 이론이나 그의 탁월한 군사적 연구에서 엿볼 수 있다. 그의 간접접근전략 혹은 간접접근이론체계에는 다소 모호함[53]이 존재한다. 국제정치학자 존 미어샤이머John J. Mearsheimer는 간접접근전략 혹은 간접접근이론의 용어 사용에 있어서도 "간접접근은 전략의 문제가 아니라 대전략 문제와 동일하다고 간주하여 간접접근이론이라는 용어를 사용하겠다[54]"고 했다. 리델 하트가 『전략론』에서 간접접근에 관련한 이론을 대전략을 설명하고 난 후 전략에서 다루고 있기 때문이다.

리델 하트는 대전략의 낮은 차원에서의 적용을 전략, 즉 순수 전략 또는 군사전략의 영역으로 보았다. 대전략은 전쟁의 한계를 넘어 평화의 영역으로 연장되었으나, 전략은 전쟁의 영역에 한정되어 있다고 보았다. 전략이란 "정책 목적을 달성하기 위해 군사적 수단을 분배하고 적용하는 술"로, 부대의 이동과 그 효과에 연관된다. 군사적 수단이 실제로 전쟁의 영역에 적용될 때 군사적 수단의 배치나 직접 행동의 통제를 전술이라고 부른다. 이 두 요소는 분리할 수 없고, 상호 영향을 준다.[55]

리델 하트는 전략이론체계에서 용병술이라는 기초 위에서 전략의 개념을 구축하고자 했다. 전략의 성공은 오직 목적과 수단과의 계산이나 조정에 달려 있기에 지나침은 미치지 못함과 같이 해로울 수 있다고 했다. 그리고 '전략의 목적'은 '저항의 가능성을 감소시켜 최소의 전투로 승리'하는 것으로 보았다. 최소의 전투로 승리하기 위해서는 전투를 추구하기보

---

53 이런 모호함에 대해서는 브라이언 본드도 다음과 같이 말했다. "방법론의 측면에서 '간접접근'의 역사적인 기초는 정말 안전하지 않았다. 리델 하트의 역사접근방법은 과학적이라기보다는 직관적·취사선택적이었다. … 리델 하트의 가장 박식한 비평가인 스펜서 윌킨슨(Spencer Wilkinson)은 그의 연구가 사적(史的)이기보다 공리공론적이라고 평하면서 리델 하트의 해석이 모호한 많은 중요한 사례들(1866년과 1870년의 몰트케의 전역과 같은 것)을 지적했다. 브라이언 본드, 주은식 옮김, 『리델 하트 군사사상 연구』, pp. 69-70.

54 존 J. 미어샤이머, 주은식 옮김, 『리델 하트 사상이 현대사에 미친 영향』, p. 111.

55 바실 리델 하트, 주은식 옮김, 『전략론』, pp. 454-455.

다는 오히려 '전략적으로 유리한 상황을 조성'해야 한다. 저항의 가능성을 감소시키기 위해 기동 및 기습의 요소를 이용한다. 기동은 물리적 영역에 속하며 시간, 지형, 수송력 등을 고려해야 한다. 그리고 기습은 심리적 영역에 속하며 항상 경우에 따라서 변해서 물질적 영역보다 훨씬 더 계산하기 어렵다. 따라서 적의 의지에 영향을 미치기 쉬운 많은 조건의 계산에 의존한다. 이 두 요소는 상호작용한다.[56]

전략의 목표는 '적을 교란시키는 것'이라고 강조했다. 전략적 교란은 물리적 교란과 심리적 교란으로 달성할 수 있다. 먼저 물리적 교란은 적의 배치를 혼란시켜 적에게 급거 정면 변경을 강요함으로써 적 병력의 배치와 조직을 교란시키고, 적 병력을 분리시키며, 적의 보급을 위기에 처하게 하고, 필요에 따라 철수하게 만들거나 기지나 본국 내 거점을 재구축하는데 이용할 수 있는 도로와 도로망을 위협하는 것 등이다. 이러한 위협을 효과적으로 하기 위해서는 전략적 기동이 요구된다. 다음으로 심리적 교란은 물리적 효과가 적 사령관의 마음에 영향을 미쳐 기본적으로 '함정에 빠졌다는 느낌'이 들 때 발생하거나 적 배후에 대해 물리적 행동을 가한 직후에 가장 많이 발생한다.[57]

리델 하트는 이처럼 적전선의 측면을 우회하여 적의 배후를 지향하는 기동은 도중에 예상되는 적의 저항을 회피하는 것만을 목적으로 하는 것이 아니고, 나아가 그 결과에 목적을 두고 있다고 강조했다. 이는 물리적으로는 '최소저항전'을 취하는 것이고, 심리적으로는 '최소예상선'이 된다. 이 양자가 결합되었을 때만이 전략은 적의 균형을 교란하도록 계산된 진정한 '간접접근방식'이 된다.[58]

그는 적의 균형을 교란하기 위해서 먼저 견제가 필요하다고 강조했다.

---

56 앞의 책, pp. 456-460.

57 앞의 책, pp. 460-462.

58 앞의 책, pp. 462-464.

견제의 목적은 적으로부터 행동의 자유를 박탈하는 것이다. 견제도 물리적·심리적 견제로 나뉘는데, 물리적 견제는 '적 병력의 분산' 또는 '적 주력의 무익한 목적 방향으로의 일탈'을 유발해야 한다. 심리적 견제는 적 사령관의 공포심을 유발하거나 기만하여 사고의 자유를 잃게 만들어야 한다. 심리적인 측면에서 기습은 교란을 위한 필수요소이다. 따라서 항상 군은 그 개개의 부분이 서로 지원하고 한 지점에 대해 가능한 한 최대로 집중할 수 있도록 분산되어야 하며, 한편 그 집중을 성공시키기 위한 준비로 최소한의 병력이 다른 장소에 운용된다.[59]

전략의 집행 과정에서 염두에 두어야 할 기본적인 사항이 두 가지 있다. 하나는 모든 원칙은 동전의 양면과 같은 양면성을 갖는다는 것이다. 적을 효과적으로 타격하기 위해서는 적의 경계심을 이완시켜야 한다. 그리고 역설적이지만 참다운 집중은 분산의 산물이다. 다른 하나는 대용목표를 갖는 것이다. 어떤 계획이라도 그것이 실질적인 것이 되려면 그것을 좌절시키려는 반대쪽의 힘을 고려해야 한다. 그러한 적응성을 갖기 위해 가장 좋은 방법은 주도권을 확보하면서도 대용목표를 제공하는 노선을 따라 작전하는 것이다. 그래야 적을 딜레마의 상황으로 몰아넣고 적어도 한 개의 목표를 확실히 장악할 수 있을 것이다.[60]

리델 하트의 간접접근전략을 작전적 수준에서 적용할 때 중요한 관심사는 어떠한 작전선을 선택할 것인지에 대한 대용목표의 문제와 목표로서의 적 병참선 차단의 문제일 것이다. 먼저 대용목표를 제공하는 작전선을 취하는 경우, 아군이 여러 개의 목표 중에서 자유롭게 선택해 목표들을 지향하면 적은 어느 것을 방호해야 할지 몰라 궁지에 빠지게 되고, 그렇게 되면 결국 아군은 의도한 목표를 달성할 수 있게 된다. 중요한 점은 아군의 기동을 적이 눈치 채면 저항에 직면하게 될 것이라는 점이다. 따라서

---

59 바실 리델 하트, 주은식 옮김, 『전략론』, pp. 463-464.

60 앞의 책, pp. 465-467.

적이 분산되도록 유도해야 아군에 대한 저항이 감소하고, 성공 가능성이 크다. 제2차 세계대전에서 만슈타인 계획을 수행한 구데리안은 종심 깊은 기동으로 독일군이 파리로 진격할 것인지, 아니면 해안 쪽으로 진격하여 영국의 병참선을 차단할 것인지 연합군이 판단하기 어렵게 혼란을 주어 연합군의 협동작전을 방해했다. 대용목표를 위협하는 작전선은 간접접근 이론에 있어서 가장 경제적인 견제 방법이고, 공격자의 융통성을 보장하는 최선의 방법이라고 할 수 있다.

병참선 차단에 있어 적 병력의 배후 또는 후방을 불문하고 가장 효과적인 목표점 선정 문제가 대두된다. 일반적으로 차단점이 목표에 가까울수록 그 효과는 더욱 즉각적이고, 기지에 가까울수록 그 효과는 더욱 커진다. 또한 어느 경우에도 정지 중인 적보다는 이동 중이거나 작전을 수행 중인 적의 병참선을 차단할 때 그 효과는 더욱 크고 즉각적이다.[61]

리델 하트는 작전선과 병참선 목표에 대한 전진 방식에 대해서도 언급했는데, 집중된 병력에 의한 집중 공격에만 집착하는 단순한 생각을 버리고 상황에 따라 적절한 방식을 취하라고 강조했다. 아울러 어느 선까지 장악한다기보다는 어느 지점에 침투해 그 지역을 석권하는 것을 지향하고, 적 병력을 분쇄하기보다는 적의 행동을 마비시키는 실질적인 목적을 지향하는 새로운 효과적인 방식을 개발해야 한다고 주문했다.[62]

또한 리델 하트는 전사 연구를 통해 얻은 보편적·근원적·경험적 사실을 8개의 군사 금언으로 제시했는데, 이는 6개의 긍정적인 군사 금언과 2개의 부정적인 금언으로 나뉜다. 리델 하트는 전쟁의 원칙은 많으나 한마디로 '집중', 즉 '약점에 대한 힘의 집중'으로 압축할 수 있다고 강조했다.[63]

먼저 긍정적인 6개의 요체는 다음과 같다. 첫째, 목적을 수단에 상응하

---

61 앞의 책, pp. 467-469.

62 앞의 책, pp. 469-470.

63 앞의 책, pp. 471-476.

게 하라. 목적을 정할 때는 날카로운 통찰과 냉정한 계산이 필요하며, 가능한 것이 무엇인가에 대해 실제적 감각을 지녀야 하고, 실행에 있어서는 신념을 갖고 추진해야 한다. 둘째, 항상 목적을 명심하라. 계획을 상황에 적용시키되 목적을 잊지 말아야 하며, 모든 중간 목표들은 궁극적 목적을 지향해야 한다. 달성 가능한 목표를 선정하되 그로 인해 궁극적 목적에 배치되는 목표를 선정하지 않도록 유의해야 한다. 셋째, 최소예상선을 선택하라. 적의 입장에서 보도록 노력하고, 적이 예측하거나 기선을 제압하기 가장 어려운 방책이 어떤 것인지 생각하라. 넷째, 최소저항선을 활용하라. 적의 저항이 가장 약한 곳은 어디인가? 전술에서는 이 최소저항선을 따라 예비대를 투입하고, 전술적 성공으로 발생하는 전략적 최소저항선에 관심을 가져야 한다. 다섯째, 대용목표를 제공하는 작전선을 취하라. 적을 딜레마에 빠뜨려 방어가 가장 약한 곳을 공격한다. 그리고 단일 목표와 단일 작전선을 혼동해서는 안 된다. 여러 개의 대용목표를 위협하는 단일 작전선을 지향하는 것은 물론 현명한 행동이지만, 누구의 눈에도 분명한 단일 목표를 지향하는 것만큼 우둔한 짓은 없다. 여섯째, 계획과 배치를 상황 변동에 맞게 적절히 적용할 수 있는 유연성을 확보하라. 모든 계획은 성공, 실패, 부분적 성공 등 모든 가능한 결과를 예상하고 그에 대비할 수 있는 것이어야 한다. 배치 또는 대형 역시 이와 같은 상황의 변동에 즉각적으로 대처할 수 있어야 한다.

다음으로 부정적인 2개의 요체는 다음과 같다. 일곱째, 상대방이 경계 상태에 있거나 당신의 공격을 격퇴, 또는 회피할 수 있는 태세를 갖추었을 때는 타격하지 말라. 적을 충분히 마비시키지 않은 상태에서 진지를 점령한 적에게 공격을 가해서는 안 된다. 여덟째, 한 번 실패한 뒤 그것과 동일한 선 혹은 동일한 형태로 공격을 재개하지 말라. 당신을 격퇴한 적의 성공이 적을 정신적으로 강화할 것임은 거의 확실하다. 예를 들어서 단순히 병력 증강만으로 상황을 변화시킬 수 없다는 것이다.

Ⅳ. 맺음말

19세기 말부터 양차 세계대전이 전개되던 시기에 대한 평가를 손자에게 물어보았다면 분명 전략이 실종된 시기라고 지적했을 것이다. 그러나 이러한 상황에서도 그나마 영국에서는 뛰어난 군사전략가 두 명이 탄생했다. 이 두 전략가는 시대를 앞서가는 현대 군사전략사상의 발전을 이끌었다고 평가할 수 있다. 그러나 이 두 전략가의 탁월한 전략사상은 독일군이 제2차 세계대전에 이용하는 아이러니를 낳음으로써 또다시 전략의 실종을 불러왔다는 비판을 면치 못할 것이다.

1. 풀러와 리델 하트

현대 군사전략사상의 발전을 이끈 풀러와 리델 하트는 여러 측면에서 공통점이 많기도 하지만, 한편으로는 뚜렷한 차이점을 보이기도 했다. 이러한 유사점과 차이점을 두 전략가의 생애, 군인과 저널리스트로서의 경력, 전략사상, 영국 내 군부와의 마찰, 클라우제비츠 사상에 대한 해석, 그리고 현대 군사전략가로서의 위상이나 명암 등을 중심으로 되짚어보고자 한다.

동시대를 산 두 전략가의 유사점은 영국학파의 전략사상을 이루는 공통적인 요소라고도 볼 수 있다.

첫째, 공교롭게도 두 전략가는 모두 비슷한 계층에서 출생하여 유사한 인생 경로를 거쳤다. 두 전략가는 목사의 아들로 태어나 육군 장교로 근무했고, 전역 후 저널리스트로 활동하면서 군사전략가로서의 명성을 쌓았다. 원만한 가정교육을 받았고, 군 장교로 복무하면서 두각을 나타냈으며, 상이한 이유로 군문을 떠났으나 저널리스트로서 현대 군사전략사상의 발전을 이끌었다.

둘째, 두 전략가는 육군 장교로 제1차 세계대전을 겪으면서 일생일대의 큰 충격과 군사전략가로서 영감을 동시에 받았다. 풀러는 전차를 처음 보고 돌파에 좋은 수단이라는 것을 인식했고, 이후 전쟁사에서 최초로 대규모 전차를 투입한 캉브레 전투를 경험했다. 그리고 이를 바탕으로 '작계 1919'를 입안하기에 이르렀다. 리델 하트는 솜 전투에 참전했고, 영국의 전쟁사에서 단 하루 동안에 사상자 6만여 명을 낸 초유의 전투를 몸소 처절하게 겪었다. 솜에서의 경험은 간접접근전략사상을 도출하고, 전후의 평화를 구상하는 대전략의 이론체계를 수립할 수 있는 결정적 계기가 되었을 것이다.

셋째, 두 전략가는 기계화전의 전도사였다. 풀러는 기계화전에 대한 이론에 관심을 갖고 영국군의 조직 개편을 주장하고 지속적인 저술활동을 통해 이론을 정립해나갔다. 리델 하트는 풀러와의 교제를 통해 장차전에서 전차가 결정적인 무기가 될 것이라는 견해를 확고히 갖게 되었다. 두 전략가의 교류는 기계화전 사상의 복음을 확고히 하는 계기가 되었고, 이러한 점에서 긴밀한 협력이 이어졌다.

넷째, 두 전략가는 영국의 군부 내에서 새로운 군사사상을 주장하면서 기존의 영국 장교단들과 대립했다. 풀러는 기계화전 이론에 대한 자신의 주장이 받아들여지지 않자, "진실을 달성하는 것은 강아지에게 알약을 먹이는 것과 같다"[64]고 푸념했다. 리델 하트도 당시 영국의 장군들이 미래전에서 어떻게 싸워야 할 것인지에 대한 자신의 견해를 받아들이지 않자 분개했다. 리델 하트는 1921년 솜 전투 기간에 자신이 소속된 부대의 군단장인 헨리 혼Henry Horne 장군이 부대를 방문하기 전에는 그를 대단한 사람이라고 여겼으나, 그를 만난 이후 그에 대해 머리가 아주 좋지 않은 장군이라는 것을 알고 불안감을 느꼈다고 술회했다. 당시 리델 하트는 풀러나

---

64 Letter, Fuller to William Sloane, Rutgers University Press, undated but in reply to letter, Sloane to Fuller, January 30, 1961. Fuller Papers, Liddell Hart Centre for Military Archives, King's College London, IV/6/5; IV/6/6a. Christopher Bassford, Clausewitz in English: The Reception of Clausewitz in Britain and America, 1815-1945에서 재인용.

로이드 조지Lloyd George와 같은 동료들과 함께 영국의 장군에 대한 적대감을 교감했다. 1922년 이러한 와중에 리델 하트는 풀러에게 20년 넘게 군복무를 한 이후 어떻게 혁신적인 사상가로 남아 있을 수 있었는지에 대해 물어보았다. 이에 대해 풀러는 "의사가 하는 일이 미치광이를 돌보는 것이라고 해서 스스로 미치광이가 될 필요는 없다"고 대답했다.[65]

다섯째, 두 전략가는 공교롭게도 전간기(제1차 세계대전 종전 후 제2차 세계대전 발발 때까지)에 전략가로서의 명성을 잃었으나 이후 다시 명성을 회복하게 되었다. 풀러는 1933년 55세의 나이에 육군 소장으로 퇴역했다. 그의 기계화 개혁은 보수적인 영국 장교단에게 받아들여지지 않았다. 그는 민주제도의 무력감을 극복하고자 파시스트 운동에 개입했다가 비판의 대상이 되었고, 제2차 세계대전을 통해 그의 이론이 증명되면서 명성을 다시 회복했다. 풀러는 제2차 세계대전 이전에 이른바 유한책임론을 주장하면서 대륙의 개입에 소극적이었고, 해군이나 공군 위주로 전력을 건설했다. 리델 하트의 주장과 같은 맥락의 국방정책을 채택한 영국은 그의 주장이 설득력을 잃어버리면서 추락하게 되었다. 제2차 세계대전 이후 그는 끊임없는 전략 연구와 주장으로 명성을 회복했다. 리델 하트가 성공할 수 있었던 이유는 과거사에 대한 그의 설명을 논박할 수 있는 군사전문가들이 없었고, 설득력이 뛰어났으며, 그 당시의 역사를 서술할 것으로 믿고 있던 젊은 학자들을 도와 궁극적으로 적대감을 해소한 것 등이 주요했다.[66]

두 군사전략가는 이와 같은 공통점에도 불구하고 많은 점에서 차이점을 보였다.

첫째, 두 군사전략가는 17살이라는 나이 차이와 함께 관심 분야에서도 차이를 보였다. 전략에 있어서 풀러는 전술적·기술적 측면에 관심을 갖고 기계화전 사상을 발전시킨 데 반해, 리델 하트는 기술적 차원에 머물지

---

65 존 J. 미어샤이머, 주은식 옮김, 『리델 하트 사상이 현대사에 미친 영향』, pp. 75-77.

66 앞의 책, p. 18.

않고 대전략의 이론체계를 포함해 전쟁 이후의 평화에도 관심을 보였다.

둘째, 리델 하트는 1922년부터 풀러의 기계화 복음에 협력했다. 두 군사전략가는 기계화전 사상에 대한 관심은 같았으나, 세부 내용에 있어서 중요한 차이점을 보였다. 풀러가 전차 위주의 기갑전을 강조했다면, 리델 하트는 보병을 활용한 기계화전에 중점을 두었다.

끝으로 풀러와 리델 하트는 클라우제비츠와 그의 전략사상에 대한 입장에서 차이를 보였다. 리델 하트는 주지한 바와 같이 클라우제비츠의 주장을 비판하는 입장이었던 반면에, 풀러는 클라우제비츠를 나폴레옹의 주창자라고 비판하면서도 시간이 지남에 따라 다소 긍정적인 입장을 취하는 등 다소 모순된 모습을 보였다. 앞에서 언급했듯이 리델 하트는 클라우제비츠의 이론에서 다음 다섯 가지를 집중적으로 비판했다. 무장국가와 절대전쟁이론, 전략의 목표를 적 군사력의 격멸이라고 한 점, 적 주력의 격멸을 위한 집중, 클라우제비츠를 집중의 구세주라고 부르며 정책을 전략의 노예로 만들었다는 점, 그리고 전쟁의 끝까지만 보고 전후의 평화는 보지 않았다는 점 등이다.[67] 리델 하트는 말년인 1962년 피터 파레트에게 보낸 편지에서 "전략가의 계보에서 클라우제비츠를 최고의 위치에 올릴 수 있게 노력해달라"[68]고 당부했으나, 그의 저서에서 클라우제비츠와 화해하지 않았다. 풀러는 '작계 1919'에서 보여준 것처럼 클라우제비츠의 결전 개념을 받아들이기도 했고, 1961년 지인에게 보낸 편지에서 클라우제비츠를 세상을 뒤엎은 코페르니쿠스, 뉴턴, 그리고 다윈과 같은 인물이라고 평가했다.[69] 그러나 풀러 역시 그의 작품에서 클라우제비츠에

---

67 마이클 핸델, 국방대학원 옮김, 『클라우제비츠와 현대전략』(서울: 국방대학원, 1991), p. 254.

68 Liddell Hart Papers, Paret to Liddell Hart, 11 January 1962; reply, 19 January 1962. Christopher Bassford, *Clausewitz in English: The Reception of Clausewitz in Britain and America, 1815-1945*에서 재인용.

69 Letter, Fuller to Sloane, undated but in reply to letter, Sloane to Fuller, January 30, 1961, Fuller Papers IV/6/5; IV/6/6a; Christopher Bassford, *Clausewitz in English: The Reception of Clausewitz in Britain and America, 1815-1945*에서 재인용.

대한 존경심을 밝히지 않았다. 풀러와 리델 하트 어느 누구도 그들 자신의 이론을 형성함에 있어서 클라우제비츠의 영향을 받았는가라는 질문에 대해 결코 그렇지 않으며 오히려 정반대라고 한 주장[70]과 두 전략가 모두 클라우제비츠의 『전쟁론』에서 깊은 영감을 받았을 것[71]이라는 상반된 주장이 존재한다.

2. 영국학파에 대한 평가와 의미

영국학파는 탁월한 현대 군사전략사상을 발전시켰으나, 그것이 양차 세계대전에서 영국에 승리의 영광을 안겨주는 역할을 하지는 못했다. 풀러는 기계화전 사상을 선도했고, 리델 하트는 풀러와 함께 기계화전 사상을 전도하는 한편 어떻게 전쟁을 수행할 것인가에 대해 폭넓은 이론을 전개했다. 풀러의 마비전 이론은 적의 물리적 파괴가 아닌 전투의지를 파괴하는 데 목적을 두고 신무기체계인 전차를 이용한 종심 깊은 후방 기동을 핵심적인 전투 수행으로 고려했으며, 이를 통해 적에 대한 소모전적인 파괴를 통한 승리보다 아군의 행동의 자유를 획득하고 자신들의 의지를 적에게 강요함으로써 전장의 주도권을 장악하고자 했다. 리델 하트는 기계화전 사상은 물론 대전략과 간접접근이론에 이르기까지 폭넓은 전략이론 체계를 수립함으로써 20세기의 위대한 사상가로서의 지위를 획득할 수 있었다.

두 전략가는 공통적으로 미래전을 예측하고자 노력했다. 풀러는 전차라는 무기체계를 보는 순간 미래전을 예측하고 영국군을 개혁하고자 힘썼다. 리델 하트는 손자의 현대적 화신化身으로서 전쟁을 수행함에 있어서 전략적 사고와 간접접근이론이라는 독특한 사상을 수립함으로써 후대의

---

70 마이클 핸델, 국방대학원 옮김, 『클라우제비츠와 현대전략』, pp. 240-257.

71 Christopher Bassford, *Clausewitz in English: The Reception of Clausewitz in Britain and America, 1815-1945*에서 재인용.

군인이나 전략가들에게 스승으로 칭송받고 있다.

영국학파로부터 비롯된 독일군의 전격전 신화神話는 연합군의 엄청난 전쟁 수행 능력의 벽에 부딪히면서 영광을 이어가지 못했다. 그러나 영국학파로부터 비롯된 전격전의 신화는 앞으로도 여전히 전쟁을 준비하고 수행해야 할 군인들이나 전략가, 그리고 정치지도자들에게 영원한 숙제가 될 것이다. 손자는 전승불복戰勝不復, 즉 전쟁의 승리는 반복되지 않는다고 강조하면서 승리에 도취되거나 자만하지 말 것을 경고했다. 제2차 세계대전 이후 핵무기 개발로 인해 기동전이라는 혁신적인 전쟁 수행 방법에 대한 관심이 저무는 듯했으나, 여전히 중동전쟁 등을 통해 그 가치가 증명되었다. 풀러는 합리적 사고를 얻기 위해 상상력이 중요하다고 믿었고, 상상력 없이는 위대한 발견을 할 수 없다고 했다. 리델 하트는 서양 군사전략의 아버지라고 할 수 있는 클라우제비츠에 대한 비판을 통해 승리를 넘어선 승리를 꿈꾸었다고 할 수 있다.

풀러와 리델 하트가 주장한 개혁적인 사상은 당시에 그대로 적용되기에는 불완전했고, 영국의 기존 구조 내에서 엄청난 저항에 부딪혔음을 확인할 수 있었다. 그러나 풀러의 상상력과 리델 하트의 비판력은 창조적인 현대 군사전략의 모태가 되었다고 감히 단언할 수 있다.

CHAPTER 8

머핸과 코벳의 해양전략사상

김기주 | 국방대학교 군사전략학과 교수

해군사관학교 국제관계학과와 연세대학교 심리학과를 졸업하고, 미국 해군대학원에서 국가안보학 석사 및 미국 뉴욕 주립대학교(버펄로)에서 정치학 박사학위를 받았다. 2011년부터 국방대학교 군사전략학과 교수로 재직하고 있으며, 안보문제연구소 국제분쟁관리 및 테러리즘 연구센터장 등을 맡고 있다. 해양전략, 영토분쟁, 국방정책 등의 군사안보 주제를 연구하고 있으며, 논문으로는 "중국 해군력 부상의 위협성 평가" 등이 있다.

"국가는 완전히 독자적으로 존재할 수 없다.
그리고 한 국가가 다른 나라의 국민들과 왕래할 수 있고
국력을 신장할 수 있는 가장 쉬운 길은 바로 해양이다."
- 앨프리드 머핸Alfred T. Mahan -

I. 머리말

인류의 역사가 시작된 이후로 강력한 해양력은 강대국으로 성장하기 위한 필요조건이었으며, 국가의 성장과 쇠퇴에 큰 영향을 미쳤다. 특히 근대 이후의 역사는 해양 세계의 팽창과 해상 네트워크 발전의 역사라고 해도 과언이 아니다.[1] 역사적 경험을 통해 반복적으로 증명된 이러한 사실은 21세기에도 유효하다. 국가의 생존과 지속적인 번영을 위한 해양의 이용은 이제 피할 수 없는 시대적 과제가 되었으며, 이에 각국은 자국의 해양이익을 보호하고 확대하기 위해 적극적인 해양전략을 펼치고 있다. 따라서 '해양의 세기'를 맞이하여 각국은 아마도 역사상 가장 치열한 해양 경쟁을 벌일 것으로 보인다.

해양지배권을 바탕으로 20세기 초반까지 팍스 브리태니카Pax Britanica를 유지했던 대영제국은 양차 세계대전을 겪으면서 쇠퇴함으로써 미국에 그 지위를 넘겨주게 되고, 해양 지향적인 미국은 대륙 지향적인 소련과의 경쟁에서 최종 승리함으로써 유일한 패권국이 된다. 신생국 미국이 강대국으로 등장하는 데 있어서 가장 큰 공헌을 한 인물 중 한 명은 해양전략가인 앨프리드 머핸Alfred T. Mahan이다. 머핸은 영국의 역사적 경험을 토대로 국가의 생존과 번영을 위해서는 강력한 해양력에 기반을 둔 제해권이 반

1 주경철, 『대항해시대: 해상팽창과 근대 세계의 형성』(서울: 서울대학교출판문화원, 2008).

드시 필요하다는 점을 역설했고, 이를 인식한 지도자들의 지지로 미국은 해양패권국으로 성장하게 되었다. 이처럼 해양전략은 국가의 핵심 전략으로서의 역할을 수행하기에 한 국가가 어떠한 해양전략을 채택하느냐에 따라 국가의 존망이 결정될 수도 있다.

해양력과 해양전략의 중요성이 날로 증대되는 시점에서 고전 해양전략의 대표적 사상가인 머핸과 코벳Julian Stafford Corbett의 사상을 고찰해보는 것은 매우 의미 있는 일이 아닐 수 없다. 제8장에서는 먼저 머핸과 코벳의 전략을 이해하기 위해서 필수적인 개인의 생애와 시대적·사상적 배경을 소개하고, 그 다음으로 머핸과 코벳의 해양전략사상의 본질을 논의한 후 두 사상가의 유사점과 차이점을 비교해 설명하겠다. 마지막으로, 머핸과 코벳의 해양전략사상의 현대적 함의에 대해 논의하면서 한국에 주는 시사점을 도출하고자 한다.

II. 사상가 소개

1. 앨프리드 머핸

앨프리드 머핸Alfred Thayer Mahan(1840~1914)은 1840년 웨스트포인트의 미국 육군사관학교 관사에서 출생했다. 왜냐하면 당시 그의 부친인 데니스 머핸Denis H. Mahan이 미국 육군사관학교의 토목공학과 교수로 재직하고 있었기 때문이다. 독실한 기독교 가정에서 성장한 그는 특히 성공회 신부이자 교회사 교수였던 삼촌 밀로 머핸Milo Mahan의 집에서 거주하게 되면서 삼촌에게서 많은 영향을 받게 된다. 그는 2년간 콜럼비아 대학교를 다닌 뒤 부친의 반대에도 불구하고 1856년에 미국 해군사관학교 2학년에 편입하여 졸업 후 1895년까지 약 40년간의 군생활을 마치고 대령으로 예편했다.

앨프리드 머핸은 신생국 미국이 강대국으로 등장하는 데 있어서 가장 큰 공헌을 한 인물 중 한 명이다. 머핸은 영국의 역사적 경험을 토대로 국가의 생존과 번영을 위해서는 강력한 해양력에 기반을 둔 제해권이 반드시 필요하다는 점을 역설했고, 이를 인식한 지도자들의 지지로 미국은 해양패권국으로 성장하게 되었다.

머핸은 함정 근무에서는 그리 큰 두각을 나타내지 못했다. 다만, 해군 생활 중에 극동아시아, 유럽, 남미를 방문한 경험은 그의 시야를 넓히는 데 많은 도움이 된 것으로 보인다. 그가 명성을 얻기 시작한 것은 미국 해군대학에서 전략과 전술 및 해군 역사를 강의하면서부터이다. 강의를 준비하면서 그는 몸젠Theodor Mommsen의 『로마사Römische Geschichte』 등 역사 서적을 탐독했으며, 이를 통해 해양력의 역사적 역할과 함대전투 전술의 중요성을 인식하게 되었다. 1895년 전역 후 해군 정책과 관련한 자문활동을 활발히 했는데, 예를 들어 시어도어 루스벨트Theodore Roosevelt가 해군차관으로 있을 당시 미국-스페인 전쟁에 대비해 자문을 해주기도 했고, 전쟁이 발발했을 때 전쟁성에서 근무하기도 했다. 더불어 각종 다양한 해군위원회에서도 적극적으로 활동했다.

머핸은 전투지휘관보다는 학자로서 명성이 더 높았다. 그는 총 21권의 책을 출판했고, 130여 편이 넘는 논문을 썼다. 이 책들 중에서 그를 유명하게 만든 책은 1890년에 출판한 『해양력이 역사에 미친 영향, 1660-1783The Influence of Sea Power Upon History, 1660-1783』이었다. 자신의 강의 내용을 교정해 만든 이 책에서 그는 영국이 대영제국을 이룩하는 데 해양력의 역할이 매우 컸음을 지적하면서 해양력이 어떻게 국가의 번영에 기여할 수 있는지를 다루었다. 이 책은 미국의 지도자와 국민들에게 해양력의 중요성을 인식시킴으로써 미국이 해양강국으로 발전하는 크게 기여했고, 미국뿐만 아니라 영국, 독일, 프랑스, 일본 등 주요 강대국에서도 찬사를 받으면서 후일 각국의 해군력 증강의 이론적 토대를 제공해주었다. 1914년 사망 후 한 세기가 지난 지금까지도 머핸은 가장 영향력 있는 해양전략가로 남아 있다.[2]

---

2 앨프리드 머핸, 김주식 옮김, 『해양력이 역사에 미치는 영향 2』(서울: 책세상, 2010), pp. 871-897; 김현기, 『현대해양전략사상가』(서울: 한국해양전략연구소, 1998), pp. 192-194.

▣ 머핸의 주요 경력 및 저작

주요 경력[3]

연도	경력	연도	경력
1858년	목제 슬룹선 플리머스호와 레반트호에서 실습	1883년	남북전쟁기 해군사 집필
1859년	프리깃함 콩그레스호에 초급장교로 승함	1884년	목제 슬룹선 와추셋호 함장
1861~1865년 남북전쟁	증기슬룹선 포카혼타스호의 부장, 마케도니아호 부함장, 3급 증기슬룹선 세미노울호와 몬가헤라호에 승함, 수송선 애드거호의 부장, 머스코타호에 승함	1885년	해군대학 교관 발령
1866년	워싱턴 해군 공창에 근무	1886년	대령 진급, 강의 시작
1867~1869년	2급 증기슬룹선 이러쿼이호의 주장, 마세도니아호의 부장	1886~1889년	해군대학 총장
1872년	결혼, 중령 진급	1891~1892년	해군장관 고문
1874년	와스프호 함장	1892년	해군대학 이임
1875년	보스턴 해군 공창에 근무	1893년	순양함 시카고호 함장
1876년	일시 퇴역, 프랑스 체류	1895년	전역
1877년	해사 병기부장으로 재복무	1897~1898년	해군차관보 자문 및 해군위원회 위원
1880년	뉴욕 해군 공창의 항해국에 근무	1906년	예비역 해군소장 진급
		1914년	워싱턴 해군병원에서 사망

3 앨프리드 머핸, 김주식 옮김, 『해양력이 역사에 미치는 영향 2』, p. 875.

주요 저작

- *The Gulf and Inland Waters,* 1883
- *The Influence of the Sea Power upon History, 160-1783*, 1890
- *The Life of Nelson,* 1897
- *The Interest of America in Sea Power, Present and Future,* 1897
- *The Influence of the Sea Power upon the French Revolution and Empire, 1793-1812,* 1899
- *Lesson of the War with Spain,* 1899
- *The Problem of Asia and its Effect upon International Policies,* 1900
- *Types of Naval Officers, Drawn from the History of the British Navy,* 1901
- *Retrospect and Prospect: Studies in International Relations, Naval and Political,* 1902
- *Sea Power in its Relations to the War of 1812,* 1905
- *Some Neglected Aspects of War from Sail to Steam: Recollections of Naval Life,* 1907
- *Naval Administration and Warfare,* 1908
- *The Harvest Within: Thoughts on Life of the Christian,* 1909
- *The Interest of America in International Conditions,* 1910
- *Naval Strategy: Compared and Contrasted with the Principles and Practice of Military Operations on Land,* 1911
- *Armaments and Arbitration or the Place of Force in the International Relations of States,* 1912
- *The Major Operations of the Navies in the War of American Independence,* 1913

2. 줄리언 코벳

줄리언 코벳Julian Stafford Corbett(1854~1922)은 1854년 영국 런던에서 출생했으며, 건축가이자 부동산업자인 부친 찰스 코벳Charles J. Corbett의 재력 덕분에 부유한 가정 환경에서 성장했다. 코벳은 캠브리지 대학교에서 법률을 전공해 변호사로 개업했으나, 문학작품 등 작가로서 저술활동에 더 큰 매력을 느끼고 『신과 황금을 위하여For God and Gold』(1887) 등 여러 편의 소설을 출판하기도 했다.

코벳은 소설보다는 역사 서술에 더 출중한 재능을 보였다. 특히 1893년 창립된 해군기록협회의 창립 멤버가 되면서 『스페인 전쟁에 관한 문서,1585-1587Papers Relating to the Spanish War, 1585-1587』 등을 포함한 영국 해군 역사에 대한 여러 작품들을 편집 및 발행하게 되었다. 이러한 활동으로 인해 코벳은 해군역사가로서의 명성을 얻게 되었다.

코벳은 1902년 영국 해군대학에서 전쟁 과정 강의를 맡아서 영국 해군 장교들에게 전쟁의 전략과 전술에 대해 교육했으며, 옥스퍼드 대학교에서도 강의를 했다. 그는 전쟁이론과 해군전략은 분리될 수 없음을 계속 강조하면서 제한전쟁의 속성과 방어의 중요성 등을 주장했다. 그는 여러 저서들을 통해 이러한 주장의 적실성을 증명하고 그의 전략적 교훈을 도출하는 데 노력했다. 또 그는 영국 해군의 전략 자문가로서도 중요한 역할을 수행했다. 예를 들면, 1907년 당시 영국 국방위원회가 독일 침공 예상에 대한 조사를 실시할 때 과거 침공 위협을 분석해 독일의 침공 위협을 좌절시키는 데 있어서 해군이 핵심적 역할을 수행했다는 점을 논증함으로써 영국의 국방비 및 전략이 육군 위주로 기울어지는 것을 방지했다.

코벳은 초기 몇 편의 소설 작품을 제외하고 모든 저술활동을 해군사 및 해군전략 관련 주제에 초점을 맞추었다. 10여 편의 저서들 중 그를 가장 유명하게 한 것은 1911년에 출판한 『해양전략론Some Principles of Maritime Strategy』이다. 이 저서에서 그는 전쟁과 해전에 관한 이론을 집대성하여 제시했으며, 동시대의 가장 위대한 해양전략가인 머핸과는 여러 측면에서

코벳은 당시 해전의 불변 원칙으로 간주되던 머핸의 함대결전을 통한 제해권 확보라는 원칙을 비판하고 콜롬이 주장한 제해권의 상대성을 수용했다. 즉, 해양이란 어느 한 국가에 의해 소유될 수 있는 절대적인 것이 아니라 상대적인 개념이라는 것이다.

다른 전략적 식견을 도출함으로써 당대의 학술적 관심을 불러일으켰다. 하지만 그의 이론은 지지자들만큼이나 반대자들도 많았다. 예를 들면, 저널리스트이자 군사사학자인 스펜서 윌킨슨Spencer Wilkinson은 코벳을 "전략적으로 옳지 못한 교리의 확산자"라고 비판하면서 그의 전략이론이 해군에게 부정적 결과를 야기할 것이라고 주장하기도 했다. 이를 달리 해석하면 코벳의 이론이 기존의 틀에 박힌 이론에서 벗어난 매우 신선하고 창의적 이론이라는 것을 의미한다. 코벳은 머핸과 동시대에 살았지만 머핸에 비해 상대적으로 덜 주목을 받았다. 그러나 영국의 해양전략가인 에릭 그로브Eric Grove가 "해전의 본질에 적용할 수 있는 진실로 위대한 생각을 가진 사람이었다"고 찬사를 보낸 것처럼 코벳은 고전 해양전략가 중에서 가장 유연한 생각을 했고 현대에 보다 깊은 연구가 필요한 위대한 해양전략가 중의 한 사람이라고 평가할 수 있다.[4]

▣ 코벳의 주요 경력 및 저작

주요 경력

연도	경력	연도	경력
1854년	영국 런던 출생	1896년	스페인 전쟁에 관한 해군 문집 편집위원으로 참가 해군역사가로 명성 확보
1877년	캠브리지 대학교 졸업 변호사 업무 시작	1902년	영국 해군대학 강사
1882년	여행과 문학작품 작가로 변신	1905년	해군전략 자문가로 활동
1889년	조지 몽크(George Monk))에 대한 첫 해군 역사 저작 출판	1911년	*Some Principles of Maritime Strategy* 출판
1893년	영국 해군기록협회 창설 멤버로 참가	1922년	영국 서식스(Sussex) 에서 사망

4 줄리언 S. 코벳, 김종민·정호섭 옮김, 『해양전략론』(서울: 한국해양전략연구소, 2009), pp. 10-50.

주요 저작

- *Monographs on Monk,* 1889
- *Monographs on Sir Francis Drake,* 1890
- *Drake and the Tudor Navy: A History of the Rise of England as a Naval Power,* 1899
- *The Successors of Drake,* 1900
- *England in the Mediterranean: A Study of the Rise and Influence of British Power within the Straits, 1603-1713,* 1904
- *Fighting Instructions, 1530-1816,* 1905
- *England in the Seven Years' War,* 1907
- *Signals and Instructions, 1778-1794,* 1907
- *The Campaign of Trafalgar,* 1910
- *Some Principles of Maritime Strategy,* 1911
- *The Spencer Papers, 1794-1801,* 1913
- *Official History of the Great War Naval Operations, Vol I-III,* 1920-1923
- *Maritime Operations in the Russo-Japanese War, 1904-1905*(비밀로 분류되었다가 1994년에 해제되어 출판됨)

III. 머핸과 코벳의 해양전략사상

1. 머핸의 해양전략사상

(1) 머핸 해양전략사상의 형성

머핸의 해양전략사상 형성은 그가 활동했던 시대적 배경과 당대의 여러 전략사상가들의 영향 등 복합적인 요소들의 상호작용을 통해 형성되었다. 먼저, 시대적 배경을 살펴보면 머핸이 활동하던 시기인 19세기 중반부터 20세기 초반은 제국주의 및 중상주의의 시대였다. 산업혁명의 영향으로 인한 과잉생산은 해외시장과 식민지를 필요로 했으며, 이로 인해 강대국들의 해외 식민지 쟁탈전이 벌어졌다. 특히 영국은 아프리카, 인도, 아시아 등 전 세계적인 식민지를 개척하여 대영제국을 이룩했다. 이를 유심히 지켜본 머핸은 영국의 성공이 강력한 해군력에 기반을 둔 통상 보호에 있음을 인식하고 미국의 성장과 번영을 위해서는 산업, 해외무역, 식민지 등 통상을 보호할 수 있는 강력한 해군력이 필요함을 주장하게 되었다.

이러한 시대적 배경과 더불어 머핸은 당대의 여러 사상가 및 전략가들로부터 영향을 받았다. 그를 해양전략가로 인도한 사람은 초대 미국 해군대학 총장이었던 스티븐 루스Stephen Luce 제독이었다. 1880년대 중반에 미국 해군대학이 해군 장교들에게 인기가 없어서 존폐의 위기에 처하자, 루스 제독은 해군이 국가의 번영에 중요한 역할을 할 수 있다는 점을 강조하고, 해군이 과학과 실용성을 추구하고 전쟁과 전략, 그리고 전투에 대한 교육을 해야 한다고 주장하면서 머핸을 해군대학 교수로 초빙했다.[5] 머핸은 루스 제독의 생각을 받아들여 해전과 해군의 역할을 연구함에 있어서 전쟁에서의 기본 원칙과 방법론에 대한 과학적 도출이 필요함을 강조했다.[6]

---

5 앨프리드 세이어 머핸, 김주식 옮김, 『해양력이 역사에 미치는 영향 2』, p. 876.

1880년대 중반에 미국 해군대학이 해군 장교들에게 인기가 없어서 존폐의 위기에 처하자, 루스 제독은 해군이 국가의 번영에 중요한 역할을 할 수 있다는 점을 강조하고, 해군이 과학과 실용성을 추구하고 전쟁과 전략, 그리고 전투에 대한 교육을 해야 한다고 주장하면서 머핸을 해군대학 교수로 초빙했다. 머핸은 루스 제독의 생각을 받아들여 해전과 해군의 역할을 연구함에 있어서 전쟁에서의 기본 원칙과 방법론에 대한 과학적 도출이 필요함을 강조했다.

또한 머핸은 '제해권command of the sea' 개념을 최초로 제시한 영국의 존 콜롬John Colomb과의 교류를 통해 제해권 사상에 관한 인식의 폭을 넓히게 되었다. 하지만 머핸의 전략사상 형성에 가장 큰 영향을 미친 사람은 흥미롭게도 지상전략가인 조미니Antoine-Henri baron Jomini였다. 머핸은 조미니의 『전쟁술』의 핵심 요소들인 전략적 기동, 전투력 집중을 통한 공격의 우위, 결정적 지점과 작전선, 군수지원 등의 원칙을 수용하여 해전에 적용하려고 시도했고, 이를 통해 집중과 내선의 이점의 활용, 함대 공격력 극대화 및 전력의 공세적 운용, 그리고 해군기지의 확보와 같은 해전의 원칙을 도출해냈다.[7] 머핸은 자신의 전략사상 형성에 있어서 조미니의 영향을 다음과 같이 표현했다.

> 내가 내 앞에 있는 많은 해군 역사서적을 이러한 방식으로 연구하도록 자극을 받게 된 것은 조미니의 저술을 읽고 난 뒤부터였다. 군사적 책략에 대한 고찰을 담은 저술이 거의 없거나 아주 적은데, 나는 조미니의 저술로부터 많은 것을 배웠다. 또한 나는 범선시대의 해군 역사와 해군 지휘관의 행동을 제대로 이해할 수 있는 열쇠를 그에게서 발견했다. 나는 그러한 해군 역사를 바탕으로 순수하고 영구적인 교훈을 도출할 수 있었다.[8]

(2) 해양력에 대한 머핸의 시각

머핸이 해양전략사상을 정립하는 데 있어서 첫 번째 목표는 역사의 진로와 국가의 번영에 해양력이 어떠한 영향을 미쳤는가를 밝혀내는 것이었

---

6 박창희, 『군사전략론: 국가대전략과 작전술의 원천』(서울: 도서출판 플래닛미디어, 2013), pp. 276-278.

7 John Shy, "Jomini", in *Makers of Modern Strategy from Machiavelli to the Nuclear Age*, ed. by Peter Paret(Princeton, NJ: Princeton University Press, 1986), pp. 143-185; 박창희, 『군사전략론: 국가대전략과 작전술의 원천』, pp. 280-281.

8 Alfred T. Mahan, *From Sail to Steam: Recollections of Naval Life*(Harper & Brothers, 1907), p. 282; 앨프리드 세이어 머핸, 김주식 옮김, 『해양력이 역사에 미치는 영향 2』, p. 881 재인용.

다. 주지하다시피, 그의 핵심적 주장은 국가의 성장과 번영에 해양력이 반드시 필요하며 해양의 지배 여부에 따라 역사의 전개 양상도 달라진다는 것이다. 따라서 머핸의 해양전략의 시작과 끝은 그의 해양력에 대한 사상과 깊은 연관이 있다. 하지만 그가 해양력의 전도사임에도 불구하고 아쉽게도 해양력에 대한 엄밀한 정의를 제시하지는 않았다.

머핸은 해양을 거대한 공유물이며 무역로로 인식했고, 발전된 해외무역과 통상이 국가의 부와 힘의 원천이라고 주장했다. 해군의 존재 이유를 통상 보호라고 생각할 정도였다. 하지만 해양력을 해군력과 같은 군사적 범위에 한정하지는 않았다. 즉, 그가 "해양력의 역사는 해양에서 또는 해양에 의해 국민이 위대해지는 모든 경향을 광범위하게 포함하고 있다"[9]고 언급한 것처럼 그는 해양력의 개념을 매우 넓게 인식하고 있었다. 그는 특히 교역을 위한 생산과 이 생산품들을 운반하는 수단인 해운업, 그리고 해운활동을 확대해주는 식민지가 해양력의 핵심 고리라고 강조했다.[10]

머핸이 해양력을 광의의 개념으로 인식했다는 점은 그가 제시한 국가의 해양력에 영향을 주는 여섯 가지 조건들에 잘 나타나 있다. 그는 국가의 해양력 요소를 크게 자연적인 조건과 인위적인 조건으로 구분했으며, 자연적인 조건이 갖추어진 상태에서 인위적인 조건까지 구비된다면 강력한 해양력을 보유할 수 있고 이를 바탕으로 국가가 번영할 수 있다고 주장했다. 자연적인 조건으로는 국가의 지리적 위치geographical position, 자연적 지세physical conformation, 영토의 크기extent of territory, 인구의 수number of population, 그리고 국민성national character이 포함되고, 인위적인 조건으로는 정부의 성격character of the government이 포함된다.[11]

먼저, 머핸은 국가의 지리적 위치가 적대국 또는 경쟁국과 육지에서의

9 앨프리드 세이어 머핸, 김주식 옮김, 『해양력이 역사에 미치는 영향 1』, p. 35.

10 앞의 책, pp. 72-75.

11 김현기, 『현대해양전략사상가』, p. 199.

국경을 접하고 있지 않아 육상을 방어할 필요가 없거나 육지에서의 영토 확장이 필요 없다면, 그 국가는 해양 지향적이 될 수 있다고 보았다. 이러한 국가는 대규모 육군을 유지할 필요가 없기 때문에 해군력에 중점을 둘 수 있는 장점이 있다. 또한 지리적 위치가 병력 집중에 유리하고 훌륭한 기지와 중심 위치를 제공하며 공해로 쉽게 나갈 수 있고 주요 해상교통로를 통제할 수 있다면, 이는 적에 비해 매우 강한 전략적 이점을 줄 수 있다고 보았다. 머핸은 영국이 이와 같은 지리적 위치를 차지하고 있다고 평가했는데, 영국은 섬나라로 육지에서의 국경을 맞대고 있지 않기 때문에 대규모 육군이 필요 없었고, 이에 경쟁국인 프랑스나 네덜란드와는 다르게 해군력 육성에 국가의 부를 집중할 수 있었다. 또한 어느 방향에서나 안전하게 접근할 수 있는 항구와 해안을 보유하고 있었고, 주요 해상교통로 중 하나인 지브롤터 해협Strait of Gibraltar을 강력하게 통제할 수 있는 위치를 차지하고 있었기 때문에 주변국에 비해 매우 유리한 전략적 이점을 갖고 있었다.[12]

머핸의 자연적 지세 또는 자연 조건은 해양에 쉽게 접근할 수 있는 조건들을 포함한다. 또한 기후와 토지의 조건도 여기에 포함되는데, 만일 어느 한 국가가 기후가 쾌적하고 토지가 비옥하다면 해양활동이 상대적으로 덜 중요시되기 때문에 해양력 발전에 관심이 떨어지게 된다고 보았다. 그는 이러한 자연 조건이 해양력 발전을 촉진시킬 수도 있지만, 반대로 저해할 수도 있다고 보았다. 예를 들어, 프랑스는 좋은 기후와 토지를 보유하고 있었기 때문에 자급자족이 어느 정도 가능했던 반면, 영국은 자연으로부터 얻을 것이 거의 없었기 때문에 제조업이 발달하고 영국인들이 해외무역에 더 관심을 갖게 됨에 따라 해양활동이 증가했다고 보았다. 머핸은 미국이 매우 좋은 자연적 조건을 갖고 있기 때문에 프랑스와 같은 오

12 앨프리드 세이어 머핸, 김주식 옮김, 『해양력이 역사에 미치는 영향 1』, pp. 76-82.

류를 범할 수 있음을 경고함으로써 미국이 해양국가로 발전해야 함을 역설하기도 했다.[13]

영토의 크기는 한 국가의 총면적을 의미하는 것이 아니라 해안선의 길이와 항구의 특성을 의미한다. 머핸은 해안선의 길이가 길거나 항구가 많다고 해서 반드시 좋은 것만은 아니라는 점을 강조했다. 왜냐하면 국가는 요새와 같아서 해안선이 길면 방어해야 할 곳도 많아지기 때문이다. 따라서 해군력과 인력이 뒷받침되지 않는다면 긴 해안선과 많은 항구는 장점보다는 오히려 단점으로 작용할 수 있는 것이다. 머핸은 미국의 남북전쟁 사례를 언급하면서 북군의 전쟁 승리 요인 중 하나는 북군이 우세한 해군력에 힘입어 남부의 모든 해안을 봉쇄했기 때문이라고 분석하고 만일 남군에게 강한 해군이 있고 뱃일을 업으로 삼는 사람들이 많았다면 전쟁의 결과는 달라졌을 것이고 미국의 역사도 바뀌었을 것이라고 지적했다.[14]

인구의 수는 영토의 크기와 마찬가지로 단순한 총인구수를 의미하는 것이 아니라 바다에서 생업을 하거나 해군 또는 해운, 무역 등 해양 관련 직업 종사자 및 경험자의 수를 의미한다. 머핸은 1778년 발생한 프랑스와 영국 간의 전쟁에서 프랑스의 인구가 영국의 인구보다 훨씬 많은데도 영국이 승리한 요인 중의 하나는 프랑스의 해양 관련 인구수가 영국보다 훨씬 적었기 때문이라고 주장했다. 즉, 전쟁 발생 시 프랑스는 해양인을 선발하여 50척의 함정에 배치할 수 있었던 반면, 영국은 120척을 동원할 수 있었기 때문이었다. 이는 전쟁이 한두 번의 전투로 끝나지 않는다는 점을 감안할 때 해군에 동원할 수 있는 경험 있는 인적 자원이 군사적 준비와 효율성에 중대한 영향을 미침을 의미하는 것이다.[15]

머핸은 국민의 성격과 태도가 해양력의 발전과 밀접하게 연관되어 있

---

13 앨프리드 세이어 머핸, 김주식 옮김, 『해양력이 역사에 미치는 영향 1』, pp. 83-92.

14 앞의 책, pp. 93-95.

15 앞의 책, pp. 95-102.

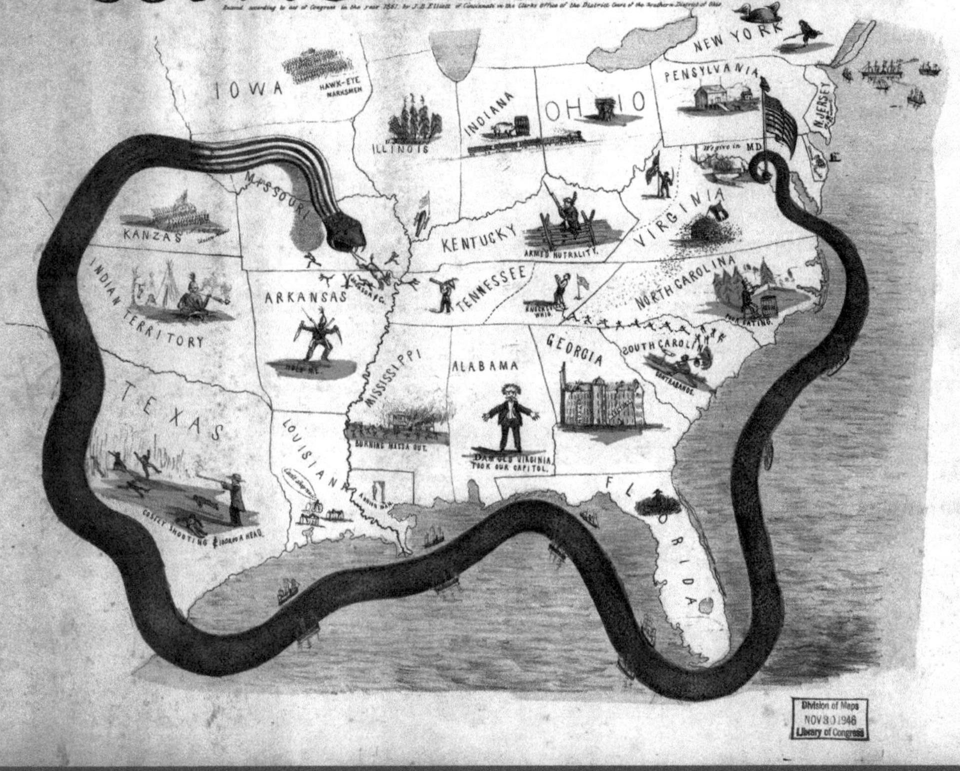

1861년 남북전쟁 당시 북군 윈필드 스콧(Winfield Scott) 장군이 해안 봉쇄와 미시시피 강을 장악하여 남부를 포위하기 위해 수립한 "아나콘다 계획(Anaconda plan)"을 묘사한 그림. 머핸은 북군의 전쟁 승리 요인 중 하나는 북군이 우세한 해군력에 힘입어 남부의 모든 해안을 봉쇄했기 때문이라고 분석하고 만일 남군에게 강한 해군이 있고 뱃일을 업으로 삼는 사람들이 많았다면 전쟁의 결과는 달라졌을 것이고 미국의 역사도 바뀌었을 것이라고 지적했다.

다고 생각했다. 그는 국민이 무역 지향적이고 식민지 개척에 대한 강한 의지가 있어야만 해양력이 발전한다고 보았다. 국민이 해양으로 나아가려는 진취성을 보유하고 무역 지향적이어야만 정부의 활동도 이러한 방향으로 나아가고 결국 무역활동이 증가함에 따라 국가의 부가 쌓여 해양력이 발전할 수 있다고 본 것이다. 더불어 국민들이 자신의 이익과 식민지의 이익을 동일시하고 건전한 식민지를 개척하고자 하는 의지가 강해야만 식민대국으로서 성공할 수 있다고 보았다. 머핸은 영국은 이 두 가지 요소를 갖추었기 때문에 해양강국으로 성장할 수 있었고, 반면에 프랑스와 스페인, 포르투갈은 그렇지 못해 실패했다고 평가했다. 그는 프랑스는 무역 지향적이지 않았고 식민지 개척에 있어서도 쉽게 정착하지 못했으며, 스페인과 포르투갈은 무역을 선호하긴 했지만 국민들의 야망과 관심이 도를 넘어서 너무 탐욕적이었기 때문이라고 분석했다.[16]

해양력에 영향을 주는 마지막 조건은 정부의 성격이다. 머핸은 정부의 형태와 여러 가지 제도, 그리고 통치자의 성격이 해양력 발전에 영향력을 끼친다고 주장했다. 즉, 활발한 해양활동과 강력한 해군력 건설에 대한 일관된 정부의 지지와 이를 뒷받침해주는 정책이 해양력 발전의 조건이라는 것이다. 머핸은 특히 해양력의 중요성에 대한 통치자들의 일관된 지지가 필요함을 역설했다. 그는 영국은 통치자나 정부의 변경과 상관없이 '해양의 지배'라는 일관된 목표를 잘 유지하고 정책적으로 지지함으로써 그 어떤 국가보다도 강력한 해양국가가 되었다고 보았다. 반면, 네덜란드는 영국보다 더 해양에 의존하고 있었음에도 불구하고 해양력 중시자인 얀 더빗Jan De Witt이 사망한 후 오라녜 공 빌렘 3세Willem III van Oranje가 지상군 중시 정책으로 변경하여 17세기 중반 영국과 프랑스의 해군보다 훌륭한 해군을 보유하고 있었는데도 해양강국으로 발전하지 못했고, 프랑스도 앙리 4세Henry IV의 해양 확장정책이 그의 사후 일관되게 유지되지 못함으로

---

16 앨프리드 세이어 머핸, 김주식 옮김, 『해양력이 역사에 미치는 영향 1』, pp. 102-112.

인해 해양력이 급격히 약화되었다고 평가했다.[17]

(3) 머핸 해양전략의 본질

머핸 해양전략의 핵심은 해군력을 활용해 제해권을 확보하는 것이며, 다른 요소들은 제해권 확보를 위한 부수적인 수단일 뿐이다. 제해권이란 "한 국가가 자국의 경제 또는 국가안보를 유지하는 데 필요한 만큼의 해양 사용을 확보하고, 적국에 대해서는 그러한 해양 사용을 거부하는 것"[18]이다. 제해권은 해상교통로 보호를 통해 평시에는 자유로운 무역과 통상을 보호하여 국가의 경제 성장에 기여하고, 전시에는 적국의 전쟁 지속 능력은 약화시키고 자국의 전쟁 지속 능력은 강화시켜줌으로써 전쟁의 승리를 보장한다. 제해권은 강력한 해군력에 기반하며 해군력은 다시 국가의 경제 성장에 기초하고 있기 때문에 결국 상호 간에 선순환적 연결 관계를 가지고 있다고 할 수 있다. 따라서 머핸은 해군의 핵심 임무는 제해권 확보를 통해 통상을 통제하는 것이어야 하며, 이를 통해 영국은 대륙의 강력한 적국인 프랑스와의 오랜 경쟁에서 최종적으로 승리를 거두었다고 보았다.[19]

머핸은 제해권을 확보할 수 있는 최선의 방안은 함대결전을 통한 적 함대의 격멸에 있다고 주장했다. 왜냐하면 적 함대를 격멸하면 해양에서의 활동을 방해하는 요소가 제거되므로 제해권을 자동적으로 획득할 수 있다고 보았기 때문이다. 따라서 해군전략은 아군의 주력 전투함대의 우세를 토대로 적 전투함대를 파괴하는 데 중점을 두어야 하고, 이를 위해 전함 위주의 전력을 건설해야 한다고 역설했다. 이러한 측면에서 머핸은 통상파괴전이 해전에서 중요한 작전임에는 틀림없지만, 통상파괴전만으로 적을 격파하는 것이 충분하다고 생각하는 것은 잘못된 것이라고 지적했다. 특히

---

17 앞의 책, pp. 112-128.

18 박창희, 『군사전략론: 국가대전략과 작전술의 원천』, p. 273.

19 Philip A. Crowl, "Alfred Thayer Mahan: The Naval Historian" in *Makers of Modern Strategy from Machiavelli to the Nuclear Age*, ed. by Peter Paret, p. 455.

영국과 같은 강력한 통상과 해군을 보유한 국가에 대한 통상파괴전은 비효율적이라고 언급하면서 프랑스의 전쟁 패배 원인 중의 하나가 영국의 전투함대 격파가 아닌 통상 파괴에 중점을 두었기 때문이라고 분석했다.[20]

머핸은 제해권을 달성하기 위해서 집중과 전략적 위치, 그리고 해상교통로의 중요성을 강조했는데, 이는 조미니 『전쟁술』의 3대 핵심 요소인 집중의 원칙 및 중심 위치와 내선의 전략적 가치, 그리고 전투와 군수지원 간의 긴밀한 관계를 수용한 것이라고 할 수 있다. 우선, 머핸은 집중이 해전의 가장 중요한 원칙이라고 주장했다. 조미니가 전쟁의 승리를 위해서 결정적 지점에 대규모 병력 집중이 필요하다고 주장했다면, 머핸은 해전의 승리를 위해서는 물리적 요소인 화력의 집중과 함께 비물리적 요소인 노력과 정신력의 집중도 필요하다고 강조했다.[21] 물론, 머핸도 집중의 핵심은 화력의 집중임을 인식하고 있었다. 이에 대해 머핸은 1666년 네덜란드와의 '4일 해전'에서 80여 척에 불과한 영국 해군 함대가 100여 척에 이르는 네덜란드 해군 함대와 싸워 수적 열세를 극복하고 해전에서 승리할 수 있었던 요인도 네덜란드 해군 함대가 각각 분리되어 개별적 전투를 수행한 반면, 영국 해군 함대는 질서정연한 진형을 이루어 모든 화력을 집중할 수 있었기 때문이라고 지적했다. 이러한 측면에서 머핸은 "적의 전열 가운데 가장 취약한 부분을 선택하여 우세한 병력으로 공격한다"는 원칙을 준수해야 하며 "절대 함대를 분리하지 말라!"고 경고하고 "최선의 방어는 공격이다!"라는 오랜 격언처럼 전술적으로나 전략적으로나 해군은 언

---

20 앨프리드 세이어 머핸, 김주식 옮김, 『해양력이 역사에 미치는 영향 2』, p. 864.

21 조미니는 집중에 관해 다음과 같은 네 가지 요소를 강조했다. 첫째, 전략적 기동으로 대규모 군을 전장의 결정적 지점에, 그리고 아군의 통신망을 손상시키지 않고 적의 통신망에 가능하면 많이 계속해서 집중적으로 투입하라. 둘째, 아군의 많은 병력을 가지고 소규모 적군이 있는 곳에서 교전하도록 책략을 써라. 셋째, 전장에서 결정적 지점 혹은 적군의 방어선 일부 지점에 대규모 병력을 투입하라. 그리고 그 방어선을 붕괴시키는 것이 중요하다. 넷째, 대규모 병력을 결정적 지점에 투입해야 할 뿐만 아니라 적절한 시기에 적절한 에너지를 발휘해 교전하도록 조절하라. Antoine-Henri Jomini, *The Art of War*(Philadelphia, 1862; repr. Westport, Conn., 1966), p. 63.

머핸은 1666년 네덜란드와의 '4일 해전'에서 80여 척에 불과한 영국 해군 함대가 100여 척에 이르는 네덜란드 해군 함대와 싸워 수적 열세를 극복하고 해전에서 승리할 수 있었던 요인은 네덜란드 해군 함대가 각각 분리되어 개별적 전투를 수행한 반면, 영국 해군 함대는 질서정연한 진형을 이루어 모든 화력을 집중할 수 있었기 때문이라고 지적했다.

제나 공격적으로 운용되어야 한다고 역설했다.[22]

머핸은 전략적 위치를 "중앙선 또는 중앙적 위치와 내측행동선 또는 내선"으로 정의했다.[23] 전략적 위치는 집중의 원칙과도 밀접한 관계가 있는데, 아군이 중앙적 위치와 내선에 위치하게 되면 적의 전력을 분리시킴으로써 적의 집중을 방해하여 열세한 상황을 조성할 수 있는 반면, 아군은 전력의 집중을 유지하면서 분리된 적 전력에 빠르고 용이하게 접근할 수 있는 장점이 있다. 머핸은 물론 중앙적 위치와 내선의 확보가 해전의 승리에 기여하는 것은 맞지만, 만일 분리된 적의 전력이 아군보다 강력할 경

---

22 Crowl, "Alfred Thayer Mahan: The Naval Historian", in *Makers of Modern Strategy from Machiavelli to the Nuclear Age*, ed. by Peter Paret, pp. 457-459; 앨프리드 세이어 머핸, 김주식 옮김, 『해양력이 역사에 미치는 영향 1』, p. 47, p. 210.

23 앨프리드 T. 머핸, 김득주 외 옮김, 『해군전략론』(서울: 동원사, 1974), p. 41.

우에는 무용지물이라고 지적했다.[24] 이에 대해 그는 전략적 위치의 가치를 판단하는 기준으로 상황situation과 군사적 강도military strength, 그리고 자원resource을 제시했다. 상황은 가장 자연적인 조건으로 해로나 무역로와 가깝게 위치해 있을 때 전략적 강점을 가진다는 것이며, 군사적 강도는 인위적인 조건으로 방어와 공격 측면에서 모두 강도가 유지되어야 한다는 것이고, 자원은 자연적 또는 인위적 자원들이 풍부할수록 좋다는 의미이다. 따라서 가장 좋은 전략적 위치는 이 세 조건들을 모두 만족시키는 곳이라고 할 수 있다.[25]

해상교통로sea lines of communications는 조미니가 제시한 군수logistics의 개념을 의미한다. 머핸은 해상교통로가 단순히 육로와 같은 지리적 개념이 아닌 함정에 대한 군수지원의 개념을 포함하기 때문에 적절히 분산된 해군기지와 이에 대한 자유로운 접근이 필요함을 강조했다. 이러한 견지에서 그는 해전에서 중요한 두 가지 요소를 적절한 위치에 있는 기지와, 본국과 기지 사이에 유지되는 안전한 교통로라고 말했다.[26] 해양력의 근간인 통상을 보호하기 위해서는 안전한 해상교통로의 확보가 반드시 필요하다. 하지만 해상교통로의 확보는 그냥 주어지는 것이 아니라 적극적인 함대 운용이 뒷받침되어야 하며 이러한 공세적 함대 활동을 위해서는 주기적인 군수 재보급이 원활하게 이루어져야 한다. 결국, 해상교통로는 함대의 생존과 통상 보호를 위한 생명선의 역할을 하는 것이다. 지금까지의 논의를 토대로 머핸의 해양전략 4대 핵심 요소[27]를 도식화하면 〈그림 8-1〉과 같다.

---

24 Crowl, "Alfred Thayer Mahan: The Naval Historian" in *Makers of Modern Strategy from Machiavelli to the Nuclear Age*, ed. by Peter Paret, pp. 457-458.

25 Allan Westcott, *Mahan On Naval Warfare: Selections from the Writings of Rear Admiral Alfred T. Mahan*(New York: Dover Publications, 1999), pp. 68-74.

26 Crowl, "Alfred Thayer Mahan: The Naval Historian" in *Makers of Modern Strategy from Machiavelli to the Nuclear Age*, ed. by Peter Paret, pp. 459-460; 앨프리드 세이어 머핸, 김주식 옮김, 『해양력이 역사에 미치는 영향 2』, p. 828.

〈그림 8-1〉 머핸의 해양전략 4대 핵심 요소

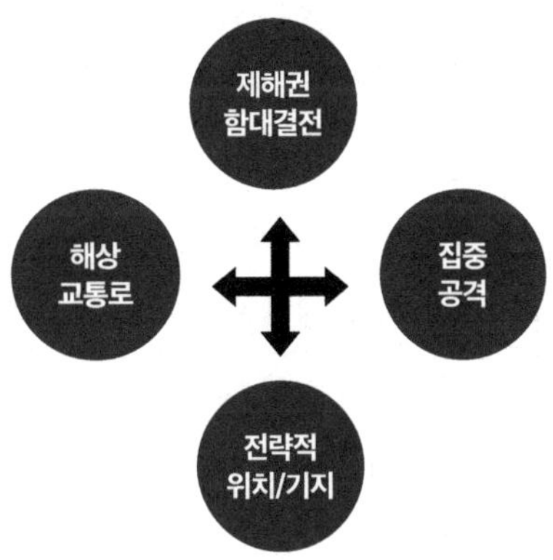

2. 코벳의 해양전략사상

(1) 코벳 해양전략사상의 형성

코벳이 활동하던 19세기 말부터 20세기 초는 팍스 브리태니카의 종말이 서서히 다가오고 있던 시기였다. 프랑스, 독일 등 유럽 주요국과 미국, 일본의 해군력이 급속히 성장하면서 영국 해군이 그동안 누려왔던 주도적 지위가 상대적으로 감소하기 시작한 것이다. 예를 들어, 1883년 당시 영국의 전함 수(38척)는 주요 강대국들의 모든 전함 수(40척)를 합친 것과 비슷했는데, 1897년에는 주요 강대국들의 전함 수(96척)가 영국의 전함 수(62척)를 훨씬 앞지르게 되었다.[28] 이러한 상황에서 위기의식을 느낀 영국 해군 지휘부는 해군 전반에 대한 전면적인 개혁 조치를 단행하게 되었고, 코벳도 해군 개혁을 위한 여러 가지 활동에 참여하게 된다. 특히 그는 영국 해군대학에서 해군사 및 해군전략 분야를 교육하면서 영국 해군의 교육 개혁에 일익을 담당하게 된다.

---

27 김현기 교수도 머핸의 전략원칙으로 제해권, 집중, 전략적 위치, 해상교통로 이 네 가지를 제시했다. 김현기, 『현대해양전략사상가』, pp. 203-206.

28 폴 M. 케네디(Paul M. Kennedy), 김주식 옮김, 『영국 해군 지배력의 역사』(서울: 한국해양전략연구소, 2010), pp. 382-385.

코벳이 해군대학에서 강의한 과목은 '전쟁 과정'으로, 전쟁술의 전략과 전술이 주제였다. 이와 관련해 코벳은 클라우제비츠Carl Von Clausewitz와 조미니, 콜롬 등과 같은 전략사상가들에 대해 연구했다. 그는 특히 클라우제비츠의 전쟁론 사상에 많은 관심을 보였다. 클라우제비츠의 영향을 받은 코벳은 해전은 전쟁술의 한 분야이기 때문에 해양전략의 본질을 이해하기 위해서는 전쟁의 본질에 대한 이해가 반드시 필요하다고 주장했다. 이러한 측면에서 그는 "전쟁이론을 통하지 않은 해군전략에 대한 접근은 아무런 소용이 없다"라고 언급하면서 전쟁이론에 대한 이해가 선행되지 않는다면 우리는 전쟁의 범위나 의미, 그리고 전쟁 결과에 큰 영향을 미치는 군사력의 의미도 이해할 수 없다고 단언했다.[29]

코벳은 클라우제비츠의 전쟁 본질에 대한 사상뿐만 아니라 콜롬의 제해권 사상에도 영향을 받았다. 코벳은 당시 해전의 불변 원칙으로 간주되던 머핸의 함대결전을 통한 제해권 확보라는 원칙을 비판하고 콜롬이 주장한 제해권의 상대성을 수용했다. 즉, 해양이란 어느 한 국가에 의해 소유될 수 있는 것이 아니며, 제해권이란 해상교통로 통제 이외의 의미는 없기 때문에 제해권은 절대적인 것이 아니라 상대적인 개념이라는 것이다. 이상과 같이 코벳은 클라우제비츠로부터는 전쟁이론을, 콜롬으로부터는 해전 사상을 수용하여 자신의 해양전략을 형성 및 발전시켰다.[30]

(2) 전쟁의 본질에 대한 코벳의 시각

코벳은 전쟁이란 기본적으로 정치적이라는 점을 잘 인식하고 있었다. 즉, 클라우제비츠의 "전쟁은 단지 다른 수단에 의한 정책의 연속"이라는 핵심 명제를 받아들인 것이다. 전쟁이란 정책의 도구이기에 항상 전쟁의 정치적 목적이 무엇인지 명확히 해야 하고 정치적 목적을 실현시키는 데 전쟁

---

29 줄리언 코벳, 김종민·정호섭 옮김, 『해양전략론』, p. 60.

30 홍성훈, "코벳의 해양전략사상", 국방대학교 석사학위 논문(1990), pp. 8-17.

의 중점을 두어야 한다고 보았다. 따라서 전쟁이 정책의 상호작용이라고 할 때, 해전과 같은 군사적 행동은 정책의 목적을 달성하기 위한 부수적인 수단에 불과한 것임을 지적했다. 비록 전쟁의 정치적 목적을 우선시해야 하지만, 정치적 목적과 군사적 목적과의 모순은 최소화해야 하며 조화를 이루도록 하는 것이 바람직하다고 주장했다.[31]

코벳은 전쟁 목적의 성격과 중요성에 따라 전쟁의 형태가 다양하게 나타날 수 있다고 보았다. 먼저, 전쟁의 정치적 목적이 적극적인가 소극적인가에 따라서 전쟁의 형태가 나뉘는데, 정치적 목적이 적극적이고 적으로부터 무엇인가를 얻는 것이라면 그 전쟁은 공격적일 것이고, 반면에 정치적 목적이 소극적이고 적의 강탈로부터 무엇인가를 지키는 것이라면 그 전쟁은 방어적일 것이라는 것이다. 이러한 생각은 "공격은 가장 훌륭한 방어"라는 기존의 공격 지향적 전략 개념과 대비되는 것으로, 방어는 어리석은 방책일 뿐이라는 방어 경시 풍조에 비판을 가한 것이다. 이와 연계하여 해전에 있어서 방어란 있을 수 없다는 생각은 잘못된 것이며, 러일전쟁 시에도 일본 함대는 전략적 방어로 러시아의 발틱 함대에 대한 이점을 획득하여 해전에서 결정적인 승리를 이끌어냈다고 주장했다.[32] 그러나 코벳은 공격과 방어가 상호배타적인 개념이 아닌 상호보완적인 것이라는 점도 명확히 했다. 왜냐하면 모든 전쟁의 형태는 공격과 방어를 동시에 내포하고 있기 때문이다. 따라서 공격과 방어의 상대적 강약점에 대한 균형적인 이해가 곧 전쟁의 본질을 이해하는 첩경임을 강조했다.[33]

코벳은 전쟁의 정치적 목적이 무제한적인가 아니면 제한적인가에 따라 전쟁의 형태가 무제한전쟁unlimited war 또는 제한전쟁limited war으로 구분

31 줄리언 코벳, 김종민·정호섭 옮김, 『해양전략론』, p. 71.

32 William R. Sprance, "The Russo-Japanese War: The Emergence of Japanese Imperial Power", *Journal of Military and Strategic Studies*, Vol. 6, No. 3(2004), pp. 1-24.

33 줄리언 코벳, 김종민·정호섭 옮김, 『해양전략론』, pp. 75-83.

될 수 있다고 보았다. 전쟁의 정치적 목적이 무제한적일 경우는 전쟁계획의 주 전략적 목표가 적의 전쟁 능력을 완전히 궤멸시키는 것이기 때문에 아군의 군사력을 적의 군사력에 직접 지향시킨다. 반면, 정치적 목적이 제한적일 경우는 적 군사력의 완전한 파괴 또는 해체는 필요 이상의 것이기 때문에 전략의 주 목표도 적의 군사력이 아닌 영토의 점령과 이를 토대로 유리한 상황을 조성하여 적에게 우리의 의지를 수용하도록 강요하는 강압 등이 포함된다. 이는 코벳이 과거 절대전쟁사상에 근거한 나폴레옹식 무제한전쟁이 지배적인 전쟁의 형태라는 인식이 잘못된 것이며, 전쟁은 무제한전쟁과 제한전쟁이라는 이중적 특성을 동시에 가지고 있음을 강조한 것이다.[34] 전쟁의 본질에 대한 코벳의 이러한 인식은 그의 해양전략사상에 매우 큰 영향을 미치게 된다.

(3) 코벳 해양전략의 본질

코벳은 해양전략도 전쟁의 한 분야라고 인식하면서 전쟁의 이론 차원에서 해양전략을 발전시켰다. 코벳도 해양전략의 핵심은 제해권의 확보라고 강조했다. 이에 해전의 목적은 직간접적으로 제해권을 확보하거나 적의 제해권 확보를 방지하는 것을 지향해야 한다고 주장했다. 하지만 해전의 역사를 검토해보면 교전국 어느 측도 완전한 제해권을 확보한 사례는 드물고 가장 일반적인 상황은 분쟁 상태에서의 해양지배 상황이라고 코벳은 지적했다. 이는 제해권의 개념이 영구적이고 절대적인 개념이 아님을 의미한다. 그는 "해양은 통항의 수단"이기 때문에 제해권은 상업적 또는 군사적 목적의 해양 통항의 통제 측면에서 이해해야 함을 강조했다.[35] 이러한 차원에서 그는 제해권의 개념이 너무 광범위하기 때문에 보다 실용적인 측면에서 "통항과 해상교통로의 통제control of passage and communication"로

---

34 줄리언 코벳, 김종민·정호섭 옮김, 『해양전략론』, pp. 84-93.

35 앞의 책, pp. 127-130.

대체되어야 한다고 주장했다.[36] 결국 해전의 목적은 해상교통로의 통제에 있으며, 이를 위한 해군의 작전은 함대 추격, 격파, 봉쇄, 통상 공격과 방어 등 다양한 형태로 전개될 수 있다. 따라서 해군 함대의 구성도 전함 위주가 아닌 전함과 순양함, 그리고 소형 함 등 다양한 구성이 필요하다고 강조했다.

코벳은 전략의 핵심 원칙 중의 하나인 '집중'의 개념이 해전에서는 지상전과 다르게 해석될 수 있다고 보았다. 지상전에서의 집중은 행정적인 과정으로서 동원 과정의 완료와 특정 작전지역으로의 기동 상태, 그리고 지상군이 최종적으로 전개하여 즉각적인 작전 준비 상태를 완료함을 의미하는 데 반해, 해전에서의 집중은 단순한 병력 집결 그 이상의 의미가 있다는 것이다. 코벳은 해전에서 집중은 "동일체를 의미하는 것이 아니라 공통의 중심으로부터 통제되는 복합적인 유기체로서 상호지원의 희생 없이 광범위한 구역을 망라할 수 있도록 탄력성을 보유"하는 것이라고 주장했다. 그리고 해전에서 세력의 분산은 적에게는 분산을 강요하고 아군에게는 융통성과 기동의 자유, 그리고 은폐를 확보할 수 있게 해주며 해양통제권을 확보하기 위한 결정적 기회에는 전략적 결합을 가능하게 해준다고 보았다. 결국 코벳이 생각하는 집중의 핵심은 "강점을 은폐하고 약점을 보여주는 세력의 전개"라고 할 수 있다.[37]

코벳은 해전을 수행하는 것은 공통적으로 두 가지 목표를 추구하는 것이라고 주장했는데, 하나는 제해권의 확보 또는 쟁탈이며 다른 하나는 완전한 제해권의 확보와 상관없이 보유하고 있는 해상교통로의 통제를 행사하는 것이다. 코벳은 이러한 해전의 목표를 달성하기 위한 해전의 수행 형태를 제해권의 획득 상태와 행사 방법에 따라 〈표 8-1〉과 같이 구분할 수 있다고 제시했다.

---

36 앞의 책, p. 359.

37 앞의 책, pp. 165-188.

〈표 8-1〉 제해권 확보와 행사를 위한 해전 수행의 형태

구분	해전 수행 형태
완전 상태의 제해권 확보 방법 (상대적으로 우세한 세력 보유 시)	결전
	봉쇄
분쟁 상태의 제해권 확보 방법 (상대적으로 불충분한 세력 보유 시)	방어적 함대작전: 현존함대
	소규모 공격
제해권의 행사 방법 (해양 통항의 통제)	대(對)상륙방어
	통상의 공격 및 방어
	해외원정작전의 공격, 방어, 지원

먼저, 코벳은 제해권을 확보하는 방법이 적국에 비해 자국이 보유하고 있는 상대적 세력의 정도에 따라 달라질 수 있다고 보았다. 만일 자국이 적국에 비해 우세한 전략적 위치와 함대 전력을 보유하고 우세한 해군 정책을 유지하고 있다면 적 함대를 탐색 및 격파하는 결전을 추구해야 한다고 주장했다. 머핸의 주장처럼 결전을 통한 적 함대의 격멸은 제해권을 획득할 수 있는 가장 빠르고 확실한 방법이며, 이것은 영국 해군의 전통적 신념이었다. 문제는 우리가 결전을 추구한다고 하더라도 상대적으로 열세한 적은 결전을 회피하기 때문에 결전이 이루어질 수 없다는 데 있다. 코벳은 이런 경우 적의 군사력이 항구에서 출항하여 해양으로 진출하는 것을 방지하는 군사적 봉쇄와 적의 해양 통상 유통을 차단하여 적의 해상교통로 사용을 거부하는 상업적 봉쇄를 실시해야 한다고 강조했다.[38] 이러한 봉쇄는 제해권 확보를 위한 적국과의 결전이 불가할 시 활용할 수 있는 대체 방안이 될 수 있는 것이다.

앞서 언급한 바와 같이, 코벳은 제해권 개념을 상대적인 것으로 간주했기 때문에 적국의 제해권 확보가 자동적으로 자국의 제해권 상실로 이어진다는 인식은 잘못된 것이며, 이러한 오인으로 인해 전략적 방어의 중요

---

38 줄리언 코벳, 김종민·정호섭 옮김, 『해양전략론』, pp. 201-241.

성이 경시되어왔다고 주장했다. 그는 해전의 가장 일반적인 형태가 완전한 상태에서의 제해권 확보가 아닌 분쟁 상태에서의 제해권 확보 경쟁이기 때문에 제해권을 확보하기에 불충분한 세력을 보유한 국가는 방어 태세를 취함으로써 분쟁 상태에서의 제해권을 확보 또는 유지할 수 있다고 지적했다. 그는 이러한 전략적 방어를 '현존함대fleet in being'로 명명하면서 방어란 개념이 수세적이고 수동적인 개념이 아니라 해전에서 유리한 상황이 도래할 때까지 결전을 피하고 세력을 보전하여 결정적 기회가 도래했을 때 공세로 전환하는 적극적이고 능동적인 개념이란 점을 강조했다. 그는 이러한 현존함대 개념 하에 적 세력에 대한 지속적인 소규모 공격을 가하는 것이 중요하다고 제안했다. 즉, 소규모 공격으로 적 세력을 분리시키고 적을 불안하게 만듦으로써 아국의 상대적 열세를 만회하여 제해권 확보에 기여할 수 있다고 본 것이다.[39]

코벳은 제해권 행사 방법이란 제해권을 확보하는 것과는 직접적으로 관련이 없고 아국의 해양 통항을 보장하는 반면에 적의 해양 통항은 거부하는 2차적인 작전들을 의미한다고 했다. 이러한 작전들에는 대對상륙방어와 통상의 공격 및 방어, 그리고 해외원정작전의 공격, 방어, 지원이 포함된다. 대상륙방어는 적의 상륙 침공을 저지하는 것으로, 1차적인 공격 목표는 적의 지상군 수송선이다. 그는 적 지상군의 상륙을 방어하는 것이 아국의 지상전 상황을 유리하게 조성하는 것은 물론이고 보급로의 통항을 보호함으로써 제해권을 유지하는 데 매우 중요하다고 보았다. 통상의 공격은 아무리 우세한 전력을 보유한 적이라도 광활한 해양을 모두 방어할 수 없기 때문에 이러한 취약성을 공략하여 적의 경제활동 및 전쟁 지속 능력을 약화시키는 것이다. 반대로, 통상의 방어는 통상파괴전을 추구하는 적에 대비하여 효과적인 선단호송 등 통상보호작전을 실시하여 상업활동 및 전쟁 지속 능력을 유지하는 것이다. 하지만 코벳은 "완전한 통

---

39 앞의 책, pp. 242-264.

상 보호란 존재하지도 않고 또 그렇게 할 수도 없다"고 강조했는데, 이는 완전한 비취약성의 추구가 자칫 완전한 우위를 추구하는 전략적 오류를 범할 수 있기 때문이다. 해외원정작전의 경우는 기본적으로 통상의 공격과 방어의 원칙을 따르는데, 다만 소규모 해외원정작전은 대규모 해외원정작전에 비해 회피 능력이 현저히 떨어져 방어를 보장할 수 없다는 점을 유념해야 한다고 지적했다.[40]

3. 머핸과 코벳의 해양전략사상 비교

동시대에 활동했고 동일한 분야를 다루었음에도 불구하고 머핸과 코벳의 해양전략사상은 여러 측면에서 매우 대조적이다. 먼저, 분석틀 차원에서 보면 머핸은 강력한 해양력을 보유하는 것이 강대국으로 발전하는 데 필수적이라고 강조하며 이러한 명제는 역사적으로 일반화가 가능한 것이라고 주장했다. 이에 해양력에 대한 개념을 도출하고 강력한 해양력을 보유하기 위한 여섯 가지 조건들을 제시하는 등 해양력의 역사적 역할 차원에서 해양전략에 접근했다. 이에 반해, 코벳은 전쟁의 속성과 해전의 본질, 목표, 그리고 수행 방법에 대한 논의를 중점적으로 전개함으로써 해양력의 역할에 대한 논의가 다소 부족한 면이 있다.

이론의 유용성을 평가하는 기준 중의 하나인 이론적 간결성theoretical parsimony 측면에서 보면, 머핸의 해양전략이론은 강력한 해군력으로 함대결전을 통해 적 함대를 격파하면 제해권과 해상교통로가 자동적으로 확보가 되어 전쟁에서도 승리하고 국가의 부도 축적할 수 있다는 매우 간결한 논리로 구성되어 있다. 반면, 코벳은 전쟁의 목적과 속성에 따라 해전의 목표와 수행 방법이 달라질 수 있음을 제시하는 등 보다 다양하고 복잡한 논리를 제시했다. 사실, 코벳은 머핸에 비해 좀 더 정확하고 논리적이라고 평가되고 있으며, 해양전략이론가 중 가장 심오하고 융통성 있는

---

40 줄리언 코벳, 김종민·정호섭 옮김, 『해양전략론』, pp. 265-335.

사상가로 간주되고 있다.[41] 그럼에도 불구하고 머핸의 이론적 간결성은 그의 사상을 코벳보다 더 매력적이고 설득력 있게 보이게 함으로써 코벳의 이론이 상대적으로 덜 주목받는 결과를 초래했다.

머핸과 코벳의 사상적 배경 또한 서로 상이하다. 머핸은 전쟁의 수행 원칙에 관한 조미니의 영향을 많이 받았다. 그는 조미니가 『전쟁술』에서 제시한 핵심 요소인 집중, 중심 위치, 군수, 그리고 공격의 중요성을 수용하여 해전에 적용했다. 한편, 코벳은 클라우제비츠의 영향을 받아 전쟁의 정치적 목적에 따른 다양한 형태의 해전 양상과 해전 수행 원칙을 제시했다. 코벳은 특히 대부분의 전쟁은 제한된 정치적 목적을 가지고 있다는 점을 강조했으며, 해전의 수행 원칙도 머핸과는 대비되는 분산을 통한 집중과 전략적 방어의 이점을 역설했다.

해전의 본질에 대해 머핸과 코벳은 유사한 시각을 보이고 있다. 두 전략가 모두 해전의 본질은 해상교통로의 확보라고 생각한 것이다. 왜냐하면 해양이란 통항의 수단이기 때문에 해양 통항을 보장하는 것은 상업적으로 또는 군사적으로 중요하기 때문이다.

하지만 해상교통로를 확보하는 방법에서는 두 전략가의 견해가 서로 다르다. 머핸은 제해권을 획득함으로써 해상교통로를 확보할 수 있다고 보았다. 그는 제해권이란 절대적이고 항구적인 속성을 가지고 있으며, 이러한 제해권을 확보하는 방법은 공격적이고 적극적인 전력 운용으로 적 함대를 격파하는 함대결전이 유일하다고 주장했다. 이에 반해, 코벳은 제해권 획득의 중요성에 대해서는 인정하지만 전쟁의 속성이 제한전인 경우가 더 일반적이고 광활한 해양을 한 국가의 해군력으로 완전하게 통제하는 것이 사실상 불가능하기 때문에 절대적 제해권의 확보라는 목표는 비현실적이라고 주장했다. 이에 코벳은 제해권의 개념에 융통성과 상대

---

41 John J. Klein, "Corbett in Orbit: A Maritime Model for Strategic Space Theory", *Naval War College Review* Vol. 57, No. 1(2004), p. 63.

▣ 지상전과 해전의 특성 비교[42]

구분	지상전	해전
1	공세적 행동은 결정적 전투 결과를 성취하기 위해 필수적이다.	해전에서도 마찬가지이다.
2	방어 전력이 공격 전력보다 월등하다.	방어 전력이 열세하다.
3	성공적 공격이 불가능할 경우에는 방어 태세가 필요하다.	방어 태세는 본질적으로 위험에 빠질 가능성이 크며, 막대한 손실을 초래할 수도 있다.
4	측방이나 후방 공격이 정면 공격보다 성공 가능성이 높다.	예측하지 못한 함미 방향으로부터 공격은 유리한 점이 있다. 그러나 포위 개념은 지상 전술의 포위 개념과 전혀 다르다.
5	주도권을 장악하면 우세한 전투력의 투입이 가능해진다.	주도권 장악은 해상전에서 특히 중요하다.
6	방어자의 성공 가능성은 요새 전투력과 비례한다.	방어력은 단지 효과적인 공격 또는 반격을 위한 전술적 시간을 벌기 위한 것이다.
7	희생을 치를 각오가 되어 있는 공격자는 어떠한 방어벽도 돌파할 수 있다.	필요한 수단만 확보되어 있다면 해전에서도 마찬가지이다.
8	성공적인 방어를 위해서는 충분한 종심과 예비대가 필요하다.	해전에서 예비대를 남겨둔다는 것은 오산이다.
9	전력의 요소로서 기습의 효과, 상대적 전투효율, 그리고 방어 태세의 이점을 중시한다면 우세한 전투력을 보유한 측은 항상 승리할 수 있다.	적절한 조건만 충족된다면 해전에서도 우세한 세력이 항상 승리를 거둔다고 할 수 있다. 그러나 대등한 세력이 해상에서 교전을 하는 경우에는 선제공격자가 승리한다고 하는 것이 더 적합한 표현이 될 것이다.
10	기습은 대체로 전투력을 강화시킨다.	해전에서도 마찬가지이다.
11	화력은 살상, 분쇄, 억제의 수단이며 분산의 원인이 된다.	해전에서도 마찬가지이다.

42 웨인 휴스 저, 조덕현 역, 『해전사 속의 해전』, p. 196.

성을 수용한 해양통제가 해전의 목표가 되어야 한다고 강조하며 해양통제를 확보하는 방법도 적국의 세력과 비교한 자국의 상대적 세력 정도에 따라 결전을 포함한 현존함대, 봉쇄, 통상 파괴 등 다양한 수단들이 활용될 수 있다고 제시했다.

해군 우선주의자인 머핸의 사상은 미국은 물론 독일, 러시아, 일본 등의 해군정책에 지대한 영향을 미쳤으며, 이들 국가들의 해군력 발전에 크게 기여했다. 하지만 머핸의 해군 우선주의적 사상은 타군과의 협력에 소홀했으며 전장의 통합화와 합동성이 강조되는 현대전 및 미래전에서 그 유용성이 떨어지는 측면이 있다. 반면, 코벳의 사상은 해전과 지상전과의 상호의존적 관계[43]를 인식하고 지상전을 지원하기 위한 해군의 역할을 강조하면서 연안작전과 상륙작전, 해외원정작전 등 합동작전의 중요성을 역설했다. 이와 같은 코벳의 주장은 머핸에 비해 보다 균형적인 시각을 지녔으며 이론적 적실성도 더 타당한 것으로 평가되고 있지만, 해군 고유의 역할을 과소평가한 측면이 있다.[44]

머핸과 코벳의 해양전략사상의 공통적 한계는 전시 해군력 사용에 관한 주제만을 다룸으로써 평시 해군력 역할에 대한 논의가 부족하다는 점이다.[45] 전통적 해양 위협과 비전통적 해양 위협이 동시에 존재하는 탈냉전기 해양안보 환경에서 해군의 역할은 군사적 역할은 물론 해군력 현시와 같은 외교적 역할, 그리고 해양자원보호 등의 경찰적 역할을 동시 수행하도록 요구받고 있다.[46] 따라서 해양전략의 적용 범위는 전·평시를 모두

---

43 360쪽 〈지상전과 해전의 특성 비교〉 참조.

44 John J. Klein, "Corbett in Orbit: A Maritime Model for Strategic Space Theory", *Naval War College Review* Vol. 57, No. 1, p. 64; 박창희, 『군사전략론: 국가대전략과 작전술의 원천』, pp. 292-293.

45 이창근·김동규, "머핸과 코벳의 해양전략사상 비교연구", 『해양연구논집』 제24호(2000), p. 20.

46 Ken Booth, *Navies and Foreign Policy*(New York: Holmes & Meier Publishers, Inc., 1977), pp. 15-17; 김기주·손경호, "다차원적 해양안보 위협과 한국의 전략적 선택: 한국 해군의 전략과 전력 발전방향을 중심으로", 『국제문제연구』 제13권 제1호(2013), pp. 141-172.

포함해야 한다. 이상의 논의를 정리하면 다음 〈표 8-2〉와 같다.

〈표 8-2〉 머핸과 코벳의 해양전략사상 비교

구분	머핸	코벳
활동국	미국	영국
시대적 배경	19세기 중반~20세기 초반	19세기 중반~20세기 초반
사상적 배경	조미니	클라우제비츠
분석틀, 방법론	해양력, 역사적 사례 분석	전쟁, 역사적 사례 분석
전쟁의 본질	무제한, 집중, 공격	제한, 분산, 방어
해진의 본질	해상교통로 확보	해상교통로 확보
해전의 목표	제해권	해양통제
해전의 수행	함대결전	현존함대, 봉쇄, 통상파괴전 등
영향	해군 우선주의자	균형주의자

▣ 주요 용어 정의[47]

군사력 투사 Power Projection

군사력, 즉 해군력을 육지에 투사하는 것을 말하며, 상륙작전, 해상화력지원, 전술항공 투사 등이 있음.

제해권Command of the Sea

한 국가가 자국의 경제 또는 국가안전을 유지하기 위해 적 해군으로부

47 해군본부, 『해군용어사전』(대전: 해군본부, 2011). 해군 전투발전단, 『해양전략용어 해설집』(대전: 해군 전투발전단, 2004).

터의 간섭을 배제할 수 있는 해양우세의 정도. 완벽한 제해권은 불가하여 해양통제 개념으로 사용됨.

통상파괴전Commerce Raiding

적국의 전쟁 지속 능력과 의지를 약화시킬 목적으로 해군력을 이용하여 상선을 공격·격침시키는 작전.

함대결전Decisive Engagement of Fleet

적의 함대가 존재한다는 것은 그 규모와는 관계없이 항상 위협이 되어 가용한 해군 세력을 집중해 적 해군 세력을 격멸한다는 개념.

해군력Naval Power

국가가 해군을 이용하여 국가이익을 보호하고, 국가안보를 유지하며, 국가목표 달성 및 국가정책을 수행하고, 국위를 선양하여 국민의 해양활동을 보호하는 군사적 수단. 해군 활동을 위해 필요한 수상함, 잠수함 및 항공기를 포함한 무기체계, 상륙군을 포함한 병력, 기지, 지원시설 및 해군의 통제를 받는 세력 등을 구성 요소로 하여 해양과 지상에서 군사적인 역량을 발휘할 수 있는 총체적인 힘과 능력.

해군전략Naval Strategy

국가전략에 의해 결정된 목표 또는 해양전략의 목표를 달성하기 위해 해군력을 운용하는 술art이며 과학science.

해군외교Naval Diplomacy

한 국가가 정치적 목적과 외교정책을 지원하기 위해 해군력을 사용하는 것. 즉, 국가가 지원, 설득, 억제 혹은 강압을 위한 외교정책을 지원하기 위해 해군 세력을 사용하는 것.

해상교통로Sea Lines of Communications

국가의 생존과 전쟁 수행상 필히 확보해야 할 해상 연락 교통로. 즉, 국민의 생존에 필요한 석유, 식량, 경제, 산업활동에 필요한 주요 원료를 포함한 교역품의 이동통로이며, 유사시 전쟁 수행에 필요한 탄약, 군수물자 등의 수송을 위해 필요한 해상보급로임.

해상봉쇄Naval Blockade

적 또는 가상 적국의 해상을 무력으로 봉쇄하여 타국과의 교역 및 통항을 못 하게 하는 조치.

해양거부Sea Denial

어떤 해역을 사용하려는 별도의 의도는 없으나 적의 사용을 억제시키는 것.

해양력Sea Power, Maritime Power

국가이익을 증진하고 국가목표를 달성하며, 국가정책을 수행하기 위해 해양을 통제하고 사용할 수 있는 국가의 능력. 해양력은 해군력 이상의 것으로 해운, 자원, 기지 및 기관을 포함하는 용어이며, 국가의 정치력, 경제력 및 군사력으로 전환되는 국력의 일부분임.

해양우세Sea Superiority

해양을 이용하는 데 필요한 특정 해역 및 기간에 있어서 완전한 해양통제에까지 이르지는 못하지만 아군의 작전 수행에 큰 지장을 초래하지 않는 범위 내에서 해양을 사용할 수 있는 제한된 해양통제권을 획득한 상태, 또는 그러한 상태를 달성할 수 있는 힘의 우세 정도.

해양전략Maritime Strategy

국가목표를 달성하고 국가정책을 수행하기 위해 평시 및 전시에 국가의 해양력을 운용하고 해양을 사용하는 술art이며 과학science.

해양통제Sea Control

아군이 필요로 하는 특정 시기 및 해역에서 적의 방해를 받지 않고 자유롭게 해양을 사용할 수 있도록 보장하고, 적의 해양 사용을 거부하기 위해 적의 해군력을 효과적으로 제압 또는 통제하는 상태.

현존함대Fleet in Being

상대적으로 열세한 함대가 결전을 회피하고 세력을 보존함으로써 존재 가치가 적 함대를 견제하고 행동의 자유를 제한하는 해군력 운용 개념.

Ⅳ. 맺음말

머핸과 코벳이 해양전략사상에 가장 크게 기여한 점은 그들이 활동하기 이전 시대에 주로 행해졌던 연대기적 서술 위주의 분석틀을 국가목표 및 정치적 목적과 해양 사용 간의 상관관계를 이론화해 논리적이고 응집력 있는 해군전략 및 해양전략의 수립을 가능하게 했다는 것이다.[48] 비록 코벳이 해군의 전통적 전략사고인 공격성이 부족한 것에 대해 비판을 받음

48 Tan We Ngee, "Maritime Strategy in the Post-Cold War Era", *Pointer*, Vol. 26. No. 1 p. 1.

으로써 해양전략사상사에서 머핸에 비해 덜 영향을 미쳤다는 것은 부정할 수 없는 사실이지만, 그는 머핸에 비해 보다 실용적이고 효율적인 전략가로서 머핸이 간과한 여러 부분들을 보완하고 해양전략의 범주를 넓혀 주었다.[49] 즉, 머핸과 코벳의 해양전략은 상호보완적이라고 할 수 있다.

머핸과 코벳의 해양전략사상은 현대 해전에서 어느 정도 적실성이 있는 것으로 평가되고 있다. 특히 코벳의 해양전략은 현대 해전의 양상을 정확하게 예측했다는 점에서 매우 높이 평가받을 만하다. 머핸의 해양전략의 핵심 사상인 함대결전은 주요 해양 강대국들의 기본적인 전략이 되었고, 미국 해군은 머핸의 결전주의에 입각해 세계대전을 치렀으며, 냉전 시기에는 대양에서 소련 해군과의 결전에 대비해 공세적인 해양통제전략을 수행했다. 물론 미드웨이 해전Battle of Midway과 같은 결전으로 미국이 태평양의 제해권을 확보하여 전쟁의 국면을 성공적으로 전환시킨 사례도 있었지만, 양차 세계대전에서 나타난 지배적인 해전의 형태는 머핸의 함대결전보다 코벳이 예상했던 통상파괴전[50] 및 항공모함 위주의 항공전, 그리고 대규모 상륙전 등 다양한 무기체계의 발달에 바탕을 둔 합동작전의 양상으로 나타났다. 특히 탈냉전 이후 첫 전쟁인 걸프전에서 미국 해군의 역할은 본질적으로 공중전과 지상전을 지원하고 세력을 투사하며 연안에서의 합동작전을 중점적으로 실시하는 데 있었다. 이에 미국 해군은 1992년 『해군백서』에서 드디어 미국 해군의 전략을 해양에서on the sea 치르는 대양전에서 해양으로부터from the sea 수행되는 합동작전으로 전환함을 천명했다. 이는 지난 100여 년 동안 미국 해군의 전통적 전략 사고인 머핸의 패러다임이 종식되고 코벳의 패러다임으로 전환됨을 의미하는 것이

49 Ian C. D. Moffat, "Corbett: A Man Before His Time," *Journal of Military and Strategic Studies* Vol. 4, No. 1, pp. 1-35.

50 1943년 중반에 하루 평균 104척의 독일 U-보트 잠수함이 해양통제를 거부하기 위한 통상파괴전을 수행했으며, 제2차 세계대전 중 잠수함은 총 15척의 항공모함(약 30만 6,000톤)을 격침시켰다. 웨인 휴스, 조덕현 옮김, 『해전사 속의 해전』(서울: 신서원, 2009), pp. 183-185.

었다. 이러한 연안작전 및 합동작전이 중요시되는 전쟁 양상은 이라크전 및 아프가니스탄전에서도 증명되었듯이 앞으로도 지속될 것이며, 더불어 평시 다양한 수준의 해양작전과 임무들이 해군에게 부여될 것으로 전망된다.[51]

전쟁의 본질과 해전의 양상에 대한 코벳의 전략사상이 머핸의 전략사상에 비해 보다 타당성을 지니고 있다면, 머핸은 코벳이 관심을 소홀히 했던 해양력과 국가 발전 간의 직접적 관계에 대한 거시적 통찰력을 보여주었다는 강점이 있다. 머핸이 그토록 강조했던 해양을 통한 경제적 성장이 국가의 생존과 번영을 담보하기 때문에 제해권 확보를 통한 해상교통로의 보호는 해군의 가장 중요한 임무라는 점은 오늘날에도 여전히 유효하다. 이러한 머핸의 핵심 명제를 미국 해군은 잘 인식하고 있으며 자유로운 해양 통항과 이용을 보장하기 위해 노력해왔다. 이는 미국 해군이 전 세계의 주요 해운운송로상에 자국의 함대를 배치한 점에서 증명된다.[52] 하지만 최근 미국의 국내 재정 적자로 인한 국방비의 삭감과 전력의 감소는 글로벌 해양력으로서의 지배적인 지위를 중국에게 내줄 수도 있다는 우려를 낳고 있다. 이와는 대조적으로 전통적 대륙국가였던 중국은 머핸의 전략사상을 수용하여 해군력을 포함한 해양력 분야에 집중 투자함으로써 해양강국으로 급속히 탈바꿈하고 있다.[53]

---

51 조지 W. 베어(George W. Baer), 김주식 옮김, 『미국 해군 100년사』(서울: 한국해양전략연구소, 2005); Brian K. Wentzell, "Sir Julian Corbett's New Royal Navy: An Opportunity for Canada?", *Canadian Naval Review* Vol. 7, No. 1(2011), pp. 20-23; James R. Holmes, "From Mahan to Corbett?", *The Diplomat*, December 11, 2011. 미국 해군 및 국방성은 최근 중국의 위협을 상정하여 합동작전을 중요시하는 공해전투 개념(AirSea Battle Concept) 및 합동작전접근 개념(JOAC, Joint Operational Access Concept)을 발표했다.

52 미국 해군은 국제 해상운송로 밀도가 높은 지브롤터 해협, 호르무즈 해협, 말라카 해협, 미국의 동서부 해안 등 전략적 위치에 자국의 함대를 배치하고 있다.

53 Seth Cropsey and Arthur Milik, "Mahan's Naval Strategy: China Learned It. Will America Forget It?", *World Affairs Journal*, March/April(2012), pp. 1-3; S. Rajasimman, "Book Review: Chinese Naval Strategy in the Twenty First Century: The Turn to Mahan", *Journal of Defense Studies*, Vol. 3, No. 3(2009), pp. 139-144.

한 세기가 훨씬 지났지만, 머핸과 코벳이 제시한 해양전략사상은 여전히 유효하다. 지구의 71%는 해양이며 전 세계 인구의 약 75%는 연안으로부터 175킬로미터 이내에 거주하고 무엇보다도 전 세계 무역량의 약 90%는 해양을 이용한다. 21세기에는 해양에 대한 의존도가 보다 심화될 것이기 때문에 자유로운 해양 통항과 이용을 통한 경제적 성장과 해양영토 및 해양자원 등 해양이익의 보호는 국가의 생존과 번영에 직결되는 사안이 될 것이다. 특히 다양한 수준의 복잡한 해양안보 위협에 직면하고 있는 한국은 머핸과 코벳이 제시한 해양전략사상을 잘 이해하여 한국적 상황에 부합한 최적의 해양전략을 수립해야 할 것이다.

CHAPTER 9

항공우주 군사사상

강진석 | 서울과학기술대학교 안보학 교수

공군사관학교, 국방대학교(안전보장학 석사), 충남대학교 대학원(정치학 박사)을 졸업했다. 전투기 조종사이며 공군본부, 국방부 정책실 등에서 정책실무를 담당했으며, 특히 국방부 핵정책, 군비통제정책을 주무했다. 공군대학 대령급 War College 과정을 운영했고, 대령 예편 후 서울과학기술대학교 안보학 교수로 재직하고 있다. 전쟁철학 및 안보·군사 전문가로서 최근의 저서 『클라우제비츠와 한반도: 평화와 전쟁』, 『현대전쟁의 논리와 철학』, 『리더십 철학: 과제와 실천방법론 서설』 3권은 클라우제비츠의 현대적 해석과 이를 통한 한반도 조화통일 안보전략 방향을 모색한 수작으로 평가받고 있다. 이 밖에도 『한국의 안보전략과 국방개혁』, 『신뢰, 안보 그리고 통일』 등 다수의 저술이 있다. 현재 《항공우주력》 편집장, 조화안보통일 리더십연구소 대표, 한국국방개혁연구소 상임고문, (사)한국안보통일연구원 국방연구소장으로 활동하고 있다.

Ⅰ. 머리말

하늘을 날고자 하는 인간의 오랜 열망 끝에 1783년 몽골피에Montgolfier 형제[1]가 최초로 열기구를 개발해 하늘을 날았고, 1903년에는 라이트Wright 형제[2]가 직접 만든 동력장치를 부착한 날틀을 이용하여 인간의 의지대로 하늘을 나는 데 성공했다. 항공력은 제1·2차 세계대전을 거치면서 군사적 수단으로 급속히 발전했다. 그후 항공력이 현대적 개념의 항공우주력으로 발전한 것은 아주 최근의 일로, 제2차 세계대전 이후 60여 년의 짧은 기간 동안 달에 유인탐사선을 보내고 착륙에 성공하는 등 항공우주력은 눈부시게 발전하여 이제는 정치적 목적 달성을 위한 효과적인 군사적 수단으로서 현대 군사력의 핵심이자 국가방위력 자체가 되었다.

현대 군사전략은 육·해·공군 전력의 운용 효과를 극대화하는 합동전략으로 구성되어 있다. 현대 전쟁은 군사혁명military revolution과 군사변혁military transformation을 통해 그 목표를 '정치적 목적' 달성에 두고 이를 위한 군사적 수단으로서 '정당한 전쟁right war' 수행을 위한 억제detterence와 제한전limited war, 그리고 비살상non-destruction 및 정밀타격precision strikes을 신속하게 수행하는 데 초점이 맞춰지고 있다.[3] 현대 군사전략은 중심center of gravity, 체계military system, 기동movement 측면에서 발전해왔으며, 그 핵심에는 항공력이 자리 잡고 있다.[4]

현대에 이르러 '항공력'이란 '항공우주력'으로 대체되었다.

---

1 조제프 미셸 몽골피에(Joseph Michel Montgolfier)와 자크-에티엔 몽골피에(Jaques-Etienne Montgolfier).

2 윌버 라이트(Wilbur Wright)와 오빌 라이트(Orbille Wright).

3 강진석, 『현대전쟁의 논리와 철학』(서울:평단, 2012) p. 315.

4 강진석, 『한국의 안보전략과 국방개혁』(서울: 평단, 2005), p. 237; 강진석, 『현대전쟁의 논리와 철학』, p. 18 참조.

항공우주력이란 "정치·군사적 목적을 위해 항공우주공간에서 활동하는 모든 전력 및 이의 운용 능력"으로 정의된다. 우주력 분야는 계속 발전, 진화 중에 있고 새로운 차원의 영역을 확대해나가고 있다.

항공우주력은 다양한 방식으로 국가의 정치적 목적 달성과 군의 작전을 지원할 수 있다. 항공우주력은 적의 군사력, 도시와 산업시설을 폭격할 수 있으며, 보급선을 공격하는 방식으로 아측 지상군을 지원하거나 무장 병력을 신속히 이동시킬 수 있다. 항공우주력의 적절한 사용은 가용 군사력, 목표, 적의 군사력, 정립된 계획, 작전 개념, 적정 군사이론을 포함한 많은 요인에 의해 좌우된다. 항공력 이론가들은 항공기와 우주전력을 기존의 전쟁 개념인 지상군 위주의 소모전쟁 대신에 이와는 다른 방식으로 전쟁을 지원하거나 전쟁 승리를 위해 사용해야 한다고 주장해왔다. 이러한 노력에 힘입어 항공력은 독립된 군사력으로 성장할 수 있었으며, 현대 군사전략에서 핵심적 역할을 하는 전력으로 발전하게 되었다. 구체적으로 현대 합동군사전략의 핵심 개념인 효과기반작전EBO, Effects Based Operations, 병행전쟁parallel warfare, 신시스템복합체계C4ISRPGM 및 신속결정타격체계F2T2EA, 그리고 이로부터 발전된 킬체인kill chain 등은 현대 항공우주력이 중심이 되는 개념 및 사상이라고 할 수 있다. 대부분의 국가에서 현대 항공우주군사이론은 국방조직, 군 구조, 전쟁계획 수립 및 작전 영역에서 기반을 이루고 있으며, 미래 군사력 발전의 핵심 요소가 되었다.

II. 항공 군사사상의 대두와 발전

1. 항공력의 등장과 군사적 가치 인식

1783년 6월 4일, 프랑스의 몽골피에 형제는 인류 최초로 열기구smoke-filled balloon를 타고 파리를 출발하여 25분 동안 2.5마일을 비행하는 데 성공했다. 11월 21일에는 필라트르 드 로지에Pilâtre de Rozier와 프랑수아 로랑 다를랑드François Laurent d'Arlandes 후작을 승객으로 태우고 처음으로 줄을 묶지 않은 유인비행을 했다. 이 기구로 파리 상공에서 약 25분 동안 9킬로미터를 비행했다.

기구는 나폴레옹 전쟁부터 군사작전에 사용되었는데, 프랑스는 1794년 플뢰뤼스 전투Battle of Fleurus에서 적의 움직임을 관찰하고 적의 사기를 저하시키기 위해 기구를 활용했다. 1849년에는 북이탈리아를 지배하던 오스트리아군이 이탈리아의 독립세력을 탄압하기 위해 베네치아Venezia에 폭탄을 투하할 목적으로 약 300개의 열기구를 사용했으며, 1870~1871년 보불전쟁 시에는 전보 배달 및 승객 수송 작전에 기구를 이용했다. 1893년 영국 과학성 소속의 풀러턴J. D. Fullerton 소령은 미국 시카고 세계박람회에서 "항공전에 관한 소고"라는 논문을 발표하여 미래에는 공중에서도 전투가 이루어질 수 있을 것이라고 전망했다.

그로부터 10년 후인 1903년 라이트 형제가 최초의 동력비행에 성공하자, 기구뿐만 아니라 공기보다 무거운 항공기가 실용화될 수 있을 것이라는 가능성과 기대가 확산되었다. 당시의 항공기술이 초보적인 수준에 불과했지만, 공상가들은 항공기가 군사 분야에 활용되어 능력을 발휘할 수 있을 것이라고 상상력을 발휘하기 시작했다.

'항공력'이라는 개념은 영국의 공상과학소설가 웰스H. G. Wells가 최초로 사용했는데, 그는 1908년 『공중전쟁War in the Air』이라는 공상과학소설에서 3차원 공간에서 항공력의 군사적 잠재력을 예견했다.

라이트 형제가 동력비행에 성공하고 나서 전쟁에서 최초로 항공기를 군사적 용도로 사용한 것은 1911년 이탈리아와 터키 간의 전쟁에서였다. 이 전쟁에서 이탈리아의 육군 항공단은 역사상 최초로 항공기와 비행선을 군사적 용도로 사용하여 리비아의 아인 자라Ain Zara에 있던 터키군의 진지에 폭격을 가했다. 그리고 1912년 제1차 발칸 전쟁에서는 불가리아군이 아드리아노플Adrianople에 있는 터키군의 진지를 항공기로 폭격했다.

항공기가 본격적으로 전쟁에 사용되기 시작한 것은 제1차 세계대전에서였다. 대전 초기에 연합국과 동맹국 양측은 항공기를 기구와 함께 주로 관측 목적으로 사용했다. 그리고 항공기들 간에 공중전이 시작되면서 '도그 파이트Dog Fight'라고 불리는 공중전투전술이 발전하게 되었다. 1916년 이후에는 공중전투 임무를 수행하기 위한 전투용 항공기를 양산하면서 본격적인 공중전의 시대가 막을 열었다.[5]

제1차 세계대전 말기에 들어서면서 항공기는 공중전을 수행하는 것 외에도 폭격, 기총사격, 해상정찰, 대잠수함전, 선전물 투하 등을 통해 지상군 및 해군을 지원하는 임무를 수행하기 시작했다. 그리고 제1차 세계대전이 끝날 무렵에 있었던 독일의 영국 도심 공습은 육군과 해군과는 별도로 공군력만으로 독자적인 작전이 가능하다는 것을 보여준 최초의 사례였다.[6] 따라서 전쟁 당사국들은 항공기 확보에 심혈을 기울였는데, 제1차 세계대전 기간인 1914년 7월부터 1918년 11월 사이에 프랑스는 6만 7,987대, 영국은 5만 8,144대, 독일은 4만 8,537대의 군용기를 생산했다. 같은 기간에 미국과 이탈리아, 러시아, 오스트리아는 총 4만 5,000여 대의 군용기를 생산했다.[7]

제1차 세계대전에서 연합국과 동맹국의 항공기는 관측, 공중전, 그리고 지상지원에 사용되는 등 그 운용 영역이 확대되었지만, 공군의 독자적인 임무 수행 영역으로까지는 발전하지 못하고 지상군의 보조 역할에 머물렀다. 물론 독일의 경우 항공기를 투입하여 영국 도심지역을 폭격함으로써 영국 시민을 대혼란에 빠뜨리는 효과를 얻을 수 있었다. 이에 따라 영국은 방공력을 강화하고 그때까지 '육군 항공단'으로 존재했던 항공력을

---

5 이성만 외, 『항공우주시대의 항공력 운용: 이론과 실제』(서울, 오름, 2010), p. 153

6 David Maclaac, "Voice from the Central Blue: The Air Power Theorist", in *Makers of Modern Strategy: from Machiavelli to the Nuclear Age*, ed. by Peter Paret(Princeton, NJ: Princeton University Press, 1986), p. 628.

7 계동혁, "라이트 형제부터 스텔스기까지: 미국의 항공산업", 《신동아》, 2012년 9월호, pp. 110-121.

세계 최초로 독립 공군으로 창설하는 조치를 취하기도 했다.

그러나 항공력을 독자적인 독립 군종으로 발전시켜야 할 대상으로 인식하지 못했다. 항공력으로 상대국가의 산업시설 및 인구밀집지역을 폭격함으로써 적의 전쟁의지를 말살시킬 수 있다는 전략적 인식은 아직 형성되지 못하고 있었다. 독자적인 항공력 운용에 대한 전략사상은 제1차 세계대전이 끝나고 나서 두에Giulio Douhet, 미첼William "Billy" Mitchell, 트렌차드Hugh Trenchar와 같은 항공전략 선구자들에 의해 제기되었다.

제2차 세계대전에서 항공력의 활약은 눈부셨다. 제2차 세계대전은 오늘날 미국이 세계 항공우주산업을 제패하는 결정적인 계기가 되었다. 제2차 세계대전 기간 중 미국 항공산업계가 생산한 전투기와 폭격기, 수송기, 훈련기, 초계기, 헬리콥터의 총 대수는 28만 대였다. 덕분에 연합군은 제공권을 장악해 승리할 수 있었다. 제2차 세계대전 당시만 해도 미국에는 공군이 없었다. 항공부대는 육군과 해군에 속해 있었다. 작전 환경과 전투기 운용 개념이 달랐기 때문에 미 육군과 해군은 항공산업계에 자기들만을 위한 전투기 제작을 요구했다. 항공기 제작사들은 이에 부응해 P-38, P-39, P-40, P-47, P-51과 F4F, F4U, F6F, F8F 같은 전투기들을 개발해 수천, 수만 대를 육군과 해군에 납품했다.

제2차 세계대전 말기에 미국이 독일과 일본을 상대로 전략폭격을 할 수 있었던 것은 미 항공업체가 B-17, B-29 같은 폭격기를 대량 생산할 수 있었기 때문이다. 1만 2,000대 이상이 생산된 B-17 폭격기는 엄청난 손실에도 불구하고 독일에 대한 주간 전략폭격을 지속할 수 있게 해주었다. 3,970대가 생산된 B-29 폭격기는 일본에 고고도 폭격을 했다. B-29는 1945년 8월 6일과 9일 히로시마廣島와 나가사키長崎에 핵폭탄을 투하해 일본의 무조건 항복을 이끌어냈다.[8]

제2차 세계대전 말기에는 영국 최초의 제트 전투기인 글로스터Gloster

---

8 계동혁, "라이트 형제부터 스텔스기까지: 미국의 항공산업", 《신동아》 2012년 9월호, pp. 110-121.

와 독일 최초의 제트 전투기인 메서슈미트Messerschmitt가 전선에 투입되었다. 1944년에는 최초의 로켓 전투기인 메서슈미트 ME-163가 처녀비행을 했고, 1947년 후퇴각을 가진 날개를 최초로 실용화한 소련의 제트 전투기 미그 15Mig-15가 출현했다. 미국의 벨 X-1Bell X-1이 최초로 1,220km/h의 속도로 음속을 돌파하여 초음속 시대로의 진화가 이루어지면서 항공력은 전략적 군사력으로 발전했다.

항공기의 군사적 가치 인식의 결과로 대두된 항공전략사상의 발전은 항공력 사상가들의 선구적이고 예언적이며 자기희생적인 노력의 산물이라고 할 수 있다. 독립 군종으로서 공군 독립을 주창한 항공전략 선구자들의 주장은 예외 없이 강력한 저항과 논쟁을 야기했다. 그들은 자신이 속한 군(육군) 내의 동료 또는 상관들과 치열하게 싸워야 했으며, 국민적 지지를 얻기 위한 과정도 결코 순탄하지 않았다. 그들의 사상은 군사과학의 발전과 실제 전쟁의 수행 과정에서 그 타당성이 입증되었으며, 이는 곧 보다 정교한 항공전략사상의 탄생을 가능케 했다.[9]

미국 항공력의 독립 및 발전에 있어 항공단전술학교Air Corps Tactics School (1920~1940)의 역할이 컸다. 항공단전술학교는 항공력 사상가들의 전략개념을 기초로 항공력에 대한 구체적인 이론을 개발했고, 미국에 적합한 항공 교리를 개발함으로써 미 공군을 탄생시킨 지식의 본산本山으로 평가받고 있다. 특히 1930년대 미국의 전략적 항공력 교리는 이 학교에서 구체화되었으며, 미국이 경제공황 시기였던 1930년대에 프랭클린 루스벨트Franklin Roosevelt 대통령이 대대적인 항공력 건설을 결심하게 되는 이론적 배경을 제공했다. 미국은 새롭게 대두된 항공력이 기존의 관념을 넘어서 지상군 지원 개념이 아닌 항공력만의 독자적인 작전계획을 수립하고 적용하여 성공을 거둘 수 있다는 점에 탄복했으며, 당면한 방위력 건설을 위해 제한된 자원을 가지고 군사력을 어떻게 건설하는 것이 가장 경제적이

---

9 이성만 외, 『항공우주시대의 항공력 운용: 이론과 실제』, p. 93.

고 효율적인가에 대한 해답을 얻게 되었고, 미래를 예측하고 준비하는 데 '항공전략사상'과 이를 중심으로 한 국방력 건설이 얼마나 중요한지 실감하게 되었다.

2. 주요 사상가 및 이론

(1) 줄리오 두에: 최초의 항공력 이론가, 항공력의 아버지

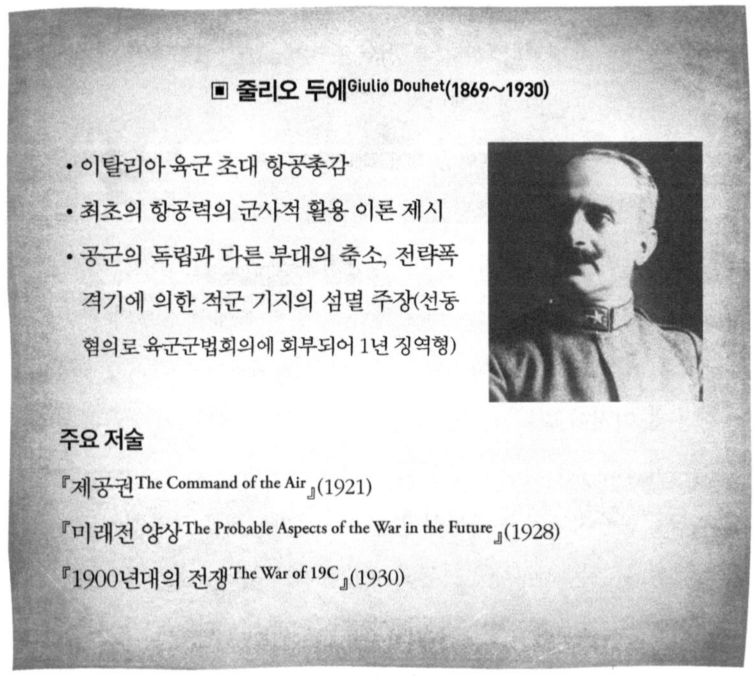

두에의 생애 및 경력

줄리오 두에Giulio Douhet는 1869년에 이탈리아 카세르타Caserta에서 태어났다. 1882년 모데나 군사학교Modena Military Academy를 1등으로 졸업하고 포병장교로 임관했다. 1900년에는 일반참모로 보임되어 신기술의 군사적 이용을 강조한 군의 기계화에 관한 강의록을 작성했다. 이후 항공기가 출현하자 항공력의 예찬자가 되었다. 1903년 러일전쟁에서 일본의 승리를 예언했고, 1911년 이탈리아-터키 전쟁 참전 경험을 통해 공중폭격의 중요성을 인식하고 항공력의 중요성을 강의했다. 지상군 지휘관들에 의해 족쇄가 채워져 있는 항공력의 엄청난 잠재력을 인식한 그는 항공인air man이 지휘하는 독립 공군의 창설을 주창했다. 젊은 항공엔지니어 잔니 카프로니Gianni Caproni와 협력하여 수년 동안 항공력의 강점을 군 내외에 설파했다.

1911년 이탈리아는 리비아를 놓고 터키와 전쟁에 돌입했는데, 당시 두에는 9대의 항공기로 구성된 항공대의 지휘관으로 참전했다. 1911년 10월 23일, 항공대는 첫 전투정찰을 실시했고, 11월 1일에는 첫 폭격 임무와 사진정찰을 수행했다. 이 같은 전과를 바탕으로 이탈리아는 두에를 단장으로 하는 항공단을 창설했다.

1912년 두에는 최초의 항공력 교리라고 할 수 있는 "전쟁에서 항공기의 운용에 관한 규칙"을 작성했고, 이탈리아 토리노 항공대의 지휘관으로 내정되었다. 하지만 그의 열정적인 항공력 사상은 그를 '급진주의자'로 낙인찍히게 만들었다. 그는 상관들과의 심한 알력 속에서 상부의 승인 없이 친구인 잔니 카프로니로 하여금 300마력의 카프로니 폭격기를 제작하도록 했는데, 이것이 빌미가 되어 보병부대로 전출되었다.

그는 이탈리아가 항공력 중심의 강력한 군사력을 건설해야 한다고 주장하면서 "공중지배권을 확보하면 큰 피해 없이 적을 굴복시킬 수 있다"고 역설했다. 그는 하루에 125톤의 폭탄을 퍼부을 수 있는 폭격기 500대를 생산하자고 주장했지만, 군 지도부는 이를 무시했다.

1915년 이탈리아가 전쟁에 돌입하자, 두에는 육군의 무기력한 전쟁 대비에 충격을 받고 그의 상관 및 정부 고위관료들의 전쟁 지휘를 비판하면서 전쟁에서 항공전으로 승리하도록 대비해야 한다고 역설했다. 제1차 세계대전이 발발하자 군 지휘부의 전쟁계획이 논란에 휩싸였다. 두에는 이 무모한 계획이 엄청난 재난을 초래해 이탈리아가 패전할 것이라고 다시 강력하게 비판하면서 수정을 요구했다. 이에 군 지휘부는 두에를 거짓된 뉴스와 선동으로 사람들을 현혹시키고 있다는 이유로 군법회의에 회부하여 1년 징역형에 처했다.

그러나 그의 예언대로 1917년 카포레토 전투Battle of Caporetto에서 이탈리아군이 비참하게 패배함으로써 그의 주장이 옳았다는 것이 증명되자, 원복 조치되어 다시 항공사령관으로 임명되었다. 1918년 6월, 두에는 군지도부에 여전히 팽배해 있는 항공력 배척 정서에 질려서 사임하고 군을 떠나 저술활동에 전념하여 마침내 1921년에 불후의 명작 『제공권The Command of the Air』을 출간했다. 그는 1922년 또다시 항공사령관으로 베니토 무솔리니Benito Mussolini 수상의 부름을 받았지만 사양하고 저술활동에 몰두하여 "미래전은 항공전이 될 것이며 우세한 항공력을 보유한 측이 전쟁에서 승리한다"는 대명제를 남기고 1930년 로마에서 운명했다.[10]

두에의 주요 저작 및 사상

그의 주요 저서로는 『제공권』, 『미래전 양상The Probable Aspects of the War in the Future』, 『1900년대의 전쟁The War of 19C』 등이 있다.

『제공권』은 항공전 기초에 관해 처음으로 종합적인 기술을 시도한 저술로, 그는 이 책에서 제공권의 획득이 곧 승리를 의미하며 국가를 방위하기 위해서는 전시에 제공권을 획득할 수 있는 충분한 항공력이 있어야 함을 주장했다. 그는 제공권을 획득하기 위해서는 적을 공중이나 작전기지, 생산지 등 어느 곳이든 공격하여 적의 모든 항공 수단을 격파해야 하며, 이러한 종류의 파괴는 오직 공중이나 적국 내부에서 이루어져야 하기 때문에 지상군이나 해군의 무기가 아닌 오직 항공무기에 의해서만 달성될 수 있다고 보았다. 또한 지상군 및 해군의 점차적인 축소로 제공권을 획득하기에 충분한 항공력을 상대적으로 증강시킬 수 있으며, 국가방위는 오직 적절한 힘을 가진 독립 공군에 의해서만 보장될 수 있다고 주장했다.

이 책에서 두에는 미래의 전쟁은 상호 대립하고 있는 지상군 또는 해군 함대에 의해 결정되는 것이 아니고 전선戰線을 넘어 적의 심장부를 직접

---

10 홍성표, "줄리오 두에(Giulio Douhet)", 《월간 공군》 2012년 1월호, pp. 8-9.

공격해 산업 능력을 파괴하고 민간인을 살상시키거나 이들의 사기를 저하시킬 수 있는 항공력에 의해 결정될 것이라고 예견했다. 폭격기의 경우 먼저 지상의 적 항공기를 공격한 뒤 전혀 저항을 받지 않는 상태에서 적의 전략적 표적들로 나아갈 수 있다고 그는 생각했다.

그는 항공인이 지휘하는 항공전이야말로 지금까지의 전투 수행 형태와 비교해보면 오히려 파괴적이지 않다고 생각했고, 지상군 또는 해상군 지휘관이 항공기를 지휘하면 자군 작전에 필요한 정찰과 같은 보조적인 역할만을 수행하게 할 뿐 항공력의 능력을 최대한 이용하지 못한다고 보았다. 따라서 그는 미래의 전쟁에서 항공력은 육군 또는 해군에 예속되지 않고 독립적인 역할을 수행할 수 있어야 하며, 장거리 폭격을 감행할 능력이 있는 독립된 항공력 운영이 최선이라고 생각했다.

두에는 두 가지 유형의 항공기를 선호했는데, 그것은 전폭기battleplane와 정찰기reconnaissance airplane였다. 그는 항공력이 자체 무장 능력이 있는 전투폭격기 편대로 구성되어야 한다고 주장했다. 전투폭격기 편대는 공격용 전투기와 폭격기로 구성되며 주로 폭격 임무를 수행한다. 그는 전 방향 공격이 가능한 전투폭격기 편대를 제외하고 공격기 또는 특수 목적의 요격기는 필요치 않다고 생각했다. 공중의 무한대성으로 인해 공중공격에 대항한 방어 전력이 폭격기들을 탐지하고 대응하는 것이 거의 불가능하다고 생각했기 때문이다. 또한 적의 기습공격 방지를 위한 정보수집을 위해 정찰기가 필요했다. 적의 전쟁 준비를 탐지해 전폭기가 공격하려는 예상 표적을 식별하는 데 도움이 되는 정보를 제공해야 하는 정찰기의 입장에서 최상의 무기는 속력이었다. 독립된 항공력이 채택해야 할 주요 항공기 유형은 거의 대부분 전폭기였다. 그러나 당시 이탈리아가 보유한 항공기들은 이와 거리가 먼 항공력으로 구성되어 있었고, 항공력의 주요 목적인 전략폭격을 할 수 없는 보조 항공기들이었다.

두에 사상의 핵심은 장거리 폭격을 통해 적국을 섬멸할 수 있으며 지상전을 무의미하게 만들 수 있다는 것이다. 두에 이론의 전제 조건은 '제공권의 확보', 즉 현대 전략 용어로 '공중우세의 확보'이다. 항공기는 자신이 원하는 곳 모두를 공격할 수 있어야 하며, 적의 항공력이 유사한 공격을 할 수 없도록 해야 한다고 그는 생각했다. 폭격해야 할 표적에 안전하게 접근할 수 있으려면 항공력은 적의 비행 능력을 파괴하거나 무력화해야 한다. 공중을 통제하지 못하면 상대 국가를 공격할 수 없다. 적 항공력을 무력화하는 방법은 공중, 지상 또는 항공기 생산지에서 공격하는 것이다. 그는 그중에서도 지상 항공기 기지를 공격하여 적 항공기를 무력화하는 방법을 공중통제 차원에서 선호했다. 적의 영토를 점령하거나 해상병참선을 확보하기 위해서는 지상군과 해상 전력이 매우 중요했다. 그러나 항공력의 역할과 비중이 커지면서 해상 및 지상 전력의 우위가 도전을 받게 되었다. 두에는 적정한 항공력만 있으면 지상 또는 해상 무기 없이도 적의 항공력을 파괴할 수 있을 것으로 생각했다.[11] 그리고 항공 작전 초반에 제공권을 장악해야 한다고 주장했다. 이것은 너무도 중요한 문제였기 때문에 그는 제공권 장악을 첫 번째 요소로 꼽았다.

항공력은 제공권을 장악한 후 적의 정부, 산업 및 인구 중심지를 폭격할 수 있다. 항공력은 상대국가의 전쟁 수행 능력을 와해시키는 것이 목적인데, 여기에서 그는 전투원과 비전투원을 구분하지 않았다. 전반적으로 제1차 세계대전 당시에는 총력전으로 전쟁이 수행되었는데, 총력전이란 국가의 역량을 모두 전쟁에 투입하는 것으로서 국가의 인력, 경제, 산업 및 사회가 전부 전쟁에 동원되었다. 따라서 이 시기에는 전선에 투입된 군인과 소화기를 생산하는 노무자, 전쟁 수행을 지원하는 은행가를 구분하기 어려웠다. 총력전에서 가장 취약한 것은 국민의 사기였다. 국민의 사기 저하와 전쟁 종결에 항공력이 미치는 영향이 두에 이론의 핵심이었다.

그는 또한 대규모 선제공격 등 항공력의 공세적 운용을 주장했다. 그는

---

11 Giulio Douhet, *The Command of the Air*, trans. Dino Ferrari(1942; reprint, Washington, D. C.: Center for Air Force History, 1983), p. 29.

항공기의 빠른 속도와 광범위한 작전반경의 장점을 극대화하여 대규모 폭격을 통해 지상 및 해상 전력을 무력화할 수 있다고 믿었다. 한편, 그는 고속으로 고고도에서 비행하는 항공기에 대한 방어는 불가능하다고 생각했다.

『미래전 양상』에서 그는 과거 역사의 교훈과 과학기술의 진보로 인한 장차전의 전쟁 성격에 대해 구체적으로 논의했다. 그는 제1차 세계대전은 종전의 전쟁과는 달리 병력만 고갈시킨 것이 아니라 전 국가의 생사를 건 투쟁이었으며, 승리는 독일 지상군을 격퇴시켜 이룩된 것이 아니라 독일 국민의 정신 및 물질적 여유를 고갈시킴으로써 달성되었다고 보았다. 그는 전통적 전쟁 수단에 항공력을 추가했으며, 항공력은 전쟁을 보다 효율적으로 수행할 수 있고 전쟁 종결을 훨씬 앞당길 수 있다고 주장했다.

『1900년대의 전쟁』에서는 가상의 항공전(프랑스 대 독일)을 상정하고 있는데, 프랑스 방어망을 독일 전투기가 파상적으로 공격하는 것을 극화劇化했다. 지상 목표물에 공격용 항공기를 대량으로 투입하고 화력 집중 원리에 따라 단 한 번의 공격으로 최대의 손실을 가할 수 있도록 항공력을 운용했으며, 프랑스 도시의 폭격을 "접근할 수 없는 화로"로 표현했다. 즉, 그는 항공기에 의한 폭격이 가공할 잠재력을 지니고 있다고 보고 이를 바탕으로 적의 항복을 강요할 수 있다고 보았다.

전술공군이 군사력의 일부로 수용되기까지 이 이론은 격렬한 반대에 부딪혔다. 기술의 개발로 그의 몇몇 이론은 시대에 뒤떨어진 것으로 평가되었지만, 적의 전쟁 도발을 무력화하고 근절하는 데 폭격 전력이 중요하다는 그의 주장은 이후 이탈리아와 미국에서 군사 교리로 정립되었다. 그는 계속해서 독립적인 공군의 창설, 육군 및 해군의 축소, 군사력의 통합 등을 주장했다. 그의 이론은 논란의 대상이 되기는 했지만, 많은 부분이 제2차 세계대전 당시 강대국들에 의해 채택되었다.

두에에 대한 평가 및 교훈

두에는 항공전략사상의 선구자로서 공중을 '제3의 전장'으로 표현하고 육·해군 전력에 대한 공군력의 우수성을 정당화했으며, 새로운 전략으로 전환하는 획기적인 계기를 마련했다. 두에의 사상은 세계열강이 수용했는데, 특히 영국 공군RAF, 미 육군 항공대, 그리고 독일 공군 교리air doctrin에 항공력 개념과 이것의 중요성이 수용되었고, 각국의 항공력 건설 방향과 규모를 설정하는 기초가 되었다. 또한 공군의 독립에 관한 군 조직 및 운용에 큰 영향을 주었다. "공군이 타군으로부터 독립되고 항공력이 장차전 승리의 결정적 수단이 될 것"이라는 그의 예언은 현대에 이르러 증명되었고, 당시 '대도시 폭격' 주장을 비롯한 일부 주장은 과격한 이론으로 비판되기도 했으나, 그의 제공권 중시 사상은 제1·2차 세계대전뿐만 아니라 오늘날에도 그 타당성이 입증되어 빛을 발하고 있다.

두에는 자신의 주장이 육군이나 해군의 가치를 무시하는 것이 아니라 육·해·공 3개 군이 하나의 불가분의 통일체를 구성하게 될 것이라는 점을 강조했다. 그렇게 구성된 통일체는 단일한 포괄적 지침에 의해 결합되어야 한다. 그는 그러한 통일과 협조가 3개 군보다 상위에 있는 하나의 최상급 국방조직, 즉 국방부 차원에서 잘 이루어질 수 있다고 생각했다. 이러한 그의 생각은 현실화되어 현대 국방조직의 근간이 되었다.

제2차 세계대전은 그가 예상했던 것처럼 총력전 양상으로 전개되었지만, 그가 예상했던 지상에서의 대규모 교착상태는 일어나지 않았다. 주요 중심지와 도시에 가해진 폭격은 파괴적이었으며 국민들의 사기에 영향을 주었지만, 치명적인 효과는 두에의 예상보다 미약했다. 항공기 공습에 대한 방공력의 발전도 두에가 경시했던 것과는 달리 눈부시게 발전하여 레이더 및 대공포가 등장했고, 두에가 믿었던 고성능 폭탄들도 기대만큼 효과적이지는 못했다.

제2차 세계대전은 두에의 주장처럼 전략폭격이 중요하다는 것을 증명해주었다. 또한 그가 경시했던 전술항공력과 보조항공력이 전쟁의 승패를 가르는 데 중요한 역할을 함으로써 그의 주장이 모두 옳은 것은 아니었다는 것이 판명되었다.

물론 두에가 항공기의 능력을 너무 과신하고 과대평가한 측면이 있는 것은 사실이다. 그는 항공기의 출현이 세상을 바꾸어놓았으며, 항공 전력의 공세적이고 전략적인 운용을 통해 미래의 전쟁 양상을 바꿀 수 있다고 확신했다. 무엇보다도 그의 이론이 갖는 결정적인 결점은 전략폭격에 대한 인간의 저항의지를 과소평가했다는 점이다. 그럼에도 불구하고 항공과학 기술이 초보 단계에 있던 시절, 항공력에 관한 광범위한 전략 개념을 구축하고 이를 체계화했다는 점에서 항공전략이론의 선구자로 인정받고 있다.[12]

(2) 휴 트렌차드: 영국 공군의 아버지

▣ 휴 트렌차드Hugh Trenchard(1873~1957)

- 영국 공군의 대부로 칭송
- 전략폭격을 주장한 영국 항공전략사상가
- 왕실 영국 공군 창설 및 초대 참모총장 역임
- 영국 공군의 기초 확립(사관학교, 지휘참모대학, 기술학교 설립)
- 공중통제 개념 창안, 경제적 국방 운영 및 식민지 국가 관리 방안 제시
- 국지공중우세Local Air Superiority 개념 제시. 공중제패는 불가능하다고 생각함(공중우세는 세버스키가 발전시킴).
- 모든 항공력의 단일지휘통제를 주장함
- 주요 저술: 없음

---

12 도넬슨 D. 프리첼, "초기의 항공전략 이론", 최병갑 외 공편, 『현대 군사전략 대강 Ⅱ: 전략의 제원리』, p. 276.

트렌차드의 생애 및 경력

휴 트렌차드Hugh Trenchard는 1873년 2월 3일 영국 서머싯 톤턴Somerset Taunton에서 태어났다. 공부보다 스포츠를 좋아했던 그는 해군 장교시험에 두 번이나 낙방하고 세 번째 육군에 지원하여 20세에 장교가 된 후 왕립 스코틀랜드 보병연대에 배치되었다. 1896년 그는 폴로게임 팀을 조직했는데, 이때 동료 장교였던 윈스턴 처칠Winston Churchill을 만나 교분을 쌓게 된다. 이들은 20년 후, 공군성 장관과 공군 참모총장으로 재회할 때까지 신뢰를 쌓아갔다.

1910년 아일랜드로 전출 간 그는 비행에 관심을 갖게 된다. 당시 규정은 40세 이전에 조종면허장을 받아야 군 조종사가 될 수 있었다. 39세였던 그는 2주 만에 60분간 비행훈련을 마치고 7월 31일 단독비행에 성공하여 조종사가 되었다. 비행보다 행정업무부서에서 오래 근무하면서 그는 항공기의 군사적 이용에 관한 전략을 연구했다.

제1차 세계대전이 발발하고 1917년 독일 공군의 런던 공습이 시작되자, 그는 서부전선에서 독일의 후방을 공격해 지상에 있는 독일 항공기를 격파해야 한다고 주장하고 독일의 런던 공습을 중단시키는 방법은 오직 대륙에서 독일 항공부대를 완전히 괴멸시키는 것뿐이라고 주장했다. 독일의 런던 공습은 영국이 육군 항공대와 해군 항공대를 하나로 통합하여 공군성과 영국 공군을 창설하는 계기가 되었다.

그는 1918년 창설된 영국 공군의 초대 공군참모총장이 되었으나 공군성 장관인 로더미어Rothermere 경과의 의견 충돌로 사임한다. 당시 로더미어 경은 영국 방공을 위해서 프랑스 전선에서 비행대대 일부를 추가로 철수시키려 했는데, 트렌차드는 이 같은 계획이 현실을 전혀 고려하지 않은 처사라고 비판했다. 결국은 트렌차드의 주장이 채택되어 로더미어 경이 사임하고 트렌차드가 참모총장에 재임명되었다. 그는 1918년 연합군 공군이 구성될 때 만장일치로 연합공군 총사령관으로 추대되기도 했다.

제1차 세계대전 이후 영국에서는 앞으로는 대규모 전쟁에 참여하지 말아야 한다는 여론이 조성되었다. 1924년 영국 정부는 대규모 전쟁에 참전하지 않을 것을 명시한 10년 규정10 Year Rule을 적용하고 국방예산도 대규모 삭감했다. 영국 공군은 그 규모가 10분의 1로 감축되었고, 삭감된 국방예산의 17%만을 배정받았다. 더구나 해군과 육군은 공군을 폐지하고 다시 자군 내에 항공부대를 편성하려고 했다.

이때 트렌차드는 '공중통제'라는 개념을 고안해서 "평시에 공군은 육·해군보다 국방태세를 가장 경제적으로 운용할 수 있는 새로운 전력"이라고 하면서 이에 맞섰다. 그는 공군 고유의 계급을 새로 제정하여 육군 지휘부를 당혹케 만들고, 공군 독립을 유지했다. 1927년 대장으로 승진하면서 공군 참모총장직을 사임하려 했지만 반려되어 1930년에 퇴역했다. 1956년 2월 10일 런던에서 83세를 일기로 영면했다.[13]

트렌차드의 주요 저술 및 사상

트렌차드는 저술을 거의 남기지 않았다. 두에와 미첼이 자신들의 이론을 책과 논문으로 남긴 반면, 트렌차드는 참모보고서와 강연 형태로 자신의 이론을 피력했다. 군의 임무에 관한 그의 사고는 제2차 세계대전 당시 영국 공군의 활약에 많은 영향을 끼쳤다. 트렌차드는 제1차 세계대전 후 전쟁의 경험과 교훈을 통해 전략폭격의 중요성과 이를 위해 공군 독립의 필요성을 절실하게 인식하게 된다. 따라서 그의 군사사상은 크게 제1차 세계대전 이전과 이후로 나누어 살펴볼 수 있다.

제1차 세계대전 이전에 트렌차드는 항공력을 지상군의 보조적 존재로 인식했다. 육군에 소속되어 있던 왕립항공단, 특히 자신의 휘하에 있던 항공단의 주된 역할이 야전의 육군을 지원하는 것이라고 인식했다.[14] 따라

---

13 홍성표, "휴 트렌차드(Hugh Trenchard)",《월간 공군》2012년 2월호, pp. 6-7.

14 Neville Parton, "The Development of Early RAF Doctrine", *Journal of Military History*, October 2008, p. 158.

서 초창기 그는 독립 공군의 탄생에 부정적인 입장을 견지했으며 전략폭격에도 반대했다. 그는 제1차 세계대전 당시에도 영국의 역할은 프랑스에서 임무를 수행 중인 영국원정군BEF, British Expeditionary Force의 역할 범위 내에 있다고 생각했다. 따라서 그는 영국 왕립항공단이 우선적으로 수행해야 할 임무는 지상 전력을 지원하는 것이라고 보았다. 그는 또한 당시의 육군 지휘관들의 공통된 전략 개념인 대규모 병력과 화력에 의한 집중 공세가 승리의 열쇠라고 믿었으며, 항공력의 경우도 항공력을 집중하여 공세적으로 운영하는 개념을 가지고 있었다.[15]

그러나 이런 그의 입장은 제1차 세계대전을 마치고 나서 급격히 바뀌었다. 전쟁 후에 그는 별도의 공군을 조직하여 독립시키는 것과 전략폭격을 옹호하는 입장으로 바뀌었던 것이다. 그는 제1차 세계대전의 경험을 바탕으로 "전략폭격은 평시에도 국가를 지켜주는 정치적 수단으로서 헤아릴 수 없이 중요한 요소"라고 말하면서 자신의 항공전략사상을 정립하기 시작했고, 그의 사상은 공군 참모총장으로 재직하면서 더욱 원숙해졌다. 그의 사상을 종합해보면 다음과 네 가지로 요약할 수 있다.

첫째, 공중우세는 군사적 성공을 위해서 필수적인 전제조건이다. 승리를 달성하기 위해서는 공중우세가 사전에 이루어져야 한다.

① 항공력만으로 전쟁에서 승리할 수 없으나, 항공력은 지상군을 위한 진격과 전투 경계선의 확장에 필요한 여건을 조성할 수 있다.

② 공군은 전선에 위치한 적을 패배시킨 다음에야 전략적 표적에 도달할 수 있는 육·해군과는 달리 전선의 적 군사력 격멸 과정을 거치지 않고 적 육군과 해군의 상공을 가로질러 적의 방공망을 뚫고 적국의 생산중심지와 교통·통신망을 직접 공격할 수 있다.

---

15 트렌차드가 지휘하던 프랑스 주둔 영국 왕립항공단은 집중적 공세를 중요하게 여긴 나머지 상당한 손실을 입곤 했다.

둘째, 항공력은 본질적으로 전략적이며 공격적인 무기체계이다.

① 영공의 완벽한 방어는 불가능하고 방공업무에 전념하는 것은 항공력의 낭비이므로 폭격에 역점을 두어야 한다.(전략폭격사상)

② 최선의 방어는 공격이다. 항공력을 방공 임무에 집중 사용하는 것은 시간과 노력을 낭비하는 것이므로 항공력을 운용할 때는 지속적인 공격에 역점을 두어야 한다. 어느 정도 제한된 방어는 국민의 사기를 위해 유용하다.

셋째, 항공력의 최대 효과는 심리적인 것이다.

① 전략폭격의 목적은 적의 전쟁 능력을 파괴하고 국민과 정부의 사기를 붕괴시키는 것이다.

② 전략폭격은 국제법을 준수하며 수행해야 한다.

넷째, 모든 항공력은 단일 지휘 하에 통합되어야 한다.

트렌차드의 항공전략사상은 한마디로 전략폭격사상으로 요약할 수 있다. 트렌차드는 전략폭격의 도덕성도 아울러 강조했는데, 전략폭격이론은 핵시대에서 이르러 중요한 핵전략이론으로 발전되었으며 이후 '전략적 억제' 개념의 기초가 되었다.

또한 트렌차드는 공중통제air control 개념을 개발하여 공군을 해체하려는 움직임에 대처했다. 그는 항공력의 강점은 공세 작전 수행 능력에 있다고 확신했다. 이외에도 그는 항공기를 이용해 적의 핵심 산업 및 통신 표적을 공격해 적국 국민의 의지를 꺾으면 적국을 굴복시킬 수 있을 것으로 생각했다. 사기가 저하된 국민들이 자국 정부에 대항해 봉기하여 항복을 강요할 것이라는 개념을 그는 받아들였다.

폭격을 통해 적국의 전쟁 수행 의지를 분쇄한다는 트렌차드의 논지는 두에의 신념과 유사해 보인다. 그런데 실제로 트렌차드가 두에로부터 영향을 받고 이 같은 논지를 펴게 되었음을 보여주는 증거가 있다.[16] 제공권 확보의 중요성과 전략폭격사상이 바로 두에의 사상을 계승한 것이다. 영국 공군의 수장인 트렌차드는 공중통제는 모든 항공작전의 선결 요건이란 점을 적극 옹호했다.

마지막으로 그는 이처럼 공중을 통제하는 항공력이 고비용의 육군 부대를 대체할 수 있다고 보았다. 육군의 임무를 공군으로 대체한다는 그의 사상은 영국의 식민지 지역에 적용하여 일대 성공을 거두었다.

트렌차드는 민간인에 대한 직접 공격을 옹호하지 않았다. 그는 부수적 피해를 최소화하면서 산업 표적과 기반구조를 공격해야 한다고 생각했다.[17] 항공폭격의 효과 측면에서 보면 폭격을 통한 사기 저하 효과가 물질적 효과와 비교했을 때 20배 정도 더 효과가 있다고 그는 생각했다.[18] 다시 말해, 적국 국민의 전쟁 수행 의지를 겨냥한 폭격의 효과가 물리적 효과보다 훨씬 더 의미가 있다고 생각했던 것이다. 트렌차드는 또한 적이 휴식을 취하지 못하도록 야간 폭격을 옹호했다. 지속적인 야간 폭격이 대낮 폭격을 보완해줄 뿐만 아니라 적의 방공 전력에 의한 아측 전력의 손실을 줄일 수 있을 것이라고 생각했기 때문이다.

트렌차드에 대한 평가 및 교훈

두에는 최초로 항공력 이론을 제시했고, 미첼은 항공력의 중요성에 대한 국민들의 공감대를 형성하는 데 기여했고, 트렌차드는 항공력 이론을 실제에 적용한 사람으로 평가된다. 트렌차드는 교리를 발전시키고, 전력 구조를 계획했으며, 영국 공군의 미래 지도자들을 양성했다.

트렌차드에 대한 평가는 크게 두 가지로 요약할 수 있다. 첫째, 영국 항공력을 세계 최초로 단일 독립 군종으로 독립시켰다는 점이다. 당시 영국

---

16 R. A. Mason, *Air Power: A Centennial Appraisal*(London: Brassey's, 1994), p. 44.

17 David R. Mets, *The Air Campaign: John Warden and the Classical Airpower Theorists*(Maxwell AFB, Ala.: Air University Press, 1999), p. 23.

18 John Terraine, *The Right of the Line: The Royal Air Force in the European War, 1939-1945*(Hertfordshire: Wordsworth Editions, 1997), p. 9.

은 식민지 시대의 전성기는 지났지만 아직도 해가 지지 않는 나라로서 전 세계에 식민지를 두고 있었다. 따라서 영국은 해군과 육군의 비중과 권력이 큰 군사 중심의 국가였다. 이러한 상황에서 이제 갓 대두된 항공력을 단일 군종으로 독립시켜 자리매김하게 한다는 것은 매우 어려운 일이었다. 두에와 미첼이 군법회의에 회부되고 투옥되는 과정을 거쳤고, 트렌차드도 어렵게 출범시킨 초대 공군 참모총장직을 3개월 만에 사직하고 떠난 것을 보면 당시 공군의 독립과 그 초석을 닦는 일은 그야말로 험난한 과정이었다는 것을 알 수 있다. 트렌차드는 세계 최초로 공군을 육군과 해군항공대에서 분리시켜 새로운 군종으로 독립시켰다. 그리고 제1차 세계대전 후, 대대적인 국방비의 감축과 이로 인한 각 군의 임무와 역할이 축소되고 조정되는 과정에서 공군을 독립 이전의 원상태로 환원하려는 해군과 육군의 시도에 맞서 이를 극복하고 영국 공군의 기반을 튼튼히 닦았다. 그는 '항공통제'라는 경제적 군 운용 개념을 창안해 공군력으로 경제적인 국방 운영을 할 수 있으며 세계에 산재한 식민지의 영국군을 효과적으로 통제할 수 있는 대안을 제시하여 국민들의 지지를 이끌어냈다. 그리고 이것은 그대로 증명되었다.

둘째, 그가 제시한 전략폭격이론이 이후 핵시대에 이르러 '전략적 억제' 개념의 기초를 제공했다는 것이다. 전략폭격은 그러한 전력을 유지하는 것만으로도 평시에 국가의 이익을 보호해줄 수 있는 정치적 수단이며, 기술로서 전쟁억제의 중요한 요소이다. 트렌차드의 후계자인 슬레서John Slessor는 자신의 저서 『항공력과 육군Air Power and Armies』에서 공지협력의 중요성과 국지공중우세local air superiority 개념을 발전시켰다. 향후 이것은 육군의 공지전투air land battle 개념의 기초가 된다.

반면, 트렌차드에 대한 비판은 다음과 같다. 첫째, 적의 중요 중심부에 대한 전략적 항공공격을 수행하는 것이라기보다는 적의 교통망과 보급선을 공격하는 것으로 한정하여 항공력의 행동반경을 제한하고 있다는 점이다. 그는 항공력을 지·해상전에서 현대 무기의 남용과 이에 따른 인명 및 경제적 손실의 피해를 줄일 수 있는 해결책으로 보았던 것이다.

둘째, 전략항공력 개념의 진정한 핵심인 표적 선정에 대해서는 애매한 태도를 보였다는 점이다. 그는 국지공중우세local air superiority의 필요성을 강조했는데, 공중제패air supremacy를 획득하는 것은 공중 공간의 크기 때문에 불가능하다고 생각했다. 따라서 적 항공력의 근원을 파괴하기 위한 구체적 방법에 대한 언급이 없다. 항공력은 너무 새로운 것이었기 때문에 어떤 가능성을 이해하기보다는 그저 느낄 뿐이었던 것이다. 이는 당시 대부분의 항공인들의 공통적인 인식이기도 했다.

(3) 윌리엄 "빌리" 미첼: 현대 공군의 아버지

▣ 윌리엄 "빌리" 미첼William "Billy" Mitchell(1878~1936)

- 미 공군 창설 유공자 및 미 항공계의 개척자.
- 제1차 세계대전 시 프랑스에서 미 전투항공대의 지휘관 역임
- 미 공군의 독립과 군용기 확충을 주장
- 제2차 세계대전 때 그가 예언한 전략폭격, 대량 공수작전, 알래스카와 극지방의 전략적 중요성, 비행기에 밀린 전함의 쇠퇴 등이 대부분 실현되는 것을 보지 못하고 공군 독립 전 사망

주요 저술

『우리 공군: 국가방위의 핵심Our Air Force: The Key to National Defense』(1921)

『항공력을 통한 방위Winged Defense』(1925)

『공중항로Skyways』(1930)

미첼의 생애 및 경력

미국 공군의 아버지로 일컬어지는 윌리엄 "빌리" 미첼William "Billy" Mitchell은 1879년 부유한 위스콘신 주 상원의원의 아들로 태어났다. 밀워키Milwaukee에서 자라 조지워싱턴 대학교를 졸업한 미첼은 미국-스페인 전쟁이 발발하자 1898년 미 육군 병사로 입대했고, 얼마 지나지 않아 통신장교로 임관하게 된다. 항공기에 대해 큰 흥미를 가진 미첼은 1916년, 38세의 나이로 비행훈련을 받고 조종사가 된다. 1917년 4월, 미국은 독일과의 전쟁을 선포했다. 당시 유럽에서 임무 중이던 미첼 중령은 파리로 달려가 항공단을 결성했고, 영국과 프랑스의 항공전투전략을 학습한다. 프랑스군 조종사와 함께 독일 상공을 비행한 미첼은 미국 항공단의 항공작전을 준비하기에 충분한 경험을 쌓았다. 그는 열정이 넘치는 정렬가로서 인정받았고, 준장으로 승진해 프랑스에 있는 미 항공단의 단장이 되었다. 그는 머지않아 항공단이 육군 및 해군과 동등한 수준의 공군으로 독립할 것이며, 미래 전쟁은 항공력에 의해 승패가 결정될 것이라고 주장했다. 하지만 그의 항공전략사상은 육군 지휘부와의 갈등을 불러일으켰다.

1920년 6월, 미 의회가 군을 개편함으로써 항공병과가 보병, 포병에 이은 3대 병과로 자리매김하게 되었다. 미첼은 공군의 독립을 주장하며 "항공기로 함정을 격침시킬 수 있다", "전함 1척 값이면 항공기 1,000대를 확보할 수 있다"고 강변했다.

1921년 2월, 미첼은 항공력으로 전함을 격침시키는 시범을 기획해 추진했다. 5월 1일, 랭글리Langley 기지에 125대의 항공기와 1,000명의 장병들로 구성된 6개 비행대대로 제1항공여단을 창설하고, 세부적인 폭격 기술은 소련에서 망명해온 알렉산더 세버스키에게 일임했다. 7월 21일, 드디어 국방지도부가 대거 참석한 가운데 독일의 폐전함 오스트프리슬란트Ostfriesland호 폭격시범이 시작되었다. 미첼은 폭격대를 지휘하여 1,100파운드 폭탄 6발과 2,000파운드 폭탄 1발로 이 거대한 전함 오스트프리슬란트호를 격침시켰다. 이 거대한 전함은 첫 폭탄이 폭발한 지 22분 만에 거친 거품과 함께 침몰했다. 이 실험은 해군의 심기를 몹시 불편하게 만들었으나, 큰 성과를 거두었다. "국가를 방위하는 데 항공력은 매우 효과적이다"라는 미첼의 보고서는 정가에서 대대적인 호응을 얻게 되었고, 이로 인해 항공력 증강 예산이 대폭 증액되었다.

워런 G. 하딩Warren G. Harding 대통령은 해군에 대책을 마련하도록 지시했고, 해군과 육군 지휘부는 미첼의 보고서를 폄하하며 사장시키려 했지만, 언론들은 이를 대대적으로 보도했다. 미첼의 직속 상관이던 항공참모부장 찰스 메노허Charles T. Menoher 장군은 미첼에게 실험을 중단하라고 지시했지만, 장관의 지지 하에 미첼은 실험을 계속했고, 결국 메노허 장군은 사임하고 말았다. 새 항공참모부장에 임명된 메이슨 패트릭Mason Patrick 소장은 미첼의 전문성은 인정하지만 모든 결정은 자신이 내린다는 원칙을 가지고 직무에 임했다. 패트릭 장군은 해군과의 격론이 예상되었던 '해군 무기제한 회의' 기간에 미첼을 유럽 주둔 미군 감찰관으로 파견하여 그 자리를 피하게 했다.

1922년 미첼은 이탈리아에서 줄리오 두에를 만나 항공력사상에 관해 교류를 나누었고, 두에의 『제공권』을 번역하여 미 국방부 내에 배포했다. 1924년 미첼은 다시 감찰관으로 임명되어 하와이와 아시아 지역을 순방하게 되었는데, 이는 미첼을 언론으로부터 격리시키기 위한 패트릭 장군의 인사 조치였다. 그 기간 중 미첼은 일본과의 미래전을 예견한 324쪽에 달하는 보고서를 작성했는데, 이 보고서에서 그는 일본의 진주만 침공을 정확하게 예견하고, 공습에 무기력한 항공모함들을 적나라하게 기술했다. 그리고 18년 뒤 그가 예견한 대로 일본의 진주만 공습이 실제로 실시되었다. 미첼은 또한 군용 항공기만을 강조한 것이 아니라 국가 미래를 위해서도 항공산업의 발전이 중요함을 강조했다. 1925년 8월, 『항공력에 의한 방어Winged Defense』라는 책이 출판되었는데, 이 책은 미첼이 군법회의에 회부된 1926년 1월까지 약 4,500권이나 판매되었다.

미첼은 군 지도부와 강하게 부딪쳤다. 전쟁성은 항공사령부 창설을 지지했지만, 육군과 해군지휘부는 미첼의 주장을 허황된 망상이라고 무시하면서 미첼을 매장시키려 했다. 1925년 3월, 미첼은 항공참모부 차장직 임기가 끝나자, 대령 직위인 텍사스 육군 항공단 항공장교로 좌천되었다. 해군에서 14명이 사망한 셰넌도어Shenandoah호의 침몰사고를 조사한 미첼은 해군 및 육군 지휘부가 국방을 잘못 이끌고 있다는 이유로 고소하겠다고 발표했다. 그해 10월 25일, 미첼은 상관 모독죄로 군법회의에 회부되었고, 5년 동안 계급 및 직무정지를 선고받았다. 이에 불복한 그는 1926년 2월 1일 사표를 던졌다. 이후 10년여간 그는 저술과 강연에 주력했다.

미첼은 1926년 버지니아 주 미들버그Middleburg에 박스우드 농장Boxwood Farm을 만들고 부인과 함께 여생을 그곳에서 지냈다. 그는 1936년 2월 19일 복합병 증세로 뉴욕시에서 별세했고, 고향인 밀워키의 포리스트 홈 공동묘지Forest Home Cemetery에 안장되었다.

미첼의 전략사상은 사후에 더욱 빛을 발했다. 제2차 세계대전에서 수많은 전함들이 항공기의 공격으로 격침되었다. 콘테 디 카보우르Conte di Cavour, 애리조나Arizona, 유타Utah, 오클라호마Oklahoma, 프린스 오브 웨일스Prince of Wales, 로마Roma, 무사시武藏, 티르피츠Tirpitz, 야마토大和, 슐레스비히-홀슈타인Schleswig-Holstein, 임페로Impero,렘노스Lemnos, 킬키스Kilkis, 마라트Marat, 이세伊勢, 휴가日向 등 해군 전함들이 모두 항공기의 공격으로 침몰되었거나 파괴되었다. 미첼은 사후에 공적을 인정받아 루스벨트 대통령에 의해 소장으로 명예 진급되었다. 또한 1941년에는 미국에서 유일하게 전폭기 B-25가 사람 이름을 따서 미첼기로 명명되었다. 미첼기는 1,000여 대가 생산되었고, 1942년 4월 지미 둘리틀Jimmy Doolittle 중령은 미첼기 16대로 폭격대를 구성하여 도쿄 폭격작전을 감행했다. 1943년에 제작된 영화 〈조라고 불리는 사나이A Guy Named Joe〉는 미첼의 이야기를 다룬 영화였다. 1946년 미 의회는 미첼에게 의회명예황금훈장Congressional Gold Medal을 추증했다.

1955년 미 공군협회는 미첼의 군법회의 판결 무효화 결의안을 통과시키고, 빌리 미첼 항공력연구회General Billy Mitchell Institute for Airpower Studies를 설립했다. 1955년에는 〈빌리 미첼의 군법회의The Court-Martial of Billy Mitchell〉라는 영화가 제작되었고, 1966년에 항공인 명예의 전당에 그의 이름이 오르게 되었다. 2004년 의회는 미첼의 육군 소장 승진을 재의결했고, 2005년에 대통령이 인준했다.

끝없이 밀려오는 항공력 앞에 국가 전체의 이익보다는 자군의 이익을 먼저 챙기기에 급급했던 육·해군 지휘부와 미첼 사이의 밀고 당기던 게임은 결국 1947년 미 공군이 독립함으로써 미첼의 승리로 끝났고, 국방지도부가 덮으려 했던 미첼의 불굴의 항공전략사상은 그가 세상을 떠난 후에 오히려 더욱 강렬히 부활하여 오늘에 이르고 있다.[19]

미첼의 주요 저작 및 사상

미첼은 항공력과 관련된 수십 편의 논문과 3권의 저서를 남겼다. 저서로는 『우리 공군: 국가방위의 핵심Our Air Force: The Key to National Defense』(1921), 『항공력을 통한 방위: 현대 항공력의 발전과 가능성들Winged Defense: The Development and Possibility of Modern Air Power』(1925), 『공중항로Skyways』(1930) 등이 있다.

그의 첫 저작인 『우리 공군: 국가방위의 핵심』은 제1차 세계대전 종료 직후 발간되었으며, 이후 저작들에 비해 비교적 온건한 논조를 유지하고 있다. 그는 이 책에서 항공력을 혁명적인 무기로 묘사하고, 육·해군과 대등한 지위를 가질 수 있는 군사 수단으로 기술했다. 그리고 제1차 세계대전에 참전한 경험을 근거로 항공력을 지상 및 해상 전역에서 우선적으로 고려해야 한다고 제안했다.

미첼이 가지고 있던 미래 군용 항공기에 대한 생각은 미국의 방위 문제에 초점을 맞추고 있었다. 미첼은 바다로부터 공격해오는 적에 맞서 미국의 해안을 어떻게 지킬 것인가 하는 문제에 관심을 가졌고, 항공기를 이용

---

19 홍성표, "빌리 미첼(Billy Mitchell)", 《월간 공군》 2012년 3월호, pp. 6-7.

하면 그것이 가능하다고 생각했다. 당시 미첼은 태평양에서 미국이 안고 있는 전략적 문제점을 제대로 인식하고 항공력이 그 대안이 될 수 있다고 본 것이다. 그는 항공기에 의한 일본의 진주만 공습을 예견했고, 그것은 그대로 적중했다. 그가 예상한 정확한 시간과 지역에 일본군의 항공력에 의한 기습공격이 이루어졌고, 이 단 한 차례 기습공격으로 미국 태평양 함대의 전선이 무너졌다.

제2차 세계대전에서 제공권은 모든 태평양 전역에서 가장 중요한 요소임이 증명되었다. 미첼이 잘못 본 것은 항공모함의 전략적 역할에 대해 평가절하했다는 것뿐이었다. 비교적 온건했던 그의 시각은 1925년에 들어서면서 극적으로 변했다. 보수주의자들과 자군중심주의에 혐오감을 느끼게 된 그는 해군과 육군의 지휘부를 노골적으로 공격하기 시작했다.

1925년의 저서 『항공력을 통한 방위: 현대 항공력의 발전과 가능성들』에서 그는 전략폭격을 핵심 기반으로 하는 독립 공군이 필요하다고 강조했다. 특히 이 책에서 그는 해군에 대해 신랄하게 비판했다. 그것은 해군 군함들의 공중공격에 대한 방호 능력에 대한 것으로, 군함은 항공력에 의한 공중공격에 취약하다는 것이었다. 원래 미첼은 함대 방어 차원에서 항공모함이 필요하다는 긍정적인 견해를 갖고 있었으나, 이후에 함대 방어 차원이 아닌 항공모함의 필요성 자체에 대해 철저히 부정적인 입장을 견지하게 된다. 이러한 입장은 항공기를 탑재한 항공모함이 모든 항공 자산들을 독립적인 별도의 군종, 즉 공군의 휘하에 통합시키고자 하는 그의 목표에 위협이 된다고 판단했기 때문인 것으로 추정된다.[20]

미첼은 상부와의 마찰로 군법회의에 회부되어 군문을 떠난 후 연구에 전념했다. 자유의 몸으로 마음껏 자기의 소신을 피력한 1930년의 저술 『공중항로』에서 그는 전략폭격의 결정적인 중요성과 해양력의 중요성 감소, 독립 공군의 필요성에 대해 역설했다. 미첼은 공군력이 육군, 해군과

---

20 이성만 외, 『항공우주시대의 항공력 운용: 이론과 실제』, p. 108 각주 참조.

동등한 지위를 가진 조직으로 독립해야 하며, 항공력은 미 대륙을 방어하는 가장 효과적이며 경제적인 수단이라고 주장했다.

그는 해외의 적과 싸워야 할 때에도 항공력은 적의 육군과 해군을 격파하지 않고도 적의 주요 중심부들을 결정적으로 공격할 수 있다고 주장했다. 그는 그러한 항공력은 '에어 마인드airmind'를 보유한 국가에서 가장 잘 형성될 수 있다고 주장하면서 미국은 항공력 육성의 무궁무진한 잠재력을 가지고 있으며 신속히 이 능력을 제고해야 한다고 강조했다. 그는 이를 위해 언론을 통한 대국민 홍보에 매진했다.

미첼의 항공사상은 전·후기로 나누어 살펴볼 수 있다. 전기(1918년 중반~1920년 전반)에 그는 미래의 전쟁이 공중에서 시작되어 지상에서 종료되며 해군과 일부 항공대가 보조적인 역할을 수행할 것이라고 생각했다. 따라서 공중우세를 획득하기 위해서 격렬한 공중전투를 치러야 한다고 주장했다. 적의 '핵심 중심부vital center'를 공격하기 위해서는 전투기 엄호가 필요하며 공격 우선순위는 적군-군수시설-산업시설-국민의 의지라고 주장했다.

후기(1920년 후반~1936년)에는 전략적 항공력은 지상군 작전이 필수적인 것이 아니며, 지상군 작전 없이도 승리를 보장할 수 있다고 주장하면서 항공력은 "점진적으로 적의 전력을 감소시켜 적을 기진맥진하게 만들기보다는 핵심 중심부를 강타함으로써 가능한 한 최소의 손실로 적에게 자국의 의지를 강요하는 수단"이라고 주장했다. 그리고 '핵심 중심부' 공격 우선순위를 적군의 의지-산업시설-군수시설-적군 순으로 변경했다.

초기에 미첼은 두에의 이론과 자신의 제1차 세계대전 참전 경험에 크게 의존했다. 육군 및 해군과 무관하게 항공력을 독자적으로 운용해야 하며, 항공 자산을 항공인이 중앙집권적으로 지휘해야 한다고 생각했다. 육군 및 해군과 동등한 입장에서 자율성이 있는 항공력은 적의 지상 또는 해상 전력을 공격하지 않고도 적의 핵심 중심부를 겨냥해 장거리 폭격을 감행할 수 있어야 한다고 생각했다. 더 나아가 그는 독립된 항공력을 항공인이 지휘해야 하며, 항공력에 대한 이해가 있는 국가만이 항공력을 완벽하게 지원할 수 있다고 생각했다. 뿐만 아니라 해군 항공기를 포함한 모든 항공 자산을 독립된 항공력이 통제해야 한다고 주장했다. 아울러 미국의 경우 육군, 해군, 공군을 조직하고 이들을 단일 지휘관이 지휘하는 국방성에 통합시켜야 한다고 주장하면서 항공력이 지상 및 해상 전력 모두를 주도해야 한다고 강조했다.

미첼은 다음과 같은 가정들에 기초하여 항공력에 대한 이론을 발전시켰다.[21]

- 항공력의 등장은 군사 문제를 혁명적으로 변화시켰다.
- 제공권은 가장 중요한 필수조건이다.
- 항공력은 본래 공세적이며, 폭격기는 언제나 표적에 도달할 수 있다.
- 대공포는 비효과적이다.
- 항공력은 해군에 비해 미 대륙을 보다 경제적으로 방어할 수 있다. 해전은 이제 진부해졌다.
- 항공인은 특별한 엘리트들로서 그들만이 항공력을 적절히 운용하는 법을 알고 있다.
- 미래의 전쟁은 총력전으로 모든 이들이 전투원이 될 것이며, 지상에서는 방어 측이 우세하게 될 것이다.
- 민간인의 사기는 무너지기 쉬운 것이다.

미첼의 사상은 두에의 사상과 유사하지만, 몇몇 측면에서는 크게 다르다. 미첼은 적국의 산업 및 기반구조를 겨냥한 장거리 공중폭격을 옹호했다. 두에와 달리 미첼은 일반 시민을 겨냥한 직접 공격은 거부했다. 조종사들은 무방비 상태에 있는 아녀자들을 공격한다는 것은 정치적으로 수

---

21 이성만 외, 『항공우주시대의 항공력 운용: 이론과 실제』, P. 109.

용할 수 없는 행위라고 생각했기 때문에 두에의 사상을 전적으로 지지하지 않았다.[22]

미첼은 적국의 전쟁 수행 능력을 겨냥한 공격이 보다 효과적이라고 생각했다. 이들 표적에는 산업시설, 농업 및 기반구조(예를 들면, 도로, 철도, 교량, 수로 등 여타 사활적 의미가 있는 중심지)가 포함되어 있었다. 이들 표적을 공격하는 과정에서 민간인을 살상하지 않으려면 정밀폭격이 요구되었다.

분쟁 초반에 적국의 '신경 중심부'를 폭격하면 적국을 상당 부분 와해시킬 수 있다고 미첼은 생각했다.[23] 적국 국민의 의지를 붕괴시키는 방식으로 전쟁에서 승리할 수 있다는 두에의 논지와 달리, 미첼은 적의 지휘 및 산업 중심지를 공격하는 방식으로 적국의 전쟁 수행 능력 기반을 무력화하고자 했다. 즉, 전쟁 수행 능력을 직접 파괴하면 적국의 작전 능력이 상실된다는 논지였다. 미첼은 항공력으로 적국의 본토를 직접 공격할 수 있다고 믿었다. 물론 지상 및 해상 전력도 적을 격파하는 능력이 없는 것은 아니지만, 그는 항공력이 보다 적은 비용으로 신속하게 이들을 효과적으로 격파할 수 있다고 보았다.

또한 두에와 마찬가지로 미첼은 공중통제를 적극 옹호했다. 공중통제가 모든 항공력이 가장 우선적으로 달성해야 할 목표라는 두에의 이론에 미첼은 동의했다. 또한 그는 적 항공력과의 공중전을 통해 적 항공력에 대한 우위를 확보할 수 있다고 생각했다. 그는 "항공력을 이용한 적의 공격에 대항할 수 있는 유일한 효과적인 방어는 공중전을 통해 적의 항공력을 제거하는 것이다"[24]라고 보았다. 그의 이 같은 생각은 공중통제는 주로 지

---

22 Robert Frank Futrell, *Ideas, Concepts, Doctrine: Basic Thinking in the United States Air Force, 1907-1960*, vol. 1(Maxwell AFB, Ala.: Air University Press, 1989), p. 39.

23 Johnny R. Jones, *William Billy Mitchell's Air Power*(Maxwell AFB, Ala.: Airpower Research Institute; College of Aerospace Doctrine, Research and Education, 1997), p. 9.

24 William Mitchell, *Winged Defense: The Development and Possibilities of Modern Air Power -Economic and Military*(New York: Dover, 1988), p. 199.

상에 있는 적 항공기를 공격하는 방식으로 달성할 수 있다는 두에의 생각과는 크게 달랐다.

이외에도 공중통제를 달성하려면 전폭기가 아니고 특수 목적의 전투기가 요구된다고 미첼은 생각했다. 그는 또한 폭격기, 추격기(전투기), 공격기(지상군 지원 목적), 정찰기를 적절히 혼합한 형태의 항공력을 옹호했다. 1921년 미첼은 이처럼 균형 잡힌 군사력의 경우 전투기 60%, 폭격기 20%, 공격기 20%로 구성될 것으로 추정했다. 즉, 이는 전략폭격기가 주도하는 군이 아니었다. 전력 구조에 관한 미첼의 생각은 보다 균형적이었으며 국가적으로 많은 임무를 수행할 수 있는 개념이었다. 공격기, 전투기, 정찰기를 인정했지만 여전히 장거리 폭격기가 주요 항공기였다. 그는 적의 전쟁 수행 능력을 폭격기들이 무력화할 수 있다고 생각했다. 상대방 국가에 의한 공중폭격에 대항해 국가를 방어하기 위해서는 전투기가 필요했다. 미국 입장에서 적 함정을 타격하거나 유럽 대륙의 표적을 타격하고자 하는 경우, 폭격기는 대양을 횡단해야 했다. 두에가 구상한 이탈리아의 전폭기는 미국의 항공기와 비교해 짧은 작전반경 내에 있는 표적에 대한 폭격 임무를 수행했다.

공중통제를 달성한 이후 미첼의 항공력은 전력집결지 및 보급물자와 같은 여타 표적 또는 적국의 중심重心을 공격할 수 있었다. 적국의 잔여 항공기들은 아측의 폭격 임무에 대항해 자국을 방어하는 일에 전념해야 할 상황이었다. 상대적으로 미국은 지정학적으로 태평양과 대서양이 미국을 보호해주는 전략적 이점을 갖고 있어서 적의 공격에 대해 비교적 안심하고 장거리 폭격기들을 이용하여 원거리에 있는 적의 전함들을 쉽게 타격할 수 있었다.

항공력의 능력을 폄하하는 국방성 및 육·해군 지휘부에게 이를 증명하기 위해 1921년 7월 미첼은 2,000파운드 폭탄을 장착한 항공기로 독일의 전함을 포함한 여타 함정들을 침몰시키는 폭격 실험을 실시했다. 이로써 항공기가 전함을 침몰시킬 수 있다는 것이 증명되었다. 이처럼 중무장한 전함의 침몰은 해전과 공중전에서 새로운 시대의 도래를 암시했다. 한때 풍미했던 무적함대의 해군 신화가 항공기에 의해 무참히 무너지는 것을 보여준 당시의 실험은 국가적으로 항공력의 인식을 제고시켰고, 이로 인해 항공력의 중요성에 대한 대논쟁이 시작되었다.

미국의 항공력을 폭격기 중심으로 전환하고, 육군과 해군으로부터 공군을 독립시키는 과정에서 미첼의 사상이 주요 역할을 했다. 두에와 마찬가지로 미첼은 공세적 항공작전을 승리의 관건이라고 보았다. 공세적으로 공중우세를 확보한 상태에서 폭격기는 별 문제 없이 적의 중심부를 공격할 수 있을 것이라고 생각했다. 미첼은 폭격기에 비해 상대적으로 방공전력이 제대로 발전하지 않았다고 생각했다. 따라서 공세적 항공작전으로 항공전을 주도할 수 있다고 생각했다. 요격기와 방공 수단인 대공포가 발전하지 않아서 폭격기가 공중을 통제할 수 있을 것이라고 믿었다. 그러나 그는 아군의 폭격기가 적의 영공을 침투해 표적지역으로 날아갈 수 있다면, 적의 폭격기 또한 아측 도시와 산업시설을 똑같이 공격할 수 있을 것이라는 점을 간과했다. 더 나아가 과학기술의 발전으로 현대 전투기는 단 한 대만으로도 폭격과 요격 임무를 동시에 수행할 수 있다는 것을 당시 미첼은 미처 생각하지 못했다.[25]

미첼에 대한 평가 및 교훈

미첼은 국가방위에 관한 많은 문제들을 고민하게 만들었다. 미국을 방어하는 문제와 관련해 해군 전함에 대한 항공기의 상대적 이점을 주장했다. 두에의 경우 논쟁을 군 내부로 한정시킨 반면, 미첼은 국민적 대논쟁을 촉발시켰다. 제1·2차 세계대전 사이의 평화 시기에 미국은 국력 신장에 매

---

25 현대의 전투기들은 모두 폭격 능력과 요격 능력을 보유하고 있다. 폭격 임무를 띠고 폭탄을 장착하면 폭격 임무를 수행하게 되고, 폭탄을 달지 않고 기본으로 장착된 요격용 미사일과 기관총으로 요격 임무를 수행한다. 폭격 임무 중에도 적기를 만나면 폭탄을 공중에 투하하고 공중전에 돌입한다.

진했고, 이에 따라 국방비를 대폭 삭감했다. 이로 인해 각 군은 국방비 획득에 혈안이 되었다. 미첼은 항공력의 중요성과 독립을 주장하고 폭격기로 독일 전함을 격침시키는 실험을 통해 함정이 항공기의 공격에 취약하며 진부해질 수 있다는 것을 만천하에 노출시켰다. 이 실험에 고무된 미첼은 미래에는 항공력이 지상 전력과 해상 전력을 주도할 것이라고 확신했다.

그는 미국의 항공력 발전을 위해 정부와 여론을 상대로 항공전략사상을 지속적으로 전파하고 당시 권력층의 보수세력과 투쟁을 계속함으로써 현재 세계를 이끄는 원동력이 된 미 공군의 기초를 마련했다.

미첼의 노력으로 국민 여론과 미 의회에서 육군으로부터 항공력을 독립시켜 공군을 창설해야 한다는 얘기가 거론되자, 육군은 동요했다. 미 육군의 많은 지휘관들은 적의 폭격기로부터 아측 지상군 부대를 보호하고 지상작전을 지원하는 반면, 독립적인 폭격 임무는 수행하지 않는 육군 항공력을 구상하고 이를 추진했다. 그러나 제2차 세계대전을 통해 항공력의 중요성은 명확히 입증되었다. 당시 입증된 이론은 두에의 사상이 아니라 미첼의 항공전략사상이었다. 항공력은 특히 전술적 영역에서 그 효과가 뛰어났다. 육군과 해군은 항공력을 경외의 눈으로 바라보았다.

항공력이 전략적 영역에서도 어느 정도 성공적이었던 것은 사실이지만, 객관적으로 볼 때 그다지 높은 평가를 얻지 못했다. 동맹국에 대한 연합국의 엄청난 전략폭격으로 동맹국의 전쟁 수행 의지가 분쇄된 것이 아니고 오히려 저항 의지가 강화된 측면도 없지 않았기 때문이다. 반면에 항공력의 지휘 통일을 통해 공중우세를 확보한 후 지상 및 해상 전력에 대한 공중지원은 대단히 효과적이었다.

그러나 현대에는 작전의 성공만을 고려한다면 제2차 세계대전에서와 마찬가지로 전략적 차원이 아니고 전술적 목적으로 항공력을 사용하는 것이 효과적일 것이다. 그러나 핵시대에 이르러 공포의 균형으로 전면 핵전쟁은 불가한 상황이 되었고, 핵무기가 사용할 수 없는 무기가 되면서 항공력은 항공사상이 출현할 당시인 1920년대 초반과 마찬가지로 재래식 전쟁에서 유용한 전략적 수단으로 대두되게 되었다.

III. 현대 항공우주 군사사상

1. 전장 환경의 변화

(1) 현대 전쟁과 전략적 마비

20세기 초 항공기의 등장은 전쟁 수행 방식에 혁명적 변화를 가져왔다. 이에 따라 또 하나의 군종으로서 공군이 독립하게 되었다. 이 과정에서 항공력이론의 선구자들은 기존의 군 지휘부를 상대로 험난한 투쟁을 해야 했다. 두에와 미첼 등은 군법회의에 회부되어 일부는 실형까지 살면서도 공군의 중요성을 강변하고 공군의 독립을 주장했다. 이들의 주장은 제2차 세계대전을 통해 현실화되고 증명되었으며, 첨단과학기술이 발전하면서 이제 항공력은 현대 전쟁에서 핵심적인 전쟁 수단으로 자리매김하게 되었다.

항공력 자체만으로 국가이익 보장을 위한 군사활동이 가능해졌고, 공군력의 특성인 신속성, 즉응성, 변혁성에 따라 다양한 임무 수행이 가능해짐으로써 이제 공군력 없이는 안전한 지상 및 해상의 군사활동 자체가 불가능한 시대가 되었으며, 국가의 군사전략이 지상, 해상, 공중의 합동작전을 통해 수행되는 합동전략의 시대가 되었다. 냉전 이후 미국의 군사전략은 합동군사전략으로 발전했고, 이에 따라 공지전투air land battle 교리가 발전했으며, 최근에는 공해전투air sea battle 교리가 발전하고 있다.

현대에 이르러 항공력이 국가 방어력의 핵심 전력임이 만천하에 입증된 것은 걸프전을 통해서이다. 걸프전은 항공력의 능력을 극단적으로 보여준 전쟁으로, 항공력에 의한 전쟁의 혁명을 인류는 목도했다. 걸프전의 항공 전역은 항공력을 전략적·공세적·집중적·누적적으로 활용할 수 있는 전역 기획campaign plan이 조기에 승전을 달성하는 데 중요하다는 것을 증명해주었고, 공중우세의 조기 달성과 항공우주작전에 대한 중앙집권적 지휘통제의 절대적 필요성을 여실히 보여주었다. 또한 '전쟁 전반에 대한 기획'에 있어서 공중, 지상, 해상의 각 전역이 상호 유기적으로 연계되어 기획되어야 할 필요가 있다는 것이 증명되었고, 항공력과 기타 전력 간의 관계에 대한 올바른 이해가 건전한 군사외교나 군사 기획을 가능하게 하고, 미래의 불확실한 다양한 도전에 융통성 있게 대응할 수 있는 군사전력구조Military Force Structure를 구축할 수 있게 해준다는 점을 강력히 시사해 주었다.

걸프전은 초기 항공전략사상을 기반으로 제2차 세계대전 이후의 한국전, 베트남전, 중동전, 이라크전 등 수많은 항공 전역의 교훈과 전장환경의 변화, 그리고 과학기술의 발전 결과를 반영한 새로운 차원의 항공력 이론과 접근법을 적용한 전쟁이었다. 이러한 새로운 차원의 이론과 접근법을 제시한 현대 항공력이론가의 대표적 인물로는 알렉산더 세버스키 Alexander P. de Seversky, 존 보이드John Richard Boyd, 존 워든John Ashley Warden III 등이 있다. 이러한 현대 항공전략이론의 핵심은 전략적 마비로 요약할 수 있다. '전략적 마비'란 적의 핵심 중심부를 공격하여 적의 군사활동을 무력화하고 전쟁의지를 와해시키는 것이다. 특히 항공력에 의한 전략적 마비는 현대 전쟁에 있어서 가장 신속하고 효과적인 수단으로 평가받고 있는데, 이는 현대 항공력의 중요한 특성인 병행전쟁 능력과 이를 통한 효과 중심 전쟁 수행 능력에 기인한다. 알렉산더 세버스키는 전략적 중점center of gravity 공격의 중요성을 역설했고, 존 보이드는 유기체적 개념에 의한 심리적 차원의 전략적 마비이론으로서 의사결정주기이론OODA Loop Theory을 제시했으며, 존 워든은 적의 지휘 구조와 체계를 마비시키기 위한 전략공격이론으로 5개 전략동심원Five Rings 이론을 제시했다. 보이드의 분쟁이론과 워든의 전략공격이론은 둘 다 전략적 마비 개념에 기반하고 있지만, 전략항공력사상의 진화 과정에서 보이드는 경제전쟁economic warfare을, 워든은 아측과 적군에 대한 통제전쟁control warfare을 강조했다는 점에서 차이가 있다.

(2) 항공우주력의 발전

항공력의 발전과 함께 현대 전쟁의 핵심 수단으로 발전한 것이 우주군사 분야이다. 위성을 이용한 표적정보 획득과 정찰 및 감시, 위성항법 시스템을 이용한 정밀항법 및 폭격지원, 통신위성을 이용한 광대역 통신지원 등 우주를 통한 군사작전 지원이 전쟁 수행 과정에 없어서는 안 되는 필수요소가 되었다. 이에 따라 우주무기체계의 중요성이 점점 더 높아지고 있다. 지상·해상·항공무기체계들이 군사위성 등 우주군사체계와 필수적으로 연계되어 있는데, 그중에서도 특히 항공무기체계들이 가장 밀접하게 연계되어 있다. 따라서 미국의 국방우주력 개발은 국방부의 총지휘 아래 공군이 주관하는 형태를 띠고 있다.[26]

최근 미국은 군사혁신military transformation을 통해 통합군사전략을 발전시키고 있는데, 그것의 핵심 개념은 효과기반작전EBO, Effects-Based Operations, 신속결정작전RDO, Rapid Decisive Operations, 병행전parallel warfare, 네트워크전net work warfare[27] 등으로, 감시-정찰-타격체계를 네트워크로 복합함으로써 먼저 보고 신속하게 정밀타격하는 '신시스템복합체계C4-ISR-PGM' 또는 '메타체계Meta System'를 기반으로 하고 있다.[28] '임무순환주기F2T2EA, Find, Fix, Track, Target, Engage, Access'를 단축하여 최소화하는 것이 최고의 목표인 현대 합동군사전략은 최근 우주력을 활용한 새로운 작전 개념으로 '킬체인kill chain' 개념을

---

26 강진석, 『한국의 안보전략과 국방개혁』(서울: 평단, 2005), p. 614. 미국은 우주정책과 국방정책의 경계가 모호할 정도로 국방우주 분야를 강조하고 있고, 우주의 군사화 및 무기화를 위한 각종 연구개발에 매진하고 있다. 러시아도 구소련 멸망 이후 우주 개발을 지속하고 있으며 미국보다 더 많은 투자를 하고 있고, 일본과 중국도 총력을 기울이고 있다.

27 강진석, 『한국의 안보전략과 국방개혁』, pp. 626-629. 효과중심전과 신속기동작전(RDO)은 미 공군의 데이비드 뎁튤라(David A. Deptula)가 발전시킨 것이며, 네트워크전 개념은 미 해군의 아서 세브로스키(Arthur Cebrowski) 제독이 주장한 군사력의 건설, 운용 개념이다.

28 전시 타격 개념은 육체적 근력타격(농경시대) → 화력타격(제1차 세계대전) → 기동타격(제2차 세계대전) → 종심타격(공지전투, 1980년대) → 종심정찰·타격 복합체(구소련, 1980년대) → 정밀 종심, 감시·통제·타격 복합체(미국, 1990년대)로 발전되었다. 강진석, 『한국의 안보전략과 국방개혁』, p. 510, 미래전의 양상과 전력체계의 변화 참조.

발전시켰다. 이것은 기존의 '임무순환주기'를 최소화한 것으로 탐지Find-식별Fix-결심Target-타격Engage의 4단계로 구성되어 있으며, 적의 이동 목표를 무력화하기 위한 일련의 통합타격체계이다. 이것은 새롭게 탄생한 개념이 아니라 걸프전 이후부터 미 공군이 '임무순환주기F2T2EA' 혹은 '역동적 표적 선정 절차dynamic targeting process'로 부르며 23년 동안 이동표적을 정밀공격하기 위해 지속적으로 발전시켜온 것으로, 6단계/35분이 소요되는 형태로 구성되어 있다. 미국은 킬체인이 완성됨으로써 전 세계 어느 지역에서든지 정치적 목적을 달성하기 위한 신속·정확하고 효과적인 수단으로 활용할 수 있게 되었다.[29]

이렇듯 첨단과학기술의 발전으로 미래에는 항공우주체계들의 속도, 스텔스 기능, 거대한 컴퓨팅 능력, 고도의 센서 성능, 그리고 지·해상 무기체계들과 제한없이 상호 연동될 수 있는 첨단항공우주군사력으로 발전할 것이며, 인류 역사 발전과 더불어 항공우주력을 중심으로 새로운 작전 개념이 창출되고 진화하여 발전하게 될 것으로 전망된다.

우리나라는 1980년대 말부터 정부 주도로 항공우주개발을 시작하여 1995년 우주개발 중장기 계획을 수립하고 2000년 12월에 이를 수정하여 추진했으나, 정체되어 있다가 최근 2013년에 새로운 우주개발 중장기 계획을 수립해 발표했다.[30] 북핵 무력화 및 억제를 위한 대안으로 제시된 한국형 킬체인 구축을 위해서는 감시·정찰 및 타격체계 구축을 위한 우주군사무기체계 구비가 시급히 요구된다. 더 이상의 논의는 주제 범위를 벗어나므로 생략하기로 한다.

---

29 걸프전과 이라크전에서 명성을 날린 실시간 전쟁지휘는 가장 최근에 있었던 오사마 빈 라덴(Osama Bin Laden) 제거작전에서 극치를 이루었다. 미군은 펜타곤에서 오사마 빈 라덴 자택 공격에 대한 원격 현장지휘를 실시간으로 하고 그를 사살하는 데 직접 명령을 한 것으로 보도되었다.

30 미래창조과학부는 2013년 11월 26일 관계 부처와 합동으로 '제6회 국가우주위원회'를 열고 '우주개발 중장기 계획'과 '우주기술 산업화 전략', '한국형 발사체 개발 계획 수정안' 등 우주 분야 3개 주요 계획을 발표했다. 특히 우주개발 중장기 계획에는 시험발사체를 오는 2017년까지 개발해 달 탐사선을 달에 보내고, 2027년에는 화성을 탐사한다는 내용이 담겨 있다.

2. 주요 사상가 및 이론

(1) 알렉산더 세버스키: 미 공군 창설, 전략폭격이론 주창

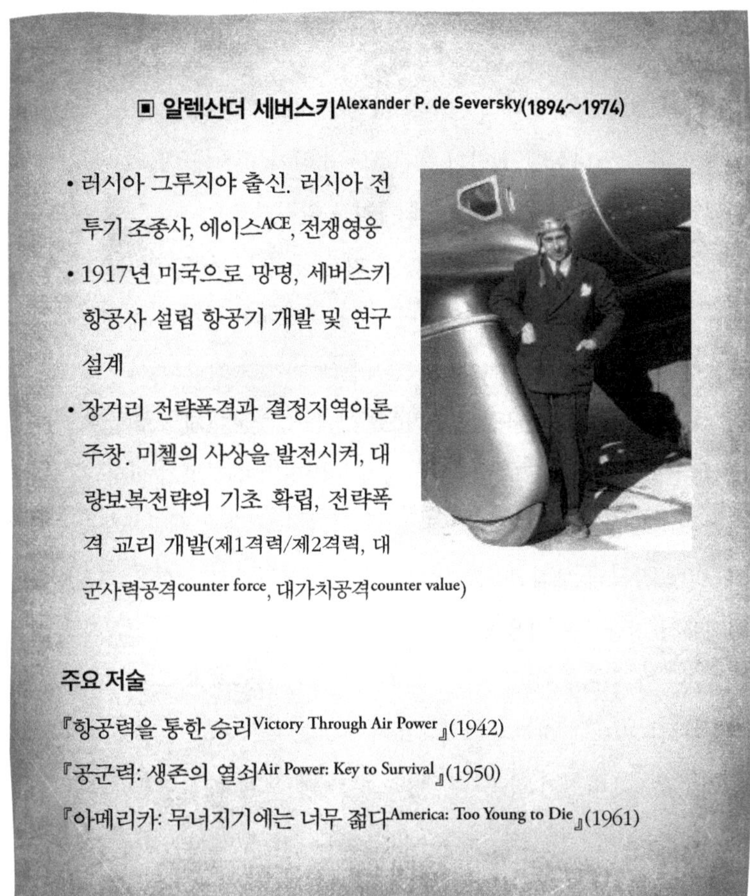

▣ 알렉산더 세버스키Alexander P. de Seversky(1894~1974)

- 러시아 그루지야 출신. 러시아 전투기 조종사, 에이스ACE, 전쟁영웅
- 1917년 미국으로 망명, 세버스키 항공사 설립 항공기 개발 및 연구 설계
- 장거리 전략폭격과 결정지역이론 주창. 미첼의 사상을 발전시켜, 대량보복전략의 기초 확립, 전략폭격 교리 개발(제1격력/제2격력, 대군사력공격counter force, 대가치공격counter value)

주요 저술

『항공력을 통한 승리Victory Through Air Power』(1942)

『공군력: 생존의 열쇠Air Power: Key to Survival』(1950)

『아메리카: 무너지기에는 너무 젊다America: Too Young to Die』(1961)

세버스키의 생애 및 경력

러시아 해군 에이스로서 미국으로 망명하여 현대 항공력이론을 개척하고 미 공군의 독립에 크게 기여한 알렉산더 세버스키Alexander P. de Seversky는 1894년 6월 7일 러시아 제국 트빌리시Tbilisi의 부유한 귀족 집안에서 태어났다. 러시아 최초의 비행사 중 한 명이었던 아버지의 영향으로 10세 때 군사학교에 들어갔고, 14세 때 해군사관학교에 입학했다. 해군사관학교에 입학한 그는 아버지에게 조종술을 배웠다. 1914년 소위로 임관한 그는 제1차 세계대전이 발발하자 구축함을 타고 전선에 투입되었다. 이후 세바스토폴Sebastopol에 있는 군 비행학교에 입교하여 해군 조종사의 길을 걷게 된다.

조종사로서 발틱 함대에 근무할 당시 세버스키는 리가 만Gulf of Riga에서 독일군 폭격에 나섰다가 미처 폭탄을 투하하기도 전에 대공포에 맞아 격추되었다. 이때 오른쪽 무릎 아래 다리를 잃었다. 그는 불구의 몸에도 불구하고 해군 에이스 조종사로서 전쟁 기간 중 많은 무공훈장을 받았다.

볼셰비키 혁명이 일어난 1917년 10월, 미국에서 러시아 해군 무관으로 근무하던 그는 미국에 망명했다. 맨해튼Manhattan에 정착해 식당을 운영하던 그는 1918년 정보사령관 켄리William L. Kenly 장군에게 조종사로 복무하고 싶다고 제안했다. 그는 그간의 경력을 인정받아 항공기 회사의 시험비행조종사와 항공기술자문관으로 일하게 되었다. 종전과 함께 윌리엄 "빌리" 미첼 장군의 보좌관으로 임명되었고, 항공력으로 전함을 격침시키는 실험에서 기술자문 역을 맡았다.

1923년, 알렉산더 세버스키는 세버스키 항공사Seversky Aero Corporation를 설립했으나, 1929년에 대공황을 극복하지 못하고 도산했다. 그후 1931년 2월 16일, 그는 세버스키 항공사Seversky Aircraft Corporation를 재설립했다. 세버스키 항공사는 전체가 철제인 단엽기 SEV-3를 개발했다. 1934년 가을 그는 당시 첨단항공기의 상징이었던 SEV-3XAR 앞에 섰다. 그는 설계팀을 직접 지휘하며 25개 이상의 혁신적인 항공기 개발 프로젝트를 이끌었다. 이 회사는 제2차 세계대전 당시 최고의 전투기였던 P-47 선더볼트Thunderbolt를 생산하며 대기업으로 성장했다. 세버스키 항공사는 1965년 페어차일드Fairchild가 인수할 때까지 매우 성공적인 전투기 제작항공사로 발전했다.

제2차 세계대전이 임박하자, 세버스키는 항공전 이론 연구에 매진했다. 1941년 12월 7일 진주만 공습이 발발한 직후 1942년 8월 초에 폭격기의 전략적 운용을 강조한 『항공력을 통한 승리Victory Through Air Power』를 출판했는데, 출간되자마자 500만 부나 팔리면서 《뉴욕 타임스The New York Times》 베스트셀러 1위를 4주 동안 기록했다.

그는 장거리 전략폭격과 결정지역이론을 주창하고, 미첼의 사상을 발전시켜 대량보복전략의 기초 확립했으며, 전략핵폭격 교리로서 제1격력/제2격력, 대군사력공격counter force, 대가치공격counter value 개념을 개발하는 등 전략적 항공력 사상의 선구자가 되었다.[31] 그의 꿈은 1946년에 전략항공사령부가 창설되고 역사상 가장 큰 폭격기인 콘베어Convair B-36[32]과 B-47 스트래토제트Stratojet 같은 항공기들이 개발됨으로써 실현되었다.

뛰어난 에이스 전투기 조종사, 전쟁영웅, 항공기 설계사, 사업가, 저자, 그리고 이론가였던 세버스키는 1974년 8월 24일 뉴욕 메모리얼 병원에서 생을 마감하고, 브롱스Bronx의 우드론 묘지Woodlawn Cemetery에 안장되었다.[33]

세버스키의 주요 저술 및 사상

항공력을 열렬히 옹호하던 알렉산더 세버스키는 미 공군의 창설에 기여했다. 그는 미첼의 개념 중 많은 부분을 정교히 다듬어 이 사상을 미국인들이 인지하도록 만들었다. 제2차 세계대전 당시 월트 디즈니Walt Disney 사가 그의 책과 같은 제목의 영화 〈항공력을 통한 승리Victory Through Airpower〉를

---

31 제1격력은 현대 핵전략에서 선제공격할 수 있는 능력을 말하고, 제2격력은 선제공격을 당한 후 이에 대한 보복을 할 수 있는 능력을 말한다. 또한 대가치공격(counter value)은 적의 전쟁 수행 의지와 능력을 제거하기 위해 대도시 등 인구밀집지역과 산업시설 등에 대한 핵공격이며, 대군사력공격(counter force)는 핵공격의 목표를 적의 핵 및 주요 군사력에 두는 것으로서 미국의 핵전략은 이 두 개념에 의해 어느 쪽에 비중을 두느나에 따라 확증파괴전략 또는 유연반응전략 등으로 변천되었다. 냉전기 미국과 소련의 핵 군비경쟁은 제2격력의 확보를 위한 노력의 결과였다.

32 B-36은 한국전쟁 때 활동했던 B-29보다 훨씬 큰 폭격기로, 역사상 가장 큰 폭격기이다. 1947년부터 배치된 이 폭격기는 최종 개량형 B-36H가 약 5톤의 무장을 탑재하고 1만 마일을 비행할 수 있었다. B-47은 폭격기였지만, 장거리·고공비행 능력으로 비밀정보 수집 목적으로 사용되었다. 이 비행기는 전후 2,032기가 생산되어 전후 등장한 중폭격기 중에서 가장 많은 생산 대수를 기록했다. 소련은 이에 대응하여 TU95를 개발했다. B-36은 1977년까지 소련과 중공에 대한 핵억제를 위한 전략폭격기로 활약하고 B-52에 자리를 넘겨주었다.

33 홍성표, "알렉산더 세버스키(Alexander Seversky)", 《월간 공군》 2012년 4월호, pp. 6-7.

만들어 홍행에 대성공을 거두자, 항공력의 중요성을 국민들이 널리 인식하게 되었다.

그의 책과 월트 디즈니 사의 영화를 통해 미국인들은 연합국의 전쟁 수행에서 항공력이 갖는 의미를 제대로 알게 되었다.[34] 미국의 방위 측면에서 항공력이 갖는 엄청난 의미를 미국인들에게 알리려는 그의 열망은 마침내 정치적 논쟁을 극복하고 미 공군을 창설하는 데 크게 기여했다.

그의 항공력에 관한 관점은 그의 저서 『항공력을 통한 승리』에 담겨 있는데, 그는 이 책 서문에서 항공력에 관한 대부분의 관점은 미첼의 것을 따르고 있다고 밝히고 있다. 세버스키의 주요한 항공전략사상은 다음과 같다.

첫째, 세버스키는 공중우세 확보의 중요성을 역설하면서 현대 전쟁에서 항공력이 결정적인 무기가 되었다고 주장했다. 물론 항공력만으로 전쟁에서 승리할 수는 없다. 그러나 항공기는 적의 산업 능력을 겨냥해 가공할 일격을 가하거나 적 정부를 차단 혹은 마비시킬 수 있었다. 그는 전쟁에서 승리하고 전쟁을 억제하는 수단으로서 항공력의 중요성을 강조했다. 그는 항공력을 적절히 사용하면 적국의 효과적이고도 효율적인 군사력 운영을 저지할 수 있다고 믿었다. 즉, 항공력으로 적국의 전쟁의지를 마비시킬 수 있다고 생각했다.

둘째, 억제력으로서 항공력과 제공권 확보의 필요성, 그리고 전략폭격의 중요성을 강조했다. 항공력이 갖는 억제력을 간파한 그는 적의 전쟁 수행 의지의 파괴와 평화 시에 위기를 극복할 수 있는 수단으로서 항공력의 중요성과 제공권 확보가 필수적임을 역설했다. 이를 위해 그는 두에와 미첼의 사상을 이어 전략폭격의 중요성을 강조했다. 그는 전략폭격에 있어서 무차별폭격보다는 정밀폭격을 통한 공격이 적의 전쟁의지를 꺾는 데

---

34 David MacIsaac, "Voices from the Central Blue: The Airpower Theorists", in *Makers of Modern Strategy: From Machiavelli to the Nuclear Age*, ed. by Peter Paret, p. 631.

더 효과적이라고 주장했다. 그는 모든 전쟁은 총력전이라고 생각하고 상대방 국가의 파괴를 항공력의 목표로 삼았으며, 이 같은 취지에서 말살전략을 제안했다.[35]

셋째, 결정지역이론을 제시했다. 세버스키는 '항공세력이론'을 '결정지역이론'이라고 하는 지정학 이론으로까지 발전시켜 소위 항공인의 세계적 전략관을 제시했다. 그는 "세계는 대륙과 공중의 싸움이며, 공중을 지배하는 자가 대륙을 지배하고 대륙을 지배하는 자가 세계를 지배한다"고 말했다. 그는 미국 중서부 지역을 중심으로 하여 미 공군의 지배권을 원으로 표시하고 구소련 공군의 지배권은 모스크바Moskva를 초점으로 하는 타원으로 표시한 후 양국 공군의 지배권이 서로 중복되는 부분을 '결정지역'이라고 했다. 그는 이 지역에서 어느 편이 제공권을 장악하느냐에 따라서 전쟁의 승패가 좌우된다고 보았다.

넷째, 미사일의 시대를 예견했다. 그의 사상에서 주목할 만한 점이 바로 이것인데, 그는 미래전이 소위 단추 누르기 전쟁이 되리라는 것을 예견했던 것이다. 당시는 대륙간탄도미사일이 출현하기 전이었지만, 미첼의 미사일에 대한 예측을 수용하면서 과거 V-1, V-2(제2차 세계대전 시 독일의 미사일)의 유용성을 인정하여 항속거리의 증가, 목표 파괴의 정확성, 속도 문제의 해결 가능성과 핵탄두를 장착할 수 있는 가능성을 인식했다. 따라서 장차전은 미사일 간의 전쟁이 될 것이며 이러한 대륙간탄도미사일을 반드시 항공세력에 포함시켜 운용해야 하고 우주세력으로 확장해야 한다고 주장했다. 그리고 이러한 미사일이 전자화되어 지하통제실에서 전쟁을 수행할 것이기 때문에 지휘·통제·통신·정보가 중요하다고 강조했다. 특히 전자적 화면전쟁으로 전쟁의 승패가 좌우될 것으로 예측했다. 이러한 세버스키의 예측은 이후 미소 간 핵미사일 개발 경쟁에 돌입하게 되는 전

35 Michael S. Sherry, *The Rise of American Air Power: The Creation of Armageddon*(New Haven, Conn.: Yale University Press, 1987), p. 128.

략적 핵정책의 근간이 되었다.

다섯째, 전략적 공세 능력을 지닌 항공력의 가치를 강조하고 이를 홍보했으며, 대규모 항공력 건설의 필요성을 역설했다. 세버스키는 항공력의 주요 가치가 전략적 공세 능력에 있다고 보았다. 이 같은 공세적 성격의 전략폭격에 치중하지 않는 모든 행위는 귀중한 자원의 낭비라고 생각했다. "공중을 통제하지 않으면 어떠한 지상 또는 해상 작전도 가능하지 않다"고 그는 말했다. 이 같은 목표를 달성하려면 전투기가 필요했다. 적의 항공력을 격파하는 데 유일한 효과적인 수단은 항공력이었다. 세버스키는 방공포를 포함한 여타 지상 방어체계는 항공기에 대항해 별다른 효과가 없다고 생각했다. 다가오는 폭격기를 공격할 능력을 구비한 적정 항공기가 없는 경우 적의 폭격기가 해상 멀리 또는 내륙 멀리 위치해 있는 표적을 공격할 수 있다고 그는 생각했다. 해군과 육군은 공중공격에 취약하여 보호가 필요하다고 생각했다. 따라서 그는 미국이 시대에 뒤처진 해군과 육군에 투자하는 것보다 미래를 보장하기 위해 항공력에 투자하고 대규모 항공력을 건설할 필요가 있다고 주장했다.

세버스키에 대한 평가 및 교훈

제2차 세계대전 이후 미국의 항공력 건설은 전적으로 세버스키의 영향력으로 이루어졌다 해도 과언이 아니다. 미소 냉전 시기에 발전한 미국의 전략항공력은 대부분 세버스키의 관점이 반영되었고, 그의 이론과 철학을 바탕으로 발전한 항공기술은 미 항공산업계의 기준이 되었다. 이에 따라 항공기와 미사일을 이용한 전략폭격이 미 본토 방어세력으로서의 지상 및 해상 전력을 대체했다. 수십 년 동안 논쟁이 있은 후 항공력은 지상 및 해상 전력과 동급 수준의 핵심 전력이 되었고, 현대에 이르러 항공우주력은 그 자체만으로 억제력을 발휘하며 국가이익 수호를 위한 국가의 중요한 수단이 되었다.

(2) 존 보이드: 공중전의 귀재, 의사결정주기이론OODA Loop Theory 창시자

▣ 존 보이드John Richard Boyd(1927~1997)

- 1927 펜실베이니아 주 에리Erie에서 출생
- 1945~1947년 육군 항공단 근무, 1951년 공군 전군
- 1952년 전투조종사가 되어 1953년 한국전 참전
- 전설의 전투조종사로 칭송됨(애칭: 40초 보이드)
- 에너지 전투기동E-M 이론을 개발, 공중전투의 교과서가 됨
- '전투기 마피아' 결성, 경전투기 개발 프로젝트 수행. F-15, 16, 18/A-10 개발에 기여
- 1975년 대령 예편

주요 저술

"파괴와 창조Destruction and Creation"

"공중공격 연구Aerial Attack Study"

"승리와 실패에 관한 논쟁Discourse on Winning & Losing"

보이드의 생애와 경력

보이드는 1927년 미국 펜실베이니아 주 이리Erie에서 태어났다. 1952년 넬리스Nellis 공군기지에서 F-86 조종훈련을 받고 전투기 조종사가 되어 한국전쟁에 참전했다. 종전 후, 그는 다시 넬리스 공군기지 항공전술개발본부 공중전투 교관으로 근무하면서 '40초 보이드'라는 별명을 얻었다.

일대일 공중전에서 아무리 불리한 위치에 있다 하더라도 적기와 싸워 이기는 데 40초면 충분할 정도로 그의 공중전투기량이 뛰어났기 때문이다.

1960년대 초 보이드는 수학자 토머스 크리스티Thomas Christie와 함께 공중전투기동인 에너지기동E-M, Energy-Maneuverability이론을 개발했다. 보이드는 이 E-M이론을 증명하기 위해 수학 계산을 하느라 엄청난 시간을 투자했는데, 그의 계산법은 전투기 설계의 세계적인 공식이 되었다. 당시 F-15를 개발하는 데 이론적 측면에서 난항을 겪고 있던 미 공군은 E-M이론을 개발한 보이드를 펜타곤으로 불러 이를 해결하고자 했다. 보이드는 에너지 기동 계산을 완료함으로써 F-15 개발에 큰 공헌을 했다.

그후, 보이드는 전투기 조종사로서 연구개발단에 근무 중이던 에버리스트 리치오니Everest Riccioni 대령과 체계분석단의 민간인 통계사 피어 스프레이Pierre Sprey와 함께 '전투기 마피아'라는 소그룹을 결성한다. '전투기 마피아'는 경전투기 개발 프로젝트인 'LFXLight Fighter eXperimental'를 담당했는데, 이는 F-16과 F/A-18 개발로 이어진다. 그리고 보이드는 경전투기 A-10 선더볼트 II를 개발하는 데에도 결정적으로 기여했는데, 그것이 공대지 전투기로 운용되는 것을 무척 아쉬워했다.

1975년 대령으로 예편한 보이드는 펜타곤의 분석평가국에서 컨설턴트로 일을 계속했다. 이후 건강이 악화되어 일을 그만두고 플로리다로 이사했지만, 국방장관인 딕 체니Dick Cheney가 그를 다시 펜타곤으로 불러들였다. 보이드는 '사막의 폭풍 작전operation desert storm' 기획, 걸프전의 '레프트 훅left hook' 전략을 설계하는 데 핵심 역할을 했다.

보이드의 전략사상의 핵심은 '의사결정주기OODA Loop'로 불리는 의사결정순환과정 모델이다. 보이드는 이 의사결정주기이론이 생존을 위한 필수요건이라고 강조했다. 보이드는 "파괴와 창조Destruction&Creation"라는 논문에서 '의사결정주기'를 이용한 전쟁이론을 주창했고, 1970년대와 1980년대 국방개혁운동의 이론적 기초를 제공했다. 오늘날 젊은 개혁가들도 보이드의 이론을 기초로 전략, 경영 및 리더십을 발전시키기 위한 기초 자료로 활용하고 있다. 1980년 1월, 보이드는 해병대 전쟁대학Marine Corps War College에서 그의 '분쟁 양상'을 브리핑했는데 이것을 계기로 해병대 전쟁대학의 커리큘럼이 바뀌었고, 그 밖에 해병 전술교리인 "해병대 기동전 교리"를 작성했다.

퇴직 후, 보이드는 시골 고등학교 보조교사로 자원봉사를 하면서 지냈다. 그리고 1997년 3월 20일, 70세의 나이로 플로리다에서 영면하여 알링턴 국립묘지Arlington National Cemetery에 안장되었다.[36]

보이드의 주요 저술과 사상

보이드의 전략적 사고는 1976년 발간된 "파괴와 창조"라는 16페이지짜리 논문을 시작으로 10여 년에 걸쳐 발전되어 "승리와 패배에 대한 논쟁Discourse on Winning & Losing"으로 이어졌다. 존 워든과 함께 대표적인 현대 항공전략가로 인정받고 있는 보이드는 전략적 마비strategic paralysis이론, 특히 심리적·시간적 마비 개념을 구체화했다.

보이드는 오늘날 대부분의 조종사들이 사용하는 공중전술들을 개발했다. 1960년에 그가 쓴 "공중공격 연구Aerial Attack Study"와 공중전에 대한 "기동과 대응기동Maneuver-Counter Maneuver", 그리고 "전술과 대응전술Tactics-Counter Tactics" 등과 같은 논문들은 공대공 전투 발전에 획기적인 기여를 했다. 그는 '사이클 타임cycle time'과 '상대방의 의사결정주기 내로 진입하기getting inside the adversary's decision cycle' 등의 개념을 창안하여 전파함으로써 공중전투 개념의 발전은 물론 해병 및 육군 교리 발전에도 영향을 미쳤는데, 해병 교범의 '전쟁 수행' 개념 정립[37] 및 육군의 '공지전투' 야전교범 100-5Field

---

36 홍성표, "존 보이드(John Boyd)", 《월간 공군》 2012년 5월호, pp. 6-7.

37 1980년 1월 보이드는 해병대 전쟁대학에서 그의 '분쟁 양상'을 브리핑한다. 이때 교관이던 마이클 와일리(Michael Wyly)를 통해 트레이너(Trainor) 장군을 만나게 된다. 보이드는 트레이너 장군의 지원 아래 해병대 전쟁대학의 커리큘럼을 바꾸었다. 트레이너 장군은 와일리에게 해병대를 위한 새로운 '전술 매뉴얼'을 만들 것을 요청했고 보이드는 와일리와 린드, 그리고 젊은 장교 몇 명과

Manual 100-5, Operations Air Land Battle(1986) 개념 개발에도 기여했다.

보이드는 군사전략에 관한 책을 쓴 적이 없다. 대신에 그는 수백 장의 슬라이드로 된 공중전 교과서 "승리와 실패에 대한 논쟁"을 만들어 브리핑하고, 1976년에 "파괴와 창조"라는 논문을 썼다. 그것은 '분쟁의 패턴 pattern of conflict'을 주제로 한 것으로, 그는 이것을 1,500회 이상 강연하여 국민들로부터 열렬한 지지를 받았다.

보이드의 전략사상의 핵심은 '의사결정순환과정OODA Loop 모델'이다. 이것은 관찰Observation(전장감시, 정보수집)-판단Orientation(정보융합, 상황평가, 위협평가를 포함한 분석 및 판단)-결심Decision(지휘결심 및 작전계획 수립)-실행 Action(임무지시 및 통제)의 4단계로 구성된다.

보이드는 통제전을 통한 마비를 강조했다. 그는 지휘와 통제C2, Command and Control의 행사 과정을 파괴함으로써 적 지휘부를 혼란시키는 데 집중했다. 보이드는 이러한 과정을 '의사결정주기OODA Loop' 형태로 표현했다.[38] 보이드는 '의사결정주기'를 통한 교전 당사자의 상대적 움직임을 전쟁의 핵심으로 파악했다. 즉, 자신의 '의사결정주기'를 빠른 속도로 순환시키면, 적은 상대적으로 느린 '의사결정주기' 때문에 대응행동에 연이어 실패하게 되고, 대응행동의 누적과 '의사결정주기' 속도의 격차로 인해 공황상태(전략적 마비)에 도달하게 된다는 것이다. 물론 사이클이 돌아가는 동안 상황은 바뀔 수 있다. 그럴 경우에는 임무를 취소하면 된다. 보이드는 이 의사결정주기이론이 생존을 위한 필수조건이라고 강조했다.

보이드가 주목한 점은 '의사결정주기'로 이루어지는 전투행위의 순서가 아니라 이를 바르게 순환시킴으로써 적보다 상대적 우위를 확보할 수 있다는 것이었다. 또한 그는 일반 회사나 정부와 같은 대형 조직에는 작전적

함께 "해병대 기동전 교리(Fleet Marine Field Manual 1: War Fighting)"(1989. 3. 6.)를 작성했다.

38 In his briefing "Organic Design for Command and Control", Boyd specifically states that the 'OODA' loop is, by its very nature, a C2 loop(page 26). See "Discourse on Winning and Losing".

· 전술적 · 전략적 수준의 '의사결정주기'가 있다고 주장했다. 그는 가장 효율적인 조직은 분권화된 조직이라고 보았는데 각 부서의 '의사결정주기'를 통해 목표에 효율적으로 집중할 수 있기 때문이다. 보이드의 '의사결정주기'는 군뿐만 아니라 비즈니스, 정치, 경영, 스포츠, 심지어 생존을 위한 모든 조직 행태에 적용할 수 있는 이론이다.

보이드는 분쟁에서 승리하는 것은 상대의 '의사결정주기' 내부로 침투하여 그곳에 머무는 것으로부터 출발한다고 주장했다. 그것은 두 가지 상호 보완적인 방법을 통해 가능하다고 보았다.

첫째, 주도권을 장악하고 각 대응 간의 조화를 위해 마찰을 최소화해야 한다. 아군이 직면하게 되는 마찰을 감소시키면 아측의 '의사결정주기'에서 결심-행동 단계의 시간을 줄일 수 있다. 이러한 '마찰 조작friction manipulations'은 적의 '의사결정주기' 내에서 지속적으로 위협적이면서 예측이 불가능한 작전을 할 수 있게 해준다. 초기에 이는 적 진영 내에서 혼돈과 혼란을 야기한다. 하지만 궁극적으로는 그것에 대처할 수 있는 적의 능력과 저항의지가 동시에 마비되면서 공포와 두려움이 더욱 확대된다.

둘째, 적의 '마음과 시간과 공간mind-time-space'에 침투하여 그들의 "정신적 · 인지적 · 물리적 조건들을 와해시켜야 한다.

그러나 보이드는 두 번째 방법에서 추상적인 목표들을 위한 구체적인 작전적 대안에 대한 세부내용을 제시하지 않았다.[39] 이러한 세부내용의 결여는 상대적으로 불분명한 정치적 목표를 구체적인 군사적 수단과 방법으로 구체화시켜야 하는 군인들에게 좌절감을 안겨줄 수 있다.

보이드에 대한 평가와 교훈

'사막의 폭풍 작전' 이후 현대 전략은 전략적 마비이론이 기반을 이루고

---

39 A. H. Killey, "Beyond Warden's Rings?: A human system approach to the more effective application of air power", *Air Power Review*, vol. 8 (Spring 2005), p. 27.

있다. 이 개념의 역사적 기원은 손자孫子에게까지 거슬러 올라간다. 그러나 인명人命을 중시한 비살상적 성격이나 군사력 사용의 경제적 측면의 강조라는 점에 비추어볼 때 '전략적 마비'는 전통적인 의미의 완전 섬멸이나 소모전과는 완전히 구별된다. 전쟁을 지속시켜주는 중심점은 과거에는 산업기반이었고, 현재에는 지휘체계, 그리고 미래에는 정보로 변할 것이다. 보이드는 이러한 혁명적 과정에 역사적인 한 획을 그었으며, 기존의 항공력사상에 대한 모든 이론들을 정당화시켜주었고, 항공인들에게 항공력에 대한 철학적이고 이론적인 틀을 제공해주었다.

보이드는 1970년대와 1980년대 국방개혁운동의 이론적 기초를 제공하기도 했다. 당시 미국의 국방 분야는 불필요하게 복잡한 고비용 구조였는데, 이를 개혁하자는 것이 이 시기 국방개혁의 요체였다. 군 개혁운동은 이를 명확히 진단하고 장교들의 안일한 태도, 전통적 전쟁 수행 개념인 소모전에 대한 지나친 의존성 등을 개혁 과제로 삼았다. 오늘날 젊은 개혁가들은 보이드의 이론을 전략, 경영 및 리더십을 발전시키는 데 기초로 삼고 있다. 보이드는 걸프전이 종료된 후 의회에 나가 국방개혁 실태에 관한 증언을 하기도 했다.

오늘날 보이드의 이론은 정보 우세가 보다 빠른 작전 템포를 보장해줌으로써 결정적인 이점을 제공한다는 이론의 기초가 되고 있다. 현대전에서 적의 지휘통제(C2) 과정은 교란하고, 아군의 지휘통제 과정은 개선하는 것이 승리를 위한 핵심적 필수사항이다. 실제로 '의사결정주기'를 신속하게 하여 적보다 빨리 생각하고 행동을 취하거나 적의 의사결정주기 내로 신속하게 침투한다는 생각은 미국 및 동맹국들의 군사공동체 내에서 중요한 군사사상으로 자리매김하고 있다.

보이드는 '의사결정주기'의 아이디어를 『손자병법』에서 찾았다고 말하고 있다. 클라우제비츠는 섬멸전이론에서 전투에서 결정적으로 승리하려면 적의 주력을 격멸해야 한다고 강조한 데 반해, 손자는 적의 심리적 갈등을 증폭시키면서 살상을 감소하면 결정적 승리를 할 수 있다고 강조했다. 보이드 역시 손자처럼 적의 사기와 정신을 와해시키는 데 초점을 두고 '의사결정주기' 개념을 창안해냈다.

이러한 보이드의 사상은 군뿐만이 아니라 국내외 사업계 및 학계에서도 열렬한 지지를 받았다. 그의 사상은 혁신과 감정이입empathy, 신뢰와 팀워크, 정신적 요소들을 고려해야 할 필요성과 비선형적 사고, 지각, 지휘관의 의도, 정보, 리더십 자질과 같은 요소들을 강조함으로써 현대 조직의 효율적 경영관리 기법뿐만 아니라 불확실한 경영 환경을 극복해나갈 수 있는 CEO의 전략적 리더십이론으로서 각광을 받았다.

미 육군은 보이드의 '의사결정주기' 개념을 공식적인 '군사력의 전투수행 개념'으로 채택하여 ①먼저 보고See First ②먼저 이해한 후Understand First ③먼저 행동을 취함으로써Act First ④결정적으로 전투를 종료한다Finish Decisive는 4단계의 S-U-A-F 사이클을 발전시켰다.[40] 보이드의 '의사결정주기'와 이후 발전된 미래전 개념들과의 관계는 〈표 9-1〉과 같이 요약할 수 있다.[41]

〈표 9-1〉 미래전 개념과 전쟁/전투수단

구분	전쟁/전투수단			
공지전투/작전	종심감시체계		종심감시체계	종심감시체계
정찰·타격복합체	장거리정찰체계		전자통제체계	장사정 정밀무기체계
신시스템복합체 (SoS)	전장인식체계(ISR)		첨단 C4I체계	정밀타격체계 (PGMs/PIS)
네트워크 중심전(NCW)	센서격자망		정보격자망	타격(shooter)격자망
OODA Loop	관측(O)	판단(O)	결심(D)	행동(A)

40 Ted Hendy, "U. S. Army Transformation: It as a Force Multiplier", U. S. Army ISEC(Brifing Chart).

41 강진석, 『한국의 안보전략과 국방개혁』, p. 522.

(3) 존 워든: 전략적 마비, 병행이론

■ 존 워든John Ashley Warden III(1943~)

- 1943년 텍사스 매키니McKinney에서 출생
- 미 공사 졸업, F-4, F-15 등 3,000여 시간 비행기록을 가진 전투기 조종사로서 다양한 참모부서에서 근무
- 30년간(1965~1995) 베트남, 독일, 스페인, 이탈리아, 한국에서 근무
- 미 퀘일Dan Quayle 부통령 정책연구 및 국가안보문제 특별보좌관
- 미 공군 지휘참모대학장
- 사막의 폭풍 작전 기획

주요 저술

『항공 전역The Air Campaign』(1988)

『신속한 승리Winning in Fast Time』(1999)

『전략적 사고와 기획Strategic Thinking and Planning』(1995)

『CEO와 리더의 핸드북The CEO and Leader's Handbook』(1995)

존 워든의 생애 및 경력

존 워든John Ashley Warden III은 1943년 텍사스의 매키니McKinney에서 태어났다. 가족 중 네 번째로 군문에 들어선 그는 1962년 공군사관학교에 입학했다. 생도 시절 그는 국가안보학을 전공했고, 공군이 육군의 보조적인 역할에만 머무르면 공군의 미래가 밝지 못할 것이라고 우려했다. 당시 그는 유명한 전략가인 J. F. C. 풀러 장군이 쓴 『알렉산드로스 대왕의 리더십The

Generalship of Alexander The Great』을 읽고 감동해 풀러 장군을 찾아갔고, 이를 계기로 풀러 장군은 그의 지적 멘토가 되었다. 그후 워든은 역사와 전략, 그리고 전쟁과학에 더욱 몰입하게 된다.

1967년 4월 푸에블로호USS Pueblo 납치사건이 발생했을 때, 워든은 제1진 팬텀기 조종사로 한국에 급파되었다. 1969년에는 치열했던 베트남전에 자원 참전해 OV-10 브롱코Bronco를 조종했고, 무려 266회의 전투출격을 기록했다. 베트남전을 겪으면서 그는 일관성 없이 적용되는 교전규칙에 실망을 금치 못했다. 또한 전략적 측면에서 부서 간 협력이 긴밀하게 이루어지지 않는다는 점에 대해서도 우려했다. 그는 베트남전을 통해 일관성 있는 전략적 접근, 압도적인 군사력, 명확한 목표, 출구전략, 정치-군사의 결합 등과 같은 전쟁의 중요한 핵심 포인트를 터득하게 되었고, 아무리 뛰어난 전술이라도 치밀하게 계획된 전략을 극복할 수 없다는 교훈을 얻었다. 그의 베트남전 경험은 그가 앞으로 진력하게 되는 항공력이론 및 전략의 중요성을 강조하는 캠페인의 기조가 되었다.

워든은 39세 때 대령으로 진급해 국방대학원에 입학했고, 여기서 작성된 연구논문을 기초로 1988년 그의 항공전략사상의 결정판인 『항공전역The Air Campaign』을 출간했다. 이 책의 내용은 1991년 제1차 걸프전에서 대부분 구현되었고, '프로메테우스 전략기획체계Prometheus Strategic Planning System'라고 불리는 전쟁전략체계의 근간이 되었다.

『항공 전역』에서 워든은 항공력이 현대전 승패를 가르는 결정적인 전력이라고 강조함으로써 이제까지의 전통적 교리였던 공지전투 개념에 정면으로 도전했다. 기존의 공지전투 교리는 항공력이 지상작전을 위한 지원 전력이며, 항공력 자체로는 전략적 수준의 작전을 수행할 수 없다는 내용으로 되어 있었다. 미 공군 역사가 리처드 핼리온Richard P. Hallion은 워든의 저술 『항공 전역』이 기여한 성과에 대해 "이 책은 미국의 국방정책에 근원적인 영향을 미쳤다"고 평가했다.

1989년 독일에서 제36전투비행전대장직을 마치고 귀국한 워든 대령

1991년 '사막의 폭풍 작전' 당시 미 공군 제4전투비행대 소속 F-16, F-15C, F-15E가 후퇴하는 이라크군의 초토화작전으로 불타오르는 쿠웨이트 유전 상공을 날고 있다. 존 워든은 '사막의 폭풍 작전'을 수립하여 성공함으로써 이후 진행된 군사혁신 및 군사혁명의 주역으로 등장하게 된다.

은 펜타곤의 전투발전팀장으로 보임되어 자신의 항공전략사상을 계발하고 발전시키는 일을 계속했다. 그는 특히 "범세계적 범위, 범세계적 타격Global Reach - Global Power"이라는 캐치프레이즈로 "항공력은 국가전략 차원의 결정적 군사력이다"라는 개념을 확산시켰다. 이로 인해 그는 펜타곤의 최고 항공력이론 전문가로 널리 알려진다.

1990년 8월, 사담 후세인Saddam Hussein이 쿠웨이트를 침공하자, 이라크 관할 군사령관 노먼 슈워츠코프Norman Schwarzkopf, Jr. 장군은 펜타곤에 이라크군에 대한 전략폭격 응징계획을 세울 수 있는 항공력이론 전문가를 요청했다. 워든은 자신이 이끄는 체크메이트Checkmate팀을 이끌고, 쿠웨이트 해방 작전에 참여한다. 그는 '사막의 폭풍 작전' 계획을 수립하여 성공함으로써 이후 진행된 군사혁신military innovation 및 군사혁명military revolution의 주역으로 등장하게 된다. 그의 5개 전략동심원 모델Five Rings Model은 걸프전의 '인스턴트 선더Instant Thunder' 계획의 중심사상이 되었다. 효과기반작전EBO, 항공력의 목표 및 적용에 관한 그의 항공력이론으로 그는 제2차 세계대전 이후 가장 탁월한 항공력이론가로 자리매김하게 되었다. 1991년 공군성 장관의 추천으로 워든 대령은 댄 퀘일Dan Quayle 부통령의 정책 및 국가안보특별보좌관으로 임명되었다. 워든은 미국의 생산성 향상과 경쟁력 강화를 위한 정부 부처 간 협력위원회에서 부통령실을 대표하여 많은 업적을 남겼다. 또 퀘일 부통령은 워든을 고위

관료들에게 소개하여 6시그마six sigma 캠페인을 통해 국가안보역량을 강화하는 데에도 크게 기여토록 했다. 이후 워든은 공군 지휘참모대학 총장으로 3년간 재직했다.

워든은 1995년 6월 대령으로 예편하여 기업컨설팅회사를 차렸다. 그는 군사전략 개념을 기업에 적용하는 컨설팅을 했다. 또 릴랜드 러셀Leland A. Russell과 공동으로 『신속한 승리Winning in Fast Time』라는 책을 저술했다. 이 책은 프로메테우스Prometheus라고 부르는 그의 전략사상과 효과기반작전에 관한 아이디어 등을 주로 담고 있다.

미 공군 역사실은 워든을 '항공력 리더십 중심의 패러다임'을 새롭게 제시한 인물로 평가했다. 이는 그의 전략사상이 "항공력이 지상작전의 지원 전력에 불과하다"는 전통적 공지전투 개념을 정면으로 부정하고 반박하고, 항공력이야말로 현대전의 승리를 좌우하는 결정적 전력임을 입증한 새로운 군사전략 패러다임이라는 것이다. 로버트 페이프Robert A. Pape, 에드워드 러트웍Edward N. Luttwak, 앨런 스티븐스Alan Stephens, 리처드 핼리온, 필립 메일링거Phillip S. Meilinger 같은 전문가들은 워든을 제2차 세계대전 이후 가장 영향력 있는 전략가라고 평가하고 있다. 역사가 데이비드 메츠David R. Mets는 워든을 줄리오 두에, 휴 트렌차드, 윌리엄 "빌리" 미첼과 같은 반열에 올려야 한다고 주장했다.[42]

워든의 주요 저술과 사상

존 워든은 항공력을 통해 적국을 마비시킨다는 개념에 근거해 특정 국가에 대한 전략공격이론을 발전시켰다. 걸프전 '사막의 폭풍 작전' 당시 워든은 이라크를 공격하기 위한 초기 항공 전역인 '인스턴트 선더'를 계획했다. 이 계획은 실제 적용 단계에서 일부 수정되었다. 그의 첫 번째 저서 『항공 전역』에 그의 항공력에 대한 이론이 잘 정리되어 있다.

---

42 홍성표, "존 워든(John Warden)", 《월간 공군》 2012년 6월호, pp. 8-9.

『항공 전역』은 전시 작전적 수준에서 공군을 어떻게 운용할 것인지를 보여주는 영향력 있는 책으로, 항공력의 공헌이라는 측면에 초점을 맞추어 전구전역계획 하에서 정치적·군사적 목적과 목표를 분석하고 있다. 이런 맥락에서 이 책은 패권국가로서 우방국들과 기타 약소국에 대해 경찰국가 역할을 하는 미국의 방위력 유지에 필요한 항공력이론과 실제를 반영하고 있다고 할 수 있다.

『항공 전역』의 주요 주제는 항공력은 극대화된 효과성과 최소 비용으로 전쟁의 전략적 목적을 달성하는 독특한 능력을 보유하고 있다는 것이다. 항공력의 고유한 특성인 빠른 속도, 거리(장거리 투사 능력), 유연성은 유혈 낭자한 지상 전장을 초월하여 신속하고 결정적인 방법으로 적을 초토화할 수 있게 해준다. 이때 무엇보다 중요한 것이 전략적 중심center of gravity이다. 워든은 『항공 전역』을 집필한 후 몇 년 뒤에 전략적 중심 개념을 연구하게 된다. 그는 '사막의 폭풍 작전' 시 공군 참모부장이었던 듀건Michael Dugan 중장과 일하면서 항공력에 대한 일관성 있는 이론이 부재함을 인식하고 항공력과 관련하여 전략적 중심 개념을 연구하게 되었고, 1988년 늦가을에 표적 유형으로서 5개 전략동심원five strategic rings 모델을 개발하기에 이른다. 주요 사상의 핵심은 다음과 같다.

*** 5개 전략동심원 모델**

1990년 8월 이라크가 쿠웨이트를 침공하여 미군의 전략계획자들이 가능한 대응방안을 모색할 당시 워든이 속해 있던 펜타곤 공군 참모부 내 체크메이트Checkmate 분과는 항공 전역 계획을 발전시키고 있었다. 워든은 적 전략적 중심 타격의 효율성에 대한 확신을 가지고 전략적 항공 전역의 개발을 위한 5개 전략동심원 모델(〈그림 9-1〉)을 제시했다.

워든은 적을 하나의 체계로 보고 분석하면서 모든 전략적 목표물을 5개 요소로 나눌 수 있다고 주장했다. 체계에서 가장 중요한 요소(가장 내부의 동심원)는 리더십leadership(지휘부)이다. 이 중앙부로부터 바깥쪽으로 나아

〈그림 9-1〉 5개 전략동심원 모델

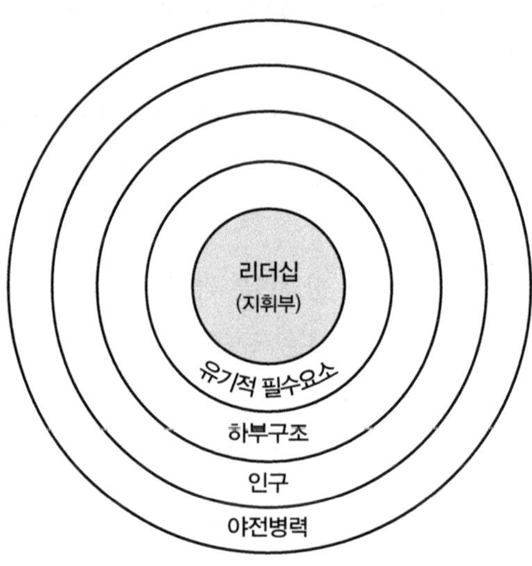

가면서 유기적 필수요소organic essentials, 하부구조infrastructure, 인구population, 야전병력fielded forces이 위치하고 있는데, 밖으로 갈수록 체계에 대한 전반적인 기능의 중요도가 점차 낮아진다. 각 동심원 내부에는 그 동심원을 위한 '모든 힘과 운동의 축'을 나타내는 전략적 중심center of gravity이 존재한다. 만약 이 전략적 중심이 파괴되거나 무력화된다면, 동심원의 효과적인 기능이 중단되어 (중심부와 그 동심원과의 거리에 따라 정도의 차이는 있지만) 체계 전체에 심각한 영향을 미치게 된다. 워든은 이러한 동심원 내부의 핵심 축에 대한 정확한 식별을 용이하게 하기 위해 각각의 원을 또다시 5개의 하부 동심원(리더십, 유기적 필수요소 등)으로 나눌 수 있으며, 필요하다면 완전한 전략적 중심이 나타날 때까지 이 작업을 계속하라고 제안한다.

5개 전략동심원 모델의 핵심 주제는 전략 수립 시 최우선적인 관심을 적 리더십(지휘부)에 집중하라는 것이다. 심지어 리더십(지휘부)을 표적으로 선정할 수 없는 경우라 할지라도 다른 동심원에서 전략적 중심을 선정할 때 지휘관의 관심은 여전히 적의 리더십(지휘부)에 가 있어야 한다는 것이다. 이러한 동심원들 속에는 그곳을 타격할 경우에 상당한 수준의 물리적 마비를 일으킴으로써 적 지휘관의 마음에 계속 저항하기 위해서는 대가가 증가한다는 것을 심어줄 수 있는 전략적 중심들이 존재한다는 것이다.[43] 이 말이 함축하고 있는 바는 리더십(지휘부)의 파괴와 무력화는 체계를 물리적으로 완전히 마비시킬 수 있는 반면, 다른 동심원 내부의 차순위의 전략적 중심에 대한 공격은 완전한 물리적 마비를 가져오지는 못하지만 리더십(지휘부)에 견디기 힘든 심리적 충격을 준다는 것이다.

'사막의 폭풍 작전' 이후 워든의 전략적 항공이론은 더욱 정밀해졌다. 워든은 걸프전으로부터 몇 가지 교훈을 얻었는데, 그것은 첫째 전략적 공격의 중요성과 전략적 공격에 대한 국가의 취약성, 둘째 전략적·작전적 공중우세 상실의 치명적 결과, 셋째 병행전의 압도적인 효과, 넷째 새롭게 정의되는 대량공격 및 기습작전에서 스텔스와 정밀무기의 가치, 다섯째 핵심 전력으로서 항공력의 우위성 등이다.

*** 전략적 중심**

워든은 21세기 전쟁의 승리는 동심원의 병행 공격과 내·외부(중심 및 연결점) 공격 원칙에 어느 정도로 충실하냐에 따라 판가름이 난다고 주장했다. 그는 적국을 취약하게 만들 수 있는 특정한 전략적 중심重心들이 있다고 생각했다. 이 국가적 수준의 중심은 일련의 체계 범주에서 분류 가능하며, 이들 체계에 대한 공격이 해당 국가를 와해시킬 수 있다고 생각했다. 항공력의 경우 전통적인 지상 및 해상 전투처럼 한 번에 1개의 표적 또는 순차적으로 표적을 공격하는 것이 아니고 동시에 둘 이상의 표적을 공격함으로써(병렬전쟁) 적국을 신속하게 파괴할 수 있다고 그는 생각했다. 예전에는 표적들을 공격하기 위해 무수히 많은 항공기가 요구되었지만, 과학기술이 발전한 지금은 단일 항공기로 정밀 공격해 동일한 효과를 얻을

---

43 Warden, interview, 17 February 1994.

수 있게 되었다. 이 같은 진전으로 지휘관들은 한 번에 몇 개의 표적을 동시에 공격할 수 있게 되었고, 이러한 병행 공격으로 적군의 대응 군사작전 능력을 무력화시킬 수 있게 되었다. 이외에도 항공력은 공중우세를 확보한 후 전략폭격 임무를 수행하거나 지상 및 해상 전력을 지원할 수 있다. 결과적으로 오늘날의 항공력은 이들 체계 내부에 있는 핵심 표적들을 자유롭게 공격할 수 있는 능력을 보유하게 된 것이다.

워든이 추구한 목표는 적이라는 하나의 체계system 내지는 적 지휘부의 의식에 영향을 주는 것이었다. 두에는 적국 국민들에 대한 공격으로 적국의 저항의지가 분쇄될 것이라고 생각한 반면, 워든은 인간의 행동을 표적으로 선정할 수 없으며, 인간 행동의 변화는 전승을 보장할 수 있을 정도로 예견 가능한 것이 아니라고 주장하면서 두에의 이 같은 관점에 동의하지 않았다. 워든은 정치적 목표들과 적절히 연계되어 있는 군사 및 산업 표적들을 물리적으로 공격하는 경우 적국을 보다 잘 격파할 수 있다고 생각했다.

*** 시스템 복합체**

적의 '시스템 복합체system of systems'는 5개 전략동심원으로 구성되어 있다. 워든은 이 같은 5개 전략동심원 모델을 이라크와의 전쟁에 적용했다. 나중에 그는 개개의 국가는 독특한 중심들을 갖고 있으며, 그 결과 지휘관은 이 국가들을 상이한 형태의 동심원을 통해 바라볼 수 있다는 점을 인정했다.[44] 항공 전역 계획가들의 입장에서 보면 이들 중심은 행위의 근간이 된다. 워든의 동심원 또는 체계 중에서 가장 중요한 체계 또는 동심원은 5개 동심원 중에서 가장 안쪽에 위치한 리더십(지휘부)이다. 리더십(지휘부)은

---

44 John Warden, "Planning to Win", in *Testing the Limits: The Proceedingsof a Conference Held* by the Royal Australian Air Force in Canberra, ed. by Shaun Clarke(Fairburn Base, Australia: RAAF Air Power Studies Centre, 1998), p. 87.

가장 중요한 표적이다. 왜냐하면 주요 결심, 지시 및 조정이 리더십(지휘부)에 의해 이루어지기 때문이다. 리더십(지휘부)이 위치해 있는 동심원을 무력화시키거나 파괴하면 적의 몸체로부터 두뇌에 해당하는 부분이 분리된다. 이 같은 무력화 또는 파괴는 적국이 방향을 상실한 채 방황하는 상태로 만들기 위한 것이다. 예를 들면, 리더십(지휘부) 동심원에는 적국의 최고 의사결정집단, 주요 지휘통제조직, 통신체계가 포함될 수 있을 것이다.

*** 유기적 필수요소**

또 다른 동심원들에는 유기적 필수요소organic essentials, 하부구조, 국민, 야전 병력이 포함된다. 유기적 필수요소는 생존 차원에서 국가가 필요로 하는 시설 또는 프로세스를 의미한다. 이라크의 경우는 유기적 필수요소에 유정과 정유시설, 전기, 대량살상무기, 핵 처리 공장이 포함되었다.

하부구조에는 국가의 운송 능력이 포함된다. 재화와 용역이 효율적으로 유통되지 못하게 만들면 기업과 군의 운용 능력이 제한된다. 이들 표적에는 도로, 철도, 항구, 비행장이 포함된다.

워든은 민간인에 대한 직접 공격 내지는 무분별한 공격을 지지하지 않았다. 이 같은 공격은 도덕적으로 비난받아 마땅하다고 생각했다. 그러나 적국의 정부에 영향을 줄 목적으로 적국 국민을 압박하는 경우 이 같은 압박이 분쟁의 성공적인 종결에 도움이 될 수도 있다. 적국 국민의 일상생활을 와해시키는 몇몇 표적들을 24시간 지속적으로 공격하는 경우 적 국민의 사기가 저하될 수도 있다.

5개 동심원 중에서 가장 바깥에 위치해 있는 야전병력은 육군과 해군의 전통적인 군사력이다. 과거에는 적의 야전병력을 가장 중요한 동심원으로 생각했으나, 워든은 이들 군사력은 적이 특정 목표를 달성하기 위해 사용하는 도구에 불과하다고 생각했다. 항공력을 이용한 여타 동심원에 대한 공격으로 인해 야전병력이 작전을 수행할 수 없다면, 이들은 자국의 정치적 목표를 달성할 능력을 상실하게 될 것이다.

워든은 5개 동심원 중에서 가장 내부에 있는 동심원부터 공격해야 한다고 제안했다. 다시 말해, 공격해야 할 첫 번째 동심원은 리더십(지휘부)이며, 마지막으로 공격해야 할 동심원은 적의 야전병력이다. 오늘날은 항공력을 이용한 병행공격으로 이들 모든 동심원 또는 특정 동심원을 동시에 타격할 수 있게 되었고, 항공력의 특성 중 하나인 융통성 덕분에 다양한 방식으로 적의 체계를 공격할 수 있게 되었다.

*** 항공력운용이론 기초 확립**

워든은 항공력에 관한 자신의 초기 사상과 걸프전의 경험을 결합시켜서 21세기 항공력 운용의 이론적 기초를 확립했다. 그것은 바로 항공력 운용의 목적, 방법, 수단에 관한 것이다.

첫째, 항공전략가들은 군사행동을 통해 추구하는 정치적인 목적을 인식해야 한다.(목적) 목적의 측면에서 워든은 모든 전쟁은 정치적 목적을 위해 수행된다는 클라우제비츠의 명제를 수용하고 있다. 비록 전쟁은 정치인들이 활용할 수 있는 다른 수단과 비교해볼 때 나름대로 독특한 능력과 한계를 가지고 있기는 하지만, 본질적으로 정치적 도구라는 것이다. 이런 측면에서 볼 때 전쟁은 본질적으로 양측 정책결정자들 간의 논쟁이라고 할 수 있다. 그렇다면, 모든 군사행동의 목적은 적의 군대를 파괴하는 것이 아니라 적 지휘부의 의지를 조종하는 것이다.

둘째, 이러한 정치적 목적 달성을 위한 최선의 군사전략과 군사력 사용방법을 결정해야 한다. 워든은 적을 아군이 원하는 대로 행동하게 만들 수 있는 세 가지 방법을 제시했다. 대가의 부과cost(강압적인 방법), 마비paralysis(무력화시키는 방법), 그리고 파괴destruction(섬멸시키는 방법)가 바로 그것이다. 이 세 가지 전략은 전력 운용의 연속체continuum를 대표하는 것으로, 이 전략적 연속체를 따라 선택된 지점은 목적 의도objective intent와 일치해야 한다.

대가를 부과하는 전략은 적 지휘부로 하여금 저항을 계속하기 위해서는 엄청난 비용을 치르도록 만드는 전략이다. 이 전략은 적의 가치체계를 바탕으로 적이 견딜 수 있는 고통의 한계점을 계산한 후 선정된 표적군에 대한 동시공격simultaneous attack 혹은 병행공격을 통해 가능한 한 강력하고 신속하게 이 한계점을 초과해버리는 방식으로 수행된다. 이론적으로 볼 때, 이러한 공격은 전체 체계를 마비시키겠다고 위협하거나 마비 가능성을 제시할 뿐 아니라 실제적으로 체계의 일부분을 마비시킴으로써 적의 지휘부를 강압하여 아군의 요구조건을 받아들이고 정책을 변경하도록 만드는 것이다.

마비전략은 적 지휘부의 계속적인 저항을 불가능하게 만들고자 하는 것이다. 이 전략은 내부에서 외부에 이르기까지 적 체계 전체를 동시에 철저하게 무력화하는 방식으로 수행된다. 그렇게 되면 이와 같은 전체 체계의 마비가 아군에게 이동의 자유를 제공하므로 아무런 방해 없이 적 지휘부의 정책을 변경시킬 수 있다.

파괴전략은 체계 전체를 파괴(섬멸)함으로써 적 지휘부의 의지와 무관하게 정책 변경을 이끌어내는 것이다. 하지만 "이 마지막 방법은 역사를 통해서 그 사례를 찾아보기가 힘들고, 실행이 곤란하며, 도덕적인 문제를 내포하고 있을 뿐만 아니라 뜻하지 않은 결과를 가져오기 때문에 일반적으로 별로 유용하지 못한 방법"이라고 주의를 주고 있다. 이러한 소견으로 볼 때 이 군사전략(섬멸전략)은 21세기의 전쟁에서는 정치적으로 수용될 수 없을 것이라고 결론을 내리고 있다.[45]

셋째, 병행공격에 취약한 전략적 중심을 찾아내기 위해 5개 동심원 체계 분석을 활용해야 한다.(수단)

존 워든에 대한 평가 및 교훈

존 워든은 "20세기 후반기 미 공군의 선도적인 항공력이론가" 또는 우리

---

45 워든이 파괴전략을 거부한 것은 어느 측면에서 보면 절대전쟁은 여러 가지 현실적인 제약 때문에 거의 불가능하다는 클라우제비츠의 사상과 비슷하다.

시대의 "가장 창의적인 전략사상가"로 불린다.[46] 워든의 이론은 전반적으로 적군 체계의 핵심을 공격하여 전략적 효과를 획득하는 것에 초점을 맞추고 있다. 이들 공격이 적국의 야전병력만을 겨냥하는 것이 아니고 적국에 대한 아측의 정치적 목표들을 공격하는 형태일 수도 있다. 오늘날 과학기술의 발전 덕분에 항공력은 예전의 이론가들이 꿈꾸거나 미래에 가능할 것으로 내다보았던 많은 능력들을 실현할 수 있게 되었고, 적의 전쟁시스템 또는 전투조직에 대한 정밀공격으로 워든이 상정한 적국 내지 게릴라 작전과 관련해 효과적인 전쟁 목적을 달성할 수 있게 되었다. 그러나 비판자들이 문제를 제기하고 있는 것은 명확한 식별이 불가능한 적의 전략적 중심들 또는 국가와는 차원이 다른 동심원을 갖고 있는 게릴라 전력 또는 테러분자들에 대해서도 이러한 워든의 5개 동심원이론이 완벽히 적용될 수 있는가 하는 것이다.

보이드와 워든의 마비이론은 상호보완적이라고 할 수 있다. 보이드가 적보다 빠른 작전을 주장한 데 반해, 워든은 첨단기술을 통한 전략적·작전적 우위를 주장했다. 그리고 보이드가 적이 대응할 수 없는 매우 유동적이며 위협적인 상황을 만들 것을 주장한 것과는 달리, 워든은 적의 주요 전략적·작전적 요충지에 대한 병행공격을 주장했다. 또한 보이드가 적의 '의사결정주기(OODA)'에 대한 작전을 통해 지휘통제 과정을 와해하는 데 중점을 둔 반면, 워든은 5개 동심원의 상호의존적 체계에 대한 공격에 초점을 맞추었다. 이러한 분명한 차이에도 불구하고 상호보완적인 보이드와 워든의 이론은 다른 모태로부터 태어난 쌍둥이 사상이라고 할 수 있다. 보이드와 워든, 이 2명의 공군 출신 전략사상가들은 20세기 항공력 발전에 지대한 공헌을 했다. 그들의 업적은 전략적 항공이론을 근본적으로 변

---

46 1983~1986년 미 국방대 총장을 역임했던 미 공군 페리 스미스(Perry M. Smith) 소장의 존 워든에 대한 평가이다. J. A. Olsen, *John Warden and the Renaissance of American Air Power* (Washington: Potomac Book, 2007).

화시켰을 뿐만 아니라 경제적인 개념의 마비전략을 통제 개념의 마비전략이론으로 변화시킨 데 있다. 보이드와 워든의 이론은 서로를 보완하며 통제전을 통한 전략적 마비이론의 시대를 열었다. 이러한 전략적 마비이론은 전쟁 형태의 다양성에도 불구하고 미래 정보시대에서도 여전히 지배적인 사상이 될 것이다.

⑷ 데이비드 뎁튤라: 효과기반작전 개념 창시자

뎁튤라의 생애와 경력

데이비드 뎁튤라David A. Deptula 장군은 미국 오하이오 주 데이턴Dayton에서 태어났다. 버지니아 대학교 항공공학과를 우등으로 졸업하고, 1974년에 ROTC 공군 소위로 임관했다. 임관 후 학업을 지속해 1976년 석사학위를 받았다. 1977년 F-15 조종사가 된 그는 3,000시간 이상 비행했고, 그

중 400시간은 전투출격이었다. 그는 비행대대, 비행단, 사령부, 공군본부 및 전투사령부의 작전, 기획, 합동전 부서에 근무하면서 전문성을 발휘해 국방 발전 및 전쟁 승리에 결정적으로 기여했다. 그는 1979년부터 1982년까지 일본 가데나嘉手納 기지에서 근무했고, 이어 공군무기체계학교도 졸업했다. 1988년 1월 공군대학을 졸업한 그는 공군본부 전쟁연구실에 근무하면서 존 워든 대령과 인연을 맺었다.

뎁튤라 장군은 최근 주요 전투작전들에서 주도적인 역할을 담당했다. 걸프전에서는 '사막의 폭풍 작전' 기획주무관이었을 뿐만 아니라, 1998~1999년에는 터키 주둔 연합합동기동군사령관으로서 이라크의 비행금지임무를 감독하면서 82회나 전투출격했다. 이어 공군본부 작전참모부장, 남극의 군사지원군사령관을 역임한 뒤, 2001년에는 아프간전 항공작전본부장으로서 다국적군의 항공작전을 총괄·지휘통제했다. 2002~2003년에는 공군전투사령부 기획참모부장, 태평양공군작전참모부장, 전쟁연구본부장, 공군전투사령부 부사령관을, 2005년에는 인도네시아 쓰나미 사태 지원을 위한 합동군공군사령관을 역임했다. 2006년에는 공군본부 초대 정보감시정찰참모본부장을 역임한 뒤, 2010년 10월 중장으로 예편했다.

현대 군사전략사상가로서 평가받고 있으며, 전쟁과 평화에 관한 다양한 강연과 토론에 참여하고 있다. 한국도 수차례 방문해 국방부, 합참, 공군대학 및 민간 유수대학에서 그의 참전 경험과 현대 항공우주전략에 관한 강연을 한 적도 있다.

그는 현재 국방기획, 전략, 정보감시정찰ISR, Intelligence, Surveillance and Reconnaissance 분야 발전을 선도하는 씽크탱크think tank '뎁튤라 그룹'을 이끌고 있으며, 이 분야 미래 대안으로 개발 중에 있는 감시정찰비행선을 제작하는 회사인 Mav6의 CEO로 일하면서 미첼 항공력연구소Mitchell Institute for Airpower Studies 소장으로 재직하고 있다.

뎁튤라의 주요 저술과 사상

뎁튤라는 항공 전역과 미래전에 관한 수십 편의 논문을 발표하여 현대 항공력이론의 대들보라고 불리고 있다. 그가 발표한 주요 논문들은 "효과기반작전: 전쟁 본질의 변화Effects-based Operations: Change in the Nature of War"(Aerospace Education Foundation, 2001), "병행전Parallel Warfare"(Eagle in the Desert: Looking Back On U. S. Involvement in the Persian Gulf War, 1996), "21세기 전장을 위한 합동공지작전의 변혁Transforming Joint Air-Ground Operations for 21st Century Battlespace"(Field Artillery Magazine, July-August 2003), "직접공격: 합동공지작전과 지상방어 교리의 향상Direct Attack: Enhancing Counterland Doctrine and Joint Air-Ground Operations"(Air & Space Power Journal, Winter 2003), "미래를 변화를 이끄는 항공우주력Air and Space Power Lead Turning the Future"(Orbis, Fall 2008), "전지구적 ISR작전: 전쟁의 양상을 변화시키다Global Distributed ISR Operations: The Changing Face of Warfare"(Joint Forces Quarterly 54, 2009) 등이 있다.

뎁튤라 전략사상의 핵심은 효과기반작전EBO, Effects-Based Operations과 신속결전RDO, Rapid Decisive Operations 개념으로 대표된다. 과거 산업화시대의 전쟁 양상은 적을 대량 파괴해 초토화시켜 승리하는 것이었다. 하지만 현대전은 다르다. 뎁튤라는 적 지휘부 등의 전략적 중심을 정밀 공격해 전쟁에서 발생하는 부수적 피해를 최소화할 수 있는 효과기반작전을 강조했다. 또 과거에 순차적으로 공격하는 개념이 아니라 신속하게 목표를 결정적으로 공략하는 신속결전 개념을 강조했다. 즉, 다수의 군사표적들을 거의 동시에 정밀 공격하는 병행전이 보편화되고 있다는 것이다.

효과기반작전 및 신속결전 개념은 전쟁 양상의 변화에 따른 교리 및 군사력 구조에 변화를 가져온다. 대규모 군사력 대신, 첨단 소수정예 전력에 의한 군사표적의 효과적인 제거를 추구하게 된다. 아프간전 및 이라크전에서 선보였듯이, 미 본토에서 전략폭격기들이 발진해 지구 반대편에 위치한 군사표적들을 직접 공격하고 복귀하는 전쟁 방식이다. 과거에는 전장에 대규모 군사력을 전개시켜 물리적 군사력으로 적의 근거지들을 초토화시켰지만, 이제는 고도의 정보타격력ISRPGM으로 적의 심장에 은탄silver bullet을 바로 꽂는다. 아군 지휘관과 임무를 수행하는 현장의 전투원 사이에 복잡하고 비효율적인 보고와 행동 절차들이 대폭 간소화된다.

지난 2000년 5월, 미 합참은 "합동비전 2020"이라는 문서를 발표했다. 여기에는 2020년대에 가시화될 것으로 예상되는 국가안보 환경과 제반 요소, 그리고 이에 대비하기 위해서 미군이 2020년대까지 달성해야 할 장기 군사적 운용 목표와 전투력의 발전 내용, 그리고 구현 방향 등이 제시되어 있다.

"합동비전 2020"은 미군이 2020년대의 새로운 정치, 군사적 환경에서 '평시의 군사 개입', '전쟁 억지와 분쟁 예방', 그리고 '전투 수행 및 승리'라는 3대 임무를 성공적으로 수행하기 위해 지향해야 할 장기 발전 목표는 '전방위적인 압도'라고 규정하고 있다. 여기서 '전방위적인 압도'란 모든 유형의 군사작전에서 어떠한 적도 격퇴시킬 수 있을 뿐만 아니라, 어떠한 상황과 전장에서도 행동의 자유(주도권)를 차지할 수 있는 군사적 역량을 뜻한다.

그렇다면 미군은 "합동비전 2020"이 제시하는 ''전방위적인 압도'라는 목표를 구현하기 위해 어떠한 전투력 운용 방식을 채택하고 있는가? 그 대답은 '효과기반작전EBO'과 '네트워크 중심전NCW, Network Centric Warfare'으로 요약된다. '효과기반작전'이란 "달성하고자 하는 결과, 즉 효과를 기준으로 군사력의 운용 방식 및 수단을 결정하는 일련의 군사적 기획, 실행 과정"으로 정의할 수 있으며, 2003년의 제2차 걸프전 당시 미 공군 전투사령부의 기획부장을 역임했던 데이비드 뎁튤라 준장이 체계적으로 이론화시킨 것이다. 과거의 섬멸전 시대에는 주로 적 군사력 전체의 파괴와 살상, 영토의 점령을 비롯한 직접적·물리적인 효과에 치중해왔지만, 효과기반작전에서는 적의 전쟁 수행 능력을 보다 광범위하게 연속적으로 무력화시키는 간접적·체계적인 효과를 중요시한다. 그리고 이를 위해 가장 적합한 표적과 전투력의 운용 방식, 수단을 융통성 있게 선택하는 것이 바로 효과기반작전의 본질이다. 엄밀히 따지자면 가장 핵심적 개념인 '효과'를 포함하여 효과기반작전이 제시하는 주요 내용들은 전쟁의 역사를 통해 볼 때, 전혀 새로운 개념이 아니다. 과거 클라우제비츠가 주장했던 '무게중심', 손자와 리델 하트가 강조한 바 있는 '간접접근전략'처럼 이미 여러 군사사상가들에 의해 제기된 것들을 보편적인 작전 수행 개념으로서 좀 더 체계화하고 구체화했을 뿐이다.

'네트워크 중심전'은 미 해군대학 학장을 역임했던 아서 세브로스키Arthur Cebrowski 제독이 주장한 군사력 건설·운용 개념이다. 앞서 설명한 효과기반작전이 "무엇이 군사력 사용의 대상과 수단을 결정하는 기준인가?"에 관한 것이었다면, 네트워크 중심전은 "어떠한 형태의 전투력을, 어떻게 운용해야 하는가?"에 초점을 두고 있다. 네트워크 중심전의 핵심은 핵심 C4I체계를 매개체로 보병이나 전차, 장갑차, 야포, 군함, 전투기 등의 여러 플랫폼(개별 무기)들을 하나의 전투체계로 연결하여 정보 우위를 기반으로 하는 우월한 통합 전투력을 창출해내는 것이다.

현재 미국은 MILSTAR 군용통신위성과 데이터링크, 그리고 GCCSGlobal Command&Control System 지휘통제체계 등의 하드웨어 및 소프트웨어 C4I Command, Control, Communication, Computer&Intelligence 자산을 통해 세계 어디서든지 자신들의 군사력을 원활하게 움직일 수 있도록 하고 있다. 이에 따라 지휘통제를 담당하는 고위 사령부뿐만 아니라, 서로 다른 공간에 분산 배치되어 있는 전장의 장병들에 이르기까지 매우 높은 수준의 전장 상황인식을 공유할 수 있게 된다.

네트워크 중심전의 궁극적 목표는 정보수집이 이루어지는 즉시 관련 무기와 단위부대가 이를 바탕으로 신속하게 필요한 군사적 조치를 취할 수 있도록 하는 '탐지 직후 임무 수행'을 구현하는 것이다.

뎁튤라에 대한 평가 및 교훈

지난 2003년 제2차 걸프전은 바로 미군이 효과기반작전과 네트워크 중심전을 실전에 적용한 본격적인 시험무대였다. 이라크군 전체에 대한 파괴 및 살상보다는 후세인과 정치·군사 지도부, 지휘통신시설, 주력 공화국수비대 등 간접적·체계적 효과와 직결되는 표적들을 선별하여 지속적으로 공격했고, 군 사령부와 전장의 전투부대들은 거의 실시간에 가까운 정보 공유를 보장받으면서 이라크군보다 훨씬 높은 정보 우위를 누렸다. 그 결과는 개전 3주 만에 거둔 미군의 승리로 입증되었다. 이로써 대규모 기계화 전쟁을 전제로 했던 12년 전 제1차 걸프전의 공지전투를 성공적으로 대체하게 된 것이다. 요컨대 효과기반작전과 네트워크 중심전은 미군이 정보화 전쟁 시대의 대표적인 전력 운용 방식으로 평가되는 비선형전, 마비전, 병렬전을 적극 반영한 결과물이라고 할 수 있다.[47]

⑸ 필립 메일링거: 현대 항공력이론가, '현대 항공력의 10대 명제' 제시

▣ 필립 메일링거Phillip S. Meilinger(1948~)

- 미 공사 졸업, 미시간 대학 역사학 박사, 공군대학 SAAS 교수
- C-130 조종사로서 유럽과 태평양에서 지휘관 역임
- 2000년 대령 전역 후 저술활동 시작. 10권의 저서와 100여 편의 논문 저술
- 1995의 '항공력에 관한 10가지 명제Ten Propositions on Airpower'는 현대 전쟁의 원칙이라고 평가되고 있음

---

47 홍성표, "데이비드 뎁튤라(David A. Deptula)", 《월간 공군》 2012년 7월호, pp. 10-11.

주요 저술

『항공력에 관한 10가지 명제Ten Propositions on Airpower』(1995)

『천국의 경로: 항공력이론의 진화The Paths of Heaven: The Evolution of Airpower Theory』(1997)

『항공인과 항공력이론Airmen and Air Theory: A Review of the Sources』 (2001)

『항공력: 신화와 사실Airpower: Myths and Facts』(2003)

"공중방어: 항공력 비판에 대한 답Winged Defence: Answering the Critics of Airpower"(2002)

"항공전: 그 이론과 실제에 관한 논문Airwar: Essays on its Theory and Practice" (2003)

메일링거의 생애와 경력

필립 메일링거Phillip S. Meilinger는 1948년에 태어나 미 공군사관학교를 졸업했다. C-130, HC-130S 조종사로서 유럽과 태평양에서 지휘관을 역임했고, 콜로라도 대학교에서 석사학위, 미시간 대학교에서 역사학 박사학위를 취득했다. 미 해군 전쟁대학Naval War College 교수를 역임했고, 공군대학 고등전쟁연구학교SAAS 학장을 역임했다. 국방부 항공참모부 교리부장을 역임하고 공군 대령으로 퇴역한 후 SAIC와 노스럽Northrop, 그러먼Grumman에서 워싱턴 지역방위분석가로 일했다. 전 세계 다양한 군사 및 민간교육기관에서 강의했고, 10권의 저서와 100편이 넘는 논문을 저술했다. 1995의 저술 『항공력에 관한 10가지 명제Ten Propositions on Airpower』는 "현대 전쟁의 원칙"이라고 평가되고 있다.

메일링거의 주요 저술과 사상

메일링거는 조종사로서 다양한 비행 경험과 보직 경험을 보유했다. 또한 교육기관에서 교수요원으로 근무하면서 다양한 학술적 성과를 이룩한 학자이기도 하다. 그는 『항공력에 관한 10가지 명제Ten Propositions on Airpower』, 『천국의 경로: 공군력 이론의 진화The Paths of Heaven: The Evolution of Airpower Theory』, 『호이트 반덴버그 장군의 생애Hoyt Vandenberg: The Life of a General』, 『항공인과 항공력 이론Airmen and Air Theory: A Review of the Sources』, 『공군의 신화와 사실Airpower: myths and facts』, 『미 공군의 역사American Airpower Biography: A survey of the Field』 등 10여 권의 책과 "제공권 확보 작전의 중요 요소Critical Factors in the Air Superiority Campaign", "군인과 정치: 신화 폭로Soldiers and Politics: Exposing Some Myths", "공군 역사에 있어 중요한 이정표Significant Milestones in Air Force History" 등 100여 편의 논문을 저술했다.

그중 가장 대표적인 것은 『항공력에 관한 10가지 명제』(2003)로, 이 책은 맨 처음 《항공력 저널Airpower Journal》에 게재한 글을 공군대학 교재로 발간한 뒤 일반 도서로 출판한 것이다. 그는 군사력을 운용하는 사람들에게 좀 더 올바른 방향을 제시하여 그들로 하여금 국가 지도자가 수립한 목표를 잘 달성할 수 있도록 하기 위해 줄리오 두에부터 최근 항공전략사상가들에 이르기까지 그들의 항공사상 및 이론을 종합하여 '항공력에 관한 10가지 명제'를 선별해 이를 제시했다. 이 책은 현대 항공력과 항공력 운용사상을 가장 잘 정리했다는 평가를 받고 있다.[48] 그가 제시한 '항공력에 관한 10가지 명제'의 핵심을 살펴보기로 한다.

제1명제: 하늘을 지배하는 자는 대개 지·해상도 지배한다.

제공권command of the air의 획득 또는 공중우세air superiority의 확보라고 하기도 한다. 공군의 제1차적 임무는 아군의 지상, 해상 및 공중작전이 적으로부터 방해받지 않게 하고 동시에 적의 공중공격으로부터 자국의 전략적 중심과 군사력을 안전하게 보호하기 위해 적 공군을 패배 또는 무력화시키는 것이다. 공중우세의 획득은 승리를 얻기 위해 매우 중요하며, 공중우세

48 Phillip S. Meilinger, "Ten Propositions Regarding Airpower", *Air Power Journal*(spring 1996); 공군본부 군사학 자료실, "공군력의 전략적 운용", http://www.airforce.mil.kr/PF/PFG/PFGC_0100.html(검색일: 2013. 10. 15.).

는 그 자체가 목적이 될 수도 있다. 공중우세는 정치적 의지가 그것을 활용할 수 있을 때에만 가치가 있으며, 공중우세의 획득은 결정적인 대병력 counter force 전투 개념에 근거한다.

제2명제: 항공력은 본질적으로 전략적 전력(戰力)이다.

한 국가의 '주요 중심부vital centers'는 보통 후방 깊숙한 곳에 위치하고 있으며, 군대와 방어시설에 의해 보호된다. 따라서 항공기가 등장하기 이전에는 적의 취약 부분을 격파하기 위해서 먼저 적의 방어성채나 적의 군대를 대상으로 군사력을 투입해 이를 돌파하지 않으면 안 되었다.

항공력은 고전적인 전략과 전술의 구분을 제거함으로써 군사전략에 일대 혁신을 불러일으켰다. 항공기는 전략적 수준의 효과를 획득할 수 있는 작전 및 전술적 임무를 동시에 수행할 수 있다. 또한 항공력은 정밀공격을 통한 비살상용 전력으로서 큰 전략적 능력을 가지고 있다. 과학기술은 군사력의 지휘통제, 정확한 표적 위치 확보, 정보수집 및 국제협약의 준수 여부 등을 동시에 보장하는 통신 및 정찰위성과 같은 항공우주 자산 건설에 집중되고 있다. 따라서 국가안보를 위한 전략적 항공우주력 발전을 위해 강대국들은 경쟁을 가속화하고 있다. 미국과 러시아는 이미 항공우주력 강대국이고 여기에 일본과 중국이 가세해 경쟁하고 있다.

제3명제: 항공력은 일차적으로 공세 무기이다.

전쟁에서 공격보다 방어가 더 유리하다는 생각은 지·해상전 이론가들에게는 너무도 자명한 것이었다. 그것은 방어가 공격보다 몇 가지 특별한 이점들을 제공하기 때문이다. 통상 공격을 위해서는 방어 전력의 3배 또는 그 이상의 전력이 필요한데, 그렇다고 해서 꼭 성공할 수 있는 것만은 아니라는 것을 우리는 전사를 통해서 잘 알고 있다. 그래서 전력이 약한 국가나 지상군은 일반적으로 방어를 채택한다. 그러나 항공력은 이러한 공식을 초월한다. 육군은 지상에서 일반적으로 설정된 통로를 따라 이동하지만, 하늘이라는 광대하고도 통행의 제한이 없는 곳에서는 어느 방향에서든 적을 공격할 수 있다. 여기서 핵심적인 문제는 공중공격에 대한 방어 문제이다. 레이더radar는 분명히 공중공격자를 감시할 수는 있지만, 공격자가 지형지물을 이용하거나 전자전 수단을 사용할 때, 그리고 조심스럽게 항로를 설정하거나 스텔스 기술stealth technology을 사용하는 경우에는 이를 식별해내기 어렵다.

항공력이 지닌 속도, 거리, 융통성 등의 특성은 항공력에 편재성ubiquity을 제공함과 동시에 공세적 능력을 배가시켰다. 지상전과는 다르게 항공전에서는 일반적으로 공세를 통해 승리를 얻기 때문에 "좋은 공격이 최선의 방어"이며, 이것은 항공전의 제1원칙이다.

제4명제: 항공력의 핵심은 표적 선정이고, 표적 선정의 핵심은 정보이며, 정보의 핵심은 항공작전의 효과에 대한 분석이다.

항공력은 모든 목표물에 대해 적용할 수 있다. 따라서 공격 목표 선정은 항공전략의 핵심이다. 모든 전쟁에서 핵심이 되는 요소는 정보이다. 정보는 표적 선정의 핵심이며, 항공력과 정보는 내적으로 통합되어 있어야 한다. 따라서 항공작전의 효과 분석은 앞의 두 요소, 즉 표적 선정과 정보의 유용성을 결정하는 기반 요소라고 할 수 있다. 통상 사용되고 있는 '폭격성과분석BDA, Bomb Damage Assessment'은 사후 정찰에 의한 전술적 평가에 불과하다. 항공력은 전략적 전력으로서 전략적 수준에서 그 효과를 잘 이해하고 측정·예견해야만 할 것이다.

제5명제: 항공력은 제4차원, 시간을 지배함으로써 육체적·심리적 충격을 생산한다.

항공력은 원거리에서 공격할 수 있는 있는 능력을 가지고 있기 때문에 현대전에서 가장 효과적인 시간 관리자이다. 시간은 전쟁 수행에 있어서 핵심적인 요소이며, 시간의 급박성 여부에 따라 심리적 압박이 발생한다. 항공력은 원격 능력을 가지고 있기 때문에 시간의 제약을 뛰어넘어 적에게 충격을 주고 큰 심리적 효과를 발휘할 수 있다. 본질적으로 전쟁은 심리적인 것이다. 항공력은 기습을 통해 시간을 정복함으로써 적에게 심리적 영향을 미쳐 혼란과 무질서를 불러일으킨다. 존 보이드의 '의사결정주기OODA loop'는 시간의 단축, 즉 어떤 판단이나 위치에 신속하게 도달하여 적보다 빠른 행동을 취함으로써 적에게 막대한 심리적 부담감을 주어 적의 의지를 상실케 하는 것이 결정적인 요소라는 것을 전제로 하고 있다.[49]

제6명제: 항공력은 어떤 전쟁 수준에서도 병행작전을 동시에 수행할 수 있다.

상이한 전쟁 수준에서 상이한 표적을 공격 대상으로 하는 상이한 전역들이 동시에 수행될 때 병행작전이 이루어진다. 작전적·전략적 목표로 옮겨가기 전에 전술적 전투에서 승리하지 않으면 안 되는 지상군과는 달리, 공군은 상이한 여러 가지 전쟁 수준에서도 별개의 전역을 수행할 수 있다. 예를 들어, 적국의 무기생산공장을 공격하는 전략적 수준의 임무를 수행할 때에도 항공력은 적의 수송 및 보급체계를 혼란시키는 작전 수준의 전역을 수행할 수 있을 뿐만 아니라, 전술적 수준에서 적의 야전배치 군사력을 동시에 공격할 수 있다.

항공력은 동일한 전쟁 수준에서도 공중우세 전역과 전략폭격 전역처럼 상이한 유형의 항공 전역을 동시에 수행할 수 있다. 항공력이 지닌 특성 중 핵심이 되는 융통성은 병행작전의 수행에 있어서 가장 핵심적인 요소이다.

제7명제: 정밀항공무기는 '대량 공격'을 불필요하게 만들었다.

대량大量, mass의 개념은 오랜 기간 동안 전쟁의 원칙 중에서 중요한 한 가

49 존 보이드는 미국 군 장교 소집단들 사이에서 여전히 전설적인 존재로 남아 있다. 그의 이론은 책으로 발간된 적은 없지만, 그는 수십 장이나 되는 슬라이드를 이용한 긴 브리핑으로 그의 이론을 설명했다. 이에 대한 좋은 토론 내용으로는 Maj David S. Fadok, *John Boyd and John Warden: Air Power's Quest for Strategic Paralysis*(Maxwell AFB, Ala.: Air University Press, February 1995) 참조.

지로 고려되었다. 적의 방어망을 돌파하기 위해서는 대규모 병력과 화력을 특정 지점에 집중시켜야 했다. 그러나 최근의 항공전에서 정밀유도무기가 '환기구를 통과할 수 있을 정도의 정확성airshaft accuracy'을 보여줌으로써 대량 원칙의 중요성을 무용하게 만들었다. 정밀유도무기로 인해 지금까지 공격에서 중요시되어왔던 대량 개념이 효율적인 정밀도 개념으로 대체되었다. 이제 더 이상 표적들을 대량 공격할 필요가 없게 된 것이다.

제8명제: 항공력의 고유한 특성은 항공인에 의한 중앙통제를 필요로 한다.

일반적으로 지상군인 육·해군은 그들이 항공력을 운영하여 지·해상작전을 효율적으로 수행해야 한다고 생각해왔다. 이와는 반대로 항공이론가들은 공군이 지상군 장교들에게 지배되는 한 항공력 본래의 잠재력을 제대로 발휘하고 성장시킬 수 없다고 생각해왔다. 항공력을 사용하는 전쟁은 재래식 전쟁과는 너무나도 판이하게 다르기 때문에 육·해군 장교들이 그것을 이해하기 쉽지 않다. 항공력을 누가 통제해야 하느냐 하는 문제는 행정적 사안이 되었다. 만약 항공력이 다른 군에 예속된다면, 그 군에 의해 조직, 교리, 전력 구조 및 병력 충원 등의 문제가 결정된다. 그리고 그러한 결정들은 항공력의 효과를 감소시키게 되는 결과를 초래한다. 따라서 미래의 분쟁에서 우선순위를 결정하는 중요한 결심들은 반드시 항공력을 잘 알고 있는 항공인에 의해 이루어져야 하며, 이를 위해서는 반드시 항공인에 의한 중앙통제가 요구된다.

제9명제: 기술과 항공력은 필수적이며 상승작용적 관계이다.

항공력은 최첨단 항공역학, 전자공학, 야금학, 컴퓨터 기술 분야의 발전에 의존한다. 항공력의 우주적 능력을 생각하면 이 같은 기술의존성은 더욱 분명하게 드러난다. 따라서 단순히 항공기의 집합이 항공력이라고 할 수 없으며, 항공우주력이란 한 국가의 첨단과학기술과 이를 군사 분야에 활용할 수 있는 총체적 능력을 의미한다고 할 수 있다.

인류 역사상 군사기술혁명MTR, Military Technical Revolution은 세 차례 일어났는데, 첫 번째는 화약의 발명이고, 두 번째는 19세기 말~20세기 초 철도, 기관총, 항공기, 잠수함 등의 출현이고, 세 번째는 오늘날 진행되고 있는 군사기술혁명이 그것이다. 그러나 존 워든은 현재 진행 중인 군사기술혁명이 너무 획기적인 것이어서 사실상 이것이 첫 번째 군사기술혁명, 즉 진정한 의미의 군사기술혁명이라고 주장한다.[50] 그는 오늘날의 기술적 도약은 너무나도 커서 과거에 발생한 여러 가지 변화들은 조그마한 진화 과정에 불과하다고 말하고 있다. 오늘날의 군사기술혁명이 첫 번째 군사기술혁명이든 세 번째 군사기술혁명이든 간에 우주, 컴퓨터, 전자, 스텔스 기술, 정보체계 등 각 분야에 적용되는 첨단기술은 미래의 전쟁을 혁신시키는 원천이며, 항공력은 첨단과학기술의 결정체로서 국가의 항공력은 국가방위의 핵심이 되었다.

제10명제: 항공력은 군사적 자산뿐만이 아니라 항공우주산업과 상업항공까지 포함한다.

항공기의 집합이 항공력이 아니라는 사실은 거의 모든 이론가들의 공통된 인식이다. 일찍이 1921년 미첼은 강력한 민간항공산업 육성의 중요성과 이를 위한 정부의 역할 및 국민들의 '항공정신' 고취의 중요성을 강조했고[51], 세버스키도 이를 강조했으며, 최근에 미국을 항공우주 강국으로 발전시킨 항공우주지도자들도 공통적으로 이를 강조하고 있다.[52]

---

50 Col John A. Warden III가 "Command on Study by Col Andy Krepinevich"라는 제목으로 Paul Wolfowitz에게 보낸 서신 참조. *The Military-Technical Revolution*(Washington D. C.: Office of the Secretary of Defense, August 1992), ca. September 1992.

51 William Mitchell, *Winged Defense: The Development and Possibilities of Modern Air Power -Economic and Military*, pp. 143-158, pp. 199-216, pp. 199-216 참조.

52 Alexander P. de Seversky, Victory through Air Power(New York: Simon & Schuster, 1942), p. 329; Donald B. Rice, *The Air Force and U. S. National Security: Global Reach-Global Power*(Washington D. C.: Department of the Air Force, June 1990), p. 15.

첨단 군용기를 개발하는 데 요구되는 고도의 기술, 복잡성, 고비용으로 인해 민간 기업들이 투자하는 데 한계가 있기 때문에, 정부와 기업들의 적극적인 역할이 필수적이다. 일찍이 두에와 세버스키는 민간 항공기의 군용 폭격기나 수송기로의 전환 가능성에 대해 언급했는데, 오늘날 군용 및 상업용 항공기는 이와 유사한 성격을 가지며 공생적 관계에 있다. 미국의 항공우주력은 군사 분야의 발전이 민간 상업항공 분야의 발전보다 훨씬 앞서며, 이를 선도하고 있다. 세계의 어떤 국가도 그 규모, 능력, 다양성, 질적인 면에서 미국의 항공우주 전력의 경쟁 상대가 되지 못한다.[53] 미국인들은 영국인들이 오랜 기간 동안 스스로를 해양국가라고 생각한 것과 같이 미국을 항공력국가라고 생각한다. 미국인들은 패권국가로서 자신들의 미래를 하늘과 우주에 걸었고, 항공력은 그것을 실현시켜나가는 수단이다.

이상에서 살펴본 것들이 항공력에 관한 10가지 명제의 핵심이다. 이것들은 대부분 오래 전에 두에, 미첼, 트렌차드, 초기의 많은 항공이론가들이 주장해왔던 것들이다. 이중 일부 내용들은 단순히 예언적인 것들도 있고, 일부는 실제 전쟁에 적용하여 검증을 필요로 하는 것들도 있다. 중앙통제에 관한 명제와 표적 선정과 정보를 연결해야 한다는 명제는 실제 전쟁에 적용되어 그 효과성이 검증되었다. 정밀항공무기의 중요성에 관한 명제는 비교적 최근에 대두된 것으로, 이 명제의 타당성을 검증하기 위해서는 실제 전쟁에서 많은 검증이 요구된다.

그럼에도 불구하고 이 명제들은 총체적인 시각에서 항공력이 한 세기도 안 되는 짧은 시간 내에 전쟁의 양상을 일변시킨 혁명적인 힘이 되었다는 것을 보여준다. 국가가 언제, 어디서, 어떻게 싸울 것이냐 하는 것들은 전쟁의 기본적인 고려 요소로, 전쟁정책결정자들이 고민해야 하는 전

---

53 항공력이 미국의 군사전략을 지배하게 된 것에 관해서는 Col Dennis M. Drew의 "We Are an Aerospace Nation", *Air Force*, November 1990, pp. 32-36 참조.

략적 결심 사항이다. 여기에는 많은 이론과 경험이 축적되어 있다. 혁신적인 주장을 한 항공이론가들에게 한 가지 아쉬운 점은 항공력을 과신하고 너무 앞서 너무 많은 것들을 약속했다는 것이다. 항공이론은 기술의 발달을 앞질렀고, 항공인들은 이러한 예언을 실현시킬 수 있는 과학기술의 발전을 지원할 수 있는 위치에 있지 못했다.

이러한 진화 과정을 거치면서 성장한 항공력은 새로운 면모를 가지게 되었다. 이제 항공력이론가들이 주장하고 그것을 현실이 뒷받침하지 못했던 시기는 지났다. 항공력은 유아기와 청년기를 지나 1990년대에 발생한 전쟁, 특히 걸프전에서 이제 당당히 성년기에 도달했음을 여실히 보여주었다.

Ⅳ. 종합분석 및 평가

1. 항공우주력의 의의

항공력과 관련된 사상적 바탕이 지구상에 태동한 지 한 세기가 지났다. 지난 한 세기 동안 항공력은 눈부신 발전을 거듭해 오늘에 이르렀다. 나폴레옹 전쟁 이후 군사전략사상은 총력전과 지상군 중심의 대규모 섬멸사상에 경도되어 있었고, 초창기 항공력은 육군과 해군의 보조역할로만 인식되었으며, 항공력의 군사적 가치를 주장하는 항공력 사상가들은 현실을 이해하지 못하는 궤변론자로 취급되고 극단적으로는 명령불복 및 군기문란 죄로 군법회의에 회부되기도 했다. 또 핵무기의 등장으로 핵전략이 발전하는 과정에서 재래식 전력의 상대적 역할 축소와 함께 항공력의 존재가 폄하되기도 했고, 핵무기와 대량살상무기가 발전함에 따라 항공력의 장점 중 하나인 전략적 능력(억제력)이 훼손되는 듯했다. 그러나 역설적으로 한국전쟁과 베트남전을 통해 핵무기는 사용될 수 없는 무기임이 입증되었고, 소련의 붕괴로 인한 국제안보환경의 변화와 걸프전이라는 현대전을 통해 항공전략사상은 다시 한 번 '거대한 사상'으로 재탄생하게 되었다.

항공력 승리의 상징이라고 할 수 있는 걸프전에서 항공력은 첫째 성숙한 전쟁 수단의 상징symbol of maturity, 둘째 모든 면을 주도하는 지배의 상징symbol of dominance, 셋째 근대 기계화 전쟁에 대한 반성으로서 새로운 전쟁 수행 패러다임의 개발 필요성을 보여주는 상징이 되었다. 핵무기와 대량살상무기를 사용해서는 안 된다는 당위적 차원의 윤리 문제와 정당한(정의의) 전쟁 개념이 국가이성Raison d'État으로 확산되면서 항공력은 가장 이성적으로 국가의 정치적 목적을 달성할 수 있는 유용한 수단으로 자리 잡게 되었다.[54] 항공전략사상은 '항공우주시대'로 일컬어지는 21세기에 현대 국가의 군사전략가가 갖추어야 할 핵심 가치core value로 등장하게 된 것이다.

두에, 트렌차드, 미첼, 세버스키, 보이드, 워든, 뎁튤라, 메일링거 등으로 대표되는 항공전략사상가들은 한결같이 앞으로의 전쟁에서 항공력이 결정적인 역할을 할 것이며, 따라서 이에 대한 과감한 육성이 필요하다고 주장했다. 이들이 산 시대와 장소, 상황은 달랐지만, 이들은 시공을 초월한 공통의 원리와 규칙, 계율과 교훈 등을 제시해주었고, 비록 국가 간 문화와 경험에 차이가 있기는 했지만, 항공전략사상의 핵심을 이루는 기본적인 주제인 공중우세의 최우선적 확보, 전략폭격, 항공력의 경제성과 결정성, 공세적 행동 지배, 정밀폭격 개념, 중앙집권적 지휘 및 통제, 기술의 영향, 항공력의 질적 우위 등을 공통적으로 강조했다.

2. 항공우주 군사사상의 핵심 주제

항공우주 군사사상은 현대에 이르러 가장 최첨단 이론으로 무장했다. 과학기술 발전 및 군사혁신과 더불어 합동군사전략이 복합적인 개념으로

54 현대 전쟁의 윤리성과 정당한 전쟁에 관한 논의는 강진석, 『현대 전쟁의 논리와 철학』(서울: 동인, 2012) 참조. 저자는 이 책에서 현대 전쟁의 논리로서 전쟁과 평화, 전쟁과 전략, 전쟁과 윤리, 이 세 가지로 들고 현대 전쟁이 왜 평화를 지향해야 하며, 전략의 철학이 요구되는지, 그것은 어떤 것이어야 하는지, 그리고 정당한 전쟁의 조건들은 무엇인지 규명하고 있다.

발전하면서 생소한 용어들이 대두되고 있다. 대부분의 지·해상군 장교들은 이러한 신개념을 이해하기가 쉽지 않다. 왜냐하면 그러한 용어와 개념들은 첨단과학기술을 기초로 하는 항공우주력의 진화에 따른 결과이기 때문이다. 따라서 항공우주 군사사상은 현대 첨단군사력의 건설과 운용에 관한 것이라고 할 수 있다.

지금까지 통상 '항공사상'이라고 했던 것들은 초기 항공력이론가들의 항공력에 대한 군사적 가치 인식과 공군력 독립 필요성 주장에 국한된 내용들이었다. 따라서 첨단항공우주시대에 이미 공군력의 독립이 상식이 되어버린 현실에서 공군력 독립에 관한 논의를 하는 것은 진부하다고 할 수 있다. 따라서 여기에서는 항공우주 군사사상에 초점을 맞춰 초기부터 현대에 이르기까지 항공우주력에 관한 군사이론을 망라하여 핵심 주제를 분석·평가해보기로 한다.

(1) 공중우세 확보

공중우세는 적보다 우세한 전투 능력을 가지고 적군의 간섭을 받지 않으면서 공중작전을 수행할 수 있는 상대적인 우세 정도를 말한다. 이러한 공중우세를 확보해야만 군 전체의 주도권을 확보·유지할 수 있다. 항공전략사상가들이 주장하는 바와 같이 전쟁 초기의 공중우세의 확보는 후속되는 모든 군사활동의 주도권 확보는 물론 궁극적인 전쟁의 승리에도 결정적 영향을 미친다는 것이 최근의 대부분의 전쟁 사례에서 증명되고 있다. 메일링거의 제1명제 "하늘을 지배하는 자가 대개 지·해상을 지배한다"가 이를 잘 설명하고 있다.

(2) 항공력의 전략적 활용

항공전략사상가들은 모두 항공력을 전략적으로 활용해야 한다고 강조했다. 특히 전략폭격strategic bombing은 항공전략의 핵심 주제이며, 억제사상의 중심이다. 대부분의 항공전략사상가들은 전략폭격의 주요 표적으로 군사력, 사회·경제적 하부(기반)구조, 사기 등을 제시하고 있다. 〈표 9-2〉는 사상가별 전략폭격의 목표와 요망 결과를 보여주고 있다. 전략폭격은 전략적·작전적 수준에서 실시되며, 정치적 목적을 달성하기 위한 수단으로 특정 목표만을 직접 지향할 수도 있다.

〈표 9-2〉 사상가별 전략폭격의 목표와 요망 결과[55]

구분	표적	공격 회수	과정	요망 결과
두에	인구밀집지역	한 번	주민 혁명	정치적 변화
트렌차드	군수시설 전략물자 집결지	순차적	작전적 마비	정책 변화
세버스키	화약공장	순차적		군대 파괴
미첼	핵심 중심부	순차적	국민 사기 저하	정책 변화 정책 이행
미 항공단 전술학교 (ACTS)	핵심 지역	순차적	경제/사기 붕괴	정책 변화 정책 이행
보이드	적 지휘부 심리 OODA 과정	최단시간	정신적 마비	정책 변화 사기 말살
워든	적 지휘부 통솔력 5개 전략동심원(5 rings)	병행전	부분/전체 마비	자발적인 정책 변화

이를 위해서는 정밀폭격이 요구된다. 항공전략사상가들이 공통적으로 주장하고 있는 항공력의 가장 특화된 개념 중의 하나가 정밀폭격이다. 아군의 피해를 최소화하면서 적의 중요 목표를 정밀하게 공격할 수 있는 유일한 전력이 항공력이다. 적에 대한 체계적인 분석을 통해 적의 전략적 중심을 표적으로 선정하고 공격을 실시하는데, 이러한 표적에 대한 공격은 적 전체의 붕괴를 야기할 수 있으며, 한정된 자원을 통해 최대의 전략적·작전적 성과를 거둘 수 있는 장점을 가진다. 이를 두고 메일링거는 제2명

---

55 공군본부, 홈페이지, 항공사상/전사/미래전, "항공사상의 핵심 주제", http://www.airforce.mil.kr/PF/PFE/PFEA_0900.html(검색일: 2013. 10. 17.).

제 "항공력은 본질적으로 전략적 전력이다"라고 말한 것이다.

(3) 항공력의 공세적 운용

그들은 본질적으로 항공력을 공세적 전력으로 인식하고 전략적 기습은 항공력의 효과를 극대화한다고 보았다. 기습의 가장 보편적인 원칙은 적이 예상치 못한 때, 예상치 못한 방법으로 수행하는 것이다. 또한 새로운 전술과 기술, 그리고 기만에 의해 효과를 증대시킬 수 있으며, 이에 대응하여 견고화, 위장, 분산 등의 방어 조치를 강구해야 한다. 본질적으로 항공력은 공세적 전력으로서 항공력에 의한 전략적 기습은 작전 수행의 효과를 극대화하며, 적의 공세를 제압하는 가장 효과적인 방법 역시 항공력을 공세적으로 운용하는 것이다.

메일링거는 제3명제로 "항공력은 일차적으로 공세적인 전력이다"라고 제시하고 있다. 그리고 세부적으로 첫째, 공세를 취하는 쪽이 유리하다. 둘째, 초기 선제권을 유지하기 위해서는 충분한 항공력을 보유해야 한다. 셋째, 공세적 항공력 운영 개념은 전략적 예비대의 개념을 제거한다고 말하고 있다.

(4) 항공력의 경제성과 결정성

항공전략사상가들은 경제적인 전력이자 결정적인 전력으로서 항공력의 가치에 주목했다. 국방예산이 한정되어 있기 때문에 각 군은 제한된 자원만을 사용할 수 있다. 많은 항공전략사상가들, 특히 두에와 미첼은 항공력의 독립을 강하게 주장한 사람들로, "항공력이 분쟁에서 결정적인 지배 요소, 즉 적은 경비와 희생으로 위기에 신속히 대처할 수 있다"는 항공력의 경제성과 결정성을 알리는 데 크게 기여했다. 항공력은 가용 자원을 적절히 운용함으로써 전략적 효과를 경제적이며 결정적으로 달성할 수 있다. 전략적 마비를 통해 적의 정책 변화를 모색한 보이드와 워든 역시 항공력을 결정적인 전력으로서 활용함으로써 경제적인 전쟁을 수행할 수 있다는 확고한 신념을 견지했다. 그들은 공히 항공력이 국가안보를 보장하는 최상의 군사 수단이라고 확신했다. 메일링거의 제4·5·6·7명제가 이것과 관계가 있다.

(5) 중심 공격과 전략적 마비

전략적 마비는 현대 전략의 핵심 개념이다. 그것은 육체적·심리적 효과를 노린 것으로, 항공전략사상가들은 전략적 마비를 달성하기 위해 적을 하나의 체계로 파악하고 이를 무력화하기 위해 항공력을 공세적으로 운영해야 한다고 주장했다.

전략적 마비는 적의 전쟁 수행체계에 대한 전략과 작전 구조(5개 전략동심원)를 와해시키고, 아측의 의사결정주기를 단축하여 적보다 먼저 전략적·작전적 행동을 취함으로써 달성할 수 있다.

초기 항공력이론가들은 이러한 항공력의 군사적 가치를 인식하고 주로 항공력의 공세적 운용과 적의 중심 공격을 주장했고, 현대 항공력이론가들은 항공력의 특성인 융통성을 극대화하여 병행공격을 통한 전략적 마비를 주장하고 있다.

현대 항공우주력은 전략적 차원과 작전적 차원의 구분이 없는 다차원 전력으로 개념이 확장되었다. 초기 항공력이론가들이 항공력을 통한 국방자원의 경제적 운용에 초점을 맞춘 반면, 현대 항공력이론가들은 전략적 마비를 통한 국가 차원의 정치적 수단으로서 독자적인 항공력 운용과 효율성에 초점을 맞추고 있다. 메일링거의 제4·5·6·7명제가 이에 속한다.

(6) 기술 우위와 체계 복합성

항공력은 기본적으로 첨단기술의 결정체이다. 라이트 형제의 동력비행 성공으로부터 항공기가 인류 역사에 등장한 지 110여 년이 흘렀고, 특히 제2차 세계대전 이후 비약적으로 발전한 최근의 항공력, 대표적으로 최신 전투기인 F-35 및 유로파이터Euro Fighter 등의 성능과 역할은 가히 인류

과학문명의 결정체라고 할 수 있다. 더 나아가 미래에는 속도speed, 스텔스 stealth, 센서sensor 기술 등이 발전하여 미래합동군사력이 감시-정찰-타격의 신복합체계C4-ISR-PGM 또는 메타체계Meta System로 발전할 것이다. 이는 항공력을 중심으로 한 전투 클라우드combat cloud[56]로의 발전을 의미한다. 이 같은 발전은 전쟁 개념의 많은 변화를 예고하고 있다. 항공우주력은 현대 국가의 국력 자체가 되었으며, 민간 역량과 군사 역량 간의 구분이 없다. 메일링거의 제9·10명제가 이에 속한다.

(7) 지휘통제의 일원화

항공력 운용에 대한 중앙집권적 지휘 및 통제는 공군력의 독립과 그 이후 합동군사력으로 발전하는 과정에서 현재까지 논란이 되고 있는 문제이다. 육·해군은 항공력을 자군 작전 수행의 효과를 높이기 위한 부분 전력으로 활용하기를 원하며, 자군 지원에 최대한 우선순위를 두고자 한다. 따라서 항공력 운용에 대한 지휘일원화는 지휘관으로 하여금 유연하고 신속하며 광범위한 선택을 가능케 해줄 뿐만 아니라 항공력의 이점과 결정성을 최대로 활용할 수 있게 해준다. 또한 이렇게 될 때만이 지·해상군에 대한 신속하고 효과적인 지원이 가능해진다. 항공전략사상가들은 모두 항공력의 중앙집권적 지휘의 필요성에 주목했다. 그들은 공히 항공인이 항공 전역을 완전히 통제해야 한다고 생각했다. 항공력의 중앙집권적 지휘통제는 작게는 특정 항공작전, 크게는 항공 전역 전반에 대한 통합적이고 체계적인 기획을 가능케 하는 결정적인 요소이다. 이렇게 중앙집권적으로 기획된 항공 전역은 분권적인 항공작전 또는 과업 수행으로 그 완결성을 높이게 된다. 오늘날의 군 구조 속에서는 각 군이 나름대로 항공 자

---

56 클라우드(cloud)란 최근 IT업계에서 가상 서버 혹은 그리드(grid)와 함께 가장 주목받고 있는 용어이다. 이는 포털부터 단말기까지 폭넓게 적용되는 기술들을 의미하며, 구름처럼 모든 것을 포용할 수 있다는 뜻이다. 전투 클라우드란 이러한 의미에서 거대한 전투 요소들의 종합체 또는 복합체라고 할 수 있다.

산들을 운용하고 있지만, 이들이 동원되는 항공 전역에 대한 기획과 그에 기반한 항공 전력의 실제적인 운용에 있어 여전히 중앙집권적 통제의 필요성이 널리 인정되고 있다. 이러한 측면에서 최근 일부 학자들은 한국에서 육군과 해군이 보유한 항공력을 공군이 통합·지휘해야 한다고 혁신적인 주장을 하기도 했다.[57] 이에 대해 메일링거는 제8명제로 "항공력의 고유한 특성은 항공인에 의한 중앙통제를 필요로 한다"고 제시했다.

V. 결론 및 전망

항공력은 초기 항공전략사상가들이 열망했던 것처럼 하늘을 정복하는 인류의 꿈을 실현하게 해주었고, 이제 인류는 우주를 정복하는 꿈을 꾸고 있다. 항공력은 항공우주력으로 진화했고, 이제 항공우주력은 군사 영역을 넘어서 국가 능력의 핵심으로 발전했다.

걸프전 이후 항공우주력은 군사변혁과 함께 병행전쟁, 효과기반작전, 네트워크 전쟁, 신속정밀공격체계F2T2EA, 그리고 킬체인 등으로 발전하고 있다. 특히 킬체인은 가장 최근에 발전한 적의 이동 표적에 대한 '신속정밀공격체계F2T2EA'로서 항공우주력을 기반으로 한 새로운 전쟁 수행체계이다.

최근 문제가 되고 있는 북한 핵에 대한 유일한 해법으로 대두되고 있는 한국형 킬체인은 미사일과 항공력으로 30분 이내에 이를 무력화하는 개념이다. 킬체인은 탐지-식별-결심-타격-평가의 신속공격체계sensor to shooter를 말하며, 그 수단은 지휘통제C4, 정보감시정찰ISR, 정밀타격PGM체계로 구성된다. 정밀타격 수단은 미사일과 항공력인데, 북한 핵에 대한 선제공격에

---

57 권영근, "한국군 항공력 조직의 통폐합 필요성에 관한 고찰", 『항공우주력 연구』(서울: 공군협회, 2013), pp. 147-174.

있어 미사일은 후사면 공격이 취약하다는 제한사항 때문에 항공력에 의한 정밀공격이 요구된다. 이를 위해서는 감시정찰자산ISR, 스텔스, 공중급유기, 공대지 미사일 등의 구비가 요구된다. 그것이 당면한 북한 핵에 대한 대책 마련을 위해 한국군에게 요구되고 있는 핵심 과제라고 할 수 있다.

미래의 안보는 매우 복잡한 도전 양상을 예고하고 있다. 이는 과학기술의 확산에 기인하고 있으며, 과학기술의 발달은 글로벌 경제, 무역, 국민복지, 통신 등 모든 분야에 있어서 국가이익 요소를 크게 변화시켰다. 소셜 네트워크, GPS, 사이버 전쟁 등이 대표적인 예이다. 또한 군사 분야에서 속도와 복잡성이 중첩되면서 전쟁을 수행하는 군에게 엄청난 변화와 도전들이 엄습하고 있다.[58] 이러한 도전들은 우리에게 이에 대한 현명한 대처를 요구하고 있으며, 그러한 방법에 대해 더욱 진지하게 고민할 것을 요구하고 있다.[59]

항공력은 다른 어떤 것과도 비교할 수 없는 최고의 효과와 신출귀몰하는 능력, 탄력성, 효율성으로 국가 지도부에게 안보 목표를 달성할 수 있는 군사적 옵션 세트option set를 제공하는 타의 추종을 불허하는 능력을 보유하고 있다. 평화 시 동맹국들과 함께 협력적 개입을 통한 무력시위로 잠재 적국에 대한 억지를 달성하고, 나아가 우방국들과 군사협력을 통해 지역 안전과 평화를 보장한다. 현대 전쟁에서 항공력은 필수불가결한 존재이다. 공중우세를 통해 군사행동의 자유를 보장하고, 정밀공격을 통해 적

---

58 최근 미 육군에서 제기되고 있는 탱크 무용론이 대표적인 예이다. 1914년 제1차 세계대전 때 등장하여 한 세기 동안 전쟁터를 주름잡던 탱크가 이제 현대전의 양상 변화에 적응하지 못하고 퇴물이 될 운명에 처했다. 드론(drone) 등 무인항공기와 대전차 미사일, 전투기와 공격헬기 등에 취약해진 것이다. 이라크전에서 미군은 사막에서 전차 2,000대와 싸워야 했지만, 이후 대규모 지상전이 사라지면서 전선 돌파가 특기인 탱크의 입지는 더욱 좁아졌다. 미국이 현재 보유하고 있는 탱크 8,300여 대 중 5,000여 대는 아예 임무가 없거나 성능개량 명목으로 방치되고 있다.《조선일보》 2014년 2월 4일자.

59 David A. Deptula, "창간축사", 『항공우주전략 연구』(서울, 공군협회, 2013). 뎁튤라 예비역 소장은 항공력이론가로서 미국의 미첼 항공력연구소(Mitchell Institute for Airpower Studies) 소장으로 재직하고 있다.

의 능력을 저하시키며, 필요한 인력과 물자를 운송하고, 모든 수준에서 핵심적인 정보, 감시, 정찰로 신속한 의사결정 및 타격 능력을 제고시키며, 지·해상군의 기동의 자유를 확보하고, 지휘통제를 가능하게 하며, 탐색구조 및 항공의료구호를 통해 인명을 구조하는 등 무궁무진한 능력을 발휘한다. 따라서 현대전은 항공력 없이는 불가능하다고 할 수 있다. 항공력은 불멸의 전력이며, 나아가 다른 전력들처럼 고위험에 쉽게 노출되지 않으면서 전투력을 발휘할 수 있다.

현대 첨단과학기술의 발전은 항공우주무기 분야의 혁신을 가져오게 될 것이며, 항공우주력은 속도, 스텔스, 거대한 컴퓨팅 능력, 고도의 센서 기술, 그리고 전체 전투장비들과의 제한 없는 상호연계성 등으로 인해 과거에는 상상할 수 없었던 새로운 개념으로 발전할 것이고, 새로운 작전 개념들을 창출할 것이다. 그것은 정보기술에 입각한 다영역multi-domain, 다차원의 아키텍처architecture를 적용하는 새로운 작전 개념들로서, 항공력을 중심으로 한 전투 클라우드로의 발전을 의미한다. 전투 클라우드는 정보감시정찰ISR, 타격, 기동, 전투근무지원의 종합적인 시스템 복합체이다. 이 같은 발전은 많은 변화를 예고하고 있다.[60] 항공력의 가능성은 무궁무진하며 미래 전쟁은 갈수록 항공우주력에 의해 절대적으로 지배될 것이다.

특히 한국의 군사전략가들이 심각히 고민해야 할 사항은 "통일 후 군사력 건설에 있어서 어떤 부분에 역점을 두어야 할 것인가"이다. 분명한 것은 일본이나 중국처럼 국방력의 핵심은 전략군으로서 첨단 미사일과 항공력으로 무장한 공군력이 주도할 수밖에 없고, 또 그렇게 되어야 한다는 것이다.

---

60 David A. Deptula, "창간축사", 『항공우주전략 연구』(서울, 공군협회, 2013).

CHAPTER 10

핵전략

고봉준 | 충남대학교 평화안보대학원 교수

서울대학교 외교학과와 같은 대학원 외교학과를 졸업하고, 미국 노트르담 대학교에서 정치학 박사학위를 받았다. 2010년부터 충남대학교 평화안보대학원 교수로 재직하고 있으며, 한국국제정치학회 대외협력이사 등을 역임했다. 국제안보와 미국외교정책 등에 관해 연구하고 있으며, 저서로는 『안전보장의 국제정치학』(공저), 『위기와 복합: 경제위기 이후 세계질서』(공저) 등이 있다.

I. 머리말

20세기 중반에 핵무기가 등장했기 때문에 핵전략은 비교적 최근의 고민들을 담고 있다. 핵무기는 기존의 무기와는 차별화되는 엄청난 파괴력 때문에 전쟁과 그 수행 방식에 큰 영향을 미쳤다고 이해되어왔다.

미국의 군사전략가 버나드 브로디Bernard Brodie에 따르면, 핵무기는 절대무기absolute weapon로서 방어의 효능을 축소시킴과 동시에 전장에서 양적·질적 우위로부터 파생되는 이점을 무의미하게 만듦으로써 전쟁의 양태와 관련 사고에 혁명적인 변화를 초래했다. 즉, 무차별적인 대규모 파괴력 때문에 방어가 실질적으로 불가능한 핵시대에 군사전략의 가장 중요한 목표는 전쟁에서 이기는 것이 아니라 전쟁을 회피하는 것이고, 이를 위해 국가의 전쟁계획과 조직은 억지력 발휘를 위한 보복공격 능력을 확보하는 데 유리한 방향으로 재편된다는 것이 브로디의 주장이다.[1] 이런 주장을 따른다면 핵전략의 핵심은 억지라고 이해할 수 있다.

그렇다면 핵전략은 기존의 군사전략과 다른 논리적·기능적 기반을 가지게 된다. 일반적으로 군사전략은 억지 및 공격과 방어를 포함하는 다양한 군사작전의 수행을 준비하게 한다.[2] 이에 비해 군사력의 다른 기능보다 억지에 초점을 맞추는 핵전략에는 독특하고도 고유한 속성이 존재한다고 볼 수 있다.

이런 의미에서 최근에는 핵무기의 절대적 혁명성에 대한 재평가가 이뤄지고 있다.[3] 그간의 절대성 평가에 대한 반론 중의 하나는 핵무기의 파

---

1 Bernard Brodie(ed.), *The Absolute Weapon: Atomic Power and World Order*(New York: Harcourt, Brace and Company, 1946).

2 Barry Posen, *The Sources of Military Doctrine: France, Britain, and Germany Between the World Wars*(Ithaca: Cornell University Press, 1984), p. 33.

3 그 대표적 작업으로는 T. V. Paul, Richard J. Harknett, & James J. Wirtz(ed.), *The Absolute*

▣ 버나드 브로디와 절대무기

버나드 브로디Bernard Brodie는 가장 위대한 근대 전략사상가로 일컬어지는 클라우제비츠Carl von Clausewitz에 비견되어 '핵시대의 클라우제비츠'로 불린다. 이는 그가 핵시대의 가장 중요한 개념인 억지의 작동 원리를 명확히 정의하고 그 원칙을 제시했기 때문이다. 그의 저서에서 다음의 문구가 가장 많이 인용된다. "원자폭탄시대의 미국의 안보 프로그램에 있어서 가장 우선적이고 필수적인 일은 공격을 받는 경우에 같은 무기로 보복할 수 있는 준비를 하는 것이다. 이 말을 하면서 나는 원자폭탄이 사용될 다음 전쟁에서 누가 이길 것인지는 염두에 두고 있지 않다. 여태까지 우리 군 조직의 가장 중요한 목적은 전쟁에서 이기는 것이었다. 이제부터 가장 중요한 목적은 전쟁을 방지하는 것이다. 이외의 다른 유용한 목적은 생각할 수 없다."[4]

괴력은 비교 불가능하지만 그 파괴력 자체가 실질적인 변화를 초래하지는 않았다는 주장이다.[5] 핵무기가 억지력의 신뢰성을 높여주는 것은 사실이지만, 정치와 전쟁의 관련성을 혁명적으로 해체하지는 못했다는 것이다. 초기의 충격적인 반응 이후에 미국을 중심으로 한 강대국이 막강한 파괴력에도 불구하고 핵무기를 사용하는 다양한 공격적 대안을 구상하기

Weapon Revisited: Nuclear Arms and the Emerging International Order(Ann Arbor, MI: University of Michigan Press, 1998)를 참고할 것.

4 Bernard Brodie(ed.), *The Absolute Weapon: Atomic Power and World Order*, p. 76.

5 John Mueller, "The Essential Irrelevance of Nuclear Weapons: Stability in the Post-war World", *International Security*, Vol. 13, No. 2(Fall 1998), pp. 55-89.

1945년 8월 6일, 최초의 원자폭탄 "리틀 보이(little boy)"가 일본 히로시마 상공 580미터에서 폭발하는 모습. 핵무기는 기존의 무기와는 차별화되는 엄청난 파괴력 때문에 전쟁과 그 수행 방식에 큰 영향을 미쳐왔다.

시작했고, 이는 핵무기 정책의 재래식화conventionalization of nuclear weapons policy로 이어졌다는 주장이다. 또한 재래식 무기는 그 자체로 어느 정도 강제력을 보유하는 반면, 핵무기는 그 막강한 파괴력만큼 강제력을 발휘하지 못하는 한계가 있다는 평가도 있다.[6]

아울러 탈냉전 이후 핵무기의 유용성 자체가 이전 시기에 비해 상대적으로 축소되었다는 데에는 전반적으로 동의가 이뤄지고 있다. 하지만 이것이 핵전략의 중요성을 완전히 부정하는 것은 아니다. 최근 미국의 기술 발전이 억지력이라는 과거의 고정된 유용성을 탈피하여 현존하는 위협에 대응하기 위해 핵무기를 실제 전장에서 사용할 수 있는 길을 개척하고 있다는 점에 주목해야 할 필요가 있다. 21세기에는 기존 억지력의 유용성이 제한되는 상황이 보다 보편적일 가능성이 크기 때문에 이러한 도전에 효과적으로 대응하기 위해서는 핵무기의 소형화·정밀화를 통해 부수적 피해collateral damage를 최소화함으로써 실질적인 억지력을 증가시켜야 한다는 주장이 미국에서 대두되고 있다.[7] 특히 미국의 고민은 일부 국가와 테러리스트들로부터의 핵위협에 대한 대처가 비확산이라는 비군사적 방식으로 충분하지 않다는 데 있다.

최근 핵전략은 전통적인 억지를 넘어 잠재적 적의 핵무기에 대한 효과적·효율적 처방이라는 차원에서 이해해야 하는 측면이 강하게 부각되고 있으나, 핵무기의 파괴력을 고려할 때 대응과 동시에 전쟁을 회피해야 하는 딜레마는 여전히 유효하다. 따라서 핵전략의 주요 개념과 배경을 이해하는 것의 중요성은 핵무기가 근절되지 않는 이상 줄어들지 않을 것이다. 제2절에서는 먼저 냉전기 핵전략의 주요 개념을 설명하겠다.

---

6 Eric Myln, "The End of the Cold War and the U. S. Nuclear Policy", in *The Absolute Weapon Revisited: Nuclear Arms and the Emerging International Order*, ed. by T. V. Paul, Richard J. Harknett, & James J. Wirtz(Ann Arbor, MI: University of Michigan Press, 1998).

7 Keir A. Lieber and Daryl G. Press, "The Nukes We Need: Preserving the American Deterrent", *Foreign Affairs*, Vol. 88, No. 6(2009), pp. 39-51.

II. 냉전기 핵전략

1. 대량보복

(1) 배경

대량보복전략massive retaliation strategy은 1954년 아이젠하워Dwight Eisenhower 행정부의 덜레스John Foster Dulles 국무장관이 천명한 개념인데, 다양한 형태의 침략을 전면적 핵보복 공격 위협을 통해 저지한다는 것을 골자로 한 것이다. 이는 당시 미국이 핵전력과 기술 분야에서 소련에 대해 압도적으로 우위인 상황을 활용하여 병력에 대한 의존도를 줄임으로써 국방비를 감축하는 동시에 핵무기와 그 운반수단인 전폭기를 위주로 대응하고자 하는 전략이었다. 이 전략은 1956년 NATO 군사위원회 문서MC14/2에서 공식적으로 채택되었다.[8]

비록 미국이 제2차 세계대전에서 핵무기를 두 차례나 사용했지만, 핵무기의 사용에 관한 체계적인 지침은 그 즉시 마련되지 않았다. 이러한 상황은 소련이 핵무기를 개발한 이후에도 한동안 지속되었다. 1949년에 소련이 자국 최초의 핵실험을 수행하고 핵탄두 1기를 제작하는 데 성공했지만, 이 핵탄두는 전략적 타격 능력이 없었기 때문에 사실상 미국에 의미 있는 공격을 가할 수가 없었다.[9] 따라서 한동안 구체적인 핵전략의 필요성은 크지 않은 상황이었다.

이어 한국전쟁이 유럽과 중국을 포함하는 전 세계적인 냉전의 촉매로 작용하여, 제2차 세계대전 이후 축소되던 미국 방위비가 다시 증가 추세

---

8 전성훈, "미국의 핵전략 변화와 함의", 『핵비확산체제의 위기와 한국』, 백진현 편(서울: 오름, 2010), pp. 199-201.

9 Natural Resources Defence Council, "Known Nuclear Tests Worldwide: 1945-2002" 및 "USSR/Russian Nuclear Warheads: 1949-2002", http://www.nrdc.org/nuclear/nudb/datab10.asp(검색일: 2013. 10. 8.).

1956년 아이젠하워 대통령(왼쪽)과 존 포스터 덜레스 국무장관(오른쪽). 덜레스 국무장관은 다양한 형태의 침략을 전면적 핵보복 공격 위협을 통해 저지한다는 것을 골자로 한 대량보복전략을 천명했다.

로 전환되어 유지되었다. 미국은 이러한 예산으로 1955년까지 소련의 도전과는 상관없이 많은 수의 핵탄두를 축적하여 전략 핵탄두 재고와 실전 배치 탄두의 수를 여덟 배가량 증가시켰다.[10] 그러나 전후 복구가 마무리되지 않은 소련은 1955년까지 여전히 전략 작전 능력이 없는 소규모 핵탄두 200기만을 보유했다.[11] 미국의 1952년 수소폭탄 실험에 이어 소련도 1953년에 수소폭탄 실험에 성공했지만, 여전히 양국 간 전략 작전 능

10 NRDC, "U. S. Nuclear Warheads: 1945-2002", http://www.nrdc.org/nuclear/nudb/datab9.asp(검색일: 2013. 10. 8.) 및 "U. S. Strategic Offensive Force Loadings", http://www.nrdc.org/nuclear/nudb/datab1.asp(검색일: 2013. 10. 8.) 참조. 이 자료에 따르면 1949년에 미국은 전략핵탄두를 235기 보유하고 그중 200기를 배치했지만, 1955년에는 그 수가 각각 2,200기와 1,755기로 증가했다.

11 NRDC, "USSR/Russian Nuclear Warheads: 1949-2002", http://www.nrdc.org/nuclear/nudb/datab10.asp(검색일: 2013. 10. 8.).

력에 있어서 기존의 불균형은 변화하지 않았다고 보아야 할 것이다. 소련이 전략핵무기를 실전배치하기 시작한 1956년부터는 양국의 전략 관계에 중요한 변화가 발생했지만, 이때까지도 미국의 핵무기 사용 계획은 단순히 제2차 세계대전의 승전 경험을 토대로 했다고 할 수 있다.

(2) 전개

제2차 세계대전 승리에 결정적 역할을 한 전략폭격strategic bombardment은 이 시기에도 핵무기와 관련해서 여전히 유효한 전통으로 자리하고 있었다.[12] 따라서 1950년 이전 핵무기 사용에 대한 유일한 공식적 지침인 국가안보회의NSC 30호 문서조차도 미국이 교전 상황에서 핵무기를 사용할 준비가 반드시 되어 있어야 하고, 핵무기 사용에 대한 결정은 대통령이 내려야 한다고만 단순히 언급하고 있다.[13]

이런 가운데, 1950년에 트루먼Harry Shippe Truman 대통령은 핵무기의 목적과 계획을 재검토할 것을 지시했고, 그의 지시에 따라 정리된 NSC 68호 문서는 냉전기 미국 핵전략의 이론적 토대를 마련했다. 하지만 이 역시 구체적 핵무기 운용 계획을 제공하지는 않았고, 단지 핵무기의 급속한 증가를 허용하는 결과를 초래했다.[14] 이어 1956년의 NSC 5602/1호 문서는 전면전 또는 군사작전에 핵무기를 사용하려면 대통령의 재가를 받아야 한다는 것을 재확인했다.[15] 이 문서는 무력 갈등이 전면전으로 확전되는

---

12 이러한 견해에 대해서는 Desmond Ball, "United States Strategic Policy since 1945: Doctrine, Military-Technical Innovation and Force Structure", in *Strategic Power: USA/USSR*, ed. by Carl G. Jacobson(New York: St. Martin's Press, 1990).

13 NSC-30에서 핵무기 사용과 관련된 부분은 U. S. Department of State, "NSC-30, United States Policy on Atomic Warfare"(September 10, 1948), *Foreign Relations of the United States(FRUS) 1948, Vol. 1., Part 2, General: The United Nations*(Washington, D. C.: Government Printing Office, 1976), pp, 624-628. 특히 자료의 12번째, 13번째 문단 참조.

14 Desmond Ball, "U. S. Strategic Concepts and Programs", in *Strategic Defenses and Soviet-American Relations*, ed. by Samuel F. Wells, Jr. and Robert S. Litwak(Cambridge: Ballinger Publishing Company, 1987), pp. 9-10.

것을 방지해야 하는 필요성을 강조했지만, 핵무기를 어떻게 사용해야 그런 목적을 달성할 수 있는지는 제시하지 않았다.[16]

이때까지 미국의 핵무기 사용 계획은 구체적 지침보다는 대량살상이라는 핵무기 자체의 위력에 의존하는 전통적인 개념에 기반하고 있었다. 당시 미국이 인식하고 있던 문제는 소련의 핵 능력이 점증하고 있는 상황에서 자국의 방어를 위해 핵전쟁을 먼저 개시해야 할 수도 있다는 것이었다. 이를 염두에 둔 미국은 자국의 핵 능력을 확대하면서 소련의 핵 능력과 기습공격 능력을 꾸준히 검토했다.

아이젠하워 대통령은 이 문제 해결을 위한 연구를 지시했고, 1955년 2월 기술적 능력 패널TCP, Technological Capabilities Panel이 발간한 "기습 공격 위협에의 대응Meeting the Threat of Surprise Attack"이라는 보고서는 핵전략에 대한 아이젠하워 대통령의 사고의 진화 가능성을 보여주었다. 이 보고서는 미국이 향후 수년간 전략적 우위를 유지할 수는 있겠지만 소련은 이미 미국에 충분한 피해를 입힐 수 있는 폭격기와 폭탄을 보유했기 때문에 정보의 질, 전술적 경고 능력, 그리고 핵탄두 탑재 방공 미사일을 포함한 즉각적 대응 능력을 제고해야 한다고 강조했다. 또한 핵무기를 공격전력 및 방어전력으로 나누고, 미국과 캐나다 영토에서 필요할 경우 언제든 핵탄두를 사용할 수 있도록 사전 승인을 부여할 것을 권고했다. 1955년 2월에 발행된 두 번째 보고서는 1956 회계연도 합동전략능력계획JSCP, Joint Strategic Capabilities Plan이 제시한 소련의 모든 목표물을 파괴하더라도 생존한 240개의 폭격기 기지를 통해 소련이 미국에 보복할 수 있다면서 필요 전력을 두 배로 늘리고 소련을 선제타격할 것을 주장했다. 소련의 전력 확대와 기

15 자세한 내용에 대해서는 U. S. Department of State, "NSC 5602/1, Basic National Security Policy"(March 15, 1956), *FRUS, 1955-57*, Vol. XIX(Washington, DC: Government Printing Office, 1990), p. 246 참조.

16 David Alan Rosenberg, "The Origins of Overkill: Nuclear Weapons and American Strategy, 1945-1960", *International Security*, Vol. 7, No. 4(1983), p. 42.

술적 발전이 실제적 위협으로 인식되면서 미소 양국의 핵전력이 상대방이 통제할 수 없는 수준으로 늘어나 상호확증파괴mutual assured destruction 개념이 제시되기 시작했고, 양국은 서로에게 감당할 수 없는 피해를 줄 수는 있지만 상대방이 자국에 같은 수준의 피해를 주는 것은 막을 수 없는 상황에 이르렀다.[17]

미국이 소련을 파괴할 수는 있지만 소련의 핵전력을 무장 해제시킬 수 없다는 사실은 국방전략으로서 대량보복에 대한 심각한 회의와 핵 억지의 가능성 및 어려움에 대한 논쟁을 불러일으켰다. 하지만 아이젠하워 대통령은 핵 교전에 대한 시나리오를 수정하지 않고 오히려 강화하는 방향으로 이에 대응했다.[18]

(3) 함의

냉전 초기 핵무기의 비차별적 사용이라는 개념은 다음과 같은 요인에 영향을 받았다고 볼 수 있다. 첫째, 당시 미국은 소련 내 목표물에 대한 선별적인 타격을 할 수 있는 핵무기를 충분히 가지고 있지 못했다. 대부분의 핵무기는 운반수단이라는 측면에서 한계가 있었기 때문에 자유로운 사용이 크게 제한을 받았다.[19] 둘째, 제2차 세계대전 동안에 입증되었듯이 비전투원인 일반 국민을 목표로 하는 것도 적의 사기를 저하시키는 데 큰 효과가 있었기 때문에 비차별적 사용이 효과적인 전략으로 인식되었다. 셋째, 전쟁 시 소련 내 군사 목표의 대부분은 대도시 근처에 위치해 있었고, 미국은 이들을 민간시설과 구분하여 효과적으로 파괴하기 위한 기술적 정보를 가지고 있지 못했다.[20]

---

17 David Alan Rosenberg, "The Origins of Overkill: Nuclear Weapons and American Strategy, 1945-1960", *International Security*, Vol. 7, No. 4(1983), pp. 38-40.

18 앞의 글, *International Security*, pp. 40-41.

19 앞의 글, *International Security*, p. 16.

20 Jeffrey Richelson, "PD-59, NSDD-13 and the Reagan Strategic Modernization Program", *The*

그러나 대량보복전략은 국지전이 발생해도 전면전으로 대응하게 한다는 문제와 과다한 비용의 문제, 대량보복의 실제 가능성에 대한 신뢰성 문제, 그리고 핵전쟁의 가능성을 높이는 준비를 요구하는 문제 등으로 인해 여러 측면에서 비판을 받았다. 이어 미국과 소련의 핵 능력이 확대되기 시작하면서 미국은 구체적인 핵무기 사용 계획을 만들기 시작했다. 1960년대 초반부터 냉전이 끝날 때까지 이 핵무기 사용 계획은 공식 문건인 단일통합작전계획SIOP, Single Integrated Operational Plan의 형태로 준비되었다.[21] 공식적인 미국의 전략핵전쟁계획인 단일통합작전계획은 핵전쟁 시 공격할 목표물의 목록, 미국의 전체 전략핵무기를 다양한 목표물에 배정하는 프로그램, 지정된 목표물을 향해 핵무기를 운반할 방법 등을 명시했다.[22]

2. 유연반응

(1) 배경

유연반응전략flexible response strategy은 1961년 케네디 대통령이 취임할 당시 전 육군참모총장이었던 테일러Maxwell Taylor 장군의 책을 인용하면서 전면에 등장했다. 테일러 장군은 1960년 자신의 책 『불확실한 트럼펫The Uncertain Trumpet』에서 소련의 서유럽 침공을 유연하게 대응할 수 있는 재래식 육군 전력으로 격퇴할 수 있다고 주장했다.[23] 이후 유연반응전략은 1962년에 맥나마라Robert S. McNamara 국방장관에 의해 체계화되었다.

Journal of Strategic Studies, Vol. 6, No. 2(1983), pp. 126-127.

21 SIOP은 2003년에 작전계획(OPLAN, Operations Plan)-8044로 명칭이 변경되었다. 당시의 SIOP-03은 '보다 유연하고(flexible), 상황에 맞는(situation specific), 통합적인(family of) 계획', 즉 적응성 있는(adaptive) 계획으로 통합된 것이다. 이후부터 미국의 핵무기 사용 계획은 OPLAN-8044 Revision FY(개정 회계연도)의 형태로 유지되고 있다. 이런 변화의 배경에 대해서는 Hans M. Kristensen, "U. S. Changes Name of Nuclear War Plan", http://www.nukestrat.com/us/stratcom/siopname.htm.(검색일: 2013. 8. 12.) 참조.

22 Desmond Ball and Robert C. Toth, "Revising the SIOP: Taking War-Fighting to Dangerous Extremes", *International Security*, Vol. 14, No. 4(1990), p. 61.

23 전성훈, "미국의 핵전략 변화와 함의", 『핵비확산체제의 위기와 한국』, 백진현 편, p. 202.

맥스웰 테일러 장군(1901~1987). 육군 참모총장(1955~1959)으로 재직하는 동안, 핵무기의 전면적인 사용에 대한 신중한 전시(戰時) 대안으로 재래식 보병부대의 유지를 강조한 유연반응전략을 주창했다.

▣ 로버트 S. 맥나마라Robert S. McNamara

맥나마라(1916~2009)는 미국의 기업가이자 제8대 국방부장관이었다. 베트남 전쟁과 관련하여 미국 정부에서 큰 역할을 했으며, 1968년부터 1981년까지 세계은행 그룹의 총재를 역임했다. 1960년 대통령선거에서 승리한 케네디 대통령은 맥나마라가 포드 사장이 된 지 5주 만에 그를 국방장관으로 발탁했다. 맥나마라는 국방에 대한 많은 지식을 가지고 있지는 않았지만 빠른 적응력으로 자신의 역할을 파악하고 적극적인 활동을 시작했으며 국방정보국DIA과 국방조달청DSA을 설립했다.

(2) 전개

1961년 1월, 케네디는 대통령에 취임하면서 국방정책을 전면 재검토하기 시작했다.[24] 케네디 대통령은 테일러 장군의 유연반응전략에 주목하여 확전 가능성을 높이거나 대안 부재에 직면하지 않고 미국이 저강도 무력 및 핵무기 사용이라는 옵션을 모두 보유할 수 있다고 생각했다. 이 경우 전부 아니면 전무all or nothing가 아니기 때문에 오히려 억지의 신뢰성은 높아진다고 본 것이다. 또한 이 전략은 유사시 대통령이 핵무기의 사용을 결정해야 하는 시기를 늦추게 함으로써 결정 이전에 대통령이 다양한 대안을 활용할 수 있게 하는 효과가 있을 것으로 판단되었다.[25]

이로 인해 미국의 공개 핵정책은 '대량보복'에서 '유연반응'으로 전환되었다. 기존의 대량보복전략이 소련의 서유럽 침공에 대해 전면적인 선제 핵공격all-out preemptive first strike을 요구한 반면, 유연반응전략과 그에 따르는 핵무기 사용 지침을 제공한 SIOP-63은 소련 내 목표물의 타격 우선순위를 세밀하게 규정함으로써 핵무기 사용의 현실성을 증가시켰다.[26]

유연반응전략과 병행된 것은 대군사타격counterforce strike 개념이었다. 당시 국방장관이었던 맥나마라는 핵전쟁으로 인해 야기될 미국의 피해를 줄이기 위해 기본적으로 민간시설을 포함한 무차별적인 파괴를 의미하는 대가치타격countervalue strike을 대군사타격으로 전환할 것을 강조했다. 즉, 전쟁 초기에는 소련의 도시보다는 소련의 전략무기에 대한 공격에 집중함으로써 우선 미국 도시의 피해를 줄일 수 있을 뿐만 아니라 상황의 전개에 따라 소련의 도시들을 볼모로 하여 대소련 협상에서 우위를 확보할 수 있을 것이라고 본 것이다.[27]

---

24 Desmond Ball, "The Development of the SIOP, 1960-1983", in *Strategic Nuclear Targeting*, ed. by Ball and Jeffrey Richelson(Ithaca: Cornell University Press, 1986), pp. 62-67.

25 박건영, "핵무기와 국제정치: 역사, 이론, 정책, 그리고 미래", 『한국과 국제정치』 제27집 1호(2011), pp. 10-11.

26 Fred Kaplan, *The Wizards of Armageddon*(New York: Simon and Schuster, 1983), pp. 263-285.

따라서 SIOP-63은 기본적으로 핵전쟁이 미국에 초래할 파괴를 줄이기 위해 소련에 대해 대군사타격을 하는 것을 골자로 했다. 여기에는 소련의 전략무기체제(항공기지, 미사일발사기지, 잠수함기지)가 미국 핵공격의 우선 목표라고 명시되었으며, 전쟁이 확대되는 경우 방공체제와 궁극적으로 소련의 도시들을 포함한 다른 목표물을 타격하도록 규정되어 있었다.

실제로 대군사타격 피해제한counterforce damage limiting은 당시에 단순한 하나의 추상적인 개념이 아니었다.[28] 소련은 1962년 말까지 대륙간탄도미사일을 36기, 1963년에는 99기 보유한 상태였다. 반면에 미국은 실전배치 대륙간탄도미사일 597기, 잠수함발사탄도미사일 160기, 전략핵폭격기 1,055대를 보유하고 있었다.[29] 따라서 미국이 선제 대군사타격 개념을 원용한다면 실제로 소련의 보복공격second strike 능력을 상당한 정도로 무력화시킬 수 있는 수준이었던 것이다.[30]

(3) 함의

대량보복전략이 전면적 핵전쟁이 아니면 굴복이라는 양극단의 선택을 강요하는 것이었다면, 유연반응전략은 양극단 사이에서 다양한 선택, 즉 보복의 선택 폭을 넓힌 것이라고 할 수 있다. 특히 미국이 제공하는 확장 억지의 신뢰성에 대한 의문을 품고 있는 북대서양조약기구NATO, North Atlantic Treaty Organization 동맹국들에게 핵의 역할은 우선적으로 소련의 핵전쟁 시작을 억지하고, 부차적으로는 재래식 전쟁에서 승산이 없을 경우에도 소련

---

27 박건영, "핵무기와 국제정치: 역사, 이론, 정책, 그리고 미래", 『한국과 국제정치』 제27집 1호, p. 11.

28 이러한 피해 제한의 개념은 1950년대에 랜드(RAND) 연구소 분석가들에 의해 제시되었고, SIOP가 1960년에 처음 공식화되면서 그 계획에 편입되었다. 여기에 대해서는 David Alan Rosenberg, "The Origins of Overkill: Nuclear Weapons and American Strategy, 1945-1960", *International Security*, Vol. 7, No. 4(1983), pp. 58-62를 참조할 것.

29 NRDC, "U. S. Strategic Offensive Force Loadings", http://www.nrdc.org/nuclear/nudb/datab1.asp(검색일: 2013. 10. 8.).

30 Desmond Ball, "The Development of the SIOP, 1960-1983", in *Strategic Nuclear Targeting*, ed. by Ball and Jeffrey Richelson, p. 66.

으로 하여금 전쟁을 끝내도록 설득하는 회유 수단으로 사용될 수 있을 것이라고 제시되었다. 그러나 유연반응전략은 유럽의 안보와 미국의 안보를 분리하려 한다는 비판과 함께 소련의 전술핵 사용을 억지하는 것이 재래식 침공의 가능성을 증대시켜 결과적으로 미국은 안전하나 서유럽은 더욱 위험해질 수 있다는 우려를 야기하기도 했다. 이에 NATO가 1967년에 채택한 유연반응전략은 필요시 전술핵부터 전면 핵전쟁의 가능성까지 모두 포함하도록 명시했다.[31]

▣ 미국의 서유럽에 대한 핵우산

1960년대 이전까지 NATO 국가들은 소위 미국의 핵우산 하에 있었다. 핵공격 위협에 대해 미국이 보장하는 핵억지로 대응하고 있었던 것이다. 미국의 애초 의도에는 막강한 소련 지상군 위협에 대응하기 위한 고민이 포함되어 있었다. 미국 핵우산의 요지는 소련이 서유럽을 (핵)공격할 경우 미국이 핵으로 소련을 공격한다는 위협으로 공격 자체를 억지하겠다는 것이었다.

그런데 여기에 문제가 있었다. 소련의 (핵)공격에 대응해 미국이 소련에 핵으로 보복을 한다면, 소련이 과연 가만히 있을 것인가 하는 점이었다. 미국이 소련의 핵 능력을 완전히 해제하지 못한다면 소련이 동일한 방식으로 뉴욕이나 로스앤젤레스를 공격하지 않을 것인가? 만약 그렇다면 미국이 이를 감수할 수 있을 것인가? 하는 질문에 대한 답이 분명하지 않았던 것이다.

이런 우려 때문에 프랑스는 미국 핵우산의 신뢰성에 근본적인 의문을 품고 NATO 밖에서 독자적으로 핵무장을 추진했고, 영국도 같은 맥락에서 핵무장을 추진하여 결국 NATO가 자체적으로 핵무장을 하는 상황에 이르렀다.

---

31 전성훈, "미국의 핵전략 변화와 함의", 『핵비확산체제의 위기와 한국』, 백진현 편, pp. 203-204.

3. 확증파괴와 억지

(1) 배경

소련의 핵 능력이 급격히 신장함에 따라 결국 양국 모두 선제공격하더라도 상대 핵전력을 제압할 수 없는 상황에 봉착하게 되었다. 특히 맥나마라는 피해를 줄이는 것보다 억지가 더 중요하다고 강조하기 시작했다. 이에 따라 대군사타격 이외에 확증파괴assured destruction 개념을 수용하기 시작했다. 설사 소련이 선제공격을 하더라도 그 공격을 흡수한 후 소련을 정상적인 사회로 기능할 수 없을 정도로 파괴할 능력을 가진다면, 소련이 선제핵공격을 하지 않을 것이라는 것이었다.[32] 이는 정책적으로는 미국과 소련 양국이 서로에 대한 확증적인 파괴 능력, 즉 2차 공격 능력을 보유했음과 전략적 균형이 성립되었다는 점을 미국이 인정했다는 의미를 지닌다.[33]

(2) 전개

쿠바 미사일 사태 이후에 소련은 미국의 핵 우위를 명백하게 인식하고, 대륙간탄도미사일 보유고를 급속도로 증대시켰다. 이렇게 증대되는 소련의 전략공격 능력 때문에 1963년에 존슨Lyndon B. Johnson 대통령에게 제출된 대통령지침DPM, Draft Presidential Memorandum은 핵전쟁의 수행보다는 억지를 강조했다. 이어서 1964년의 DPM에서는 미국이 자국 피해를 제한할 수 있는 능력에 대한 의문이 매우 강하게 제기되었다. 1965년에 맥나마라는 미국이 소련의 파괴(산업시설 절반과 국민 4분의 1의 피해)를 담보할 수 있는 충분한 공격력을 반드시 보유해야 한다고 주장했다. 이런 능력의 확보를 위해 미국은 1967년까지 전략핵폭격기를 대폭 줄이고(1963년의 절반 수준), 잠수함발사탄도미사일 핵탄두를 656기까지 늘리는 한편, 강화시설hardened silos에 있는 1,054기의 대륙간탄도미사일을 분산 배치하는 변화

---

32 전성훈, "미국의 핵전략 변화와 함의", 『핵비확산체제의 위기와 한국』, 백진현 편, p. 12.

33 앞의 책, pp. 204-205.

1962년 10월 22일 11월 2일의 11일간 핵탄도미사일을 쿠바에 배치하려는 소련의 시도를 둘러싸고 미국과 소련이 대치하여 핵전쟁 발발 직전까지 갔던 쿠바 미사일 위기 당시 미국 여성들이 거리에서 평화 시위를 하고 있는 모습.

를 도모했다. 그러나 미국이 피해 제한의 개념을 전략핵무기의 임무에서 완전히 제외시킨 것은 아니었다. 1966년에 준비되어 1976년까지 유지되었던 SIOP-4는 유연반응을 위한 대군사타격의 목표물 우선순위를 규정한 SIOP-63을 사실상 직접 계승한 것이었다. 두 지침의 유일한 차이는 SIOP-4에서는 보복 대군사타격second-strike counterforce이 보다 강조되었다는 것이다. 이에 따르면, 미국 핵정책의 기본 목표는 보복공격 능력을 확보하는 것이었다.[34]

(3) 함의

억지deterrence는 군사력의 실제 사용을 반드시 전제로 하지는 않으나, 그 위협을 통해 상대방의 행동을 강압하는 전략이다.[35] 억지는 거부적 억지deterrence by denial와 징벌적 억지deterrence by punishment로 나눌 수 있는데, 전자에서는 방어력이, 후자에서는 공격력이 주된 역할을 하게 된다. 억지력은 적의 공격에 수반되는 비용을 높이고 이득을 줄임으로써 획득되는데, 거부적 억지는 일반적으로 방어 역량을 개선함으로써 그 목적을 달성할 수 있는 반면, 징벌적 억지는 보복공격 능력의 확보를 통해 목적 달성 가능성을 제고할 수 있다. 거부적 억지는 방어태세를 견고히 하거나 효율적인 민방위체제 등 피해 회피의 노력을 통해 강화될 수 있으며, 징벌적 억지에 비해 상대적으로 단순하게 논의할 수 있다. 징벌적 억지는 일반적으로 핵억지로 대별되는데, 앞에서 언급한 것처럼 핵억지는 보복공격 능력이 확보

---

34 고봉준, "공세적 방어: 냉전기 미국 미사일방어체제와 핵전략", 『한국정치연구』 제16집 2호(2007), pp. 217-218.

35 강압(coercion)은 적국의 행동을 변화시키기 위해 무력을 사용하겠다고 위협하거나 그러한 위협을 뒷받침하기 위해 제한된 무력을 실제로 사용하는 것을 의미한다. 이런 강압전략은 적국이 의도한 행동을 하지 못하게 하는 억지와 의도하지 않은 행동을 하게 하는 강제로 구분될 수 있다. Lawrence Freedman, *Deterrence*(Malden, MA: Polity Press, 2004), pp. 26-27. 강제는 정상적인 상황에서는 하지 않을 행위를 특정 국가가 하게 만드는 행위를 의미한다. 일반적으로 강제는 억지보다 굴욕적인 것으로 인식되기 때문에 강제력의 발휘가 억지력의 발휘보다 힘들 수 있다는 견해가 있다.

▣ 억지이론에 대한 비판[36]

1. 억지의 개념은 본질적으로 모호하다. 억지란 인간 사이의 심리적 관계의 조작을 포함하기 때문에 본질적으로 측정이 어렵다.

2. 억지와 강제가 뚜렷하게 구분되지 않는다. 예를 들어, 북핵 위기는 억지 상황인가, 아니면 강제 상황인가? 결국 억지는 강제와 더불어 무력 사용의 위협을 통한 영향력 행사인 강압외교라는 일반적 상황으로 종합될 필요가 있다.

3. 강압외교도 현실에서는 강압만 있는 것은 아니다. 실제 외교는 응징의 위협(채찍)뿐만 아니라 보상의 약속(당근)이 결부된다. 즉, 외교는 과학이기 이전에 기술이며 예술이다.

4. 억지의 수행은 정치적 맥락 속에서 이뤄지기 때문에, 정치적 맥락이 전략적 합리성에 큰 영향을 미친다. 예를 들어, 미국의 미사일 방어는 핵억지의 안정성을 해치기 때문에 위험할 수 있다. 그러나 국민을 담보로 한다는 비난과 적의 공격 후에 적의 민간시설을 공격한다는 논리는 정책결정자로 하여금 미사일 방어에 대한 매력을 느끼게 한다.

5. 인간의 고유한 심리적 성향이 합리적 선택이론에 기반을 둔 억지이론의 기반을 약화시킨다.

될 때 그 신뢰성이 증가된다. 문제는 보복공격 능력을 강화하는 두 경로가 안보에는 역효과를 가져올 가능성을 높인다는 점이다. 우선, 보복공격 능력을 유지하기 위해 저장고를 강화하고, 미사일의 정확도를 높이고, 통제

---

36 김태현, "게임과 억지이론", 『현대 국제관계이론과 한국』, 우철구·박건영 편(서울: 사회평론, 2004), pp. 176-180.

사진은 1945년 8월 6일 원자폭탄이 투하된 일본 히로시마의 피해 모습. 상호확증파괴는 적이 핵 공격을 가할 경우 적의 공격 미사일 등이 도달하기 전에, 또는 도달한 후에도 생존한 핵무기로 보복공격하여 적이 정상적 사회로 기능할 수 없도록 파괴할 수 있는 능력을 상호 구현한 상태를 의미한다.

체제의 효율성을 증가시킬 수 있다. 그런데 이러한 조치들은 실제로 핵무기를 사용할 수 있는 능력을 신장시키게 되고, 상대방은 이에 대해 대응할 수밖에 없게 된다. 둘째, 보복공격 능력은 상대방의 선제공격으로부터 잔존할 수 있는 핵무기의 수를 증가시킴으로써 확보할 수 있다. 이 경우 상대방 역시 적국의 대군사타격 능력을 제한하기 위해 핵무기의 수를 증가시키게 되어 극심한 군비경쟁을 초래할 가능성이 커진다. 따라서 핵억지의 논리와 그 이해는 단순하지 않다.[37]

확증파괴가 상호 구현된 것을 의미하는 상호확증파괴MAD, Mutual Assured Destruction는 위기 시 생존성과 취약성의 논리에 대한 이해 필요성을 제기한

37 고봉준, "국가안보와 군사력", 『안전보장의 국제정치학』, 함택영·박영준 편(서울: 사회평론, 2010), pp. 202-203.

다. 생존성이란 상대방의 선제공격으로부터 살아남을 수 있는 핵전력을 보유하는 것을 의미하고, 취약성이란 선제공격을 받은 측이 공격 이후에도 보복공격을 통해 공격자의 표적들을 파괴할 가능성이 있어서 선제공격을 한 측에도 위험이 존재한다는 것을 의미한다. 생존성이 없으면 선제공격을 두려워하게 되고, 취약성이 없으면 상대방의 보복공격을 두려워하지 않게 된다. 즉, 이 두 가지가 낮아질수록 핵균형의 안정성이 깨질 가능성이 커지는 것이다. 따라서 미국과 소련은 서로의 취약성을 높이기 위해서 1972년에 자국의 대미사일 방어를 사실상 포기한 반탄도미사일협정anti-ballistic missile treaty을 체결하기에 이르렀다.[38]

4. 대군사타격 vs 대가치타격

(1) 배경

대군사타격과 대가치타격은 핵무기의 실제 사용과 관련해 논쟁적이고 이해가 어려운 개념이다. 대군사타격은 상대방의 핵전력을 핵무기로 타격하여 자국이 입을 수 있는 피해를 줄이고 필요시 (핵)전쟁에서 승리까지 염두에 두는 전략이라고 할 수 있다. 반면, 대가치타격은 상대방이 가치를 부여하는 대상을 목표로 하여 일반적으로는 감내할 수 없는 피해를 사회 및 국가 전반에 걸쳐 입게 만들 것을 명확히 함으로써 자국에의 공격을 회피하려는 시도라고 할 수 있다. 따라서 대군사타격보다는 대가치타격이 보다 (징벌적) 억지에 가깝다고 할 수 있다. 앞에서 언급한 것처럼 소련의 핵 능력 신장으로 생존성이 증가함에 따라 미국의 취약성도 따라서 증가할 수밖에 없는 상황에서 미국은 대군사타격으로 자국의 피해를 줄이려는 선택의 결과에 대해 확신할 수가 없었다. 따라서 소위 확증파괴의 시기에는 대가치타격이 미국 핵전략의 중요한 개념으로 작용했다고 할 수 있다.

---

38 전성훈, "미국의 핵전략 변화와 함의", 『핵비확산체제의 위기와 한국』, 백진현 편, p. 205.

(2) 전개

맥나마라가 주장한 확증파괴란 소련 국민의 5분의 1~4분의 1을 죽이고, 소련 산업의 2분의 1~3분의 2를 파괴할 수 있는 능력을 요구했다. 이를 위해서는 약 200MT 규모의 미국 핵전력이 필요하고, 만약 400MT 규모라면 소련 국민의 30%와 76%의 산업시설을 파괴할 수가 있다고 당시에는 판단했다. 물론 그런 피해에도 불구하고 소련 지도부가 미국에 핵공격을 감행할 가능성에 대해서 미국 측도 확신을 가진 판단을 내릴 수는 없었다. 다만 당시의 수치는 그런 불확실성에도 불구하고 그런 규모의 피해를 발생시키기 위해 소요되는 전력 규모를 미국이 계산하고 있었다는 것이다. 당시까지 미국의 전략적 고민에 반영된 개념들을 확증파괴, 대군사타격, 대가치타격으로 구분해본다면, 우선 1·2차 대군사타격은 소기의 성과를 달성하기가 힘들다고 판단해야 할 것이다. 하지만 미국의 당시 핵능력으로 확증파괴는 쉽게 수행할 수 있는 전략이었음을 알 수 있다. 즉, 소련의 핵전력은 미국의 선제공격 이후에도 대가치타격이 가능한 수준이었다. 또한 소련의 전력은 소련의 1차 대군사타격에 이어지는 미국의 반격 이후에도 미국 도시에 막대한 피해를 가할 수 있는 정도였다. 결국 미국이 소련의 반격 능력을 제한할 수 없기 때문에 미국은 효과적인 대군사타격 능력을 보유했다고 할 수 없다. 하지만 소련의 1차 공격 이후에도 소련 사회를 여러 번 파괴할 수 있는 능력을 미국이 보유하고 있으므로 미국은 충분한 확증파괴 능력을 보유했다고 할 수 있었던 것이다.[39]

(3) 함의

비록 확증파괴의 시기에 상대적 중요성이 약화된 것으로 여겨지기도 하

---

39 Michael Salman, Kevin J. Sullivan, and Stephen Van Evera, "Analysis or Propaganda", in *Nuclear Arguments: Understanding the Strategic Nuclear Arms and Arms Control Debates*, ed. by Lynn Eden and Steven E. Miller(Ithaca: Cornell University Press, 1989), pp. 205-263.

나, 냉전기에 대군사타격은 미사일방어체제와 함께 미국이 행정부에 상관없이 항상 우선적으로 고려했던 대안 중의 하나이다. 우선 대군사타격이나 미사일방어체제가 둘 다 소련과의 핵전쟁에서 불가피하게 생길 미국의 피해를 줄이도록 할 수 있었다.[40] 두 대안이 각각 공격과 방어의 측면에서 보완적이었기 때문에 두 가지 모두 추구하는 것이 보다 합리적일 수 있었다. 둘째, 효율적으로 구축된 대군사타격 능력은 미국에 또 다른 이점을 제공했다. 미국의 대군사타격은 대가치타격보다 NATO 동맹국들에게 미국의 개입에 대한 신뢰도를 더 높여줌으로써 그들의 독자적 핵무장의 필요성을 감소시켰고, 따라서 미국이 지역 내에서 불필요한 군비경쟁을 회피할 수 있게 해주었다.[41] 또한 대군사타격은 대가치타격보다 상대방 국가의 국민에게 주는 피해가 적을 것으로 예상되었기 때문에 보다 도덕적이고 대중적으로 정당화하기 쉽다는 논리가 가능했다.[42]

또한 냉전기에 미국이 효과적인 미사일방어체제를 갖췄다면 미국 핵무기의 생존율이 제고되어 미국의 보복핵공격second strike 능력이 확보됨으로써 억지력이 신장될 수 있었다.[43] 바로 이러한 측면들 때문에 여러 행정부

40 하지만 대군사타격은 일종의 역설적인 문제를 가지고 있다. 대군사타격이 적국의 핵무기를 성공적으로 파괴하기 위해서는 매우 정확하고 강력한 파괴력을 지니거나 아니면 대량 무기의 동시 사용이 필요하다. 따라서 대군사타격 무기는 한편으로 매우 효과적인 선제핵공격(first strike) 무기가 되는 것이다. 이에 상대방은 위협을 크게 느끼게 되어 위기시 상대방에 의한 선제핵공격의 가능성을 높이게 되는 것이다. 즉, 미국의 대군사타격 능력의 구축은 미소 양국 간 핵무기 경쟁만을 촉발시킨 것이 아니라 이론적으로는 핵전쟁 발발의 가능성을 증대시켰다.

41 Fred Kaplan, *The Wizards of Armageddon*, pp. 217-219.

42 핵무기 사용의 도덕적 판단은 간단하지 않다. 대가치타격은 일견 대군사타격보다 더 비도덕적이다. 왜냐하면 그것은 의도적으로 민간인의 대량살상을 목표로 하기 때문이다. 하지만, 대가치타격의 이러한 문제점 때문에 실제로 대가치타격이 수행될 가능성은 극히 적어지게 되고 대가치타격은 추상적인 수준에서 논의되는 개념에 머물게 된다. 반면, 보다 합리적으로 보이는 대군사타격은 실제적인 선제핵공격(first strike)의 의미를 지니기 때문에, 핵전쟁으로의 문을 열어놓게 된다. 즉 대군사타격과 대가치타격의 도덕적 측면을 단순 비교하기는 힘들다는 결론에 이르게 된다. 이에 대해서는 앞의 책, p. 299를 참조할 것.

43 Desmond Ball, "U. S. Strategic Concepts and Programs", in *Strategic Defenses and Soviet-American Relations*, ed. by Samuel F. Wells, Jr. and Robert S. Litwak, pp. 7-8.

〈표 10-1〉 냉전기 미국의 핵전쟁 계획과 미사일방어체제

미사일방어체제	방어 목표물/대상	적국 대륙간 탄도미사일	공개 핵정책	핵무기 사용 계획
나이키제우스 (Nike-Zeus) (1958년)	전략항공기지/ 소련 미사일	없음	대량보복	NSC 5602/1
나이키엑스 (Nike-X) (1963년)	민방위/ 소련 미사일	99기(소련)	유연반응	SIOP-63
센티널 (Sentinel) (1967년)	대륙간탄도미사일기지/ 소련 및 제3국의 미사일	818기(소련)	확증파괴	SIOP-4
세이프가드 (Safeguard) (1969년)	대륙간탄도미사일기지/ 소련의 미사일, 민방위/제3국 미사일	1,274기(소련)	확증파괴	SIOP-4
전략방위구상 (SDI) (1983년)	3,500개 지점/ 소련의 미사일	6,660기(소련), 20기(중국)	장기 핵전쟁에서의 승리 (Prevailing in a protracted nuclear war)	SIOP-6

출처 고봉준, "공세적 방어: 냉전기 미국 미사일방어체제와 핵전략", 『한국정치연구』 제16집 2호(2007), p. 203, 표 2.

에 걸쳐 변화된 미국의 공개 핵정책declaratory nuclear policy에도 불구하고 대군사타격과 미사일방어체제는 미국의 핵무기 사용 계획의 근간에 자리하게 되었다.

〈표 10-1〉은 미국의 냉전기 공개 핵정책과 시기별로 변화한 미국의 핵전쟁 대비태세를 보여주는 핵무기 사용 계획을 요약한 것이다. 미국은 냉전기에 앞에서 말한 이유로 미사일방어체제를 구축하기 위한 시도를 다섯 차례 했다. 각각의 시도는 미국의 국가안보에 있어서 고유의 전략적 함의를 지니고 있었다.

III. 탈냉전기 핵전략

1. 억지에서 방어로

(1) 배경

미국은 냉전의 종식으로 미국에 대한 전면 핵공격 위협이 사라진 이후에도 소위 불량국가 또는 초국가행위자로부터의 핵공격 위협에 대처한다는 명분으로 미사일방어를 추진했다.[44] 이에 대해 국제정치학자들은 미국의 미사일방어체제는 직접적인 위협에 대한 소극적인 대응이라기보다는 초강대국 미국의 적극적인 전략적 고려를 반영한 것으로 해석하기도 한다.[45] 특히 북한이 대포동 미사일 발사 실험을 했을 당시 클린턴Bill Clinton 행정부가 보여준 미사일방어체제에 대한 미온적 태도와 현재 추진되고 있는 미사일방어체제의 중층성layered missile defense 및 적용 지역의 포괄성 등은 미국이 다각도의 전략적 고려를 거쳐 미사일방어를 추진하고 있음을 입증해준다.[46]

앞에서 언급한 것처럼 미사일방어체제는 피해 제한의 개념과 불가분의

---

44 대표적인 의견은 조지 W. 부시(George W. Bush) 대통령의 미국 국방대학교 연설에서 제시되었는데, 이들은 공포와 위협이 생존의 방식이어서 전통적인 방식인 핵억지로는 효과적으로 대응할 수 없다는 것이다. White House, "Remarks by the President to Students and Faculty at National Defense University"(May 1, 2001), http://www.nti.org/e_research/official_docs/pres/5101pres.pdf(검색일: 2013. 10. 4.).

45 이에 대해서는 Charles L. Glaser and Steve Fetter, "National Missile Defense and the Future of U. S. Nuclear Weapons Policy", *International Security*, Vol. 26, No. 1(Summer 2001), pp. 40-92 및 Robert Powell, "Nuclear Deterrence Theory, Nuclear Proliferation, and National Missile Defense", *International Security*, Vol. 27, No. 4(Spring 2003), pp. 86-118 참조.

46 미국 미사일방어체제가 북한 등 일부 불량국가를 목표로 하는 것이라면, 광범위한 시스템보다는 해당 국가 근처에서 미사일을 요격하는 것을 우선적인 목표로 하는 제한적인 대안을 모색하는 것이 타당하다는 지적이 있다. 이에 대해서는 James M. Lindsay and Michael E. O'Hanlon, *Defending America: The Case for Limited National Missile Defense*(Washington, D.C.: Brookings Institution Press, 2001), pp. 147-152 참조. 물론 이러한 제한적인 시스템도 미사일의 탐지 및 추적을 위해 레이더 등 관련 시설을 러시아나 중국 근처에 배치할 수밖에 없기 때문에 궁극적으로는 두 나라의 안보에 부정적 영향을 미치지 않는다고 단정하기는 힘들다.

관계에 있고, 피해 제한의 개념은 핵교전nuclear exchange을 가정한 핵전략적 고민을 반영한 것이다. 따라서 탈냉전기 방어의 개념은 갑자기 출현한 것이 아니라 나이키엑스Nike-X의 개발 이후 잠복해 있던 개념이 부활한 것이라고 볼 수 있다.

(2) 전개

클린턴 행정부는 미사일방어체제에 대해 회의적인 시각을 가지고 있었다. 첫째, 당시 러시아 대륙간탄도미사일 전력의 거의 절반이 다탄두각개유도 기술을 채용한 미사일로 구성되어 있어서 이에 대한 효과적인 미사일방어체제의 전망이 불투명했다. 둘째, 당시 미국 핵전쟁 계획의 근간이었던 대군사타격은 미사일방어체제의 지원 없이도 충분히 실행될 수 있을 것이라고 클린턴 행정부는 판단했다. 왜냐하면 미국은 1993년에 트라이던트Trident급 원자력잠수함을 13척 보유하고 있었는데, 각 잠수함에는 192기의 W76(100kt) 또는 W88(475kt)의 핵탄두가 장착된 트라이던트 미사일이 배치되어 있었다. 이 핵탄두들은 모두 다탄두각개유도 기술을 채용해서 기술적으로는 한 척의 잠수함으로 러시아 인구의 약 3분의 1을 살상할 수 있었다. 따라서 미사일방어체제가 어떤 이득을 주는지 불확실했던 것이다. 마지막으로 클린턴 행정부는 냉전 이후에 러시아의 선제공격 가능성이 급격히 줄어들고 있으며, 이는 전략무기감축협상에 의해 더 감소할 수 있다고 판단했다.[47]

반면, 1990년대 이래 러시아의 급속한 전력 약화는 후임 부시George W. Bush 행정부의 안보전략이 선제공격과 전방위 우월성 확보full-spectrum dominance의 강조로 정리될 수 있는 토대를 제공했다. 러시아의 경제력은 냉전 시기와는 비교할 수 없을 정도로 악화되어 2000년대 초반 러시아는

---

47 고봉준, "미국 안보정책의 결정요인: 국제환경과 정책합의", 『국제정치논총』 제50집 1호(2010a), pp. 77-78.

미국 국방비의 5% 정도만 국방비에 투입할 수 있는 상황이었다. 또한 축소되는 러시아의 대륙간탄도미사일을 대체할 전력이 현실화되지 않았다. 러시아의 잠수함 전력도 현대화가 지연되는 한편, 구세대 잠수함은 신형으로 대체되지 않는 상황에서 계속 퇴역했다.[48] 또한 러시아는 2002년부터 2005년 사이에 원자력잠수함의 억지 순찰deterrent patrols을 오직 8회만 실시했는데, 이는 소련이 1990년 한 해에 총 61회의 순찰을 실시한 것이나 미국이 같은 기간에 연평균 40회 이상의 순찰을 실시한 것과 비교할 수 없을 정도로 활동이 둔화된 것이다.[49]

반면, 미국은 기존 전략핵무기의 정확도와 파괴력을 향상시킴으로써 전략무기의 균형을 유리하게 변화시켰다. 아울러 미국은 B-2를 비롯한 전략핵폭격기를 업그레이드함으로써 한층 전략 공격 능력을 강화했다.[50] 이러한 전략적 우위를 배경으로 하여 부시 행정부는 2002년 6월에 공식적으로 반탄도미사일협정에서 탈퇴하고 미사일방어체제를 공식적으로 추진하기 시작했다. 기본적인 개념은 단·중·장거리 탄도미사일의 추진, 중간·종말 단계에서 지상·해상·공중에서 중층적 시스템을 가동하여 본토 및 동맹국을 향한 공격을 막겠다는 것이다.

이후 오바마Barack Obama 행정부는 동유럽에 배치할 예정이던 미사일방어체제(폴란드의 미사일 기지 및 체코의 레이더 기지)의 추진을 사실상 철회하고 관계국들과의 조율을 통해 변화된 형태의 미사일방어망을 구축할 것이라고 밝힌 바 있다. 이는 기존에 개발되어 있는 미사일방어체제의 요소들을 변형하여 적용하는 것을 의미하는 것으로, 미사일방어체제 구축 계획의 대폭 축소를 시사하고 있다. 그러나 미국이 세계 유일의 초강대국이라는

---

48 Robert S. Norris and Hans M. Kristensen, "Russian Nuclear Forces, 2005", *Bulletin of the Atomic Scientists*, Vol. 61, No. 2(March/April 2005), pp. 70-72.

49 앞의 글, *Bulletin of the Atomic Scientists*, p. 67.

50 Keir Lieber and Daryl G. Press, "The End of MAD? The Nuclear Dimension of U. S. Primacy", *International Security*, Vol. 30, No. 4(2006), pp. 12-14.

국제정치 현실에 큰 변화가 생기지 않는 이상, 미사일방어체제는 기본적으로 미국의 안보정책 대안 중의 하나로 유지될 것이다.[51]

(3) 함의

미국의 미사일방어체제가 핵공격 능력 확보와 밀접한 관련이 있다고 인식된다면, 안보 딜레마의 관점에서 군비경쟁의 작용-반작용의 악순환 흐름을 형성할 개연성이 있다. 현재 유일하게 미국에 전략적 타격을 가할 수 있는 국가인 러시아는 이에 대응하기 위해 RS-24 대륙간탄도미사일을 전력화했고, 이 미사일은 최신 다탄두각개유도 기술을 구현한 것으로 알려져 있다. 현재의 미사일방어체제는 이런 핵미사일을 요격할 수 있는 기술을 구현하지 못한 상태이다. 사실상 미국의 미사일방어체제는 오히려 미국의 안보에 부정적인 결과를 가져왔다고 볼 여지가 있는 것이다.[52]

다탄두각개유도 기술은 미국과 러시아가 1990년대에 전략무기감축협상START-II의 진전을 위해 전력화하지 않기로 합의했었으나, 러시아는 이를 채용한 새로운 핵미사일 전력을 구축했고, 미국은 그간 추진해온 기배치 다탄두각개유도 핵미사일의 해체를 중단하고 핵탄두의 파괴력과 정밀도를 높이는 작업을 진행하고 있어 우려를 낳고 있다.[53] 이러한 상황은 하나의 사례에 불과하지만, 미사일방어체제를 둘러싼 국제정치적 동학이 냉전 종식 이후 진행되어온 탈군사화, 핵군축의 진행에 부정적인 결과를 초래하고 있음을 강력히 시사해주고 있다.

---

51 고봉준, "미국 안보정책의 결정요인: 국제환경과 정책합의", 『국제정치논총』 제50집 1호(2010a), p. 81.

52 앞의 책, p. 65.

53 미국의 대표적인 다탄두각개유도 핵미사일 피스키퍼(Peacekeeper)는 2005년에 퇴역했으나, 이 미사일에서 분리된 탄두는 미국의 주력 전략핵미사일인 미니트맨(Minuteman) III에 재장착되고 있다.

2. 소극적 안전보장과 선제 사용

(1) 배경

미국이 타국에 제공하는 소극적 안전보장negative security assurance이란 핵확산금지조약NPT, Nuclear Non-Proliferation Treaty 가입 비핵국가로서 NPT의 규범을 준수하는 국가에 대해서는 핵무기를 사용하지 않겠다는 원칙이다. 이에 대한 예외 조항은 비핵국가라고 하더라도 핵보유국과 동맹관계에 있거나 미국이나 미국의 동맹국을 공격하는 경우 해당 비핵국가에 핵무기를 사용할 수 있다는 것이다.[54] 미국의 입장에서는 이러한 행동 시 핵무기를 선제적으로 사용하는 것에 대해 아직도 분명한 입장을 취하지 않는 모호성을 보여줌으로써 실질적으로는 선제적 사용의 위협을 통한 억지 효과를 노리고 있다.

(2) 전개

특히 핵무기의 선제적 사용은 소위 부시 독트린Bush doctrine과 맞물려서 현실화 가능성이 높아졌다고 할 수 있다. 9·11의 충격 이후 부시 대통령은 그간 정당화되지 않던 군사력의 선제적 사용을 공식적인 군사안보전략으로 강하게 추진했다. 특히 부시 대통령은 미국 육군사관학교에서 행한 연설에서 새로운 위협에는 새로운 사고로 대처해야 함을 강조하면서 대량살상무기로 무장한 불량국가와 테러 집단이 미국을 공격할 때까지 기다리기보다는 신속한 행동을 취할 필요가 있다고 역설했다. 즉, 새로운 시대에 안전을 위한 유일한 길은 행동이며, 이를 위해 공세적 전력을 추구해야 한다고 주장한 것이다. 이어 부시 행정부에서 발간한 2002 국가안보전략보고서National Security Strategy of the United States 2002에서도 통제와 억지가 불가능한 상대에 대처하기 위해서는 과거와 같은 반응적 태도로 선제공격을 당할

---

54 전성훈, "미국의 핵전략 변화와 함의", 『핵비확산체제의 위기와 한국』, 백진현 편, p. 223.

것이 아니라 호전적 행위를 미리 차단하기 위해 선제공격을 가할 수 있음을 분명히 했다.[55]

(3) 함의

소극적 안전보장의 개념은 최근 미국이 재강조하고 있는 확장 억지와 밀접한 관련이 있다. 안전보장의 대상이 되는 미국 동맹국 또는 NPT상의 비핵국가를 보호하기 위해서는 미국의 확장 억지가 원활하게 작동되어야 하는 것이다. 또한 소극적 안전보장은 비확산을 위한 중요한 실행 조치 중

---

55 전성훈, "미국의 핵전략 변화와 함의", 『핵비확산체제의 위기와 한국』, 백진현 편, pp. 212-214.

LGM-118 피스키퍼(Peacekeeper) 시험 발사 장면(왼쪽)과 태평양 콰잘레인 환초(Kwajalein Atoll)에 명중하는 피스키퍼의 재돌입 운반체들(오른쪽). 한 미사일에서 8개의 재돌입 운반체가 발사되었고 각각의 재돌입 운반체에 장착된 핵탄두는 히로시마에서 투하된 원자폭탄 리틀 보이의 25배의 파괴력을 가진다.

의 하나이다.

미국이 외부 안보 위협을 느끼는 동맹국을 보호하기 위해서는 안보 공약을 확실하게 할 필요가 있다. 예를 들면 북한 핵무기의 직접적인 위협에 직면한 한국은 비핵화를 유지하기 위해 미국의 안보 공약을 재차 확인하고자 노력하고 있다. 소극적 안전보장은 그런 의미에서 확장 억지의 신뢰성을 높이는 역할을 할 수 있다. 그런데 이렇게 동맹국을 보호하기 위해 안보 공약을 강화(억지력으로서의 핵무기 사용을 포함하여)하는 경우, 이는 NPT 등의 국제 규범과 충돌할 가능성이 커지게 된다. 또한 이런 경우에는 미국에 적대적인 비핵국가가 안보상의 이유로 핵무기를 추구하거나 핵폐기를 거부할 명분을 강화시키게 되는 문제가 발생한다. 즉, 규범의 강화와 현실이 항상 같은 방향을 지시하지 않을 수도 있다는 것이 소극적 안전보장 조치의 이면이다.[56]

또한 (핵무기의) 선제 사용이 미국의 전략적 고려에서 유효하다면 국제정치의 현실상 다른 국가들이 유사한 행동을 취할 가능성이 높아지고, 그렇다면 국제안보의 안정성은 크게 흔들릴 수 있다. 소위 정전론just war theory에서는 군사력의 선제적 사용을 엄격하게 제한하여 여러 조건을 충족시킬 때만 군사력의 선제적 사용이 정당화될 수 있다고 보고 있다. 그러나 부시 독트린에서 그 중요한 조건 중의 하나인 선제preemptive 공격과 예방preventive 공격의 구분을 완화시켰기 때문에, 이와 관련하여 향후에도 지속적인 논란의 소지가 남는다.[57]

---

56 고봉준, "핵비확산과 네트워크 세계정치: 이론과 실제", 『국제정치논총』 제51집 4호 (2011), pp. 14-15.

57 전통적으로 정전론에서는 군사적으로 대응을 하지 않으면 구체적인 피해를 입을 것이라는 사실이 분명한 긴박한 경우에 한해 자위권 행사 차원에서 방어 목적으로 무력을 선제적으로 사용할 수 있다고 보고, 이런 경우에 한해 정당화될 수 있다고 판단한다. 반면, 예방 공격은 적이 향후에 자신에게 해를 입힐 것을 두려워하여 미리 공격하는 것으로, 정전론에서는 이런 행동은 정당화될 수 없다고 판단한다.

▣ 정전론과 무력 사용

정전론just war theory은 국가 이익의 실현을 위해 무력을 사용할 길을 열어놓는 현실주의와 무력 행사의 가능성을 원천적으로 배제하고자 하는 평화주의라는 양 극단 사이에 있다고 할 수 있다. 정전론은 현실주의적 주장에 밀려 영향력을 상실하는 듯했으나, 두 차례의 세계대전과 베트남전 등 막대한 파괴와 인명살상의 경험을 통해 다시 전쟁과 관련된 윤리적 논의가 시작되면서 영향력을 회복했다. 부시 독트린조차도 정전론의 개념을 통해 이라크전을 정당화하려고 시도했다는 점에서 정전론이 단순한 일부 학자의 주장이 아님을 확인할 수 있다.

정전론은 '전쟁에 대한 법jus ad bellum'으로 여섯 가지 조건, ①권위가 있는 기관에 의한 전쟁 개시 결정 ②정당한 이유 ③올바른 의도 ④평화적인 해결책을 사용한 끝에 취하는 최후의 수단 ⑤발생하는 손해와 달성되어야 하는 가치의 균형 ⑥승리할 가능성을 정당화의 조건으로 제시한다.

또한 '전쟁에 있어서의 법jus in bello'으로는 두 가지 조건, ①전투원/비전투원의 식별 ②균형의 원칙(전쟁 목적에 걸맞은 공격 수단의 선택)이 있고, 설령 정당하게 개시된 전쟁이라고 하더라도 정당한 전쟁 수행의 조건에 위배될 때에는 정당화될 수 없다고 주장한다.

3. 비확산

(1) 배경

비확산은 "핵무기 없는 세상world without nuclear weapons"을 강조한 미국 오바마 행정부가 출범하면서 국제안보의 전면에 핵심적 이슈로 다시 부각되었다. 핵무기 없는 세상은 국제정치에서 핵무기의 중요성을 약화시키는 국제적 공조를 통해 전체적인 안보를 증진시키자는 의욕적인 제언이다. 하지

미국 워싱턴에서 개최된 2010년 핵안보정상회의(NSS). 두 차례 개최된 핵안보정상회의의 상징성과 이어서 2010 NPT 검토회의의 부분적 성공에도 불구하고, 비확산 이슈와 관련된 모든 문제와 갈등이 단시일 내에 해결될 가능성은 그리 크지 않다. 그러나 국가 간에 다양한 이해와 관계의 조정을 통해 비확산의 성과를 도출하려는 이러한 국제적 노력은 세계평화와 공동 안보라는 명분을 기반으로 하고 있기 때문에 당분간 지속될 수밖에 없을 것이다.

만 두 차례(2010년과 2012년) 개최된 핵안보정상회의NSS, Nuclear Security Summit의 상징성, 이어서 2010 NPT 검토회의Review Conference의 부분적 성공에도 불구하고, 비확산 이슈와 관련된 모든 문제와 갈등이 단시일 내에 해결될 가능성은 그리 크지 않다. 근본적으로 비확산과 핵 없는 세상의 추진은 국가 간 이익이 상충하는 엄연한 현실이 존재하는 국제정치 무대에서 진행될 수밖에 없기 때문이다. 물론 세계평화와 공동 안보라는 명분을 기반으로 하고 있기 때문에 국가 간에 다양한 이해와 관계의 조정을 통해 비확산의 성과를 도출하려는 국제적 노력은 당분간 지속될 수밖에 없을 것이다.

(2) 전개

미국이 주도하는 비확산은 핵무기의 확산 방지, 핵군축, 핵에너지의 평화적 사용 증진, 핵테러리즘의 방지 등 4개의 축으로 구성되어 있다. 2010년에 발표된 미국의 핵태세검토보고서NPR, Nuclear Posture Review는 미국 핵정책의 최우선순위를 핵보유국이 증가하는 것을 차단하고 테러리스트 집단이 핵을 보유함으로써 발생할 수 있는 핵테러리즘의 위협을 막는 것임을 천명하고, 이를 위해 미국이 포괄적 핵실험금지조약CTBT, Comprehensive Test Ban Treaty을 조속히 비준할 것임을 약속하는 모범을 보이고 다른 국가들도 이를 기반으로 하는 비확산의 국제협력에 적극 동참할 것을 강조했다.

세계의 많은 국가들이 이러한 미국 주도의 비확산을 국제 규범으로 인정하고 국제적 협력에 동참함으로써 비확산은 최근 국제정치의 흐름을 좌우하는 영향력을 미치고 있다. 물론 이러한 추세에 모든 국가가 동조하는 것도 아니고, 미국의 행동에 대해 이중 잣대라는 비판이 있는 것도 사실이다. 특히 북한과 이란은 원자력의 평화적 이용과 자위권이라는 양수겸장兩手兼將의 논리로 핵 프로그램의 개발을 진전시키고 있다. 또한 기존 핵보유국들은 제외하더라도 이스라엘, 인도, 파키스탄의 핵개발에 대한 미국의 관용적 태도는 비확산 국제 규범 및 제도의 정당성에 대한 문제제기의 여지를 제공하고 있다.

이처럼 비확산의 구심력을 미국이 제공하고 있지만, 확산의 원심력도 현존하고 있다. 비확산 국제정치의 복합성의 한 축에는 핵개발이라는 현상이 자리하고 있는데, 이와 관련하여 특히 핵무기 개발의 동기에 대해서는 여러 해석이 제시되어왔다. 이에 대해 세이건Scott Sagan은 크게 세 가지로 구분한다. 안보 모델security model, 국내 정치 모델domestic politics model, 규범 모델norm model이 핵무기 추구의 동기를 일정 정도 설명할 수 있다는 것이다.[58] 안보 모델은 국가가 외부의 안보 위협에 대한 대응으로 핵무기의 개발을 추구한다는 주장이다. 반면, 국내 정치 모델은 국가의 핵개발 동인을

58 Scott Sagan, "Why Do States Build Nuclear Weapons?: Three Models in Search of A Bomb", *International Security*, Vol. 21, No. 3(1996/97).

적절히 설명하기 위해서는 특정 국가 내부에 핵개발을 선호하는 조직적인 요인을 검토해야 한다는 주장이다. 예를 들면, 핵과학자와 연결된 집단적인 로비나 인기 영합적인 정치인에 의해 핵개발이 추진될 수 있다는 것이다. 마지막으로 규범 모델은 핵무기가 안보 위협에 대한 대응이나 정치적 이익의 증진 수단이기보다는 근대성이나 국가의 정체성 등 상징적인 이유를 충족시키기 위해 개발된다는 주장이다.

한편으로 모든 형태의 핵 관련 민간 협력이 핵확산의 위협을 증가시킬 수도 있다. 이러한 의견은 안보 위협 또는 특정 집단의 정치적 이익 증진 때문에 핵무기를 추구한다는 일반적 견해와는 달리 기술적 능력 자체가 핵무기 추구에 결정적 영향을 미친다는 것이다.[59] 그 이유는 민간 차원의 원자력 협력 지원을 받은 국가는 추후 핵 프로그램의 준비에 드는 비용을 줄일 수 있고, 기술적으로도 확신을 가질 가능성이 높으며, 핵분열 물질을 이미 보유하고 있거나 생산할 수 있는 기반을 보유할 수 있게 되기 때문이라는 것이다. 북한과 이란의 경우에도 불법적인 거래가 양 국가의 핵 프로그램의 진전에 도움을 준 부분보다는 이미 진행된 민간 차원의 원자력 협력이 프로그램의 근간을 이루고 있다는 점에서 이런 주장의 함의는 재조명될 필요가 있다. 핵보유국들 또는 선진국들은 과거에 전략적 필요에 의해서 앞에서 언급한 국가들에 차별적으로 원자력 협력 지원을 제공했고, 국제정치적 상황의 변화로 이제 그 국가들이 보유하고 있는 핵 프로그램에 문제를 제기하고 있는 상황인 것이다. 더구나 다른 연구는 핵보유국들이 전략적 · 경제적 이익을 실현하기 위해서 핵확산의 위협을 실제로는 무시하고 있다는 점을 보여준다.[60] 결국은 비확산이라는 것이 오로지 일부 불량국가들의 존재 때문에만 문제가 되는 것이 아니라는 지적은 21세기

59 Matthew Fuhrmann, "Spreading Temptation: Proliferation and Peaceful Nuclear Cooperation Agreements," *International Security*, Vol. 34, No. 1 (Summer 2009), p. 8.

60 Matthew Fuhrmann, "Taking a Walk on the Supply Side: The Determinants of Civilian Nuclear Cooperation", *Journal of Conflict Resolution*, Vol. 53, No. 2(April 2009).

비확산과 관련한 핵전략의 고민이 결코 간단하지 않다는 것을 보여준다.

(3) 함의

비확산과 관련해서는 핵물질감축협정FMCT, Fissile Material Cut-off Treaty의 실현 여부가 전망을 할 수 있는 하나의 척도가 될 것이다. 핵물질감축협정은 1993년 9월 클린턴 대통령이 핵국가 및 비핵국가 구별 없이 플루토늄과 고농축 우라늄 등의 무기용 생산을 금지하자고 제안함으로써 구체화되기 시작했다. 이후 제네바 군축회의에서 이 문제를 계속 논의하기로 했는데, 1998년 이후 제네바 군축회의가 실질적으로 가동되지 못함으로써 현재는 관련 협상이 중단된 상태이다.[61]

부시 행정부는 광범위한 사찰 대상에 대한 민감성 문제 때문에 FMCT 내에서 효율적인 검증체제를 갖추는 것에 대해 부정적인 입장을 피력한 바 있지만, 미국은 2009년 미-EU 정상회담을 통해 이 조약에 대한 협상을 재개할 것을 촉구한 바 있다. 이와 관련해서 미국은 이미 단독으로 무기용 핵분열 물질의 생산을 중단해오고 있다. 이 조약은 실질적으로 핵보유국들 내에서 수직적 확산을 방지하는 상징적인 조치라고 할 수 있는데, 몇 가지 한계점이 있다. 우선 규제 범위가 과거에 생산한 것은 제외되고 향후 생산 분에 대해서만 적용하는 것을 기초로 하고 있다. 따라서 비핵국가들은 재고도 금지 대상에 포함시키자고 주장하지만, 핵보유국들은 그것이 이 조약을 핵군축 프로그램으로 만들게 된다고 우려하고 있다.[62] 설령 FMCT가 본격적으로 추진된다 하더라도 핵보유국들의 실질적 핵군축과 무기용 핵물질 재고의 통제가 이뤄지지 않는 한, 당분간은 상징성의 차원에 머물러 있을 가능성이 크다고 할 수 있다.

---

61 류광철·이상화·임갑수, 『외교 현장에서 만나는 군축과 비확산의 세계』(서울: 평민사, 2005), pp. 424-425.

62 이병욱, "핵물질 규제의 현실과 문제점", 『핵비확산체제의 위기와 한국』, 백진현 편(서울: 오름, 2010), p. 90.

최근에 에너지 안보와 기후 변화로 인해 핵에너지에 대한 관심이 고조되는 상황에서 2005년 이후 그간 핵발전소가 없던 국가 중 27개국 이상이 핵발전소의 신규 건설을 선언했다. 이들의 절반은 소위 개발도상국이다. 이들 국가의 계획이 예정대로 진행된다면 2030년에는 지금의 두 배 규모로 핵에너지 생산량이 증가할 것으로 전망되고 있다. 국제사회에서 핵확산 방지에 친화적인 핵연료주기를 구축하기 위한 노력을 기울여왔지만, 아직 이를 위한 기술적·제도적 장치가 효율적으로 구축되지 않은 것이 현실이다.[63]

현재까지 논의되어온 연료임대계약, 농축 및 재처리 방지협정, 영구적 핵연료공급 방안 등에 대한 국제사회의 합의에 뚜렷한 진전이 없는 상태에서 핵발전을 새롭게 시작하는 국가의 핵연료주기가 NPT 체제 하에서 관리되지 않을 가능성이 크고, 이는 국제 비확산 노력에 새로운 도전으로 작용할 것이다. 이미 2010년 5월에 개최된 제8차 NPT 검토회의에서 비핵국가들은 농축 및 재처리 시설의 구축이 NPT에 보장된 핵에너지의 평화적 이용 권리에 해당한다고 강력하게 주장한 바 있다.[64] 따라서 핵의 평화적 이용 권리에 대한 주장을 비확산체제 내에서 보다 적극적으로 수용하지 못한다면 불안정한 상태로 지속되고 있는 NPT 중심의 비확산체제의 미래 전망은 그리 밝지 않다고 보아야 할 것이다.[65]

---

63 Sharon Squassoni, "Nuclear Energy Enthusiasm: The Proliferation Implications", *JPI PeaceNet*, 2010-7, Jeju Peace Institute(2010).

64 박재적, "새로운 원전 르네상스 시대의 도래: 핵비확산 체제의 위기?", 『NPT 체제와 핵안보』 배정호·구재회 편(서울: 통일연구원, 2010).

65 최근에 일본 후쿠시마 원전 사고를 경험하면서 핵에너지에 대한 열기가 약화될 것이라는 전망들이 나오고 있다. 실제로 새로 원전을 건설하려던 국가들이 기존 계획을 재검토하는 사례들이 보도되고 있다. 비확산과 아울러 핵안전의 중요성이 새로운 국제적 의제로 부상하고 있다는 주장에 대해서는 함택영, "동북아 핵의 국제정치", 『한반도 포커스』 제13호(2011) 및 James Goodby and Markku Heiskanen, "The Fukushima Disaster Opens New Prospects for Cooperation in Northeast Asia", *Policy Forum*, Nautilus Institute(Jun 28, 2011) 참조. 핵발전소 건설을 적극적으로 추진하던 중국 내에서도 핵안전에 대한 경각심이 새롭게 제기되고 있다는 주장도 있다. 이에 대해서는 Wen Bo, "Japan's Nuclear Crisis Sparks Concerns over Nuclear Power in China", *Special*

4. 핵군축

(1) 배경

냉전기 미국의 과도한 핵무기 보유가 군사적 안정성을 유지하는 데 항상 긍정적인 영향을 미친 것은 아니지만, 당시 미국의 핵정책은 미국 나름대로의 정책적인 고민이 반영된 것이었다. 미국의 고민은 핵시대에는 억지가 차선의 합리적인 선택일 수밖에 없지만, 동시에 억지력을 발휘할 수 있는 수준을 훨씬 넘어서는 핵공격 능력의 확충이 계속적으로 요구되었다는 데 있었다. 왜냐하면 당시 미국은 핵억지가 실패할 경우를 대비하지 않을 수 없었다. 적국이 미국으로부터의 보복 공격을 감내할 경우에는 미국도 핵전쟁을 치를 준비가 되어 있어야 하는 상황이었던 것이다. 또한 핵억지가 효과적이기 위해서는 소련의 핵공격 능력을 감안해 1차 공격 후 충분한 잔존 무기를 확보하는 것이 필요했기 때문에 소련의 핵능력 신장에 맞춰 미국도 끊임없이 핵무기 규모를 늘려가야 했던 것이다. 단지 문제는 핵무기를 어느 정도 보유해야 충분한지에 대한 정책적 판단이 도출되지 않았다는 것이다.

그러나 탈냉전기에는 냉전기 수준의 핵전력 보유의 필요성이 근거를 상실했다. 미국의 입장에서 보자면, 소련이라는 경쟁자가 부재하는 상황에서 과거와 같은 양의 핵무기를 보유할 명분이 사라진 것은 물론이고, 미국 국내적으로도 그 필요성이 의심받는 상황에 이른 것이다. 따라서 미국과 러시아는 핵군축을 주도적으로 추진하고 있다.

(2) 전개

전술한 것처럼 다양한 공격 대안과 목표의 유지를 위해 미국은 1967년에 약 3만 2,000개의 핵탄두를 보유한 바 있고, 1,000회 이상의 핵실험을 실

Report, Nautilus Institute(Jun 2, 2011) 참조.

시했으나, 1992년 이후에는 핵무기 실험 및 새로운 탄두의 생산을 중단한 바 있다.[66] 2010년에 체결한 신전략무기감축협정New START에 따라 미국과 러시아는 2018년까지 전략무기의 상한선을 전략핵탄두 1,550기, 실전배치 전략적 핵무기 운반수단 700개, 실전배치 및 미배치 전략적 발사수단 800개로 설정하는 데 동의하고 전략핵무기를 지속적으로 감축하고 있다. 최근 자료에 따르면 〈표 10-2〉에서처럼 2013년 9월 기준 러시아는 이미 부분적으로는 목표를 달성한 상태이고, 미국도 목표에 거의 근접하고 있는 상태이다(러시아: 전략핵탄두 1,400기, 실전배치 전략적 운반수단 473개, 실전배치 및 미배치 전략적 발사수단 894개, 미국: 1,688기, 809개, 1,015개).[67]

〈표 10-2〉 신전략무기감축협정 이행 현황(2013년 9월 기준)

구분	미국	러시아
실전배치 전략적 운반수단	809	473
실전배치 전략핵탄두	1688	1400
실전배치 및 미배치 전략적 발사수단	1015	894

출처 Bureau of Arms Control, Verification and Compliance(October 1, 2013)

미국이 보유한 전술핵무기의 수도 1990년대 이래로 급격히 줄어들어 〈표 10-3〉과 같이 2009년에 미국은 500개의 전술핵탄두를 보유하고 있다.

1987년에 미국과 소련 간에 체결된 중거리핵전력INF, Intermediate-Range Nuclear Forces협정에 따라 미국은 사거리 500킬로미터에서 5,500킬로미터

66 Robert S. Norris and Hans M. Kristensen, "U. S. Nuclear Warheads, 1945-2009", *The Bulletin of the Atomic Scientists*, Vol. 65, No. 4(July/August 2009), p. 73.

67 자세한 내용에 대해서는 "Nuclear Notebook" 시리즈, *The Bulletin of the Atomic Scientists*, Vol. 69를 참고할 것.

〈표 10-3〉 미국의 전술핵탄두 보유 현황

단위: 기

1991년	2001년	2009년
9,152	2,182	500

출처 1991년과 2001년 자료는 Natural Resources Defense Council의 Nuclear Data(http://www.nrdc.org/nuclear/nudb/datainx.asp), 2009년 자료는 Robert S. Norris and Hans M. Kristensen, "Nuclear Notebook: U.S. Nuclear Forces, 2009", *The Bulletin of the Atomic Scientists*, Vol. 65, No. 2(March/April 2009), p. 61의 표에서 발췌.

인 중거리 지상발사 탄도 및 순항미사일을 폐기했다. 미국은 1991년까지 총 846기의 중거리 탄도 및 순항미사일을 폐기하고 이후에도 지속적으로 전술핵무기를 감축했다. 현재 미국의 전술핵무기는 B61-3, B61-4 탄두로 유럽의 5개 NATO 회원국 내의 6개 공군기지에 200여 기가 배치되어 있으며, 크게는 190킬로톤kt에 이르는 파괴력으로 전술핵이라고는 하지만 히로시마 원폭의 10배 이상의 위력을 발휘한다. 최근까지 토마호크Tomahawk 해상발사 순항미사일SLCM, Sea-launched Cruise Missile에 탑재되어 있던 W80-0 탄두도 비슷한 파괴력을 가지고 있으나 2010 NPR의 지침에 따라 2014년까지는 모두 해체될 예정이다. 이들 전술핵탄두는 INF 협정에 위배되지 않으며, 유럽과 동북아시아에서 미국의 확장억지력extended deterrence 발휘를 위한 핵심적 기능을 수행하고 있고, 추가로 약 600기의 전술핵탄두가 저장되어 있다.[68]

그간의 부침에도 불구하고 핵군축은 지속적으로 추진되고 있고, 당분간 그 추이도 유지될 것으로 전망된다. 다만 향후 핵능력의 신장을 도모할 수 있는 중국과 새롭게 핵무기를 추구하는 국가들의 구체적인 행동에 따라 핵군축의 전략적 유용성에 대한 평가가 달라질 수 있을 것이다.

---

68 Robert S. Norris and Hans M. Kristensen, "Nuclear Notebook: U.S. Nuclear Forces, 2009", *The Bulletin of the Atomic Scientists*, Vol. 65, No. 2(March/April 2009), p. 65.

(3) 함의

핵군축의 전략적 전망은 복합적이다. 국제사회의 한편에서는 미국이 아직도 막대한 양의 핵무기를 보유하고 친미국가의 핵보유는 용인하면서도 여타 국가에는 엄격한 기준을 들어 비확산 제재를 가하고 있는 상황을 이중 잣대의 적용이라고 비판한다.[69] 그러나 미국이 러시아와 함께 실질적으로 핵군축을 진행하는 것도 사실이다. 물론 미국이 향후에도 장기간 핵무기를 보유할 수밖에 없지만, 앞에서 언급한 것처럼 미국은 핵무기의 필요성 자체를 감소시키는 것이 현 시점에서 자국의 안보를 위해 가장 중요한 과제라고 판단하고 있기 때문에 비확산 기조 정착을 위해 향후에도 핵군축을 지속적으로 추진할 가능성이 높다.

그런데 미국이 주도하는 핵군축은 또 다른 전략적 이슈를 제공한다. 미국의 핵군축은 미국 동맹국 일부에 확장 억지에 대한 고민을 안겨주고 있다. 특히 최근 동아시아의 한국과 일본은 미국의 핵우산에 대한 신뢰성에 의문을 가지고 있다. 2010 NPR에서 명시된 핵탄두 함상발사 순항미사일의 퇴역 조치는 이를 구체적으로 대치할 만한 내용의 제시가 없다는 점에서 미국 확장 억지의 근간에 대한 의구심을 증폭시키고 있다.[70] 한국과 더불어 북한의 핵무장 및 중국의 핵전력 강화 움직임에 대응해야 하는 일본

---

69 단적인 예를 들어 미국과 인도 사이에 체결된 핵협정은 어떤 의미에서는 비확산체제의 근간을 흔들 수 있는 사건이라고 할 수도 있다. 인도는 NPT 미가입국가이면서도 가입국가가 받을 수 있는 혜택을 부여받지만, 이는 원자력의 평화적 이용 권리를 보장받기 위해서는 핵무기 개발을 포기해야 한다는 NPT의 접근법을 사실상 무력화시킨 것이나 다름없는 것이다. 더구나 이와 동시에 인도가 IAEA의 전면적 핵안전조치를 수용하지 않아도 되는 예외국가로 간주됨으로써 사실상 인도는 핵국가의 지위를 인정받았다고 할 수 있다. 이에 대해 중국도 민수용 원자로 건설 증대를 염두에 두고 강력한 비판을 회피함으로써 비확산 국제정치의 과정에서 하나의 이정표를 만들었다고 볼 수도 있다. 이러한 평가에 대해서는 이호령, "미국-인도 핵협정과 비확산체제의 한계", 『주간국방논단』 제1104호(2006) 참조.

70 이에 대해 한국에서는 이미 자체 핵무장이나 주한 미군의 전술핵 재배치가 공개적으로 논의되고 있는 상황이다. 물론 이러한 주장은 실제로 한국이 핵무장으로 나가야 한다는 것보다는 그러한 압박을 통해 중국과 북한에 보다 분명한 의사를 전달하고자 하는 것이라고 볼 수 있다. 하지만 그러한 움직임 자체가 한국에 비생산적인 결과를 초래할 가능성도 크다. 여기에 대해서는 Ralph A. Cossa, "U. S. Weapons to South Korea", *PacNet*, No. 39(July 2011) 참조.

으로서는 핵을 포함한 군사력의 증강에 대해 심각하게 고려할 가능성이 농후하다. 미국이 확보하는 전략적 유용성만큼 한국과 일본으로서는 독자적인 군사력을 보강해야 할 필요성을 가지게 된다는 점에서 미국의 핵군축은 동아시아에서 미국 동맹국의 군사력 강화로 이어질 가능성이 높다고 할 수 있다. 향후 상황의 전개에 따라서 한국과 일본 내의 안보 불안 심리가 강화된다면 북한과 중국의 핵전력에 대응해야 하는 양국에 핵무장을 포함한 적극적 정책 대안을 모색하라는 압력이 거세질 가능성도 있다고 할 수 있다.[71] 그렇다면 핵군축이 애초의 전략적 의도와는 다른 결과를 낳을 가능성이 커질 수도 있다.

IV. 맺음말

오바마 대통령은 2013년 6월 19일 베를린에서 행한 연설에서 러시아에 추가로 핵무기 3분의 1을 감축하자고 제안했다. 이에 대해 핵무기 없는 세상을 위한 구체적인 조치라는 긍정적인 평가가 있는가 하면, 그래도 남게 될 1,000여 기의 전략핵무기는 여전히 방어용으로 치부하기에는 너무나 많고 기존 핵전쟁 계획에도 변화를 가져오지 못할 것이라는 비판 역시 존재한다. 또한 러시아는 이에 대해 미국의 유럽 내 미사일방어체제가 존재하는 상황에서 러시아의 핵무기를 감축하자는 것은 무리한 주장이라는 입장이며, 미국 내 공화당을 중심으로 한 보수 진영도 이란과 북한 등 실질적 위협에 대한 대처는 소홀히 하면서 러시아와의 관계 개선에만 주력하는 것은 안보상 무리수라는 비판적 시각을 보이고 있다. 하지만 탈냉전

---

71 고봉준, “동북아 평화와 새로운 군비경쟁의 극복”, 『미중 경쟁시대의 동북아 평화론: 쟁점, 과제, 구축전략』, 한용섭 편(서울: 아연출판부, 2010b).

기에 핵무기의 유용성은 지속적으로 감소하고 있다.

아울러 과거 핵전략의 핵심이었던 억지의 효용에 대해서는 신뢰성 면에서 의문이 가중되고 있다. 그러나 핵무기와 관련하여 많은 부분이 (확장) 억지 개념을 통해 이해될 수밖에 없는 상황이 잔존하고 있고, 핵무기는 여전히 존재하고 있으며, 핵무기 없는 세상의 구현은 이상적인 구호에 그칠 가능성도 크다. 따라서 조심해야 할 점은 과거의 것이라는 이유로 억지를 포함한 핵전략에 대한 이해의 노력을 포기하는 것이다. 그 효용의 크기 자체는 줄었을 수 있으나, 그 논리에 대한 이해는 여전히 필요하다. 그러한 노력이 없다면 자칫 억지가 필요한 곳에는 활용하지 않고, 억지가 통하지 않는 곳에는 적용하려는 비생산적인 행동을 할 위험성이 있다. 특히 북한의 핵 사용 위험과 관련하여 선제적 타격의 위협을 통한 '능동적 억지'를 구사하려는 한국의 입장에서는 핵전략의 역사와 주요 개념에 대한 정확한 이해를 통해 그러한 선택의 논리를 비판적으로 검증하고 실질적인 결과에 대한 판단을 사전에 구체적으로 진행하는 문자 그대로의 전략적 고민이 필요할 수 있다.

CHAPTER 11

마오쩌둥의 전략사상

박창희 | 국방대학교 군사전략학과 교수

육군사관학교를 졸업하고 미 해군대학원Naval Postgraduate School에서 국가안보학 석사학위, 그리고 고려대학교에서 국제정치학 박사학위를 받았다. 2006년부터 국방대학교 군사전략학과 교수로 재직하고 있으며, 한국동북아학회 및 국방정책학회 이사로 있다. 군사전략, 중국군사, 전략이론 등 군사학 주제를 연구하고 있으며, 저서로는 『군사전략론』 등이 있다.

I. 머리말

21세기 전쟁 양상이 양극화되고 있다. 한편에서는 미국을 비롯한 선진국이 주도하는 군사변혁RMA에 의해 정보화전쟁이 전면으로 부상하고 있는 반면, 다른 한편에서는 이러한 전쟁에 대응하려는 분란세력 및 반군단체에 의해 비대칭전쟁이 부각되고 있다. 미국은 아프간전 및 이라크전에서 첨단무기를 동원하여 성공적으로 군사작전을 종료했음에도 불구하고, 이후 탈레반Taliban 및 알카에다Al-Qaeda, 그리고 현지의 저항세력과 또 다른 전쟁을 수행하지 않을 수 없었다. 이러한 전쟁은 흔히 "분란전insurgency warfare"으로 불리고 있으나, 일각에서는 "제4세대 전쟁the fourth generation war", "비대칭전쟁asymmetric warfare," "저강도분쟁low intensity conflict" 혹은 "새로운 전쟁new war" 등 다양한 용어로 표현되고 있다.

이와 같이 21세기에 부각되고 있는 저급한 수준의 새로운 전쟁은 마오쩌둥毛澤東의 '혁명전쟁'을 그 기원으로 하고 있다. 마오쩌둥의 혁명전쟁전략은 약자가 강자를 상대로 싸우는 전략으로, 군사적 차원보다는 정치사회적 차원에서 승리를 추구하는 전략이다. 마오쩌둥은 손자와 클라우제비츠의 전략이론을 누구보다도 잘 이해하고 있었고, 실제로 이것을 중국혁명전쟁에서 유용하게 적용한 인물이다. 그는 손자의 병법을 차용하여 전략을 군사적 차원에 한정하지 않고 정치 및 사회적 차원으로 확대했다. 또한 클라우제비츠 사상에서 강조하고 있는 '국민'의 요소나 '공격의 정점' 등의 개념을 수용하여 인민전쟁과 지구전 개념을 창안했으며, 혁명에 유리한 상황을 조성하기 위해 먼저 정치적으로 혁명의 정당성을 강변하고 사회적으로 대중의 '민심hearts and minds'을 확보하는 데 주력했다. 그리고 군사적으로 유리한 상황이 조성된 후 결정적인 군사작전을 전개하여 전쟁을 승리로 이끌었다.

마오쩌둥의 혁명전쟁전략은 동아시아, 동남아시아, 그리고 중남아메리카의 혁명가들에게 커다란 영향을 주었다. 북한의 김일성, 베트남의 보응우옌잡Vo Nguyên Giap, 쿠바의 카스트로Fidel Castro, 체 게바라Che Guevara 등 많은 혁명가들이 마오쩌둥의 인민전쟁, 지구전, 유격전 등의 개념을 그들의 혁명전쟁에 활용했다. 그리고 21세기에 들어오면서 마오쩌둥의 혁명전쟁전략은 이제 다시 부활하고 있다. 아프가니스탄과 이라크에서 전개되고 있는 반군들에 의한 분란전은 비록 19세기 초 중국의 상황과는 다르지만, 본질적으로 마오쩌둥 전략과 흡사한 형태의 전략을 사용하고 있다. 정보화전쟁에 맞서기 위한 분란전 전략으로서 마오쩌둥의 전략이 다시 화려하게 등장한 것이다.

제11장에서 필자는 마오쩌둥의 전략이 무엇인지 분석하고자 한다. 이를 위해 우선 다음 절에서 마오쩌둥이 살았던 시대적 배경과 그의 성장과정을 살펴볼 것이다. 그 다음으로 그의 전쟁관과 인민전쟁론, 그리고 지구전 개념과 혁명전쟁 수행 과정을 고찰하고, 마지막으로 결론에서 그의 전략이 현대의 전쟁 수행에 주는 함의를 제시하고자 한다.

II. 사상가 소개

1. 시대적 배경

역사적으로 볼 때 혁명의 기운은 극심한 정치·사회적 혼란 속에서 싹이 튼다. 그리고 혁명의 성공 여부는 그 주체가 되는 대중 혹은 민심의 향배에 따라 결정되기 마련이다. 중국에서의 혁명도 예외는 아니었다. 1840년 아편전쟁 이후 계속된 서구 및 일본 제국주의의 침탈, 관리들의 부정부패, 그리고 지주들의 착취와 수탈로 인해 중국 국민들은 청 왕조의 무능함에 대한 분노와 좌절감으로 가득 차 있었다. 1853년 태평천국太平天國의 난과 1900년 의화단義和團의 난은 이러한 사회적 분위기를 반영하여 새로운 세

1955년경의 마오쩌둥. 그는 손자와 클라우제비츠의 전략이론을 누구보다도 잘 이해하고 있었고, 실제로 중국혁명전쟁에서 유용하게 적용한 인물이다. 그의 혁명전쟁전략은 약자가 강자를 상대로 싸우는 전략으로, 많은 혁명가들이 그의 인민전쟁, 지구전, 유격전 등의 개념을 그들의 혁명전쟁에 활용했고, 21세기에 들어오면서 다시 부활하고 있다.

상을 건설하려는 하층민들이 일으킨 대규모 반란이었다. 이처럼 혼란한 상황에서 중국의 선각자들은 서양의 문물을 받아들이자는 양무운동洋務運動, 제국주의 열강의 침탈을 물리칠 군사력을 구비하는 자강自强운동, 그리고 청일전쟁의 패배를 계기로 정치, 경제, 군사, 문화 등 다양한 분야에서의 개혁을 요구한 변법變法운동을 통해 중국을 새롭게 개혁하려 했다.[1] 그러나 이러한 개혁 노력은 기득권을 장악하고 있던 수구세력의 방해에 의해 실패로 돌아갔고, 이에 실망한 지식인들은 대중들의 편에 서서 보다 과격한 처방으로 혁명을 추구하기 시작했다.

그러나 혁명은 말처럼 그렇게 쉽게 성공할 수 있는 것이 아니다. 1911년 쑨원孫文의 신해혁명은 10번의 실패 끝에 겨우 성공하여 청 왕조의 지배를 종식시킬 수는 있었으나, 위안스카이袁世凱의 훼방으로 통일되고 강한 새로운 중국을 탄생시키지는 못했다. 중화민국 총통의 자리를 차지한 위안스카이는 다수파인 국민당이 차지하고 있던 의회를 탄압하고 군사독재를 강화했으며, 공화제를 폐지하고 전제정치를 부활시켜 본인이 황제가 되려 했다. 위안스카이의 야심은 1916년 그가 사망함으로써 끝이 났으나, 그의 갑작스런 죽음은 위안스카이 세력의 구심점이었던 북양군벌의 분열을 가져오고, 각 지방에서 무수한 군벌들이 등장하여 중국 사회를 더 큰 혼란에 빠뜨렸다. 위안스카이가 사망한 1916년부터 국민당 정부에 의해 중국이 통일된 1928년 사이의 기간 동안 중국 전역은 '군벌'들이 통치하는 무정부적 상황에 빠져들었다.

중국의 정치사회적 혼란은 새로운 사상을 잉태하기 시작했다. 신식 지식인 계층을 중심으로 새로운 중국을 건설하려는 움직임이 일었으며, 이 가운데 천두슈陳獨秀와 리다차오李大釗 등 진보적 지식인들은 공산주의 사상으로부터 그러한 처방을 모색하고자 했다. 이들은 개혁적 사회주의이건 혁명적 마르크스주의이건 급진적 좌경 이념을 도입해 반제·반봉건을 실

---

1 존 K. 페어뱅크 외, 김한규 외 옮김, 『동양문화사(하)』(서울: 을유문화사, 1990), pp. 242-249.

현하고 혼란한 중국 사회를 바로잡으려 했다. 무엇보다도 1917년 러시아의 볼셰비키 혁명 성공은 이들을 매료시키기에 충분했다. 수십 년간 중국이 실패를 거듭해온 '혁명'을 러시아에서는 단 한방에 성공시키고 일순간에 봉건 잔재를 청산했기 때문이다. 볼셰비키 혁명에 자극받은 중국의 진보적 지식인들은 사회주의 혁명을 중국에 일으키고자 1921년 7월 23일 상하이에서 중국공산당을 창당했는데, 당시 창당 멤버에 마오쩌둥도 포함되어 있었다.[2]

초기 중국공산당은 쑨원이 이끄는 국민당과 제휴를 모색했다. 소련과 코민테른Comintern의 적극적인 지원에도 불구하고 중국에서 혁명을 추진할 수 있는 세력이 미약하다고 판단한 중국공산당은 국민당과의 연합전선을 구축함으로써 혁명역량을 키우고자 1924년 1월 국공합작을 결심했다. 그러나 '물'과 '기름'의 결합이라 할 수 있었던 국공합작은 오래갈 수 없었다. 1926년부터 북벌을 단행하여 상하이를 점령한 국민혁명군 총사령관 장제스蔣介石는 상하이의 자본가들과 서구 열강들의 지원을 받아 1927년 4월 '상하이 쿠데타'를 일으켜 상하이에 있던 공산당원들을 모조리 체포해 처형했으며, 이로써 국공합작은 결렬되었다.

국공합작이 결렬되자, 천두슈가 이끄는 중국공산당은 볼셰비키 혁명노선에 따라 노동자와 농민을 조직하여 본격적으로 대도시에서의 무장봉기를 추구하기 시작했다. 그러나 러시아의 혁명 경험을 중국에 적용하려 한 중국공산당의 전략은 실패로 돌아갔다. 1927년부터 1931년까지 실시된 대도시에서의 수많은 폭동들은 국민당 군대와의 군사력 차이, 공산당 조직화의 한계, 그리고 서구 열강들의 국민당 지원 등으로 인해 매번 좌절되고 말았다. 오히려 중국공산당은 1931년부터 1934년까지 다섯 차례에 걸친 장제스 군대의 토벌작전에 의해 완전히 포위되어 와해될 수 있는 절체절명의 위기에 처했다. 그러나 중국공산당은 국민당 군대의 포위망을

---

2 서진영, 『중국혁명사』(서울: 한울, 1994), pp. 81-89.

뚫고 집요한 추격을 피해 약 1년간의 '대장정'을 실시한 끝에 가까스로 산시성陝西省 옌안延安에 도착하여 새로운 근거지를 구축할 수 있었다.[3]

1936년 장제스는 다시금 중국공산당을 토벌할 준비를 갖추려 했다. 그러나 당시 일본의 만주침략이 노골화되고 있는 시점에서 같은 민족끼리 싸우는 데 대한 반감을 가진 장쉐량張學良의 '서안 사건西安事件'[4]을 계기로 장제스는 일본의 침략에 우선 대응한다는 방침 하에 공산당과 제2차 국공합작을 체결하기로 결심했다. 1937년 이루어진 국공합작은 중국공산당으로 하여금 숨 쉴 틈을 제공했으며, 산시성-간쑤성甘肅省-닝샤성寧夏省 일대에 공산혁명근거지를 강화할 수 있는 계기를 마련해주었다. 1945년 8월 일본이 항복하기 전까지 중국공산당은 일본군이나 국민당 군대와 큰 전투에 휘말리지 않은 채 산간닝陝甘寧[5] 근거지를 중심으로 혁명 역량을 강화할 수 있었다.

대장정을 마치고 옌안에 도착한 1935년 이후 마오쩌둥은 많은 논문을 집필하면서 자신의 전략을 가다듬었다. 그의 전략은 이전 중국공산당의 전략은 물론, 중국공산당 전략의 전형이 된 마르크스 혁명이론이나 볼셰비키 혁명 경험과 커다란 차이가 있었다. 첫째, 볼셰비키 혁명은 대도시에서의 봉기를 추구했지만, 마오쩌둥은 도시에서의 무모한 공격을 피하고 농촌에서의 군사력 건설에 치중했다. 둘째, 마르크스 이론에 의하면 혁명의 주체세력은 노동자이지만, 마오쩌둥은 중국의 현실을 반영하여 농민을 주요한 혁명세력으로 보았다. 또한 정통 공산주의이론에서 부농과 중농을 혁명세력에서 제외한 것과 달리, 마오쩌둥은 인민민주주의론人民民主

---

3 국방군사연구소, 『중공군의 전략전술 변천사』(서울: 국방군사연구소, 1996), pp. 65-90.

4 서안 사건이란 평소 장제스의 소극적 항일노선에 대해 불만을 품고 있던 장쉐량의 동북군이 1936년 12월 12일 공산당과 홍군에 대한 포위공격을 독려하기 위해 서안에 온 장제스를 체포, 구금하고 국민당 정부의 개조, 내전 중지, 정치범 석방 등 8개항을 요구한 사건이다.

5 산간닝이란 앞에서 언급한 산시성, 간쑤성, 닝샤성 경계지역 일대를 언급하는 것으로 이곳은 중국공산당이 대장정을 마치고 난 후 혁명의 근거지로 세력을 확대한 지역이다.

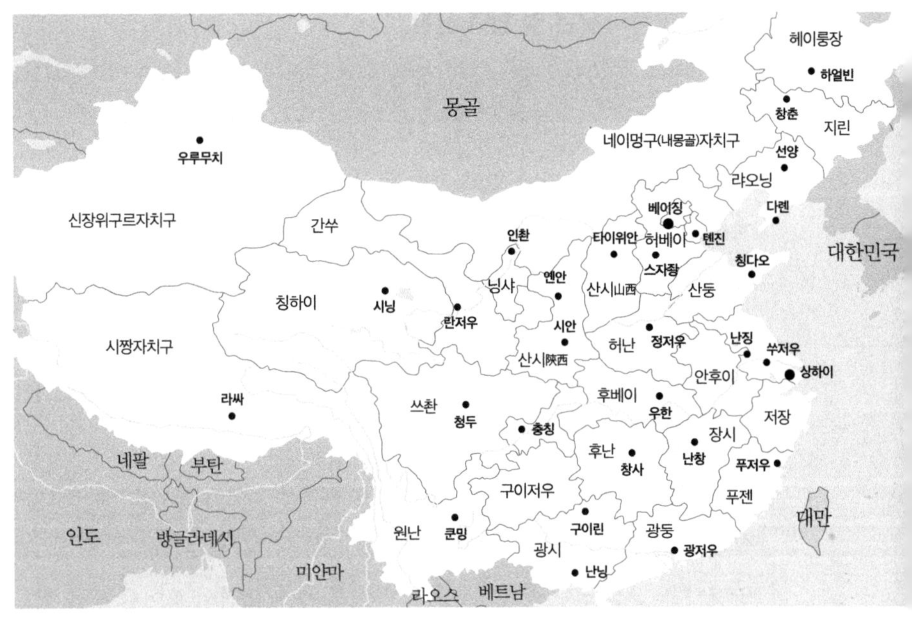

〈그림 11-1〉 중국 지도

主義論을 제시하며 이들 중간세력을 규합하고자 노력했다.[6] 셋째, 대중노선과 군사노선을 교묘하게 결합했다. 그는 마르크스 이론에 따라 철저하게 대중노선을 취했지만, 이러한 대중을 교육시키고 끌어들이는 것은 홍군紅軍이 담당해야 한다고 함으로써 홍군의 건설을 혁명의 필요조건으로 보았다. 그에 의하면 홍군은 중국혁명의 중추세력으로, 홍군의 임무는 단순히 전쟁을 수행하는 것이 아니라 대중에게 선전하고 대중을 조직화하고 무장화하며 혁명정권의 수립을 지원할 뿐만 아니라 공산당의 건설을 조직하는 것까지 포함했다.

---

6 '인민민주주의'란 노동자, 농민, 프티-부르주아(petty-bourgeois), 민족부르주아의 4개 계층이 연합하여 정부를 구성해야 한다는 것으로, 프롤레타리아 계급이 정치를 주도하지만 민주적 부르주아 계급의 대표성을 인정하고 이들의 정파를 수용한다는 측면에서 매우 파격적인 조치였다. Mao Tse-tung, "On the People's Democratic Dictatorship", *Selected Works of Mao Tse-tung*, Vol. 4(Peking: Foreign Languages Press, 1967) 참조.

2. 마오쩌둥의 유년 및 청년 시절

마오쩌둥은 1893년 중국 후난성湖南省 샹탄현湘潭懸 사오산충韶山沖에서 태어났다. 그의 부친 마오순성毛順生은 처음에 빈농이었으나 장사를 하면서 땅을 사 모아 부농이 되었고 재물을 모아 나중에 큰 재산가가 되었는데, 자선을 베푸는 일이 없었다. 그의 부친은 마오쩌둥에게 강압적으로 주산을 배우도록 하고 장부정리를 시켰으며 성미가 급하여 자식들을 때리기까지 하여 마오쩌둥과 관계가 좋지 않았다. 반면, 모친 원치메이文基美는 인정이 많고 동정심이 많아 아들 마오쩌둥과 함께 남편의 불공정한 처사에 항의하곤 했다.

마오쩌둥은 어렸을 때부터 중국 고대의 전기 소설과 모반謀反에 관한 소설을 즐겨 읽었다. 그는 당시 금서였던 『악비전岳飛傳』, 『수호전水滸傳』, 『반당전反唐傳』, 『삼국지三國志』, 『서유기西遊記』 등을 읽으면서 특이한 점을 발견했는데, 그것은 바로 소설 속에 등장하는 인물들이 모두 무인이거나 관리, 학자들뿐이었고 농민이 주인공으로 등장하지 않는다는 것이었다. 그는 이런 작품들이 무인이나 지배계급을 찬미하고 있다는 것을 깨닫고 일반 농민들이 토지를 소유하고 그들을 지배하는 계층을 위해 일하는 불평등한 사회에 대한 문제의식을 갖기 시작했다.

국민학교를 졸업한 후 마오쩌둥은 부친이 학업을 계속하지 못하게 하자 집을 뛰쳐나와 나이 많은 학자 밑에서 경서를 더 배웠다. 이때 그의 전 생애에 영향을 준 사건이 발생했다. 마을에 심한 기근이 들어 굶주린 수천 명의 주민이 구호를 청하기 위해 대표를 뽑아 성장省長에게 보냈으나 성장이 오만한 태도로 대꾸하자 격분한 사람들이 관아를 습격해 성장을 몰아냈다. 이에 내무부장이 나서서 정부가 구호조치를 취할 것이라고 했으나, 황제는 그가 '폭도'들과 연관이 있다고 비난하고 그를 해임시켰다. 이어 부임한 성장은 봉기의 주동자들을 체포해 공개적으로 참수하고 이들의 머리를 장대에 꽂아 많은 사람들이 볼 수 있게 했다. 이 사건에 대해 친구들은 동정을 표했지만, 그들은 어디까지나 방관자에 불과했다. 그러나 마오쩌둥은 반란자들과 함께 움직인 사람들이 그의 가족과 마찬가지로 평민이라고 생각하고 이들에 대한 불법적인 조치에 격분했다.

이후 마오쩌둥은 신식 학교에 진학했다. 고등교육을 받으면 돈을 많이 벌 수 있다고 하자, 부친이 입학을 승인했던 것이다. 그는 이 학교에서 자연과학을 비롯한 서양 학문을 배우고 외국의 역사와 지리를 알게 되었다. 또한 캉유웨이康有爲와 량치차오梁啓超가 쓴 책을 접하고는 책을 암기할 정도로 읽고 이들을 숭배하게 되었다. 마오쩌둥은 창사長沙로 가서 청조에 항거하는 혁명군에 잠시 가입했다가 사범학교에 입학하여 5년 동안 수학했다. 이때 그는 사회과학 과목은 좋은 성적을 거두었으나, 자연과학이나 미술 등의 과목에는 흥미가 없었다. 그는 윤리학 교수의 영향을 받아 이상주의에 매력을 느꼈고, "정신의 힘"이라는 논문을 작성하여 만점을 받기도 했다. 이 시기에 그는 인간의 본성이나 사회, 중국의 본질, 그리고 세계와 우주라는 커다란 주제에 관심을 가졌으며, 문예부흥을 위한 잡지《신청년》에 실린 후스胡適와 천두슈陳獨秀의 논문에 매료되었다. 그는 생각을 같이하는 사람들과 폭넓게 교류하기 시작했고, 1917년 친구들과 함께 보다 긴밀한 조직을 만들기 위해 훗날 중국공산주의와 중국혁명사에 이름을 떨치게 되는 유명인사들이 포함된 '신민학회新民學會' 창립을 도왔다.

1918년 사범학교를 졸업한 마오쩌둥은 베이징北京에 가서 베이징대 도서관 사서로 있던 리다자오李大釗의 보조원으로 일했다. 그는 여기에서 대학 강의를 들었으며, 철학회와 신문학연구회新文學硏究會에 가입하여 훗날 지도적인 역할을 한 많은 사람들을 접할 수 있었다. 이 과정에서 그는 정치에 대한 관심을 키웠고, 점차 급진적인 성향으로 변해갔다. 1919년 그는 창사로 돌아가 교사 자리를 얻었다. 그리고 자오헝티趙恒惕라는 군벌에 반대하는 운동에 동참했다. 이때 그는 대중들이 집단행동을 통해 정치적 힘을 획득할 때만이 활기찬 개혁을 실현할 수 있다는 믿음을 갖게 되었다. 1920년 그는 처음으로 정치적인 노동자 조직을 만들었고, 조직 활동을 하면서 마르크스 이론과 러시아 혁명 사상을 섭렵하기 시작했다. 특히 마

1913년 당시 마오쩌둥. 1920년 그는 처음으로 정치적인 노동자 조직을 만들었고, 조직 활동을 하면서 마르크스 이론과 러시아 혁명 사상을 섭렵하기 시작했다. 이때부터 그는 스스로를 마르크스주의자라고 자부했다.

르크스Karl Heinrich Marx의 『공산당 선언Manifest der Kommunistischen Partei』, 카우츠키Karl Johann Kautsky의 『계급투쟁Die Klassengegensätze』, 그리고 커크업Thomas Kirkup의 『사회주의사A History of Socialism』는 그에게 마르크스주의에 대한 확고한 신념과 마르크주의가 역사에 대한 올바른 해석이라는 생각을 심어주었다. 이때부터 그는 스스로를 마르크스주의자라고 자부했다.

1920년 5월 천두슈는 핵심적인 공산주의자 그룹을 조직하기 위해 회의를 소집했다. 여기에는 베이징의 리다자오 그룹, 광둥廣東의 천두슈 그룹, 후난의 마오쩌둥 그룹, 그리고 산둥山東 및 후베이湖北 그룹이 참여했다. 그리고 그 다음해인 1921년에는 이들을 포함한 제1차 중국공산당대회를 소집하여 중국공산당 창당대회 겸 제1차 전국대표대회를 가졌다. 이후 마오쩌둥은 후난성 당서기로서 광부, 철도, 인쇄공, 정부조폐국 등의 노동자들로 20개 이상의 노동조합을 조직하여 노동운동을 전개하기 시작했다. 그러나 1924년 국민당과의 제1차 국공합작으로 중국공산당은 노동운동을 자제했다.

3. 마오쩌둥 전략의 형성 배경

1925년 국공합작을 이끌었던 쑨원孫文이 사망하면서 국민당 내 노선 갈등이 첨예화되기 시작했다. 1926년 중산함 사건은 그러한 갈등이 표출된 것으로, 장제스는 공산당 지도부와 소련 고문관을 축출하여 공산당의 영향력을 제거하고 군권을 바탕으로 당과 정부의 실권을 장악하려 했다. 그럼에도 불구하고 천두슈가 스탈린Iosif Vissarionovich Stalin과 코민테른의 지침에 따라 국공합작을 계속 유지함으로써 중국공산당은 혁명의 기회를 놓치고 말았다.[7] 천두슈 노선은 1927년 8월 7일 개최된 긴급회의에서 "우경 기회주의"라고 비판을 받게 되었고, 나중에는 우경 투항주의 노선으로 간주되었다. 중국공산당은 천두슈가 "무장력에 대한 영도권을 포기함으로써 혁명을 실패로 돌아가게 만들었으며, 이후 혁명의 전도에 비관·실망하여 취소주의자로 전락하고 말았다"고 비난했다.[8]

국공합작이 붕괴된 직후 중국공산당은 무장투쟁을 본격적으로 전개하기 시작했다. 8월 9일 정치국 총비서로 선출된 취추바이瞿秋白는 중국공산당의 전략노선을 급진화하여 대도시에서의 무장봉기를 추구했다. 그리고 9월에는 10만의 농민을 동원하여 후난, 후베이, 광둥, 광시廣西 지역에서 대규모 추수 폭동을 전개했다. 그러나 모든 봉기는 국민당의 탄압으로 농민들이 적극적으로 참여할 수 없었고, 공산당의 군사력이 압도적인 열세에 있었기 때문에 성공할 수 없었다. 추수 폭동의 실패에도 불구하고 취추바이는 그해 11월에 연속혁명론을 제창하여 더욱 급진적인 정책을 추진했으나, 결국 월등한 군사력을 갖춘 국민당 군대에 함락됨으로써 무장봉기는 실패로 돌아갔다. 중국공산당은 1928년 6월 모스크바에서 제6차 당

---

7 훗날 마오쩌둥은 당시 농민혁명을 급속히 추진할 수 있었으나 천두슈가 농민의 혁명적 역할을 이해하지 못했다고 회상했다. Edgar Snow, *Red Star over China*(New York: Grove Press, Inc., 1961), p. 162.

8 Mao Tse-tung, "Problems of Strategy in China's Revolutionary War", *Selected Works of Mao Tse-tung*, Vol. 1, p. 249, fn. 4.

대회를 갖고 취추바이 노선을 "좌경 모험주의"라고 비판했다.

취추바이 노선에 이어 등장한 리리싼李立三 노선 역시 급진적인 성향을 띠었다.[9] 리리싼은 불균형 발전론에 입각하여 장제스와 제국주의 정권이 장악하지 못한 지역에서 혁명을 우선적으로 성공시켜야 한다고 주장했다. 당시 1929년의 공황으로 인해 중국 내 대도시의 위기감이 고조되어 중국혁명의 기운이 무르익은 것처럼 보였다. 또한 1929년과 1930년에는 장제스에 반대하는 군벌세력들이 반장反蔣선언을 하며 대치해서 공산당에게는 무장투쟁의 기회를 제공하고 있었다. 이러한 상황에서 리리싼은 취추바이 노선이 패배한 후 어느 정도 혁명역량을 회복한 것으로 판단했다. 1930년 6월 정치국은 농촌지역에 분산되어 유격전을 전개하고 있던 홍군으로 하여금 난창南昌을 공격하도록 명령했고, 도시지역의 당 조직에도 노동자들의 총파업과 무장봉기를 지시했다. 그러나 난창, 우한武漢, 창사 등 대도시에 대한 공격은 미국, 영국, 일본의 함포 지원을 받은 국민당 군대에게 참담한 패배를 당함으로써 또다시 실패로 돌아가고 말았다.

중국공산당 전략노선이 실패한 원인은 스탈린과 코민테른의 지침이 중국의 상황에 부합하지 않았기 때문이다. 권력투쟁에 몰두하고 있던 스탈린은 장제스의 상하이上海 쿠데타에도 불구하고 국공합작을 고집함으로써 혁명의 기회를 놓치는 결과를 가져왔다. 또한 중국의 특성상 도시노동자 계층이 빈약한 상태에서 혁명의 주체를 농민이 아닌 노동자로 파악하여 무리하게 도시 봉기를 추구함으로써 종국에는 중국공산당 조직의 와해를 초래했다. 도시는 상대가 가장 중요하게 생각하는 심장부로서 강력한 군사력이 집중되어 있었다. 그럼에도 불구하고 제대로 무장되지도 않은 노동자와 농민들로 하여금 도시를 공격하도록 한 것은 무모하기 짝이 없는 전략이었다.

---

9 Benjamin Yang, From Revolution to Politics, p. 33. Franklin W. Houn, *A Short History of Chinese Communism*, p. 38.

마오쩌둥은 후난 추수 폭동을 통해 이와 같은 '모험주의' 전략이 무모하다는 사실을 인식하게 되었다. 그의 결론은 "농촌에서 도시를 포위"하는 것이었다. 도시란 다른 곳으로 이동하는 것이 아니기 때문에 우선 농촌에서 혁명역량을 강화한 다음 공격해도 된다는 것이 그의 논리였다. 따라서 그는 혁명의 주체는 농민이 되어야 하며 홍군을 건설하여 이들로 하여금 무장한 수백만의 농민을 선도할 수 있어야 한다고 보았다.[10] 이후 마오쩌둥은 징강산井崗山에 할거하면서 홍군 건설에 주력했다. 그리고 그의 '독자적인' 군사전략을 만들어나갔다. 당시 그의 전략은 유격전 전략으로, 단순하게 적을 끌어들인 후 분산되어 약화된 적을 차례차례 집중적으로 공격해 격멸한다는 것이었다. 이러한 그의 전략은 점차 '16자 전법'으로 구체화되었는데, 그 내용은 적이 진격하면 아군은 퇴각하고敵進我退, 적이 피로하면 우리는 공격하고敵疲我打, 적이 주둔하면 아군은 교란하고敵駐我擾, 적이 퇴각하면 아군은 추격한다敵退我追는 것이었다.[11] 이 전략은 1930년 말부터 5차에 걸쳐 장제스가 추진한 소공掃共작전에 대항하는 과정에서 더욱 발전되었으며, 차후 지구전 전략의 기본 골격을 이루게 되었다.

국민당 정부군은 1930년 12월 초부터 장시江西 남부의 공산당 근거지에 대해 다섯 차례에 걸친 토벌작전을 시작했다. 마오쩌둥은 국민당의 토벌작전에 16자 전법을 적용한 유격전 전략으로 응수함으로써 승리할 수 있었다. 그러나 제3차 토벌작전이 끝났을 때 마오쩌둥의 유격전 전략은 당의 전략 방침과 마찰을 빚게 되었다. 적을 깊숙이 유인함으로써 소련 구역의 상당 부분을 장제스의 군대에 내줄 수밖에 없었고, 그 결과 국민당 군대가 점령지에서 무자비한 보복행위를 가함으로써 대중들이 동요

---

10 후난 추수 폭동이 실패로 돌아갔지만, 마오쩌둥은 그 과정에서 농민의 혁명 잠재력을 눈으로 확인했다. Mao Tse-tung, "Report on an Investigation of the Peasant Movement in Hunan", *Selected Works of Mao Tse-tung*, Vol. 1, p. 32.

11 Mao Tse-tung, "Problems of Strategy in China's Revolutionary War", *Selected Works of Mao Tse-tung*, Vol. 1, p. 213.

하기 시작했기 때문이다. 이로 인해 제4차 토벌작전부터 마오쩌둥은 홍군의 지휘계통에서 제외되었고, 저우언라이周恩來가 홍군의 총정치위원으로 임명되어 '기동전'이 아닌 '진지전'과 '정면대응전'을 전개했다. 그 결과 중국공산당은 공격일변도전략과 고수방어전략을 채택하여 국민당의 공격으로부터 커다란 손실을 입었다.[12] 특히 국민당의 제5차 토벌작전에서 홍군은 결정적인 패배를 당해 근거지를 빼앗겼고, 살아남기 위해 국민당 군대의 추격을 뿌리치고 새로운 근거지를 찾아 대장정에 오를 수밖에 없게 되었다.[13]

이러한 과정에서 마오쩌둥은 다음과 같은 전략을 구상하게 되었다. 첫째, 혁명의 핵심세력은 노동자가 아니라 농민이다. 소련과 같이 공업이 발달한 국가의 경우 도시 노동자가 혁명의 주체세력이 될 수 있으나, 중국와 같은 농업국가의 경우 주체세력은 농민이 되어야 한다. 둘째, 농촌에서 도시를 포위하는 전략을 추구해야 한다. 적의 강한 군대가 주둔하고 있는 도시를 직접 공격하는 것은 무모하기 짝이 없다. 중국혁명전쟁전략은 도시를 직접적으로 공격하기보다는 농촌을 먼저 장악한 후 도시를 포위하여 공격하는 전략을 추구해야 한다. 셋째, 진지전이 아니라 유격전을 추구해야 한다. 강한 적을 상대로 단순히 방어에만 치중하는 진지전은 매우 위험하다. 적이 공격해올 때에는 과감한 기동전술로 뒤로 물러나야 하며, 적의 약한 부분을 과감하게 공격하는 적극적인 유격전을 추구해야 한다.

---

12 국방군사연구소, 『중공군의 전략전술 변천사』, p. 75.

13 William Witson, *The Chinese High Command: A History of Communist Military Politics, 1927-71*(New York: Praeger Publishers, 1973), pp. 278-281.

III. 주요 전략사상과 실제

1. 정치사회적 수준에서의 인민전쟁론

(1) 인민전쟁의 개념

정치사회적 수준에서 마오쩌둥은 인민전쟁전략을 추구했다. 인민전쟁이란 "인민을 믿고 의지하며, 인민을 동원하고 조직하고 무장시키며, 철저하게 인민의 근본 이익을 위해 전쟁을 수행하는 것"이다.[14] 인민전쟁의 핵심은 무기에 대한 인간의 관계를 인식하는 문제에서 시작된다. 전쟁의 결과에 미치는 무기의 중요성을 무시할 수 없지만, 전쟁의 결과는 궁극적으로 인간이라는 요소에 의해 결정된다. 여기에서 말하는 인간 요소는 정치적 측면에서 정당하게 동원되고 정치적 동기가 강한 병사를, 그리고 군사적 측면에서는 올바른 전략과 전술에 따라 전투 및 무기를 전장에서 운용할 수 있는 수준 높은 병사를 의미한다. 마오쩌둥에 의하면 이러한 인간 요소는 적이 사용하는 무기의 양과 질을 대체할 수 있으며, 이와 같은 인간 요소의 중요성은 시간의 변화와 기술의 발전에 상관없이 지속된다.[15]

마오쩌둥이 인간 요소를 중시한 것은 중국공산당이 가진 군사적 역량에 한계가 있었기 때문에 이를 보완하기 위한 방편이었다. 만일 인민대중의 지원을 얻는 데 성공한다면 얼마든지 전투의지로 충만한 대규모 병력을 충원할 수 있으며, 장기간 전쟁을 수행하는 데 필요한 충분한 식량과 물자를 획득할 수 있다. 특히 중국의 경우에 인간의 중요성은 더 클 수밖에 없는데, 약 10억의 민심은 글자 그대로 매우 두려운 존재일 수밖에 없으며 어떠한 적도 이러한 민심이 갖는 잠재력을 무시할 수 없기 때문이다. 인민대중은 곧 소중한 군사적 자산인 셈이다.[16]

---

14 中國國防大學, 박종원 · 김종운 옮김, 『中國戰略論』(서울: 팔복원, 2001), p. 88.

15 Mao Tse-tung, "On the Protracted War", *Selected Works of Mao Tse-tung*, Vol. 2, p. 192.

인민전쟁전략의 핵심은 인민대중의 에너지를 조직하고 동원하는 것이다. 즉, 인민들의 '민심'을 얻음으로써 이들로 하여금 중국공산당을 지지토록 하는 것은 물론, 공산당 군대에 참여하고 후방작전을 지원하며 필요시에는 민병을 조직하여 적과 싸우도록 하는 것이다. 마오쩌둥은 철저하게 대중노선을 추구했는데, 그는 1943년 정치국 결의에서 "영도 방법에 관한 약간의 문제"에 대해 다음과 같이 언급했다.

> 우리 당의 실천적 활동에서 올바른 지도노선은 반드시 "대중으로부터 나와서 대중에게로 돌아간다"는 것이다. 이것은 대중들이 분산된 비체계적인 생각들을 수집하고 그것들을 연구해 집중적이고 체계적인 생각으로 만든 다음, 다시 대중에게로 가서 선전하고 설명함으로써 대중들이 그것을 자신의 생각으로 받아들여 그 생각을 견지하고 행동으로 옮기게 해서 그런 생각의 옳고 그름을 대중들의 행동 속에서 검증받게 하는 것을 의미한다.[17]

인민대중들을 끌어들이기 위해서는 대중들에 대한 정치적 교화가 중요하다. 그러나 더 중요한 것은 그 이전에 인민들을 교육시킬 공산당원들을 먼저 교육시키는 것으로, 우선 이들로 하여금 인민대중을 열렬히 사랑하고 그들의 목소리를 주의 깊게 들을 수 있도록 가르쳐야 한다. 또한 당원들은 항상 어디를 가든지 대중 속에서 대중과 함께해야 하며, 그들을 노예처럼 부려선 안 된다는 점을 명확히 인식하도록 해야 한다. 이렇게 교육을 받은 당원들은 일반대중들 사이에 침투하여 그들로 하여금 공산당이 그들의 이익과 삶을 대변하고 있음을 인식케 하고, 이를 통해 우리가 제기하

---

16 Rosita Dellios, *Modern Chinese Defense Strategy: Present Developments, Future Directions*(New York: St. Martin's Press, 1990), p. 24.

17 Mao Tse-tung, "Some Questions Concerning Methods of Leadership", *Selected Works of Mao Tse-tung*, Vol. 3, p. 119.

는 더 높은 과업, 즉 혁명전쟁에 관해 이해하도록 만들어야 한다. 그래야 인민들이 공산혁명을 지원하고 혁명을 중국 전역에 확산시키며 혁명전쟁에서 승리하는 순간까지 자발적으로 나서 공산당의 정치적 투쟁에 호응할 수 있는 것이다.

⑵ 인민전쟁전략의 이행

근거지 확보

마오쩌둥은 근거지를 가져야 전략적 임무를 수행하며, 자신을 보존하고 발전시켜 적을 궤멸시키고 몰아내는 목적을 달성할 수 있다고 보았다. 근거지가 없으면 과거 농민전쟁처럼 이리저리 몰려다니는 유구주의流寇主義로 흘러 장기적으로 존재·발전할 수 없다고 주장했다.[18]

마오쩌둥은 대장정 끝에 옌안을 중심으로 한 산간닝 지역, 즉 산시성, 간쑤성, 닝샤성의 변경지대에 위치한 지역에 근거지를 마련했다. 이 지역은 자연적으로 험준한 산악과 척박한 토양, 만성적인 자연재해가 되풀이 되는 삶의 조건이 매우 열악한 지역이었다. 또한 지주들의 횡포도 심하고 비적匪賊과 반란의 온상지였으며, 경제적으로나 문화적으로 매우 낙후하여 주민들의 98%가 문맹이었다. 따라서 중국공산당의 입장에서 이 지역은 공산혁명의 중심지로 삼기에 매우 이상적인 곳으로 판단되었다. 국민당 군과 일본군의 지배지역과 상당히 떨어져 있어 군사적 위협을 덜 받았으며, 워낙 낙후되어 토착 지주나 엘리트 집단의 저항을 거의 받지 않았다.

마오쩌둥은 근거지를 마련하면서 2개의 통일전선전략을 추구했다. 하나는 대외적인 것으로 중국공산당의 생존을 확보하기 위해 국민당과의 제2차 국공합작을 체결한 것이다. 장제스의 제1차 포위토벌에서 겨우 살

---

18 모택동, 김정계·허창무 옮김, "항일유격전쟁의 전략 문제", 『모택동의 군사전략』(서울: 중문, 1993), p. 155.

중국국민당 장제스(오른쪽)와 중국공산당 마오쩌둥(왼쪽)은 중일전쟁 기간 동안 일본 제국에 공동으로 대항하기 위해 내전을 중지하고 서로 연합한다는 제2차 국공합작에 합의했다. 제2차 국공합작은 1937년부터 일본이 패망한 1945년까지 지속되었다.

아남은 공산당은 만주지역에 대한 일본의 침략을 구실로 국민당과 연합전선을 구축함으로써 임박했던 또 하나의 포위토벌을 차단할 수 있었다. 다른 하나의 통일전선전략은 대내적인 것으로 일종의 계급연합이었다. 마르크스-레닌주의와 달리 마오쩌둥은 공산당의 혁명역량을 강화하기 위해 일단은 노동자와 농민뿐 아니라 소자본가와 민족자산가 계급을 혁명세력으로 끌어들이려 했다. 내부적으로 분열과 갈등이 나타날 소지를 크게 줄인 것이다. 이와 같이 대외적 및 대내적 통일전선전략을 통해 중국공산당은 산간닝 지역에서 훨씬 안정적으로 혁명근거지를 확보할 수 있었다.

중국공산당의 혁명근거지는 1946년 6월부터 1947년 중순까지 장제스의 군대가 대대적인 공격을 가함으로써 대부분 상실한 것으로 보였다. 그러나 사실상 중국공산당은 그들의 수도인 옌안을 포함하여 주요 도시를 내주었음에도 불구하고 그들이 장악하고 있는 농촌지역에서는 여전히 대중에 대한 영향력을 행사하고 있었다. 마오쩌둥의 전략은 마르크스-레닌주의와 달리 도시를 직접 공격하는 것이 아니라 "농촌에서 도시를 포위"하는 것이었으며, 따라서 주요 도시를 내주었다고 하더라도 그것이 근거지를 완전히 상실한 것은 아니었다. 만주의 경우 국민당 군대가 창춘長春과 선양瀋陽 등 주요 도시와 철도망을 점령한 것은 사실이지만, 공산당은 외곽의 농촌지역을 장악함으로써 오히려 국민당 군대를 포위하는 형국을 조성하고 있었다.

중국공산당 중앙위원회에서 행한 "동북지역에서 견고한 근거지를 건설하자"는 교시에서 마오쩌둥은 다음과 같이 말했다.

> 비록 대도시와 교통로가 국민당의 손아귀에 있지만, 동북지역의 상황은 우리에게 유리하다. 우리는 모든 간부들과 병사들에게 대중을 선동하고 근거지를 건설하는 방침을 주입하고 있으며, 병력을 동원하여 신속하게 이러한 근거지를 건설하기 위한 대투쟁에 나서고 있다. 우리는 동북지역과 열하지역에서 우리 자신을 굳건히 세울 수 있을 것이며, 승리할 수 있을 것이다.[19]

결국, 국민당 군대의 공격은 공산당의 근거지를 빼앗고 이들 세력을 근절하는 데 실패했으며, 공산당은 농촌지역에서 더욱 광범위한 지지기반을 넓혀가면서 일시적으로 위축되었던 혁명역량을 더욱 강화해나갈 수 있게 되었다.

---

19 Mao, Tse-tung, "Build Stable Base Areas in the Northeast", *Selected Works of Mao Tse-tung*, Vol. 4, pp. 81-85.

민심의 확보

인민전쟁의 핵심은 대중인민의 민심을 얻는 것이다. 혁명근거지 내에서 인민대중의 민심을 얻기 위해서는 철저하게 대중노선을 추구해야 한다. 모든 당간부, 관료, 지식인들은 대중 속에 들어가 대중과 함께 생활하면서 대중들이 가지고 있는 애환을 함께하고, 대중을 위해 헌신함으로써 당과 정부가 인민대중을 위해 존재하고 있음을 인식하게 해야 한다. 또한 당과 정부의 정책과 결정이 그들의 이익과 권익을 구현한 것이라는 점을 자각하게 해야 한다. 이러한 관점에서 옌안 정부는 정풍整風운동 및 정병간정精兵簡政운동을 전개하면서 당간부와 지식인들의 관료주의와 명령주의, 그리고 대중들에게 이질감을 주는 행동에 대해 신랄하게 비판했고, 대중들 속에 들어가 대중들과 함께 노동하고 생산활동에 참여하면서 대중들과 함께 생활하는 것을 제도화했다.[20]

이와 더불어 틈나는 대로 인민대중에 대한 정치적 교화를 진행했다. 마오쩌둥은 신문화운동을 전개하여 대중교육 확충, 문맹퇴치 운동, 야학 제공, 신문 발행 등을 추진했다. 또한 문화예술의 대중화 및 혁명화운동을 전개하여 예술을 위한 예술을 부르주아적 예술이라고 비판하고, 대신 대중의 정서에 맞고 대중의 혁명의식을 고양할 수 있는 문예활동을 고취했다. 그 과정에서 인민들을 대상으로 은연중에 정치교육을 실시하여 이들에게 왜 싸워야 하며 싸움이 이들과 어떠한 관계가 있는지를 명확하게 알려주었다. 이를 통해 중국공산당은 인민들로부터 내전의 정당성을 인정받고 이들의 지지를 확보하고자 했다.

민심을 얻기 위한 가장 결정적이고 효과적인 방법은 적극적으로 토지혁명을 추구하는 것이었다. 1937년 제2차 국공합작이 이루어진 후 중단

---

20 서진영, 『중국혁명사』, p. 233, 250. 정풍운동이란 기풍을 바로잡는 것을 의미하는 것으로, 마오쩌둥은 마르크스주의의 중국화를 골자로 한 학풍(學風), 개인보다 당의 이익을 우선시하는 당풍(黨風), 그리고 무책임하고 형식적인 공허한 표현을 삼가는 문풍(文風)을 제시했다. 정병간정이란 군대의 정예화와 행정의 간소화를 추구하는 것을 말한다.

된 토지혁명은 내전이 시작되면서 본격적으로 재개되었다.[21] 마오쩌둥은 중국공산당이 점령한 지역에서 지주와 부농의 토지를 몰수하여 모든 계층에 균등하게 분배하는 토지혁명을 추구했다. 중국 사회에서 토지 소유의 불균형은 심각한 문제였으며, 지주들의 수탈과 착취는 빈농의 삶을 파탄에 이르게 하고 있었다. 1930년대 장시 지역의 토지는 6%의 지주와 부농들이 70%의 토지를 보유한 반면, 60%를 차지하는 빈농이 겨우 5%의 토지를 보유하고 있었을 정도로 폐해가 컸다.[22] 내전이 전개되고 있던 1940년대 후반 만주지역의 경우에는 농사를 짓는 농민 가운데 97%가 토지를 갖고 있지 않았으며, 토지혁명을 통해 1인당 884평의 농지를 분배할 수 있었다. 비록 토지혁명을 실시하는 과정에서 여러 문제점이 노출되었다 하더라도 토지혁명 그 자체는 기층 농민의 대중적 지지를 확보하는 데 결정적 요인으로 작용했다.

이렇게 볼 때, 마오쩌둥은 대중노선을 추구하고, 대중을 정치적으로 교화했으며, 나아가 다수의 농민을 자기편으로 끌어들이기 위해 토지혁명을 실시함으로써 민심을 확보하는 데 성공했음을 알 수 있다.

인민대중의 동원

군대는 물론이고 일반 대중을 동원하는 문제는 전쟁에서 승리하는 데 매우 중요하다. 정치사회적 차원의 전략으로 토지혁명을 추구하고 민심을 얻는 데 성공한 중국공산당은 나아가 인민대중의 참여와 지원을 확보함으로써 내전에서 승리할 수 있는 동력을 얻을 수 있었다.

인민대중이 자신들의 편이 되었다고 판단한 중국공산당은 해방구에서

---

21 중국공산당은 내전이 격화되면서 빈농의 요구를 수용할 수 있는 급진적 토지정책을 추진했다. 1946년 5월 4일 '5·4지시'로 알려진 '토지 문제에 관한 지시'를 발표하여 해방구에서 토지 문제를 해결하는 것이 중국공산당이 당면한 가장 역사적인 임무임을 선언하고, 대지주와 친일세력에 대한 토지 몰수와 토지 분배를 추진했다.

22 서진영, 『중국혁명사』, p. 156.

내부 동원체제를 강화했다. 그리고 내전의 중후반기에 가면서 중국공산당과 인민해방군은 급속하게 성장할 수 있었다. 1945년 4월에 약 120만 명이었던 중국공산당 당원이 1949년에는 약 4배로 증가하여 450만 명이 되었다. 인민해방군의 병력도 비슷한 비율로 증가했는데, 1948년 당내 지시에서는 지난 2년 동안 해방구에서 토지를 획득한 농민들 가운데 약 160만 명이 인민해방군에 지원했다고 발표했다.[23] 윌리엄 힌튼William Hinton은 다음과 같이 지적했다.

> 사태의 핵심은 토지 문제에 있었다. 토지를 소유하게 된 농민들은 수십 만 명씩 정규군 복무를 지원하기도 하고, 수송대나 연락대에 참가하여 전선지원에 나서기도 했으며, 이들이 중심이 되어 해방구 곳곳에서 비정규 전투부대가 조직되었다. 토지소유권의 인정으로 인해 전선과 후방의 일반 병사와 농민들은 어떠한 힘으로도 깨뜨릴 수 없고, 어떠한 역경에도 굴복하지 않는 결의를 갖게 되었다.[24]

이처럼 중국공산당은 토지혁명을 통해 '해방'된 농민들의 에너지를 조직하고 동원하는 데 성공함으로써 전면적인 내전이 폭발한 지 1년 만에 전략적 방어에서 전략적 공격의 단계로 전환할 수 있었다.

2. 군사적 수준에서의 지구전론

(1) 지구전론의 개념

마오쩌둥은 군사적으로 열세한 상황에서 인민해방군이 국민당 군대를 상대로 조기에 승리를 거둘 수 있을 것으로 보지 않았다. 따라서 그는 속전

---

23 서진영, 『중국혁명사』, p. 274.

24 William Hinton, *Fan Shen: A Documentary of Revolution in a Chinese Village*(New York: Random House, 1966), p. 200.

속결이 아니라 지구전에 의해 승리를 추구해야 한다고 판단했다. 마오쩌둥의 지구전은 전략적 퇴각, 전략적 대치, 그리고 전략적 반격의 세 단계로 이루어진다.

지구전의 제1단계는 적이 전략적 공격을 하고 홍군이 전략적 방어를 하는 단계이다. 이 단계에서 홍군은 적보다 군사적으로 열세에 있기 때문에 전략적으로 퇴각을 단행한다. 마오쩌둥은 다음과 같이 퇴각의 중요성을 강조했다.

> 우리는 퇴각할 수 있는 용기를 가져야 한다. … 결전추종자들은 이 이치를 무시하고 현재 처한 상황이 불리함에도 불구하고 결전을 추구하여 겨우 1개 도시나 일부 지역을 탈취하려 한다. 그러나 결국 그들은 탈취한 도시와 지역을 잃게 될 뿐 아니라 군사력마저 보존하지 못하게 될 것이다.[25]

"전략적 퇴각은 전력이 열세한 군대가 우세한 군대의 공격을 맞아, 그 공격을 신속히 격파할 수 없다는 것을 느꼈을 때 취하는 것으로, 우선 자기편 군사력을 보존하면서 적절한 시기를 기다렸다가 적을 격파하기 위해 취하는 하나의 계획적이고 전략적인 조치"이다.[26] 이러한 측면에서 제1단계는 '무조건적으로' 적이 추구하는 결전을 회피하는 단계라고 할 수 있다.

제1단계에서 이루어지게 되는 전략적 방어란 별다른 저항이 없이 뒤로 물러서기만 하는 소극적 방어를 지양하고 적에게 부단한 기습을 감행하는 적극적 방어를 추구한다.[27] 소극적 방어는 적을 두려워하여 적에게 어

---

25 Mao Tse-tung, "On Protracted War", *Selected Works of Mao Tse-tung*, Vol. 2, p. 172.

26 Mao Tse-tung, "Problems of Strategy in China's Revolutionary War", *Selected Works of Mao Tse-tung*, Vol. 1, p. 221.

27 앞의 책, p. 207.

떠한 공격도 가하지 못한 채 퇴각하는 것이며, 심지어는 적의 공격이 없는 경우에도 불필요하게 퇴각하는 것이다. 반면에 적극적 방어는 "공세적 방어라고도 할 수 있으며, 전략적으로는 방어를 취하되 전역이나 전투는 공격성을 띠는 것이다."[28] 즉, 퇴각하는 도중에 방어진지를 구축하여 저항하며, 때로는 적의 후방을 공격하기도 하고, 때로는 부분적으로 대담하게 적을 깊이 유인하여 포위·섬멸을 시도하는 방어이다. 마오쩌둥은 방어작전 시 군 전체가 자칫 소극적이고 피동적인 상태가 되기 쉽다는 점을 인식하고 보다 적극적인 방어로 전장의 주도권을 장악하고자 했던 것이다. 제1단계에서 주요한 전쟁 형태는 운동전이며, 유격전과 진지전은 보조적인 것이 된다.[29]

제2단계는 전략적 대치 단계로서 적이 전략적 수비를 하고 홍군이 반격을 준비하는 시기이다. 제1단계의 말기에 이르면, 적은 신장된 병참선을 방어해야 하기 때문에 병력이 부족해질 것이고, 홍군의 저항이 증가함으로써 공격의 정점에 가까워질 것이다. 따라서 적은 부득이하게 공격을 중지하고 이미 점령한 지역을 방어하는 단계로 전환하여 전과 확대에 나서기보다는 이미 점령한 지역 가운데 전략적 요충지나 거점을 확보하는 데 치중할 것이다. 이때 홍군은 전략적 공세를 취한다. 다만 이러한 공세는 결전을 추구하는 것이 아니기 때문에 확실하게 승리할 수 없는 강한 적에 대해서는 공격하지 않으며 유격대의 역량으로 제압할 수 있는 적의 일부에 대해서만 집중적인 공격을 가한다.[30] 이 단계에서 주요한 작전 형태는 유격전이며, 운동전과 진지전은 보조적인 것이 된다.[31]

제3단계는 홍군이 전략적 반격을 하고 적이 전략적 퇴각을 하는 단계

---

28 국방군사연구소, 『중공군의 전략전술변천사』, p. 102.

29 Mao Tse-tung, "On Protracted War", *Selected Works of Mao Tse-tung*, Vol. 2, p. 137.

30 Mao Tse-tung, "Problems of Strategy in Guerrilla War Against Japan", *Selected Works of Mao Tse-tung*, Vol. 2, p. 106.

31 Mao Tse-tung, "On Protracted War", *Selected Works of Mao Tse-tung*, Vol. 2, p. 138.

로서 결전을 추구하는 단계이다. 마오쩌둥은 "오직 결전만이 양군 간의 승패 문제를 판가름할 수 있다"고 했다.[32] 적은 아군이 결전을 회피함에 따라 결정적인 승리를 얻는 데 실패했으며, 홍군의 근거지에 깊숙이 들어와 있다. 유격전에 시달리고 피로에 지친 적이 전투의지를 상실한 채 방어에 급급할 때, 이때가 바로 반격으로 전환할 수 있는 적기가 된다. 그런데 결정적인 전투는 비정규군에 의해 수행되는 유격전이 아니라 정규군에 의한 정규전을 통해서만 가능하다.[33] 따라서 이 단계에서 주요한 전쟁 형태는 운동전과 진지전이 될 것이며, 유격전은 운동전과 진지전을 보조하여 전략적 배합을 구성하게 될 것이다.[34]

마오쩌둥 전략의 성격이 방어적이며 전술적으로 유격전을 주요한 형태의 전쟁으로 간주한다고 해서 그의 전략이 시종 방어일변도의 전략이라거나 또는 유격전과 동일한 것으로 보는 견해는 잘못된 것이다. 오히려 그는 극단적 유격주의에 대해 적극 반대하고 충분한 군사력을 갖추었을 경우에는 정규전을 통한 결전을 추구해야 한다고 강조했다.[35]

(2) 지구전론의 수행

1단계: 전략적 퇴각

1946년 6월 26일 국민당 군대는 공산당 근거지에 대해 전면적인 공세를 취했다. 장제스는 우선 3개월에서 6개월 이내에 중원中原의 공산당 군대를 격멸하고 화베이華北 지방으로 진출하여 관내를 평정한 다음, 만주지역의 문제를 해결한다는 계획을 갖고 있었다.[36] 국민당의 공세에 대한 공산당

---

32 Mao Tse-tung, "Problems of Strategy in China's Revolutionary War", *Selected Works of Mao Tse-tung*, Vol. 1, p. 224.

33 Mao Tse-tung, "On Protracted War", *Selected Works of Mao Tse-tung*, Vol. 2, pp. 172-174.

34 앞의 책, p. 140.

35 Samuel B. Griffith, *The Chinese People's Liberation Army*(New York: McGrow-Hill Book Co., 1967), p. 35.

의 전략은 지구전 전략으로 맞서는 것이었다.[37] 1946년 7월부터 10월까지 중국공산당은 팔로군八路軍과 신4군으로 구성된 그들의 군대를 5개 야전군으로 개편하고 '중국인민해방군中國人民解放軍'으로 개칭했다.[38]

중국공산당 군대는 지구전의 제1단계인 전략적 방어 개념에 입각하여 점령하고 있던 도시를 포기하면서 퇴각했다.[39] 그들은 국민당 군대와 맞서 싸우려 하지 않았으며, 전력을 보존하기 위해 그들의 근거지인 농촌지역으로 전략적 퇴각을 단행했다. 마오쩌둥은 "장제스를 패퇴시키기 위한 전투 방법은 운동전運動戰이며 최종적인 승리를 거두기 위해서는 특정 도시와 지역을 포기하는 것이 불가피할 뿐 아니라 반드시 필요하다"고 강조했다.[40] 1946년 10월 국민당과 공산당의 화해를 주선하기 위해 대통령 특사로 파견된 조지 마셜George C. Marshall 장군은 장제스와 현 상황을 논의하는 자리에서 이러한 마오쩌둥의 전략에 대해 칭찬을 아끼지 않았다. 그는 장제스의 면전에서 "공산당은 도시를 잃고 있지만 군대는 잃지 않고 있으며, 어떤 곳에서도 정지하거나 끝까지 싸우려고 하지 않기 때문에 군대를 잃지 않을 것"이라고 언급했다.[41]

마오쩌둥은 퇴각을 통해 장제스 군대가 과도하게 신장될 것을 노리고

---

36 中國國防大學, 『中國人民解放軍戰史簡編』(北京: 解放軍出版社, 2001), p. 518.

37 Edward L. Katzenbach, Jr. and Gene Z. Hanrahan, "The Revolutionary Strategy of Mao Tse-tung", *Political Science Quarterly*, Vol. LXX, No. 3(September 1955), p. 334.

38 1948년 11월부터는 야전군의 명칭에 숫자를 사용했다. 서북야전군은 제1야전군, 중원야전군은 제2야전군, 화동야전군은 제3야전군, 동북야전군은 제4야전군으로 칭했으며, 화북야전군은 인민해방군 총사령부 직할로 두었다. 국방군사연구소, 『중국인민해방군사』(서울: 국방군사연구소, 1998), p. 156.

39 Mao Tse-tung, "Smash Chiang Kai-shek's Offensive by a War of Self-Defense", *Selected Works of Mao Tse-tung*, Vol. 4, p. 89. Department of State, *United States Relations With China: With Special Reference to the Period 1944-1949*, August 1949, p. 314.

40 Mao Tse-tung, "Smash Chiang Kai-shek's Offensive by a War of Self-Defense", *Selected Works of Mao Tse-tung*, Vol. 4, p. 89.

41 Department of State, *United States Relations With China, 1949, Vol. 9, The Far East: China*(Washington, D. C.: GPO, 1974), p. 202. Edwin P. Hoyt, *The Day the Chinese Attacked*(New York: NcGraw-Hill Publishing Co., 1990), p. 43.

있었다. 그는 중국공산당이 승리할 수 있는 이유에 대해 장제스 군대의 전선은 너무 넓은 반면 병력은 부족하기 때문이라고 했다.[42] 당시 장제스의 군대는 총 190여 개 여단을 보유하고 있었으나, 이중 절반이 점령한 지역을 방어해야 했기 때문에 실제로 가용한 전투력은 그 절반에 불과했으며, 그나마도 인민해방군이 전투를 통해 국민당 군대를 감소시킬 경우 그 수는 더욱 줄어들 수밖에 없었다.

내전의 첫해 국민당은 눈부신 진격을 하고 있었지만, 그것은 공산당의 군사전략에 휘말리고 있는 것에 불과했다.[43] 마오쩌둥은 시간을 얻기 위해 공간을 내주었고, 병력을 보존하기 위해 도시를 내주었다. 한편으로 린뱌오林彪는 만주에서 차후 결전을 준비하기 위해 동북야전군을 훈련시키고 있었으며, 중국공산당은 전 지역에서 적의 역량을 고갈시키기 위해 소모전을 계속해나갔다.

국민당은 별 실효성이 없는 전투를 계속했다. 1947년 3월 국민당은 홍군의 수도였던 옌안을 점령했으나, 그것은 상징적인 의미만 있었을 뿐, 전략적으로는 무의미한 것이었다. 마오쩌둥은 군사력을 보존하기 위해 그들의 수도마저도 기꺼이 포기할 수 있었다.[44] 그 결과 국민당 군대는 옌안을 점령하는 과정에서 많은 병력 손실을 입었을 뿐 아니라 병참선과 보급선이 과도하게 신장되었다. 귀중한 시간을 낭비한 셈이 되었고, 다른 지역에서 유용하게 사용될 수 있었던 병력을 무의미하게 놀리는 꼴이 되었다. 반면 공산당의 정규군은 북만주와 북한지역에서 대부분 별다른 손실 없이 보존되고 있었다.[45]

---

42 Mao Tse-tung, "A Three Months' Summary", *Selected Works of Mao Tse-tung*, Vol. 4, pp. 113-114.

43 Edward L. Katzenbach, Jr. and Gene Z. Hanrahan, "The Revolutionary Strategy of Mao Tse-tung", *Political Science Quarterly*, Vol. LXX, No. 3(September 1955), p. 333.

44 Howard L. Boorman and Scott A. Boorman, "Chinese Communist Insurgent Warfare, 1935-49", *Political Science Quarterly*, Vol. LXXXI, No. 2(June 1966), p. 181.

45 Suzanne Pepper, "The KMT-CCP Conflict, 1945-1949", Lloyd E. Eastman, et al., *The*

2단계: 전략적 대치

국민당의 공격이 정점에 도달했다고 생각한 마오쩌둥은 내전의 제2단계가 도래한 것으로 판단하고 1947년 4월 서북야전군의 펑더화이彭德懷에게 보낸 전문에서 반격을 개시하도록 지시했다.[46] 또한 1947년 9월에는 "해방전쟁 제2차년도의 전략 방침"을 내놓고 전국적으로 반격을 가하되 작전을 보다 적극적으로 적지에서 전개하도록 지시했다. 그것은 전쟁을 국민당 지역으로 끌고 가 해방된 지역에서 피해를 줄이고 적 지역에서 보다 많은 적을 섬멸하겠다는 의도였다. 작전 방침은 전과 동일하게 분산되고 고립된 적을 먼저 치고 집중되고 강한 적을 나중에 치는 것이었다. 물론 마오쩌둥의 전략 방침이 전략적 방어에서 부분적 반격으로 전환되기는 했지만, 아직은 국민당과의 결전을 추구한 것은 아니었다.[47] 마오쩌둥은 수비가 약한 거점과 도시를 공략하되 튼튼한 거점과 도시는 내버려두라는 지침을 하달함으로써 아직은 결전에 임하지 않도록 했다.

1947년 후반기부터 상황은 반전되기 시작했다. 중국공산당은 보다 많은 소련의 원조를 받을 수 있었고, 농촌을 장악함으로써 이들의 지지를 기반으로 충분한 군대를 확보할 수 있었다. 무엇보다도 전략적인 측면에서 중국공산당은 만주의 대도시들을 잇는 교통의 요지를 장악함으로써 대도시를 점령한 국민당의 병참선을 차단하고 고립시킬 수 있었다.[48] 국민당 군대가 고립된 상황에서 점령하고 있던 대도시를 잃지 않기 위해 수세로 전환하자, 공격의 주도권은 중국공산당으로 넘어가게 되었다. 이제 중국공산당은 수적으로 우세한 상황에서 주요 도시를 단위로 마치 섬처럼 나

Nationalist Era in China, 1927-1949(Cambridge: Cambridge University Press, 1991), p. 337.

46 Mao Tse-tung, "The Concept of Operations for the Northwest War Theater", *Selected Works of Mao Tse-tung*, Vol. 4, pp. 133-134.

47 Mao Tse-tung, "Strategy for the Second Year of the War of Liberation", *Selected Works of Mao Tse-tung*, Vol. 4, p. 141.

48 Department of State, *United States Relations With China*, p. 318.

뉘어 고립된 국민당 군대를 향해 작전을 전개할 수 있게 되었다.

1946년 9월 미국의 군사전문가들은 정부군의 공세가 과도하게 신장되어 언젠가는 좌초될 것이라고 예측하면서도 정부군의 인력과 장비가 우수하기 때문에 장기적으로 버틸 수 있을 것으로 보았다. 그러나 이러한 예상은 빗나갔다. 1947년 한 해 동안 국민당 군대와 공산당 군대 사이의 전투력 균형은 예상보다 빠르게 반전되었다. 중국공산당이 소련으로부터 인수한 일본 관동군의 무기로 무장하여 전력을 강화한 반면, 국민당 군대의 사기는 급속도로 저하되고 있었다.[49] 만주에 주둔하고 있던 국민당 부대의 고위급 지휘부는 균열되어 있었으며, 병사들은 1년 동안 대도시를 방어하는 임무만 수행함으로써 공세정신이 약화되어 있었다. 따라서 마오쩌둥이 제2단계에서 구상한 유격전은 예상보다 오래 지속되지 않았다.

3단계: 전략적 반격

제3단계는 전략적 반격 단계로서 최초 작전은 만주에 주둔하고 있던 린뱌오의 동북야전군에 의해 이루어졌다. 중국공산당의 군대는 만주를 필두로 하여 국민당 주력을 격파하기 시작했으며, 산하이관山海關을 통과한 다음 북중국 평야를 휩쓸어나갔다. 결전이 이루어진 대표적인 3대 전역은 랴오양遼陽과 선양 지역에서 치른 랴오선遼瀋 전역, 베이징과 톈진天津 지역에서 치른 핑진平津 전역, 그리고 쉬저우徐州 일대에서 치른 화이하이淮海 전역이었다. 마오쩌둥은 국민당 정부가 위치한 지역으로부터 가장 먼 지역, 그리고 약한 적부터 차례로 격파하는 전략을 구상했다. 장제스는 이미 전세가 기울었음에도 불구하고 기존에 확보하고 있던 모든 도시를 고수하고자 했다. 미국 군사고문 데이비드 바David Barr 장군은 장제스에게 창춘, 지린吉林, 그리고 창춘과 선양 사이에 위치한 쓰핑四平의 병력을 철수시켜 선양으로 집결시키라고 건의했다. 당시 만주에 주둔한 국민당 군대는 완

---

49 앞의 책, p. 325.

국민당을 몰아낸 마오쩌둥은 1949년 10월 1일 베이징 천안문 성루에서 중화인민공화국 성립을 선포했다. 중국혁명전쟁은 군사적·경제적으로 약한 행위자가 정치적·사회적 차원의 전략을 구사함으로써 적의 강점을 무력화하고 약점을 극대화하는 비대칭전략의 전형적인 사례이며, 인민대중의 민심을 얻고 이들의 지원을 통해 전쟁에서 승리할 수 있었던 인민전쟁전략의 대표적인 사례였다.

전히 고립되어 물자와 보급품을 공수에 의존하고 있었다. 그러나 장제스는 지린성의 병력만 철수시켜 창춘을 강화하는 조치를 취했다. 그의 미온적인 조치는 병력을 한 지역에 집중시키지 못하고 군대를 분산된 상태로 방치함으로써 공산당 군대의 포위공격을 당해내지 못하고 무기력하게 패하는 결과를 자초했다.[50]

Ⅳ. 맺음말

중국혁명전쟁 사례는 모든 면에서 약했던 중국공산당이 군사적으로 월등히 우세한 국민당 군대의 공격을 맞아 어떻게 승리할 수 있었는지를 보여준다. 이는 군사적·경제적으로 약한 행위자가 정치적·사회적 차원의 전략을 구사함으로써 적의 강점을 무력화하고 약점을 극대화하는 비대칭전략의 전형적인 사례였다. 또한 인민대중의 민심을 얻고 이들의 지원을 통해 전쟁에서 승리할 수 있었던 인민전쟁전략의 대표적인 사례였다.

마오쩌둥의 혁명전략을 요약하면 다음과 같다. 첫째, 혁명을 추구하기 위한 근거지를 확보하고자 했다. 초기 세력이 약했던 중국공산당은 강시성江西省이나 산시성山西省 등 산악지역 일대에 터를 잡고 혁명세력을 강화하는 데 주력했다. 1936년 서안 사건 직후 마오쩌둥은 적과도 연합을 꾀하면서 어렵게 얻은 산간닝 근거지를 공고히 하고 세력을 확장하고자 했다. 둘째, 군사적으로 국민당 군대의 상대가 되지 않는다는 것을 인식하여 군사적 차원의 전략보다는 정치사회적 차원의 전략, 즉 인민전쟁전략을 추구했다. 인민전쟁전략은 일반대중의 민심을 사는 것으로, 마오쩌둥은 토지혁명을 추구함으로써 기층 농민들의 절대적 지지를 확보할 수 있

---

50 Department of State, *United States Relations With China*, p. 325.

었다. 셋째, 일반대중에 정치적 동기를 주입하고 이들을 조직화했다. 중국공산당은 각종 문화행사와 사상교육을 통해 대중들을 교화시키고 국민당과 싸워야 하는 이유를 설득함으로써 이들을 내전에 동원할 수 있었다. 넷째, 정치사회적 전략의 성과를 바탕으로 중국공산당은 피아 군사력 균형을 유리하게 전환시킬 수 있었으며, 그 결과 세 번의 결정적 전역을 통해 최종적인 군사적 승리를 거둘 수 있었다.

중국혁명전쟁은 내전과 같은 절대적 형태의 전쟁의 경우 국민의 지지와 참여가 전쟁의 승패에 결정적일 수 있음을 보여준다. 클라우제비츠가 제기한 전쟁의 삼위일체, 즉 정부, 군, 국민 가운데 '국민'이라는 요소는 제한전쟁에서는 결정적인 요소가 아닐 수 있으나, 혁명전쟁과 같은 총력전 및 전면전 양상을 띠는 전쟁에서는 승리를 위한 필요조건이라고 할 수 있다. 이러한 형태의 전쟁에서 군사적으로 승리하기 위해서는 우선 정치사회적 차원에서의 전략이 성공적으로 이루어져야 한다.

중국혁명전쟁 사례를 통해 오늘날 '새로운 전쟁'과 관련한 몇 가지 함의를 도출할 수 있다. 첫째, 혁명을 추구하는 약자는 정치사회적 차원의 전략에 주안을 두어야 한다. 이에 대해 강자도 정치사회적 차원의 전략을 구사해야 한다. 아레귄-토프트Ivan Arreguin-Toft의 연구에 의하면, 약자가 간접적 전략을 구사하는데 강자가 직접적 전략을 구사할 경우에는 강자가 패배하는 반면, 모두가 간접적 전략을 구사할 경우 강자가 승리할 수 있다고 한다.[51] 상대가 분란전과 같은 전략을 통해 정치사회적 차원의 전략을 구사할 경우에는 마찬가지로 이에 상응하는 정치사회적 차원의 전략을 개발해 대응해야 할 것이다.

둘째, 적의 근거지는 적의 세력을 보존하고 대중 속으로 침투하여 세력을 확대할 수 있는 원천적인 힘의 중심이 된다. 따라서 적 근거지를 공격

---

51 Ivan Arreguin-Toft, *How the Weak Win Wars: A Theory of Asymmetric Conflict*(New York: Cambridge University Press, 2005), pp. 38-39.

해서 핵심 세력을 근절하는 것이 무엇보다 중요하다. 이때 적의 기층 조직이나 조직원보다는 상부 조직을 근절하는 데 주안을 두어야 한다. 왜냐하면 베트남전에서 베트콩과 마찬가지로 기층 조직이나 조직원들의 경우에는 일시적으로 근절되더라도 끊임없이 다시 생겨날 수 있으나, 상부 조직을 파괴할 경우 기층 조직을 고립시키고 고사시키는 효과를 동시에 거둘 수 있기 때문이다.

셋째, 정치사회적 차원의 전략을 추구하는 주체는 그들의 미약한 세력을 강화하기 위해 통일전선전략을 통해 중간지대의 세력을 흡수하려는 경향이 있다. 중국공산당의 경우에는 국민당이나 부르주아 계급까지 이념적으로 적대적인 상대와도 연합하는 모습을 보여주었다. 이렇게 본다면 적이 추구하는 통일전선전략의 대상이 되는 중간지대 혹은 회색지대의 세력들이 적에게 흡수되지 않도록 이들을 우리 편으로 끌어들일 필요가 있다. 이를 위해 정부는 이념적으로 융통성을 가져야 하며, 보다 유연한 정책을 통해 다수를 차지하는 중간 계층이 적에게 흡수되지 않고 우리의 편에 설 수 있도록 함으로써 '새로운 전쟁'을 추구하는 적의 전략을 무력화할 수 있을 것이다.

넷째, 정치적으로 혼란하고 경제적으로 어려움에 처한 상황에서 민심은 선동세력의 정치적 공세와 경제적 유인책에 취약할 수 있다. 사회가 다원화되고 성숙한 시민의식으로 무장되어 있다고 하더라도 정치적 혼란과 경제적 어려움에 직면한 상황에서는 이러한 선동에 더욱 취약할 수밖에 없다. 따라서 정부는 국민을 상대로 소통을 강화하고 정부의 정책을 적절히 홍보해야 한다. 또한 우리 사회에 해악을 끼칠 수 있는 불건전세력의 위험성에 대한 안보교육을 강화해야 한다. 그럼으로써 적이 추구하는 정치사회적 공세를 시민사회 스스로가 인지하여 현혹되지 않고 자생적으로 극복할 수 있는 보다 성숙한 안보역량을 구비해야 한다.

CHAPTER 12

한국의 군사사상

노영구 | 국방대학교 군사전략학과 교수

서울대학교 국사학과를 졸업하고 같은 대학원에서 문학박사학위를 받았다. 2005년부터 국방대학교 군사전략학과 교수로 재직하고 있으며, 한국군사학회 부회장 등을 맡고 있다. 한국의 전근대 전쟁 및 전술, 군사사상, 군사제도 등의 주제를 연구하고 있으며, 저서로는 『한국 군사사』 7(조선후기), 『영조대의 한양 도성 수비 정비』 등이 있다.

I. 머리말

군사사상이란 다양하게 정의되지만 대체로 특정 시기의 국내외적 안보환경과 국가의 총체적 환경, 역사적 경험, 과학기술 등을 고려하면서 한 나라의 군사적 실체나 군사조직의 행동, 혹은 군사이론이나 담론 등에 관련된 사상체계라고 할 수 있다. 특히 군사사상은 구체적인 군사전략과 국방정책을 수립하는 데 직·간접적인 영향을 미치는 경우가 적지 않다는 점에서 그 중요성이 매우 크다.[1]

한국의 군사사에 대해서는 그동안 적지 않은 연구들이 이루어졌고 그 성과도 적지 않다. 그러나 한국의 군사사 연구 중에서 유독 군사사상사 분야는 매우 취약하다는 느낌을 지울 수 없다. 군사사상사 연구에서 가장 기본적인 검토 대상인 관련 서적이 아직도 충분하지 못한 것이 현실이고, 군사사상과 관련된 한국사 분야의 연구들도 군사사 연구의 일환으로 이루어진 것이 아니라 사상사나 인물사 연구 차원에서 이루어진 경우가 적지 않다.

한편 한국의 군사사상에 관한 군 관련 연구기관의 연구의 경우에도 몇 가지 측면에서 한계를 가지고 있다. 1980년대 초 육군사관학교에서 한국의 병서에 대한 개설적인 정리를 바탕으로 한국의 군사사상사에 대해 기초적인 분석을 시도했다.[2] 1980년대 중반~1990년대 초에는 육군본부를 중심으로 한국의 군사사상에 대한 통사적 서술이 시도되었다.[3] 이러한 연구는 1970년대 초부터 본격적으로 제기된 자주국방自主國防정책에 따라 독

1 노영구, "한국 군사사상사 연구의 흐름과 근세 군사사상의 일례", 『군사학연구』 7(대전: 대전대학교 군사연구원, 2009), pp. 25-26.

2 이병주·강성문, 『한국군사사상사』(서울: 육군사관학교, 1981).

3 육군교육사령부, 『한국군사사상연구』(대전: 육군교육사령부, 1985); 육군본부, 『한국의 군사사상』(대전: 육군본부, 1989); 육군본부, 『한국군사사상』(대전: 육군본부, 1991).

자적인 군사전략의 확립과 군사력 정비에 대한 요구를 반영한 것이었다.[4] 그러나 군사사 및 군사사상사 관련 연구가 제대로 축적되지 않은 상태에서 짧은 시간 내에 통사적 서술을 무리하게 시도했기 때문에 의미 있는 성과를 거두기에는 한계가 있었다.

한국의 군사사상사에 대한 의미 있는 성과가 제대로 도출되지 않은 상황에서 1990년대 이후 세계화의 진척과 첨단과학기술 발전에 따른 전쟁양상의 변화로 인해 한국의 군사적 전통에 대한 관심과 더불어 한국의 군사사상사에 대한 관심이 급속히 줄어들었다. 특히 그동안 한국의 군사사상을 청야입보淸野入保[5] 등 방어 위주의 사상으로 보던 기존의 입장은 현대에 이르러 등장한 유연하고 적극적이며 치명적인 군사사상의 흐름과 괴리되면서 한국의 전통적 군사사상의 현재적 유효성에 대해 회의적인 생각을 갖도록 만들었다.

제12장에서는 이와 같은 문제의식을 갖고서 한국 군사사상의 다양한 측면을 역사적 맥락에서 살펴보도록 하겠다. 이를 통해 한국의 군사사상이 그동안 일반적인 인식과 달리 다양한 측면이 어우러져 있음을 인식하는 데 도움이 되었으면 한다.

---

4 1960~1990년대 한국의 자주국방정책의 변천과 군사전략, 군사사상에 대해서는 홍준기, "한국 자주국방 정책의 역사적 변천 과정에 관한 연구-1970년대 박정희 정부에서 김대중 정부까지를 중심으로", 국방대학교 석사학위논문, 2004; 노영구, 『한국 자주국방사상의 전개와 국방개혁에의 함의』(서울: 국방대학교 국가안전보장문제연구소, 2010)를 참조.

5 '청야입보'란 군사적 요충지에 지형지물을 이용하여 견고한 성곽을 쌓아 군사 기지화하는 동시에 주변의 토지를 경작하여 군량을 생산하고 유사시에는 주변 토지의 농작물을 거두어 성에 들어가 방어하여 적군이 현지에서 식량을 조달하지 못하도록 하는 전법을 의미한다.

Ⅱ. 한국 고대의 군사사상

1. 고구려 군사사상 및 군사전략의 전개

그동안의 여러 발굴과 연구를 통해 중앙집권적 국가 성립 이전 시기인 부족 성립 단계에서부터 전쟁의 시원적인 형태가 나타나기 시작했음을 알 수 있다. 전쟁이 나타나면서 전쟁 수행을 위한 군사력의 동원과 운용에 대한 사상도 자연스럽게 대두하게 되었을 것이다. 그러나 이 시기 군사력의 형태와 그 운용에 관련된 군사사상의 양상은 구체적으로 확인하기 어렵다.[6] 한국 역사상 최초의 국가인 고조선은 그 발전 과정에서 기원전 4세기에 요동 지역에 있던 중국 세력인 연燕나라와 대등한 수준의 정치적 성장을 이룸으로써 양 국가 간에 경쟁과 함께 군사적인 충돌이 발생하기 시작했다. 기원전 3세기 초 연나라가 고조선을 공격하여 크게 승리하면서 고조선은 크게 타격을 입고 영토가 축소되고 세력이 약화되었다.[7] 연나라와의 경쟁과 충돌 과정에서 고조선은 국가방위를 위한 군사력을 확보하게 되었으며, 그 군사력 운용을 위한 군사사상도 자연스럽게 대두하게 되었을 것이다. 그러나 그 구체적인 양상을 알기 어렵다. 고조선의 군사사상이나 이와 관련된 면모에 대해서는 고조선의 뒤를 잇는 주변의 초기 국가인 부여와 고구려 등을 통해 어느 정도 미루어 짐작할 수 있을 것이다.

고구려의 초기 발상지인 환도성丸都城 일대는 지리적으로 압록강 중류 지역인 동가강佟佳江 유역으로 농경에는 매우 불리했기 때문에 고구려는 이러한 지리적 난관을 극복하기 위해 적극적인 정복활동을 통해 주변의 작은 국가를 통합하면서 꾸준히 팽창정책을 추구하지 않을 수 없었다. 이

---

6 한국 고대 전쟁의 기원과 그 양상에 대해서는 박대재, "전쟁의 기원과 의식", 『전쟁의 기원에서 상흔까지』, 국사편찬위원회(서울: 두산동아, 2006) 참조.

7 송호정, "고대국가 초기의 군 편성과 전쟁", 『한국군사사』 1(서울: 경인문화사, 2012), pp. 76-78.

는 『삼국지三國志』 「동이전東夷傳」에 나오는 이른바 '좌식자坐食者' 1만여 명의 존재를 통해 짐작할 수 있다. 이 좌식자들은 농사를 짓지 않고 무예 등을 익히며 지내는 지배계층으로, 고구려의 주요 전사 집단이라고 할 수 있다. 이들은 전쟁에 출전하여 주변 국가를 복속시키거나 노략질을 통해 고구려에 필요한 재물을 획득하는 존재였다. 좌식자와 같은 존재는 부여에도 보이는데, 이른바 '제가諸加'와 휘하의 '호민豪民'이 바로 그들이다. 이들은 전쟁이 일어나면 스스로 나가 싸우고, 일반 평민인 하호下戶들이 식량 등을 공급했다. 『삼국지』에는 "고구려인은 성질이 흉악하고 급하며 노략질을 좋아한다", "부여인은 체격이 크고 성질이 굳세고 용감하며 근엄하고 후덕하여 다른 나라를 쳐들어가 노략질하지 않는다"고 기록되어 있듯이 고구려와 부여는 상무적尙武的 기질이 충만했음을 알 수 있다.[8]

특히 고구려인들은 산악 지역이 많은 열악한 지리적 환경과 중국과 부여 등 주변 세력과의 잦은 충돌을 극복하기 위해 자연스럽게 무武를 숭상하고 진취적인 기상을 갖게 되었다. 고구려가 발전하고 주변의 큰 정치세력과 충돌하면서 전쟁의 규모가 점점 커짐에 따라 고구려인들은 평소에 무기를 집집마다 비치하여 무예를 연마하다가 유사시에 전 국민이 전쟁에 참여했다. 특히 고구려는 3세기까지 농경과 수렵을 병행하는 반농반렵半農半獵 생활이 경제적 기반을 이루었기 때문에 수렵의 비중이 상당히 높았다. 이는 전투에서 자연스럽게 기마사격으로 이루어지는 기마전술 및 보병과 기병의 합동전술을 구사할 수 있는 토대가 되었다.

고구려의 상무적이고 수렵기병적인 기풍은 사냥 훈련 모습을 통해 짐작할 수 있다. 사냥 훈련은 기본적으로 군사훈련의 성격을 띠고 있었지만, 동시에 최고 군사통수권자인 국왕의 위상을 과시하고 뛰어난 인재를 등용하는 통로 역할을 했으며, 아울러 상무적 기풍을 유지하는 기능을 했다.[9]

8 임기환, "고대의 군사사상", 『한국군사사』 12(서울: 경인문화사, 2012), p. 6.

9 김영하, 『한국고대사회의 군사와 정치』(서울: 고려대학교 민족문화연구원, 2002), pp. 27-34.

고구려 무용총 수렵도. 고구려는 3세기까지 농경과 수렵을 병행하는 반농반렵 생활이 경제적 기반을 이루었기 때문에 수렵의 비중이 상당히 높았다. 이는 전투에서 자연스럽게 기마사격으로 이루어지는 기마전술 및 보병과 기병의 합동전술을 구사할 수 있는 토대가 되었다.

상무적 기풍과 기마 수렵 능력에서 비롯된 군사적 능력을 바탕으로 고구려는 대외적으로 적극적이고 유연한 군사전략과 군사사상을 갖게 되었다. 이는 고구려의 전쟁 수행 방식을 통해 알 수 있는데, 기병을 중심으로 한 고구려의 군사력은 전쟁에서 상당히 공격지향적인 양상을 보였다. 고구려의 전쟁을 분석한 한 연구에 의하면, 고구려가 수행한 전쟁이나 전투는 총 108회였는데 66회의 공격전과 42회의 피침에 대한 18회의 방어전을 실시한 것으로 파악되고 있다. 그리고 중국 세력을 제외한 모든 교전 대상국을 상대로 공격지향 전쟁으로 일관했다.[10] 방어전의 경우에도 일방

414년 고구려 장수왕이 중국 지린성(吉林省) 지안현(集安縣) 퉁거우(通溝)에 건립한 광개토대왕릉비. 고구려의 건국부터 광개토대왕까지의 역사와 광개토대왕의 정복전쟁 등이 기록되어 있다.

적인 수세가 아닌 주변이나 후방의 거점에서 군사력을 투입해 적극적으로 대응했다. 중국 세력에 대해서는 수세적인 입장에서 방어만 한 것이 아니라 군사력의 선제 사용으로 중국 세력의 성장을 저지하거나[11] 유목 세력과 연결하여 중국 세력을 압박하기도 했다.[12]

공격지향적인 군사사상과 우수한 군사력을 가진 고구려는 4세기 후반 혼란한 중국 위진남북조시대의 대륙 정세 변동을 적극적으로 활용하여 대외 정복에 나섰다. 5세기 초 광개토대왕 시대에는 여러 차례의 대외 정복을 통해 북쪽으로 흑룡강, 서쪽으로 내몽골, 동쪽으로 연해주 일대에 이르는 대제국을 건설하게 되었다.[13] 5세기 중반에 중국 남북조시대의 정세가 안정되면서 장수왕 대에는 중국 지역에 대한 적극적인 정책 대신 한반도 지역으로의 남하정책을 추진하고 중국 세력과의 직접적인 충돌을 가급적 피했다. 5세기 중반 이후 요하 일대에 대한 영토적 영향력을 확인하는 측면에서 축성 작업을 대규모로 실시한 것은 변화된 고구려의 군사사상과 국방정책을 반영한다.

중국의 대외 정세가 다소 안정기에 접어들면서 고구려의 대외정책이나 군사사상은 다소 소극적인 양상을 띠게 되지만 항상 소극적인 대응만을 고려했던 것은 아니다. 요하 일대의 정세 변동에 따라 적극적인 진출과 군사력 운용을 모색하여 특정한 중원 세력이 세력을 확대하는 것을 저지하기도 했다. 그러나 5세기 후반 동부여에 대한 복속을 끝으로 고구려의 대외적 팽창이 중지되자, 고구려는 대내 지향적 사회로 바뀌면서 수세적인

---

10 김영하, 『한국고대사회의 군사와 정치』, pp. 83-88.

11 임기환, "고구려의 정복전쟁과 백제, 신라의 대응", 『한국군사사』 1(서울: 경인문화사, 2012), pp. 557-558.

12 예를 들어 고구려-당의 제1차 전쟁에서 당나라군이 안시성에서 물러난 것이 몽골초원의 세력이었던 설연타(薛延陀)에 대한 고구려의 접근과 설연타군의 당 공격과 관련이 있는 것으로 보는 연구도 있다. 서영교, "고구려의 대당전쟁과 내륙아시아 제민족", 『군사』 49(서울: 국방부 군사편찬연구소, 2003).

13 천관우, "광개토왕의 정복활동", 『한국사시민강좌』 3(서울: 일조각, 1988), pp. 48~55.

군사전략을 채택하게 되었다. 요하 일대에 조밀하게 구축된 고구려 성곽은 당시 고구려가 입체적 방어체계를 정비했음을 보여주는 좋은 증거이다.[14]

요하 일대에 축조된 고구려의 성곽 방어체계는 고구려 내륙으로 연결되는 주요 접근로의 요충지에 큰 성大城을 축조하고 그 큰 성 주위에 소규모 성을 배치하여 방어력을 높일 뿐 아니라 주요 성곽 간에 긴밀한 연결 속에서 방어 능력을 극대화하는 방어체계였다. 따라서 침공군이 요하 일대의 주요 성곽을 모두 돌파하지 못하면, 일부 지역에서 전과를 거둘 지라도 완전한 승리를 거둘 수는 없었다. 요하 일대의 방어체계는 후방의 천산산맥, 노령산맥 등에서 종심 깊은 방어를 가능하게 했고, 단순히 소극적 성곽 방어에 그치는 것이 아니라 한 성곽이 침공을 받을 경우 주변이나 후방의 성곽에서 군사력을 투입하여 공세를 수행하는 적극적인 방어도 수행했다. 이처럼 요하 일대의 고구려 성곽은 공격과 방어를 동시에 수행하기 위해 축조되었으며, 공격발진기지 및 방어거점 등의 다양한 군사적 역할을 수행했다. 이는 전체 요하 일대 방어체계와 연결되어 더욱 효과를 발휘할 수 있었다.[15]

공격과 방어 등 다양한 목적으로 축조된 요하 일대의 성곽 방어체계는 고구려의 수세적 대외정책에 따라 방어의 중요성이 점차 증가했다. 요하 일대의 성곽 방어체계는 7세기 초 고구려-수나라 전쟁에서 매우 효율적인 것으로 확인되었다. 수나라군의 주력은 요동성에서 더 이상 고구려 내부로 들어오지 못했을 뿐만 아니라 평양성으로 진군한 별동대 30만도 보급을 제대로 받지 못해 결국 살수에서 거의 전멸했다. 방어의 효율성이 검증된 요하 방어체계는 고구려의 수세적 방어전략과 함께 이후 더욱 중시

---

14 고구려의 요하 일대 주요 성곽의 위치와 방어체계 등에 대해서는 여호규, "요하유역편", 『고구려 성』 2(서울: 국방군사연구소, 1999); 여호규, "고구려 후기의 군사방어체계와 군사전략", 『한국군사사연구』 3(서울: 국방군사연구소, 1999) 참조.

15 김병환, "고구려 요동 방어체계 연구", 『군사연구』 125(대전: 육군본부 군사연구소, 2009), pp. 299-300.

요하 일대의 고구려 성곽 방어체계 때문에 7세기 초 고구려-수나라 전쟁에서 수나라군의 주력은 요동성에서 더 이상 고구려 내부로 들어오지 못했을 뿐만 아니라 평양성으로 곧바로 진군한 별동대 30만도 보급을 제대로 받지 못해 결국 살수에서 을지문덕 장군에 의해 거의 전멸되었다. 위 그림은 대한제국 교과서 초등한국역사에 실린 을지문덕 초상화.

되었다.

요하 중심의 방어체계가 정비됨에 따라 고구려는 전통적인 대對중국 견제책인 북방 세력 및 주변 국가와의 적극적인 동맹을 소홀히 하게 되었다. 이로 인해 수나라와 당나라 같은 중원 제국의 힘을 적절히 견제하지 못하게 됨으로써 돌궐突厥 등 북방의 신흥 세력이 중국 세력의 영향 아래 들어가게 되었고, 이는 북방 신흥 세력의 군사력이 중국 세력의 군사력에 편입되면서 고구려에 심각한 위협으로 작용하는 결과를 낳았다.

수나라와의 전쟁 이후 소극적인 군사 운용 및 군사전략은 당나라와의 전쟁에서 고구려가 어려움에 처하게 되는 주요 원인이었다. 고구려 요하 방어체계의 장단점을 잘 알고 있던 당나라는 요하 일대의 주요 성을 일제히 공격하여 고구려 성들의 상호 연결을 차단했다. 아울러 우수한 돌궐의 기병을 충분히 활용하여 포위된 성을 구원하러 출동한 고구려군을 외곽에서 차단하고 격파했다.[16] 고구려는 안시성으로 출동시킨 15만의 구원군이 크게 패배하고 안시성도 포위 공격을 당하는 등 큰 위기에 처하자, 전통적인 전략인 주변 세력과의 동맹을 추진했다. 그 일환으로 몽골 일대에서 세력을 키우던 설연타薛延陀[17]와 동맹을 맺은 고구려는 그들로 하여금 당의 변방을 공격케 하여 고구려에 대한 압력을 분산시키고자 했다. 안시성 전투에서 고구려가 최종적으로 승리하여 당군이 철수함으로써 고구려-당나라의 제1차 전쟁은 끝나게 되었다. 그러나 이 전쟁은 고구려의 군사적 취약점을 여지없이 드러낸 전쟁이었다. 이 전쟁 이후 고구려는 국력을 더 이상 회복하지 못하고 이후 나당 연합군에게 멸망당하게 되었다.

고구려 멸망의 원인은 정치, 군사 등 여러 측면에서 살펴볼 수 있으나, 군사사상적 측면에서 보면 적극적인 공격 위주의 군사력 운용이 아니라

---

16 서영교, 『나당전쟁사 연구』 (서울: 아세아문화사, 2006), pp. 36-40.

17 6~7세기에 몽골의 준가리아(Jungaria) 북부에 있던 터키계 유목민족. 627년 이후 돌궐을 무너뜨리고 몽골 고원을 지배했으나, 646년에 당나라에 토벌되어 멸망했다.

요하 일대의 방어체계를 중시하는 소극적 방어 위주의 군사력 운용에 치중하고 대외정책에서 유연성을 상실해 전통적인 주변 세력과의 동맹을 활용하지 못한 것도 주요한 원인의 하나였다고 평가할 수 있다.

2. 통일신라 시기의 군사사상

5세기까지 삼국 중 가장 국력이 약했던 신라는 6세기에 들어서면서 중국 정세의 변동과 고구려의 내분을 틈타 오히려 혼란기에 착실히 성장했다. 6세기 초 중국의 북조는 내분이 일어나 북위가 동위와 서위로 분열되었고, 고구려도 내분으로 귀족 간의 상쟁이 치열했다. 이와 함께 북방 세력의 교체도 일어나 동쪽에서 갑자기 출현한 유목 세력인 돌궐족이 유연柔然을 물리치고 패권을 장악했다. 550년경에는 돌궐족의 군대가 고구려의 북쪽 변방인 신성新城(오늘날의 중국 랴오닝성遼寧省 푸순시撫順市) 일대에 나타나 고구려를 공격했고, 이로 인해 고구려의 영향력 하에 있던 요하 중·상류 일대의 거란족이 그 압박에 밀려나 요하 하류로 이동하면서 중국과 고구려가 이들에 대한 영향력 행사를 두고 갈등을 빚었다.[18]

변동하는 국제정세 하에서 신라는 국내의 체제를 정비하고 아울러 적극적인 대외 확장에 나서게 된다. 고구려가 내분과 북방 돌궐의 위협으로 인해 남쪽에 신경을 쓰지 못하는 상황을 이용하여 한강 일대 및 함흥평야를 차지하고 아울러 대가야를 멸망시켜 낙동강 유역을 모두 장악했다.

고구려에 비해 사회 발전이 지체되었던 신라는 중국과 고구려 등 주변 세력의 문화를 적극적으로 받아들였다. 고대로 갈수록 약소국의 경우 명분보다는 자국의 이익을 집요하게 추구하는 경향을 보이는데, 그중 신라가 대표적이었다. 군사적 측면에서 신라는 고구려, 당나라 등 주변 나라의 우수한 전술을 적극적으로 도입하여 평지에서의 결전을 위해 보병과 기

---

18 임기환, "7세기 동북아시아 국제질서의 변동과 전쟁", 『전쟁과 동북아의 국제질서』(서울: 일조각, 2006), pp. 59-61.

도제기마인물상(陶製騎馬人物像)(국보 제91호). 군사적 측면에서 신라는 고구려, 당나라 등 주변 나라의 우수한 전술을 적극적으로 도입하여 평지에서의 결전을 위해 보병과 기병을 통합한 전술과 이를 위한 노(弩) 등 신형 무기를 적극적으로 개발했다.

병을 통합한 전술과 이를 위한 노弩, crossbow 등 신형 무기를 적극적으로 개발했다. 당으로부터 육화진법六花陣法[19]과 장창長槍 보병 전술 등을 도입한 것은 그 대표적인 사례이다.[20] 신라는 고구려와 백제의 양면 압박이라는 대외적인 취약성을 극복하기 위해 심지어 적대국이었던 고구려와도 적극적인 동맹을 시도했으나 이에 실패하자 당나라와 동맹을 추진했다. 그 결과, 당과 나당동맹을 체결한 후 당나라의 제도를 도입하는 등 대단히 유연

19 가운데 원형으로 이루어진 원진(圓陣)을 두고 5개의 사각형의 방진(方陣)이 둘러싼 형태의 진법으로 마치 6개의 꽃과 같다고 하여 육화진으로 불렸다.

20 서영교, "나당전쟁기 당병법의 도입과 그 의의", 『한국사연구』 116(서울: 한국사연구회, 2002), pp. 44-48.

한 대외관계를 유지하여 국력의 한계를 극복하고 삼국을 통일하게 되는 계기를 마련했다(김춘추의 외교 활동).

신라의 유연한 대외정책 노선은 나당전쟁에서도 그대로 드러났다. 신라는 당나라와 전쟁하는 과정에서 당나라의 최대 위협 세력이었던 토번吐蕃(오늘날의 티베트)의 동향을 적극적으로 이용하여 토번 세력이 팽창할 때는 당나라에 선제공격을 감행하고 이와 동시에 당과의 외교적 교섭을 진행했다. 즉, 신라는 토번과 당의 긴장관계를 이용해 당나라군의 이동 양상에 따라 임진강 일대에서 군사력을 과감히 운용하여 당나라군을 공격하는 군사적 대결을 마다하지 않았을 뿐만 아니라(매초성 전투 등), 필요시에는 고구려 부흥군을 후원하여 당나라와의 직접적인 전투를 피하면서 동시에 당나라에 대한 외교적 교섭을 통해 당나라의 양보를 이끌어내어,[21] 나당전쟁에서 최종적인 승리를 거둘 수 있었다.

삼국통일 이후 신라는 고구려와 백제 지역에 대한 적극적인 통합정책을 실시했다. 아울러 신라가 3국을 통일했다는 의식을 지속적으로 견지하면서 초기 단계의 단일민족이라는 의식이 형성되기 시작했다. 이와 함께 상대적으로 고구려를 계승했다는 발해에 대해서는 말갈의 국가라 하여 무시 혹은 배제하려는 의식이 생겨났다.[22] 이는 만주 등 고구려의 원래 지역에 대한 의도적인 무시로 이어졌다. 이로 인해 통일신라는 내부적 안정을 유지할 수 있었으나 북방 영토에 대한 관심이 줄어들면서 진취적이고 공격적인 군사사상보다는 소극적인 군사사상을 갖게 되었다.

---

21 노태돈, 『삼국통일전쟁사』(서울: 서울대학교 출판부, 2009), p. 270.

22 앞의 책, pp. 9-12.

III. 고려의 군사사상

1. 고려 전기 거란과의 전쟁과 군사사상

고려가 존재하던 10~14세기는 동아시아 지역 최대 격동의 세기였다. 13세기에 몽골 제국이 성립되어 안정을 구가하던 한 세기를 제외하고는 동아시아 패권을 확고히 장악한 세력 없이 각 세력, 특히 중원의 왕조와 북방의 유목 국가 사이에 패권 다툼이 벌어졌고, 그 여파는 여지없이 고려에 미쳤다.

고려가 건국되고 후삼국 통일 전쟁이 일어나던 시기인 10세기 초는 7세기 이후 구축되었던 당 제국 중심의 동아시아 국제질서가 붕괴되면서 중국 및 만주, 몽골 일대에서 다양한 세력이 새롭게 등장하여 상호 각축을 벌이던 세기적인 변동의 출발점이었다. 후삼국을 통일한 고려는 고구려를 계승하는 국가로서 민족의 융합과 고토故土 회복을 기본 국가전략으로 정하고 통일 전쟁과 고구려의 옛 영토인 만주 지역을 수복하기 위한 매우 적극적인 군사사상을 표방하게 되었다. 이는 당시의 유동적인 국제정세에 적극적으로 대응한 것으로, 고려시대 내내 고려의 대외정책을 규정지었다. 태조 왕건이 채택한 북진정책은 송나라와 거란 등 주변국으로 인한 유동적인 국제 상황에도 불구하고 고려의 군사력에 기초하여 독자적인 생존전략을 모색했다는 점에서 이후에도 고려의 기본적 국가전략이 되었다. 이 전략 덕분에 고려는 주변 국가와의 전쟁을 보다 적극적으로 수행하고 꾸준히 영토를 북쪽으로 확장할 수 있었다.[23]

후백제를 굴복시켜 후삼국을 통일한 이후 고려는 평양을 또 다른 수도인 서경西京으로 정하고 청천강 일대까지 영역을 확대하면서 아직 정세가

23 고려의 북진정책에 대해서는 정해은, 『고려시대 군사전략』(서울: 국방부 군사편찬연구소, 2006), pp. 51-54 참조.

태조 왕건이 채택한 북진정책은 송나라와 거란 등 주변국으로 인한 유동적인 국제 상황에도 불구하고 고려의 군사력에 기초하여 독자적인 생존전략을 모색했다는 점에서 이후에도 고려의 기본적 국가전략이 되었다. 이 전략 덕분에 고려는 주변 국가와의 전쟁을 보다 적극적으로 수행하고 꾸준히 영토를 북쪽으로 확장할 수 있었다.

유동적이던 북방 지역에 대한 본격적인 경략에 착수했다. 이 과정에서 발해 멸망으로 인해 대거 고려로 남하한 발해 유민들을 적극적으로 수용하여 새로 개척한 북방 지역에 정착시켜 그 지역을 개발했다. 발해를 멸망시킨 거란에 대해서는 전쟁도 불사하는 태도를 보여 발해 유민들의 지지를 확보하고자 했으며,[24] 만부교萬夫橋 사건[25]과 같은 강경한 대對거란 외교정책을 펴기도 했다.

---

24 안주섭, 『고려 거란 전쟁』 (서울: 경인문화사, 2003), pp. 29-32

25 만부교 사건이란 고려 태조 때 거란 사신과 함께 보내온 낙타 50필을 만부교 아래에 매어놓아 굶어 죽게 한 사건이다.

고구려 계승을 표방한 고려는 전술적 측면에서도 고구려의 군사사상과 군사적 전통을 계승했다. 고려는 건국 초기부터 기병의 양성과 그 전술적 운용을 중시하고 아울러 북방 요충 지역에 성곽을 축조하여 북방 민족의 기마에 의한 속전속결과 기습 전술에 대항하고자 했다. 즉, 고려의 방어전략은 지구전과 기동 및 결전 사상을 적절히 조화시켜 적군의 군사력을 격파하는 것이었다. 고려는 후삼국통일 전쟁에서 기병 위주의 편성과 전술을 보여주었다. 예를 들어 일리천 전투에서 동원된 7만 2,500명의 고려군 중 기병은 4만 9,500명으로 전체의 68%를 차지할 정도로 기병의 비중이 매우 높았다. 물론 고려의 기병부대가 모두 기병으로만 편성된 것은 아닌 것으로 보이지만, 기병의 중요성이 매우 컸음을 알 수 있다. 고려-거란 전쟁에서도 일반적으로 알려진 것과는 달리, 성곽을 둘러싼 전투가 주가 아니라 야전에서의 전투가 더 많았던 것은 기병이 다수를 이루었던 고려 군사력의 특징에서 비롯된 것이다. 거란군의 장기인 기동력과 이동 능력은 고려의 험한 지형 때문에 제약을 받았고, 보병 중심의 송나라군에 대한 거란의 상대적 우월성은 고려에서는 발휘하기가 어려웠다.[26]

아울러 양계兩界 등 북방 지역에서는 주요 거점 진鎭에 주진군을 배치하고 진성鎭城에 웅거하여 농성하고 지구전을 전개하면서 적군의 압력을 분산·약화시켜서 시간을 벌도록 했다. 양계 지역은 지리적으로 산맥이 횡으로 뻗어 있고, 여러 하천이 발달하여 적군의 진격 속도를 상당히 늦출 수 있었다. 농성지구전을 전개하는 동안 중앙에서는 대규모 군사를 동원하고 신속히 이동시킨 후 결전 장소에서는 과감한 회전會戰을 통해 전쟁의 전체 국면을 전환시키도록 했다. 거란과의 세 차례 전쟁에서 고려는 수십만의 군사력을 동원하여 거의 대등한 수준의 군사력으로 거란군과 수차례 결전을 시도했다. 대표적인 예를 들면 강감찬 장군이 승리를 이끈 귀주

26 임용한, "요, 여진과의 전쟁과 고려의 전략전술 체제의 변화", 『한국군사사』 3(서울: 경인문화사, 2012), pp. 317~325.

강감찬이 태어난 서울 낙성대공원에 있는 동상. 고려 현종 10년(1019)에 침입한 거란군을 이듬해 2월에 강감찬 장군이 이끄는 고려군이 귀주에서 크게 무찔렀다. 고려는 적극적이고 공세적인 군사력 운용으로 거란의 군사력에 큰 타격을 입혔다.

대첩을 들 수 있을 것이다.[27]

고려의 적극적이고 공세적인 군사력 운용을 통해 거란의 군사력이 크게 타격을 입게 됨에 따라 거란은 송나라에 대한 군사적 압박을 할 수 있는 능력을 상실했다. 송나라와 거란은 고려의 힘에 의해 더 이상 적극적으로 대결하기 어려운 상황이 되었다. 이는 고려가 이 시기 동북아 지역의 세력 균형자로서 역할을 수행한 것으로 평가할 수 있다.

고려는 북진정책으로 대표되는 적극적인 군사사상의 표방 및 이에 바탕을 둔 강력한 군사력의 확보와 군사력의 과감한 운용과 함께 외교적 압박과 실리 추구를 통해 국익을 극대화하는 전략을 지속적으로 구사했다. 서희의 외교 담판은 대표적인 사례라고 할 수 있다.[28] 북진정책이라는 국가전략과 국익과 실리에 바탕을 둔 고려의 외교전략은 기존의 동맹관계마저도 파기하고 새로운 국제관계를 정립하는 것을 주저하지 않았다. 12세기 초 새로이 등장한 세력인 금나라가 거란을 압박하자, 고려는 금나라와 관계 개선을 시도하고 거란과의 기존 관계를 파기했다. 아울러 금나라가 거란을 공격하자, 거란의 점령지인 압록강 하류의 보주保州, 오늘날의 의주를 즉시 점령해버렸다. 이를 통해 고려는 일거에 압록강 하구 일대까지 영토를 확장했다.[29]

명분보다 국익 우선의 적극적인 군사전략과 군사사상의 형성은 고려 전기까지 명분과 중국 중심의 체제를 중시하는 유학사상이 정치의 영역을 제외한 고려 사회 전반에 아직 침투하지 못한 것과 관련이 있다.

---

27 고려-거란 전쟁에 대해서는 안주섭, 『고려 거란 전쟁』(서울: 경인문화사, 2003) 참조.

28 서희의 외교 담판에 대해서는 김위현, “서희의 외교”, 『서희와 고려의 고구려 계승의식』(서울: 학연문화사, 1999), pp. 118-120 참조.

29 박종기, 『5백년 고려사』(서울: 푸른역사, 1999), p. 269; 박용운, 『수정 증보판 고려시대사』(서울: 일지사, 2008), pp. 384-385.

2. 고려 후기 몽골과의 전쟁과 군사사상

12세기 초 건국된 금나라는 거란의 요나라를 멸망시키고 그 여세를 몰아 중원으로 들어가 송나라의 북부 지역을 장악하면서 동아시아의 최대 강대국으로 성장했다. 금나라를 중심으로 동아시아 질서가 재편되면서 건국 후 고려의 국가전략인 북진정책은 적극적으로 추구하기 어렵게 되었다. 아울러 중국 중심의 질서를 긍정한 유교가 학문화·철학화되어 점차 고려의 주요 정치사상으로 대두되면서 고려 초기 이래 만주 수복을 목표로 적극적인 팽창주의 노선을 추구하려는 기존의 노선과 충돌함에 따라 군사사상에 있어서도 소극적 양상이 강화되기 시작했다. 이는 고려 내부의 노선 투쟁으로 나타났다.

금나라의 영향력 하에 완전히 들어간 것을 거부하고 고려의 북진정책을 계승하여 금나라를 정벌하기 위해 서경으로 도읍을 옮기자는 서경파와 금나라 중심의 국제질서를 인정하자는 개경파의 대립인 묘청의 난이 바로 그것이다. 결국 개경파가 승리하면서 고려는 기존의 국가전략인 북진정책을 보류하고 군사력 운용도 적극적으로 모색하지 않는 소극적인 군사사상이 대두했다. 북진정책의 포기에 따라 대외적인 군사력 운용의 가능성이 없어지면서 군사의 필요성이 줄어들고 자연스럽게 무반武班에 대한 차별의식이 생겨났다. 문반文班과 무반의 갈등은 결국 무신의 난(무인정변)이라는 정치적 격변으로 표출되었다.

정치적 갈등의 소산으로 출현한 무인 정권의 탄생은 아이러니하게도 고려의 국방 및 군사적 측면에서의 발전과는 관계가 없었다. 여러 차례의 정변으로 인한 무인 집정執政의 잦은 교체는 고려 군사력을 국방이 아닌 정치적 수단으로 변질시켰다. 따라서 국가방어를 위한 군사력보다는 정치적 수단으로서 군사력의 확대가 중요시되었다. 무인 집정을 위한 친위 군사력인 사병私兵의 등장과 확대가 바로 그것이다. 사병의 확대로 고려 중앙군은 충원이 어려워져 점점 무력화되었다.[30] 이로 인해 고려의 전반적인 국방력은 약화될 수밖에 없었다.

무인정권 기간인 13세기 전반에 맞게 된 몽골과의 전쟁은 약화된 고려 국방력의 실상을 여지없이 보여주었다. 몽골과의 전쟁에서 고려는 이전과 달리 전쟁을 주도하지 못하고 강화도 등 도서 지역과 산간의 산성을 이용한 소극적 방어전략으로 일관했다. 이는 2군 6위 중앙군과 양계의 주진군 등을 포함한 지방군을 기본으로 하는 고려 군사력의 중심이 무인정변 이후 무인 집정의 안위를 중시하는 사병 위주로 바뀐 것과 밀접한 관련이 있다. 대신 고려는 몽골과의 전쟁에서 몽골군이 수전水戰에 약하다는 것을 이용하여 강화도에서 장기간 농성하면서 몽골의 요구를 끝까지 들어주지 않고 버티는 장기간의 외교전을 전개하여 몽골을 지치게 만들어 요구조건을 약화시키는 전략을 구사했다. 이른바 고려판 벼랑 끝 전술이라고 할 수 있다.[31] 아울러 고려는 몽골 국내의 상황을 적절히 이용하여 강화 과정에서 자국에 유리하도록 상황을 전개하기도 했다. 이를 통해 고려는 고려 왕실의 존속과 고려의 제도 및 풍속을 그대로 인정받는 높은 수준의 자치권을 확보하게 되었다.[32]

몽골과의 강화로 고려는 몽골의 영향력 하에 들어갔지만, 몽골과의 전쟁으로 고려에는 몽골군의 기병 기동전술과 만호萬戶[33] 같은 군사제도가 소개되었다.[34] 고려는 원나라의 일본 정벌에 참여하여 몽골의 전술과 군사력 운용 등을 직접 접하게 되었다. 이에 더하여 고려 말 몽골 지배하에 있던 여진 지역의 군사력에 기반한 이성계 세력이 고려에 합류함으로써 고려의 전술이나 군사력 운용은 이전보다 더 적극적이고 공세적인 양상

---

30 김당택, "무신정권시대의 군제", 『고려군제사』(서울: 육군본부, 1983), pp. 260-267; 김인호, "고려 중기 정변의 빈발과 군사제도의 변화", 『한국군제사』 4(서울: 경인문화사, 2012), pp. 59-62.

31 박종기, 『5백년 고려사』, pp. 279-280.

32 고려-몽골의 강화 과정은 이익주, "고려 원관계의 구조에 대한 연구", 『한국사론』 36(서울: 서울대학교 국사학과, 1996) 참조.

33 만호는 고려 후기 충렬왕대 원나라의 군제를 도입하면서 개경의 순군만호부(巡軍萬戶府)와 지방의 만호부에 두었던 무관 벼슬이다.

34 몽골군의 전술에 대해서는 Timothy May, *The Mongol Art of War*(Yardley: Westholme, 2007) 참조.

을 띠게 되었다. 실제 고려 말 여러 전투에서 이성계 휘하의 군대는 고려의 어느 군대보다 월등한 전투력을 발휘했다.[35]

14세기 중반 원나라의 세력이 급격히 약화됨에 따라 주변 지역에서 여러 세력이 일어나자, 고려는 고려 전기 이래 국가전략이었던 북진정책을 다시 적극적으로 추진했다. 고려 말에는 이미 압록강 중류 일대까지 영토를 확장했을 뿐만 아니라, 요동으로 진출한 명나라가 압박해오자 그 여세를 몰아 요동 지역에 대한 군사적 행동을 시도하기도 했다. 고려 말 요동 정벌 시도는 그 대표적인 사례라고 할 수 있다.[36] 이와 더불어 고려 말에 최무선이 화약을 만들어 화약무기를 개발하면서 원거리에서 적군을 공격할 수 있게 되자, 군사력 운용도 더 적극적으로 변화했다.[37] 고려 말 골칫거리였던 왜구의 약탈을 해상에서 적극적으로 저지하는 전술을 운용하고 1389년에는 왜구의 소굴인 대마도對馬島를 직접 공격하는 등 군사사상과 군사전략 측면에서 적극적으로 변화했다.

Ⅳ. 조선시대의 군사사상

1. 조선 전기의 전쟁과 군사사상

고려 말의 유동적인 국제정세와 군사적 상황은 조선 초기까지 계속되었다. 유교적 통치이념을 기본으로 성립된 조선 왕조는 대외적으로는 명나라에 대해 사대事大를 표방하고 한반도 주변국인 일본倭과 여진에 대해서는 교린

---

35 유창규, "이성계의 군사적 기반- 동북면을 중심으로", 『진단학보』 58(서울: 진단학회, 1984).

36 김순자, 『한국 중세 한중관계사』(서울: 혜안, 2007), pp. 112-12; 박원호, "철령위 설치에 대한 새로운 관점", 『한국사연구』 136(서울: 한국사연구회, 2007).

37 홍영의, "무기의 개발과 방어시설의 정비", 『한국군사사』 4, 육군군사연구소(서울: 경인문화사, 2012), pp. 310-318.

交隣정책을 폄으로써 이민족과 화평관계를 유지하기 위해 노력했다. 그러나 이는 대외적인 정책에 불과하고 실제 군사력의 운용에 있어서는 매우 적극적인 양상을 보였다. 일반적으로 조선은 성리학에 바탕을 두고 국가가 성립되었고 사회의 지도이념으로 성리학이 강력한 영향을 미친 것으로 알려져 있지만, 조선 초기의 사회는 이와 다소 다른 양상을 보였다. 이는 조선의 건국 주체 세력의 지역적 · 사상적 성향과 밀접한 관련이 있다.

조선을 건국한 주체 세력은 기본적으로 정통 성리학자들만이 아니라 다양한 세력들이 가세한 연합체라고 할 수 있다. 예를 들어, 가장 강력한 군사력을 제공한 이성계의 동북 세력은 상당수가 여진족 출신이거나 여진족과 매우 가까운 관계를 유지하고 있던 집단이었다. 이들은 기존의 고려 중앙 세력과는 완전히 이질적인 집단이라고 할 수 있다. 또한 건국의 이념적 기반을 제공한 정도전을 비롯한 유학자들도 성리학 이외에 다양한 사상을 수용하고 이를 절충한 매우 개방적인 학풍을 지니고 있었다. 특히 이들은 고려의 귀족 세력과 달리 학문을 바탕으로 실력을 키운 세력으로서 매우 개혁적인 사고를 가지고 있었다. 심지어 정도전의 경우에는 혈통적으로 외조모 계통이 천한 신분 소생이기도 했다. 이처럼 동북 세력과 신진 사대부 세력은 명분에 집착하지 않고 실리를 고려하면서 적절한 조화를 통해 국가를 새로이 건설하고 국익을 달성하고자 하는 의지가 매우 강했다.[38]

조선 초기 역동적인 국제질서에 대한 조선의 기민한 대응은 기본적으로 건국 주체 세력의 사회적·사상적 다양성과 절충성에 기반하고 있다. 고려 말 여러 사정으로 인해 보류되었던 요동 정벌이 태조 시대에 정도전을 중심으로 다시금 시도된 것이나 세종 시대의 대마도 정벌과 6진 및 4군 개척 과정에서 보듯이 조선은 적극적인 군사력 운용을 주저하지 않았다. 이를 통해 조선은 동북아 지역의 평화를 유지하는 데 매우 중요한 역

38 한영우, 『개정판 정도전 사상의 연구』(서울: 서울대학교 출판부, 1989); 김영수, 『건국의 정치-여말선초, 혁명과 문명 전환』(서울: 이학사, 2006), pp. 489-536.

할을 수행하기도 했다. 또한 압록강, 두만강 북부의 여진족에 대해서는 일정한 영향력을 확보하고자 시도했는데, 이는 당시 조선이 만주 지역에 대한 강한 영토 의식을 가지고 있었음을 보여주는 것이다. 실제 조선 초기 지식인들은 우리나라를 본래 '만리萬里의 대국大國'이라고 생각하고 각종 지도나 지리지를 편찬할 때 만주를 우리 국토의 범주에 포함시키는 경우가 적지 않았다. 예를 들어 정도전의 경우 한반도 북부, 특히 여진족이 살고 있던 함경도 지방을 확실하게 우리 영토에 편입시키고 요동의 넓은 땅을 수복하려는 원대한 이상을 가지고 있었다.[39]

군사력의 적극적 운용을 고려한 군사사상과 진취적 영토관은 전술체계에도 여실히 반영되었다. 당시 조선의 전술체계를 보여주는 진법은 오위진법五衛陣法이었고, 무기는 궁시弓矢, 화기火器 등 원거리 무기를 주로 사용했다. 조선은 이 원거리 무기(특히 편전片箭)를 사용하는 장병전술長兵戰術을 폄으로써 근접전 무기로 무장한 일본과 화약무기가 없는 여진족에 대해 압도적인 전술적 우위를 점했다. 특히 궁시와 화기로 무장한 기병과 보병을 기본으로 하여 음양오행을 근거로 짠 오위진법을 전투대형으로 삼았는데, 특히 기병의 운용을 매우 중요시했다.[40] 실제로 조선 초기의 주요 전쟁에서는 기병을 적극적으로 운용하여 여진족의 근거지를 직접 공격함으로써 여진족 군사력을 파괴했다.[41]

그러나 15세기 후반 이후 조선의 여진족에 대한 통제가 효과적으로 이루어지면서 국경 일대가 안정되고 몽골 등 강력한 위협 세력이 위축되는 양상을 보이자, 조선의 군사력은 기존에 확보된 두만강 및 압록강 이남의 영토를 확실히 지키는 방향으로 운용되었다. 이는 명나라의 동아시아 지

---

39 한영우, 『왕조의 설계자, 정도전』(서울: 지식산업사, 1999), pp. 212-214.

40 하차대, "조선초기 군사정책과 병법서의 발전", 『군사』 19(서울: 국방부 전사편찬위원회, 1989); 김동경, "조선초기의 군사전통 변화와 진법 훈련", 『군사』 74(서울: 국방부 군사편찬연구소, 2010).

41 노영구, "세종의 전쟁 수행과 리더십", 『오늘의 동양사상』 19(서울: 예문동양사상연구원, 2008).

배 질서가 안정된 것과도 관련이 있다. 이로 인해 15세기 후반의 조선 군사사상은 적극적이며 공세적이기보다는 방어적이며 수세적이 되었는데, 이는 기본적으로 15세기 후반의 안정적인 국제정세의 전개에 따라 소극적인 영토 방어를 중시한 것에 따른 것이었다.

16세기 들어서면서 명분을 중시하는 성리학이 지배 이념이 되면서 이러한 양상은 더욱 심화되었다. 성리학적 명분론에 치우친 이상적이고 이념적이며 소극적인 국방관이 나타나게 되었는데, 이는 당시 명나라 중심의 동아시아 국제질서가 안정기에 들어서고 일본의 전국시대 전개로 국가의 힘이 외부로 분출되지 못하는 상황에 기인한 것이라고 할 수 있다.

2. 조선 후기의 군사사상

16세기에 들어서면서 유럽 세력의 동아시아 지역 진출과 이를 통한 남미 지역의 은銀 대량 유입 등으로 인해 동북아 지역의 안정적인 정세는 점차 격변하기 시작했다. 명나라 외곽 지역, 예를 들어 만주, 북중국, 중국 연안, 대만 등지를 중심으로 은 유통을 통해 새로이 힘을 키운 세력이 등장하기 시작했고, 이들 세력은 명나라 외곽의 취약한 지역을 침입하기도 했다. 또 북쪽의 몽골 세력과 남쪽 왜구의 침입으로 인해 명나라는 적지 않은 어려움을 겪었는데, 이것이 이른바 북로남왜北虜南倭이다.[42]

전국시대의 혼란을 극복하고 통일된 일본은 중국 중심의 동아시아 교역망에 참여하기를 바랐으나 쉽사리 이를 이루기 어렵게 되자, 전국시대를 통해 확보한 군사력을 바탕으로 이러한 현실을 무력으로 타개하고자 했다. 조선과 일본 간의 전쟁(임진왜란)은 이러한 국제정세 속에서 발발했다. 임진왜란은 이전까지 북방 세력을 주된 가상적으로 상정하고 있던 조선에 대륙과 해양 두 방면으로부터의 위협에 동시에 노출되게 하는 전략

---

42 김한규, "임진왜란의 국제적 환경", 『임진왜란, 동아시아 삼국전쟁』(서울: 휴머니스트, 2007), pp. 295-300.

부산진순절도(釜山鎭殉節圖)(대한민국 보물 제391호). 부산진순절도는 조선 선조 25년(1592) 4월 13일 부산진에서 벌어진 왜군과의 전투 장면을 그린 것이다. 임진왜란은 이전까지 북방 세력을 주된 가상적으로 상정하고 있던 조선에 대륙과 해양 두 방면으로부터의 위협에 동시에 노출되게 하는 전략적 딜레마를 가져오게 한 계기였다.

적 딜레마를 가져왔다. 이러한 한반도의 전략적 딜레마의 상황은 현재까지도 계속되고 있다.

임진왜란을 통해 기존의 조선의 전술과 군사체제가 일본에 효과적이지 않다는 사실을 확인한 조선은 왜구를 방어하는 데 효과를 거둔 중국의 절강병법浙江兵法[43]을 채용하고 이를 운용할 부대로 포수砲手, 사수射手, 살수殺手 등 삼수병三手兵으로 조직된 훈련도감을 설치함으로써 조선의 전반적인 전술체계와 군사제도에 근본적인 변화가 나타났다.[44] 아울러 이전에 고려하지 않았던 남방으로부터의 위협에 대한 방어전략의 수립 필요성이 대두되었다. 일본으로부터의 위협과 함께 17세기 전반기 여진의 대두로 대표되는 국제정세의 변화로 인해 조선은 전략적 딜레마에 빠지게 되었다. 그러나 변화하는 국제정세에 적극적으로 대처하지 못하고 기존의 명나라 중심의 국제질서에 순응함에 따라 군사사상의 측면에서 근본적인 변화는 나타나지 않았다. 병자호란에서의 참패는 조선의 군사적 취약점과 전략의 문제점을 여지없이 드러낸 사건이었다.[45]

청나라와의 전쟁 이후 조선은 청나라의 군사력에 압도되어 동아시아 국제관계는 이전과 크게 달라진 것이 없었고, 효종 시대의 일부 북벌北伐의 움직임을 제외하고 적극적이고 공세적인 군사력 운용은 생각지도 못하게 되었다. 아울러 군사전략에 있어서도 청나라의 감시와 군사력의 한계로 인해 산성山城 방어 위주의 극히 소극적인 방어전략만을 강구했다. 따라서 이후 조선의 군사사상이나 군사정책에 있어서 획기적인 발전을

---

43 명나라에는 북방 유목민족의 침입에 대비한 북병(北兵)과 남부해안 지역에 자주 출몰하는 왜구에 대비하기 위한 남병(南兵)이 있었는데, 당시 절강성 일대를 지키던 장수 척계광이 근접전에 역점을 두고 개발한 병법이 절강병법이다. 이 전술은 기병을 쓰지 않는 보병 위주의 전술로서 낭선(狼筅), 장창(長槍), 등패(籐牌), 당파(鏜鈀) 등 신형 근접전 병기를 채택하여 일본군과 근접전을 할 수 있도록 하고 호준포(虎蹲砲), 화전(火箭), 불랑기(佛狼機) 등 신형 화기를 대량으로 장비하여 조총에 대응하도록 했다. 이 병법은 임진왜란 때 구원병으로 참전한 남병에 의해 최초로 조선에 선을 보였으며, 그 우수성이 인정되어 조선의 전술로 채택되어 이후 조선에 커다란 영향을 미치게 되었다.

44 노영구, "조선후기 병서와 전법의 연구", 서울대학교 박사학위논문, 2002.

45 병자호란 발발 원인에 대해서는 한명기, 『정묘 병자호란과 동아시아』(서울: 푸른역사, 2009) 참조.

기대하기에는 다소 어려웠던 것도 사실이다. 조선 후기의 소극적 군사사상은 적의 군사력을 격파하고 적의 영토를 공략한다는 적극적이며 발전적인 전략과 전술을 배태하기 어렵게 되면서 우리 영토를 침략한 적에게 후방 지원선을 연장시키거나 이를 단절하여 스스로 물러가게 하는 소극적이고 수세적인 전략과 전술에 머무르게 되었다. 이른바 청야입보, 이일대로以佚待勞[46] 등으로 언급되는 한국의 전통적 군사관이 현재까지 묵수되는 현상은 조선 후기의 특수한 상황이 반영된 전략과 군사사상에서 비롯된 것이라고 할 수 있다.

그러나 17세기 동안 내내 소극적인 군사사상이나 영토관이 지속된 것은 아니었다. 청나라와의 전쟁에서 진 것은 조선의 국력이 약하기 때문이라는 반성과 함께 전쟁에서 승리하기 위해서는 부국강병을 달성하고 강대한 국가를 만들어야 한다는 공리주의적인 주장도 함께 나타났다. 이와 더불어 만주를 차지했던 고조선과 고구려, 발해 등 고대사에 대한 관심이 증폭되고 고대 국가의 강역疆域(영역의 전근대 개념)을 재검토하려는 역사지리 연구도 나타나게 되었다.[47] 이는 이후 국제 상황의 변화에 따라 자연스럽게 공세적인 군사사상으로 전환될 수 있는 배경이 되었다. 18세기에 들어서면서 조선을 둘러싼 군사적 상황에서 일부 변화가 나타나기 시작했다. 17세기 후반까지 안정되었던 몽골과 신장 지역 정세가 18세기 전반기부터 점차 유동적으로 변화하기 시작했다. 몽골족의 일파인 준가르부의 세력이 크게 팽창하면서 청과 대결하기 시작했고, 1723년경에는 티베트까지 그 영향력이 확대되었다.[48] 이러한 유동적인 국제정세는 1755년 청군이 준가르부를 점령하고 이후 주변 지역을 완전히 장악한 후 이 지역을 신장新疆이라

---

46 이일대로란 『손자(孫子)』의 군쟁편(軍爭篇)에 나오는 전략으로, 36계 가운데 네 번째 계책이다. 자신을 감추고 때가 올 때까지 참고 기다리며 전력을 비축하다가 피로해진 적을 상대하는 전략이다.

47 한영우, 『역사학의 역사』(서울: 지식산업사, 2002), p. 159; 허태용, 『조선후기 중화론과 역사인식』(서울: 아카넷, 2009), pp. 215-229.

48 임계순, 『청사-만주족이 통치한 중국』(서울: 신서원, 2000), p. 284.

명명하고 통치하면서 비로소 안정되었다. 이러한 국제적 상황에서 조선에서는 공세적 군사사상의 단초가 되는 생각들이 확산되기 시작했다. 먼저 역사학 분야에서 북방 영토 및 고대사에 대한 관심이 나타나게 되었는데, 특히 정치적으로 세력이 약화되었던 소론계 학자들을 중심으로 만주 일대에 대한 관심이 고조되었다. 이는 자연스럽게 이 지역의 국가였던 고구려와 발해의 역사에 대한 인식의 심화로 이어졌다.[49] 이외에 군사에 관심이 많은 일부 인물들은 북방으로부터의 군사적 위협에 대응하기 위해 전쟁의 가능성이 있을 경우 요동 지역을 사전에 군사력을 이용해 점령하자는 적극적인 주장으로 표출하기도 했다. 이 시기 군사사상가인 송규빈宋奎斌의 요동점령론이나 몇몇 사람들이 주장한 북벌론이 그 대표적인 사례이다.[50] 이를 통해 조선 후기에는 수세적인 군사사상 및 방어전략과 함께 만주까지 고려하는 공세적 군사사상이 공존하고 있었음을 알 수 있다.

16세기 말에서 17세기 초에 걸친 40여 년의 기간 동안 일본과 청으로부터 연이어 침입을 당한 조선은 이후 군사적 측면에서 전술적으로 다양한 면모를 보여주었다. 우선 임진왜란 당시 일본은 서양으로부터 16세기 후반 조총을 입수하면서 창검을 주무기로 삼았던 기존의 단병短兵 위주의 전술에 장병長兵 전술을 배합함으로써 조선의 궁시弓矢를 능가할 뿐만 아니라 본래 그들의 장기인 단병기를 이용한 근접전도 위력이 극대화되었음을 경험했다. 앞서 설명했듯이 일본의 새로운 전술에 대응하기 위해 조선은 명나라 남방 지역 병사들의 절강병법을 도입했다. 명나라의 척계광戚繼光이 개발한 절강병법은 일본의 단병 전술을 압도할 수 있도록 아군의 단병 접전 능력을 강화하는 한편 각종 화포류의 병기를 대폭 강화한 새 전법으로, 조선 후기 조선군 전술의 기본이 되었다.

---

49 한영우, 『조선후기 사학사연구』(서울: 일지사, 1989), p. 243.

50 백기인, 『조선후기 국방론 연구』(서울: 혜안, 2003), pp. 177-186; 권도경, "「황생전」에 나타난 김기의 북벌론에 관한 연구", 『군사』 63(서울: 국방부 군사편찬연구소, 2007).

조선 후기에는 기존의 절강병법에 더하여 청나라의 대규모 기병에 대응하기 위해 다수의 기병을 보병과 함께 운용하는 방향으로 전술과 군사 제도의 변화가 나타났다. 친기위親騎衛[51], 별무사別武士[52] 등 다양한 기병부대가 전국적으로 창설되고, 기병에 필요한 다양한 전술과 무예가 고안되었다. 예를 들어, 학익진鶴翼陣, 봉둔진蜂屯陣 등의 진법이 고안되고, 기병의 실전 무예로서 마상편곤馬上鞭棍[53]을 이용해 밀집한 적 대열에 돌진한 뒤 적군을 격파하고 포위하는 전술도 개발되었다. 보병의 경우도 기존의 궁시 위주에서 기병 저지에 효과가 큰 조총 중심으로 병력 구조의 변화가 나타났다. 아울러 야전에서 사용할 수 있는 각종 화포를 개발하여 다량으로 배치하는 등 전술적인 측면에서 상당한 발전이 있었다.[54]

조선 후기에 나타난 군사적 어려움은 자연스럽게 병학兵學의 발전으로 이어져서 다양한 형태의 군사 관련 서적이 간행되었을 뿐만 아니라 학자들의 군사 관련 언급이 급증했다.[55]

V. 서양 세력의 대두와 근대의 군사사상

1. 서양 세력의 접근과 해안방어론

19세기 들어서면서 동아시아는 강력한 군사력으로 무장한 서구 열강의

---

51 친기위는 조선 후기 함경도에 창설된 기병 부대이다.

52 별무사는 조선 후기 평안도, 황해도 등에 창설된 기병 부대이다.

53 마상편곤은 갑옷과 투구로 완전 무장한 기병이 말을 타고 편곤(鞭棍)을 휘두르며 싸우는 무예이다.

54 노영구, "조선후기 단병 전술의 추이와 무예도보통지의 성격", 『진단학보』 91(서울: 진단학회, 2001); 최형국, 『조선후기 기병전술과 마상무예』(서울: 혜안, 2013).

55 조선시대 편찬된 병서(兵書)와 그 내용에 대해서는 정해은, 『한국 전통 병서의 이해』(서울: 국방부 군사편찬연구소, 2004) 참조.

침략에 직면하게 되었다. 1840년 영국이 아편전쟁을 도발하고 1842년 불평등조약인 난징조약을 체결했다. 이를 계기로 중국은 자본주의 세계체제에 급속히 편입되었다. 그 여파는 조선에도 미쳐 18세기 말부터 프랑스와 영국의 상선과 군함이 조선의 연안에 나타나 통상을 요구했다. 중국이 서양에 패배한 사건은 조선과 일본에 큰 충격을 주었고, 이를 계기로 동아시아 국가는 대외적 위기 속에서 서양의 침략을 막아낼 방안을 마련하려고 노력했다. 바다를 통한 서양 세력의 침략에 대처하기 위한 방안으로 해안 방어를 강화하자는 이른바 '해방론海防論'이 크게 대두했다. 특히 1844년 청나라 말기의 학자 위원魏源이 저술한 『해국도지海國圖志』가 가장 대표적인 서적으로, 이 책에서 그는 내륙으로 연결되는 하천에 포대 등을 건설하여 하천을 거슬러 오는 서양 군함을 공격할 것을 주장했다. 이 책의 내용은 이후 조선과 일본의 해방론에 큰 영향을 미쳤다.

조선에서도 해방론은 18세기 후반부터 안정복을 비롯한 소수 실학자들이 제기하기 시작하여 19세기에 서양 선박의 출몰이 빈발해지자 한치윤, 정약용을 비롯한 여러 실학자들이 주장하기에 이르렀다. 최초의 해방론은 일본을 구체적인 방어 대상으로 상정했으나, 1840년 아편전쟁 이후에는 서양 세력을 가상적으로 상정하고 서양의 침입을 받을 수 있다는 위기의식이 높아졌다. 이에 서양의 침입에 대비하기 위해 해안 방어를 강화하자는 주장이 본격적으로 나타나기 시작했다. 특히 『해국도지』가 1850년 전후로 도입되고 1866년 병인양요와 제너럴셔먼General Sherman호 사건 등 서양 침략이 현실화되면서 적극적인 해안방어론이 제기되었다. 이 시기 해안방어론은 기본적으로 수전을 포기한 상태에서 적의 해안 상륙을 일차 저지하고 이것이 여의치 않으면 내지로 끌어들여 대적한다는 전략이었다. 이 시기의 해방론은 무기의 근대화를 배제한 채 전술 운용의 변화만을 꾀했다는 점에서 한계가 있었다.[56]

---

56 19세기 조선의 해방론에 대해서는 최진욱, "19세기 해방론 전개과정 연구", 고려대학교 박사

1866년 병인양요 당시 강화도에 침입한 로즈 제독이 이끄는 프랑스 함대. 병인양요는 1866년(고종 3년)에 흥선대원군의 천주교 탄압을 구실로 외교적 보호를 명분으로 하여 프랑스가 일으킨 제국주의적 전쟁으로, 로즈 제독이 이끄는 프랑스 함대 7척이 강화도를 점령하고 프랑스 신부를 살해한 자에 대한 처벌과 통상 조약 체결을 요구했다. 흥선대원군은 로즈 제독의 요구를 묵살한 뒤 훈련대장 밑에 순무영(巡撫營)을 설치해 무력으로 대항했다. 조선군이 완강히 저항하자 프랑스 해군은 40여 일 만에 물러났다. 서양 침략이 현실화되면서 서양의 침입에 대비하기 위해 해안 방어를 강화하자는 적극적인 해안방어론이 제기되었다.

개항 이후 조선을 속국화하려는 청과, 조선을 대륙 침략의 발판으로 삼으려는 일본이 각축을 벌이면서 대외적 위기의식은 더욱 고조되었다. 이를 극복하기 위해 조선은 부국강병을 통한 군비의 근대화를 적극 추진하여 근대적 무기의 생산과 도입에 힘을 기울였다. 아울러 1880년 말부터 본격적으로 군사제도의 개편을 추진하여 신식 군대인 교련병대를 창설하고 기존의 5군영제를 무위영과 장어영 2개의 군영으로 개편했다.[57] 아울러 임오군란 이후 조선의 연해를 자국의 지배하에 두려던 청의 정책에 맞서 해안 방어를 강화하기 위해 경기 일대의 해방을 담당하는 기연해방영畿沿海防營을 창설하여 주체적으로 해안 방어를 담당케 했다. 또한 근대적 해군 창설을 도모했는데, 고종은 1893년 1월 해연총제영海沿總制營을 설치하고 3월에는 근대적 해군을 육성할 목적으로 강화도 갑곶에 해군학교를 설치하여 근대적 해군 창설을 준비했다. 그러나 청일전쟁의 발발과 일본의 경복궁 점령 직후 해연총제영은 일본에 의해 폐지되었다.[58]

2. 대한제국 시기의 국방정책과 대외전략[59]

대한제국이 성립되자, 군사정책의 목표를 국방과 왕권 수호에 두고 일본이 징병제에 기초하여 대대적인 군대 증강을 추진하고 있던 현실을 고려하여 소수정예의 용병제가 아닌 상비군체제를 전제한 징병제를 준비했다. 1903년 징병제 실시에 대한 조칙을 반포했으나, 다수의 상비군을 양성할 재정의 부족으로 인해 일단 보류되었다. 상비군체제를 전제한 징병제는 갑오개혁 당시 「홍범 14조」에 명시되었지만, 시행되지는 못했다. 대

학위논문, 2008; 최진욱, "서양 열강의 동아시아 진출과 해방론", 『한국군사사』 9(서울: 경인문화사, 2012), pp. 20-24 참조.

57 배항섭, 『19세기 조선의 군사제도 연구』(서울: 국학자료원, 2002), p.179.

58 장학근, "조선의 근대해군 창설 노력", 『해양제국의 침략과 근대조선의 해양정책』(서울: 한국해양전략연구소, 2000); 배항섭, 『19세기 조선의 군사제도 연구』(서울: 국학자료원, 2002), pp. 271-273.

59 본 절의 내용은 윤대원, "대한제국의 군사정책과 군사사상", 『한국군사사』 12(서울: 경인문화사, 2012), pp. 373-381의 내용을 바탕으로 정리한 것임.

한제국은 대대적인 군사력 증강에 필요한 정부 재정의 부족을 타개하고 주변 열강의 움직임에 대응하기 위해 20세기 들어 징병제 실시를 적극적으로 검토했다. 특히 러시아의 만주 점령에 대응하여 1902년 영일동맹 체결로 러일 사이의 대립이 격화되자, 정부 내에서는 군비 절감과 상비군 체제를 위한 징병제 실시를 적극적으로 검토하고, 아울러 군사력 증강에 박차를 가했다. 실제 1900년부터 1903년까지 4년간 대한제국의 군사는 약 2만 명에 달했고, 정부 재정의 40% 이상이 군사비로 지출되었다.[60]

1903년 들어 동아시아에 일시 형성된 세력 균형에 균열이 생기기 시작했다. 의화단의 난을 계기로 러시아군이 만주로 진입하여 이 지역을 군사적으로 장악하고 열강의 철수 요구를 거절했다. 이에 일본과 미국, 영국이 크게 반발하면서 러시아와의 긴장관계가 고조되었다. 일본과 영국은 러시아에 대항하여 1902년 영일동맹을 맺어 러시아에 맞섰다. 만주와 한반도를 두고 러시아와 일본 사이의 대립이 격화되자, 대한제국은 열강을 상대로 중립화정책을 적극 모색했다. 이 무렵 러시아와 일본은 대한제국의 분할점령안을 적극 협의했으나, 일본이 한반도 중립화의 전제로 만주의 중립화를 주장함으로써 협의에 이르지 못했다. 1902년에 일부 러시아 외교관들이 러시아, 일본, 미국 3국 공동보장에 의한 한반도 중립화안을 제시하기도 했으나, 미국이 러시아가 제안한 이 안에 동의하면 한반도 지배가 불가능해질 것을 두려워한 일본이 미국에 이것을 수락하지 말 것을 요청하면서 이마저도 무산되었다.

러일전쟁의 가능성이 높아지자, 대한제국은 여러 외교 경로를 통해 중립화정책을 적극적으로 모색했다. 그러나 이지용, 민영철을 비롯한 일부 고관들은 '한일동맹론'을 주장하는 등 대한제국 내의 정파들은 일본 또는 러시아와 제휴할 것을 주장했다. 대한제국 황실은 이용익의 주도로 중

---

60 조재곤, "대한제국의 체제확립과 군비강화", 『한국군사사』 9(서울: 경인문화사, 2012), pp. 387-389.

립화 노선을 추진하는 한편, 일본을 억제하기 위해 중립화 노선과 별개로 러시아에 적극적인 지원을 요청하는 이중외교를 은밀히 추진했다. 일본은 대한제국의 이중외교를 봉쇄하기 위해 한일군사동맹안을 추진하여 대한제국 황실의 보전을 조건으로 대한제국이 일본군을 지원한다는 골자의 공수동맹체결을 강요했다. 고종은 러일전쟁 직전인 1904년 1월 러시아와 일본 사이에 평화가 결렬될 때 대한제국 정부는 중립을 지키겠다는 '전시중립선언'을 발표했다. 그러나 2월 8일 러일전쟁이 개시되자 일본은 한일동맹조약 체결을 대한제국에 강요했고, 23일 대한제국은 일본과 군사동맹적 성격을 강조한 「한일의정서」를 맺게 되었다. 이로써 대한제국의 중립화정책은 무산되었다.

대한제국 시기의 군사력 증강과 대외노선은 군대 해산과 식민지로의 전락으로 인해 좌절되었지만, 이후 독립운동에 필요한 군사력의 일부를 제공하고 아울러 독립운동 노선의 시원을 제공했다는 점에서 그 의미를 찾을 수 있다.

VI. 현대의 군사사상

1. 대한민국 임시정부 초기의 군사노선[61]

1918년 11월 제1차 세계대전의 종전과 더불어 고조된 인도주의 및 비폭력주의의 영향으로 대한민국 임시정부(이하 임시정부)에서는 평화주의적 독립운동 방략이 강하게 나타났다. 그러나 1918년 6월 28일 베르사유 강

61 윤대원, "대한민국 임시정부의 독립운동방략과 한국광복군", 『한국군사사』 12(서울: 경인문화사, 2012), pp. 393-404; 백기인, "대한민국 임시정부 지도자들의 국방 군사관", 『군사논단』 69(서울: 한국군사학회, 2012), pp. 206-211.

화조약이 체결되어 제1차 세계대전의 전후 처리가 일단락되면서 세계열강의 전략적 관심이 아시아 태평양 지역으로 이동하자, 이 지역의 정세는 불안정하게 되었다. 파리강화회의가 끝난 뒤 일본은 독일이 차지하고 있던 중국의 산둥반도 이권과 태평양의 적도 이북 섬들을 획득함으로써 극동과 태평양에서 우위를 차지하게 되었는데, 이 이권을 두고 일본과 미국 사이에 격렬한 외교 갈등이 일어났다. 또한 1917년 10월 러시아 혁명 이후 일본군은 시베리아에 군대를 파병하여 이 지역과 극동 지역을 장악하려고 시도했고, 그 과정에서 연해주 및 시베리아 도처에서 러시아 혁명군과 무력 충돌이 벌어졌다.

파리강화회의 이후 미국과 일본의 갈등으로 등장한 '미일전쟁설'과 소련과 일본의 군사적 충돌은 당시 만주의 독립군과 임시정부에 독립전쟁을 통한 독립에 대한 희망을 심어주었다. 이에 임시정부는 1919년 연말 이듬해인 1920년을 독립전쟁 원년으로 하는 방침을 공식적으로 선언했다. 1920년을 독립전쟁 원년으로 정한 임시정부의 방침은 만주와 노령에 대규모 독립군을 양성하여 일제가 더 팽창하여 러일전쟁 혹은 미일전쟁이 일어날 때 독립전쟁을 결행하여 조국 광복을 쟁취한다는 1910년대 독립전쟁론의 연장선상에 있었다. 독립전쟁을 바로 시행할 것인지, 아니면 준비를 거쳐 시행할 것인지에 대해서는 다소 논란이 있었다.

1920년을 독립전쟁 원년으로 선언한 임시정부는 독립전쟁을 위한 준비를 본격적으로 추진했다. 먼저 여러 체제의 독립군을 하나의 체계적인 군사제도로 통일하는 일이 시급한 과제였다. 1919년 11월 5일 '대한민국임시관제'를 공포하여 임시대통령을 원수로 하고 군사의 최고 통수부인 대본영, 참모부, 군사참의부의 설치를 규정했다. 12월 18일에는 군무부령 제1호로 '대한민국육군임시군제'를 발표하여 육군의 편성 및 관제에 대한 세부규정을 마련했다. 이에 따르면 군대는 분대, 소대, 중대, 대대, 연대, 군단으로 편제하고, 총 2~5개 여단으로 군단을 편성하며, 독립전쟁을 수행할 병력은 1~3만 명 내외로 계획했다. 아울러 육군과 해군에 각각 비행

1919년 10월 11일, 대한민국 임시정부 국무원 기념사진(앞줄 왼쪽부터 신익희, 안창호, 현순, 뒷줄 왼쪽부터 김철, 윤현진, 최창식, 이춘숙). 1919년 연말 대한민국 임시정부는 1910년대 독립전쟁론의 연장선상에서 1920년을 독립전쟁 원년으로 정하고 만주와 노령에 대규모 독립군을 양성하여 일제가 더 팽창하여 러일전쟁 혹은 미일전쟁이 일어날 때 독립전쟁을 결행하여 조국 광복을 쟁취한다는 방침을 공식적으로 선언했다.

대를 두고 육군 초급장교를 양성하기 위해 군무부 관할 아래 육군무관학교를 세운다는 계획도 가지고 있었다. 특히 총사령부 관할 아래 소관 구역 내의 군대를 지휘·관리할 지방사령부를 설치한다는 방침 하에 서북 간도와 노령 일대를 세 군구로 나누었다. 그리고 이 군구에 거주하는 한인들을 군적에 편입시켜 독립군으로 편제했으며, 지방사령부를 건설하려고 했다.

1920년을 독립전쟁 원년으로 선포했지만 임시정부 내에서는 계속 독립운동 노선을 두고 외교론자와 독립전쟁론자 사이에 논쟁이 벌어졌으며, 준비론자와 주전론자主戰論者 사이에도 논쟁이 계속되었다. 준비론자들은 지금은 열강의 신용이 절대적으로 필요한 때이고 더구나 외국인도 군사행동은 불이익을 줄 뿐이라고 생각한다는 이유를 들어 먼저 외교로써 열강의 동정과 지원을 얻은 뒤에야 비로소 전쟁이 가능하다는 선先외교 후後전쟁의 입장을 견지했다. 이에 비해 주전론자들은 우리가 비참한 전투를 한 뒤에야 세계가 움직이고 국민의 단합이 완성될 것이라며 '선先전쟁'을 주장했다. 그러나 1920년 중반 이후 나타난 대외정세의 급격한 변화로 인해 독립전쟁 및 주전론 중심의 노선은 큰 저항에 부딪히게 된다. 일본의 시베리아 출병으로 비롯된 소련과 일본의 군사적 충돌은 혁명 후 국내 건설이 시급하던 소련이 1920년 일본에 평화교섭을 제의하고 이를 일본이 동의하면서 두 나라 사이의 전면전 가능성이 급격히 줄어들었다. 일본은 당시 레닌 정부가 일본군 철수와 시베리아 회복을 위한 전략으로 세운 극동공화국과 '군사행동저지에 관한 조약'을 맺고 1920년 7월 29일부터 치타Chita를 시작으로 일본군을 철수하기 시작했다. 한편 산둥반도와 태평양 문제를 두고 고조되던 미국과 일본의 갈등도 1921년 미국 워싱턴에서 열린 군축회담에서 해소되었다. 이처럼 독립전쟁론이 근거로 삼은 국제정세가 완전히 변하면서 독립전쟁론 속의 주전론 주장은 급격히 힘을 잃게 되었다.

1920년 말 대통령 이승만이 상해로 온 이후 임시정부의 독립운동 방략 중 하나인 준비론도 점차 그 세력을 잃게 되었다. 이승만은 독립전쟁 준비를 위한 방략 자체를 부인하지는 않았지만, 정부 차원의 조직적 준비가 아니라 개인 차원의 준비를 강조하고 적국인에 대한 비인도적 행위, 즉 테러를 통한 의열투쟁을 부정했다. 이후 임시정부의 공식적인 독립운동 전략은 1930년대 초반까지 외교활동을 바탕으로 한 외교론이 상당한 세를 형성했다. 그러나 임시정부의 여러 계파들은 여전히 완전독립 및 의열투쟁 노선을 천명하거나 준비론과 독립전쟁론을 결합하려는 움직임을 보였다. 1920년 중반 이후 나타난 대외정세 변화로 인해 일본의 한국 침략이 공인되고 일본이 세계열강의 대열에 들어섬에 따라 외교에 의한 독립도 불가능해 보이자, 독립전쟁의 장기화가 예견되었다. 이에 임시정부는 독립전쟁론과 준비론을 결합한 한국노병회韓國勞兵會[62]를 결성해 10년을 기한으로 전비 확보와 노병勞兵 양성을 통해 독립전쟁을 결행하고자 했다. 노병이란 스스로 기술을 갖고 취업하여 생계를 유지하면서 유사시 군대 조직의 자원이 되는 군인자격자를 의미하는 것이었다.[63] 이러한 독립운동 노선은 이후 한국 청년에 대한 군사교육과 1940년대 광복군 조직의 이론적 토대를 마련했다는 점에서 중요한 의미를 갖는다.

2. 대한민국 임시정부 후반기의 군사노선과 광복군 창설[64]

1932년 윤봉길 의사 의거 이후 상하이를 떠난 임시정부는 1940년 중국 정부의 피난 수도인 충칭重慶에 정착하고 이듬해 말 미국과 일본 사이에 태평양전쟁이 일어나면서 본격적인 군사노선을 채택하게 된다. 독립운동가들은 일본이 계속 세력을 팽창하게 되면 결국 일본과 중국, 미국 사이에 전쟁이 일어날 것이라고 보았다. 앞서 보았듯이 1910년대 이후 독립운동

62 한국노병회는 1922년 중국 상하이(上海)에서 군인 양성, 한국 독립군 사기진작 및 독립군 자금 조달을 목적으로 결성된 일제 강점기 한국의 항일독립운동단체를 말한다.

63 김희곤, 『중국관내 한국독립운동단체연구』(서울: 지식산업사, 1995), pp. 192-229.

64 윤대원, "대한민국 임시정부의 독립운동방략과 한국광복군", 『한국군사사』 12(서울: 경인문화사, 2012), pp. 405-412의 내용을 바탕으로 정리한 것임.

전략도 독립군을 양성했다가 일본이 중국, 미국과 전쟁을 벌일 때 이들과 함께 일본과 전쟁을 벌여 독립을 쟁취한다는 것이었다.

1941년 12월 태평양전쟁이 발발하자, 임시정부의 외교활동도 이전과 크게 달라졌다. 임시정부는 태평양전쟁 이전에는 주로 국제여론의 향배에 큰 영향을 미치는 국제회의나 강대국을 향한 선전활동에 치중했으나, 태평양전쟁 발발 이후에는 연합국으로부터 교전단체 승인을 얻으려는 외교활동에 적극 나섰다. 이 일환으로 임시정부는 일본에 대해 선전포고를 했다. 이는 임시정부도 연합국의 일원으로서 그리고 독립된 교전단체로서 인정받겠다는 뜻이었다. 그러나 이는 미국과 중국의 전후 동아시아 질서 재편에 대한 구상과 맞물려 성과를 거두지 못했다.

임시정부는 정부 승인 외교와 함께 광복군을 창설하여 연합군의 일원으로 참여하여 교전단체로 승인받을 계획을 세웠다. 1937년 중일전쟁이 발발하자, 임시정부는 전시체제에 대한 대비와 적극적인 군사활동의 필요성을 절감하고 군무부 산하에 독립전쟁 연구와 독립군 간부 양성을 위한 군사위원회의를 설치하고 1개 연대를 편성하는 계획을 세웠다. 이것을 실천하기 위한 세부 계획으로 1939년 11월 당, 정, 군의 삼각협력체제 구축을 통한 '독립운동방략'을 결정하고, 이 새로운 방침을 3년 계획으로 실천할 것이라고 밝혔다. 이에 의하면 3년차가 되는 1942년에는 당원 11만 명, 장교 1,200명, 무장군인 10만 명, 유격대원 35만 명, 선전기관 6개국으로 총 54만 1,200명에 달하는 대규모 군대를 마련할 계획이었다. 임시정부는 이상의 역량이라면 최소한 일본군을 중국 관외로 내쫓고 궁극적으로 한국 국경 안으로 들어가 일본의 군경을 구축할 수 있다고 판단했다. 국군 편성과 독립전쟁을 목표로 한 독립전쟁전략은 임시정부가 연합국의 일원으로 참전하여 교전단체로서 승인을 받겠다는 것이었다. 그러나 이 계획은 인적 자원과 재정이 뒷받침되기 어려운 이상적인 계획이라는 한계를 가지고 있었다. 이것의 실현을 위해서는 중국 정부의 승인과 지원이 절대적으로 필요했다.

한국광복군 징모 제3분처 위원 환송 기념사진. 맨 앞줄 왼쪽부터 박찬익, 조완구, 김구, 이시영, 차이석. 두 번째 줄 왼쪽부터 성주식, 징모 제3분처 주임 김문호, 신정숙 요원, 분처요원, 분처요원, 김붕준. 맨 뒷줄 왼쪽부터 조성환, 조소앙, 이청천, 이범석, 이름 미상. 한국광복군은 1940년 9월 17일 중국 충칭에서 조직된 대한민국 임시정부의 정규군으로, 1946년 5월 환국하여 대한민국 국군의 모체가 되었다.

중일전쟁 발발 후 임시정부는 정부 승인의 획득과 무장부대 건설을 대중국 외교의 기본 방침으로 정했다. 한중연합작전과 국내 진공을 목표로 군사계획을 준비하던 임시정부의 창군 계획은 광복군 창설이 중심 과제였다. 중국 내에서 광복군을 창설하고 편성·유지하기 위해서는 중국 정부의 승인과 원조가 절대적으로 필요했다. 중국 측과 창군 교섭을 한 결과, 1940년 4월 11일 임시정부는 중국 총통 장제스로부터 광복군 창군 지원 인준을 받았다. 이에 임시정부는 5월 한국광복군의 편제 및 운영의 기본 방향을 담은 '한국광복군편련계획대강'을 중국 측에 제출했다.[65] 이 계획대강의 핵심은 임시정부가 한국광복군을 편성하여 한중연합군으로

65 한시준, "한국광복군의 창설과 활동", 『한국사』 50, 국사편찬위원회(서울: 탐구당, 2001), pp. 449-450.

중국군과 함께 연합작전을 전개한다는 것이었고, 중국 정부에 한국광복군 창설에 대한 인준과 재정적 원조를 해줄 것을 요구한 것이었다.

이와 함께 임시정부는 내부적으로 한국광복군 창설에 필요한 구체적인 작업을 진행했다. 만주에서 독립군을 조직하여 활동하던 이청천, 유동열, 이범석, 김학규 등을 중심으로 한국광복군창설위원회를 조직하고 이들로 하여금 한국광복군 창설에 대한 구체적인 실무 작업을 추진하도록 했다. 이들은 독립군 출신의 간부와 중국군에 복무하고 있던 한인 청년들을 소집하여 총사령부를 구성하고 이를 기반으로 1년 이내에 3개 사단을 편성한다는 부대 편성 방안을 마련했다. 9월 15일 임시정부는 한국광복군 선언문을 발표하고 17일에는 한국광복군총사령부 성립전례식을 거행했다. 광복군은 이후 병력을 모집하여 단위부대로 지대支隊를 편성해나간다는 방침을 가지고 3개 지대를 편성했다.

3. 해방 전후 건군 구상[66]

임시정부는 한국광복군 창설 후 한국광복군이 1907년 8월 1일 일제에 의한 군대 해산과 동시에 성립된 것이라고 표명함으로써 한국광복군이 대한제국의 군대와 항일의병, 그리고 이들을 이은 남북만주의 독립군을 역사적으로 계승한 '대한민국의 건국군이요 약소민족의 전위대'라고 규정했다. 또한 1940년의 건국 강령에서는 광복군에게 일제 잔재와 봉건적 요소를 일소하는 임무와 함께 광복 후에 건설될 새로운 국가의 건설군으로서의 임무를 부여했다. 그러나 임시정부는 해방 후 국방계획에 대한 구체적인 안을 가지고 있지는 않았다. 이는 중국 관내라는 사정과 함께 국내 진공을 위한 광복군 강화가 가장 중요한 우선 과제였기 때문이다. 그러나 기본적으로 육·해·공 3군 체제 건군 계획을 가지고 있었던 것으로 보인다.

---

66 윤대원, "대한민국 임시정부의 독립운동방략과 한국광복군", 『한국군사사』 12(서울: 경인문화사, 2012), pp. 413-416.

태평양전쟁 종전 직전인 1945년 3월 임시정부는 "한국의 완전 독립을 쟁취하고 동아시아의 영구한 평화를 확보하기 위해 국내외 전체 한국 동포를 동원하여 광복군을 확대하며 속히 동맹군과 배합 작전하여 일본 제국을 격멸한다"는 국내진공작전을 계획했다. 이러한 임시정부의 국내진공전략은 일본의 갑작스러운 항복으로 수정되지 않을 수 없었다. 종전과 함께 한반도가 38선을 경계로 남북한으로 분단되자, 임시정부는 남한을 강력한 민주기지로 강화하여 그 세력을 북한으로까지 연장하기 위해 임시정부와 광복군을 강화할 것을 구상했다.[67] 이를 위해 임시정부는 일본군 내 한적 사병 10만을 광복군에 편입시켜 기존의 3개 지대 외에 7개 지대를 편성하여 광복군을 총 10개 지대로 확장한다는 계획을 수립했다. 즉, 각 지대를 1만의 병력을 확보한 사단 편제로 조직하여 국군의 모체로 삼는다는 계획이었다. 최초 중국 정부는 이러한 임시정부의 방침에 대해 지지 입장을 표명했으나, 1945년 말 협조적인 태도를 바꾸어 한적 사병을 광복군에 편입시키지 않고 중국군이 관리한다는 방침을 정했다. 나아가 미국의 임시정부 불승인 정책에 따라 광복군이 군대가 아닌 개인 자격으로 입국하게 되면서 중국은 1946년 초반 광복군에게 제공했던 무장을 회수했다.

이로 인해 해방된 조국에서 국군으로 거듭나려던 광복군의 건군 구상은 일단 좌절되었다. 그러나 임시정부의 국군 건설 구상과 노력은 해방 이후 건군운동으로 이어져 국군을 창설하고 국방을 건설하는 이론적 토대가 되었던 것으로 보인다. 이 시기 가장 대표적인 군사사상은 이범석, 김홍일의 주장이다.[68] 이범석은 초대 국방부 장관에 임명된 직후 「국방부훈령」(제1호)를 통해 국군의 성격을 국방군으로 규정하는 한편, 장병의 정신

67 염인호, "해방 후 한국독립당의 중국관내지방에서의 광복군 확군운동", 『역사문제연구』 1, 역사문제연구소(서울: 역사비평사, 1996), p. 271.

68 이하 이범석, 김홍일의 군사사상에 대해서는 백기인, 『한국근대 군사사상사 연구』(국방부 군사편찬연구소, 2012), pp. 299-305의 내용을 바탕으로 수정·보완함.

자세 및 군기와 실천 정신을 강조했다. 아울러 건군의 지도지침으로서 정병 양성을 위한 사병제일주의를 내세웠다. 이범석은 자립 방위를 바탕으로 했기 때문에 타국과 동맹결성정책을 추진하지는 않았지만, 대신 국가 방위의 운영 방침으로 연합국방을 시책의 기본으로 하고 강력한 지상군 육성에 중점을 둘 것을 표명했다.[69]

연합국방이란 전쟁이 일어난 이후 형성되는 전쟁체제로서 김홍일에 의하면 "국제적으로 침략전선이 생기면 반침략전선이 생겨 경제, 정치, 군사 세 가지를 종합한 대립적 국제연합전투체제가 형성되기 때문에 2개국 간의 단순 전쟁에서 집단과 집단 간의 연합전쟁으로 변하게 된다"는 전략적 가정에 바탕을 둔 것이었다.[70] 연합국방을 위한 군사력 확보를 위해 이범석은 부대 증편에 주력하여 당시 조선경비대 5개 여단 15개 연대 5만 병력에 6개 보병연대를 증편하고 6개 특수부대를 창설하여 10만 명으로 병력을 확대했다. 이외에 유사시에 대비한 예비병력 확보를 위해 호국군을 창설하고 중학교 이상에 학도호국단을 편성하고 장교를 배속해 군사훈련을 실시했다.[71]

광복군 참모장을 역임하고 국군 건설 작업에 참여한 김홍일은 그의 저서 『국방개론』을 통해 현대적 개념의 국방 개념과 사상을 피력하고 이를 바탕으로 한국군의 현대적인 군사력 건설 방향을 제시했다. 김홍일은 국가 간에는 천연자원의 보유 정도와 산업기술의 발전 정도가 다르기 때문에 결국 국방의 형식과 내용에서도 차이가 있다고 보고, 이러한 국가 간의 불균형으로 인해 충돌이 발생하므로 국방 건설과 증강이 불가결하다고 생각했다. 그는 평화를 보장받기 위해서는 전쟁을 준비하지 않으면 안 된

---

69 국방부 전사편찬위원회, 『국방사』 1(서울: 국방부 전사편찬위원회, 1984), p. 161.

70 이규원, "이승만정부의 국방체제 형성과 변화에 관한 연구", 국방대학교 박사학위논문, 2011, p. 104.

71 한용원, 『창군』(서울: 박영사, 1984), pp. 104-107; 한시준, "이범석, 대한민국 국군의 초석을 마련하다", 『한국사시민강좌』 43(서울: 일조각, 2008), pp. 130-132.

광복군 참모장을 역임하고 국군 건설 작업에 참여한 김홍일은 그의 저서 『국방개론』을 통해 현대적 개념의 국방 개념과 사상을 피력하고 이를 바탕으로 한국군의 현대적인 군사력 건설 방향을 제시했다. 특히 그가 국방건설을 단순히 군사력 건설에만 국한하지 않고 국가적 차원에서 경제건설 문제와 연계시켜 파악했다는 점에 주목할 필요가 있다.

다고 주장하고, 전쟁을 준비하지 않으면 전쟁을 면할 수 있지만 노예의 철쇄와 멸망의 비운을 감수하지 않으면 안 된다는 점을 강조했다.

김홍일은 현대 전쟁은 기본적으로 총력전이므로 국가총동원에 의한 총력국방이 요구된다고 보았다. 그러나 총력국방에 의한 현대 전쟁의 수행은 일국의 힘만으로 수행하기 어려우므로 앞서 보았던 다른 국가와의 연합을 통한 국방, 즉 연합국방을 주장했다. 현대 전쟁에 대한 이러한 이해를 바탕으로 김홍일은 국방 건설의 방향을 제시했는데, 그는 국방의 요소를 인적 요소, 물적 요소, 종합 요소의 3요소로 구분했는데, 종합 요소는 기술과 조직을 중심으로 검토했다. 기술이란 인력과 물력의 종합으로 국방기술을 가진 국방인력이 요구되며 그 근간에 기술, 공업, 과학이 뒷받침되어야 한다고 주장했다. 또한 현대 전쟁의 양상이 과학적인 동시에 조직적인 성격을 띠고 있다면서 국방조직의 건설이 매우 중요하다고 보았다. 국방조직은 군사조직, 생산조직, 문화조직 및 총동원조직으로 나뉘며, 무엇보다 경제 동원이 중요하다고 강조했다. 결국 경제는 국방의 기초이며, 국방 건설은 바로 경제 동원에서 시작되어야 한다는 것이 그의 주장이다.

김홍일은 국방 건설이 크게 국방군 건설과 국방경제 건설의 두 축으로 이루어진다고 보고, 국방군 건설을 위해 병력과 그 편성, 장비, 간부 양성 문제를 중시하고, 군사인력의 양성체계로서 예비사관학교, 사관학교 및 각 군 대학과 국방대학원을 창설할 것을 제안했다. 또한 국방경제 건설이 산업의 공업화와 군사화라면서 국가경제의 중공업, 군수공업, 교통 건설 등에 대한 계획적 추진을 강조했다. 이처럼 그가 국방건설을 단순히 군사력 건설에만 국한하지 않고 국가적 차원에서 경제건설 문제와 연계시켜 파악했다는 점에 주목할 필요가 있다.

통일 이후의 군사력 건설을 구상한 김홍일은 한반도의 지정학적 상황과 함께 당시의 국제정세를 바탕으로 육군을 위주로 한 국방군 건설을 다음과 같이 주장했다.

> 우리나라는 육군국일까, 해군국일까? 아니면 육·해군병진국일까? 문제는 이것이다. 우리나라는 해안선이 면적에 비해 지나치게 길기 때문에[過長] 해군국이 될 소질을 가졌다. 그러나 우리는 해외식민지를 가지지 못했을뿐더러 장래에도 가질 가능성이 희박하다. 인국隣國인 소련, 중국이 모두 육군국이고, 강대한 해군국이던 일본은 패전으로 다시 해군 재건이 불가능하게 되었다. 이를 통해 볼 때 우리에게 가장 위협이 되는 것은 육군이다. 우리는 육군을 주력으로 삼고 해군을 보조로 하여 국방군을 건설해야 할 것이다.[72]

72 김홍일, 『국방개론』(고려서적, 1949), pp. 82-83.

김홍일은 육군을 위주로 했을 뿐만 아니라 작전도 공세적 작전을 취하여 적을 국내로 들이지 않고 전장을 국외로 정하도록 할 것을 주장했다. 이를 위해 중급장비사단의 1만 2,000명을 1개 사단으로 하고 최소 상비군 15개 사단을 편성할 뿐만 아니라 만주와 시베리아에서의 대평원작전을 위해 최소 3개 장갑사단과 3개 모터화사단 및 국경 산악지대 작전을 위한 2개 산악사단을 편성할 것을 주장했다. 그는 1개 장갑사단에 경전차 287량, 중전차 110량, 정찰차 276량, 병력수송트럭 28량, 이륜 및 삼륜 모터사이클 609량, 화물트럭 1,000량 등을 장비할 것을 주장했다.[73]

또한 그는 해군은 전투함 확보에 많은 비용이 들므로 육군과 달리 공세적 작전보다는 해상 수세주의 전략을 바탕으로 소형 함정 위주로 편성하고 공군과 협력하여 적군의 등륙登陸(상륙) 저지를 주요 임무로 해야 한다고 주장했다. 그 대신 그는 공군의 중요성을 충분히 인식하고 있었다. 그에 의하면 입체전 시대에는 영공이 영토처럼 중요할뿐더러 공군이 기병, 포병, 통신병, 교통병의 임무를 대체하여 공군 없이는 육상 및 해상 작전을 할 수 없을 것이라고 평가했다. 이를 위해 500대의 전투기와 250대의 폭격기, 그리고 250대의 각종 지원기를 확보해야 한다고 주장했다.[74]

이상에서 나타난 김홍일의 주장은 일견 당시 한국의 국내외 상황을 고려하지 못한 이상적인 구상이라는 평가가 있을 수 있다. 그러나 그의 책이 출간된 1949년 9월 당시의 국제 상황은 아직 중국 대륙에서 국공내전이 전개되고 있었으므로 대륙의 향배가 불확실했고, 소련의 최초 핵실험이 8월 29일에 이루어졌으며, 한반도에 대한 공산 세력의 직접적인 위협은 아직 본격적으로 전개되지 않은 상황이었다. 아울러 남한 주도의 통일 움직임도 계속되던 상황이었으므로 향후 만주 및 시베리아 일대에서의 작전 가능성은 열려 있었다. 당시 한국의 어려운 경제 상황을 고려해 해군보다

---

73 김홍일, 『국방개론』, pp. 83-84.

74 앞의 책, pp. 85-87.

는 강력한 기동력을 가진 육군과 공군을 건설하고 공세적으로 군사력을 운용할 것을 강조한 김홍일의 주장은 통일 한국에 필요한 군사력 수준 및 운용 방향을 제시했다는 점에서 현재까지도 그 의미가 크다.

참고문헌

CHAPTER 1

손자의 군사사상 | 노양규(영남대학교 군사학과 교수)

가이온지 초고로, 이선희 옮김, 『소설 손자 1, 2』, 서울: 홍익출판사, 1997.

국방군사연구소, 『중국군사사상사』, 서울: 국방군사연구소, 1996.

김기동 · 부무길, 『손자의 병법과 사상 연구』, 서울: 운암사, 1997.

김병관, 『손자병법 강의: 군사학적 관점에서 해설』, 대전: 육군대학, 2000.

노양규 · 김종열, 『영어로 보는 365일 손자병법』, 대구: 영남대학교출판원, 2013.

도한장, 임원빈 옮김, 『손자병법 개론』, 창원: 해군사관학교, 1999.

리링, 김승호 옮김, 『전쟁은 속임수다』, 서울: 글항아리, 2013.

마쥔, 임홍빈 옮김, 『손자병법 교양강의』, 서울: 돌베개, 2009.

성백효 옮김, 『무경칠서』, 서울: 국방부 전사편찬위원회, 1987.

손무, 김광수 옮김, 『손자병법』, 서울: 책세상, 1999.

송병락, 『싸우고 지는 사람 싸우지 않고 이기는 사람』, 서울: 청림출판, 2006.

웨난, 심규호 · 유소영 옮김, 『손자병법의 탄생』, 서울: 일빛, 2011.

유동환, 『손자병법』, 서울: 홍익출판사, 1999.

육군대학, 『동양의 군사사상』(육대 보충교재), 육군대학, 2009.

육군대학, 『쉬운 손자병법』(육대 보충교재), 육군대학, 1999.

육군본부, 『동양고대전략사상』, 서울: 육군본부, 1987.

육군본부, 『동양고병법연구』, 병서연구 제13집, 서울: 육군본부, 1982.

이병호 편역,『손자: 군사사상과 병법이론』, 울산: UUP, 1999.

이종학, "손자병법의 철학적 기초에 대한 연구", 『군사평론』제400호, 2009.

지종상, "손자병법의 구조와 체계성 연구", 충남대대학원, 박사학위 논문, 2010.

B. H. Liddell Hart, *Strategy: The Indirect Approach*, New York: Frederick A. Praeger, 1954.

Ralph D. Sawyer(trans.), *The Art of War*, Boulder, CO: Westview, 1994.

Samuel B. Griffith(trans.), *Sun Tzu: The Art of War*, London: Oxford Univ. Press, 1963.

CHAPTER 2

공화주의자 마키아벨리의 군사사상 | 홍태영(국방대학교 안보정책학과 교수)

김경희, 『공존의 정치』, 서울: 서강대학교 출판부, 2013.

레오 스트라우스, 함규진 옮김, 『마키아벨리』, 서울: 구운몽, 2006.

로베르트 리돌피, 곽차섭 옮김, 『마키아벨리 평전』, 서울: 아카넷, 2000.

루이 알튀세르, 오덕근 · 김정한 옮김, 『마키아벨리의 가면』, 서울: 이후, 2001.

마키아벨리, 강정인 외 옮김, 『로마사 논고』, 서울: 한길사, 2003.

______, 강정인 · 김경희 옮김, 『군주론』, 서울: 까치, 2008.

______, 이영남 옮김, 『전술론』, 서울: 스카이, 2011.

모리치오 비롤리, 김경희 옮김, 『공화주의』, 서울: 인간사랑, 2006.

미셸 드 몽테뉴, 손우성 옮김, 『수상록』, 서울: 문예출판사, 2007.

박상섭, 『국가와 폭력-마키아벨리 정치사상연구』, 서울: 서울대출판부, 2002.

______, 『근대국가와 전쟁』, 서울: 나남출판, 1996.

박영철, "마키아벨리의 軍事思想", 『동국사학』, 제26집, 1992.

스피노자, 최형익 옮김, 『신학정치론』, 서울: 비르투, 2011.

야코프 부르크하르트, 이기숙 옮김, 『이탈리아 르네상스의 문화』, 서울: 한길사, 2003.

요한 하위징아, 이종인 옮김, 『중세의 가을』, 서울: 연암서가, 2012.

유르겐 브라우어 · 후버트 판 투일, 채인택 옮김, 『성, 전쟁 그리고 핵폭탄』, 서울: 황소자리, 2013.

장 자크 루소, 이환 옮김, 『사회계약론』, 서울: 서울대출판부, 1999.

J. G. A. 포칵, 곽차섭 옮김, 『마키아벨리언 모멘트』, 서울: 나남, 2010.

퀜틴 스키너 외, 강정인 편역, 『마키아벨리의 이해』, 서울: 문학과 지성사, 1992.

퀜틴 스키너, 박동천 옮김, 『근대 정치사상의 토대』, 서울: 한길사, 2004.

크리스터 외르겐젠 외, 최파일 옮김, 『근대전쟁의 탄생: 1500-1763년』, 서울: 미지북스, 2011.

홍태영, "프랑스 공화주의의 전환: 애국심에서 민족주의로", 『사회과학연구』, 20권 1호, 2012.

______, 『정체성의 정치학』, 서울: 서강대출판부, 2011.

Felix Gilbert, "Machiavelli: The Renaissance of the Art of War", *Makers of Modern Strategy from Machiavelli to the Nuclear Age*, ed. By Peter Paret, Princeton, NJ: Princeton University Press, 1986.

C. Lefort, *Le travail de l'oeuvre Machiavel*, Paris: Gallimard, 1972.

Michael Mallett, "The theory and practice of warfare in Machiavelli's republic", *Machiavelli and Republicanism*, ed. By G. Bock, Q. Skinner and M. Viroli, Cambridge: Cambridge University Press, 1990.

CHAPTER 3

클라우제비츠의 『전쟁론』 | 김연준(용인대학교 군사학과 교수)

강진석, 『클라우제비츠와 한반도, 평화와 전쟁』, 서울: 동인, 2013.

맥스 부트, 송대범 · 한태영 옮김, 『MADE IN WAR: 전쟁이 만든 신세계』, 서울: 도서출판 플래닛미디어, 2009.

민석홍, 『서양사 개설』, 서울: 삼영사, 1984.

박창희, 『군사전략론』, 서울: 도서출판 플래닛미디어, 2013.

온창일 외, 『군사사상사』, 서울: 황금알, 2007.

육군사관학교, 『세계전쟁사』, 서울: 황금알, 2012.

이종학, 『클라우제비츠와 전쟁론』, 서울: 주류성, 2004.

카알 폰 클라우제비츠, 김만수 옮김, 『전쟁론』, 서울: 갈무리, 2006.

허남성, "클라우제비츠 『전쟁론』의 삼위일체 소고", 『군사』, 제57호, 2005.

네이버 지식백과, "관념론", http://terms.naver.com/entry.nhn?cid=281&docId=513356&mobile&categoryId=1114(검색일: 2013. 7. 31.)

네이버 지식백과, "기계론적 자연관", http://terms.naver.com/entry.nhn?cid=200000000&docId=1285412&mobile&categoryId=200000047(검색일: 2013. 7. 31.)

Mary Kaldor, "A Cosmopolitan Response to New Wars", *Peace Review*, 8(December 1996).

Michael Howard, "The influence of Clausewitz", Carl von Clausewitz, *On War*, ed. & trans. By Michael Howard & Peter Paret, Princeton, NJ: Princeton Univ Press. Press, 1984.

Peter Paret, "The Genesis of On War", Carl von Clausewitz, *On War*, ed. & trans. By Michael Howard & Peter Paret, Princeton, NJ: Princeton Univ Press. Press, 1984.

Peter Paret(ed.), *Makers of Modern Strategy from Machiavelli to the Nuclear Age*, Princeton, NJ: Princeton Univ. Press, 1986.

Raymond Aron, *Clausewitz: Philosopher on War*, trans. By Christine Booker and Norman Stone, New York: Simon & Schuster Inc., 1985.

CHAPTER 4

조미니의 군사사상 | 유상범(국방대학교 안보정책학과 교수)

국방대학교, 『안보관계용어집』, 서울: 국방대학교, 2005.

박휘락, 『전쟁, 전략, 군사입문』, 서울: 범문사, 2005.

앙투안 앙리 조미니, 이내주 옮김, 『전쟁술』, 서울: 책세상, 1999.

______, 『전쟁술』, 서울: 지식을 만드는 지식, 2010.

육군대학, 『조미니 戰術槪論』

윤형호, 『전략론: 이론과 실제』, 서울: 도서출판 한원, 1994.

이종학, 『조미니의 用兵論』, 서울: 박영사, 1987.

______, 『전략이론이란 무엇인가: 손자병법과 전쟁론을 중심으로』, 대전: 충남대학교 출판부, 2005.

Charles Messenger, *The Art of War: Baron Antoine Henri de Jomini*, London: Greenhill Books, 1992.

G. H. Mendell and W. P. Craighill, *The Art of War by Baron De Jomini, General and Aid-de-Camp of the Emperor of Russia*, Westport: Greenwood Press, 1971.

Gregory R. Ebner, "Scientific Optimism: Jomini and the U.S. Army", The U. S. Army Professional Writing Collection.

J. D. Hittle, *Jomini And His Summary Of The Art Of War*, Harrisburg: The Telegraph

Press, 1947.

John A. Nagl, *Learning to Eat Soup with A Knife: Counterinsurgency Lessons from Malaya and Vietnam*, Chicago: The University of Chicago Press, 2005.

John Shy, "Jomini", *Makers of Modern Strategy from Machiavelli to the Nuclear Age*, ed. By Peter Paret, Princeton, NJ: Princeton University Press, 1986.

Michael I. Handel, *Masters of War: Classical Strategic Thought*, London: FRANK CASS PUBLISHERS, 2001.

Robert M. Cassidy, *Counterinsurgency and the Global War on Terror: Military Culture and Irregular War*, Stanford: Stanford University Press, 2008.

S. B. Holabird, "Treatise on Grand Military Operations. Illustrated by a Critical and Military History of the Wars of Frederick the Great. With a Summary of the Most Important Principles of the Art of War by Baron de Jomini", *The North American Review*, Vol. 101, No. 208(Jul., 1865).

Gregory R. Ebner, "Scientific Optimism: Jomini and the U.S. Army", The U. S. Army Professional Writing Collection, http://www.army.mil/professionalWriting/volumes/volume2/july_2004/7_04_2.html(검색일: 2013. 7. 4.)

CHAPTER 5

독일학파

-몰트케의 군사사상과 현대적 해석 | 이병구(국방대학교 군사전략학과 교수)

디르크 W. 외딩, 박정이 옮김, 『임무형 전술의 어제와 오늘』, 서울: 백암, 2011.

이병구, "21세기 새로운 위협과 미국의 전략적 대응". 국방대학교 안보문제연구소 엮음, 『21세기 국제안보의 도전과 과제』, 국방대학교 안보문제연구소 연구총서 3, 서울: 사회평론, 2011.

조영갑, 『민군관계와 국가안보』, 서울 : 북코리아, 2005.

Antulio J. Echevarria II, "Moltke and the German Military Tradition: His Theories and Legacies", *Parameters*(Spring 1996).

Arden Bucholz, *Moltke and the German Wars, 1864-1871*, New York: St. Martin's Press, 2000.

______, *Moltke, Schlieffen and Prussian War Planning*, New York and Oxford: Berg Publishers, 1991.

Arthur T. Coumbe, "Operational Control in the Franco-Prussian War", *Parameters*, Vol.

21, No. 2(Summer 1991).

B. H. Liddell Hart, *The Ghost of Napoleon*, New Haven, CT: Yale University Press, 1934.

Daniel Hughes, *Moltke on the Art of War*, Novato, California: Presidio, 1993.

Eitan Shamir, *Transforming Command: The Pursuit of Mission Command in the U. S., British and Israeli Armies*, Stanford, CA: Stanford University Press, 2011.

Gunther E. Rothenburg, "Moltke, Schlieffen and the Doctrine of Strategic Envelopment", *Makers of Modern Strategy from Machiavelli to the Nuclear Age*, ed. By Peter Paret, Princeton, NJ: Princeton University Press, 1986.

Hajo Holborn, "The Prusso-German School: Moltke and the Rise of the General Staff", *Makers of Modern Strategy from Machiavelli to the Nuclear Age*, ed. By Peter Paret, Princeton, NJ: Princeton University Press, 1986.

Harry G. Summers, *On Strategy: A Critical Analysis of the Vietnam War*, Novato, California: Presido Press, 1982.

Holger H. Herwig, "The Prussian Model and Military Planning Today", *Joint Force Quarterly*(Spring1998).

Jens O. Koltermann, "Citizen in Uniform: Democratic Germany and the Changing Budeswehr", *Parameters*(Summer 2012).

Luke G. Grossman, *Command and General Staff Officer Education for the 21st Century: Examining the German Model*, School of Advanced Military Studies Monograph, May 20, 2002.

P. W. Singer, "Tactical Generals: Leaders, Technology, and the Perils of Battlefield Micromanagement", *Air & Space Power Journal*(Summer 2009).

Samuel Huntington, *The Soldier and the State: The Theory and Politics of Civil-Military Relations*, Cambridge, MA: The Belknap Press of Harvard University Press, 1957.

Werner Widder(Major General), "German Army, Auftragstaktik and Innere Fuehrung: Trademarks of German Leadership". *Military Review*(September-October 2002).

Brookings Institute, Iraq Index: Tracking Variables of Reconstruction & Security in Post-Saddam Iraq, September 30, 2010, http://www.brookings.edu/iraqindex(검색일: 2013. 5. 20.)

Jeff Allen, "Army announces Mission Command Strategy". the Army Times, June 19, 2013, http://www.army.mil/article/105858(검색일: 2013. 9. 20.)

Joint and Coalition Operational Analysis(JCOA), Decade of War: Enduring Lessons from the Past Decade of Operations, http://blogs.defensenews.com/saxotech-access/pdfs/decade-of-war-lessons-learned.pdf(검색일: 2013. 8. 17.)

Paul K. Davis and Peter A. Wilson, Looming Discontinuities in U. S. Military Strategy and Defense Planning: Colliding RMAs Necessitate a New Strategy. Occassioinal Paper OP326(RAND Corporation, 2011), http://www.rand.org/pubs/occasional_papers/OP326.html(검색일: 2013. 6. 10.)

CHAPTER 6

프랑스학파

- 뒤 피크와 포슈의 군사사상 ｜ 손경호(국방대학교 군사전략학과 교수)

Azar Gat, *A History of Military Thought*, Oxford: Oxford University Press, 2001.

Ferdinand Foch, *The Memoirs of Marshall Foch*, trans. By Bentley Mott, New York: Doubleday, Doran and Company Inc., 2005.

Joseph Ardant Du Picq, *Battle Studies*, trans. By Ernest Judet, IL: Book Jungle, 2009.

Michael Howard, "Mein against Fire: The Doctrine of the Offensive in 1914", *Makers of Modern Strategy from Machiavelli to the Nuclear Age*, ed. By Peter Paret, Princeton, NJ: Princeton University Press, 1986.

Michael S. Neiber, *Foch: Supreme Allied Commander in the Great War*, Dulles, VA: Brassey's Inc., 2003.

Robert Doughty, "The illusion of secuity: France, 1919-1940", *The Making of Strategy*, ed. By Williamson Murray, MacGregor Knox, and Alvin Bernstein, Cambridge: Cambridge University Press, 1999.

Stefan Possny and Eitienne Mantoux, "Du picq and Foch: The French School", *Makers of Modern Strategy*, ed. By Edward M. Earle, Princeton: Princeton University Press, 1943.

CHAPTER 7

영국학파

- 풀러, 리델 하트의 군사사상 ｜ 윤형호(건양대학교 군사학과 교수)

국방대학원, 『신강 병법 · 손자』, 서울: 국방대학원, 1989.

마이클 핸델, 국방대학원 역, 『클라우제비츠와 현대전략』, 서울: 국방대학원, 1991.

바실 리델 하트, 육군본부 옮김, 『전략론(병서총서 Ⅰ)』, 서울: 육군본부, 1988.

______, 주은식 옮김, 『전략론』, 서울: 책세상, 1999.

박창희, 『군사전략론』, 서울: 도서출판 플래닛미디어, 2013.

브라이언 본드, 주은식 옮김, 『리델 하트 군사사상 연구』, 서울: 진명문화사, 1994.

온대원, "유럽전략문화와 EU의 안보 역할", 『EU연구』 제24호, 2009.

육군대학, 『쉬운 손자병법』, 대전: 육군대학, 1999.

육군사관학교, 『군사사상사』, 서울: 황금알, 2012.

존 J. 미어샤이머, 주은식 옮김, 『리델 하트 사상이 현대사에 미친 영향』, 서울: 홍문당, 1988.

Anthony J. Trythall, *'Boney' Fuller: The Intellectual General*, London: Cassel, 1977.

B. H. Liddell Hart, *Strategy: The Indirect Approach*, New York: Praeger, 1954.

Brian H. Reid, *J. F. C. Fuller: Military Thinker*, New York: St. Martin's Press, 1987.

______, *Studies in British Military Thought*, Lincoln: University of Nebraska Press, 1998.

Christopher Bassford, *Clausewitz in English: The Reception of Clausewitz in Britain and America, 1815-1945*, New York: Oxford University Press, 1994.

David J. Childs, *A Peripheral Weapon?: The Production and Employment of British Tanks in the First World War*, Westport: Greenwood Press, 1999.

J. F. C. Fuller, *Lectures on F. S. R. 111(Operations between Mechanize Forces)*, London: Sifton Praed, 1932.

______, *A Military History of the Western World*, New York: Funk and Wagnalls, 1954.

______, *Machine Warfare: An Inquiry into the Influence of Mechanics on the Art of War*, Washington, D. C.: Infantry Journal, 1943.

______, *Memoirs of an Unconventional Soldier*, Michigan: Michigan University, 1936.

______, *Reformation of War*, New York: Dutton, 1923.

______, *The Foundations of the Science of War*, London: Hutchinson, 1926.

______, *The Generalship of Alexander The Great*, New Brunswick: Da Capo Press, 1960.

Jack L. Snyder, *The Soviet Strategic Culture: Implications for Limited Nuclear Options, R-2154-AF*, Santa Monica: Rand Corporation, 1977.

Martin van Creveld, *Technology and War*, New York: Macmillan Press, 1989.

Matthew L. Smith, *J. F. C. Fuller: His Methods, Insights, and Vision*, Pennsylvania: U. S. Army War College, 1999.

Michael Howard, "Men against Fire: The Doctrine of the Offensive in 1914", *Makers of Modern Strategy from Machiavelli to the Nuclear Age*, ed. By Peter Paret, Princeton, NJ: Princeton University Press, 1986.

Peter Paert(ed.), *Makers of Modern Strategy from Machiavelli to the Nuclear Age*, Princeton, NJ: Princeton University Press, 1986.

Richard E. Simpkin, *Race to the Swift*, New York: Brassey's Defense Pub., 1985.

Timothy Garden, *The Technology Trap*, New York and London: Brassey's Defence Publishers, 1989.

김기주·손경호, "다차원적 해양안보 위협과 한국의 전략적 선택: 한국 해군의 전략과 전력 발전방향을 중심으로", 『국제문제연구』 제13권 제1호(2013).

김현기, 『현대해양전략사상가』, 서울: 한국해양전략연구소, 1998.

박창희, 『군사전략론: 국가대전략과 작전술의 원천』, 서울: 도서출판 플래닛미디어, 2013.

앨프리드 T. 머핸, 김득주 외 옮김, 『해군전략론』, 서울: 동원사, 1974.

앨프리드 T. 머핸, 김주식 옮김, 『해양력이 역사에 미치는 영향 1, 2』, 서울: 책세상, 2010.

웨인 휴스, 조덕현 옮김, 『해전사 속의 해전』, 서울: 신서원, 2009.

이창근·김동규, "마한과 콜벳의 해양전략 사상 비교연구", 『해양연구논집』 제24호(2000).

조지 W. 베어, 김주식 옮김, 『미국 해군 100년사』, 서울: 한국해양전략연구소, 2005.

주경철, 『대항해시대: 해상팽창과 근대 세계의 형성』, 서울: 서울대학교출판문화원, 2008.

줄리언 S. 코벳, 김종민·정호섭 옮김, 『해양전략론』, 서울: 한국해양전략연구소, 2009.

폴 M. 케네디, 김주식 옮김, 『영국 해군 지배력의 역사』, 서울: 한국해양전략연구소, 2010.

해군 전투발전단, 『해양전략용어 해설집』, 대전: 해군 전투발전단, 2004.

해군본부, 『해군용어사전』, 대전: 해군본부, 2011.

홍성훈, "콜벳의 해양전략사상", 국방대학교 석사학위 논문, 1990.

Alfred T. Mahan, *From Sail to Steam: Recollections of Naval Life*, New York: Harper & Brothers, 1907.

Allan Westcott, *Mahan On Naval Warfare: Selections from the Writings of Rear Admiral Alfred T. Mahan*, New York: Dover Publications, 1999.

Antoine-Henri Jomini, *The Art of War*, Philadelphia, 1862; repr. Westport, Conn., 1966.

Brian K. Wentzell, "Sir Julian Corbett's New Royal Navy: An Opportunity for Canada?", *Canadian Naval Review* Vol. 7, No. 1(2011).

Cropsey Seth and Arthur Milik, "Mahan's Naval Strategy: China Learned It. Will America Forget It?", *World Affairs Journal*, March/April, 2012.

Ian C. D. Moffat, "Corbett: A Man Before His Time", *Journal of Military and Strategic Studies* Vol. 4, No. 1(2001).

James R. Holmes, "From Mahan to Corbett?", *The Diplomat*, December 11, 2011.

John J. Klein, "Corbett in Orbit: A Maritime Model for Strategic Space Theory", *Naval War College Review* Vol. 57, No. 1(2004).

Ken Booth, *Navies and Foreign Policy*, New York: Holmes & Meier Publishers, Inc., 1977.

Paret Peter(ed.), *Makers of Modern Strategy from Machiavelli to the Nuclear Age*, Princeton, NJ: Princeton University Press, 1986.

S. Rajasimman, "Book Review: Chinese Naval Strategy in the Twenty First Century: The Turn to Mahan", *Journal of Defense Studies*, Vol. 3, No. 3(2009).

Tan We Ngee, "Maritime Strategy in the Post-Cold War Era", *Pointer*, Vol. 26. No. 1(2000).

William R. Sprance, "The Russo-Japanese War: The Emergence of Japanese Imperial Power", *Journal of Military and Strategic Studies*, Vol. 6, No. 3(2004).

CHAPTER 9

항공우주 군사사상 | 강진석(서울과학기술대학교 안보학 교수)

강진석, 『클라우제비츠와 한반도, 평화와 전쟁』, 서울: 동인, 2013.

_____, 『한국의 안보전략과 국방개혁』, 서울: 평단, 2005.

_____, 『현대전쟁의 논리와 철학』, 서울: 동인, 2012.

계동혁, "라이트 현제부터 스텔스기 까지: 미국의 항공산업", 《신동아》, 2012년 9월호.

공군대학, 『공군력의 이해』, 대전: 공군대학, 2004.

_____, 『우주의 군사적 이용』 AWC AS 133 「정책전략 시리즈」, 공대교참 2003, 대전: 공군대학, 2003.

공군본부, 《월간 공군》 2012년 1월호~7월호.

_____, 『공군비전 2030』, 대전: 공군본부, 2009.

권영근, "한국군 항공력 조직의 통폐합 필요성에 관한 고찰", 《항공우주력 연구》, 서울: 공군협회, 2013.

권영근 편, 『미래전과 군사혁신』, 서울: 연경문화사, 1999.

김상범, 『21세기 항공우주군으로의 도약』, 서울: 한국국방연구원, 2003.

김인상, "21세기 한국군 구조와 항공력의 역할", 『제2회 항공전략 국제학술 세미나 발표 논문집』, 대전: 공군대학, 1996.

김홍래, 『정보화 시대의 항공력』, 서울: 나남, 1996.

데이비드 뎁튤라, "창간 축사", 《항공우주력 연구》, 서울: 공군협회, 2013.

박창희, 『군사전략론』, 서울: 도서출판 플래닛미디어, 2013.

에릭 로슨 · 제인 로슨, 강호석 옮김, 『1차 세계대전의 항공전역』, 대전: 중부기획, 2005.

윌리엄 빌리 미첼, 강호석 옮김, 『항공력 시대의 개막』, 대전: 중부기획, 2002.

이성만 외,『항공우주시대의 항공력 운용: 이론과 실제』, 서울: 오름, 2010.

존 A. 워든, 박덕희 옮김, 『항공전역』, 서울: 연경문화사, 2001.

공군본부, 군사사상 자료 http://www.airforce.mil.kr/PF/PFE/PFEA_0100.html

A. H. Kelly, "Beyond Warden's Rings: A Human systems approach to the More effective application of air power", *Air Power Review*, Vol. 8(Spring 2005).

Alexander Seversky, *Air Power: Key to Survival*, New York: Simon and Schuster, 1950.

______, *Victory through Air Power*, Garden: Garden City Pub., 1943.

David Fadok, *John Boyd and John Waden: Air Power's Quest for Strategic Paralysis*, Thesis: Air University, 1995.

David R. Mets, *The Air Campaign: John Waden and the Classical Theorists*, Maxwell AFB, Ala: Air University Press, 1999.

Eliot Cohen, "Strategic Paralysis: Social Scientists Make Bad Generals", *The American Spectator*(November 1980).

Giulio Douhet, *The Command of Air*, trans. By Dino Ferrari, New York: Coward Mc-Cann, 1942.

J. A. Olsen, *John Warden and Renaissance of American Air Power*, Washington: Potomac Books, 2007.

J. M. Bourne, *Who's Who in World War One*, London & New York: Routledge, 2001.

John Terraine, *The Right of the Line: The Royal Air Force in the European War, 1939-1945*, Hertfordshire: Wordsworth Edition, 1977.

John Warden, "The Enemy as a System", *Air Power Journal*(Spring 1995).

______, *The Air Campaign: Planning for Combat*, Washington: National Defense University Press, 1987.

Johnny R. James, *William Billy Mitchell's Air Power*, Maxwell AFB, Ala: Air Power Research Institute; College of Aerospace Doctrine, Research and Education, 1977.

M. J. Armitage and R. A. Mason, *Air Power in the Nuclear Age*, University of Illinois Press, 1983.

Michael S. Sherry, *The Rise of American Air Power: The Creation of Amageddon*, New Heaven, Conn.: Yale University Press, 1987.

Philip Melinger(ed.), *The Paths of Heaven: The Evolution of Air Power Theory*, Alabama: Air

University Press, 1997.

Robert Frank Futrell, *Ideas, Concepts, Doctrine: Basic Thinking in the United States Air Forces 1907-1960*, Air University Press, 1989.

Steven R. Drago and James M. Smith(ed.), *Air and Space Power Theory & Doctrin*, Military Art and Science United States Air Force Academy, New York: American Heritage Custom Publishing, 1997.

Stuart Peach(ed.), *Perspectives On Air Power, Defense Studies*(Royal Air Force), Joint Services Command Staff College Bracknell, London: The Stationery Office, 1998.

William F. Andrew, *Air Powewr Against an Army: Challenge and Response in CENTAF's Duel With the Republican Guard*, The Cadre Papers, Air University Press, Maxwell Air Force Base, Alabama, 1988.

William Mitchell, *Winged Defense: The Development and Possibilities of Nodern Air Power*, New York: Dover Publications, Inc., 1998.

CHAPTER 10

핵전략 | 고봉준(충남대학교 평화안보대학원 교수)

고봉준, "공세적 방어: 냉전기 미국 미사일방어체제와 핵전략", 『한국정치연구』 제16집 2호(2007).

_____, "국가안보와 군사력", 『안전보장의 국제정치학』, 함택영 · 박영준 편, 서울: 사회평론, 2010.

_____, "동북아 평화와 새로운 군비경쟁의 극복", 『미중 경쟁시대의 동북아 평화론: 쟁점, 과제, 구축전략』, 한용섭 편, 서울: 아연출판부, 2010b.

_____, "미국 안보정책의 결정요인: 국제환경과 정책합의", 『국제정치논총』 제50집 1호(2010a).

_____, "핵비확산과 네트워크 세계정치: 이론과 실제", 『국제정치논총』 제51집 4호(2011).

김태현, "게임과 억지이론", 『현대 국제관계이론과 한국』, 우철구 · 박건영 편, 서울: 사회평론, 2004.

류광철 · 이상화 · 임갑수, 『외교 현장에서 만나는 군축과 비확산의 세계』, 서울: 평민사, 2005.

박건영, "핵무기와 국제정치: 역사, 이론, 정책, 그리고 미래", 『한국과 국제정치』 제27집 1호(2011).

박재적, "새로운 원전 르네상스 시대의 도래: 핵비확산 체제의 위기?", 『NPT 체제와 핵안보』, 배정호 · 구재회 편, 서울: 통일연구원, 2010.

신성호, "부시와 오바마: 핵테러에 대한 두 가지 접근", 『국가전략』 제15권 1호(2009).

이병욱, "핵물질 규제의 현실과 문제점", 『핵비확산체제의 위기와 한국』, 백진현 편, 서울: 오름, 2010.

이호령, "미국-인도 핵협정과 비확산체제의 한계", 『주간국방논단』 제1104호(2006).

전성훈, "미국의 핵전략 변화와 함의", 『핵비확산 체제의 위기와 한국』, 백진현 편, 오름, 2010.

함택영, "동북아 핵의 국제정치", 『한반도 포커스』 제13호(2011).

"Nuclear Notebook" Series, *Bulletin of the Atomic Scientists*, 69-1~4(2013).

Barry Posen, *The Sources of Military Doctrine: France, Britain, and Germany Between the World Wars*, Ithaca: Cornell University Press, 1984.

Bernard Brodie(ed.), *The Absolute Weapon: Atomic Power and World Order*, New York: Harcourt, Brace and Company, 1946.

Charles L. Glaser and Steve Fetter, "National Missile Defense and the Future of U. S. Nuclear Weapons Policy", *International Security* 26-1(Summer 2001).

David Alan Rosenberg, "The Origins of Overkill: Nuclear Weapons and American Strategy, 1945-1960", *International Security* 7-4(1983).

Desmond Ball, "The Development of the SIOP, 1960-1983", *Strategic Nuclear Targeting*, ed. By Ball and Jeffrey Richelson, Ithaca: Cornell University Press, 1986.

______, "U. S. Strategic Concepts and Programs", *Strategic Defenses and Soviet-American Relations*, ed. By Samuel F. Wells, Jr. and Robert S. Litwak, Cambridge: Ballinger Publishing Company, 1987.

______, "United States Strategic Policy since 1945: Doctrine, Military-Technical Innovation and Force Structure", *Strategic Power: USA/USSR*, ed. By Carl G. Jacobson, New York: St. Martin's Press, 1990.

Desmond Ball and Robert C. Toth, "Revising the SIOP: Taking War-Fighting to Dangerous Extremes", *International Security* 14-4(1990).

Fred Kaplan, *The Wizards of Armageddon*, New York: Simon and Schuster, 1983.

James Goodby and Markku Heiskanen, "The Fukushima Disaster Opens New Prospects for Cooperation in Northeast Asia", *Policy Forum*, Nautilus Institute, Jun 28, 2011.

James M. Lindsay and Michael E. O'Hanlon, *Defending America: The Case for Limited National Missile Defense*, Washington, D. C.: Brookings Institution Press, 2001.

Jeffrey Richelson, "PD-59, NSDD-13 and the Reagan Strategic Modernization Program", *The Journal of Strategic Studies* 6-2(1983).

John Mueller, "The Essential Irrelevance of Nuclear Weapons: Stability in the Post-war World", *International Security* 13-2(Fall 1998).

Keir A. Lieber and Daryl G. Press, "The End of MAD? The Nuclear Dimension of U. S.

Primacy", *International Security* 30-4(2006).

______, "The Nukes We Need: Preserving the American Deterrent", *Foreign Affairs* 88-6(2009).

Lawrence Freedman, *Deterrence*, Malden, MA: Polity Press, 2004.

Matthew Fuhrmann, "Spreading Temptation: Proliferation and Peaceful Nuclear Cooperation Agreements", *International Security* 34-1(Summer 2009).

______, "Taking a Walk on the Supply Side: The Determinants of Civilian Nuclear Cooperation", *Journal of Conflict Resolution* 53-2(April 2009).

Michael Salman, Kevin J. Sullivan, and Stephen Van Evera, "Analysis or Propaganda", *Nuclear Arguments: Understanding the Strategic Nuclear Arms and Arms Control Debates*, ed. By Lynn Eden and Steven E. Miller, Ithaca: Cornell University Press, 1989.

Ralph A. Cossa, "U. S. Weapons to South Korea", *PacNet* 39(July 2011).

Robert Powell, "Nuclear Deterrence Theory, Nuclear Proliferation, and National Missile Defense", *International Security* 27-4(Spring 2003).

Robert S. Norris and Hans M. Kristensen, "Russian Nuclear Forces, 2005", *Bulletin of the Atomic Scientists* 61-2(March/April 2005).

______, "Russian Nuclear Forces, 2006", *Bulletin of the Atomic Scientists* 62-2(March/April 2006).

______, "U. S. Nuclear Warheads, 1945-2009", *Bulletin of the Atomic Scientists* 65-4(July/August 2009).

Scott Sagan, "Why Do States Build Nuclear Weapons?: Three Models in Search of A Bomb", *International Security* 21-3(1996/97).

Sharon Squassoni, "Nuclear Energy Enthusiasm: The Proliferation Implications", *JPI PeaceNet*, 2010-7(2010).

T. V. Paul, Richard Harknett, and James J. Wirtz(ed.), *The Absolute Weapon Revisited: Nuclear Arms and the Emerging International Order*, Ann Arbor, MI: University of Michigan Press, 1998.

U. S. Department of State, "NSC 5602/1, Basic National Security Policy", March 15, 1956, *Foreign Relations of the United States 1955-57*, Vol. XIX, Washington, D. C.: Government Printing Office, 1990.

______, "NSC-30, United States Policy on Atomic Warfare", September 10, 1948, *Foreign Relations of the United States 1948*, Vol. 1., Part 2, General: The United Nations, Washington, D. C.: Government Printing Office, 1976.

Wen Bo, "Japan's Nuclear Crisis Sparks Concerns over Nuclear Power in China", *Special Report*, Nautilus Institute, Jun 2, 2011.

White House, *The National Security Strategy of the United States of America*(September 2002).

Natural Resources Defence Council, "Known Nuclear Tests Worldwide: 1945-2002", http://www.nrdc.org/nuclear/nudb/datab15.asp(검색일; 2013. 8. 12.)

Natural Resources Defence Council, "U. S. Nuclear Warheads: 1945-2002", http://www.nrdc.org/nuclear/nudb/datab9.asp(검색일: 2013. 10. 8.)

Natural Resources Defence Council, "U. S. Strategic Offensive Force Loadings", http://www.nrdc.org/nuclear/nudb/datab1.asp(검색일: 2013. 10. 8.)

Natural Resources Defence Council, "USSR/Russian Nuclear Warheads: 1949-2002", http://www.nrdc.org/nuclear/nudb/datab10.asp(검색일: 2013. 10. 8.)

White House, "Remarks by the President to Students and Faculty at National Defense University", May 1, 2001, http://www.nti.org/e_research/official_docs/pres/5101pres.pdf(검색일: 2013. 10. 4.)

CHAPTER 11

마오쩌둥의 전략사상 | 박창희(국방대학교 군사전략학과 교수)

국방군사연구소, 『중공군의 전략전술 변천사』, 서울: 국방군사연구소, 1996.

______, 『중국인민해방군사』, 서울: 국방군사연구소, 1998.

모택동, 김정계 · 허창무 옮김, "항일유격전쟁의 전략 문제", 『모택동의 군사전략』, 서울: 중문, 1993.

서진영, 『중국혁명사』, 서울: 한울, 1994.

존 K. 페어뱅크 외, 김한규 외 옮김, 『동양문화사(하)』, 서울: 을유문화사, 1990.

中國國防大學, 박종원 · 김종운 옮김, 『中國戰略論』, 서울: 팔복원, 2001.

中國國防大學, 『中國人民解放軍戰史簡編』, 北京: 解放軍出版社, 2001.

Benjamin Yang, *From Revolution to Politics*, Boulder: Westview Poress, 1990.

Department of State, *United States Relations With China, 1949*, Vol. 9, The Far East: China, Washington, D. C.: GPO, 1974.

______, *United States Relations With China: With Special Reference to the Period 1944-1949*, August 1949.

Edgar Snow, *Red Star over China*, New York: Grove Press, Inc., 1961.

Edward L. Katzenbach, Jr. and Gene Z. Hanrahan, "The Revolutionary Strategy of Mao Tse-tung", *Political Science Quarterly*, Vol. LXX, No. 3(September 1955).

Edwin P. Hoyt, *The Day the Chinese Attacked*, New York: NcGraw-Hill Publishing Co., 1990).

Franklin W. Houn, *A Short History of Chinese Communism*, Englewood Cliffs: Prentice-Hall, 1973.

Howard L. Boorman and Scott A. Boorman, "Chinese Communist Insurgent Warfare, 1935-49", *Political Science Quarterly*, Vol. LXXXI, No. 2(June 1966).

Ivan Arreguin-Toft, *How the Weak Win Wars: A Theory of Asymmetric Conflict*, New York: Cambridge University Press, 2005.

Mao Tse-tung, "A Three Months' Summary", *Selected Works of Mao Tse-tung*, Vol. 4, Peking: Foreign Language Press, 1967.

______, "Build Stable Base Areas in the Northeast", *Selected Works of Mao Tse-tung*, Vol. 4, Peking: Foreign Language Press, 1967.

______, "On Protracted War", *Selected Works of Mao Tse-tung*, Vol. 2, Peking: Foreign Language Press, 1967.

______, "On the People's Democratic Dictatorship", *Selected Works of Mao Tse-tung*, Vol. 4, Peking: Foreign Languages Press, 1967.

______, "Problems of Strategy in China's Revolutionary War", *Selected Works of Mao Tse-tung*, Vol. 1, Peking: Foreign Language Press, 1967.

______, "Report on an Investigation of the Peasant Movement in Hunan", *Selected Works of Mao Tse-tung*, Vol. 1, Peking: Foreign Language Press, 1967.

______, "Smash Chiang Kai-shek's Offensive by a War of Self-Defense", *Selected Works of Mao Tse-tung*, Vol. 4, Peking: Foreign Language Press, 1967.

______, "Some Questions Concerning Methods of Leadership", *Selected Works of Mao Tse-tung*, Vol. 3, Peking: Foreign Language Press, 1967.

______, "Strategy for the Second Year of the War of Liberation", *Selected Works of Mao Tse-tung*, Vol. 4, Peking: Foreign Language Press, 1967.

______, "The Concept of Operations for the Northwest War Theater", *Selected Works of Mao Tse-tung*, Vol. 4, Peking: Foreign Language Press, 1967.

Rosita Dellios, *Modern Chinese Defense Strategy: Present Developments, Future Directions*, New York: St. Martin's Press, 1990.

Samuel B. Griffith, *The Chinese People's Liberation Army*, New York: McGrow-Hill Book Co., 1967.

Suzanne Pepper, "The KMT-CCP Conflict, 1945-1949", Lloyd E. Eastman, et al., *The Nationalist Era in China, 1927-1949*, Cambridge: Cambridge University Press, 1991.

William Hinton, *Fan Shen: A Documentary of Revolution in a Chinese Village*, New York: Random House, 1966.

William Witson, *The Chinese High Command: A History of Communist Military Politics*, 1927-71, New York: Praeger Publishers, 1973.

CHAPTER 12

한국의 군사사상 | 노영구(국방대학교 군사전략학과 교수)

국방부 전사편찬위원회, 『국방사』 1, 서울: 국방부 전사편찬위원회, 1984.

권도경, "「황생전」에 나타난 김기의 북벌론에 관한 연구", 『군사』 63, 서울: 국방부 군사편찬연구소, 2007.

김당택, "무신정권시대의 군제", 『고려군제사』, 서울: 육군본부, 1983.

김동경, "조선초기의 군사전통 변화와 진법 훈련", 『군사』 74, 서울: 국방부 군사편찬연구소, 2010.

김병환, "고구려 요동 방어체계 연구", 『군사연구』 125, 대전: 육군본부 군사연구소, 2009.

김순자, 『한국 중세 한중관계사』, 서울: 혜안, 2007.

김영수, 『건국의 정치-여말선초, 혁명과 문명 전환』, 서울: 이학사, 2006.

김영하, 『한국고대사회의 군사와 정치』, 서울: 고려대학교 민족문화연구원, 2002.

김위현, "서희의 외교", 『서희와 고려의 고구려 계승의식』, 서울: 학연문화사, 1999.

김한규, "임진왜란의 국제적 환경", 『임진왜란, 동아시아 삼국전쟁』, 서울: 휴머니스트, 2007.

김홍일, 『국방개론』, 고려서적, 1949.

김희곤, 『중국관내 한국독립운동단체연구』, 서울: 지식산업사, 1995.

노영구, "세종의 전쟁 수행과 리더십", 『오늘의 동양사상』 19, 서울: 예문동양사상연구원, 2008.

______, "조선후기 단병 전술의 추이와 무예도보통지의 성격", 『진단학보』 91, 서울: 진단학회, 2001.

______, "조선후기 병서와 전법의 연구", 서울대학교 박사학위논문, 2002.

______, "한국 군사사상사 연구의 흐름과 근세 군사사상의 일례", 『군사학연구』 7, 대전: 대전대학교 군사연구원, 2009.

______, 『한국 자주국방사상의 전개와 국방개혁에의 함의』, 서울: 국방대학교 국가안전보장문제연구소, 2010.

노태돈, 『삼국통일전쟁사』, 서울: 서울대학교 출판부, 2009.

박대재, "전쟁의 기원과 의식", 『전쟁의 기원에서 상흔까지』, 국사편찬위원회, 서울: 두산동아, 2006.

박용운, 『수정 · 증보판 고려시대사』, 서울: 일지사, 2008.

박원호, "철령위 설치에 대한 새로운 관점", 『한국사연구』 136, 서울: 한국사연구회, 2007.

박종기, 『5백년 고려사』, 서울: 푸른역사, 1999.

배항섭, 『19세기 조선의 군사제도 연구』, 서울: 국학자료원, 2002.

백기인, "대한민국 임시정부 지도자들의 국방 · 군사관", 『군사논단』 69, 서울: 한국군사학회, 2012.

______, 『조선후기 국방론 연구』, 서울: 혜안, 2003.

______, 『한국 근대 군사사상사 연구』, 서울: 국방부 군사편찬연구소, 2012.

서영교, "고구려의 대당전쟁과 내륙아시아 제민족", 『군사』 49, 서울: 국방부 군사편찬연구소, 2003.

______, "나당전쟁기 당병법의 도입과 그 의의", 『한국사연구』 116, 서울: 한국사연구회, 2002.

안주섭, 『고려 거란 전쟁』, 서울: 경인문화사, 2003.

여호규, 『고구려 성 2』(요하유역편), 서울: 국방군사연구소, 1999.

______, "고구려 후기의 군사방어체계와 군사전략", 『한국군사사연구』 3, 서울: 국방군사연구소, 1999.

염인호, "해방 후 한국독립당의 중국관내지방에서의 광복군 확군운동", 『역사문제연구』 1, 역사문제연구소, 서울: 역사비평사, 1996.

유창규, "이성계의 군사적 기반- 동북면을 중심으로", 『진단학보』 58, 서울: 진단학회, 1984.

육군교육사령부, 『한국군사사상연구』, 대전: 육군교육사령부, 1985.

육군군사연구소, 『한국군사사』 1~12, 서울: 경인문화사, 2012.

육군본부, 『한국군사사상』, 대전: 육군본부, 1991.

______, 『한국의 군사사상』, 대전: 육군본부, 1989.

이규원, "이승만정부의 국방체제 형성과 변화에 관한 연구", 국방대학교 박사학위논문, 2011.

이병주 · 강성문, 『한국군사사상사』, 서울: 육군사관학교, 1981.

이익주, "고려 · 원관계의 구조에 대한 연구", 『한국사론』 36, 서울: 서울대학교 국사학과, 1996.

임계순, 『청사-만주족이 통치한 중국』, 서울: 신서원, 2000.

임기환, "7세기 동북아시아 국제질서의 변동과 전쟁", 『전쟁과 동북아의 국제질서』, 서울: 일조각, 2006.

장학근, "조선의 근대해군 창설 노력", 『해양제국의 침략과 근대조선의 해양정책』, 서울: 한국해양전략연구소, 2000.

정해은, 『고려시대 군사전략』, 서울: 국방부 군사편찬연구소, 2006.

______, 『한국 전통 병서의 이해』, 서울: 국방부 군사편찬연구소, 2004.

천관우, "광개토왕의 정복활동", 『한국사시민강좌』 3, 서울: 일조각, 1988.

최진욱, "19세기 해방론 전개과정 연구", 고려대학교 박사학위논문, 2008.

최형국, 『조선후기 기병전술과 마상무예』, 서울: 혜안, 2013.

하차대, "조선초기 군사정책과 병법서의 발전", 『군사』 19, 서울: 국방부 전사편찬위원회, 1989.

한명기, 『정묘·병자호란과 동아시아』, 서울: 푸른역사, 2009.

한시준, "이범석, 대한민국 국군의 초석을 마련하다", 『한국사시민강좌』 43, 서울: 일조각, 2008.

______, "한국광복군의 창설과 활동", 『한국사』 50, 국사편찬위원회, 서울: 탐구당, 2001.

한영우, 『개정판 정도전 사상의 연구』, 서울: 서울대학교 출판부, 1989.

______, 『역사학의 역사』, 서울: 지식산업사, 2002.

______, 『왕조의 설계자, 정도전』, 서울: 지식산업사, 1999.

______, 『조선후기 사학사연구』, 서울: 일지사, 1989.

한용원, 『창군』, 서울: 박영사, 1984.

허태용, 『조선후기 중화론과 역사인식』, 서울: 아카넷, 2009.

홍준기, "한국 자주국방 정책의 역사적 변천 과정에 관한 연구-1970년대 박정희 정부에서 김대중 정부까지를 중심으로", 국방대학교 석사학위논문, 2004.

Timothy May, *The Mongol Art of War*, Yardley: Westholme, 2007.

• 본문 사진 출처: Wikimedia Commons

ON MILITARY THOUGHTS
군사사상론

개정판 1쇄 인쇄 2024년 12월 16일
개정판 1쇄 발행 2024년 12월 19일

지은이 군사학연구회
펴낸이 김세영

펴낸곳 도서출판 플래닛미디어
주소 04013 서울시 마포구 월드컵로15길 67, 2층
전화 02-3143-3366
팩스 02-3143-3360
블로그 http://blog.naver.com/planetmedia7
이메일 webmaster@planetmedia.co.kr
출판등록 2005년 9월 12일 제313-2005-000197호

ISBN 979-11-87822-93-6 93390